AutoCAD 2014 中文版 机械制图50例

侯志松　许小荣　等编著

電子工業出版社
Publishing House of Electronics Industry
北京·BEIJING

内 容 简 介

AutoCAD 是美国 Autodesk 公司推出的一款非常优秀、强大的工程图形绘制软件，已经在机械、电子、航空、航天、汽车、船舶、军工、轻工及纺织等领域得到了广泛的应用，目前已升级到 2014 版本。

本书围绕 AutoCAD 2014 环境下的机械设计进行了详细的讲解。全书共 12 章，采用先讲解基本绘图技术，再根据具体实例讲述各种技术的应用的讲解方法，通过 50 个实例让读者快速掌握机械制图的技术和方法。书中详细介绍了 AutoCAD 基础知识、AutoCAD 绘图与辅助命令及机械设计中常用的文字、表格、标注、基本三维绘图等知识，通过机械标准件绘制、常用件绘制、机械零件图绘制、装配图绘制、轴测图绘制，以及三维机械实体、三维装配图绘制等实例讲解，完整讲述了各种类型的机械图形的绘制方法与技巧。

本书内容丰富、结构清晰、语言简练，结合设计工程实例，图文并茂地介绍了 AutoCAD 2014 绘制各类机械图形的一般方法。本书可作为从事各种机械设计的工程技术人员进行自学的辅导教材和参考工具书，也可以作为大中专院校工科学生和机械设计爱好者的辅导教材。

图书在版编目（CIP）数据

AutoCAD 2014 中文版机械制图 50 例 / 侯志松等编著. —北京：电子工业出版社，2014.3
ISBN 978-7-121-22506-2

Ⅰ. ①A… Ⅱ. ①侯… Ⅲ. ①机械制图－AutoCAD 软件 Ⅳ. ①TH126

中国版本图书馆 CIP 数据核字（2014）第 031806 号

策划编辑：祁玉芹
责任编辑：鄂卫华
印　　刷：中国电影出版社印刷厂
装　　订：中国电影出版社印刷厂
出版发行：电子工业出版社
　　　　　北京市海淀区万寿路 173 信箱　邮编 100036
开　　本：787×1092　1/16　印张：21　字数：538 千字
印　　次：2014 年 3 月第 1 次印刷
定　　价：49.80 元（含光盘 1 张）

凡所购买电子工业出版社图书有缺损问题，请向购买书店调换。若书店售缺，请与本社发行部联系，联系及邮购电话：（010）88254888。

质量投诉请发邮件至 zlts@phei.com.cn，盗版侵权举报请发邮件至 dbqq@phei.com.cn。

服务热线：（010）88258888。

前言

AutoCAD 是美国 Autodesk 公司推出的一款非常优秀、强大的工程图形绘制软件。AutoCAD 的应用非常广泛，遍及各个工程领域，包括机械、建筑、造船、航空、航天、土木、电气，等等。

AutoCAD 2014 提供的绘图功能能够胜任机械工程中使用的各种机械的常用图形的绘制，如标准图形、零件图、装配图、轴测图、三维零件图、三维实体图等。

本书共 12 章，通过 50 个具体的实例，详细介绍了利用 AutoCAD 2014 绘制机械工程图的一般技术和方法。

其中第 1 章介绍了 AutoCAD 2014 的界面组成及设置、绘图环境设置、命令输入方式、图形的显示控制等制图基础内容；第 2 章介绍了一些基本图形的绘制和对象的编辑方法，并介绍了图案填充和图块技术；第 3 章讲解了文字样式、单行多行文字和表格创建技术，并介绍了机械制图中文字和表格的创建方法；第 4 章介绍了机械图中尺寸标注的创建和编辑方法；第 5 章讲解了机械制图中机件的表达方法，介绍了视图的概念以及剖视图和剖面图的表示方法；第 6 章讲解了图幅和样板图的创建技术；第 7 章介绍了轴测图的基本概念，通过案例详细介绍了轴测图的绘制和标注方法；第 8 章介绍了机械制图中常见零件图的绘制方法；第 9 章介绍了机械装配图的绘制技术和方法；第 10 章介绍了三维绘图和编辑技术，包括三维表面创建、三维实体创建和编辑、渲染等；第 11 章和第 12 章分别介绍了典型的三维零件图和装配图的绘制技术。

本书注重基础知识的讲解，在具体绘制之前，详细介绍了机械工程图的相关基础知识，以及 AutoCAD 绘图的基本操作和方法。即使读者以前没有使用过 AutoCAD，只要按照本书的章节顺序学习，也能跟上进度。

本书实例典型，内容丰富，涵盖了机械制图的各个领域。每章对绘图过程的介绍非常细致。本书通过各种机械制图实例，非常实用地阐明了各个知识点的内涵、使用方法和使用场合；在演示各种机械制图实例时，灵活地应用了 AutoCAD 2014 的各种绘图技巧，充分体现了效率、准确、完备设计要求。读者只需按照书中介绍的步骤一步步实际操作，即能完全掌握本书的内容。

为了帮助读者更加直观地学习本书，随书配制了精美的动画教学光盘，演示了 AutoCAD 2014 版本的使用技术，使本书具有很好的可读性。

本书针对机械设计专业编写而成，可以作为高等院校机械各专业“计算机辅助设计”课的教材，同时也可以作为机械设计工程技术人员自学的参考书。

本书由侯志松、许小荣主持编写，参加本书编写工作的还有李龙、魏勇、王华、李辉、刘峰、徐浩、李建国、马建军、唐爱华、苏小平、朱丽云、周毅、李大勇、王云、张璐、张泽、刘荣和周艳丽等，作者力图使本书的知识性和实用性相得益彰，但由于水平有限，书中错误、纰漏之处难免，欢迎广大读者、同仁批评斧正。

编　者

2014.1

目　录

Contents

Contents

第 1 章　AutoCAD 2014 制图基础

AutoCAD（Auto Computer Aided Design，计算机辅助设计）是由美国 Autodesk 公司于 20 世纪 80 年代初为在微机上应用 CAD 技术而开发的一种通用计算机辅助设计绘图程序软件包，是国际上最流行的绘图工具。AutoCAD 应用非常广泛，遍及各个工程领域，包括机械、建筑、造船、航空、航天、土木和电气等。AutoCAD 2014 是 AutoDesk 公司推出的最新版本，在界面设计、三维建模和渲染等方面进行了加强，可以帮助用户更好地从事图形设计。

本章将要给读者介绍 AutoCAD 2014 版界面组成、命令输入方式、绘图环境的设置、图形编辑的基础知识、图形的显示控制以及一些基本的文件操作方法等。通过本章的学习，希望用户掌握 AutoCAD 2014 最常用的、最基本的操作方法，为后面章节的学习打下坚实的基础。

1.1　AutoCAD 2014 的启动与退出

学习或使用任何软件进行设计工作都首先必须启动该软件，同时在完成设计工作之后也要退出该软件，下面介绍如何启动和退出 AutoCAD 2014。

1.1.1　启动 AutoCAD 2014

安装好 AutoCAD 2014 后，在“开始”菜单中选择“所有程序”|Autodesk|AutoCAD 2014-Simplified Chinese|AutoCAD 2014 命令，或者单击桌面上的快捷图标，均可启动 AutoCAD 软件。AutoCAD 2014 第一次启动后，自动打开“欢迎”对话框，通过对话框可以获得新功能学习视频、AutoCAD 的教学视频、各种应用程序等，通过该对话框，还可以直接创建新文件，打开已经创建的文件和最近使用过的文件。关闭“欢迎”对话框，展现在用户眼前的就是“草图与注释”工作空间的绘图工作界面，如图 1-1 所示。

AutoCAD 2014 的界面中大部分元素的用法和功能与 Windows 类似，初始界面如图 1-1 所示。

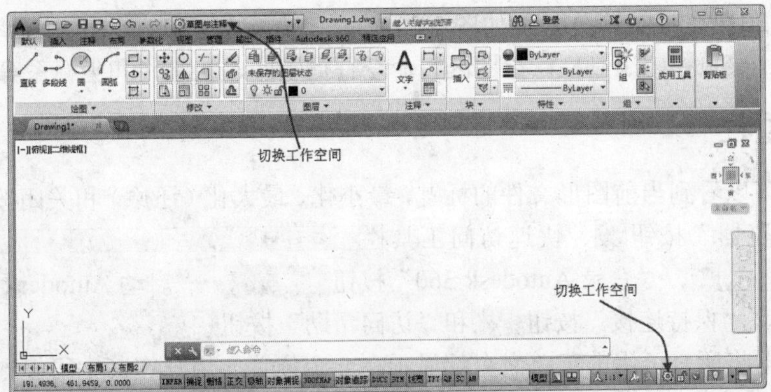

图 1-1　“草图与注释”工作空间的绘图工作界面

系统为用户提供了“草图与注释”、“AutoCAD 经典”、“三维基础”和“三维建模”4 种工作空间。用户可以通过单击如图 1-1 所示的按钮，在弹出如图 1-2 所示的菜单中切换工作空间。

图 1-3 为传统“AutoCAD 经典”工作空间的界面，如果用户想进行三维图形的绘制，可以切换到“三维建模”工作空间，它的界面上提供了大量的与三维建模相关的界面项，与三维无关的界面项将被省去，方便了用户的操作。

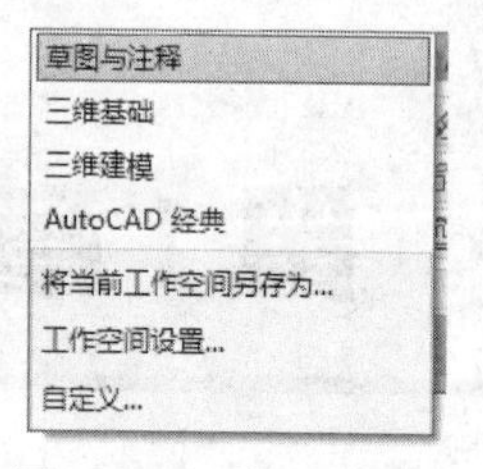

图 1-2　切换工作空间

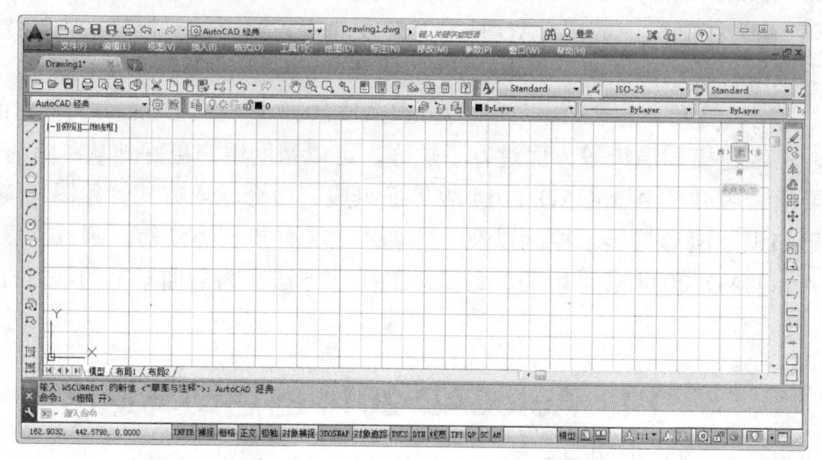

图 1-3　AutoCAD 2014 操作界面

1.1.2　退出 AutoCAD 2014

退出 AutoCAD 2014 有以下 3 种方式：

（1）　单击 AutoCAD 2014 操作界面右上角的“关闭”按钮 。

（2）　选择“文件”|“退出”命令。

（3）　通过命令输入的方式，即在命令行键入“quit”命令后按回车键。

如果有尚未保存的文件，则弹出“是否保存”对话框，提示保存文件。单击“是”按钮保存文件，单击“否”按钮不保存文件退出，单击“取消”按钮则取消退出操作。

1.2　AutoCAD 2014 界面组成及功能

AutoCAD 2014 的初始操作界面如图 1-3 所示。AutoCAD 2014 的应用窗口主要包括以下内容：标题栏、菜单栏、工具栏、绘图区、命令行提示区、状态栏和坐标系等。

1.2.1　标题栏

标题栏中可以看到当前图形文件的标题，最小化、最大化（还原）和关闭按钮 ，还有“菜单浏览器”按钮 、快速访问工具栏 、搜索命令 、“登录 Autodesk 360”按钮 、“启动 Autodesk Exchange 应用程序”按钮 、“保持连接”按钮 和“访问帮助”按钮 。

菜单浏览器将所有可用的菜单命令都显示在一个位置，用户在其中可以选择可用的菜单命令。

快速访问工具栏放置了常用命令的按钮。默认状态下，系统提供了“新建”按钮、“打开”按钮、“保存”按钮、“另存为”按钮、“打印”按钮、“放弃”按钮、“重做”按钮和工作空间切换列表。

在搜索命令的搜索栏里可以输入想要查找的主题关键字，弹出“Autodesk Exchange”对话框，显示与关键字相关的帮助主题，用户选中所需要的主题阅读即可。

1.2.2 菜单栏

如图 1-4 所示，菜单栏位于界面的上部标题栏之下，除了扩展功能，共有 12 个菜单项，选择其中任意一个菜单命令，则会弹出一个下拉菜单。这些菜单几乎包括 AutoCAD 的所有命令，用户可从中选择相应的命令进行操作。

文件(F) 编辑(E) 视图(V) 插入(I) 格式(O) 工具(T) 绘图(D) 标注(N) 修改(M) 参数(P) 窗口(W) 帮助(H)

图 1-4 菜单栏

1.2.3 工具栏

工具栏是各类操作命令形象直观的显示形式，工具栏是由一些图标组成的工具按钮的长条，单击工具栏中的相应按钮即可启动命令。工具栏上的命令在菜单栏中都能找到，工具栏只是显示最常用的一些命令。图 1-5 显示了“AutoCAD 经典”工作空间常见的工具栏。

图 1-5 常见工具栏

当用户想打开其他工具栏时，可以选择“工具”|“工具栏”|“AutoCAD”命令，弹出 AutoCAD 工具栏的子菜单，在子菜单中选择相应的工具栏显示在界面上。另外，用户也可以在任意工具栏上单击鼠标右键，在弹出的快捷菜单中选择相应的命令调出该工具栏。

工具栏可以自由移动，移动工具栏的方法是用鼠标左键点击工具栏中非按钮部位的某一点拖动，一般将常用工具栏置于绘图窗口的顶部或四周。

1.2.4 绘图区

绘图区是屏幕上的一大片空白区域，是用户进行绘图的区域。用户所进行的操作过程，以及绘制完成的图形都会直观地反映在绘图区中。

AutoCAD 2014 初始界面的绘图区是黑色的，这不太符合一般人的习惯。选择“工具”|“选项”命令，弹出“选项”对话框。打开“显示”选项卡，单击“颜色”按钮，弹出“图形窗口颜色”对话框。在“颜色”下拉列表框中选择“白”选项，如图 1-6 所示。

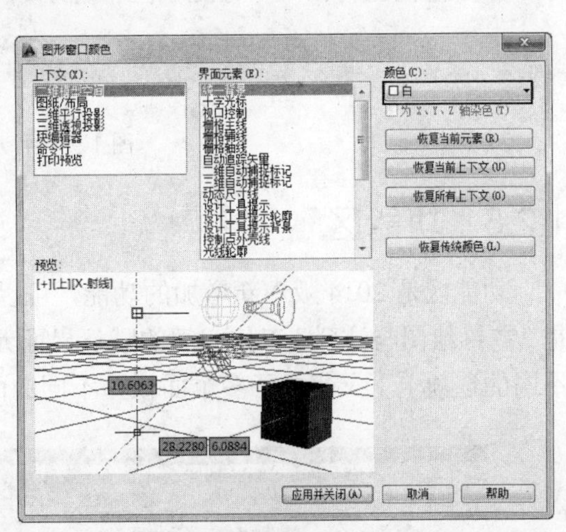

图 1-6 设置绘图区颜色

单击“应用并关闭”按钮，回到“选项”

对话框，单击“确定”按钮，完成绘图区颜色的设置。绘图区颜色变为白色。

每个 AutoCAD 文件都有并且只能有一个绘图区，单击相应的文件名选项卡  Drawing1* Drawing2* ，就可以切换到对应文件的绘图区。通过标题栏切换文件，是 AutoCAD 2014 新增加的功能。

1.2.5 十字光标

十字光标用于定位点、选择和绘制对象，由定点设备如鼠标和光笔等控制。当移动定点设备时，十字光标的位置会做相应的移动，就像手工绘图中的笔一样方便。十字光标的方向分别与当前用户坐标系的 X 轴、Y 轴方向平行，十字光标的大小默认为屏幕大小的 5%，如图 1-7 所示。

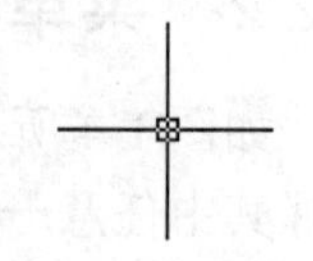

图 1-7 十字光标

1.2.6 状态栏

状态栏位于 AutoCAD 2014 工作界面的底部，效果如图 1-8 所示。状态栏左侧显示十字光标当前的坐标位置，中间显示辅助绘图的几个功能按钮，右侧显示常用的一些工具按钮。辅助绘图的几个功能按钮都是复选按钮，即单击这些按钮它凹下去，表示开启该按钮功能，再次单击该按钮则凸起，表示关闭该按钮功能。合理运用这些辅助按钮可以提高绘图效率。

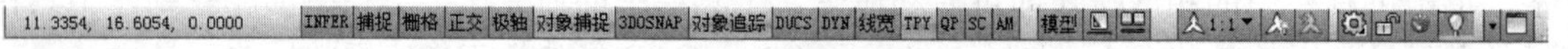

图 1-8 状态栏

状态栏上最左边显示的是十字光标当前位置的坐标值，三个数值分别为 X、Y、Z 轴数据。Z 轴数据为 0，说明当前绘图区为二维平面。

1.2.7 命令行提示区

命令行提示区是用于接收用户命令以及显示各种提示信息的地方。默认情况下，命令行提示区域在窗口的下方，由输入行和提示行组成，如图 1-9 所示。用户通过输入行输入命令，命令不区分大小写。提示区提示用户输入的命令以及相关信息，用户通过菜单或者工具栏执行命令的过程也将在命令行提示区中显示。

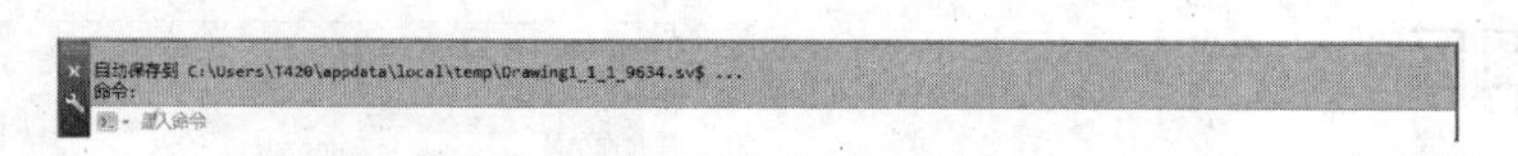

图 1-9 浮动命令提示区窗口

1.2.8 功能区

功能区是 2014 版本新增加的功能，可以通过“工具”|“选项板”|“功能区”命令打开，是“二维绘图与注释”工作空间的默认界面元素。功能区效果如图 1-10 所示，由选项卡组成，不同的选项卡下又集成了多个面板，不同的面板上放置了大量的某一类型的工具按钮。

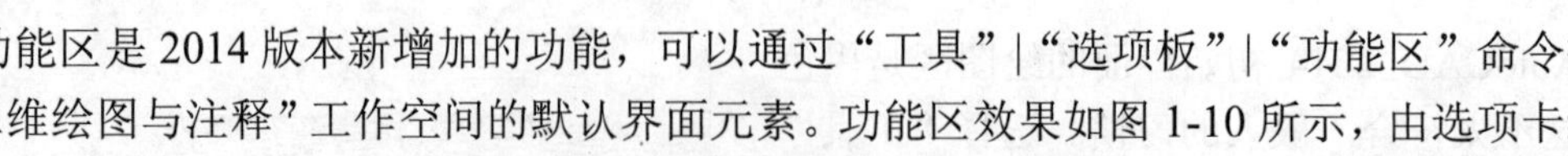

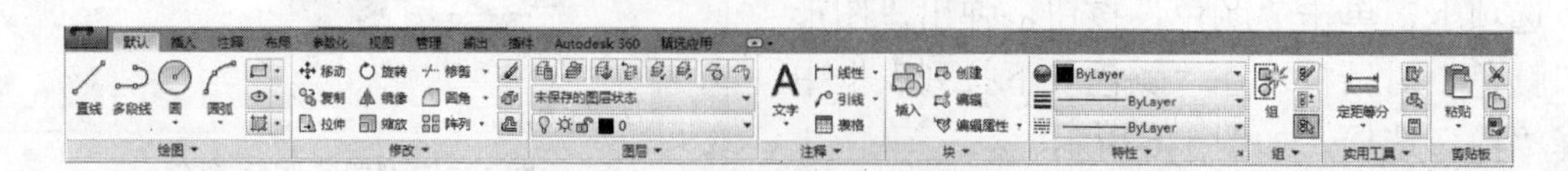

图 1-10 功能区

1.3 AutoCAD 命令输入方式

在 AutoCAD 2014 中，用户通常结合键盘和鼠标来进行命令的输入和执行，主要利用键盘输入命令和参数，利用鼠标执行工具栏中的命令、选择对象、捕捉关键点以及拾取点等。

在 AutoCAD 中，用户可以通过按钮命令、菜单命令和命令行执行命令 3 种形式来执行 AutoCAD 命令。

（1） 按钮命令绘图是指用户通过单击工具栏或者功能区中相应的按钮来执行命令。

（2） 菜单命令绘图是指选择菜单栏中的下拉菜单命令执行操作。

（3） 命令行执行命令是指 AutoCAD 中，大部分命令都具有别名，用户可以直接在命令行中输入别名并按下 Enter 键来执行命令，关于命令的快捷命令别名可以参看附录。

以 AutoCAD 中常用的“直线”命令为例，用户可以单击“绘图”工具栏中的“直线”按钮，或选择“绘图”|“直线”命令，或在命令行中输入 LINE 或 L 命令来执行该命令。

1.4 绘图环境基本设置

用户通常都是在系统默认的环境下工作的。用户安装好 AutoCAD 后，就可以在其默认的设置下绘制图形，但是有时为了使用特殊的定点设备、打印机或为了提高绘图效率，需要在绘制图形前先对系统参数、绘图环境等做必要的设置。

1.4.1 设置绘图界限

绘图界限是在绘图空间中的一个假想的矩形绘图区域，显示为可见栅格指示的区域。当打开图形界限边界检验功能时，一旦绘制的图形超出了绘图界限，系统将发出提示。国家机械制图标准对图纸幅面和图框格式也有相应的规定。

一般来说，如果用户不做任何设置，AutoCAD 系统对作图范围没有限制。用户可以将绘图区看作是一幅无穷大的图纸，但所绘图形的大小是有限的。为了更好地绘图，都需要设定作图的有效区域。

可以使用以下两种方式设置绘图极限：

（1） 菜单命令：依次选择“格式”|“图形界限”。

（2） 命令行：输入 LIMITS。

执行上述操作后，命令行提示如下：

```
命令: limits
重新设置模型空间界限:                                    //设置模型空间极限
指定左下角点或 [开(ON)/关(OFF)] <0.0000,0.0000>:          // 指定模型空间左
下角坐标
```

此时，输入 on 打开界限检查，如果所绘图形超出了图限，系统不绘制出此图形并给出提示信息，从而保证绘图的正确性。输入 off 关闭界限检查。可以直接输入左下角点坐标然后按回车键，也可以直接按回车键设置左下角点坐标为<0.0000,0.0000>。按回车键后，命令行提示：

```
指定右上角点 <420.0000,297.0000>:
```

此时，可以直接输入右上角点坐标然后按回车键，也可以直接按回车键设置右上角点坐标为<420.0000,297.0000>。最后按回车键完成绘图界限设置。

1.4.2 设置绘图单位

在绘图前，一般要先设置绘图单位，比如绘图比例设置为1:1，则所有图形都将以实际大小来绘制。绘图单位的设置主要包括设置长度和角度的类型、精度以及角度的起始方向。

可以使用以下两种方式设置绘图单位。

（1） 菜单命令：依次选择“格式”|“单位”命令。

（2） 命令行：在命令行中输入 DDUNITS 命令。

执行上述操作后弹出如图 1-11 所示的“图形单位”对话框，在该对话框中可以对图形单位进行设置。在对话框中可以设置以下项目。

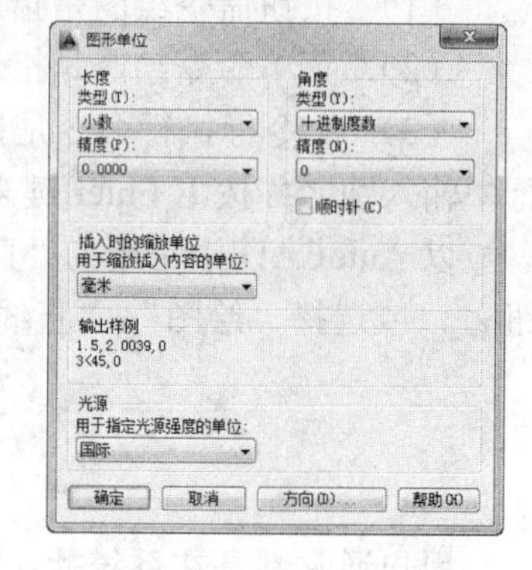

图 1-11 “图形单位”对话框

1. 长度

在“长度”选项组中，可以设置图形的长度单位类型和精度，各选项的功能如下。

（1） “类型”下拉列表框：用于设置长度单位的格式类型；可以选择“小数”、“分数”、“工程”、“建筑”和“科学”5 个长度单位类型选项。

（2） “精度”下拉列表框：用于设置长度单位的显示精度，即小数点的位数，最大可以精确到小数点后 8 位数，默认为小数点后 4 位数。

2. 角度

“角度”选项组中的“类型”下拉列表框用于设置角度单位的格式类型，各选项的功能如下。

（1） “类型”下拉列表框：用于设置角度单位的格式类型；可以选择“十进制数”、“百分度”、“弧度”、“勘测单位”和“度/分/秒”5 个角度单位类型选项。

（2） “精度”下拉列表框：用于设置角度单位的显示精度，默认值为 0。

（3） “顺时针”复选框：该复选框用来指定角度的正方向。选择“顺时针”复选框则以顺时针方向为正方向，不选中此复选框则以逆时针方向为正方向。默认情况下，不选中此复选框。

3. 插入时的缩放单位

“插入时的缩放单位”下拉列表用于缩放插入内容的单位，单击下拉列表右边的下拉按钮，可以从下拉列表框中选择所拖放图形的单位，如毫米、英寸、码、厘米、米等。

4. 方向

单击“方向”按钮，弹出如图 1-12 所示的“方向控制”对话框，在对话框中可以设置基准角度（B）的方向。在 AutoCAD 的默认设置中，B 方向是指向右（亦即正东）的方

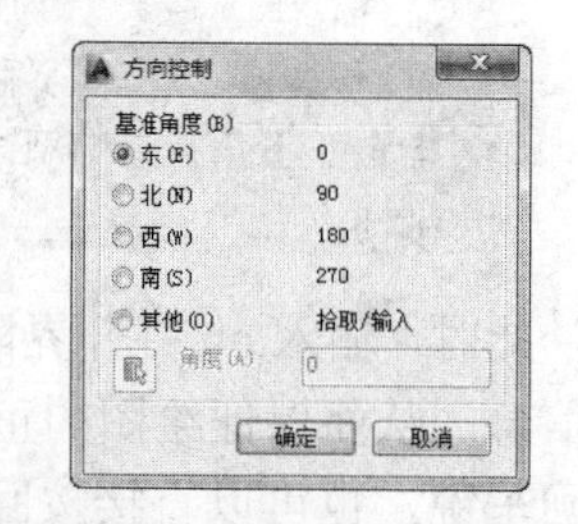

图 1-12 “方向控制”对话框

向，逆时针方向为角度增加的正方向。

5. 光源

“光源”选项组用于设置当前图形中光度控制光源强度的测量单位，下拉列表中提供了“国际”、“美国”和“常规”3 种测量单位。

1.5 图形文件管理

使用任何软件进行设计工作，文件管理都是一个很重要的部分，必须掌握。AutoCAD 2014 图形文件管理功能主要包括新建图形文件、打开图形文件、保存图形文件、以及输入和输出图形文件等，下面分别进行介绍。

1.5.1 新建图形文件

绘制图形前，首先应该创建一个新文件。在 AutoCAD 2014 中，有 4 种方法用来创建一个新文件。

（1） 菜单命令：依次选择“文件”|“新建”命令。

（2） 工具栏：单击“标准”工具栏上的“新建”按钮。

（3） 命令行：输入 QNEW。

（4） 快捷键：按 Ctrl+N 组合键。

执行以上操作都会打开如图 1-13 所示的“选择样板”对话框。

打开对话框之后，系统自动定位到样板文件所在的文件夹，用户无需做更多设置，在样板列表中选择合适的样板，在右侧的“预览”框内观看到样板的预览图像，选择好样板之后，单击“打开”按钮即可创建出新图形文件。

也可以不选择样板，单击“打开”按钮右侧的下三角按钮，弹出附加下拉菜单，如图 1-14 所示，用户可以从中选择“无样板打开-英制”或者“无样板打开-公制”命令来创建新图形，新建的图形不以任何样板为基础。

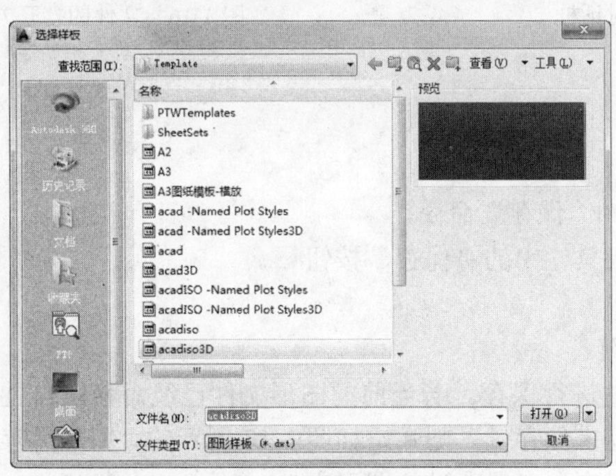

图 1-13 “选择样板”对话框

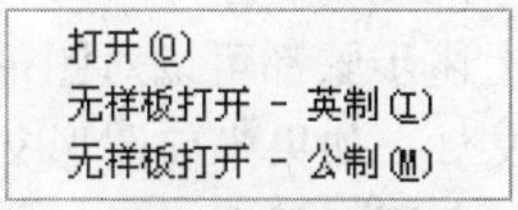

打开(O)
无样板打开 - 英制(I)
无样板打开 - 公制(M)

图 1-14 样板的打开方式

1.5.2 打开图形文件

文件打开的方法有以下 4 种。

（1） 菜单命令：依次选择“文件”|“打开”命令。

（2） 工具栏：单击“标准”工具栏中的“打开”按钮。

（3） 命令行：输入 OPEN。

（4） 快捷键：Ctrl+O 组合键。

执行上述操作都会打开如图 1-15 所示的“选择文件”对话框，该对话框用于打开已经存在的 AutoCAD 图形文件。

在此对话框中，用户可以在“查找范围”下拉列表框中选择文件所在的位置，然后在文件列表中选择文件，单击“打开”按钮即可打开文件。

单击“打开”按钮右边的下拉按钮，在弹出的下拉菜单中有 4 个选项，如图 1-16 所示。这些选项规定了文件的打开方式，各个选项的作用如下。

- 打开：以正常的方式打开文件。
- 以只读方式打开：打开的图形文件只能查看，不能编辑和修改。
- 局部打开：只打开指定图层部分，从而提高系统运行效率。
- 以只读方式局部打开：局部打开指定的图形文件，并且不能对打开的图形文件进行编辑和修改。

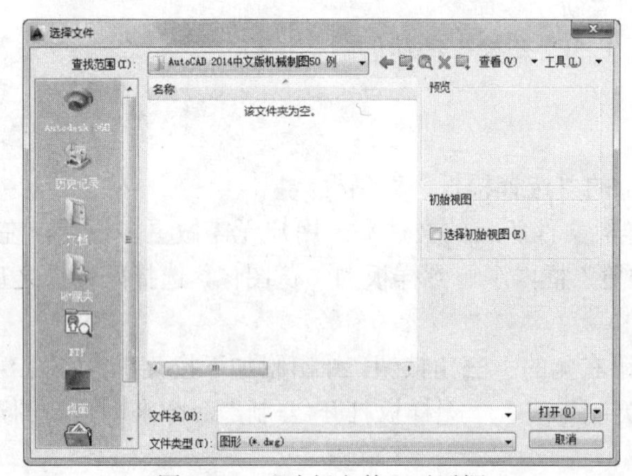

图 1-15 “选择文件”对话框

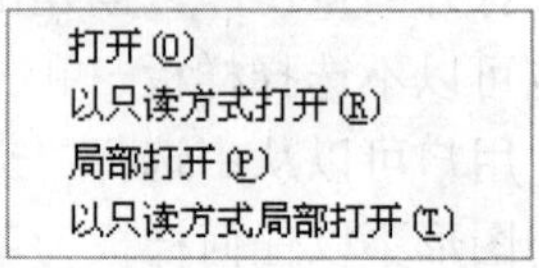

打开(O)
以只读方式打开(R)
局部打开(P)
以只读方式局部打开(T)

图 1-16 文件的打开方式

1.5.3 保存图形文件

保存文件的方法有以下 4 种。

（1） 菜单命令：选择“文件”|“保存”命令。

（2） 工具栏：单击“标准”工具栏中的“保存”按钮。

（3） 命令行：输入 QSAVE。

（4） 快捷键：按 Ctrl+S 组合键。

执行上述步骤都可以对图形文件进行保存。若当前的图形文件已经命名保存过，则按此名称保存文件。如果当前图形文件尚未保存过，则弹出如图 1-17 所示的“图形另存为”对话框，该对话框用于保存已经创建但尚未命名保存过的图形文件。

也可以通过下述方式直接打开“图形另存为”对话框，对图形进行重命名保存。

- 菜单命令：选择“文件”|“另保存”命令。
- 命令行：输入 SAVEAS。

● 快捷键：按 Ctrl+Shift+S 组合键。

在“图形另存为”对话框中，“保存于”下拉列表框用于设置图形文件保存的路径；“文件名”文本框用于输入图形文件的名称；“文件类型”下拉列表框用于选择文件保存的格式。在保存格式中 dwg 是 AutoCAD 的图形文件，dwt 是 AutoCAD 样板文件，这两种格式最常用。

此外，AutoCAD 2014 还提供了自动保存文件的功能，这样，在用户专注于设计开发时，可以避免未能及时保存文件带来的损失。选择“工具”|“选项”命令，在打开的“选项”对话框中的“打开和保存”选项卡中设置自动保存的时间间隔，如图 1-18 所示。

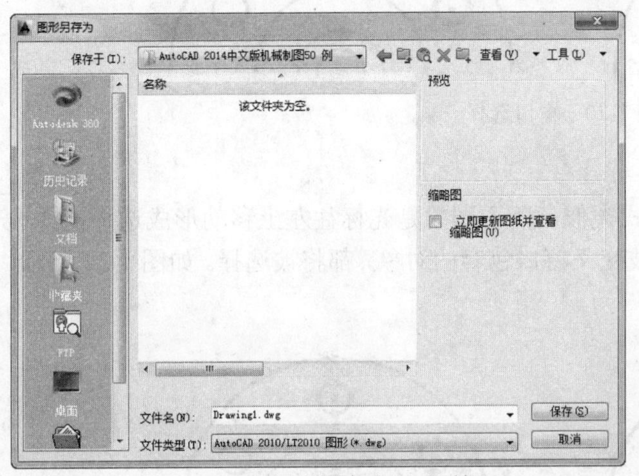

图 1-17 “图形另存为”对话框

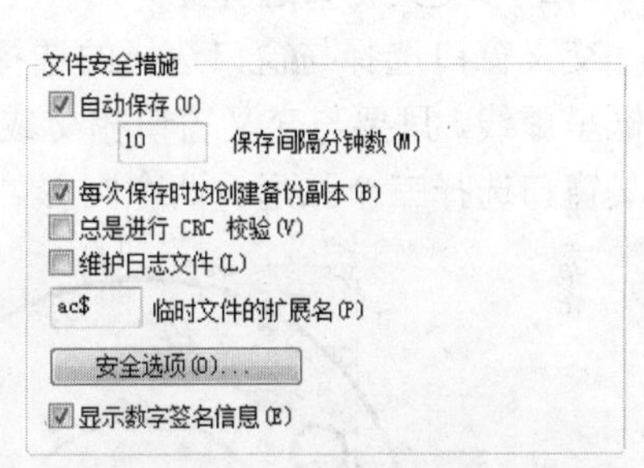

图 1-18 设置自动保存时间间隔

1.6 图形编辑初步

在图形文件建立之后，就可以进行正常的绘图了。在绘图过程中，必须掌握图形的一些基本编辑方式，如图形的选择、删除、恢复、命令的放弃和重放等。本节将介绍这些知识。

1.6.1 图形对象的选择方式

在 AutoCAD 中，用户可以先输入命令，后选择要编辑的对象；也可以先选择对象，然后进行编辑。这两种方法用户可以结合自己的习惯和命令要求灵活使用。为了编辑方便，将一些对象选择组成一组，这些对象可以是一个，也可以是多个，称之为选择集。用户在进行复制、粘贴等编辑操作时，都需要选择对象，也就是构造选择集。建立了一个选择集以后，可以将这一组对象作为一个整体进行操作。需要选择对象时，在命令行有提示，比如“选择对象:”。根据命令的要求，用户选取线段、圆弧等对象，以进行后面的操作。

下面介绍构造选择集的 3 种方式：单击对象直接选择、窗口选择和交叉窗口选择。

（1） 单击对象直接选择。

当命令行提示“选择对象:”时，绘图区出现拾取框光标，将光标移动到某个图形对象上，单击鼠标左键，则可以选择与光标有公共点的图形对象，被选中的对象呈高亮显示。单击对象直接选择方式适合构造选择集的对象较少的情况。如图 1-19 所示，单击选择一个圆形。

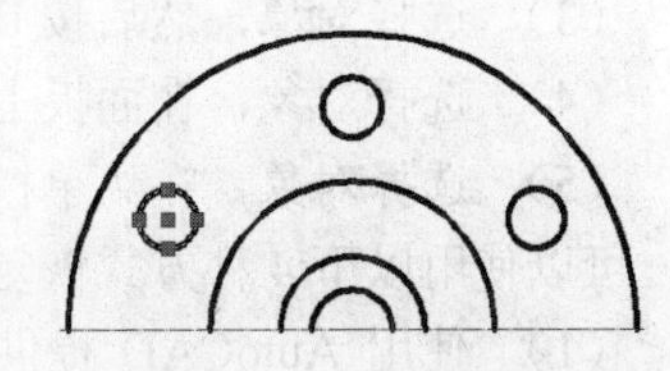

图 1-19 单击选择对象

（2） 窗口选择。

当需要选择的对象较多时，可以使用窗口选择方式，这种选择方式与 Windows 的窗口选择类似。首先单击鼠标左键，将光标沿右下方拖动，再次单击鼠标左键，形成选择框，选择框成实线显示，被选择框完全包容的对象将被选择。如图 1-20 所示，窗口选择两个圆形。

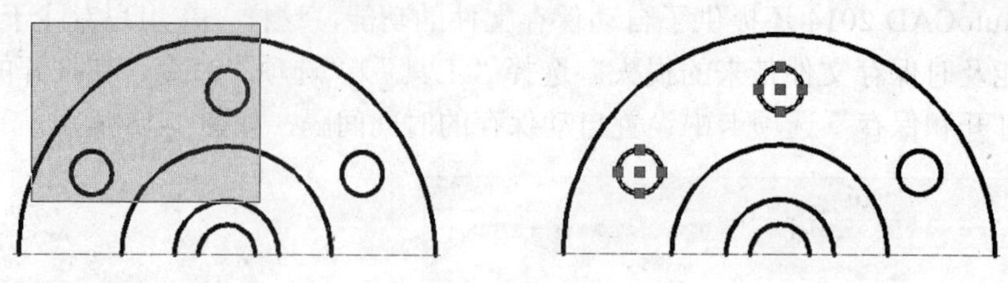

图 1-20 窗口选择

（3） 交叉窗口选择。

交叉窗口选择与窗口选择的选择方式类似，所不同的是光标往左上移动形成选择框，选择框呈虚线，只要与交叉窗口相交或者被交叉窗口包容的对象，都将被选择。如图 1-21 所示，交叉窗口选择三个弧形、两个圆形。

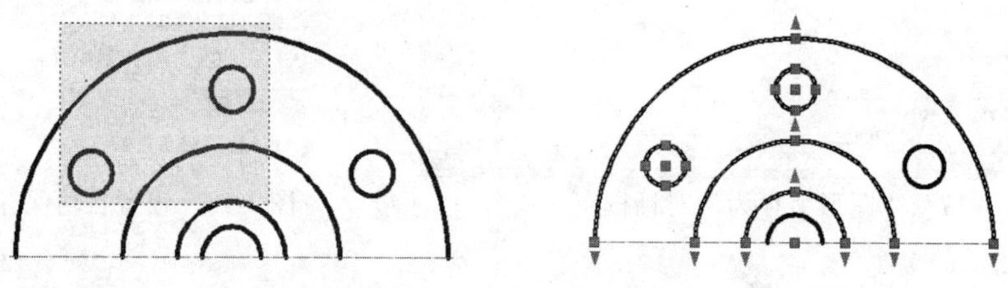

图 1-21 交叉窗口选择

选择对象的方法有很多种，当对象处于被选择状态时，该对象呈高亮显示。如果是先选择后编辑，则被选择的对象上还出现控制点。

1.6.2 图形对象的删除和恢复

在实际绘图的过程中，经常会出现一些失误或错误，这个时候就需要进行删除。有时候也会进行一些误删除，这时候需要进行图形的恢复。在 AutoCAD 2014 中，图形对象的删除和恢复是很方便和简单的。

可以使用以下 5 种方法从图形中删除对象。

（1） 使用ERASE命令删除对象，此时鼠标指针变成拾取小方框，移动该拾取框，依次单击要删除的对象，这些对象将以虚线显示，最后按回车键或单击鼠标右键，即可删除选中的对象。

（2） 选择对象，然后使用 Ctrl+X 组合键将它们剪切到剪贴板。

（3） 选择对象，然后按 Delete 键。

（4） 选择对象，在面板上单击按钮删除对象。

（5） 选择对象，在菜单栏上依次选择“编辑”|“清除”命令，删除对象。

可以使用以下 4 种方式恢复操作：

（1） 使用 AutoCAD 提供的 OOPS 命令将误删除的图形对象进行恢复。但此命令只能恢复最后一次删除的对象。

（2） 使用 UNDO 命令来恢复误删的图形对象。

（3） 选择“编辑”|“放弃”命令，来恢复误删的图形对象。

（4） 使用工具栏按钮来恢复操作。

1.6.3 命令的放弃和重做

在 AutoCAD 绘图过程中，对于某些命令需要将其放弃或者重做。

1. 命令的放弃

在菜单栏中选择“编辑”|“放弃”选项；或者单击“编辑”工具栏中的“放弃”按钮；或者在绘图区中单击鼠标右键，在弹出的快捷菜单中选择“放弃”命令；或者在命令输入窗口键入“undo”命令后按回车键，均可执行“放弃”命令。

2. 命令的重做

已被撤销的命令还可以恢复重做。

常用的调用“重做”命令的方法如下：

（1） 单击菜单栏中的“编辑”|“重做”命令。

（2） 单击“编辑”工具栏中的“重做”按钮。

（3） 绘图区中单击鼠标右键，选择重做命令。

（4） 在命令输入窗口键入“mredo”命令后按回车键。

1.7 图形的显示控制

视图操作是 AutoCAD 三维制图的基础，视图决定了表现在图形绘图区的视觉形状和其他特征，通过视图操作，用户可以通过各种手段来观察图形对象。

1.7.1 图形的重画和重生成

在 AutoCAD 中，“重画”、“重生成”和“全部重生成”命令可以控制视口中视图的刷新以重画和重生成图形，从而优化图形。这 3 种方式的执行方法如下：

（1） 选择“视图”|“重画”命令，可以刷新显示所有视口，清除屏幕上的临时标记。

（2） 选择“视图”|“重生成”命令，或者在命令行中输入 REGEN，可以从当前视口重生成整个图形，在当前视口中重生成整个图形并重新计算所有对象的屏幕坐标，还重新创建图形数据库索引，从而优化显示和对象选择的性能。更新的是当前视口。

（3） 选择“视图”|“全部重生成”命令，或者在命令行中输入 REGENALL，可以重生成图形并刷新所有视口，在所有视口中重生成整个图形并重新计算所有对象的屏幕坐标，还重新创建图形数据库索引，从而优化显示和对象选择的性能。更新的是所有视口。

1.7.2 图形的缩放

选择“视图”|“缩放”命令，在弹出的子菜单中选择合适的命令，或单击如图 1-22 所示的“缩放”工具栏中合适的按钮，或者在命令行中输入 ZOOM 命令，都可以执行相应的视图缩放操作。

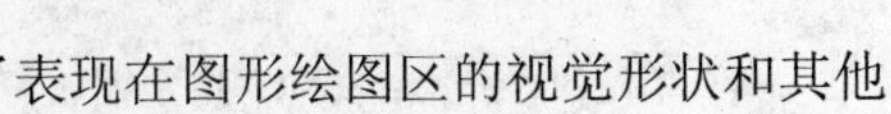

图 1-22 “缩放”工具栏

在命令行中输入 ZOOM 命令，命令行提示如下。

```
命令：ZOOM
指定窗口的角点，输入比例因子（nX 或 nXP），或者
[全部（A）/中心（C）/动态（D）/范围（E）/上一个（P）/比例（S）/窗口（W）/对象（O）]
<实时>:
```

命令行中不同的选项代表了不同的缩放方法，下面介绍几种常用的缩放方式。

1. 实时

执行实时缩放有以下 3 种方式：

（1） 在“缩放”子菜单中选择“实时”选项。

（2） 在“标准”工具栏中单击实时按钮。

（3） 在命令行中输入 ZOOM 命令，执行后直接按回车键。

执行上述操作后，鼠标指针将呈形状。按住鼠标左键向上拖动是放大图形，反向拖动为缩小图形。

2. 上一个

在“缩放”子菜单中选择“上一步”选项，或在“标准”工具栏中单击按钮，或者在命令行中输入 P，即可恢复到上一个窗口画面。

3. 窗口

在“缩放”子菜单中选择“窗口”选项，或在“标准”工具栏中单击按钮进入窗口缩放模式，或者在命令行中输入 W，命令行提示：

```
指定第一角点：    //指定缩放窗口第一角点
指定对角点：      //指定缩放窗口对角点
```

在绘图窗口中指定另一点作为对角点，确定一个矩形。系统就会将矩形内的图形放大至整个屏幕。

4. 比例

在“缩放”子菜单中选择“比例”选项，或在命令行中输入 S，命令提示行出现以下提示：

```
命令：'_zoom
指定窗口的角点，输入比例因子（nX 或 nXP），或者
[全部（A）/中心（C）/动态（D）/范围（E）/上一个（P）/比例（S）/窗口（W）/对象（O）]
<实时>：_s
输入比例因子（nX 或 nXP）：                                    //输入选择项
```

在命令行提示下，有 3 种方法来进行比例缩放。

（1） 相对当前视图：在输入的比例值后输入 X，例如输入 2X 就会以 2 倍尺寸显示当前视图。

（2） 相对图形界限：直接输入一个不带后缀的比例因子作为缩放比例，并适用于整个图形；例如输入 2 就可以把原来的图形放大 2 倍显示。

（3） 相对图纸空间单位：该方法适用于在布局工作中输入别的比例值后加上 XP，它指

定了相对于当前图纸空间按比例缩放视图，并可以用来在打印前缩放视口。

1.7.3 图形的平移

单击“标准”工具栏或者状态栏中的“实时平移”按钮，或选择“视图”|“平移”|“实时”命令，或在命令行中输入 PAN，然后按 Enter 键，光标都将变成手形，用户可以对图形对象进行实时平移。

1.8 图层创建与管理

为了方便管理图形，在 AutoCAD 中提供了图层工具。图层相当于一层“透明纸”，可以在上面绘制图形，将纸一层层重叠起来构成最终的图形。在 AutoCAD 中，图层的功能和用途要比“透明纸”强大得多，用户可以根据需要创建很多图层，将相关的图形对象放在同一层上，以此来管理图形对象。

1.8.1 创建图层

默认情况下，AutoCAD 会自动创建一个图层——图层 0，该图层不可重命名，用户可以根据需要来创建新的图层，然后再更改其图层名。创建图层的方法如下：

选择“格式”|“图层”命令，或者在命令行中执行 LAYER 命令，或者单击“图层”工具栏中的“图层特性管理器”按钮，此时弹出“图层特性管理器”对话框，用户可以在此对话框中进行图层的基本操作和管理。在“图层特性管理器”对话框中，单击“新建图层”按钮，即可添加一个新的图层，如图 1-23 所示，可以在文本框中输入新的图层名。

1.8.2 图层颜色的设置

为了区分不同的图层，对图层设置颜色是很重要的，每个图层都具有一定的颜色。图层的颜色是指该图层上面的实体颜色，它是由不同的线和形状组成。每一个图层都有相应的颜色，对不同的图层可以设置不同的颜色，这样就方便来区分图形中的各个部分了。

默认情况下，新建的图层颜色均为白色，用户可以根据需要更改图层的颜色。在“图层特性管理器”对话框中单击■白色按钮，弹出“选择颜色”对话框，从中可以选择需要的颜色，如图 1-24 所示。

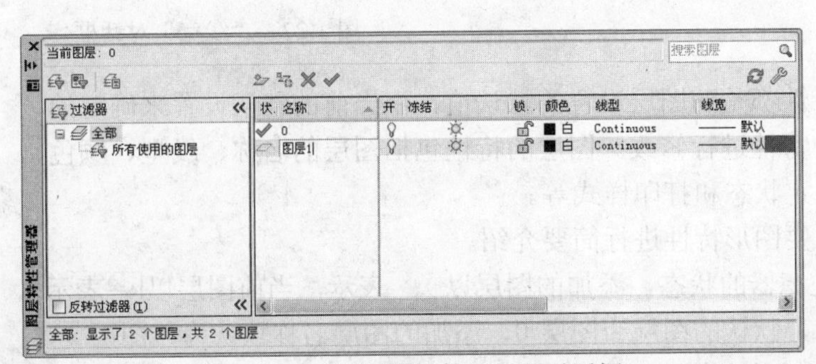

图 1-23 “图层特性管理器”对话框

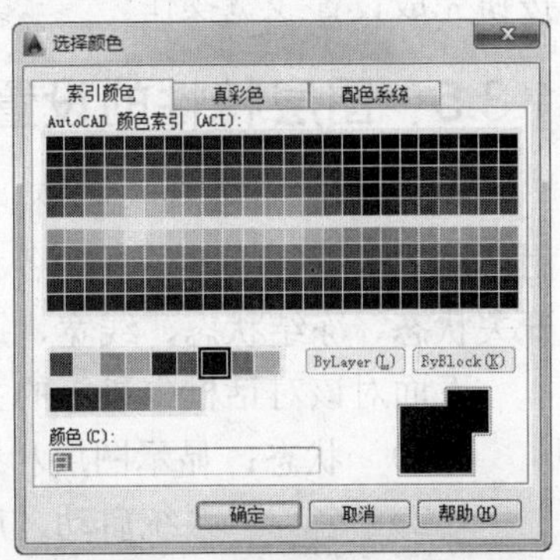

图 1-24 “选择颜色”对话框

1.8.3 图层线型的设置

在绘图时会使用到不同的线型，图层的线型是指在图层中绘图时所用的线型。不同的图层可以设置为不同的线型，也可以设置为相同的线型。用户可以使用 AutoCAD 提供的任意标准线型，也可以创建自己的线型。

在 AutoCAD 中，系统默认的线型是 Continuous，线宽也采用默认值 0 单位，该线型是连续的。在绘图过程中，如果需要使用其他线型则可以单击“线型”列表下的线型特性图标 Continuous ，此时弹出如图 1-25 所示的“选择线型”对话框。

默认状态下，“选择线型”对话框中只有 Continuous 一种线型。单击“加载”按钮，弹出如图 1-26 所示的“加载或重载线型”对话框，用户可以在“可用线型”列表框中选择所需要的线型，单击“确定”按钮返回“选择线型”对话框完成线型加载，选择需要的线型，单击“确定”按钮回到“图层特性管理器”对话框，完成线型的设定。

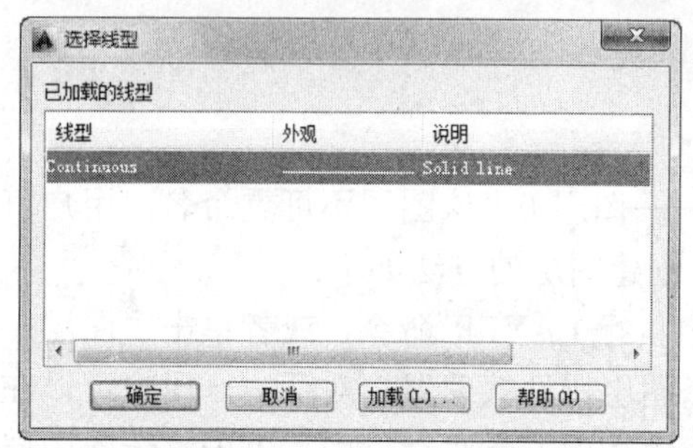

图 1-25 “选择线型”对话框

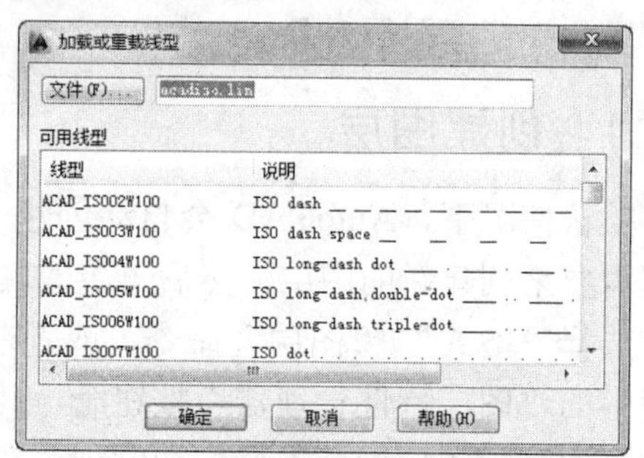

图 1-26 “加载或重载线型”对话框

1.8.4 图层线宽的设置

线宽是用不同的线条来表示对象的大小或类型，它可以提高图形的表达能力和可读性。默认情况下，线宽默认值为“默认”，可以通过下述方法来设置线宽。

在“图层特性管理器”对话框中单击“线宽”列表下的线宽特性图标 —— 默认 按钮，弹出如图 1-27 所示的“线宽”对话框，在“线宽”列表框中选择需要的线宽，单击“确定”按钮完成设置线宽操作。

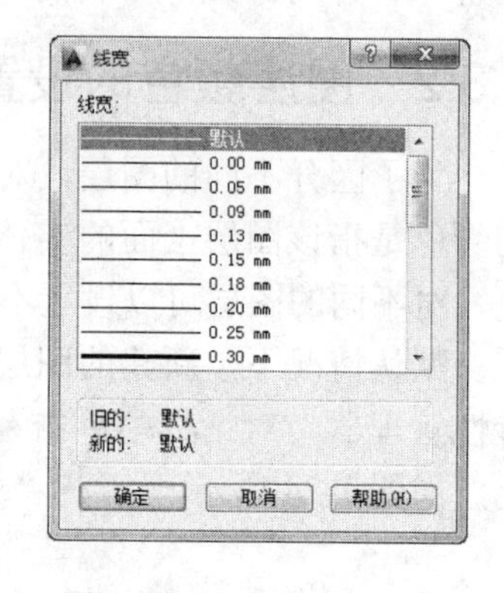

图 1-27 “线宽”对话框

1.8.5 图层特性的设置

用户在绘制图形时，各种特性都是随图层设置的默认值，由当前的默认设置来确定的，用户可以根据需要对图层的各种特性进行修改。图层的特性包括图层的名称、线型、颜色、开关状态、冻结状态、线宽、锁定状态和打印样式等。

下面对该对话框中显示的主要图形特性进行简要介绍。

（1） 状态：显示图层和过滤器的状态，添加的图层以 表示，当前图层以 表示。

（2） 名称：系统启动之后，默认的图层为图层 0，添加的图层名称默认为“图层 1”、“图层 2”，并依次往下递增。可以单击某图层，在弹出的快捷菜单中选择“重命名图层”或直接按 F2 键来对图层重命名。

（3） 打开/关闭：在对话框中以灯泡的颜色来表示图层的开关。默认情况下，图层都是打开的，灯泡显示为黄色，表示图层可以使用和输出；单击灯泡可以切换图层的开关，此时灯泡变成灰色，表明图层关闭，不可以使用和输出。

（4） 冻结/解冻：打开图层时，系统默认以解冻的状态显示，以太阳图标表示，此时的图层可以显示、打印输入和在该图层上对图形进行编辑。单击太阳图标可以冻结图层，此时以雪花图标表示，该图层上的图形不能显示、无法打印输出、不能编辑该图层上的图形。当前图层不能冻结。

（5） 锁定/解锁：在绘制完一个图层时，为了在绘制其他图形时不影响该图层，通常可以把图层锁定。图层锁定以来表示，单击图标可以将图层解锁，以图标表示。新建的图层默认都是解锁状态。锁定图层不会影响该图层上图形的显示。

（6） 颜色：设置图层显示的颜色。

（7） 线型：用于设置绘图时所使用的线型。

（8） 线宽：用于设置绘图时使用的线宽。

（9） 打印：用来设置哪些图层可以打印，可以打印的图层以显示，单击该图标可以设置图层不能打印，以图标表示。打印功能只能对可见图层，没有被冻结、没有锁定和没有关闭的图层起作用。

1.8.6 切换到当前图层

在 AutoCAD 2014 中，将图层切换到当前图层主要利用下面 3 种方法：

（1） 在“对象特性”工具栏中，利用图层控制下拉列表来切换图层。

（2） 在“图层”工具栏中，单击按钮切换对象所在图层为当前图层。

（3） 在“图层特性管理器”对话框中的图层列表中，选择某个图层，然后单击置为当前按钮来切换到当前图层。

1.8.7 过滤图层

在实际绘图时，当图层很多时如何快速查找图层是一个很重要的问题，这时候就需要用到图层过滤。AutoCAD 2014 中文版提供了“图层特性过滤器”来管理图层过滤。在“图层特性管理器”选项板中单击“新建特性过滤器”按钮，打开“图层过滤器特性”对话框，如图 1-28 所示。通过“图层过滤器特性”对话框来进行设置图层过滤。

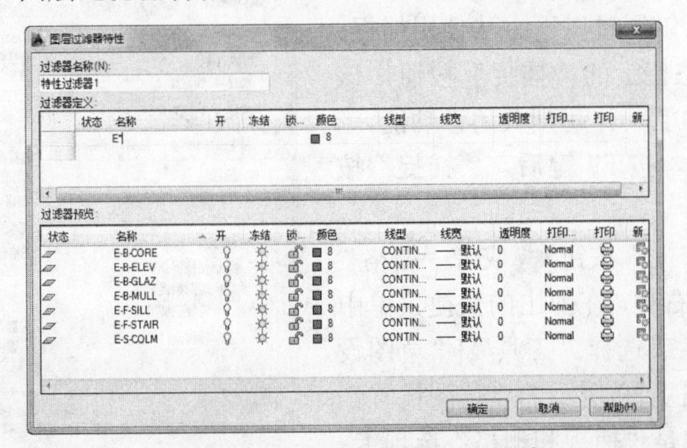

图 1-28 “图层过滤器特性”对话框

在“图层过滤器特性”对话框的“过滤器名称”文本框中输入过滤器的名称，过滤器名称中不能包含<>、；、：、？、*、=等字符。在“过滤器定义”列表中，可以设置过滤条件，包括图层名称、颜色、状态等。当指定过滤器的图层名称时，“？”可以代替任何一个字符。

如图 1-28 所示，命名为“过滤器”的过滤器将显示符合以下所有条件的图层：

（1） 名称中包含字母 E。

（2） 图层颜色为红色。

1.9 通过状态栏辅助绘图

在绘图中，利用状态栏提供的辅助功能可以极大地提高绘图效率。下面介绍如何通过状态栏辅助绘图。

1.9.1 设置捕捉和栅格

捕捉和栅格是在绘图中最常用的两个辅助工具，通过结合使用，栅格是经常被捕捉的一个对象。下面对栅格和捕捉进行介绍。

1. 栅格

栅格是在所设绘图范围内，显示出按指定行间距和列间距均匀分布的栅格点。可以通过下述方法来启动栅格功能。

（1） 单击状态栏上的“栅格”按钮，该按钮按下启动栅格功能，弹起则关闭该功能。

（2） 按 F7 键。按 F7 键后，“栅格”按钮会被按下或弹起。

栅格是按照设置的间距显示在图形区域中的点，它能提供直观的距离和位置的参照，类似于坐标纸中的方格的作用，栅格只在图形界限以内显示。栅格和捕捉这两个辅助绘图工具之间有着很多联系，尤其是两者间距的设置。有时为了方便绘图，可将栅格间距设置为与捕捉间距相同，或者使栅格间距设为捕捉间距的倍数。

2. 捕捉

捕捉是指 AutoCAD 生成隐含分布在屏幕上的栅格点，当鼠标移动时，这些栅格点就像有磁性一样能够捕捉光标，使光标精确落到栅格点上。可以利用栅格捕捉功能，使光标按指定的步距精确移动。可以通过以下方法使用捕捉：

（1） 单击状态栏上的“捕捉”按钮，该按钮按下启动捕捉功能，弹起则关闭该功能。

（2） 按 F9 键。按 F9 键后，“捕捉”按钮会被按下或弹起。

在状态栏的“捕捉”按钮捕捉或者“栅格”按钮栅格上单击鼠标右键，在弹出的快捷菜单中选择“设置”命令，或选择“工具”|“草图设置”命令，弹出如图 1-29 所示的“草图设置”对话框，当前显示的是“捕捉和栅格”选项卡。在该对话框中可以进行草图设置的一些设置。

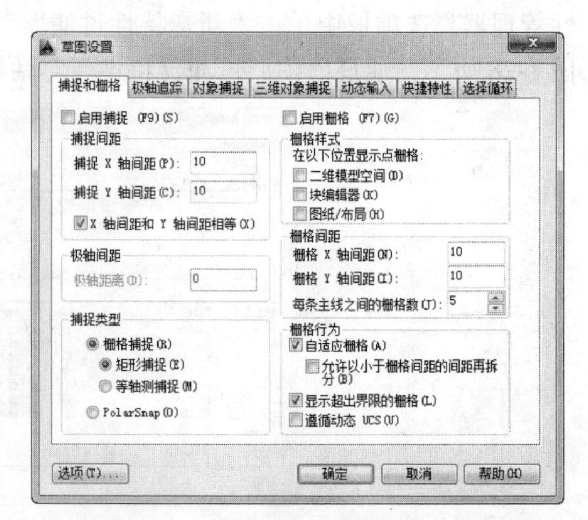

图 1-29 “草图设置”对话框

在“捕捉和栅格”选项卡中，选择“启用捕捉”复选框则可启动捕捉功能，用户也可以通过单击状态栏上的相应按钮来控制开启。在“捕捉间距”选项组和“栅格间距”选项组中，用户可以设置捕捉和栅格的距离。“捕捉间距”选项组中的“捕捉 X 轴间距”和“捕捉 Y 轴间距”文本框可以分别设置捕捉在 X 方向和 Y 方向的单位间距，“X 轴间距和 Y 轴间距相等”复选框可以设置 X 和 Y 方向的间距是否相等。

在“捕捉类型”选项组中，提供了“栅格捕捉”和“PolarSnap”（极轴捕捉）两种类型供用户选择。“栅格捕捉”模式中包含了“矩形捕捉”和“等轴测捕捉”两种样式，在二维图形绘制中，通常使用的是矩形捕捉。“PolarSnap”模式是一种相对捕捉，也就是相对于上一点的捕捉。如果当前未执行绘图命令，光标就能够在图形中自由移动，不受任何限制。当执行某一种绘图命令后，光标就只能在特定的极轴角度上，并且定位在距离为间距的倍数的点上。系统默认模式为“栅格捕捉”中的“矩形捕捉”，也是最常用的一种。

1.9.2 设置正交

在状态工具栏中，单击“正交”按钮正交，即可打开“正交”辅助工具。可以将光标限制在水平或垂直方向上移动，以便于精确地创建和修改对象。使用“正交”模式将光标限制在水平或垂直轴上。移动光标时，水平轴或垂直轴哪个离光标最近，则拖引线将沿着该轴移动。在绘图和编辑过程中，可以随时打开或关闭“正交”。输入坐标或指定对象捕捉时将忽略“正交”。要临时打开或关闭“正交”，请按住临时替代键 Shift。使用临时替代键时，无法使用直接距离输入方法。打开“正交”将自动关闭极轴追踪。

1.9.3 设置对象捕捉、对象追踪

所谓对象捕捉，就是利用已经绘制的图形上的几何特征点来捕捉定位新的点。使用对象捕捉可指定对象上的精确位置。例如，使用对象捕捉可以绘制到圆心或多段线中点的直线。不论何时提示输入点，都可以指定对象捕捉。默认情况下，当光标移到对象的对象捕捉位置时，将显示标记和工具栏提示。此功能称为 AutoSnap（自动捕捉），屏幕上提供了视觉提示，指示哪些对象捕捉正在使用。捕捉直线中点，如图 1-30 所示。

可以通过以下方式打开对象捕捉功能：

（1） 单击状态栏上的“对象捕捉”按钮对象捕捉打开和关闭对象捕捉。

（2） 按 F3 键来打开和关闭对象捕捉。

在工具栏上的空白区域单击鼠标右键，在弹出的快捷菜单中选择“ACAD”|“对象捕捉”命令，弹出如图 1-31 所示的“对象捕捉”工具栏。用户可以在工具栏中单击相应的按钮，以选择合适的对象捕捉模式。该工具栏默认是不显示的，该工具栏上的选项可以通过“草图设置”对话框进行设置。

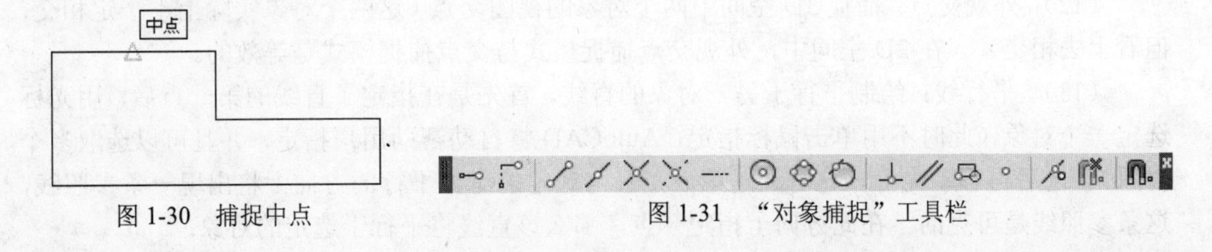

图 1-30 捕捉中点

图 1-31 “对象捕捉”工具栏

右键单击状态栏上的“对象捕捉”按钮对象捕捉，在弹出的快捷菜单中选择“设置”命令，或在工具栏上依次选择“工具”|“草图设置”命令，弹出“草图设置”对话框，选择“对象捕捉”选项卡，如图 1-32 所示，在该对话框中可以设置相关的对象捕捉模式。在“对象捕捉”选项卡中的“启用对象捕捉”复选框用于控制对象捕捉功能的开启。当对象捕捉打开时，在“对象捕捉模式”选项组中选定的对象捕捉处于活动状态。“启用对象捕捉追踪”复选框用于控制对象捕捉追踪的开启。

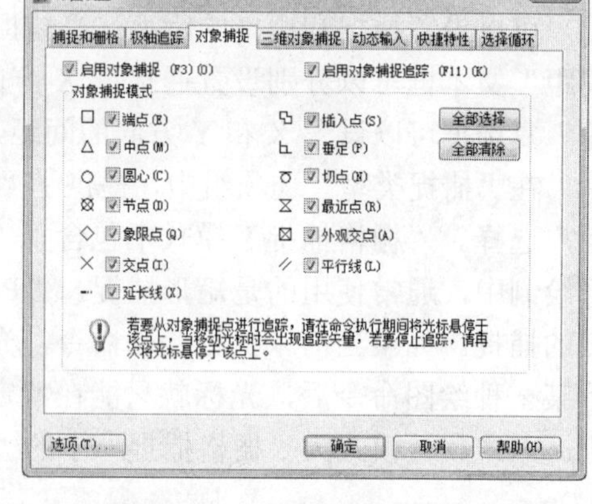

图 1-32 “对象捕捉”选项卡

在“对象捕捉模式”选项组中，提供了 13 种捕捉模式，可以通过选中来添加捕捉模式，不同捕捉模式的意义如下。

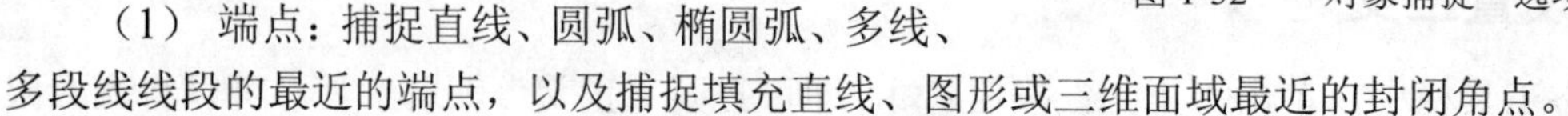

（1） 端点：捕捉直线、圆弧、椭圆弧、多线、多段线线段的最近的端点，以及捕捉填充直线、图形或三维面域最近的封闭角点。

（2） 中点：捕捉直线、圆弧、椭圆弧、多线、多段线线段、参照线、图形或样条曲线的中点。

（3） 圆心：捕捉圆弧、圆、椭圆或椭圆弧的圆心。

（4） 节点：捕捉点对象。

（5） 象限点：捕捉圆、圆弧、椭圆、或椭圆弧的象限点。象限点分别位于从圆或圆弧的圆心到 0°、90°、180°、270° 圆上的点。象限点的零度方向是由当前坐标系的 0° 方向确定的。

（6） 交点：捕捉两个对象的交点，包括圆弧、圆、椭圆、椭圆弧、直线、多线、多段线、射线、样条曲线或参照线。

（7） 延长线：在光标从一个对象的端点移出时，系统将显示并捕捉沿对象轨迹延伸出来的虚拟点。

（8） 插入点：捕捉插入图形文件中的块、文本、属性及图形的插入点，即它们插入时的原点。

（9） 垂足：捕捉直线、圆弧、圆、椭圆弧、多线、多段线、射线、图形、样条曲线或参照线上的一点，而该点与用户指定的上一点形成一条直线，此直线与用户当前选择的对象正交（垂直）。但该点不一定在对象上，而有可能在对象的延长线上。

（10） 切点：捕捉圆弧、圆、椭圆或椭圆弧的切点。此切点与用户所指定的上一点形成一条直线，这条直线将与用户当前所选择的圆弧、圆、椭圆或椭圆弧相切。

（11） 最近点：捕捉对象上最近的一点，一般是端点、垂足或交点。

（12） 外观交点：捕捉 3D 空间中两个对象的视图交点（这两个对象实际上不一定相交，但看上去相交）。在 2D 空间中，外观交点捕捉模式与交点捕捉模式是等效的。

（13） 平行线：绘制平行于另一对象的直线。首先是在指定了直线的第一点后，用光标选定一个对象（此时不用单击鼠标指定，AutoCAD 将自动帮助用户指定，并且可以选取多个对象），之后再移动光标，这时经过第一点且与选定的对象平行的方向上将出现一条参照线，这条参照线是可见的。在此方向上指定一点，那么该直线将平行于选定的对象。

在实际绘图时，可以在提示输入点时指定对象捕捉，可以通过以下方式进行。

（1） 按住 Shift 键并单击鼠标右键以显示“对象捕捉”快捷菜单。

（2） 单击“对象捕捉”工具栏上的对象捕捉按钮。

（3） 在命令行提示下输入对象捕捉的名称。

在提示输入点时指定对象捕捉后，对象捕捉只对指定的下一点有效。仅当提示输入点时，对象捕捉才生效。如果尝试在命令提示下使用对象捕捉，将显示错误信息。

1.9.4 设置极轴追踪

使用极轴追踪，光标将按指定角度进行移动。单击状态栏上的“极轴”按钮极轴或按 F10 键可打开极轴追踪功能。

创建或修改对象时，可以使用“极轴追踪”以显示由指定的极轴角度所定义的临时对齐路径。在三维视图中，极轴追踪额外提供上下方向的对齐路径。在这种情况下，工具栏提示会为该角度显示 +Z 或 -Z。极轴角与当前用户坐标系（UCS）的方向和图形中基准角度法则的设置相关。在“图形单位”对话框中设置角度基准方向。

使用“极轴追踪”沿对齐路径按指定距离进行捕捉。比如，在图 1-33 中绘制一条从点 1 到点 2 的两个单位的直线，然后绘制一条到点 3 的两个单位的直线，并与第一条直线成 45° 度角。如果打开了 45° 极轴角增量，当光标跨过 0° 或 45° 角时，将显示对齐路径和工具栏提示。当光标从该角度移开时，对齐路径和工具栏提示消失。

光标移动时，如果接近极轴角，将显示对齐路径和工具栏提示。默认角度测量值为 90° 。可以使用对齐路径和工具栏提示绘制对象。极轴追踪和“正交“模式不能同时打开，打开极轴追踪将关闭“正交”模式。

极轴追踪可以在“草图设置”对话框的“极轴追踪”选项卡中进行设置。在状态栏中右键单击“极轴”按钮极轴，在弹出的快捷菜单中选择“设置”命令，弹出“草图设置”对话框，对话框显示“极轴追踪”选项卡，如图 1-34 所示，可以进行极轴追踪模式参数的设置，追踪线由相对于起点和端点的极轴角定义。

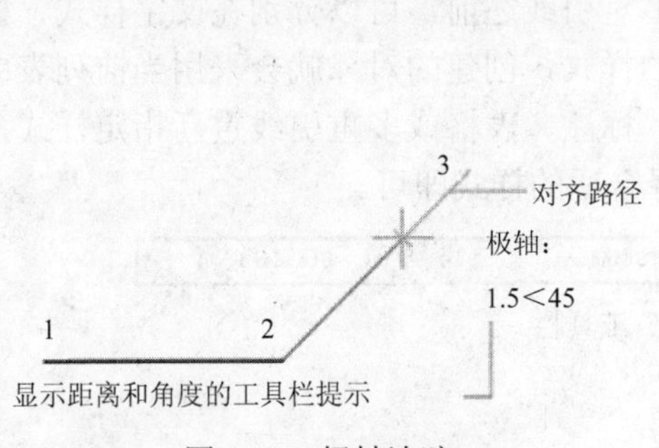

图 1-33 极轴追踪

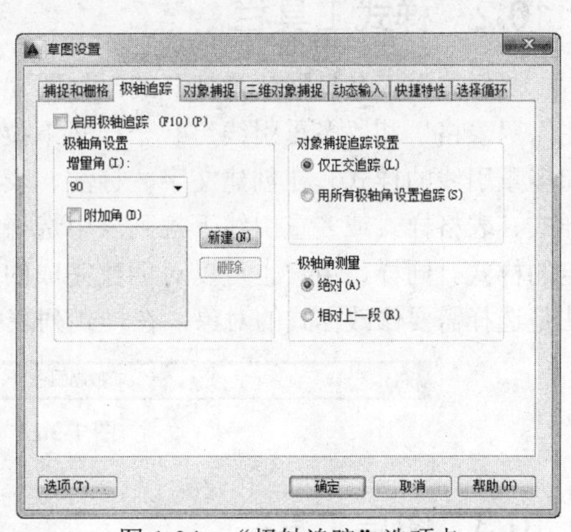

图 1-34 “极轴追踪”选项卡

“极轴追踪”选项卡各选项含义如下。

（1） 增量角：设置极轴角度增量的模数，在绘图过程中所追踪到的极轴角度将为此模数的倍数。

（2） 附加角：在设置角度增量后，仍有一些角度不等于增量值的倍数。对于这些特定的角度值，用户可以单击“新建”按钮，添加新的角度，使追踪的极轴角度更加全面（最多只能添加 10 个附加角度）。

（3） 绝对：极轴角度绝对测量模式。选择此模式后，系统将以当前坐标系下的 X 轴为起始轴计算出所追踪到的角度。

（4） 相对上一段：极轴角度相对测量模式。选择此模式后，系统将以上一个创建的对象为起始轴，计算出所追踪到的相对于此对象的角度。

1.10 对象特性的修改

在 AutoCAD 2014 中，绘制完图形后一般还需要对图形进行各种特性和参数的设置修改，以便进一步完善和修正图形来满足工程制图和实际加工的需要。一般通过“特性”、“样式”、“图层”工具栏对对象特性进行设置。

1.10.1 特性工具栏

如图 1-35 所示的“特性”工具栏中从左到右依次为“颜色”、“线型”和“线宽”3 个下拉列表框，用于设置选择对象的颜色、线型和线宽。

当用户选择需要设置特性的图形对象后，可以在颜色下拉列表中选择合适的颜色，或者选择“选择颜色”命令，弹出“选择颜色”对话框设置需要的颜色。用户可以在线型下拉列表中选择已经加载的线型，或者选择“其他”命令，弹出“选择线型”对话框设置需要的线型；可以在线宽下拉列表中选择合适的线宽设置需要的宽度。

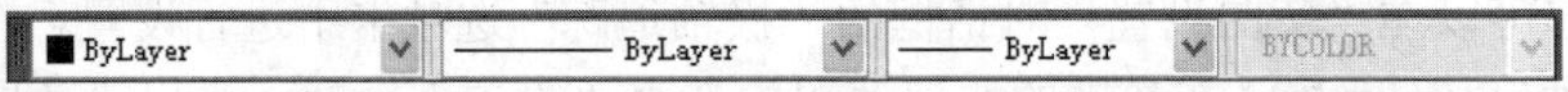

ByLayer ByLayer ByLayer BYCOLOR

图 1-35 “特性”工具栏

1.10.2 样式工具栏

“样式”工具栏默认是打开的，如图 1-36 所示。“样式”工具栏中依次有“文字”、“标注”、“表格”和“多重引线”4 个样式下拉列表，可以设置文字对象、标注对象、表格对象和多重引线的样式。在创建文字、标注、表格和多重引线之前，可以分别在文字样式、标注样式、表格样式或多重引线下拉列表中选择相应的样式，创建的对象就会采用当前列表中指定的样式。同样，用户也可以对创建完成的文字、标注、表格或多重引线重新指定样式，方法是选择需要修改样式的对象，在样式列表中选择合适的样式即可。

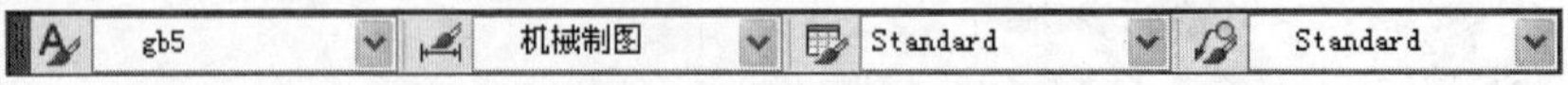

图 1-36 “样式”工具栏

1.10.3 图层工具栏

“图层”工具栏默认是打开的，如图 1-37 所示。通过“图层”工具栏可以切换当前图层，可以修改选择对象的所在图层，可以控制图层的打开和关闭，冻结和解冻，锁定和解锁等。用户在图层下拉列表中选择合适的图层，即可将该图层置为当前图层，在绘图区选择需要改变图层的对象，在图层下拉列表中选择目标图层即可改变选择对象所在图层。

图 1-37 “图层”工具栏

1.10.4 特性选项板

“特性”选项板用于列出所选定对象或对象集的当前特性设置，通过“特性”选项板可以修改任何可以通过指定新值进行修改的图形特性。默认情况下，“特性”选项板是关闭的。在未指定对象时，可以通过在菜单栏选择“工具”|“选项板”|“特性”命令，打开“特性”选项板，如图 1-38 所示，选项板只显示当前图层的基本特性、三维效果、图层附着的打印样式表的名称、查看特性，以及关于 UCS 的信息等。

当在绘图区选定一个对象时，可以通过点击鼠标右键在弹出的快捷菜单中选择“特性”命令打开特性选项板，选项板显示选定图形对象的参数特性，如图 1-39 所示为选定一个圆形时特性选项板的参数状态。如果选择多个对象，则“特性”选项板显示选择集中所有对象的公共特性。

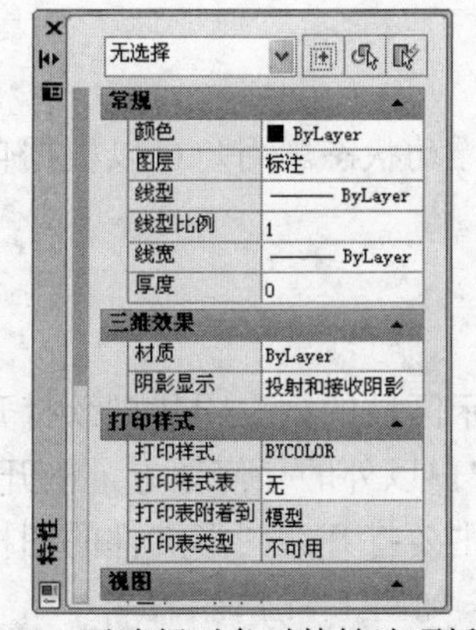

图 1-38 无选择对象时特性选项板状态

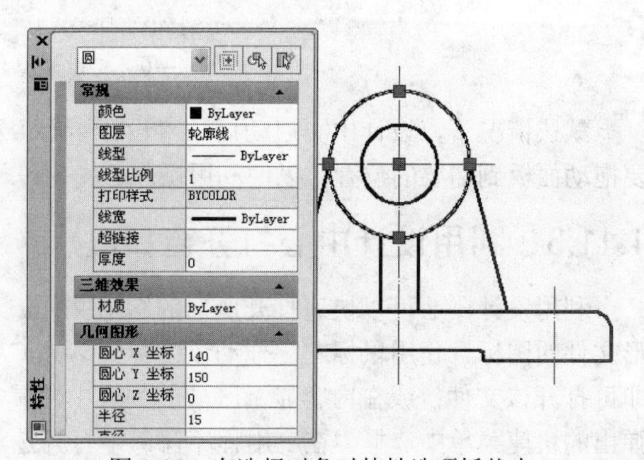

图 1-39 有选择对象时特性选项板状态

1.11 使用设计中心

AutoCAD 提供的设计中心是一个设计资源的集成管理工具。使用 AutoCAD 设计中心，用户可以高效地管理块、外部参照、光栅图像以及来自其他源文件或应用程序的内容。此外，如果在绘图区打开多个文档，在多文档之间可以通过拖放操作来实现图形的复制和粘贴。粘贴不仅包含了图形本身，而且包含图层定义、线型和字体等内容。

1.11.1 AutoCAD 设计中心的功能

在 AutoCAD 2014 中，设计中心具有以下功能：

（1） 浏览用户计算机、网络驱动器和 Web 页上的图形内容（例如图形或符号库）。

（2） 在定义表中查看图形文件中命名对象（例如块和图层）的定义，然后将定义插入、附着、复制和粘贴到当前图形中更新（重定义）块。

（3） 创建指向常用图形、文件夹和 Internet 网址的快捷方式，向图形中添加外部参照、块和填充等内容。

（4） 在新窗口中打开图形文件，将图形、块和填充拖动到工具选项板上以便于访问。

1.11.2 AutoCAD 设计中心的启动和调整

选择“工具”|“设计中心”命令，或在“标准注释”工具栏上单击“设计中心”按钮，或利用组合键 Ctrl+2，均可进入设计中心，如图 1-40 所示。

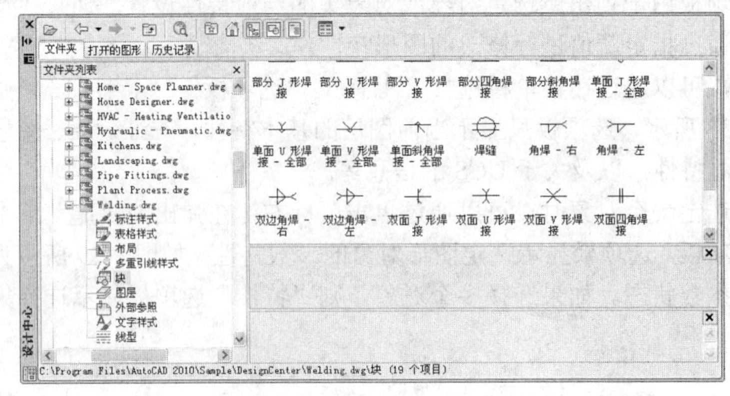

图 1-40 “设计中心”面板

默认情况下，设计中心启动后，“设计中心”面板处于浮动状态。用户可以根据自己需要拖动面板到需要的位置，以便利用操作。

1.11.3 利用设计中心打开窗口

利用设计中心可以快速打开所选的图形文件。从内容显示区域的列表中找到欲打开的图形文件的图标，使用鼠标左键拖动该图标到 AutoCAD 的主窗口以外的任何地方，松开鼠标，即可打开该文件；或在内容显示区域的列表中用鼠标右键单击要打开的图形文件的图标，在弹出的快捷菜单中选择“在应用程序窗口中打开选项”命令，如图 1-41 所示。

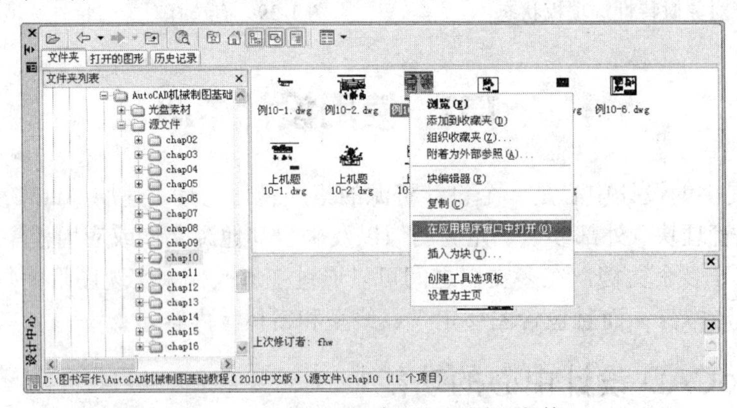

图 1-41 利用设计中心打开图形文件

利用设计中心可以将图形文件添加到当前图形文件中或者插入图块。

（1） 将图形文件添加到当前图形文件中。

从设计中心的内容显示区域的列表中，找到要插入的图形文件，使用鼠标左键拖动该图形文件到当前绘图区域，松开鼠标左键，根据命令行的提示，在绘图区域选择要插入点，输入 X 比例因子，指定旋转角度，即可将选定的图形文件插入到当前图形文件中；或在内容显示区域的列表中用鼠标右键单击要打开的图形文件，在弹出的快捷菜单中选择“要插入为块”，系统将打开如图 1-42 所示的“插入”对话框。利用该对话框可在绘图区指定要插入点的位置、设定缩放比例、定义旋转角度等，确定后即可将图形作为块插入到当前图形文件中。

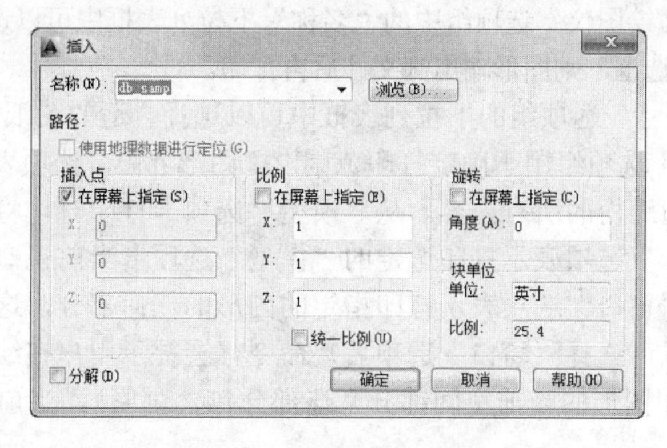

图 1-42 “插入”对话框

（2） 插入块。

从设计中心的内容显示区域的列表中，找到要插入的图形文件中的块，使用鼠标左键拖动该块到当前绘图区域，松开鼠标左键即可；或在内容显示区域的列表中用鼠标右键单击要插入的块，在弹出的快捷菜单中选择“插入块”命令，系统将打开“插入”对话框，设置对话框上的相关选项和参数即可。

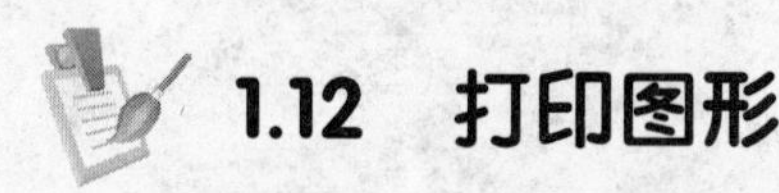

1.12 打印图形

选择“文件”|“打印”命令，弹出如图 1-43 所示的“打印”对话框，在该对话框中可以对打印的一些参数进行设置。

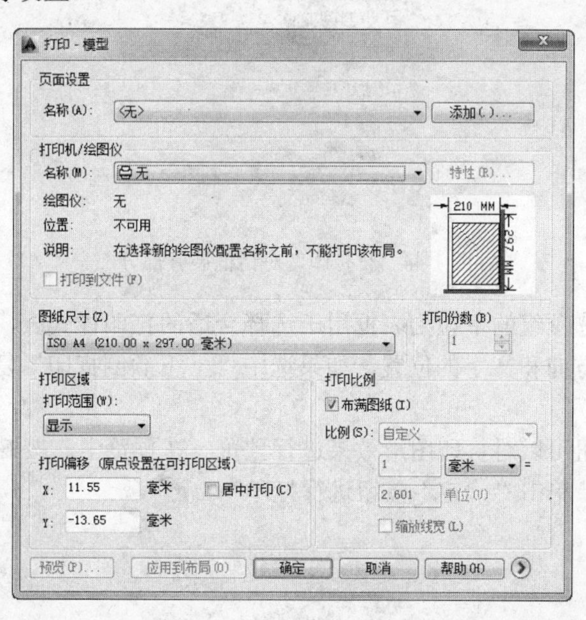

图 1-43 “打印”对话框

（1） 在“页面设置”选项组中的“名称”下拉列表框中可以选择所要应用的页面设置名称，单击“添加”按钮则可以添加其他的页面设置，如果没有进行页面设置，可以选择“无”选项。

（2） 在“打印机/绘图仪”选项组中的“名称”下拉列表框中可以选择要使用的绘图仪。选择“打印到文件”复选框，则图形输出到文件后再打印。

（3） 在“图纸尺寸”选项组的下拉列表框中可以选择合适的图纸幅面。

（4）“打印区域”选项组用于确定打印范围。“图形界限”选项表示打印布局时，将打印指定图纸尺寸的页边距内的所有内容。从“模型”选项卡打印时，将打印图形界限定义的整个图形区域。“显示”选项表示打印选定的“模型”选项卡当前视口中的视图或布局中的当前图纸空间视图。“窗口”选项表示打印指定的图形的任何部分，这是直接在模型空间打印图形时最常用的方法。选择“窗口”选项后，命令行会提示用户在绘图区指定打印区域。“范围”选项用于打印图形的当前空间部分（该部分包含对象），当前空间内的所有几何图形都将被打印。

（5）“打印比例”选项组用于设置图纸的比例，此时“布满图纸”为不选中状态，当选中“布满图纸”复选框后，其他选项显示为灰色，不能更改。

单击“打印”对话框右下角的按钮，则展开“打印”对话框，如图1-44所示。

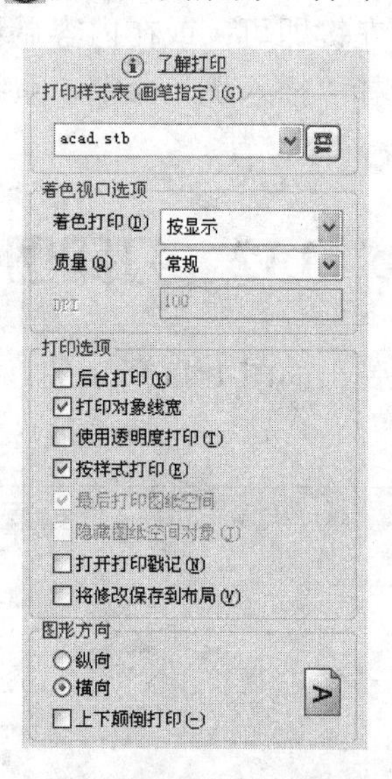

图1-44 “打印”对话框展开部分

“打印样式表”选项组的下拉列表框用于选择合适的打印样式表，在“图形方向”选项组中设置图形打印的方向和文字的位置，如果选中“上下颠倒打印”复选框，则打印内容将反向。

单击“预览”按钮可以对打印图形效果进行预览。在预览中，按Enter键可以退出预览，返回“打印”对话框，单击“确定”按钮进行打印。

第2章 二维绘图与编辑

在 AutoCAD 中，二维图形对象都是通过一些基本二维图形的绘制，以及在此基础上的编辑得到的。AutoCAD 为用户提供了大量的基本图形绘制命令和二维图形编辑命令，用户通过这些命令的结合使用，可以方便而快速地绘制出二维图形对象。

本章旨在向读者介绍二维平面图形的基本绘制和编辑方法，图案填充的基本方法，表格的创建，以及创建和插入图块的方法。通过本章的学习，读者可以掌握 AutoCAD 中二维图形的基本绘制方法。

2.1 二维图形绘制

AutoCAD 在二维绘图方面体现了强大的功能，用户可以使用 AutoCAD 提供的各种命令绘制点、直线、弧线以及其他图形。

AutoCAD 2014 提供了“绘图”和“修改”工具栏方便用户绘图，工具栏中包含了基本二维制图命令按钮和二维编辑命令按钮。在“二维绘图和注释”工作空间里还提供了“绘图”和“修改”面板，其功能与两个工具栏是类似的。

2.1.1 绘制点

在利用 AutoCAD 绘制图形时，经常需要绘制一些辅助点来准确定位，完成图形后删除它们。AutoCAD 既可以绘制单独的点，也可以绘制等分点和等距点。在创建点之前要设置点的样式和大小，然后再绘制点。

1. 设定点的大小与样式

选择“格式”|“点样式”命令，弹出如图 2-1 所示的“点样式”对话框，从中可以完成点的样式和大小的设置。

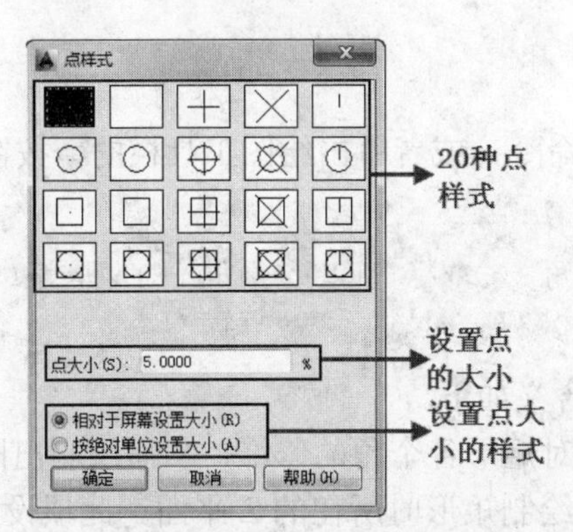

图 2-1 “点样式”对话框

一个图形文件中，点的样式都是一致的，一旦更改了一个点的样式，该文件中所有的点都会发生变化，除了被锁住或者冻结的图层上的点，但是将该图层解锁或者解冻后，点的样式和其他图层一样会发生变化。

2. **绘制点**

选择“绘图”|“点”|“单点”命令或者“多点”命令（选择“单点”命令则一次命令仅输入一个点，选择“多点”命令则可输入多个点），或者单击“绘图”工具栏的“点”按钮，即可在指定的位置单击鼠标创建点对象，或者输入点的坐标绘制多个点。

3. **绘制定数等分点**

AutoCAD 提供了“等分”命令，可以将已有图形按照一定的要求等分。绘制定数等分点，就是将点或者块沿着对象的长度或周长等间隔排列。在“绘图”菜单中选择“点”|“定数等分”命令。在系统提示下选择要等分的对象，并输入等分的线段数目，就可以在图形对象上绘制定数等分点了。可以绘制定数等分点的对象包括圆、圆弧、椭圆、椭圆弧和样条曲线。

对于非闭合的图形对象，定数等分点的位置是唯一的，而闭合的图形对象的定数等分点的位置和鼠标选择对象的位置有关。有时候绘制完等分点后，用户可能看不到，这是因为点与所操作的对象重合，用户可以将点设置为其他便于观察的样式。

4. **绘制定距等分点**

在 AutoCAD 中，还可以按照一定的间距绘制点，在“绘图”菜单中选择“点”|“定距等分”命令。在系统的提示下，输入点的间距，即可绘制出该图形上的定距等分点。

2.1.2 绘制直线

直线是基本的图形对象之一，AutoCAD 中的直线其实为几何学中的线段。AutoCAD 用一系列的直线连接各指定点。

在“绘图”菜单中选择“直线”命令，或者单击绘图工具栏的按钮，激活该命令后，系统提示如下：

```
命令: line
指定第一点:        //使用光标在绘图区拾取一个点或者输入坐标确定一个点
指定下一点或 [放弃(U)]: //使用光标在绘图区拾取第二个点或者输入坐标确定第二点
指定下一点或 [放弃(U)]: //继续绘制或者按回车键完成绘制
```

2.1.3 绘制矩形

选择“绘图”|“矩形”命令，或者单击绘图工具栏的按钮，命令行提示如下：

```
命令: _rectang
指定第一个角点或 [倒角(C)/标高(E)/圆角(F)/厚度(T)/宽度(W)]:
指定另一个角点或 [面积(A)/尺寸(D)/旋转(R)]:
```

其中命令行各提示项的含义如下。

- “倒角”选项：设置对矩形各个角的修饰，从而绘制出四个角带倒角的矩形。
- “标高”选项：设置绘制矩形时所在的 Z 平面。此项设置在平面视图中看不出区别。
- “圆角”选项：设置矩形各角为圆角，从而绘制出带圆角的矩形。

- “厚度”选项：设置矩形沿 Z 轴方向的厚度，同样在平面视图中无法看到效果。
- “宽度”选项：设置矩形边的宽度。
- “面积”选项：使用面积与长度或宽度创建矩形。如果“倒角”或“圆角”选项被激活，则面积将包括倒角或圆角在矩形角点上产生的效果。
- “尺寸”选项：使用长和宽创建矩形。
- “旋转”选项：按指定的旋转角度创建矩形。

2.1.4 正多边形

正多边形各边长度相等，利用 AutoCAD 的“正多边形”命令可以绘制边数从 3～1024 的正多边形。

选择“绘图”|“正多边形”命令，或者单击“绘图”工具栏的⬠按钮，具体操作如下：

```
命令: _polygon 输入侧面数 <4>://设置多边形的边数
指定正多边形的中心点或 [边（E）]://指定多边形的中心点或者输入“边”选项，使用边绘制
输入选项 [内接于圆（I）/外切于圆（C）] <I>: //设置多边形时内接还是外切于圆
指定圆的半径://指定多边形内接或者外切的圆的半径
```

各命令行提示项的含义如下。

- “边”选项：以一条边的长度和方向为基础绘制正多边形。
- “内接于圆”选项：绘制圆的内接正多边形。
- “外切于圆”选项：绘制圆的外切正多边形。

2.1.5 绘制圆、圆弧

在制图中，圆、圆弧、圆环在绘图过程中是非常重要也是非常基础的曲线图形。可以用很多办法来构造圆、圆弧、圆环，下面就分别介绍它们。

1. 绘制圆

AutoCAD 提供了 6 种绘制圆的方法，它们都包含在“圆”命令中。可以通过在“绘图”菜单中选择“圆”命令，或者单击绘图工具栏中的⊙按钮进行圆的绘制，并且在菜单“绘图”|“圆”的级联菜单中，依次罗列了 6 种绘制圆的方法。

（1） “圆心、半径”选项绘制圆，命令行中要求指定圆心和半径来绘制圆，演示效果如图 2-2 所示。

（2） “圆心、直径”选项绘制圆，命令行中要求指定圆心和直径绘制圆，绘制结果如图 2-3 所示。

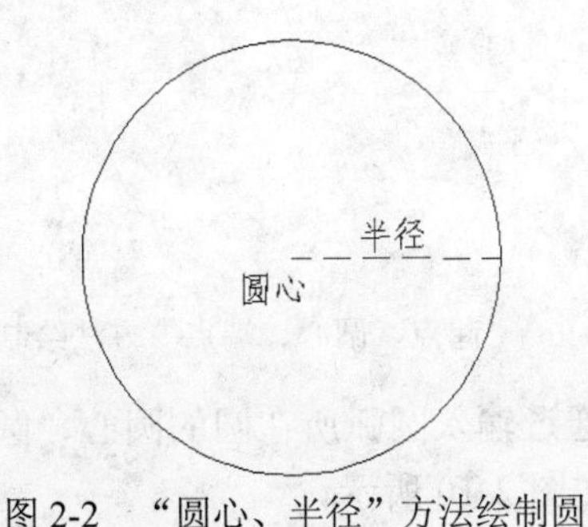

图 2-2 “圆心、半径”方法绘制圆

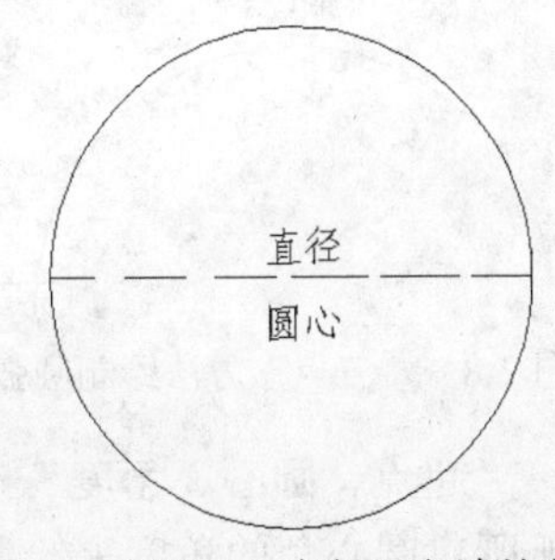

图 2-3 “圆心、直径”方法绘制圆

（3） “三点”选项绘制圆，命令行要求指定圆上的三点，绘制结果如图 2-4 所示。

（4） “切点、切点、半径”选项绘制圆，是利用与圆周相切的两个对象和圆的半径绘制圆。使用此方法绘制圆有可能找不到符合条件的圆形，此时命令提示行将提示：“圆不存在”。绘制结果如图 2-5 所示。

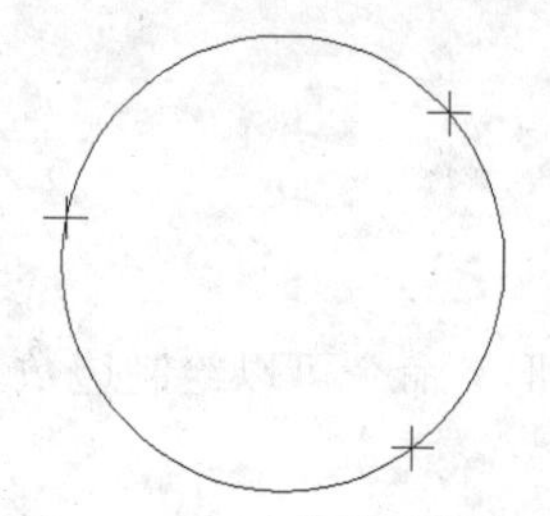

图 2-4 “三点”方法绘制圆

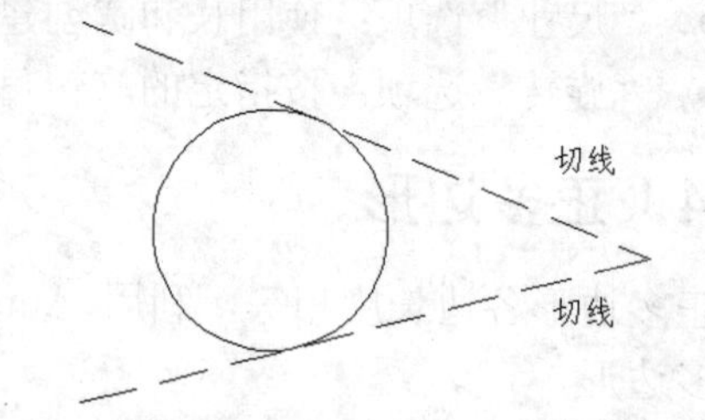

图 2-5 “切点、切点、半径”方法绘制圆

（5） “两点”选项绘制圆，是利用圆一条直径的两个端点绘制圆，绘制结果如图 2-6 所示。

（6） “相切、相切、相切”选项绘制圆，是利用与圆周相切的 3 个对象绘制圆。使用该方式时，要打开对象捕捉功能的捕捉“切点”功能，绘制结果如图 2-7 所示。

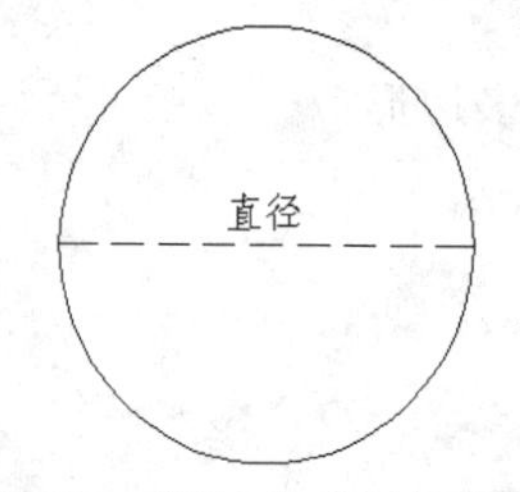

图 2-6 “两点”方法绘制圆

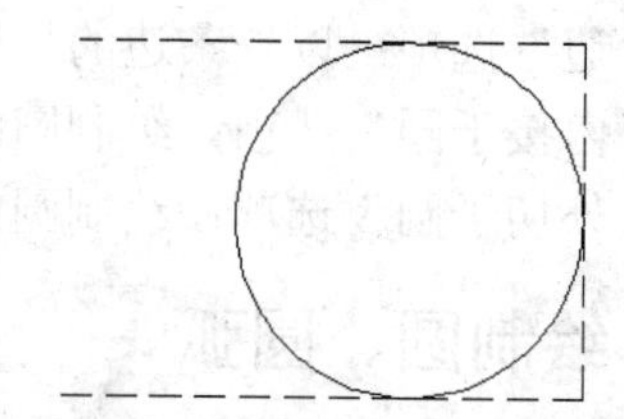

图 2-7 “相切、相切、相切”方法绘制圆

2. 绘制圆弧

圆弧是圆周的一部分，绘制圆弧时除了需要知道圆心、半径之外，还需要知道圆弧的起点、终点。此外，圆弧还有顺时针和逆时针的特性。AutoCAD 提供了 10 种绘制圆弧的方法。在“绘图”菜单中选择“圆弧”选项，或者单击绘图工具栏中的按钮便可以调用这些命令。

（1） “三点”选项绘制圆弧，是通过输入圆弧的起点、端点和圆弧上的任一点来绘制圆弧。绘制结果如图 2-8 所示。

（2） “起点、圆心、端点”选项绘制圆弧，是通过圆弧所在圆的圆心、圆弧的起点和终点来绘制圆弧。绘制结果如图 2-9 所示。

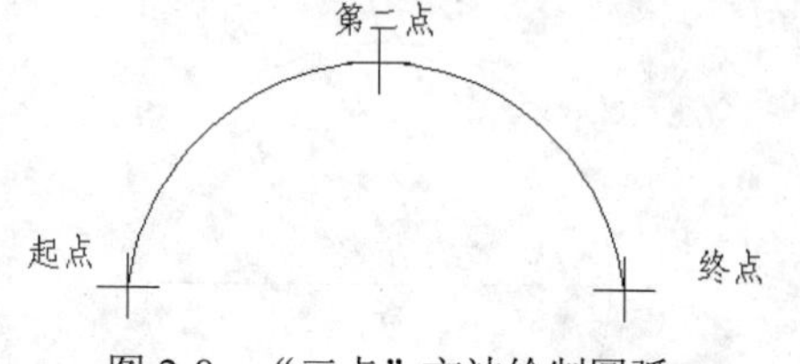

图 2-8 “三点”方法绘制圆弧

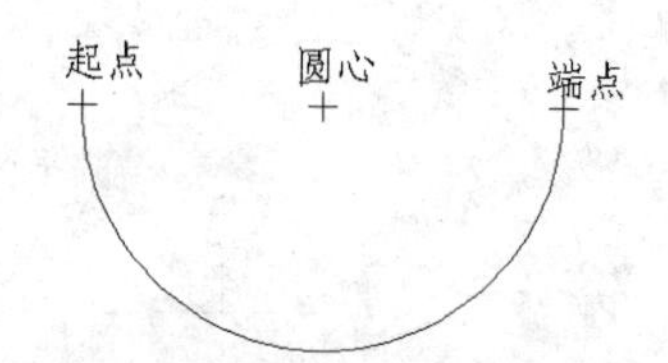

图 2-9 “起点、圆心、端点”方法绘制圆弧

（3） “起点、圆心、角度”选项绘制圆弧，是通过输入圆弧所在圆的圆心、圆弧的起点以及圆弧所对圆心角的角度来绘制圆弧。绘制结果如图 2-10 所示。

（4）“起点、圆心、长度”选项绘制圆弧，是通过圆弧所在圆的圆心、圆弧的起点以及圆弧的弦长来绘制圆弧，注意输入的弦长不能超过圆弧所在圆的直径。绘制结果如图 2-11 所示。

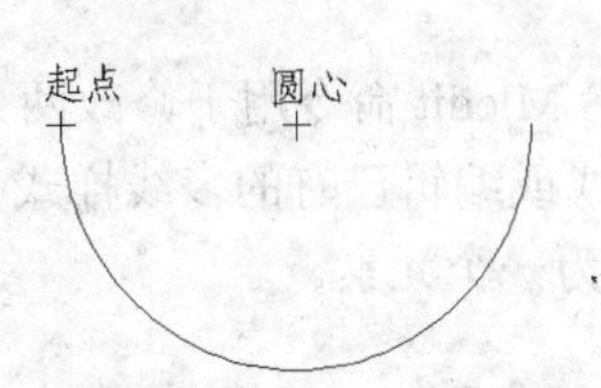

图 2-10 “起点、圆心、角度”方法绘制圆弧

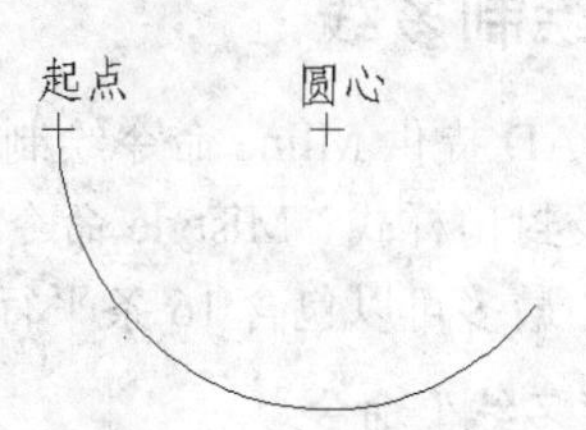

图 2-11 “起点、圆心、长度”方法绘制圆弧

（5）“起点、端点、角度”选项绘制圆弧，是通过输入圆弧的起点、端点以及圆弧所对圆心角的角度来绘制圆弧。绘制结果如图 2-12 所示。

（6）“起点、端点、方向”选项绘制圆弧，是通过输入圆弧的起点、端点与通过起点的切线方向来绘制圆弧。绘制结果如图 2-13 所示。

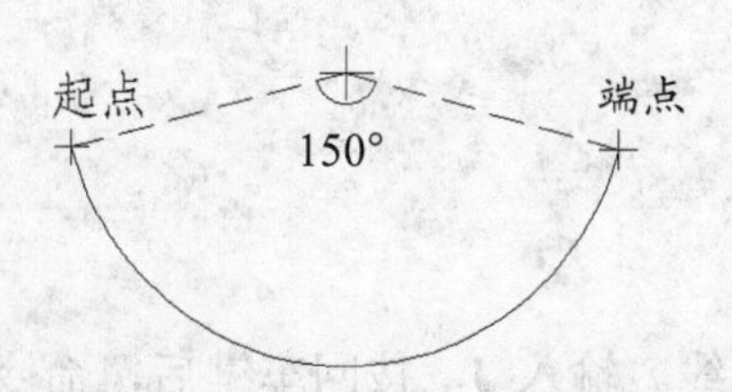

图 2-12 “起点、端点、角度”方法绘制圆弧

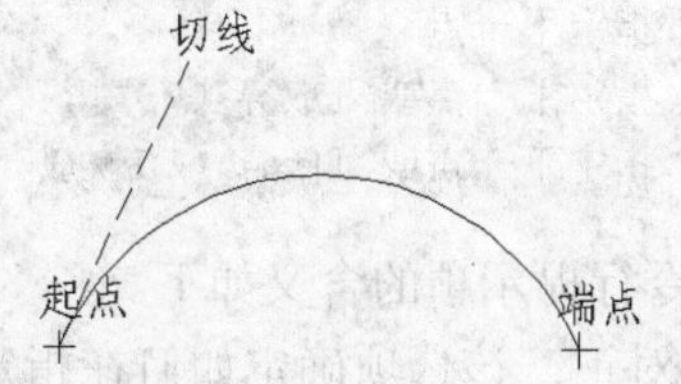

图 2-13 “起点、端点、方向”方法绘制圆弧

（7）“起点、端点、半径”选项绘制圆弧，是通过输入圆弧的起点、端点以及圆弧的半径来绘制圆弧。绘制结果如图 2-14 所示。

（8）“圆心、起点、端点”选项绘制圆弧，是通过输入圆弧所在圆的圆心以及圆弧的起点、端点来绘制圆弧。绘制结果如图 2-15 所示。

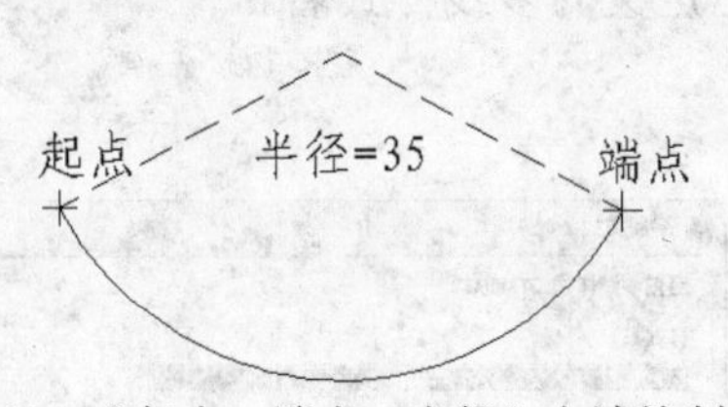

图 2-14 “起点、端点、半径”方法绘制圆弧

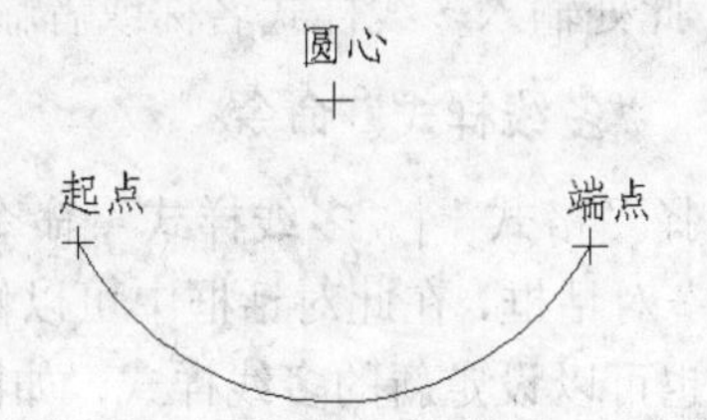

图 2-15 “圆心、起点、端点”方法绘制圆弧

（9）“圆心、起点、角度”选项绘制圆弧，是通过输入圆弧所在圆的圆心、圆弧的起点以及圆弧所对圆心角的角度来绘制圆弧。绘制结果如图 2-16 所示。

（10）“圆心、起点、长度”选项绘制圆弧，是通过输入圆弧所在圆的圆心、圆弧的起点以及圆弧所对弦的长度来绘制圆弧。绘制结果如图 2-17 所示。

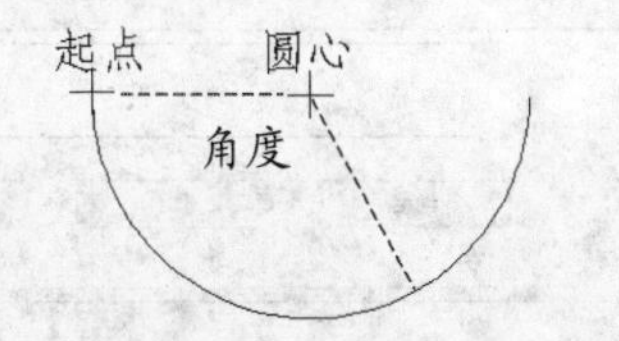

图 2-16 “圆心、起点、角度”方法绘制圆弧

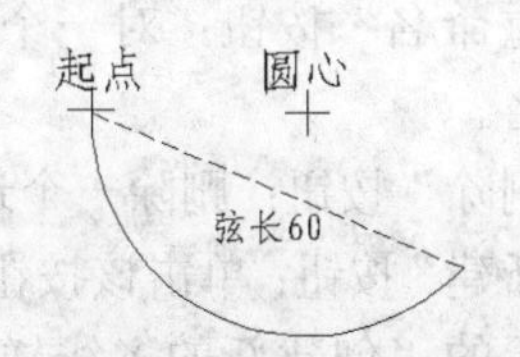

图 2-17 “圆心、起点、长度”方法绘制圆弧

（11） 在菜单中还有最后一项为“继续”选项，其作用是继续绘制与最后绘制的直线或曲线的端点相切的圆弧。

2.1.6 绘制多线

AutoCAD 提供 Mline 命令绘制多线，另外，还提供了 Mledit 命令用于修改两条或多条多线的交点及封口样式，Mlstyle 命令用于创建新的多线样式或编辑已有的多线样式。在一个多线样式中，最多可以包含 16 条平行线，每一条平行线称为一个元素。

1. “多线”命令

选择“绘图”|“多线”命令，或者在命令行提示符下输入 Mline 命令，并按 Enter 键或空格键，均可激活“多线”命令。具体操作如下：

```
命令： _mline
当前设置：对正 = 上，比例 = 20.00，样式 = STANDARD
指定起点或 [对正（J）/比例（S）/样式（ST）]://设置多线的参数
指定下一点:
指定下一点或 [放弃（U）]:
指定下一点或 [闭合（C）/放弃（U）]:
```

命令行提示项的含义如下。

- 对正：该选项确定如何在指定的点之间绘制多线。输入 J，按回车键后，命令行提示三个选项“上（T）/无（Z）/下（B）”，其中上（T）表示设置光标处绘制多线的顶线，其余的线在光标之下；无（Z）表示在光标处绘制多线的中点，即偏移量为 0 的点；下（B）表示设置光标处绘制多线的底线，其余的线在光标之上。
- 比例：设置多线宽度的缩放比例系数。此系数不会影响线型的缩放比例系数。
- 样式：指定多线样式。选择此项后，命令行会给出提示：“输入多线样式名或 [?]:”此处输入多线样式名称或者输入“?”可显示已定义的多线样式名。

2. “多线样式”命令

选择“格式”|“多线样式”命令，弹出“多线样式”对话框，在此对话框中可以修改当前多线样式，也可以设定新的多线样式，如图 2-18 所示。在此对话框中，各按钮的含义如下。

图 2-18 “多线样式”对话框

- “加载”按钮：单击该按钮显示“加载多线样式”对话框，在此对话框中可选择 MLN 为后缀名的文件，从中读取多线样式。
- “保存”按钮：保存或复制一个多线样式。
- “重命名”按钮：对一个多线样式进行重命名。
- “删除”按钮：删除一个选中的多线样式。
- “新建”按钮：单击该按钮，弹出如图 2-19 所示的“创建新的多线样式”对话框。在“新样式名”对话框中输入新样式名称，在“基础样式”下拉列表框中选择参考样式，单击“继续”按钮，弹出如图 2-20 所示的“新建多线样式”对话框。

在“新建多线样式”对话框中，“说明”文本框为当前多线样式附加简单的说明和描述。“封口”选项组用于设置多线起点和终点的封闭形式。封口有 4 个选项，分别为直线、外弧、内弧和角度。“填充颜色”下拉列表框可以设置多线背景的填充。“显示连接”复选框控制多线每个部分的端点上连接线的显示。默认状态下，不选中此复选框。

图 2-19 “创建新的多线样式”对话框

图 2-20 “新建多线样式”对话框

“图元”选项组可以设置多线元素的特性。元素特性包括每条直线元素的偏移量、颜色和线型。“添加”按钮可以将新的多线元素添加到多线样式中。“删除”按钮从当前的多线样式中删除不需要的直线元素。“偏移”文本框用于设置当前多线样式中某个直线元素的偏移量，偏移量可以是正值，也可以是负值。“颜色”下拉列表框可以选择需要的元素颜色。单击“线型”按钮，弹出“选择线型”对话框，可以从该对话框中选择已经加载的线型，或按需要加载线型。单击“加载”按钮，弹出“加载或重载线型”对话框，可以选择合适的线型。

3. “多线编辑”命令

AutoCAD 提供了“多线编辑”命令，来对多线进行编辑。在“修改”菜单中选择“对象”|“多线”选项，或在命令行输入命令 Mledit，则弹出“多线编辑工具”对话框，如图 2-21 所示。

用户可以在对话框中选择想要的编辑格式来修改已绘制的多线。

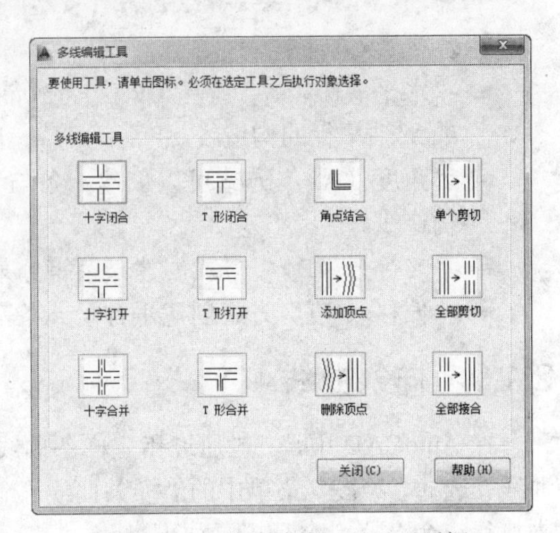

图 2-21 “多线编辑工具”对话框

2.1.7 绘制多段线

多段线是由多个对象组成的图形。多段线中的“多段”指的是单个对象中包含多条直线或圆弧。因此它就可以同时具有很多直线、圆弧等对象所具备的优点，这主要表现在多段线可直可曲、可宽可窄，并且线宽可固定也可变化。

在“绘图”菜单中选择“多段线”选项，或者单击绘图工具栏的按钮，或者在命令行提示符下输入 Pline 命令并按 Enter 键或空格键，都可以调用“多段线”命令。具体操作如下：

```
命令: _pline
指定起点:
当前线宽为 0.0000
指定下一个点或 [圆弧 (A) /半宽 (H) /长度 (L) /放弃 (U) /宽度 (W) ]:
指定下一点或 [圆弧 (A) /闭合 (C) /半宽 (H) /长度 (L) /放弃 (U) /宽度 (W) ]:
```

命令行提示项含义如下。

- “圆弧”选项：使多段线的绘制由直线切换到曲线。
- “半宽”选项：指定多段线的半宽值。
- “长度”选项：指定当前多段线的长度。如果前一段为直线，当前多段线沿着直线延长方向；如果前一段为曲线，当前多段线沿着曲线端点的切线方向。
- “放弃”选项：撤销上次所绘制的一段多段线。可按顺序依次撤销。
- “宽度”选项：指定多段线线宽值。其默认值为上一次所指定的线宽，如果用户一直没有指定过多段线线宽，其值为零。在指定线宽时，对多段线的起点宽度与端点宽度进行分别指定，也可分段指定，可互不相同。

在圆弧选项中，AutoCAD 提供了多种不同的选项用来绘制曲线段，绘制方式与圆弧类似。

2.1.8 构造线

向两个方向无限延伸的直线称为构造线。选择“绘图”菜单中的“构造线”命令，或单击“绘图”工具栏的按钮，或者在命令行输入 XLINE，都可以绘制构造线。命令行提示如下：

```
命令: _xline
指定点或 [水平 (H) /垂直 (V) /角度 (A) /二等分 (B) /偏移 (O) ]://指定点或者输入其他参数
```

各选项含义如下：

- “水平（H）”、“垂直（V）”方式能够创建一条经过指定点并且与当前 UCS 的 X 轴或 Y 轴平行的构造线。
- “角度（A）”方式可以创建一条与参照线或水平轴成指定角度，并经过指定一点的构造线。
- “二等分（B）”方式创建一条等分某一角度的构造线。
- “偏移（O）”方式创建平行于一条基线一定距离的构造线。

2.1.9 样条曲线

在 AutoCAD 中，一般通过指定样条曲线的控制点、起点以及终点的切线方向来绘制样条曲线。选择“绘图”菜单中的“样条曲线”命令，或单击按钮，或在命令行中输入 SPLINE 来执行该命令。命令行提示如下：

```
命令: _spline
当前设置: 方式=拟合    节点=弦
指定第一个点或 [方式 (M) /节点 (K) /对象 (O) ]://指定样条曲线的起点
输入下一个点或 [起点切向 (T) /公差 (L) ]://指定样条曲线的拟合点
输入下一个点或 [端点相切 (T) /公差 (L) /放弃 (U) ]:// 指定样条曲线的拟合点
…
```

```
输入下一个点或 [端点相切(T)/公差(L)/放弃(U)/闭合(C)]://指定样条曲线的拟合点
输入下一个点或 [端点相切(T)/公差(L)/放弃(U)/闭合(C)]://按回车，绘制完成
```

2.2 二维图形编辑

用户在绘制机械图形时，经常需要对已绘制的图形进行编辑和修改，这时就要用到AutoCAD的图形编辑功能。AutoCAD中常见的二维图形编辑命令基本上都可以在“修改”工具栏上找到，“修改”工具栏如图2-22所示。

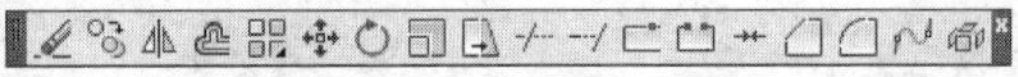

图2-22 “修改”工具栏

2.2.1 删除

在“修改”菜单中选择“删除”命令，或是单击按钮，或者在命令行提示符下输入Erase命令并按Enter键或空格键，均可调用删除命令。命令行提示如下：

```
命令: _erase
选择对象:找到 2 个对象//在绘图区选择需要删除的对象（构造删除对象集）
选择对象:      //按 Enter 键
```

2.2.2 复制

在“修改”菜单中选择“复制”命令，或是单击按钮，或者在命令行提示符下输入Copy命令并按 Enter 键或空格键，均可调用复制命令，“复制”命令可以将对象复制多次。命令行提示如下：

```
命令: _copy
选择对象: 找到 1 个//在绘图区选择需要复制的对象
选择对象://按回车键，完成对象选择
当前设置:  复制模式 = 多个
指定基点或 [位移(D)/模式(O)] <位移>://在绘图区拾取或输入坐标确认复制对象的基点
指定第二个点或 [阵列(A)]<使用第一个点作为位移>://在绘图区拾取或输入坐标确定位移点
指定第二个点或 [阵列(A)/退出(E)/放弃(U)] <退出>://对对象进行多次复制
指定第二个点或 [阵列(A)/退出(E)/放弃(U)] <退出>://按回车键，完成复制
```

2.2.3 镜像

镜像是将一个对象按某一条镜像线进行对称复制。在“修改”菜单中选择“镜像”命令，或是单击按钮，或者在命令行提示符下输入Mirror命令并按Enter键或空格键，均可调用复制命令。命令行提示如下：

```
命令: _mirror
选择对象: 找到 1 个//在绘图去选择需要镜像的对象
选择对象:// 按回车键，完成对象选择
指定镜像线的第一点: //在绘图区拾取或者输入坐标确定镜像线第 1 点
```

```
    指定镜像线的第二点:// 在绘图区拾取或者输入坐标确定镜像线第 2 点
    要删除源对象吗？[是（Y）/否（N）] <N>://输入 N 则不删除源对象，输入 Y 则删除源对象
```

2.2.4 偏移

偏移对象是指保持选择对象的基本形状和方向不变，在不同的位置新建一个对象。偏移的对象可以是直线段、射线、圆弧、圆、椭圆弧、椭圆、二维多段线和平面上的样条曲线等。在“修改”菜单中选择“偏移”命令，或是单击按钮，或者在命令行提示符下输入 Offset 命令并按 Enter 键或空格键，均可调用复制命令。命令行提示如下：

```
    命令: _offset
    当前设置: 删除源=否  图层=源  OFFSETGAPTYPE=0
    指定偏移距离或 [通过（T）/删除（E）/图层（L）] <1.0000>:  100//设置需要偏移的距离
    选择要偏移的对象，或 [退出（E）/放弃（U）] <退出>://在绘图区选择要偏移的对象
    指定要偏移的那一侧上的点，或 [退出（E）/多个（M）/放弃（U）] <退出>://以偏移对象为基准，选择偏移的方向
    选择要偏移的对象，或 [退出（E）/放弃（U）] <退出>://按回车键，完成偏移操作
```

2.2.5 阵列

AutoCAD 为用户提供了 3 种阵列方式：矩形阵列、路径阵列和环形阵列，下面分别讲解。

1. 矩形阵列

所谓矩形阵列，是指在 X 轴或在 Y 轴方向上等间距绘制多个相同的图形。执行“阵列”|“矩形阵列”命令，或者在命令行输入 arrayrect 命令，命令行提示如下：

```
    命令: _arrayrect
    选择对象: 指定对角点: 找到 1 个//如图 2-23，选择需要阵列的对象
    选择对象://按回车键，完成选中
    类型 = 矩形  关联 = 是
    为项目数指定对角点或 [基点（B）/角度（A）/计数（C）] <计数>:   a//设置行轴的角度
    指定行轴角度 <0>: 30//输入角度 30
    为项目数指定对角点或 [基点（B）/角度（A）/计数（C）] <计数>:   c//使用计数方式创建阵列
    输入行数或 [表达式（E）] <4>: 3//输入阵列行数
    输入列数或 [表达式（E）] <4>: 4//输入阵列列数
    指定对角点以间隔项目或 [间距（S）] <间距>: s//设置行间距和列间距
    指定行之间的距离或 [表达式（E）] <16.4336>: 15//输入行间距
    指定列之间的距离或 [表达式（E）] <16.4336>: 20//输入列间距
    按 Enter 键接受或 [关联（AS）/基点（B）/行（R）/列（C）/层（L）/退出（X）]<退出>://按回车键，完成阵列，效果如图 2-23 所示
```

除通过指定行数、行间距、列数和列间距方式创建矩形阵列外，还可以通过“为项目数指定对角点”选项，在绘图区通过移动光标指定阵列中的项目数，再通过“间距”选项来设置行间距和列间距。

“基点”选项表示指定阵列的基点；“关联”选项用于指定创建的阵列项目是否作为关联阵列对象，或是作为多个独立对象；“层级”指定在 Z 轴方向上的层数和层间距。

图 2-23 阵列角度为 30° 时的矩形阵列

2. 路径阵列

所谓路径阵列，是指沿路径或部分路径均匀分布对象副本。路径可以是直线、多段线、三维多段线、样条曲线、螺旋、圆弧、圆或椭圆。执行“阵列”|“路径阵列”命令，或者在命令行输入 ARRAYPATH，或者单击“路径阵列”按钮，命令行提示如下：

```
命令：_arraypath
选择对象：找到 1 个//选择图 2-24（a）所示的树图块
选择对象://按回车键，完成选择
类型 = 路径  关联 = 是
选择路径曲线://选择如图 2-24（a）所示的样条曲线作为路径曲线
输入沿路径的项数或 [方向（O）/表达式（E）] <方向>: o//输入 o，用于设置选定对象是否需要相对于路径起始方向重新定向
指定基点或 [关键点（K）]<路径曲线的终点>://如图 2-24 拾取块的基点为基点，阵列时，基点将与路径曲线的起点重合
指定与路径一致的方向或 [两点（2P）/法线（NOR）]<当前>://按回车键，表示按当前方向阵列，“两点”表示指定两个点来定义与路径的起始方向一致的方向，“法线”表示对象对齐垂直于路径的起始方向。
输入沿路径的项目数或 [表达式（E）] <4>: 8//输入阵列的项目数
指定沿路径的项目之间的距离或 [定数等分（D）/总距离（T）/表达式（E）]<沿路径平均定数等分（D）>: d//输入 d，表示在路径曲线上定数等分对象副本
按 Enter 键接受或 [关联（AS）/基点（B）/项目（I）/行（R）/层（L）/对齐项目（A）/Z 方向（Z）/退出（X）] <退出>://按回车键，完成路径阵列，效果如图 2-24（b）所示
```

图 2-24 路径阵列效果

3. 环形阵列

所谓环形阵列，是指围绕中心点或旋转轴在环形阵列中均匀分布对象副本。执行“阵列”|“环形阵列”命令，或者在命令行输入 ARRAYPOLAR，或者单击“环形阵列”按钮，命令行提示如下：

```
命令：_arraypolar
选择对象：指定对角点：找到 3 个//如图 2-25，选择需要阵列的对象
选择对象://按回车键，完成选择
类型 = 极轴  关联 = 是
指定阵列的中心点或［基点（B）/旋转轴（A）］://拾取图 2-25 所示的点 3 为阵列中心点
输入项目数或［项目间角度（A）/表达式（E）］<4>：6//输入项目数为 6
指定填充角度（+=逆时针、-=顺时针）或［表达式（EX）］<360>://直接按回车键，表示填充角度为 360°
按 Enter 键接受或［关联（AS）/基点（B）/项目（I）/项目间角度（A）/填充角度（F）/行（ROW）/层（L）/旋转项目（ROT）/退出（X）］<退出>://按回车键，完成环形阵列，效果如图 2-25b 所示
```

在 2014 版本中，“旋转轴”表示指定由两个指定点定义的自定义旋转轴，对象绕旋转轴阵列。“基点”选项用于指定阵列的基点，“行数”选项用于编辑阵列中的行数和行间距、以及它们之间的增量标高，“旋转项目”选项用于控制在排列项目时是否旋转项目。

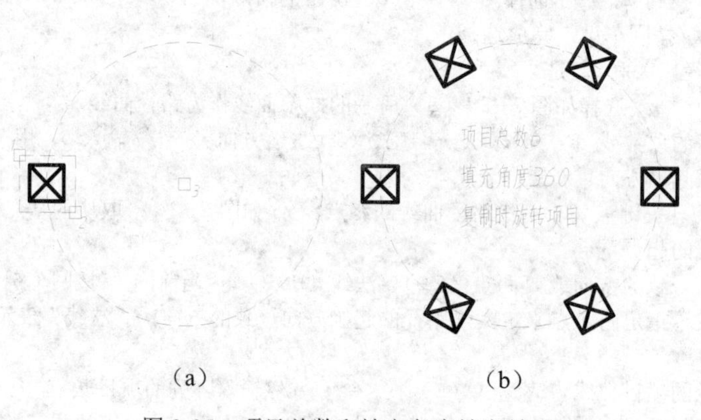

图 2-25　项目总数和填充角度填充效果

2.2.6 移动

“移动”命令是在不改变对象大小和方向的前提上，将对象从一个位置移动到另一个位置。在“修改”菜单中选择“移动”命令，或是单击按钮，或者在命令行提示符下输入 Move 命令并按 Enter 键或空格键，便可调用“移动”命令。命令行提示如下：

```
命令：_move
选择对象：找到 1 个//选择需要移动的对象
选择对象://按回车键，完成对象选择
指定基点或［位移（D）］<位移>：//在绘图区选择对象移动的基点或者输入坐标
指定第二个点或 <使用第一个点作为位移>://在绘图区选择对象移动的第 2 点或者输入坐标
```

2.2.7 旋转

旋转对象是指把选中的对象在指定的方向上旋转指定的角度。用于使对象绕其旋转、从而改变对象的方向的指定点称为基点。在默认状态下，旋转角度为正时，所选对象按逆时针方向旋转；旋转角度为负时，所选对象按顺时针方向旋转。

在“修改”菜单中选择“旋转”命令，或是单击按钮，或者在命令行提示符下输入 Rotate 命令并按 Enter 键或空格键，便可调用“移动”命令。命令行提示如下：

```
命令: _rotate
UCS 当前的正角方向: ANGDIR=逆时针 ANGBASE=0
选择对象: 找到 1 个//选择需要旋转的对象
选择对象://按回车键完成选择
指定基点://在绘图区选择对象旋转的基准点或者输入坐标
指定旋转角度, 或 [复制 (C) /参照 (R) ] <0>: 90//输入旋转角度
```

命令行提示项的含义如下。

- “指定旋转角度”选项：直接输入旋转的角度。
- “复制”选项：创建要旋转的选定对象的副本。
- “参照”选项：使对象参照当前方位来旋转，指定当前方向作为参考角，或通过指定要旋转的直线的两个端点，从而指定参考角，然后指定新的方向。

2.2.8 拉伸

拉伸对象是指拉长选中的对象，使对象的形状发生改变，但不会影响对象没有拉伸的部分。在拉伸过程中，选择对象时，和选择窗口相交的对象被拉伸，窗口外的对象保持不变，完全在窗口内的对象将发生移动。在“修改”菜单中选择“拉伸”命令，或是单击按钮，或者在命令行提示符下输入 Stretch 命令并按 Enter 键或空格键，便可调用“移动”命令。命令行提示如下：

```
命令: _stretch
以交叉窗口或交叉多边形选择要拉伸的对象...
选择对象: 指定对角点: 找到 1 个//以交叉窗口选择方式选择拉伸对象
选择对象://按回车键, 完成选择
指定基点或 [位移 (D) ] <位移>://在绘图区选择拉伸对象拉伸的基点或者输入坐标
指定第二个点或 <使用第一个点作为位移>://在绘图区选择第二点, 或者输入坐标
```

2.2.9 缩放

缩放命令用于将指定对象按相同的比例沿 X 轴、Y 轴放大或缩小。如果要放大一个对象，用户可以输入一个大于 1 的比例因子；如果要缩小一个对象，用户可以输入一个小于 1 的比例因子；但比例因子不能为负值，只能为正值。在“修改”菜单中选择“缩放”命令，或是单击按钮，或者在命令行提示符下输入 Scale 命令并按 Enter 键或空格键，便可调用“缩放”命令。命令行提示如下：

```
命令: _scale
选择对象:找到 1 个//选择缩放对象
```

```
选择对象://按回车键，完成选择
指定基点://在绘图区选择缩放的基点，或者输入坐标
指定比例因子或 [复制 (C) /参照 (R) ] <1.0000>:  0.5//输入缩放的比例值
```

命令行提示项含义如下。

（1）“指定比例因子”选项：指定比例系数，按此比例系数缩放选定的图形。大于 1 的比例系数使图形放大，介于 0 和 1 之间的比例系数使图形缩小。

（2）“复制”选项：创建要缩放的选定对象的副本。

（3）“参照”选项：指定参照长度和新的长度，并按照这两个长度的比例缩放选定的图形。

2.2.10 修剪

修剪命令用于以某个图形为修剪边修剪其他图形。可被修剪的图形包括：直线、圆弧、椭圆弧、圆、二维和三维多段线、构造线、射线以及样条曲线。有效的修剪边界可以是：直线、圆弧、圆、椭圆、二维和三维多段线、浮动视口、参照线、射线、面域、样条曲线以及文字。

在“修改”菜单中选择“修剪”命令，或者单击“修改”工具栏中的按钮，或者在命令行提示符下输入 Trim 命令并按 Enter 键或空格键，便可调用“修剪”命令。命令行提示如下：

```
命令: _trim
当前设置:投影=UCS，边=无
选择剪切边...
选择对象或 <全部选择>:  找到 1 个//在绘图区选择剪切边
选择对象://按回车键，完成选择
选择要修剪的对象，或按住 Shift 键选择要延伸的对象，或
[栏选 (F) /窗交 (C) /投影 (P) /边 (E) /删除 (R) /放弃 (U) ]:
//选择需要修剪的对象，拾取点落在需要修剪掉的部分
选择要修剪的对象，或按住 Shift 键选择要延伸的对象，或
[栏选 (F) /窗交 (C) /投影 (P) /边 (E) /删除 (R) /放弃 (U) ]://按回车键完成修剪
```

命令行提示项含义如下。

- “要修剪的对象”选项：指定待修剪的图形。
- “栏选”选项：选择与选择栏相交的所有对象，选择栏是一系列临时线段，它们是用两个或多个栏选点指定的。
- “窗交”选项：选择矩形区域（由两点确定）内部或与之相交的对象。
- “投影”选项：指定修剪图形时使用的投影模式。
- “边”选项：确定对象是在另一对象的延长边处进行修剪，还是仅在三维空间中与该对象相交的对象处进行修剪。
- “删除”选项：删除选定的对象。此选项提供了一种用来删除不需要的对象的简便方法，而无需退出 TRIM 命令。
- “放弃”选项：撤消由 TRIM 命令所做的最近一次操作。

2.2.11 延伸

延伸是以某个图形为边，将另一个图形延长到此边界上。可延伸的图形包括：直线、圆弧、椭圆弧、开放的二维和三维多段线与射线。可作为延伸边界的对象包括直线、圆弧、椭圆弧、

圆、椭圆、二维和三维多段线、射线、构造线、面域、样条曲线、字符串或浮动视口。如果选择二维多段线作为延伸边界，那么将忽略其宽度并将延伸的图形延伸到多段线的中心线处。

在“修改”菜单中选择“延伸”命令，或者单击修改工具栏的--/按钮，或者在命令行提示符下输入Extend命令并按Enter键或空格键，便可调用“延伸”命令。命令行提示如下：

```
命令: _extend
当前设置:投影=UCS, 边=无
选择边界的边...
选择对象或 <全部选择>:  找到 1 个//选择延伸的边界
选择对象://按回车键, 完成选择
选择要延伸的对象, 或按住 Shift 键选择要修剪的对象, 或
[栏选 (F) /窗交 (C) /投影 (P) /边 (E) /放弃 (U) ]:
//选择要延伸的对象
选择要延伸的对象, 或按住 Shift 键选择要修剪的对象, 或
[栏选 (F) /窗交 (C) /投影 (P) /边 (E) /放弃 (U) ]://按回车键完成延伸
```

2.2.12 打断

打断用于删除图形的一部分或将一个图形分成两部分。该命令可用于直线、构造线、射线、圆弧、圆、椭圆、样条曲线、实心圆环、填充多边形以及二维或三维多段线。

在“修改”菜单中选择“打断”命令，或是单击修改工具栏中的□按钮，或者在命令行提示符下输入Break命令并按Enter键或空格键，便可调用“打断”命令。命令行提示如下：

```
命令: _break 选择对象:
指定第二个打断点  或 [第一点 (F) ]: f
指定第一个打断点:
指定第二个打断点 :
```

在用户选择对象时，如果选择方式使用的是一般默认的定点选取图形，那么用户在选定图形的同时也把选择点定为图形上的第一断点。如果用户在命令行提示“指定第二个打断点或[第一点（F）]:”下输入F选择“第一点”项，那么就是重新指定点来代替以前指定的第一断点。其命令提示行内容同上。

Break 命令将删除图形在指定两点之间的部分。如果第二断点不在对象上，系统会自动从图形中选取与之距离最近的点作为新的第二断点。因此，如果用户要删除直线、圆弧或多端线的一端，可以将第二断点指定在要删除部分的端点之外。而如果用户要将一个图形一分为二而不删除其中的任何部分，可以将图形上的同一点指定为第一断点和第二断点（在指定第二断点时利用相对坐标只输入“@”即可）。同时用户也可单击工具栏中“修改”中的“打断于点”（□）按钮进行单点打断。可以将直线、圆弧、圆、多段线、椭圆、样条曲线、圆环以及其他几种图形拆分为两个图形或将其中的一端删除。在圆上删除一部分弧线时，命令会按逆时针方向删除第一断点到第二断点之间的部分，将圆转换成圆弧。

2.2.13 合并

合并命令将对象合并以形成一个完整的对象。在“修改”菜单中选择“合并”命令，或是单击修改工具栏中的++按钮，或者在命令行提示符下输入Join命令并按Enter键或空格键，便可调用“合并”命令。命令行提示如下：

```
命令: _join
选择源对象:
选择要合并到源的直线:  找到 1 个
选择要合并到源的直线:
已将 1 条直线合并到源
```

用户可以将直线、圆、椭圆弧和样条曲线等独立的线段合并为一个对象，可以合并具有相同圆心和半径的多条连续或不连续的弧线段，可以合并连续或不连续的椭圆弧线段，可以封闭椭圆弧，可以合并一条或多条连续的样条曲线，也可以将一条多段线与一条或多条直线、多段线、圆弧或样条曲线合并在一起。

2.2.14 倒角

倒角用于在两条直线间绘制一个斜角，斜角的大小由第一个和第二个倒角距离确定。如果添加倒角的两个图形在同一图层，那么“倒角”命令就将在这个图层上创建倒角。否则，“倒角”命令会在当前图层生成倒角线。倒角线的颜色、线型和线宽也是如此。给关联填充（其边界是通过直线段定义的）加倒角会消除其填充的关联性。如果边界通过多段线定义，则关联性将保留。

在“修改”菜单中选择“倒角”命令，或是单击修改工具栏中的按钮，或者在命令行提示符下输入 Chamfer 命令并按 Enter 键或空格键，便可调用“倒角”命令。命令行提示如下：

```
命令: _chamfer
(“修剪”模式) 当前倒角距离 1 = 0.0000, 距离 2 = 0.0000
选择第一条直线或 [放弃(U)/多段线(P)/距离(D)/角度(A)/修剪(T)/方式(E)/多个(M)]:d
指定 第一个 倒角距离 <2.0000>:1.6
指定 第二个 倒角距离 <10.0000>: 15
选择第一条直线或 [放弃(U)/多段线(P)/距离(D)/角度(A)/修剪(T)/方式(E)/多个(M)]:
选择第二条直线，或按住 Shift键选择直线以应用角点或 [距离(D)/角度(A)/方法(M)]:
```

命令行提示项含义如下。

- “选择第一条直线”选项：指定定义二维倒角所需的两条边中的第一条边。
- “多段线”选项：对整个二维多段线作倒角处理。
- “距离”选项：设定选定边的倒角距离。
- “角度”选项：通过第一条线的倒角距离和以第一条线为起始边的角度设定第二条线的倒角距离。
- “修剪”选项：控制“倒角”命令是否将选定边修剪到倒角边的端点。
- “方式”选项：控制“倒角”命令是用两个距离，还是一个距离一个角度来创建倒角。
- “多个”选项：对多个图形分别进行多次倒角处理。

2.2.15 圆角

圆角给图形的边加指定半径的圆角。其图形可以是圆弧、圆、直线、椭圆弧、多段线、射线、参照线或样条曲线。与倒角一样，如果需加圆角的两个图形在同一图层，那么“圆角”命令就将在这个图层上创建圆角。否则，“圆角”命令会在当前图层生成圆角弧线，圆角弧线的颜色、线型和线宽也是如此。给关联填充（其边界是通过直线段定义的）加圆角会消除其填充的关联性。如果边界通过多段线定义，则关联性将保留。

在“修改”菜单中选择“圆角”选项，或是单击修改工具栏中的□按钮，或者在命令行提示符下输入 Fillet 命令并按 Enter 键或空格键，便可调用“圆角”命令。命令行提示如下：

```
命令: _fillet
当前设置: 模式 = 修剪，半径 = 0.0000
选择第一个对象或 [放弃 (U) /多段线 (P) /半径 (R) /修剪 (T) /多个 (M) ]:
选择第二个对象，或按住 Shift 键选择要应用角点的对象:
```

命令行提示项含义如下。

- “选择第一个对象”选项：选择第一个图形，它是用来定义二维圆角的两个图形之一。如果选定了直线或圆弧，“圆角”命令将延伸这些直线或圆弧直到它们相交，或者在交点处修剪它们。如果这些直线或圆弧原来就是相交的，则保持原样不变。只有当两条直线端点的 Z 轴坐标在当前坐标系中相等时，才能给延伸方向不同的两条直线加圆角；如果选定的两个图形都是多段线的直线段，那么它们必须是相邻的或者被多段线中另外一段所隔开；如果它们被另一端多段线隔开，那么“圆角”命令将删除此线段并代之以一条圆角线。
- “多段线”选项：在二维多段线中两条线段相交的每个顶点插入圆角弧。
- “半径”选项：定义圆角弧的半径。
- “修剪”选项：控制“圆角”命令是否修剪选定边使其缩至圆角端点。
- “多个”选项：对多个图形分别进行多次圆角处理。

2.3 填充图案

在绘制机械图形时，经常需要绘制剖面线。AutoCAD 提供了“图案填充”命令用于填充剖面线。

在“绘图”菜单中选择“图案填充”命令，或在“绘图”工具栏中单击▦按钮，弹出“图案填充和渐变色”对话框，如图 2-26 所示。

图 2-26 “图案填充和渐变色”对话框

此对话框由“图案填充”和“渐变色”两个选项卡、“边界”选项组、“选项”选项组、“孤岛”选项组、“边界保留”选项组、“边界集”选项组、“允许的间隔”选项组和“继承选项”选项组组成。在“图案填充”选项卡中可以设置图案类型、角度和比例、图案填充原点。“类型”下拉列表框用于设置填充图案的类型，有“预定义”、“用户定义”和“自定义”3 种类型，通常采用默认设置。“图案”下拉列表框用于设置要填充的图案名称，单击该列表框后面的按钮，弹出如图 2-27 所示的“填充图案选项板”对话框，在对话框中可以选择合适的填充图案。“角度”下拉列表框用于设置填充图案的填充角度。“比例”下拉列表框用于设置填充图案的填充比例。

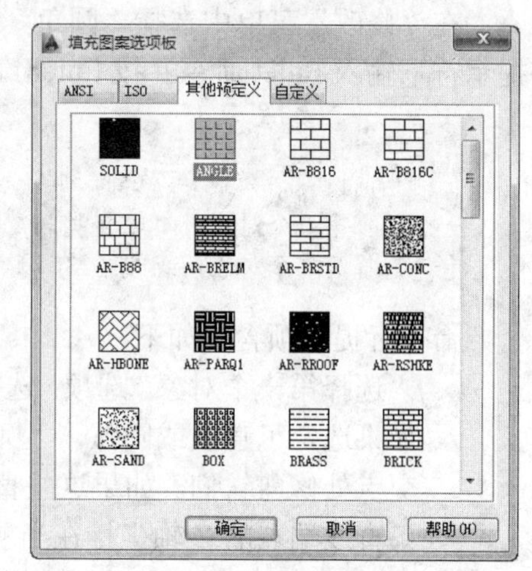

图 2-27 “填充图案选项板”对话框

在“边界”选项组中，单击“拾取点”按钮，回到绘图区，通过指定点确认需要进行图案填充的边界，选择结果与“孤岛检测”方式设置相关，单击“选择对象”按钮，回到绘图区，选择需要填充的图形对象。

在“孤岛”选项组中，系统提供了“普通”、“外部”和“忽略”3 种孤岛检测方式。

- “普通”填充模式从最外层边界向内部填充，对第一个内部岛形区域进行填充，间隔一个图形区域，转向下一个检测到的区域进行填充，如此反复交替进行。
- “外部”填充模式从最外层的边界向内部填充，只对第一个检测到的区域进行填充，填充后就终止该操作。
- “忽略”填充模式从最外层边界开始，不再进行内部边界检测，对整个区域进行填充，忽略其中存在的孤岛。

2.4 创建图块

块是 AutoCAD 提供的功能强大的设计绘图工具。块由一个或多个图形组成，并按指定的名称保存。在后续的绘图过程中，可以将块按一定的比例和旋转角度插入图形中。虽然块可能由多个图形组成，但是对图形进行编辑时，块将被视作一个整体进行编辑。AutoCAD 将把所定义的块储存在图形数据库中，同一个块可根据需要多次插入。在这里将主要介绍块的定义和插入。

2.4.1 块的定义

选择“绘图”|“块”|“创建”命令，或单击“绘图”工具栏中的“创建块”按钮，或是在命令行中输入 BLOCK 命令，均弹出“块定义”对话框，如图 2-28 所示。

对话框中各参数含义如下所示。

（1） “名称”下拉列表框。

该下拉列表框用于输入或选择当前要创建的块的名称。

（2） “基点”选项组。

该选项组用于指定块的插入基点，默认值是（0,0,0），即块的插入基准点，也是块在插入过程中旋转或缩放的基点。用户可以分别在 X、Y、Z 文本框中输入坐标值确定基点，也可以单击“拾取点”按钮，暂时关闭对话框以使用户能在当前图形中拾取插入基点。

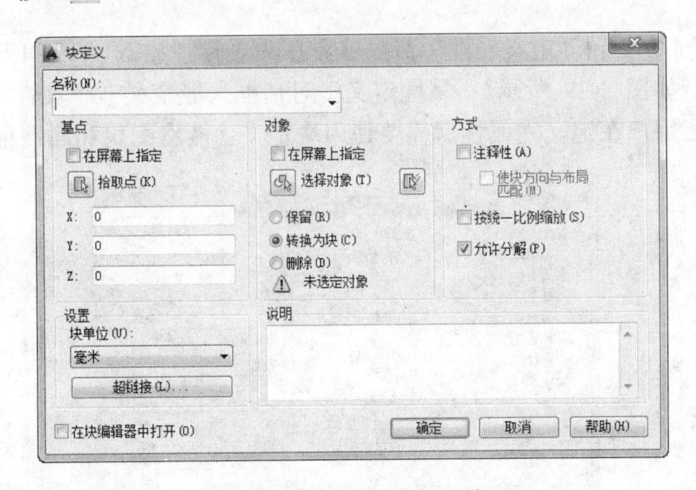

图 2-28　“块定义”对话框

（3）“对象”选项组。

该选项组用于指定新块中要包含的对象，以及创建块之后如何处理这些对象，是保留还是删除选定的对象或是将它们转换成块实例。各参数含义如下。

- “选择对象”按钮：单击该按钮，暂时关闭“块定义”对话框，允许用户到绘图区选择块对象，完成对象选择后，按 Enter 键重新显示“块定义”对话框。
- “快速选择”按钮：单击该按钮，显示“快速选择”对话框，可以定义选择集。
- “保留”单选按钮：用于设定创建块后，是否将选定对象保留在图形中作为区别对象。
- “转换为块”单选按钮：用于设定创建块后，是否将选定对象转换成图形中的块实例。
- “删除”单选按钮：用于设定创建块后，是否从图形中删除选定的对象。
- “选定的对象”选项：显示选定对象的数目，未选择对象时，显示“未选定对象”。

（4）“设置”选项组。

该选项组主要指定块的设置。其中，“块单位”下拉列表框可以提供用户选择块参照插入的单位；“超链接”按钮主要打开“插入超链接”对话框，用户可以使用该对话框将某个超链接与块定义相关联。

（5）“在块编辑器中打开”复选框。

选择该复选框，将在块编辑器中打开当前的块定义，一般用于动态块的创建和编辑。

（6）“方式”选项组。

该选项组用于指定块的行为。“使块方向与布局匹配”复选框指定在图纸空间视口中块参照的方向与布局的方向匹配，如果未选择“注释性”选项，则“使块方向与布局匹配”选项不可用。“按统一比例缩放”复选框用于指定是否阻止块参照不按统一比例缩放。“允许分解”复选框用于指定块参照是否可以被分解。

2.4.2　图块属性

AutoCAD 允许用户为图块附加一些文本信息，以增强图块的通用性，我们把这些文本信息称之为属性。属性是从属于图块的非图形信息，它是图块的一个组成部分。实际上，属性是图块中的文本实体，图块可以这样来表示：图块＝若干实体对象＋属性。

1. 定义属性

选择“绘图”|“块”|“定义属性”命令或者在命令行中输入 ATTDEF 命令，弹出“属性定义”对话框，如图 2-29 所示。“属性定义”对话框只能定义一个属性，但不能指定该属性属于哪个图块，用户在定义完属性后需要使用块定义功能将图块和属性重新定义为新块。

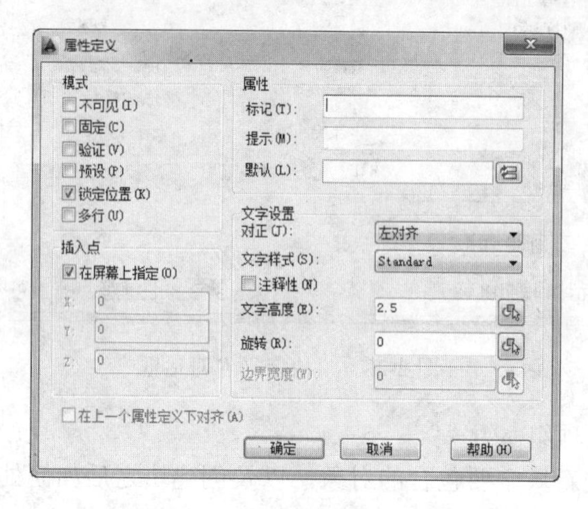

图 2-29 “属性定义”对话框

对话框各项主要参数含义如下。

- “不可见”复选框：表示插入图块，输入属性值后，属性值不在图中显示。
- “固定”复选框：表示属性值是一个常量。
- “验证”复选框：表示会提示输入两次属性值，以便验证属性值是否正确。
- “预设”复选框：表示插入图块时插入默认的属性值。
- “锁定位置”复选框表示锁定块参照中属性的位置，若解锁，属性可以相对于使用夹点编辑的块的其他部分移动，并且可以调整多行属性的大小。
- “多行”复选框用于指定属性值可以包含多行文字，选定此选项后，可以指定属性的边界宽度。
- “标记”文本框：用于输入显示标记。
- “提示”文本框：用于输入提示信息，提醒用户指定属性值。
- “默认”文本框：用于输入默认的属性值。单击“插入字段” 按钮，打开“字段”对话框可以插入一个字段作为属性的值。
- “在屏幕上指定”复选框：表示在绘图区中指定插入点，取消选择，则用户可以直接在 X、Y、Z 文本框中输入坐标值确定插入点。
- “对正”下拉列表框：设定属性值的对齐方式。
- “文字样式”下拉列表框：设定属性值的文字样式。
- “文字高度”文本框：设定属性值的高度。
- “旋转”文本框：设定属性值的旋转角度。

2. 编辑属性

对于已经建立或者已经附着到图块中的属性，都可以进行修改，但是对于不同状态的属性，则使用不同的命令进行编辑。对于已经定义、但是还未附着到图块中的属性，可以使用

DDEDIT 命令对其进行编辑。

在命令行中输入 DDEDIT 命令，并在命令行提示下选择属性对象，或者直接在图形中双击图形中的属性对象，都会弹出如图 2-30 所示的“编辑属性定义”对话框。能够编辑属性的标记、提示和默认的参数值。如果需要对属性进行其他特性编辑，可以使用对象特性管理器进行。

对于已经与图块结合重新定义为图块的属性，即已经附着到图块的属性，在命令行中输入 ATTEDIT 命令，并在命令行提示下选择带属性的图块或者直接双击带属性的图块，弹出如图 2-31 所示的“增强属性编辑器”对话框。

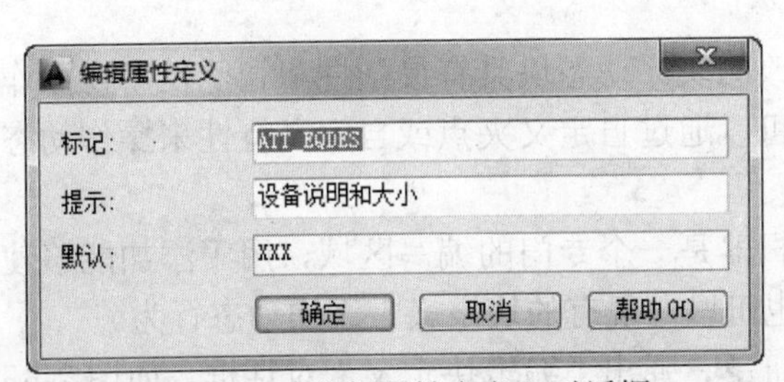

图 2-30 “编辑属性定义”对话框

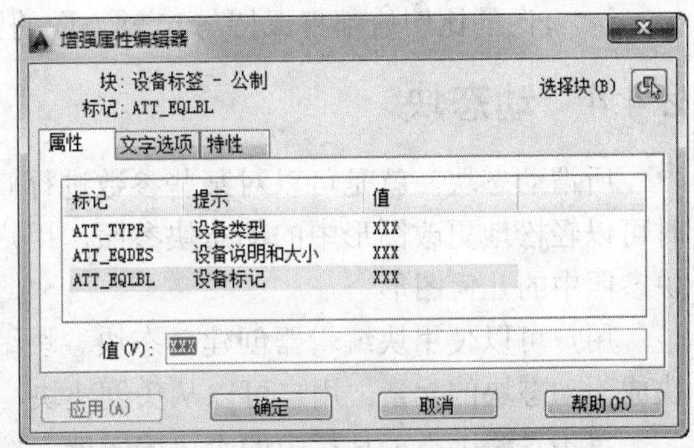

图 2-31 “增强属性编辑器”对话框

对话框的“属性”选项卡可以修改属性的值。“文字特性”选项卡可以修改文字属性，包括文字样式、对正、高度等属性。“特性”选项卡可以修改属性所在图层、线型、颜色和线宽等。

2.4.3 插入块

插入块用于将已经预定义好的块插入到当前图形文件中。如果当前图形文件中不存在指定名称的块，则可搜索磁盘和子目录，直到找到与指定块同名的图形文件，并插入该文件为止。

选择“插入”|“块”命令，或单击“绘图”工具栏中的“插入块”按钮，或是在命令行中输入 INSERT 命令，均弹出“插入”对话框，如图 2-32 所示。

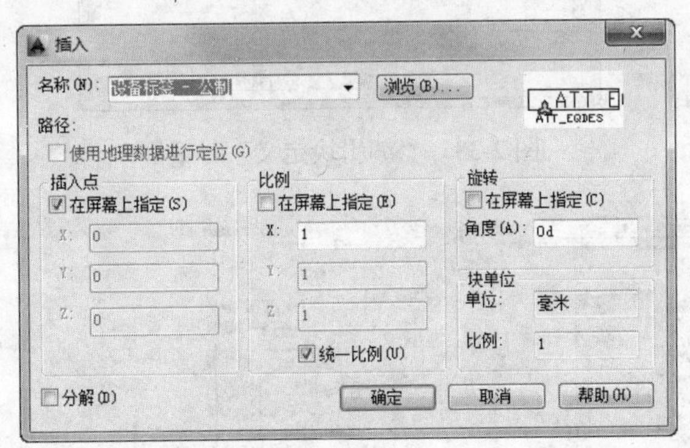

图 2-32 “插入”对话框

对话框中各选项含义如下。

- “名称”文本框：输入要插入块的名称。
- “插入点”选项组：指定一个插入点以便插入块的一个副本。

- “比例”选项组：指定插入块的缩放比例。默认的缩放比例值为 1（原图比例）。如果指定的比例值在 0~1 之间，那么插入尺寸缩小的块；如果指定的比例值大于 1，那么插入尺寸放大的块；如果有必要，在插入块时，还可以沿 X 轴方向和 Y 轴方向指定不同的比例值，使其在这两个方向上的缩放比例不同；如果指定了一个负的比例值，那么将在插入点处插入一个块的镜像图形。
- “旋转”选项组：指定块插入时的旋转角度。
- “分解”复选框：选中该复选框，在插入块的过程中，将块中的图形分解成各自独立的部分，而不是作为一个整体。此时只能指定 X 轴方向上的比例值，而 Y 轴和 Z 轴方向的比例值都将保持与 X 轴方向的比例值一致。

2.4.4 动态块

所谓动态块，就是可以对某些参数进行修改的块。动态块具有灵活性和智能性。在操作时可以轻松地更改图形中的动态块参照。用户可以通过自定义夹点或自定义特性来操作动态块参照中的几何图形。

用户可以使用块编辑器创建动态块。块编辑器是一个专门的编写区域，用于添加能够使块成为动态块的元素。用户可以从头创建块，也可以向现有的块定义中添加动态行为。

单击“标准”工具栏中的“块编辑器”按钮，弹出“编辑块定义”对话框，如图 2-33 所示，在“要创建或编辑的块”列表中选择需要定义的块，单击“确定”按钮，进入块编辑器，如图 2-34 所示。

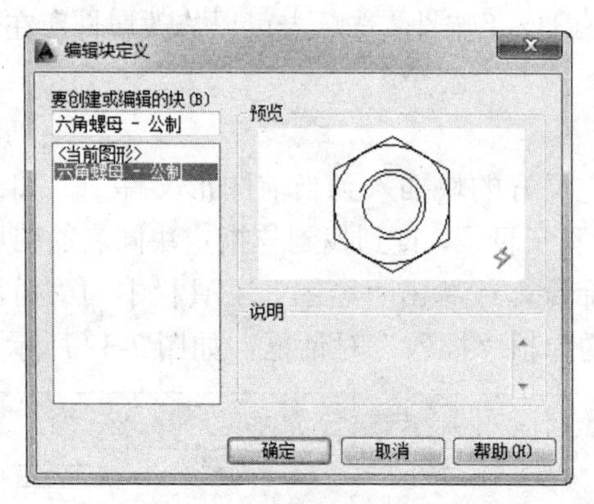

图 2-33 “编辑块定义”对话框

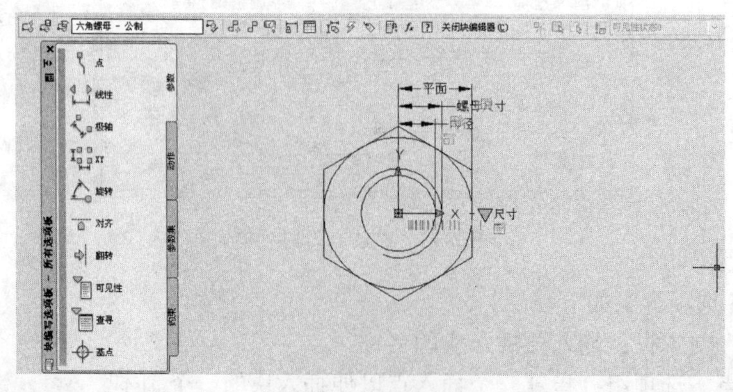

图 2-34 块编辑器

1. 块编辑器

“块编辑器”由工具栏、编辑区和块编写选项板组成，工具栏位于编辑区的正上方，提供了常用工具按钮。几个主要按钮的功能如下。

- “编辑或创建块定义”按钮：单击该按钮，将弹出“编辑块定义”对话框，用户可以重新选择需要创建的动态块。
- “保存块定义”按钮：单击该按钮，保存当前块定义。
- “将块另存为”按钮：单击该按钮，将弹出“将块另存为”对话框，用户可以重新输入块名称另存。
- “名称”文本框：该文本框显示当前块的名称。
- “测试块”按钮：单击该按钮，可从块编辑器打开一个外部窗口以测试动态块。
- “自动约束对象”按钮：单击该按钮，可根据对象相对于彼此的方向将几何约束自动应用于对象。
- “应用几何约束”按钮：单击该按钮，可在对象或对象上的点之间应用几何约束。
- “显示\隐藏约束栏”按钮：单击该按钮，可以控制对象上的可用几何约束的显示或隐藏。
- “参数约束”按钮：单击该按钮，可将约束参数应用于选定对象，或将标注约束转换为参数约束。
- “块表”按钮：单击该按钮，可显示对话框以定义块的变量。
- “编写选项板”按钮：单击该按钮，可以控制“块编写选项板”的开关。
- “参数”按钮：单击该按钮，将向动态块定义中添加参数。
- “动作”按钮：单击该按钮，将向动态块定义中添加动作。
- “定义属性”按钮：单击该按钮，将弹出“属性定义”对话框，从中可以定义模式、属性标记、提示、值、插入点和属性的文字选项。
- “关闭块编辑器”按钮：单击该按钮，将关闭块编辑器回到绘图区域。

块编写选项板中包含用于创建动态块的工具，它包含“参数”、“动作”、“参数集”和“约束”4个选项卡。

“参数”选项卡用于向块编辑器中的动态块添加参数，动态块的参数包括“点”、“线性”、“极轴”、“XY”、“旋转”、“对齐”、“翻转”、“可见性”、“查寻”和“基点”等类型。“动作”选项卡用于向块编辑器中的动态块添加动作，包括移动动作、缩放动作、拉伸动作、极轴拉伸动作、旋转动作、翻转动作、阵列动作和查询动作。“参数集”选项卡用于在块编辑器中向动态块定义中添加一个参数和至少一个动作，是创建动态块的一种快捷方式。“约束”选项卡用于在块编辑器中向动态块定义中添加几何约束或者标注约束。

2. 创建动态块

在块编写选项板的“参数”选项卡中选择需要为块添加的参数，此时，块上出现图标，表示该参数还没有添加相关联的动作。针对不同的参数，可以从“动作”选项卡上选择相应的动作，选择动作对象，设置动作位置，完成后，动作以符号表示。

动态块定义完成后，会有自定义夹点标识。各夹点代表的操作方式如表2-1所示。

表 2-1　动态块夹点操作方式表

夹点类型	图　标	夹点在图形中的操作方式	关联参数
标准		平面内的任意方向	基点、点、极轴和 XY
线性		按规定方向或沿某一条轴往返移动	线性
旋转		围绕某一条轴	旋转
翻转		单击以翻转动态块参照	翻转
对齐		平面内的任意方向。如果在某个对象上移动，则使块参照与该对象对齐	对齐
查询		单击以显示项目列表	可见性、查寻

第3章　机械制图中文字与表格创建

在 AutoCAD 2014 绘制的图纸中，文字和表格是组成一副完整图纸的两个必要组成部分。文字可以对实际工程要求进行必要的说明，还为图形对象提供了必要的说明和注释。表格常用于工程制图中的各类需要以表的形式来表达的文字内容。文字和表格一起可以更加明确地表达绘图者的想法。AutoCAD 2014 为用户提供了单行文字、多行文字和表格功能，以方便用户快速创建文字和表格。

3.1　机械制图常见文字类别

机械制图中常见文字类别有两种，一是技术说明，一是引出文字说明。

3.1.1　技术说明

一张完整、正规的图纸除了表示出零件结构的形状和大小尺寸外，还应有详细必要的技术说明。技术说明主要包括零件的设计、加工、检验、修饰以及零件装配与使用等方面的内容。下面主要介绍零件材料表面处理及热处理、装配要求等三项。

1.　零件材料

机械制造业中所用的零件材料一般有金属材料和非金属材料两类，金属材料用得最多。常用的金属材料和非金属材料以及其性能可在使用的时候查阅《工程材料》等相关教材和技术手册。在机械图纸中应将所选用的零件材料的名称或代号填写在标题栏内。

2.　表面处理及热处理

表面处理是为了改善零件表面性能而进行的各种处理，如渗碳淬火、表面镀铬等，表面处理可以提高零件表面的硬度、耐磨性、抗蚀性和美观性等。热处理是改变整个零件材料的金属组织以提高或改善材料的机械性能的处理方法，如淬火、回火、退火和调质等。

表面处理和热处理的要求可以直接标注在图上，如图 3-1 所示。

也可以以文字的形式写在技术要求的文字项目内，如图 3-2 所示。

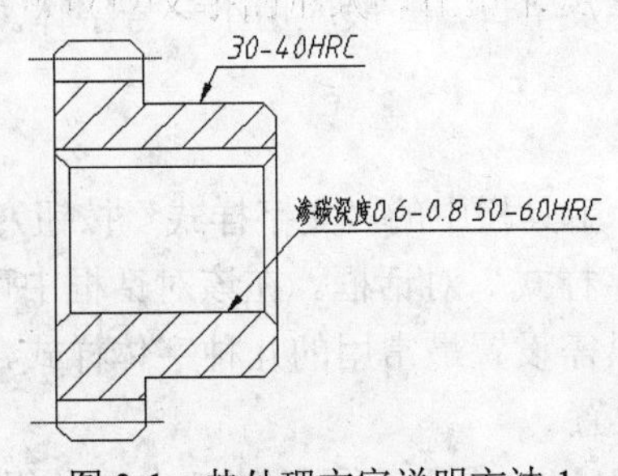

图 3-1　热处理文字说明方法 1

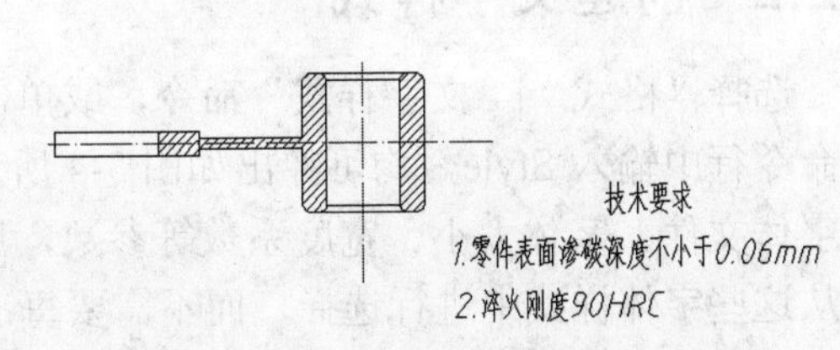

图 3-2　热处理文字说明方法 2

3. 装配要求

装配要求主要包括装配体在装配过程中应注意的事项及特殊加工要求，还包括装配后应达到的性能要求，以及装配体在检验、试验方面的要求。

装配要求一般注写在明细表的上方或图纸下部空白处，如果内容很多也可以单独编写成技术文件作为图纸的附件。这部分内容将在后面章节中详细介绍。

3.1.2 引出文字说明

引出文字说明一般是对尺寸标注或技术说明的补充，用于标注引出注释，由文字和引出线组成。引出点处可以带箭头或不带，文字由中文和英文组成。如图 3-3 所示，为孔的引出文字说明的示例，用于说明孔的技术要求。

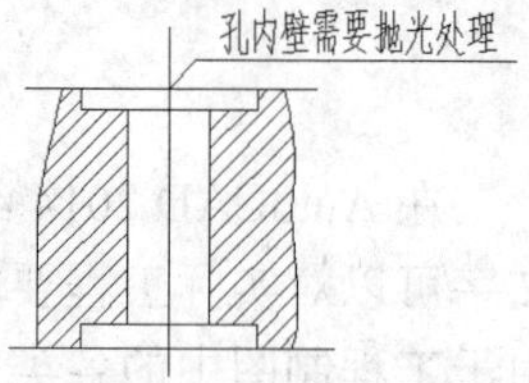

图 3-3 引出文字说明

3.2 文字样式

文字样式是一组可随图形保存的文字设置的集合，这些设置包括字体、文字高度以及特殊效果等。在 AutoCAD 2014 中所有的文字，包括图块和标注中的文字都是同一定的文字样式相关联的。要创建文字，应先设置文字样式，从而避免在输入文字时设置文字的字体、字高和角度等参数。

3.2.1 机械制图文字标准

机械制图文字标准主要是指国家对文字的字体、高度等规定。机械制图国家文字标准与 ISO 标准完全一致，以直线笔道为主，应尽量减少弧线，去掉一些笔画的出头，这样既便于书写，又利于计算机绘图。《机械制图》GB/T14691-1993 中对字体进行了相关规定，综合起来，机械制图文字标准主要有以下几点：

（1） 书写字体必须做到字体工整、笔画清楚、间隔均匀、排列整齐。

（2） 字体高度代表了字体的号数，字体高度国家标准中规定的公称尺寸系列为：1.8，2.5，3.5，5，7，10，14，20 单位均为（mm）。

（3） 文字中的汉字应该采用长仿宋字体，字体高度 h 不应小于 3.5 mm，字宽一般应该为 $h/\sqrt{2}$；文字中的字母和数字分为 A 型和 B 型。A 型字体的笔画宽度 d 为 $h/14$，B 型字体的 d 为 $h/10$。字母和数字可以写成斜体或者直体，斜体字的字头应该向右倾斜，与水平基准线成 75°。

（4） 用作指数、分数、极限偏差、注脚等的数字及字母，一般应用小一号字体。

3.2.2 创建文字样式

选择“格式”|“文字样式”命令，或单击“文字”工具栏中的“文字样式”按钮，或在命令行中输入 Style，均可弹出如图 3-4 所示的“文字样式”对话框。在该对话框中可以设置字体文件、字体大小、宽度系数等参数，用户一般只需设置最常用的几种字体样式，需要时从这些字体样式中进行选择，而不需要每次都重新设置。

“文字样式”对话框由“样式”、“字体”、“大小”、“效果”、“预览”5 个选项组组成。

下面分别进行介绍。

（1）“样式”列表。

“样式”列表中显示了已经创建好的文字样式。默认情况下，“样式”列表中存在 annotative 和 Standard 两种文字样式，▲图标表示创建的是注释性文字的文字样式。

当选择“样式”列表中的某个样式时，右侧显示该样式的各种参数，用户可以对参数进行修改，单击“应用”按钮，则可以完成样式参数的修改。单击“置为当前”按钮，则可以把当前选择的文字样式设置为当前使用的文字样式，创建文字时就使用该文字样式。

单击“新建”按钮，弹出如图 3-5 所示的“新建文字样式”对话框，在对话框的“样式名”文字框中输入样式名称，单击“确定”按钮，即可创建一种新的文字样式。

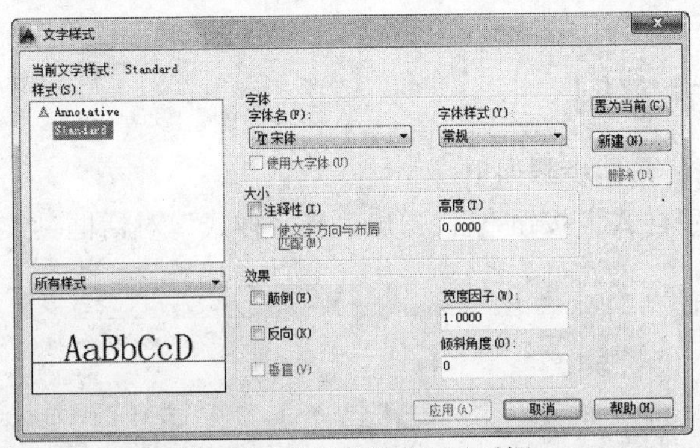

图 3-4　“文字样式”对话框

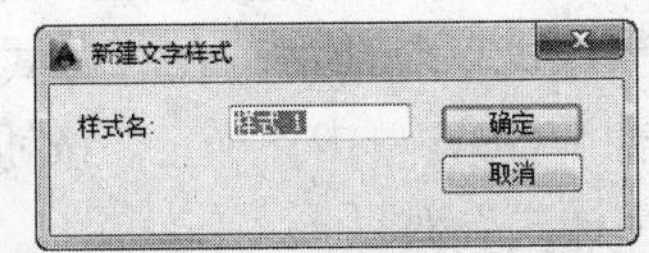

图 3-5　“新建文字样式”对话框

右键单击存在的样式名，在弹出的快捷菜单中选择“重命名”命令，可以对除 Standard 以外的文字样式进行重命名。单击“删除”按钮，可以删除所选择的除 Standard 以外的非当前文字样式。

（2）“字体”选项组。

该选项组用于设置字体文件。字体文件分为两种：一种是普通字体文件，即 Windows 系列应用软件所提供的字体文件，为 TrueType 类型的字体；另一种是 AutoCAD 特有的字体文件，被称为大字体文件。

当选择“使用大字体”复选框时，“字体”选项组存在“SHX 字体”和“大字体”两个下拉列表，如图 3-6 所示。只有在“字体名”中指定 SHX 文件，才能使用“大字体”，只有 SHX 文件可以创建“大字体”。

当不选择“使用大字体”复选框时，“字体”选项组仅有“字体名”下拉列表，下拉列表框包含用户 Windows 系统中所有字体文件，如图 3-7 所示。

图 3-6　使用大字体

图 3-7　不使用大字体

（3）“大小”选项组。

该选项组用于设置文字的大小。选择“注释性”复选框后，表示创建的文字为注释性文字，此时“使文字方向与布局匹配”复选框可选，该复选框指定图纸空间视口中的文字方向与布局方向匹配。如果取消“注释性”复选框的选择，则显示“高度”文本框，同样可设置文字的高度。

（4） “效果”选项组。

该选项组方便用户设置字体的具体特征，有以下几个设置项。

- “颠倒”复选框：用来确定是否将文字旋转 180°。
- “反向”复选框：用来确定是否将文字以镜像方式标注。
- “垂直”复选框：用来确定文字是水平标注还是垂直标注。
- “宽度因子”文字框：用来设定文字的宽度系数。
- “倾斜角度”文字框：用来确定文字的倾斜角度。

（5） 预览框。

该区域用来预览用户所设置的字体样式，用户可通过预演窗口观察所设置的字体样式是否满足自己的设计要求。

3.2.3 实例 01——创建文字样式实例

下面创建一个名为“GB”的文字样式，具体步骤如下：

（1） 在“文字”工具栏中单击“文字样式”按钮，弹出“文字样式”对话框。

（2） 单击“新建”按钮，弹出“新建文字样式”对话框，在“样式名”文本框输入 GB，单击“确定”按钮，回到“文字样式”对话框。

（3） 选择“使用大字体”复选框，在“SHX 字体”下拉列表选择 gbeitc.shx，“大字体”设置为 gbcbig.shx，其余保持默认，效果如图 3-8 所示。

（4） 单击“应用”按钮，单击“置为当前”按钮，单击“关闭”按钮完成设置。

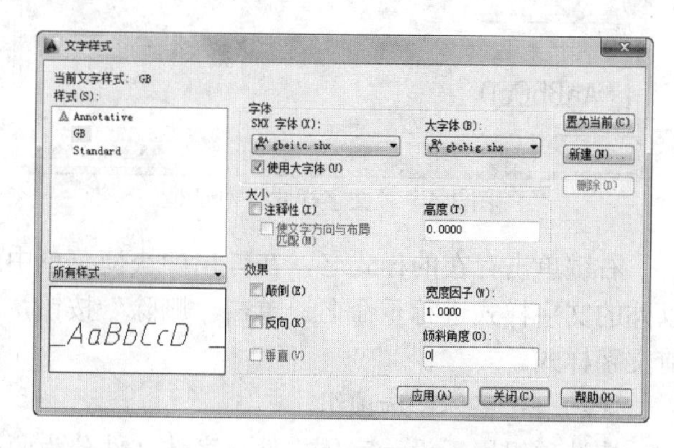

图 3-8 文字样式 GB

3.3 单行文字

在绘图中，当输入的文字只采用一种字体和文字样式时，可以使用单行文字命令来输入文字。在 AutoCAD 2014 中，使用 TEXT 和 DTEXT 命令都可以在图形中添加单行文字对象。用 TEXT 命令从键盘上输入文字时，能同时在屏幕上见到所输入的文字，并且可以键入多个单行文字，每一行文字是一个单独的对象。

3.3.1 创建单行文字

选择“绘图”|“文字”|“单行文字”命令，或单击如图 3-9 所示的“文字”工具栏中的“单行文字”按钮，或在命令行输入 TEXT 或 DTEXT，都可以执行单行文字命令。

选择“绘图”|“文字”|“单行文字”命令，命令行提示如下：

```
命令：_dtext
当前文字样式：  "Standard"  文字高度：  2.5000  注释性：  否
指定文字的起点或 [对正(J)/样式(S)]：    //指定文字的起点
```

```
指定高度 <2.5000>:        //输入文字的高度
指定文字的旋转角度 <0>: //输入文字的旋转角度
```

在命令行提示下，指定文字的起点、设置文字高度和旋转角度后，在绘图区出现如图 3-10 所示的单行文字动态输入框，其中包含一个高度为文字高度的边框，该边框随用户的输入而展开。

图 3-11 为单行文字效果示意。

图 3-9 "文字"工具栏 　　图 3-10 单行文字动态输入框 　　机械制图 图 3-11 单行文字

命令行提示包括"指定文字的起点"、"对正"和"样式"3 个选项。下面简单介绍一下。

（1）"指定文字的起点"为默认项，用来确定文字行基线的起点位置。

（2）"对正（J）"选项：用来确定标注文字的排列方式及排列方向，设置创建单行文字时的对齐方式。"对正"决定字符的哪一部分与插入点对齐。在命令行中输入 J 之后，命令行继续提示如下：

```
指定文字的起点或 [对正（J）/样式（S）]: J        //输入 J，设置对正方式
输入选项                                    //系统提示信息
[对齐（A）/调整（F）/中心（C）/中间（M）/右（R）/左上（TL）/中上（TC）/右上（TR）/左中（ML）/正中（
MC）/右中（MR）/左下（BL）/中下（BC）/右下（BR）]: //系统提供了 14 中对正的方式，用户可以从中任意选择一种
```

（3）"样式（S）"选项：该选项的作用是用来选择文字样式。在命令行中输入 S，命令行继续提示如下。

```
指定文字的起点或 [对正（J）/样式（S）]: S  //输入 S，设置文字样式
输入样式名或 [?] <Standard>:          //输入需要使用的已定义的文字样式名称
输入要列出的文字样式 <*>:          //输入文字样式，按回车键弹出文字样式提示文本窗口
```

在命令行中提示输入列出的文字样式时，按回车键弹出文本窗口，窗口中列出了已经定义好的文字样式。

3.3.2 在单行文字中输入特殊符号

在一些特殊的文字中，用户常常需要输入下画线、百分号等特殊符号。在 AutoCAD 中，这些特殊符号有专门的代码，标注文字时，输入代码即可。常见的特殊符号的代码如表 3-1 所示。

表 3-1 特殊符号的代码及含义

代码输入	字　符	说　明
%%%	%	百分号
%%c	Φ	直径符号
%%p	±	正负公差符号
%%d	°	度
%%o	¯	上画线
%%u	_	下画线

如果遇到比较复杂的特殊符号，用户可以打开输入法的软键盘，这里以比较流行的 sogou 输入法为例讲解。单击如图 3-12 所示的 sogou 输入法菜单上的按钮弹出 sogou 输入法的软键盘，如图 3-13 所示。

图 3-12　sogou 输入法

图 3-13　软键盘

用户可以利用软键盘输入特殊字符。使用这种方法，能够向图形中添加α、β和 γ 等希腊字母和一些特殊的符号。

3.3.3　编辑单行文字

文字一次创建之后，由于比例设置、对齐方式等难免有所差异，一般都需要进行编辑。下面将介绍如何编辑单行文字。

1. 文字内容编辑

选择“修改”|“对象”|“文字”|“编辑”命令，或者单击“文字”工具栏“编辑文字”按钮，或者在命令行输入 Ddedit，或者直接双击文字，都可进入编辑状态，对文字内容进行修改。

单击“编辑文字”按钮，命令行提示如下：

```
命令：_ddedit
选择注释对象或 [放弃(U)]:
```

用户可以使用光标在图形中选择需要修改的文字对象，单行文字只能对文字内容进行修改。如果要修改文字的字体样式、字高等属性，用户可以修改该单行文字所采用的文字样式，或者用“缩放”按钮来修改。

2. 文字比例与对正

在“文字”工具栏中，系统为用户提供了“缩放”和“对正”按钮，对文字比例和对正样式进行调整。

（1）“缩放”按钮，主要是用于调整文字的高度，与图形编辑中的 SCALE 命令用法类似。单击该按钮后命令行提示如下：

```
命令：_scaletext
选择对象：找到 1 个                                    //选择文字对象
选择对象：                                            //按回车键，结束选择对象
输入缩放的基点选项
[现有(E)/左(L)/中心(C)/中间(M)/右(R)/左上(TL)/中上(TC)/右上(TR)/左中(ML)/正中(MC)/右中(MR)/左下(BL)/中下(BC)/右下(BR)] <中间>: MC        //选择缩放的参考点
指定新高度或 [匹配对象(M)/缩放比例(S)] <200>: 100   //输入文字新高度
```

（2） “对正”按钮，主要用于调整单行文字的对齐位置。单击该按钮后命令行提示如下：

```
命令：_justifytext
选择对象：找到 1 个                    //选择需要调整对齐点的文字对象
选择对象：                             //按回车键，退出对象选择
输入对正选项
[左（L）/对齐（A）/调整（F）/中心（C）/中间（M）/右（R）/左上（TL）/中上（TC）/右上（TR）/左中（ML）
/正中（MC）/右中（MR）/左下（BL）/中下（BC）/右下（BR）] <中上>://重新设置文字对正
```

3.3.4 实例 02——单行文字实例

下面以创建图 3-14 所示的技术要求为例来介绍单行文字创建步骤。

（1） 在“样式”工具栏中选择 GB 文字样式作为当前样式。

（2） 在“文字”工具栏中单击“单行文字”按钮，此时命令行提示如下：

```
命令：_dtext
当前文字样式：“GB”  文字高度：2.5000  注释性：否
指定文字的起点或 [对正（J）/样式（S）]：//在绘图区鼠标单击选择文字起点
指定高度 <2.5000>：7//设置文字高度
指定文字的旋转角度 <0>：//指定文字旋转角度
```

（3） 设置之后，输入区显示文字输入框，输入“表面去除氧化皮”，如图 3-15 所示。

表面去除氧化皮

图 3-14 单行文字技术要求

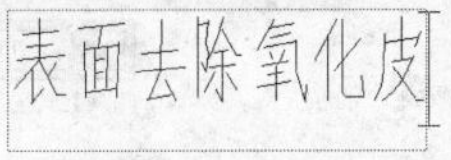

表面去除氧化皮

图 3-15 文字输入框

（4） 输入完毕连续按回车键两次完成输入。

3.4 多行文字

AutoCAD 2014 不仅提供了单行文字还提供了多行文字。对于文字内容较长、格式较复杂的文字段的输入，可以使用多行文字输入。多行文字会根据用户设置的文字宽度自动换行。下面介绍如何创建、编辑多行文字，以及如何用多行文字创建技术说明。

3.4.1 创建多行文字

选择“绘图”|“文字”|“多文字”命令，或单击“文字”工具栏中的“多行文字”按钮，或在命令行输入 Mtext，均可执行多行文字命令。

单击“文字”工具栏中的“多行文字”按钮，命令行提示如下：

```
命令：_mtext 当前文字样式："Standard" 文字高度：90 注释性：否
指定第一角点：//指定多行文字输入区的第一个角点
指定对角点或 [高度（H）/对正（J）/行距（L）/旋转（R）/样式（S）/宽度（W）/栏（C）]：//系统给出 7 个选项
```

命令行提示中有 7 个选项，分别为“指定对角点”、“高度”、“对正”、“行距”、“旋转”、“样式”和“宽度”，各选项含义如下。

（1） “高度（H）”：该选项用于设置文字框的高度，用户可以在屏幕上拾取一点，该点与第一角点的距离成为文字的高度，或者在命令行中输入高度值。

（2） “对正（J）”：该选项用来确定文字排列方式，与单行文字类似。

（3） “行距（L）”：该选项用来为多行文字对象制定行与行之间的间距。

（4） “旋转（R）”：该选项用来确定文字倾斜角度。

（5） “样式（S）”：该选项用来确定多行文字采用的字体样式。

（6） “宽度（W）”：该选项用来确定标注文字框的宽度。

（7） “栏（C）”：该选项用于指定多行文字对象的栏设置。系统提供了 3 种栏设置，其中“静态”栏设置要求指定总栏宽、栏数、栏间距宽度（栏之间的间距）和栏高；“动态”栏设置要求指定栏宽、栏间距宽度和栏高，动态栏由文字驱动，调整栏将影响文字流，而文字流将导致添加或删除栏；“不分栏”栏设置将当前多行文字对象设置为不分栏模式。

用户设置好以上选项后，系统提示“指定对角点:”，此选项用来确定标注文字框的另一个对角点，AutoCAD 将在这两个对角点形成的矩形区域中进行文字标注，矩形区域的宽度就是所标注文字的宽度。

当指定了对角点之后，弹出如图 3-16 所示的多行文字编辑器，也叫“在位文字编辑器”，用户可以在编辑框中输入需要插入的文字。

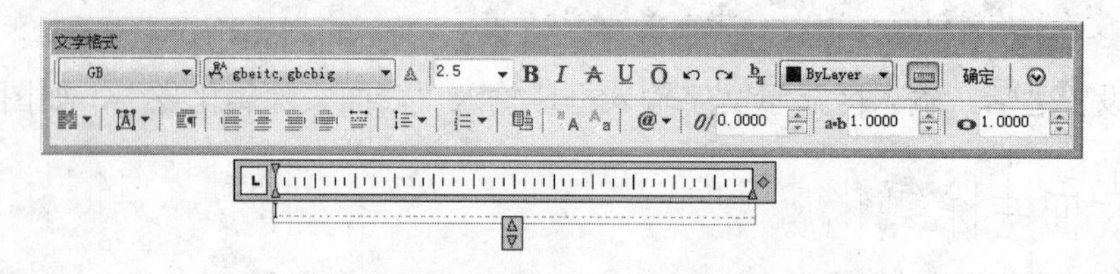

图 3-16　多行文字编辑器

多行文字编辑器由多行文字编辑框和“文字格式”工具栏组成，多行文字编辑器中包含了制表位和缩进，因此可以轻松地创建段落，并相对于文字元素边框进行文字缩进。制表位、缩进的运用和 Microsoft Word 相似。如图 3-17 所示，标尺左端上面的小三角为“首行缩进”标记，该标记主要控制首行的起始位置。标尺左端下面的小三角为“段落缩进”标记，该标记主要控制该自然段左端的边界。标尺右端的两个小三角为设置多行对象的宽度标记。单击该标记，然后按住鼠标左键拖动便可以调整文字宽度。标尺下端的两个小三角用于设置多行文字对象的长度。另外用鼠标单击标尺还能够生成用户设置的制表位。

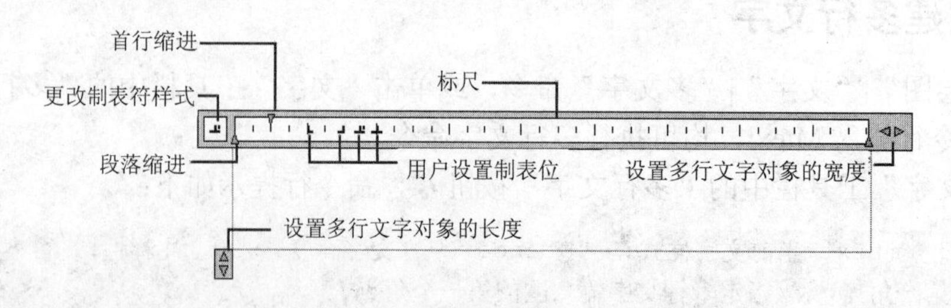

图 3-17　多行文字编辑框标尺功能

除了多行文字编辑区，多行文字编辑器还包含“文字格式”工具栏，在“文字格式”工具栏中修改文字大小、字体、颜色等格式，可以完成在一般文字编辑中常用的一些操作。

下面详细介绍工具栏上各项的具体含义。

（1） “文字样式”下拉列表框 Standard 用来选择设置文字样式；“字体”下拉列表框 宋体 设置字体类型；“字高”下拉列表框 2.5 设置字符高度；“注释性”按钮表示创建的多行文字是否为注释性文字。

（2） “粗体”按钮 B 可以将被选择的文字设置成粗实体；“斜体”按钮 I 可以将被选择的文字设置成斜体；“下画线”按钮 U 可以为被选择的文字添加下画线；“上画线”按钮 O 可以为被选择的文字添加上画线。

（3） 单击“放弃”按钮放弃操作，包括对文字内容或文字格式所做的修改。单击“重做”按钮重做操作，包括对文字内容或文字格式所做的修改。

（4） “堆叠”按钮，通过“堆叠”按钮可以创建分数等堆叠文字。使用堆叠字符、插入符（^）、正向斜杠（/）和磅符号（#）时，单击该按钮，堆叠字符左侧的文字将堆叠在字符右侧的文字之上。如果选定堆叠文字，单击该按钮则取消堆叠。默认情况下，包含插入符（^）的文字转换为左对正的公差值。包含正斜杠（/）的文字转换为居中对正的分数值，斜杠被转换为一条同较长的字符串长度相同的水平线。包含磅符号（#）的文字转换为被斜线（高度与两个字符串高度相同）分开的分数。斜线上方的文字向右下对齐，斜线下方的文字向左上对齐。

（5） “颜色”下拉列表框 ByLayer 用于设置当前文字颜色。

（6） “显示标尺”按钮控制标尺的显示。

（7） 单击“选项”按钮，可以弹出菜单栏，菜单栏中集中了绝大部分多行文字的操作命令，用户如果不习惯操作工具栏，可以使用菜单命令设置多行文字。

（8） 工具栏上的对齐按钮包括左对齐、居中对齐、右对齐、对正和分布5种对齐方式。

（9） 单击“编号”按钮，显示“项目符号和编号”菜单，显示用于创建列表的选项。

（10） 单击“插入字段”按钮，将弹出“字段”对话框，便可选择插入所需字段。字段更新时，将显示最新的字段值，例如日期、时间等。

（11） “全部大写”按钮 Aa 用于控制字母由小写转化为大写；“小写”按钮 aA 用于控制字母由大写转化为小写。

（12） 单击“符号”按钮 @，弹出如图 3-18 所示的“符号”级联菜单，在菜单中包括一些常用的符号。选择“其他”命令，弹出如图 3-19 所示的“字符映射表”对话框，对话框中提供了更多的符号供用户选择。

（13） “倾斜”文字框 0/ 0.0000 用于设置选定文字的倾斜角度。倾斜角度表示的是相对于 90° 角方向的偏移角度。

（14） “追踪”文字框 a•b 1.0000 用于控制增大或减小选定字符之间的空间。1.0 是常规间距。设置为大于 1.0 可增大间距，设置为小于 1.0 可减小间距。

（15） “宽度比例”文字框 1.0000 用于控制扩展或收缩选定字符。1.0 代表此字体中字母的常规宽度。

图 3-18 “符号”级联菜单

图 3-19 “字符映射表”对话框

（16） 单击“列”按钮，可以弹出“栏”菜单，可以将多行文字对象的格式设置为多栏，可以指定栏和栏间距的宽度、高度及栏数。系统提供了两种不同创建和操作栏的方法：静态模式或动态模式。要创建多栏，必须始终由单个栏开始。

（17） 单击“多行文字对正”按钮，显示“多行文字对正”菜单，系统提供 9 个对齐选项可用，“左上”为默认选项。

（18） 单击“段落”按钮，显示“段落”对话框，可以为段落和段落的第一行设置缩进，指定制表位和缩进，控制段落对齐方式、段落间距和段落行距。

（19） 单击“行距”按钮，弹出“行距”菜单，通过菜单可以显示建议的行距选项或打开“段落”对话框，在当前段落或选定段落中设置行距。

用户设置完成后，单击“确定”按钮，多行文字就创建完毕。

3.4.2 创建分数与极限偏差形式文字

分数与公差形式文字是机械制图中比较重要的一种文字。

（1） 创建分数的方法是在多行文字编辑器中依次输入分数的分子、“/”、分母。用鼠标选中分数的这些要素，单击按钮，则其改写成分数形式。如图 3-20 所示为创建的分数示例。

（2） 创建极限偏差的方法是在多行文字编辑器中输入基本尺寸后依次输入分数的上偏差、“^”、下偏差。用鼠标选中分数的这些要素，单击按钮，则其改写成分数形式。如图 3-21 所示为创建的极限偏差示例。

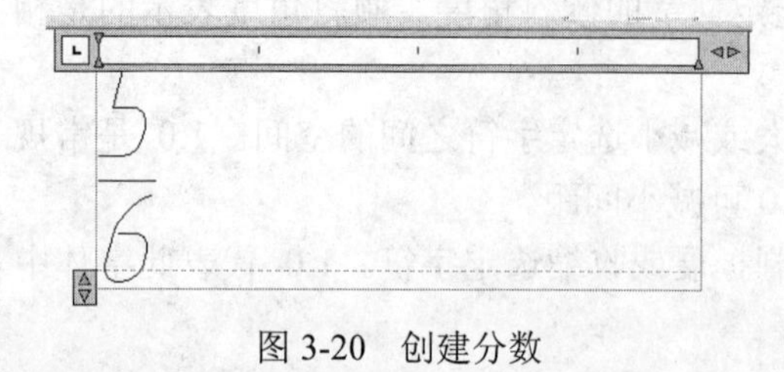

图 3-20 创建分数

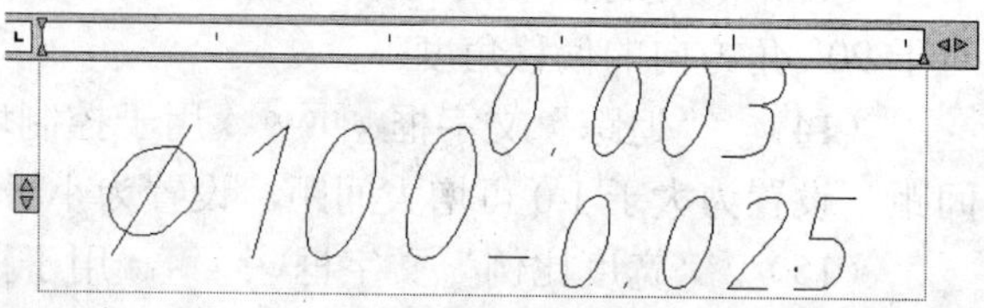

图 3-21 创建公差

3.4.3 编辑多行文字

多行文字和单行文字的编辑方法类似，只是使用的命令不同，多行文字编辑命令为 Mtedit。其他可参考前面单行文字的编辑。

3.4.4 实例 03——多行文字实例

下面以创建如图 3-22 所示的多行文字技术要求为例介绍创建步骤。文字字体为“gbeitc.shx”，高度为 7。

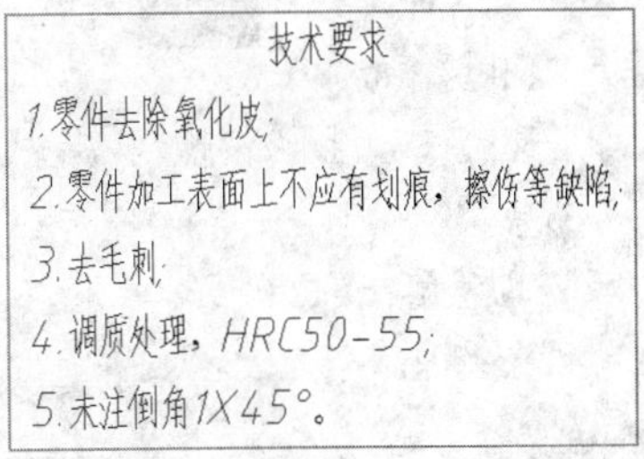

技术要求
1.零件去除氧化皮;
2.零件加工表面上不应有划痕，擦伤等缺陷;
3.去毛刺;
4.调质处理，HRC50-55;
5.未注倒角1X45°。

图 3-22　多行文字创建技术要求

具体操作步骤如下：

（1） 在“文字”工具栏中单击“多行文字”按钮 A，命令行提示如下：

```
命令: _mtext 当前文字样式: "GB" 文字高度: 2.5 注释性: 否
指定第一角点: //在绘图区任意拾取一点
指定对角点或 [高度(H)/对正(J)/行距(L)/旋转(R)/样式(S)/宽度(W)/栏(C)]://
用光标拉动出文本编辑框，单击鼠标按钮，弹出多行文本编辑器
```

（2） 设置文字高度为 7，在文本编辑框中输入文字“技术要求”，按回车键，另起一行，效果如图 3-23 所示。

文字格式
GB
gbeitc, gbcbig
7
ByLayer
确定
0.0000
1.0000
1.0000
技术要求

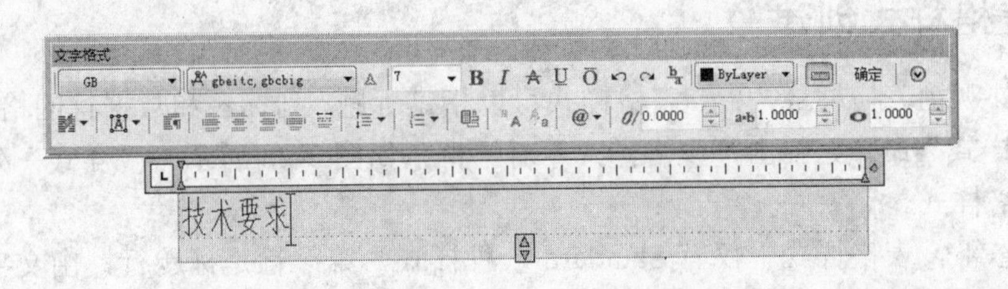

图 3-23　输入文字“技术要求”

（3） 继续输入如图 3-24 所示的其他文字。

（4） 在“多行文字编辑器”中单击“选项”按钮，在弹出的菜单栏中选择“度数”命令，完成角度的输入。输入角度后效果如图 3-25 所示。

技术要求
1.零件去除氧化皮;
2.零件加工表面上不应有划痕，擦伤等缺陷;
3.去毛刺;
4.调质处理，HRC50-55;
5.未注倒角1X45

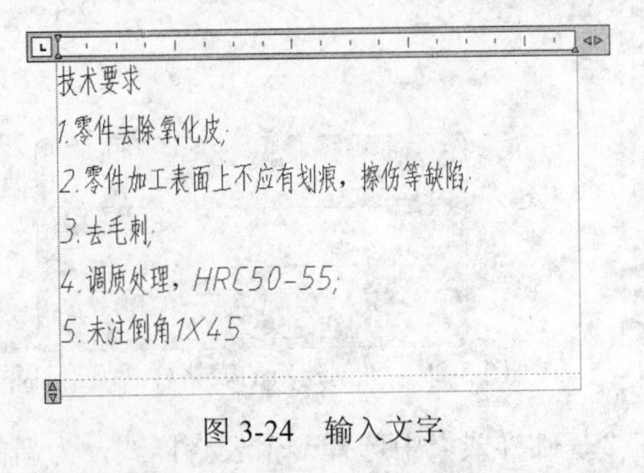

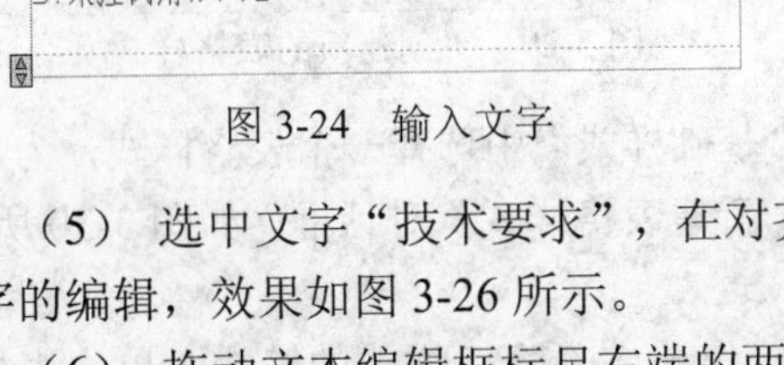

图 3-24　输入文字

技术要求
1.零件去除氧化皮;
2.零件加工表面上不应有划痕，擦伤等缺陷;
3.去毛刺;
4.调质处理，HRC50-55;
5.未注倒角1X45°。

图 3-25　输入“度数”符号

（5） 选中文字“技术要求”，在对齐工具栏中单击“居中”按钮，完成“技术要求”文字的编辑，效果如图 3-26 所示。

（6） 拖动文本编辑框标尺右端的两个小三角符号，改变多行文字的宽度，调整效果如

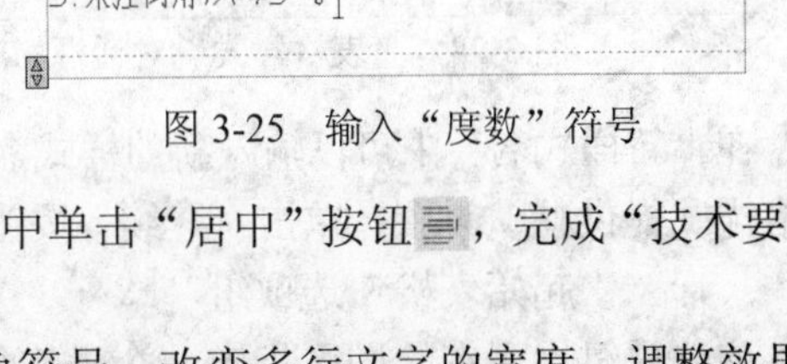

图 3-27 所示。

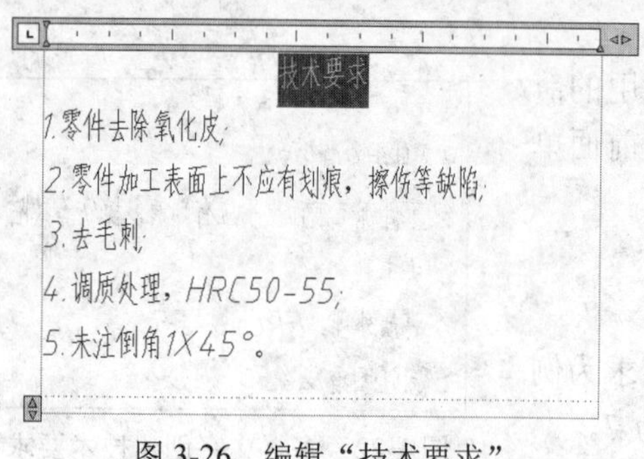

图 3-26　编辑“技术要求”

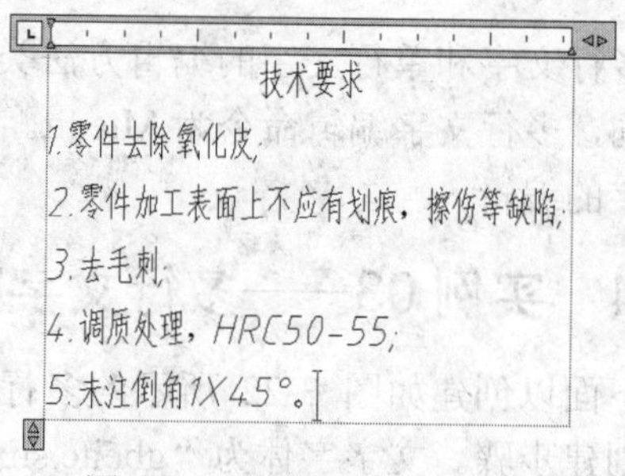

图 3-27　调整多行文字宽度

（7）　在“多行文字编辑器”中单击“确定”按钮，完成多行文字的创建与编辑。

3.5　表格

表格在机械制图中有很大的用途，例如明细表等都需要表格功能来完成。如果没有表格功能，使用单行文字和直线来绘制表格是很繁琐的。表格功能的出现很好地满足了实际工程制图中的需要，大大提高了绘图的效率。

3.5.1　表格样式创建

表格的外观由表格样式控制，表格样式可以指定标题、列标题和数据行的格式。选择“格式”|“表格样式”命令，弹出“表格样式”对话框，如图 3-28 所示。“样式”列表中显示了已创建的表格样式。

默认状态下，表格样式中仅有 Standard 一种样式，第一行是标题行，由文字居中的合并单元行组成。第二行是列标题行，其他行都是数据行。用户设置表格样式时，可以指定标题、列标题和数据行的格式。

用户单击“新建”按钮，弹出“创建新的表格样式”对话框，如图 3-29 所示。

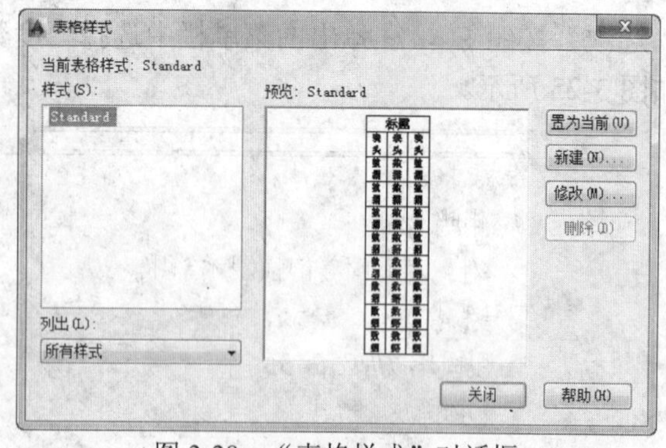

图 3-28　“表格样式”对话框

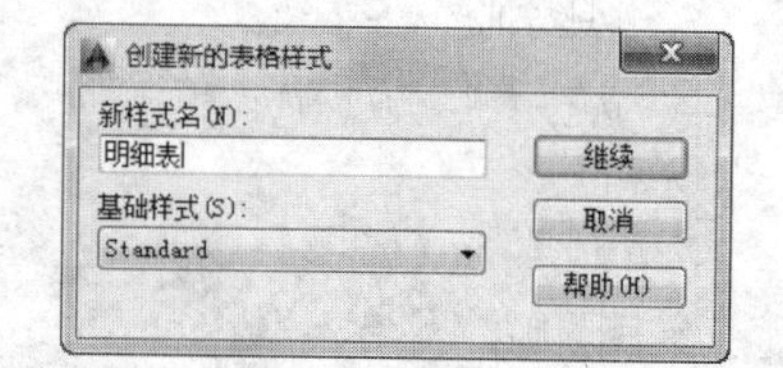

图 3-29　“创建新的表格样式”对话框

在“新样式名”中可以输入新的样式名称，在“基础样式”中选择一个表格样式，为新的表格样式提供默认设置，单击“继续”按钮，弹出“新建表格样式”对话框，如图 3-30 所示。

（1）　“起始表格”选项组。

该选项组用于在绘图区指定一个表格用作样例，来设置新表格样式的格式。单击表格按钮，回到绘图区选择表格后，可以指定要从该表格复制到表格样式的结构和内容。

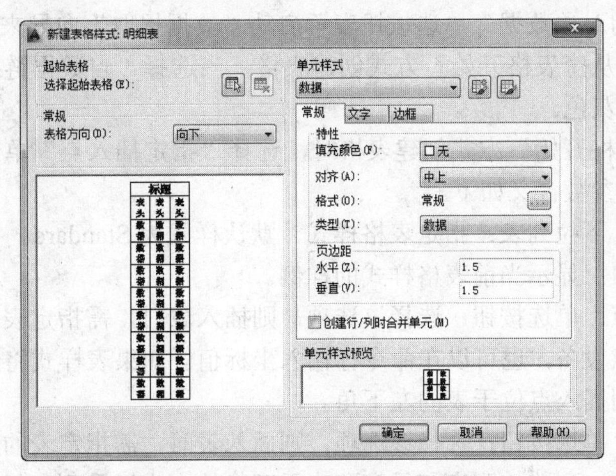

图 3-30　“新建表格样式”对话框

（2）“常规”选项组。

该选项组用于更改表格方向，系统提供了“向下”和“向上”两个选项，“向下”表示标题栏在上方，“向上”表示标题栏在下方。

（3）“单元样式”选项组。

该选项组用于创建新的单元样式，并对单元样式的参数进行设置，系统默认有数据、标题和表头 3 种单元样式，不可重命名，不可删除，在单元样式下拉列表中选择一种单元样式作为当前单元样式，即可在下方的“常规”、“文字”和“边框”选项卡中对参数进行设置。用户要创建新的单元样式，可以单击“创建新单元样式”按钮和“管理单元样式”按钮进行相应的操作。

3.5.2　表格创建

选择“绘图”|“表格”命令，弹出“插入表格”对话框，如图 3-31 所示。

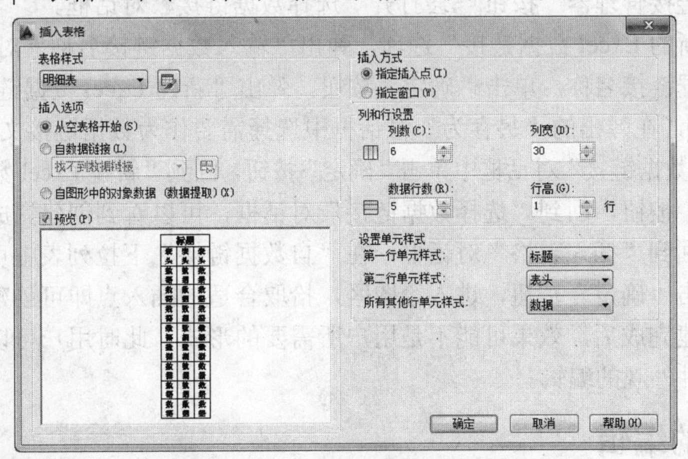

图 3-31　“插入表格”对话框

系统提供了以下 3 种创建表格的方式：

- “从空表格开始”单选按钮表示创建可以手动填充数据的空表格。

- “自数据链接”单选按钮表示从外部电子表格中获得数据创建表格。
- “自图形中的对象数据”单选按钮表示启动“数据提取”向导来创建表格。

系统默认设置“从空表格开始”方式创建表格，当选择“自数据链接”方式时，右侧参数均不可设置，变成灰色。

当使用“从空表格开始”方式创建表格时，选择“指定插入点”单选按钮时，需指定表左上角的位置，其他参数含义如下。

- “表格样式”下拉列表：指定表格样式，默认样式为 Standard。
- “预览”窗口：显示当前表格样式的样例。
- “指定插入点”单选按钮：选择该选项，则插入表时，需指定表左上角的位置。用户可以使用定点设备，也可以在命令行输入坐标值。如果表样式将表的方向设置为由下而上读取，则插入点位于表的左下角。
- “指定窗口”单选按钮：选择该选项，则插入表时，需指定表的大小和位置。选定此选项时，行数、列数、列宽和行高取决于窗口的大小以及列和行设置。
- “列数”文本框：指定列数。选定“指定窗口“选项并指定列宽时，则选定了“自动”选项，且列数由表的宽度控制。
- “列宽”文本框：指定列的宽度。选定“指定窗口”选项并指定列数时，则选定了“自动”选项，且列宽由表的宽度控制。最小列宽为一个字符。
- “数据行数”文本框：指定行数。选定“指定窗口”选项并指定行高时，则选定了“自动”选项，且行数由表的高度控制。带有标题行和表头行的表样式最少应有三行。最小行高为一行。
- “行高”文本框：按照文字行高指定表的行高。文字行高基于文字高度和单元边距，这两项均在表样式中设置。选定“指定窗口”选项并指定行数时，则选定了“自动”选项，且行高由表的高度控制。

参数设置完成后，单击“确定”按钮，即可插入表格。

当选择“自数据链接”单选按钮时，“插入表格”对话框仅“指定插入点”可选，用户单击“启动数据链接管理器”按钮会打开“选择数据链接”对话框。

单击“创建新的 Excel 数据链接”选项，弹出“输入数据链接名称”对话框，在“名称”文本框中输入数据链接名称，单击“确定”按钮，弹出“新建 Excel 数据链接”对话框。

单击按钮[...]，在弹出的“另存为”对话框中选择需要作为数据链接文件的 Excel 文件。回到“新建 Excel 数据链接”对话框中单击“确定”按钮，回到“新建 Excel 数据链接”对话框。

单击“确定”按钮，回到“选择数据链接”对话框，可以看到创建完成的数据链接。单击“确定”按钮回到“插入表格”对话框，在“自数据链接”下拉列表中可以选择刚才创建的数据链接，单击“确定”按钮，进入绘图区，拾取合适的插入点即可创建与数据链接相关的表格。表格创建完成后，效果可能不是用户所需要的形式，此时用户可以使用表格编辑技术对表格进行各种外观的编辑。

3.5.3 表格的编辑

表格创建完成后，用户可以单击该表格上的任意网格线以选中该表格，然后使用“特性”选项板或夹点来修改表格。单击网格的边框线选中表格，将显示如图 3-32 所示的夹点模式。各个夹点的功能如下。

- 左上夹点：移动表格。
- 右上夹点：修改表宽并按比例修改所有列。
- 左下夹点：修改表高并按比例修改所有行。
- 右下夹点：修改表高和表宽并按比例修改行和列。
- 列夹点：在表头行的顶部，将列的宽度修改到夹点的左侧，并加宽或缩小表格以适应此修改。

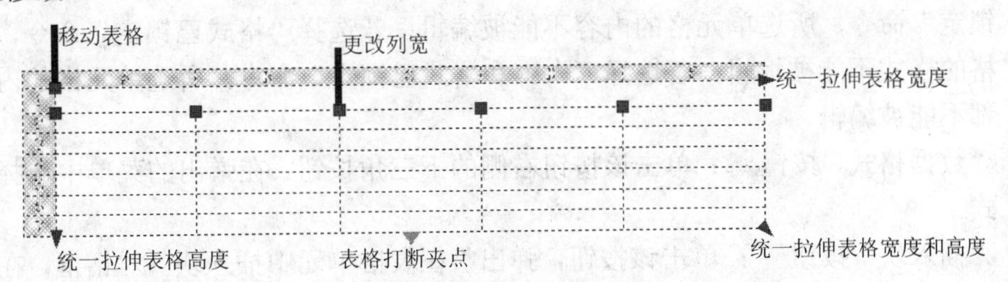

图 3-32　表格的夹点编辑模式

更改表格的高度或宽度时，只有与所选夹点相邻的行或列将会更改。表格的高度或宽度保持不变。如果需要根据正在编辑的行或列的大小按比例更改表格的大小，在使用列夹点时按住 Ctrl 键即可。

当用户选择表格中的单元格时，表格状态如图 3-33 所示，用户可以对表格中的单元格进行编辑处理，在表格上方的“表格”工具栏中提供了多种对表格单元格进行编辑的工具。

6	5	JQR-03	胸腔	1	铝合金	
5	4	GB70-85	内六角螺钉	6		
4	3	GB93-87	∅8弹簧垫片	6		
3	2	JQR-02	连接座	1	铝合金	
2	1	JQR-01	髋关节	1	铝合金	
1	序号	型号	名称	数量	材料	备注
	A	B	C	D	E	F

图 3-33　单元格选中状态

“表格”工具栏中各选项的含义如下。

- “在上方插入行”按钮：单击该按钮，在选中的单元格上方插入一行，插入行的格式与其下一行的格式相同。
- “在下方插入行”按钮：单击该按钮，在选中的单元格下方插入一行，插入行的格式与其上一行的格式相同。
- “删除行”按钮：单击该按钮，删除选中单元格所在的行。
- “在左侧插入列”按钮：单击该按钮，在选中单元格的左侧插入整列。
- “在右侧插入列”按钮：单击该按钮，在选中单元格的右侧插入整列。
- “删除行”按钮：单击该按钮，删除选中单元格所在的行。
- “合并单元”按钮：单击该按钮右侧的下三角按钮，在弹出“合并单元方式”下拉菜单中选择合并方式，可以选择以“全部”、“按行”和“按列”的方式合并选中的多个单元格。
- “取消合并单元”按钮：单击该按钮，取消选中的单元格中合并过的单元格。

- “单元边框”按钮：单击该按钮，弹出“单元边框特性”对话框，在该对话框中可以设置所选单元格边框的线型、线宽、颜色等特性以及设置的边框特性的应用范围。
- “对齐方式”按钮：单击该按钮右侧的下三角按钮，弹出“对齐方式”菜单，可以在菜单中选择单元格中文字的对齐方式。
- “锁定”按钮：单击该按钮右侧的下三角按钮，在弹出的“锁定内容”菜单中选择要锁定的内容，若选择“解锁”命令，所选单元格的锁定被解除；若选择“内容已锁定”命令，所选单元格的内容不能被编辑；若选择“格式已锁定”命令，所选单元格的格式不能被编辑；若选择“内容和格式已锁定”命令，所选单元格的内容和格式都不能被编辑。
- “数据格式”按钮：单击该按钮右侧的下三角按钮，在弹出的菜单中选择数据的格式。
- “插入块”按钮：单击该按钮，弹出“在表格单元中插入块”对话框，在其中选择合适的块后单击“确定”按钮，块被插入到单元格中。
- “插入字段”按钮：单击该按钮，弹出“字段”对话框，选择需要的字段，选择或者创建需要的字段后单击“确定”按钮将字段插入单元格。
- “插入公式”按钮：单击该按钮，在弹出的下拉菜单中选择公式的类型，在弹出的“文本”编辑框中编辑公式内容。
- “匹配单元”按钮：单击该按钮，然后在其他需要匹配已选单元格式的单元格中单击鼠标即可完成匹配单元格内容格式的匹配。
- “按行/列”下拉列表框按行/列：在此下拉列表框中可以选择单元格的样式。
- “链接单元”按钮：单击该按钮，弹出“选择数据链接”对话框，在其中选择已有的 Excel 表格或者创建新的表格后单击“确定”按钮，可以插入完成的表格。
- “从源文件下载更改”按钮：单击该按钮，则将 Excel 表格中数据的更改下载到表格中，完成数据的更新。

当选中表格中的单元格后，单元边框的中央将显示夹点，效果如图 3-34 所示。在另一个单元内单击，可以将选中的内容移到该单元，拖动单元上的夹点可以使单元及其列或行更宽或更小。

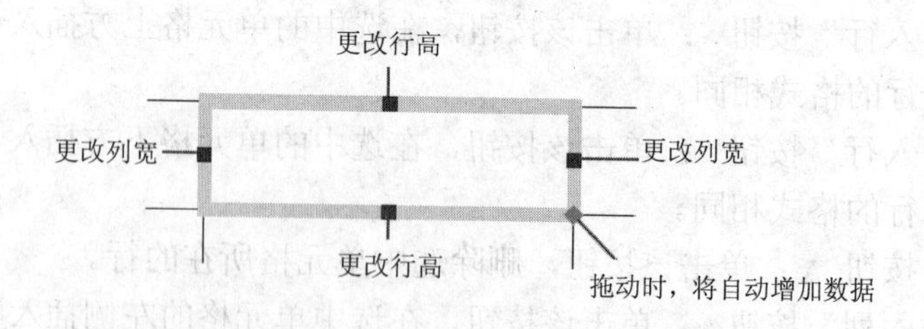

图 3-34　单元格夹点

如果用户要选择多个单元，请单击并在多个单元上拖动。按住 Shift 键并在另一个单元内单击，可以同时选中这两个单元以及它们之间的所有单元。单元格被选中后，可以使用“表格”工具栏中的工具，或者执行如图 3-35 所示的右键快捷菜单中的命令，对单元格进行操作。

在快捷菜单中选择“特性”命令，弹出如图 3-36 所示的“特性”选项板，可以设置单元宽度、单元高度、对齐方式、文字内容、文字样式、文字高度、文字颜色等内容。

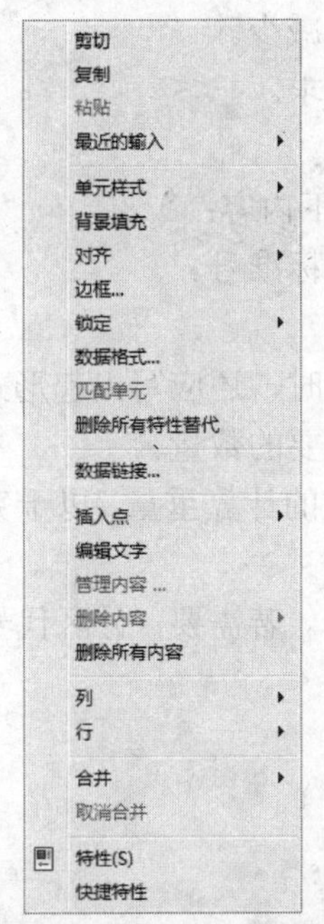

图 3-35　快捷菜单编辑方式

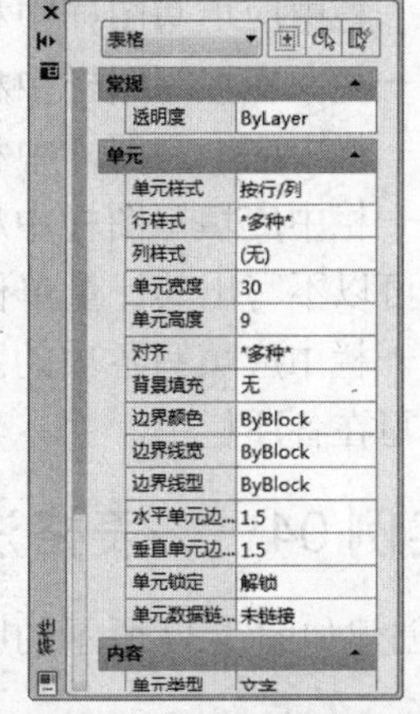

图 3-36　特性选项板编辑方式

3.6　明细表

明细表在机械制图中有着广泛的应用，在机械装配图中一般都要配置零件的明细表。机械制图中的明细表也有相应的国家标准，主要包括明细表在装配图中的位置、内容和格式等方面。

3.6.1　明细表基础知识

（1）　基本要求。

明细表的基本要求主要包括位置、字体、线型等，具体如下：

- 装配图中一般应该有明细表，并配置在标题栏的上方，按由下而上的顺序填写，其格数应根据需要而定。当由下而上延伸的位置不够时，可以在紧靠标题栏的左边由下而上延续。
- 当装配图中不能在标题栏的上方配置明细表时，可以将明细表作为装配图的续页按A4 幅面单独给出，且其顺序应该变为由上而下延伸。可以连续加页，但是应该在明晰表的下方配置标题栏，并且在标题栏中填写与装配图相一致的名称和代号。
- 当同一图样代号的装配图有两张或两张以上的图纸时，明细表应该放置在第一张装配图上。
- 明细表中的字体应该符合 GB4457.3…中的规定。
- 明细表中的线型应按 GB4457.4…中规定的粗实线和细实线的要求进行绘制。

（2）　明细表的内容和格式。

明细表的内容和格式要求如下：

- 机械制图中的明细表一般由代号、序号、名称、数量、材料、重量（单件、总计）、

- 分区、备注等内容组成。可以根据实际需要增加或者减少。
- 明细表放置在装配图中时，其格式应该遵守图纸的要求。

（3） 明细表中项目的填写。

明细表中的项目是指每栏应该填写的内容，具体包括以下内容：

- 代号一栏中应填写图样中相应组成部分的图样代号或标准号。
- 序号一栏中应填写图样中相应组成部分的序号。
- 名称一栏中应填写图样中相应组成部分的名称。必要时，还应写出起形式和尺寸。
- 数量一栏中应填写图样中相应组成部分在装配中所需要的数量。
- 重量一栏中应填写图样中相应组成部分单件和总件数的计算重量，以千克为计量单位时，可以不写出其计量单位。
- 备注一栏中应填写各项的附加说明或其他有关的内容。若需要，分区代号可按有关规定填写在备注栏中。

3.6.2 实例 04——表格法创建明细表实例

下面以创建如图 3-37 所示的明细表为例，介绍创建步骤。

序号	代号	名称	材料	数量	重量（KG）单件	重量（KG）总计	备注
7	GB/T 5783	六角头全螺纹螺栓 M12X60	钢	12			
6	JQR-1	胸腔	铝合金	1			
5	JQR-2	底盘连接座	铝合金	1			
4	GB/T 93	标准弹簧垫圈	橡胶	20			
3	JQR-3	髋关节	铝合金	2			
2	GB/T 70	内六角圆柱头螺钉M5X30	钢/8.8	30			
1	GB/T 119	圆柱销 A6X30	35钢	4			
机器人装配明细表							

图 3-37 明细表

创建“机器人装配明细表”的步骤如下：

（1） 在 Excel 电子表格中创建如图 3-38 所示的表格，将该表格文件命名为“机器人装配图明细表”，创建完成后保存该文件。

（2） 在 AutoCAD 中选择“绘图”|“表格”命令，弹出“插入表格”对话框。单击“自数据链接链接”单选按钮选择下拉列表中的“启动数据连接管理器”选项，打开“选择数据库链接”对话框，单击“创建新的 Excel 数据链接”选项，弹出“输入数据链接名称”对话框，在“名称”文本框中输入如图 3-39 所示的“机器人装配图明细表”链接名称。

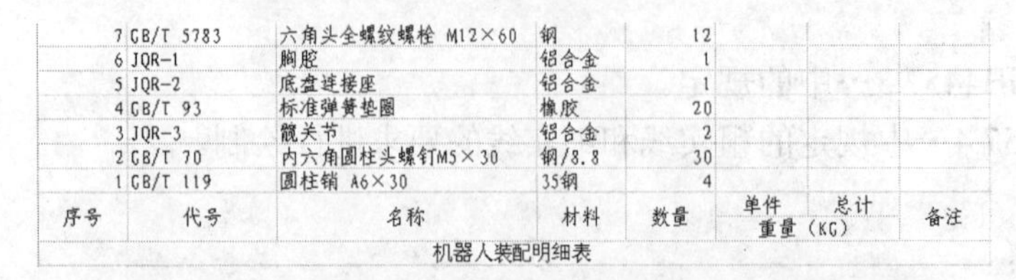

序号	代号	名称	材料	数量	重量（KG）单件	重量（KG）总计	备注
7	GB/T 5783	六角头全螺纹螺栓 M12×60	钢	12			
6	JQR-1	胸腔	铝合金	1			
5	JQR-2	底盘连接座	铝合金	1			
4	GB/T 93	标准弹簧垫圈	橡胶	20			
3	JQR-3	髋关节	铝合金	2			
2	GB/T 70	内六角圆柱头螺钉M5×30	钢/8.8	30			
1	GB/T 119	圆柱销 A6×30	35钢	4			
机器人装配明细表							

图 3-38 创建“Excel 表格”

图 3-39 “输入数据链接名称”对话框

（3） 单击“确定”按钮，弹出“新建 Excel 数据链接”对话框，单击按钮[...]，在弹出的如图 3-40 所示的“另存为”对话框中选择需要作为数据链接文件的 Excel 文件“机器人装配图明细表”，单击“打开”按钮，回到“新建 Excel 数据链接”对话框，效果如图 3-41 所示。

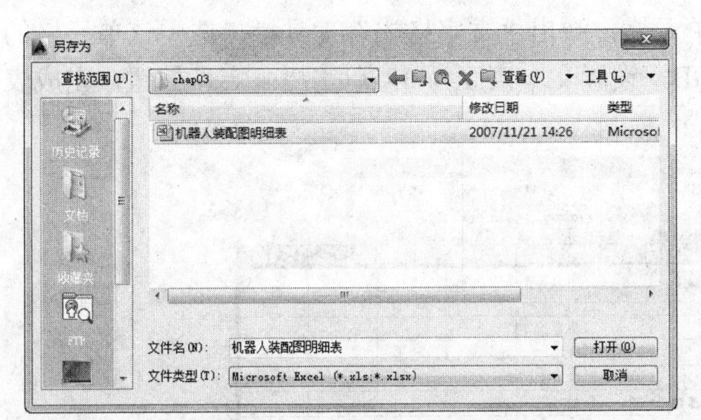

图 3-40 “另存为”对话框

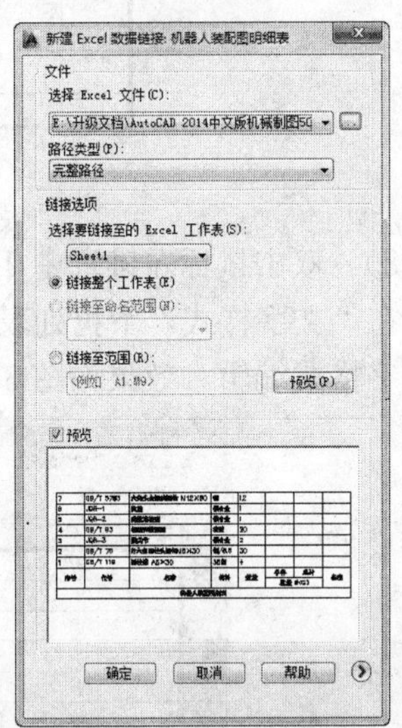

图 3-41 “新建 Excel 数据链接”对话框

（4） 单击“确定”按钮，返回到如图 3-42 所示的“选择数据链接”对话框，在预览区域中显示了表格。

（5） 单击“确定”按钮，返回到“插入表格”对话框，在预览区域中显示了表格。单击“确定”按钮，命令行提示在绘图区指定插入点，在绘图区任意拾取插入点，插入效果如图 3-43 所示。

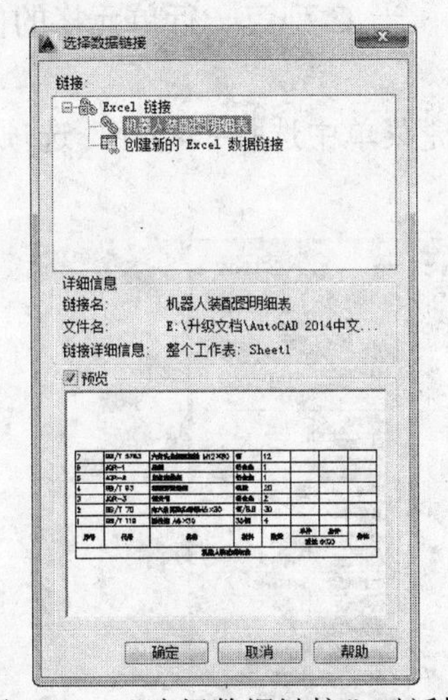

图 3-42 “选择数据链接”对话框

7	GB/T 5783	六角头全螺纹螺栓 M12×60	钢	12			
6	JQR-1	胸腔	铝合金	1			
5	JQR-2	底盘连接座	铝合金	1			
4	GB/T 93	标准弹簧垫圈	橡胶	20			
3	JQR-3	髋关节	铝合金	2			
2	GB/T 70	内六角圆柱头螺钉M5×30	钢/8.8	30			
1	GB/T 119	圆柱销 A6×30	35钢	4			
序号	代号	名称	材料	数量	单件	总计	备注
					重量（KG）		
机器人装配明细表							

图 3-43 表格效果

（6） 选中整个表格，打开“表格工具栏”，单击“单元边框”按钮⊞，在弹出的“单元边框特性”对话框的“线宽”下拉列表中选择“0.5 mm”，单击“外边框”按钮▣，单击“确定”按钮完成外边框线宽设置，效果如图 3-44 所示。

（7） 继续单击按钮⊞，设置内边框的线宽为“0.25 mm”。

7	GB/T 5783	六角头全螺纹螺栓 M12×60	钢	12			
6	JQR-1	胸腔	铝合金	1			
5	JQR-2	底盘连接座	铝合金	1			
4	GB/T 93	标准弹簧垫圈	橡胶	20			
3	JQR-3	髋关节	铝合金	2			
2	GB/T 70	内六角圆柱头螺钉M5×30	钢/8.8	30			
1	GB/T 119	圆柱销 A6×30	35钢	4			
序号	代号	名称	材料	数量	单件	总计	备注
					重量（KG）		
机器人装配明细表							

图 3-44　设置外边框线宽

（8）双击鼠标左键选中 1 行 C 列单元格，弹出“文字格式”工具栏，选中该单元格的内容，在“文字样式”下拉列表中选择 GB，设置文本高度为 3，单击“确定”按钮，完成表格中文字格式编辑。效果如图 3-45 所示。

	A	B	C	D	E	F	G	H
1	7	GB/T 5783	六角头全螺纹螺栓 M12X60	钢	12			
2	6	JQR-1	胸腔	铝合金	1			
3	5	JQR-2	底盘连接座	铝合金	1			
4	4	GB/T 93	标准弹簧垫圈	橡胶	20			
5	3	JQR-3	髋关节	铝合金	2			
6	2	GB/T 70	内六角圆柱头螺钉M5×30	钢/8.8	30			
7	1	GB/T 119	圆柱销 A6×30	35钢	4			
8	序号	代号	名称	材料	数量	单件	总计	备注
9						重量（KG）		
10	机器人装配明细表							

图 3-45　设置文字格式

（9）使用相同的方法，将表格中其他单元格的文字格式指定为 GB，文字高度为 3。效果如图 3-46 所示。

（10）选中 C 列全部单元格，拖动“更改列宽”右侧夹点，当 C 列第一行单元格的内容单行放置时，松开鼠标完成列宽调整，效果如图 3-46 所示。

（11）选择表格最下面一行，单击鼠标右键，在弹出的快捷菜单中选择“特性”选项，弹出如图 3-47 所示的“特性”面板。

7	GB/T 5783	六角头全螺纹螺栓 M12X60	钢	12			
6	JQR-1	胸腔	铝合金	1			
5	JQR-2	底盘连接座	铝合金	1			
4	GB/T 93	标准弹簧垫圈	橡胶	20			
3	JQR-3	髋关节	铝合金	2			
2	GB/T 70	内六角圆柱头螺钉M5X30	钢/8.8	30			
1	GB/T 119	圆柱销 A6X30	35钢	4			
序号	代号	名称	材料	数量	单件	总计	备注
					重量（KG）		
机器人装配明细表							

图 3-46　调整列宽

图 3-47　“特性”面板

（12）在“特性”面板中，设置“单元宽度”为 180，“单元高度”为 7。用同样的方法设置各行高度为 7，设置各列宽度依次为 14、30、60、20、14、14、14、14。效果如图 3-37 所示。

第 4 章　机械制图中的尺寸标注

尺寸标注是向图形中添加测量注释的过程。对于工程制图来讲，精确的尺寸是工程技术人员照图施工的关键，尺寸标注包括基本尺寸标注、文字注释、尺寸公差、形位公差、表面粗糙度等内容。国家标准和有关行业标准对标注的内容以及准则都有严格的规定，绘图人员在标注时必须遵守相关标准规定。

随着 AutoCAD 版本的更新，许多标注新功能相应地增加进来，主要有标注公差对齐、角度标注文字、半径标注的圆弧尺寸线选项、向标注添加折断、调整标注之间的距离，以及多重引线中增加的排列多重引线和对齐多重引线功能。

本章将重点介绍各种标注的方法以及以上与机械制图有关的功能。

4.1　尺寸标注组成

标注显示了对象的测量值、对象之间的距离、角度或特征距指定点的距离等。AutoCAD 2014 提供了 3 种基本的标注：长度、半径和角度。标注可以是水平、垂直、对齐、旋转、坐标、基线、连续、角度或者弧长。

标注具有以下独特的元素：标注文字、尺寸线、箭头和尺寸线，对于圆，标注还有圆心标记和中心线，如图 4-1 所示。

（1）标注文字：用于指示测量值的字符串。文字可以包含前缀、后缀和公差。

（2）尺寸线：用于指示标注的方向和范围。对于角度标注，尺寸线是一段圆弧。

（3）箭头：也称为终止符号，显示在尺寸线的两端。可以为箭头或标记指定不同的尺寸和形状。

（4）尺寸线：也称为投影线，从部件延伸到尺寸线。

（5）中心标记：是标记圆或圆弧中心的小十字。

（6）中心线：是标记圆或圆弧中心的虚线。

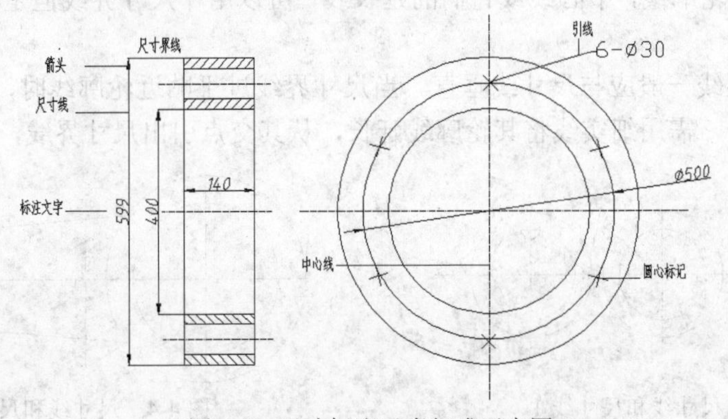

图 4-1　尺寸标注元素组成示意图

AutoCAD 将标注置于当前图层。每一个标注都采用当前标注样式，用于控制诸如箭头样式、文字位置和尺寸公差等的特性。

用户可以通过在“标注”菜单中选择合适的命令，或单击如图 4-2 所示的“标注”工具栏中的相应按钮来进行相应的尺寸标注。

图 4-2 “标注”工具栏

4.2 尺寸标注标准规定

在机械制图国家标准中对尺寸标注的规定主要有基本规则、尺寸线、尺寸线、标注尺寸的符号、简化注法，以及尺寸公差与配合注法等。在此对其中比较常用的一些规定进行介绍。

4.2.1 尺寸标注基本规定

尺寸标注的基本规定有下面几个方面：

（1） 零件的真实大小应以图样上所注的尺寸数值为依据，与图形的大小及绘图的准确度无关。

（2） 图样中的尺寸以毫米为单位时，不需标注计量单位的代号或者名称；如采用其他单位，必须注明相应的计量单位的代号或名称。

（3） 图样中所标注的尺寸，为该图样所示机件的最后完工尺寸，否则应该加以说明。

（4） 零件的每一个尺寸，一般只应该标注一次，并应该标注在反映该特征最清晰的位置上。

4.2.2 尺寸组成

一个完整的尺寸，应该包括尺寸界线、尺寸线、尺寸线终端和尺寸数字 4 个尺寸要素。

1. 尺寸界线和尺寸线

关于尺寸界线和尺寸线的规定有以下几种：

（1） 尺寸线界和尺寸线均以细实线画出。

（2） 线性尺寸的尺寸线应平行于表示其长度或距离的线段，如图 4-3 所示。

（3） 图形的轮廓线，中心线或它们的延长线，可以用作尺寸界线但是不能用作尺寸线，如图 4-3 所示。

（4） 尺寸界线一般应与尺寸线垂直。当尺寸界线过于贴近轮廓线时，允许将其倾斜画出，在光滑过渡处，需用细实线将其轮廓线延长，从其交点引出尺寸界线，如图 4-4 所示。

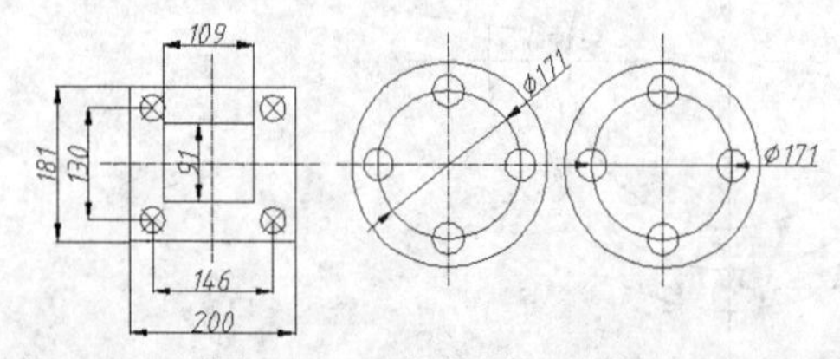

图 4-3 尺寸线和尺寸线 1

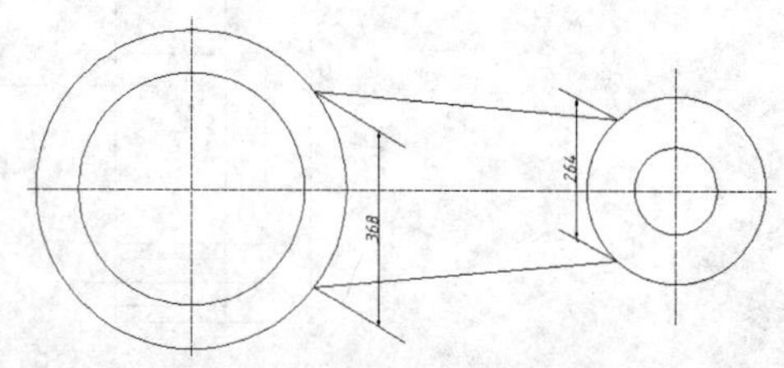

图 4-4 尺寸线和尺寸线 2

2. 尺寸线终端

尺寸线终端有箭头或者细斜线两种形式，如图 4-5 所示。箭头适合于各种类型的图形，箭头尖端与尺寸线接触，不得超出或者离开。当尺寸线终端采用斜线形式时，尺寸线与尺寸线必须相互垂直，并且同一图样中只能采用一种尺寸线终端形式。

图 4-5　尺寸线终端两种形式

（1） 尺寸线的终端为箭头，箭头的画法如图 4-6 所示。线性尺寸线的终端允许采用斜线，其画法如图 4-7 所示。

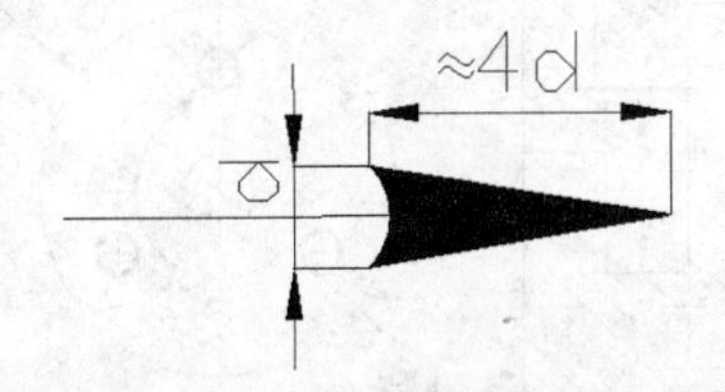

图 4-6　箭头画法 *d* 为粗实线的宽度

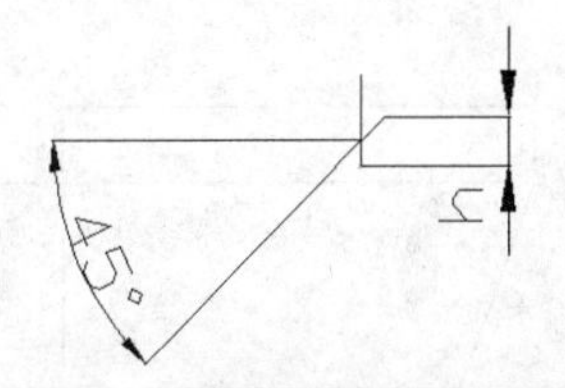

图 4-7　斜线画法 *h*=字体高度

（2） 当采用斜线时，尺寸线和尺寸线必须垂直，如图 4-8 所示。同一张图样，尺寸线的终端只能采用一种形式。

（3） 对于不完整表示的要素，可仅在尺寸线的一端画出箭头，但尺寸线应超过该要素中心线或断裂处，如图 4-9 所示。

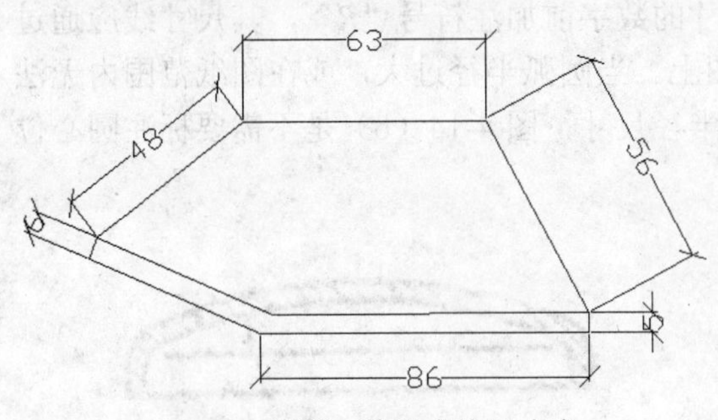

图 4-8　终端一种形式的尺寸线

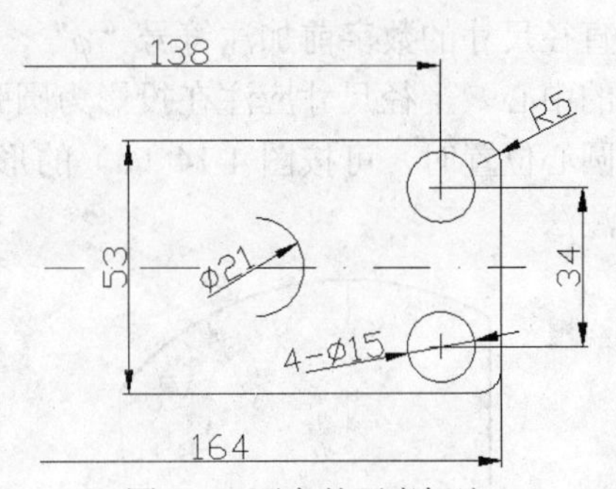

图 4-9　不完整要素标注

3. 尺寸数字

线性尺寸的数字一般注写在尺寸线上方或者尺寸线中断处。同一图样内尺寸数字的字号大小应一致，位置不够时可引出标注。当尺寸线呈铅垂方向时，尺寸数字在尺寸线左侧，字头朝左，其余方向时，字头有朝上趋势。尺寸数字不可被任何图线通过。当尺寸数字不可避免被图线通过时，图线必须断开。

尺寸数字前的符号用来区分不同类型的尺寸：

ϕ—表示直径、*R*—表示半径、*S*—表示球面、*t*—表示板状零件厚度、□—表示正方形、±—表示正负偏差、×—表示参数分隔符、∠—表示斜度、－—表示连字符。

（1） 线性尺寸数字的方向应按图 4-10 所示的方式注写，并尽量避免在图上 30° 范围内标注尺寸，无法避免时，可按图 4-11 的方式标注。

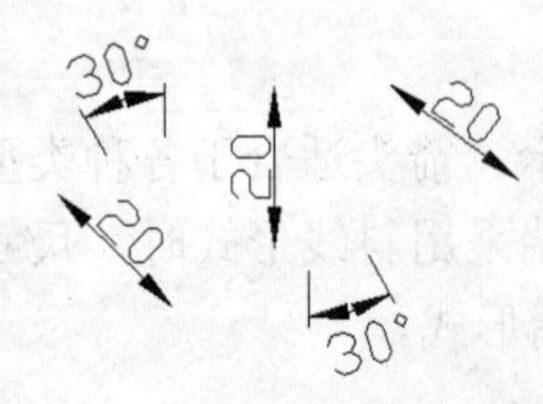

图 4-10　线性尺寸数字 1

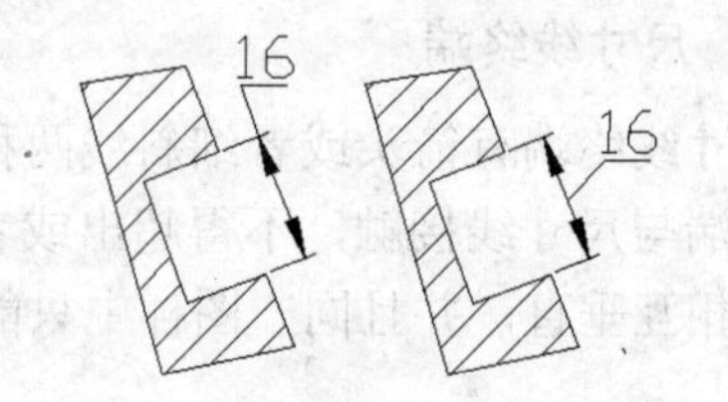

图 4-11　线性尺寸数字 2

（2）　允许将非水平方向的尺寸数字水平地注写在尺寸线的中断处，如图 4-12 所示。

（3）　尺寸数字不可被任何图线通过，不可避免时，需把图线断开，如图 4-13 所示。

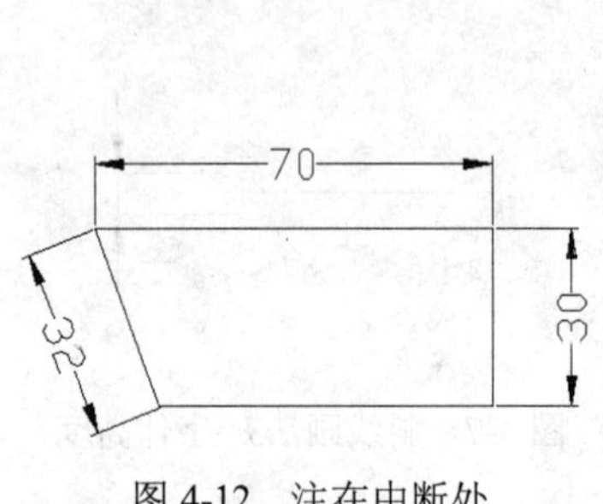

图 4-12　注在中断处

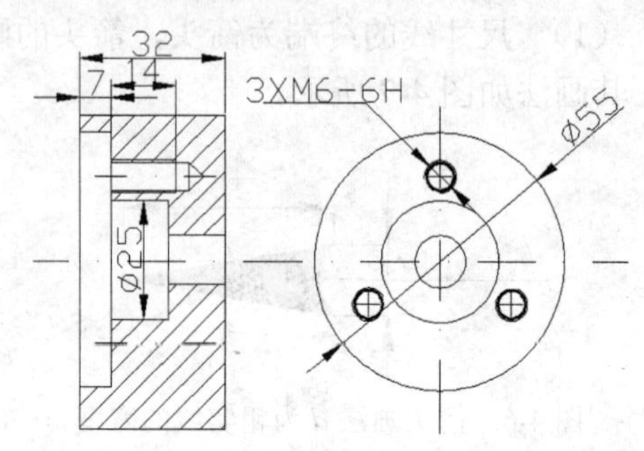

图 4-13　尺寸数字不被任何线通过

4.2.3　各类尺寸的注法

（1）　直径及半径尺寸的注法。

直径尺寸的数字前加注符号“ϕ”，半径尺寸的数字前加注符号“R”，其尺寸线应通过圆弧的中心。半径尺寸应注在投影为圆弧的视图上。当圆弧半径过大，或在图纸范围内无法标注圆心位置时，可按图 4-14（a）的形式标注半径尺寸，图 4-14（b）是不需要标注圆心位置的注法。

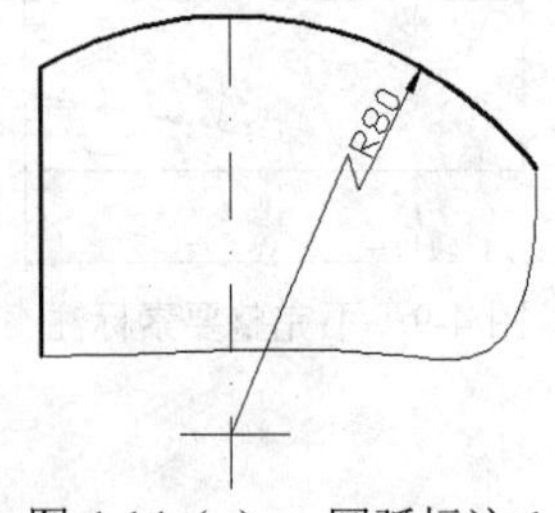

图 4-14（a）　圆弧标注 1

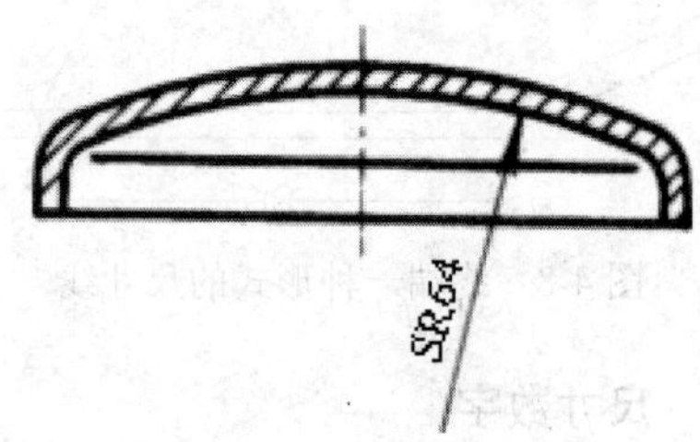

图 4-14（b）　圆弧标注 2

（2）弦长及弧长尺寸的注法。

- 弦长及弧长的尺寸界限应平行于该弦（或该弧）的垂直平分线，当弧度较大时，可沿径向引出尺寸界限。
- 弦长的尺寸线为直线，弧长的尺寸线为圆弧。
- 弧长的尺寸数字上方，须用细实线画出符号“⌒”，如图 4-15 所示。

（3）　球面尺寸的注法。

标注球面的直径和半径时，应在符号“ϕ”和“R”前再加注符号“S”，对于螺钉、铆钉的头部、轴（包括螺杆）及手柄的端部等，在不至引起误解时可省略该符号，如图 4-16 所示。

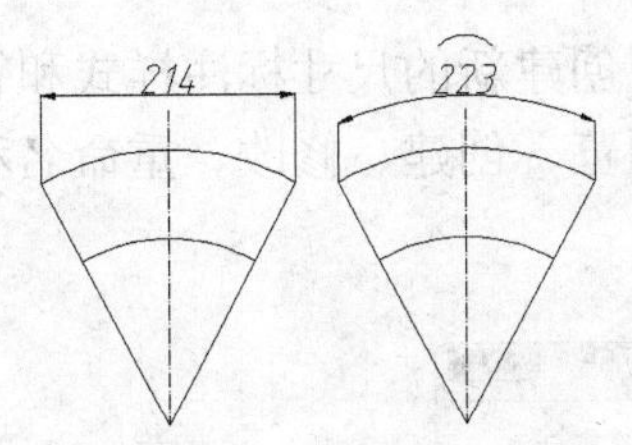

图 4-15　弦长和弧长的标注

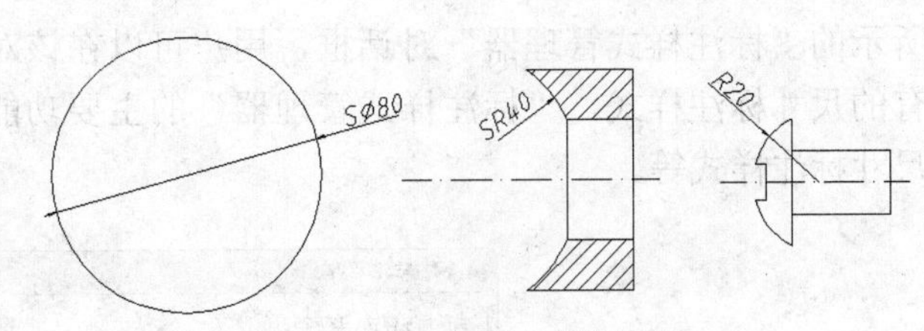

图 4-16　球面尺寸的标注

（4）　正方形结构尺寸的注法。

对于正截面为正方形的结构，可在正方形边长尺寸之前加注符号“口”或以“边长×边长”的形式标注其尺寸，如图 4-17 所示。

（5）　角度尺寸的注法。

- 角度尺寸的尺寸界限应沿径向引出，尺寸线应画成圆弧，其圆心是该角的顶点，尺寸线的终端应画成箭头。
- 角度的数字一律写成水平方向，一般注写在尺寸线的中断处，必要时可按图中的形式标注，如图 4-18 所示。

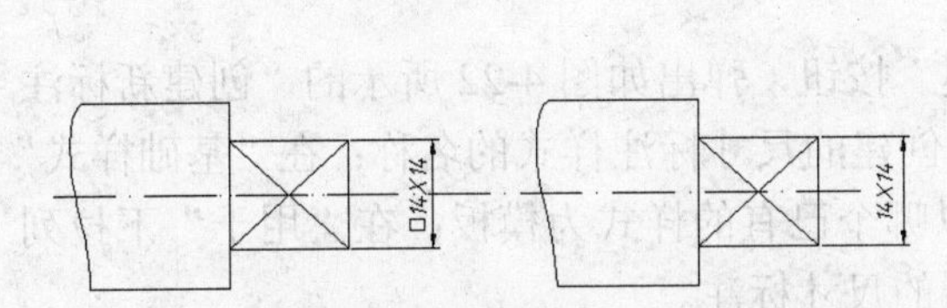

图 4-17　正方形结构尺寸的标注

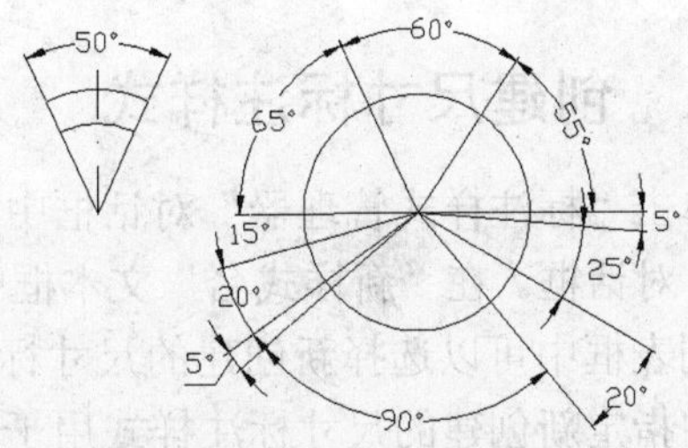

图 4-18　角度尺寸的标注

（6）　斜度和锥度的注法。

图 4-19 是斜度和锥度的标注示例，符号的方向应和斜度与锥度方向一致。

（7）　小尺寸的注法。

在没有足够的位置画箭头或注写数字时，箭头可画在外面，尺寸数字也可采用旁注或引出标注。当中间的小间隔尺寸没有足够的位置画箭头时，允许用圆点或斜线代替箭头，如图 4-20 所示。

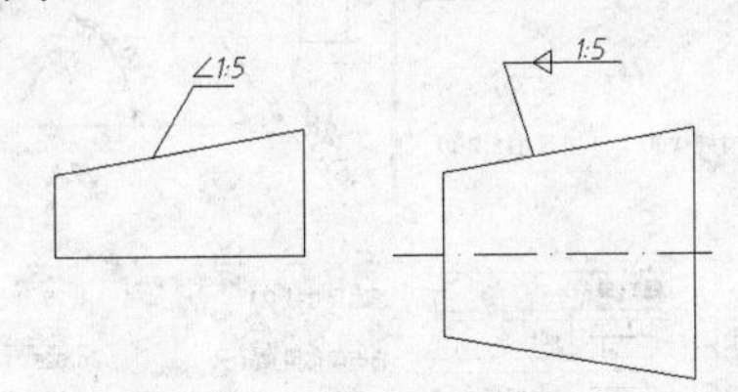

图 4-19　斜度和锥度的标注

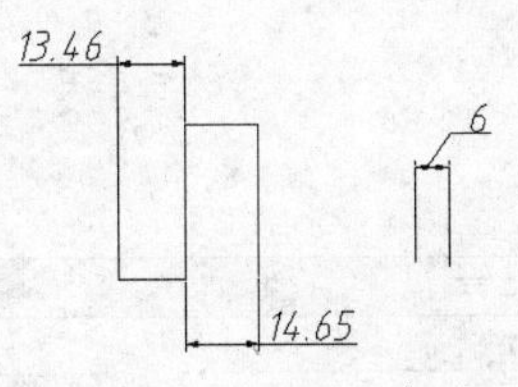

图 4-20　小尺寸的标注

（8）　其他结构尺寸的注法参考国家相关标准。

4.3　尺寸标注样式

使用 AutoCAD 进行尺寸标注时，尺寸的外观及功能取决于当前尺寸样式的设定。选择“格式”|“标注样式”命令，或者单击“标注”工具栏中的“标注样式”按钮，弹出如图 4-21

所示的“标注样式管理器”对话框，用户可以在该对话框中创建新的尺寸标注样式和管理已有的尺寸标注样式。“标注样式管理器”的主要功能有：预览、创建、修改、重命名和删除尺寸标注样式等。

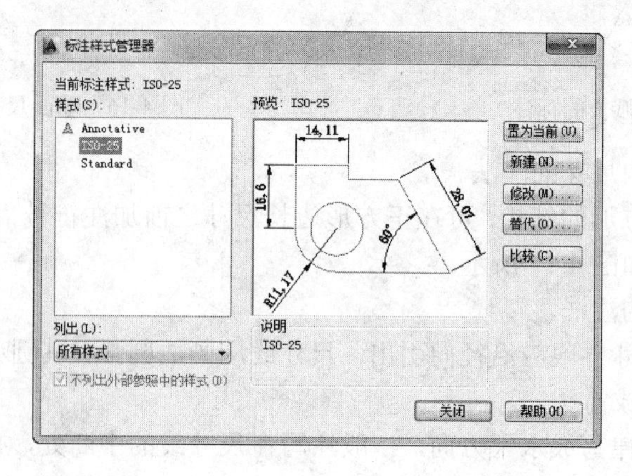

图 4-21 “标注样式管理器”对话框

4.3.1 创建尺寸标注样式

单击“标注样式管理器”对话框中的“新建”按钮，弹出如图 4-22 所示的“创建新标注样式”对话框。在“新样式名”文本框中设置新创建的尺寸标注样式的名称；在“基础样式”下拉列表框中可以选择新创建的尺寸标注样式以哪个已有的样式为模板；在“用于”下拉列表框中指定新创建的尺寸标注样式用于哪些类型的尺寸标注。

单击“继续”按钮将关闭“创建新标注样式”对话框，弹出如图 4-23 所示的“新建标注样式”对话框，在该对话框的各选项卡中设置相应的参数，设置完成后单击“确定”按钮，返回“标注样式管理器”对话框，在“样式”列表框中可以看到新建的标注样式。

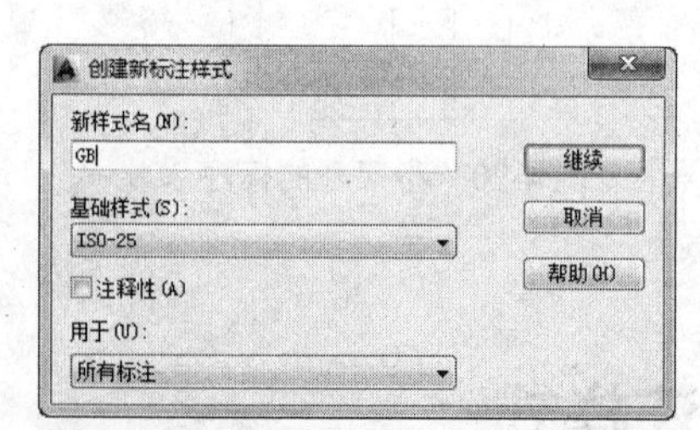

图 4-22 “创建新标注样式”对话框

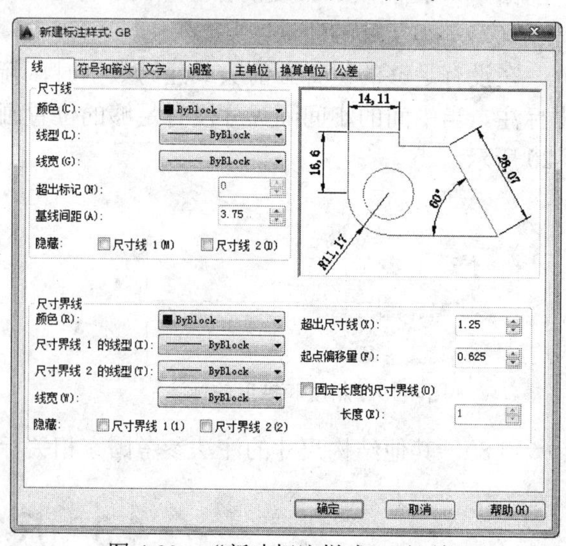

图 4-23 “新建标注样式”对话框

在“新建标注样式”对话框中共有“线”、“符号和箭头”、“文字”、“调整”、“主单位”、“换算单位”和“公差”等 7 个选项卡，下面分别介绍。

（1） “线”选项卡。

“线”选项卡如图4-23所示，由“尺寸线”和“尺寸界线”两个选项组组成，该选项卡用于设置尺寸线和尺寸线的特性等，以控制尺寸标注的几何外观。

在“尺寸线”选项组中，主要参数项含义如下：

- “超出标记”微调框用于设定使用倾斜尺寸线时，尺寸线超过尺寸线的距离。
- “基线间距”微调框用于设定使用基线标注时各尺寸线间的距离。
- “隐藏”及其复选框用于控制尺寸线的显示。“尺寸线1”复选框用于控制第1条尺寸线的显示，“尺寸线2”复选框用于控制第2条尺寸线的显示。

在“尺寸界线”选项组中，主要参数项含义如下：

- “超出尺寸线”微调框用于设定尺寸线超过尺寸界线的距离。
- “起点偏移量”微调框用于设置尺寸线相对于尺寸线起点的偏移距离。
- “隐藏”及其复选框用于设置尺寸线的显示，“尺寸线1”复选框用于控制第1条尺寸线的显示，“尺寸线2”复选框用于控制第2条尺寸线的显示。

（2） “符号和箭头”选项卡。

“符号和箭头”选项卡如图4-24所示，用于设置箭头、中心标记、弧长符号以及折弯标注的特性，以控制尺寸标注的几何外观。

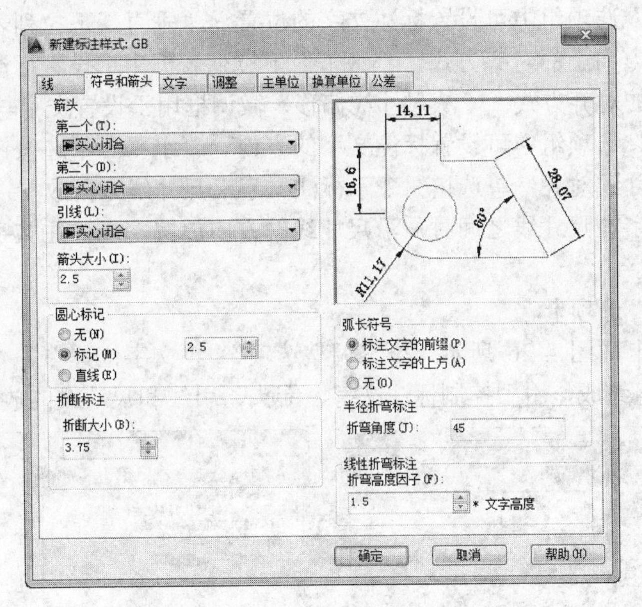

图4-24 “符号和箭头”选项卡

“箭头”选项组用于选定表示尺寸线端点的箭头的外观形式。“第一个”、“第二个”下拉列表框列出常见的箭头形式，常用的有“实心闭合”和“建筑标记”两种。“引线”下拉列表框中列出对尺寸线引线部分的形式。“箭头大小”文本框用于设定箭头相对其他尺寸标注元素的大小。

“圆心标记”选项组用于控制当标注半径和直径尺寸时，中心线和中心标记的外观。“标记”单选按钮将在圆心处放置一个与“大小”文本框2.5中的值相同的圆心标记，“直线”单选按钮将在圆心处放置一个与“大小”文本框2.5中的值相同的中心线标记；“无”单选按钮将在圆心处不放置中心线和圆心标记。“大小”文本框2.5用于设置圆心标记或中心线的大小。

“折断标注”选项组用于控制折断标注的间距宽度，在“打断大小”文本框中可以显示和设置折断标注的间距大小。

“弧长符号”选项组控制弧长标注中圆弧符号的显示。“标注文字的前面”单选按钮设置将弧长符号“⌒”放在标注文字的前面。“标注文字的上面”单选按钮设置将弧长符号“⌒”放在标注文字的上面。“无”将不显示弧长符号。

“半径折弯标注”主要控制折弯（Z 字型）半径标注的显示。折弯半径的标注通常在中心点位于页面外部时创建，即半径十分大时。用户可以在“折弯角度”文本框中输入折弯角度。

“线性折弯标注”选项组用于控制线性标注折弯的显示。通过形成折弯的角度的两个顶点之间的距离确定折弯高度，线性折弯大小由线性折弯因子×文字高度确定。

（3）“文字”选项卡。

“文字”选项卡如图 4-25 所示，由“文字外观”、“文字位置”和“文字对齐”3 个选项组组成，用于设置标注文字的格式、位置及对齐方式等特性。

在“文字外观”选项组中可设置标注文字的格式和大小。“文字样式”下拉列表框用于设置标注文字所用的样式，单击后面的按钮[...]，弹出“文字样式”对话框，该对话框的用法在前面已经讲解过，这里不再赘述。

在“文字位置”选项组中可设置标注文字的位置。“垂直”下拉列表框用于设置标注文字沿尺寸线在垂直方向上的对齐方式，“水平”下拉列表框用于设置标注文字沿尺寸线和尺寸线在水平方向上的对齐方式；“从尺寸线偏移”微调框用于设置文字与尺寸线的间距。

在“文字对齐”选项组中可设置标注文字的方向。“水平”单选按钮表示标注文字沿水平线放置；“与尺寸线对齐”单选按钮表示标注文字沿尺寸线方向放置；“ISO 标准”单选按钮表示当标注文字在尺寸线之间时，沿尺寸线的方向放置，当标注文字在尺寸线外侧时，则水平放置标注文字。

（4）“调整”选项卡。

“调整”选项卡如图 4-26 所示，由“调整选项”、“文字位置”、“标注特征比例”和“优化”4 个选项组组成，用于控制标注文字、箭头、引线和尺寸线的放置。

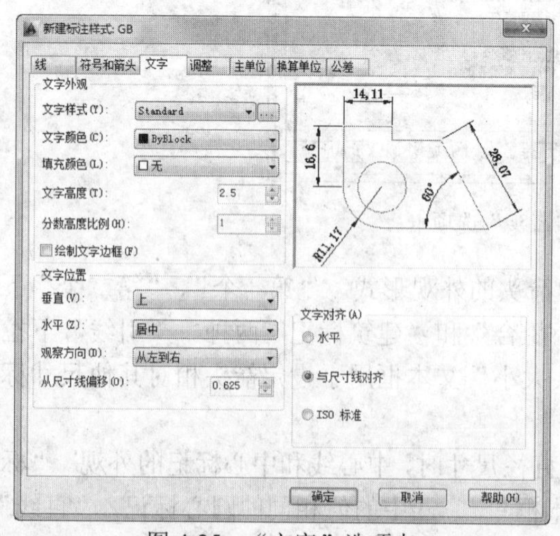

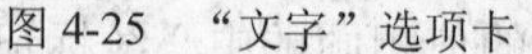
图 4-25 “文字”选项卡

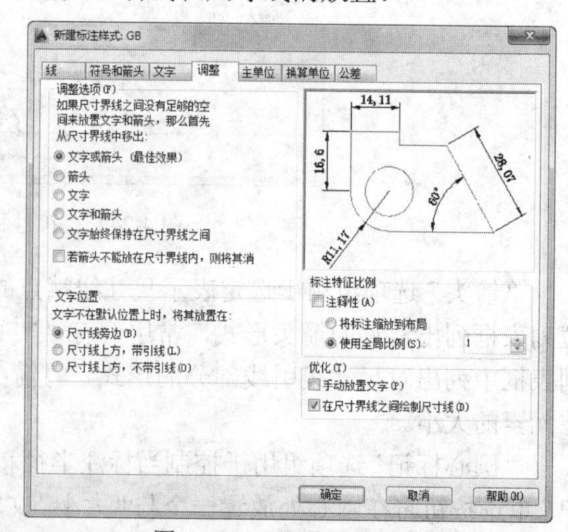

图 4-26 “调整”选项卡

“调整选项”选项组用于控制基于尺寸线之间可用空间的文字和箭头的位置。如果有足够大的空间，文字和箭头都将放在尺寸线内。否则，将按照“调整”选项放置文字和箭头。

“文字位置”选项组用于设置标注文字从默认位置（由标注样式定义的位置）移动时标注文字的位置。

“标注特征比例”选项组用于设置全局标注比例值或图纸空间比例。

“优化”选项组提供用于放置标注文字的其他选项。选中“手动放置文字”复选框，表示忽略所有水平对正设置并把文字放在“尺寸线位置”提示下指定的位置；选中“在尺寸线之间绘制尺寸线”复选框，表示即使箭头放在测量点之外，也在测量点之间绘制尺寸线。

（5）“主单位”选项卡。

“主单位”选项卡如图 4-27 所示，用于设置主单位的格式及精度，同时还可以设置标注文字的前缀和后缀。

在“线性标注”选项组中可设置线性标注单位的格式及精度。

“测量单位比例”选项组用于确定测量时的缩放系数，“比例因子”文本框设置线性标注测量值的比例因子，例如，如果输入 2，则 1 mm 直线的尺寸将显示为 2 mm，经常用于建筑制图中，绘制 1∶100 的图形比例因子为 1，绘制 1∶50 的图形比例因子为 0.5。该值不应用于角度标注，也不应用于舍入值或者正负公差值。

“消零”选项组控制是否显示前导 0 或尾数 0。“角度标注”选项组用于设置角度标注的角度格式。

（6）“换算单位”选项组。

“换算单位”选项组如图 4-28 所示，用于指定标注测量值中换算单位的显示，并设置其格式和精度，一般情况下，保持“换算单位”选项组默认值不变。

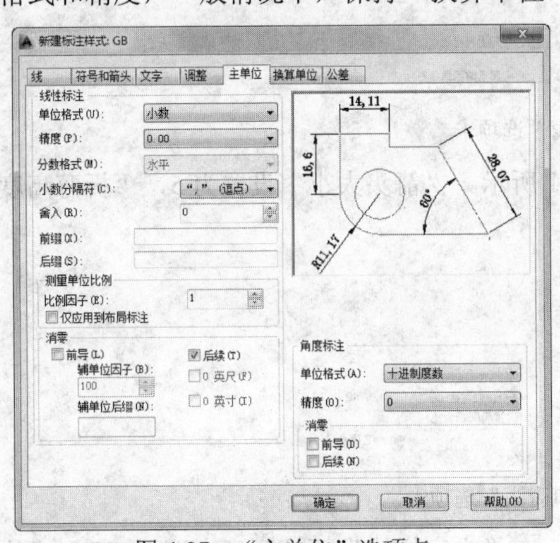

图 4-27 “主单位”选项卡

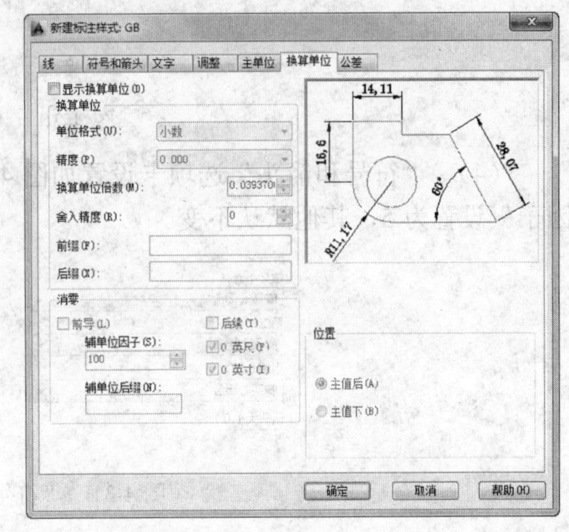

图 4-28 “换算单位”选项组

4.3.2 修改尺寸标注样式

在“标注样式管理器”对话框的“样式”列表框中选择需要修改的标注样式，然后单击“修改”按钮，弹出“修改标注样式”对话框，可以在该对话框中对该样式的参数进行修改。

“新建标注样式”、“修改标注样式”，以及“替代当前样式”仅对话框标题不一样，其他参数设置均一样，用户掌握了 4.3.1 节“创建标注样式”对话框的设置，则可方便地进行另外两个对话框的设置。

4.3.3 应用尺寸标注样式

在用户设置好标注样式后，在如图 4-2 所示的“标注”工具栏中选择“标注样式”下拉列表 ISO-25 中的相应标注样式，则可将该标注样式置为当前样式。对于已经使用某种标注样式的标注，用户选择该标注，在“样式”工具栏中样式下拉列表中可以选择目标标注样式，将样式应用所选标注。用户也可以选择右键快捷菜单中的“特性”命令，弹出如图 4-29 所示的“特性”选项板，在“其他”卷栏中的“标注样式”下拉列表中设置标注样式。

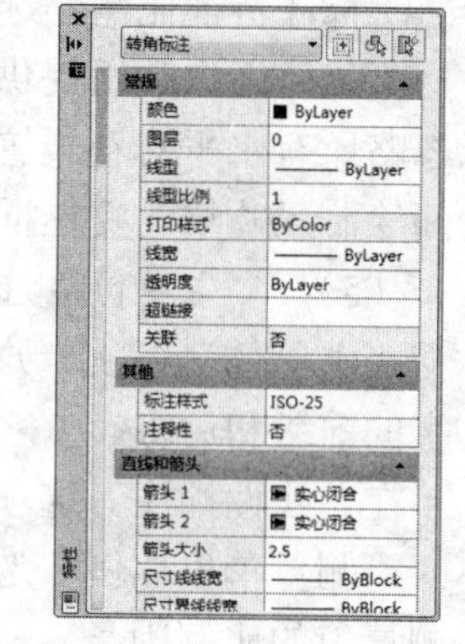

图 4-29 “特性”选项板

4.3.4 实例 05——创建尺寸标注样式实例

本节以创建机械制图中最常用到的标注样式为例，来说明创建及修改尺寸标注样式的基本步骤。下面创建一个名为“零件图标注样式”的标注样式，具体步骤如下：

（1） 在“标注”工具栏上单击“标注样式”按钮，弹出“标注样式管理器”对话框。

（2） 单击“新建”按钮，弹出“创建新标注样式”对话框，将“新样式名”设为“零件图标注样式”，“基础样式”设为“ISO-25”，“用于”选择“所有标注”。

（3） 单击“继续”按钮，弹出“新建标注样式”对话框。“线”选项卡设置如图 4-30 所示，“基线间距”设置为 6，“超出尺寸线”设置为 2，“起点偏移量”设置为 1，其他保持默认不变。

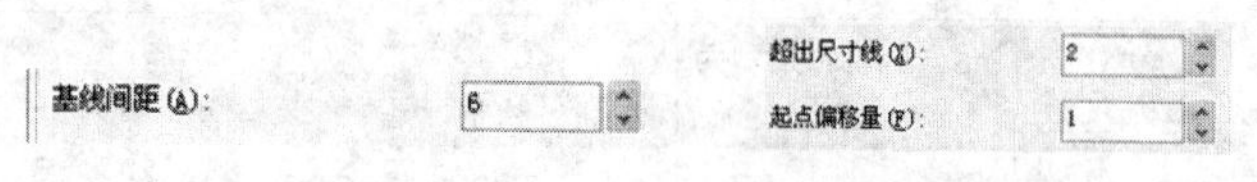

图 4-30 “线”选项卡

（4） “符号和箭头”选项卡设置如图 4-31 所示。“箭头大小”设置为 5，“折弯高度因子”设置为 5，其他默认不变。

图 4-31 “符号和箭头”选项卡

（5） “文字”选项卡设置如图 4-32 所示。在“文字样式”下拉列表中选择 GB，“从尺寸线偏移”设置为 1，“文字对齐”选择“ISO 标准”单选按钮，其他默认不变。

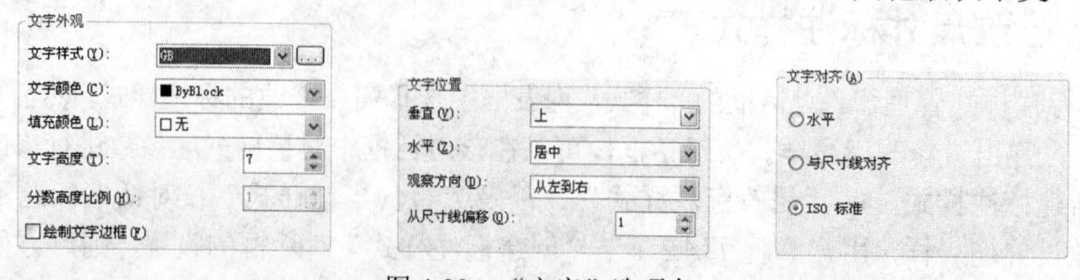

图 4-32 “文字”选项卡

（6）“调整”选项卡中的“文字位置”选择“尺寸线上方，带引线”单选按钮，其他默认不变，参见图 4-26。

（7）“主单位”选项卡设置“舍入”为 0，“小数分隔符”设置为“句点”。

（8）设置完毕，单击“确定”按钮回到“样式管理器”对话框，单击“置为当前”按钮，将新建的“零件图标注样式”样式置为当前使用的标注样式。单击“关闭”按钮完成新样式的创建。

4.4 基本尺寸标注

AutoCAD 根据工程实际情况，为用户提供了各种类型的尺寸标注方法，主要有以下 4 种方法：基本尺寸标注、形位公差标注、尺寸公差标注和表面粗超度标注，下面分别进行介绍。本小节将对基本尺寸标注的相关内容进行详细的介绍。

4.4.1 基本尺寸的类别和常用标注命令

基本尺寸标注是指对零件长、宽、高、半径和直径等基本尺寸的标注，是最常见的一种标注样式，也是比较简单的一种标注。

1. 基本尺寸的类别

基本尺寸分为线性尺寸和非线性尺寸两类。线性尺寸指两点之间的距离，如直径、半径、宽度、深度、高度、中心距等。线性尺寸之外的尺寸，如倒角和角度等称为非线性尺寸。

2. 常用标注命令

（1）对于单个的长度、宽度等尺寸，在 AutoCAD 中可以使用线性标注或对齐标注。对于有若干尺寸的标注原点相同的情况，可以使用基线标注。对于有若干尺寸连续相邻放置的情况，可以使用连续标注。

（2）对于圆弧和圆，可以使用半径标注和直径标注，对于弧长可以使用弧长标注。如果需要标注的圆或圆弧半径过大，可以使用折弯标注。

（3）对于角度，可以使用角度标注。在某些特殊情况下，如圆心角，可以分别标注圆弧长度和半径来代替圆心角的标注。

4.4.2 尺寸标注常用方法

一般尺寸标注主要包括线性尺寸标注、角度尺寸标注、半径尺寸标注和直径尺寸标注等。下面介绍这些尺寸标注的方法。

1. 线性尺寸标注

线性标注常用于标注水平尺寸、垂直尺寸和旋转尺寸。选择“标注”|“线性”命令，或在“标注”工具栏上单击“线性标注”按钮⊢，或在命令行中输入 Dimlinear 来标注水平尺寸、垂直尺寸和旋转尺寸，命令行提示如下：

```
命令：_dimlinear
指定第一个尺寸界线原点或 <选择对象>://拾取第一个尺寸界线的原点
指定第二条尺寸界线原点：              //拾取第二条尺寸界线的原点
```

```
    指定尺寸线位置或
    [多行文字(M)/文字(T)/角度(A)/水平(H)/垂直(V)/旋转(R)]://一般移动光标
指定尺寸线位置
    标注文字 = 10
```

在命令行选项中，“尺寸线位置”、“多行文字”、“文字”和“角度”选项是尺寸标注命令行中的常见选项。其中“尺寸线位置”选项表示确定尺寸线的角度和标注文字的位置。“多行文字”选项表示显示在位文字编辑器，可用它来编辑标注文字，可以通过文字编辑器来添加前缀或后缀，用控制代码和 Unicode 字符串来输入特殊字符或符号，要编辑或替换生成的测量值，可以删除文字，输入新文字，然后单击“确定”按钮；如果标注样式中未打开换算单位，可以通过输入方括号（[ ]）来显示它们。“文字”选项表示在命令行自定义标注文字，要包括生成的测量值，可用角括号（<>）表示生成的测量值；如果标注样式中未打开换算单位，可以通过输入方括号（[ ]）来显示换算单位。“角度”选项用于修改标注文字的角度。

命令行中的其他 3 个选项：“水平”、“垂直”和“旋转”都是线性标注特有的选项，含义如下：“水平”选项创建水平线性标注；“垂直”选项创建垂直线性标注；“旋转”选项创建旋转线性标注。图 4-33 显示了垂直线性标注、水平线性标注和旋转 45° 的线性标注效果。

2. 对齐尺寸标注

对齐尺寸标注用于创建与指定位置或对象平行的标注，在对齐标注中，尺寸线平行于尺寸界线原点连成的直线。

选择“标注”|“对齐”命令，或在“标注”工具栏上单击“对齐标注”按钮，或在命令行中键入 Dimligned 来完成对齐标注，命令行提示如下：

```
命令: _dimaligned
指定第一个尺寸界线原点或 <选择对象>: // 拾取第一个尺寸界线的原点
指定第二条尺寸界线原点: //拾取第二条尺寸界线的原点
指定尺寸线位置或  //在合适位置单击鼠标放置尺寸
[多行文字(M)/文字(T)/角度(A)]:
标注文字 = 14.14
```

图 4-34 所示为对齐尺寸标注的效果。

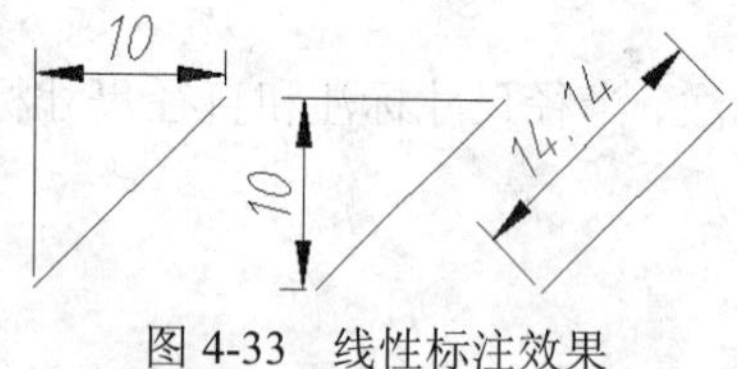

图 4-33　线性标注效果

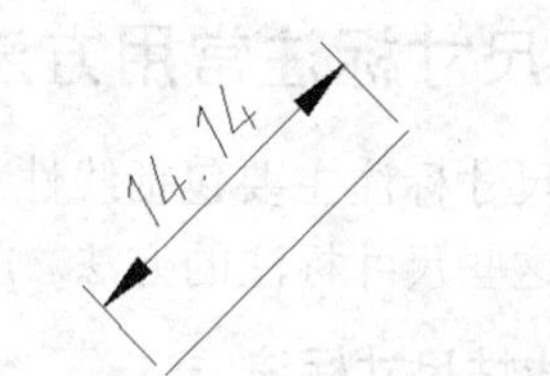

图 4-34　对齐尺寸标注效果

3. 弧长尺寸标注

弧长标注用于测量圆弧或多段线弧线段上的距离，默认情况下，弧长标注将显示一个圆弧符号。弧长标注的尺寸线可以正交或径向，仅当圆弧的包含角度小于 90° 时才显示正交尺寸线。

选择“标注”|“弧长”命令，或在“标注”工具栏上单击“弧长标注”按钮，或在命

令行键入 Dimarc，来完成弧长标注，命令行提示如下：

```
命令: _dimarc
选择弧线段或多段线弧线段:                            //选择要标注的弧
指定弧长标注位置或 [多行文字（M）/文字（T）/角度（A）/部分（P）/引线（L）]://制定尺寸线的位置
标注文字 =43
```

命令行中，“部分”选项表示缩短弧长标注的长度，命令行会提示重新拾取测量弧长的起点和终点；“引线”选项表示添加引线对象。该选项仅当圆弧（或弧线段）大于 90° 时才会显示此选项，引线是按径向绘制的，指向所标注圆弧的圆心。图 4-35 所示分别为弧度大于 90°、弧度小于 90° 和添加引线的弧长尺寸标注效果。

4. 坐标标注

坐标标注由 X 轴或 Y 轴值和引线组成。X 基准坐标标注沿 X 轴测量特征点与基准点的距离。Y 基准坐标标注沿 Y 轴测量距离。程序使用当前 UCS 的绝对坐标值确定坐标值。在创建坐标标注之前，通常需要重设 UCS 原点与基准相符。

选择“标注”|“坐标”命令，或在“标注”工具栏上单击“坐标标注”按钮，或在命令行中键入 DIMORDINATE 命令来执行坐标标注，命令行提示如下：

```
命令: _dimordinate
指定点坐标://拾取需要创建坐标标注的点
指定引线端点或 [X 基准（X）/Y 基准（Y）/多行文字（M）/文字（T）/角度（A）]://指定引线端点
标注文字 =1009
```

图 4-36 所示为坐标标注示例。

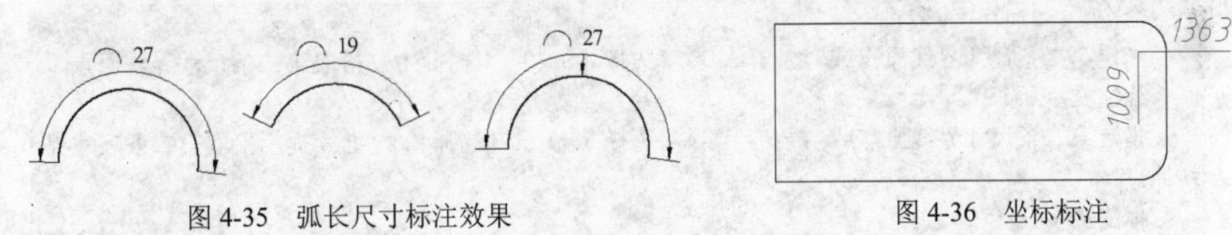

图 4-35　弧长尺寸标注效果　　　　图 4-36　坐标标注

5. 半径和直径尺寸标注

半径和直径标注使用可选的中心线或中心标记测量圆弧和圆的半径与直径，半径标注用于测量圆弧或圆的半径，并显示前面带有字母 R 的标注文字。直径标注用于测量圆弧或圆的直径，并显示前面带有直径符号的标注文字。

选择“标注”|“半径”命令，或在“标注”工具栏上单击“半径标注”按钮，或在命令行中键入 DIMRADIUS 命令来执行半径标注，命令行提示如下。

```
命令: _dimradius
选择圆弧或圆:                                    //选择要标注半径的圆或圆弧对象
标注文字 = 11
指定尺寸线位置或 [多行文字（M）/文字（T）/角度（A）]: //移动光标至合适位置单击鼠标
```

直径标注的执行与半径类似。图 4-37 所示为半径标注和直径标注的效果。

6. 角度尺寸标注

角度尺寸标注用于标注两条直线或 3 个点之间的角度。要测量圆的两条半径之间的角度，可以选择此圆，然后指定角度端点。对于其他对象，则需要先选择对象，然后指定标注位置。

选择“标注”|“角度”命令，或在“标注”工具栏上单击“角度标注”按钮△，或在命令行中执行 DIMANGULAR 命令来执行角度标注，命令行提示如下。

```
命令：_dimangular
选择圆弧、圆、直线或 <指定顶点>:                  //选择标注角度尺寸对象，选择小圆弧
指定标注弧线位置或 [多行文字（M）/文字（T）/角度（A）]:  //移动光标至合适位置单击
标注文字 = 120
```

图 4-38 所示为圆弧角度标注和直线角度标注的效果。

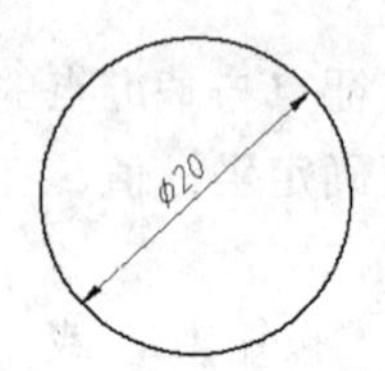

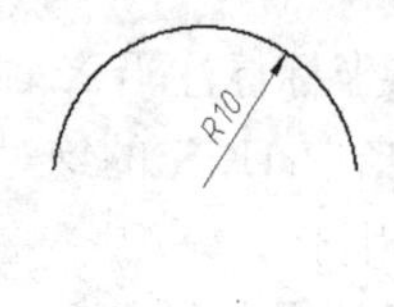

图 4-37　半径标注和直径标注示例

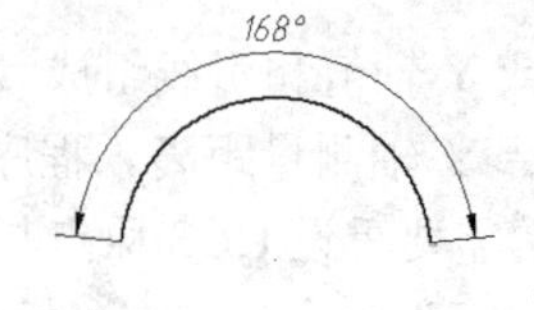

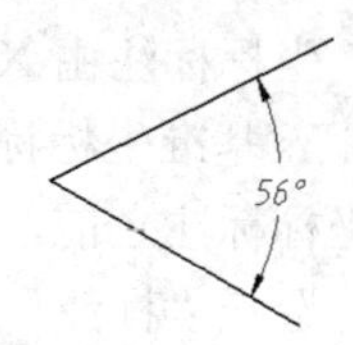

图 4-38　圆弧角度标注和直线角度标注示例

7. 基线尺寸标注

基线标注是自同一基线处测量的多个标注，在创建基线之前，必须创建线性、对齐或角度标注，基线标注是从上一个尺寸线处测量的，除非指定另一点作为原点。

选择“标注”|“基线”命令，或在“标注”工具栏上单击“基线标注”按钮⊟，或在命令行键入 Dimbaseline 来执行基线标注，命令行提示如下：

```
命令：_dimbaseline
指定第二条尺寸界线原点或 [放弃（U）/选择（S）] <选择>://拾取第二条尺寸界线原点
标注文字 =19
指定第二条尺寸界线原点或 [放弃（U）/选择（S）] <选择>://继续提示拾取第二条尺寸界线原点
标注文字 = 36
指定第二条尺寸界线原点或 [放弃（U）/选择（S）] <选择>:
......
```

命令行中的“选择”选项表示用户可以选择一个线性标注、坐标标注或角度标注作为基线标注的基准。选择基准标注之后，将再次显示“指定第二条尺寸界线原点”提示。图 4-39 所示为基线尺寸标注效果。

8. 连续尺寸标注

连续标注是首尾相连的多个标注，前一尺寸的第二尺寸线就是后一尺寸的第一尺寸线，与基线尺寸标注一样，在创建连续尺寸标注之前，必须创建线性、对齐或角度标注，连续尺寸标注是从上一个尺寸线处测量的，除非指定另一点作为原点。

选择“标注”|“连续”命令，或在“标注”工具栏上单击“连续标注”按钮⊞，或在命令行键入 Dimcontinue 来执行连续标注，命令行提示如下：

```
命令: _dimcontinue
选择连续标注                                       // 选择线性标注 8
指定第二条尺寸界线原点或 [放弃 (U) /选择 (S) ] <选择>: //拾取第二条尺寸界线原点
标注文字 =12
指定第二条尺寸界线原点或 [放弃 (U) /选择 (S) ] <选择>://继续提示拾取第二条尺寸界线原点
标注文字 = 16
指定第二条尺寸界线原点或 [放弃 (U) /选择 (S) ] <选择>:
标注文字 = 17

......
```

图 4-40 所示为连续尺寸标注效果图。

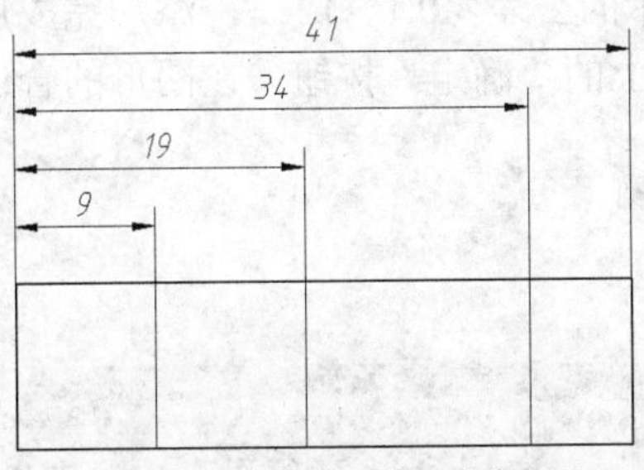

图 4-39　基线尺寸标注效果

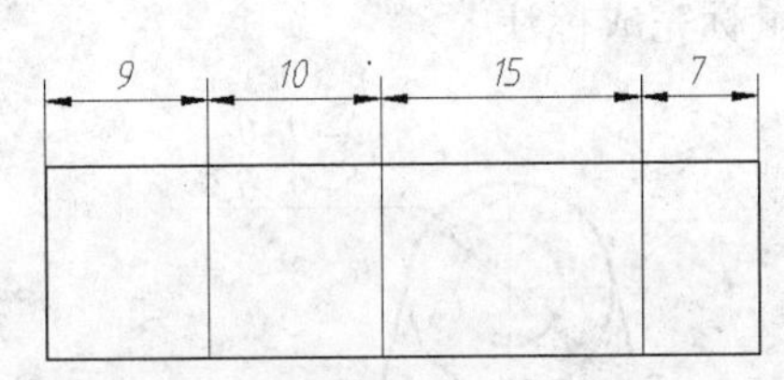

图 4-40　连续尺寸标注效果

4.5　实例 06——尺寸公差标注

尺寸公差是指在实际生产中尺寸可以上下浮动的数值。生产中的公差，可以控制部件所需的精度等级。在实际绘图过程中，可以通过为标注文字附加公差的方式，直接将公差应用到标注中。如果标注值在两个方向上变化，所提供的正值和负值将作为极限公差附加到标注值中。如果两个极限公差值相等，AutoCAD 将在它们前面加上“±”符号，也称为对称。否则，正值将位于负值上方。

以创建如图 4-41 所示的支座零件中的尺寸公差为例介绍尺寸公差的标注方法。

具体操作步骤如下：

（1）创建标注样式“线性公差标注”，该标注样式中的“公差”选项卡设置后如图 4-42 所示，其他选项卡的设置内容与 4.3.4 节一般尺寸标注中的选项卡设置相同。

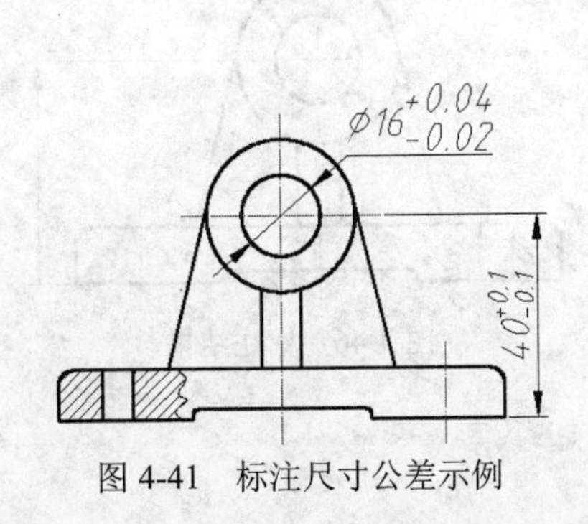

图 4-41　标注尺寸公差示例

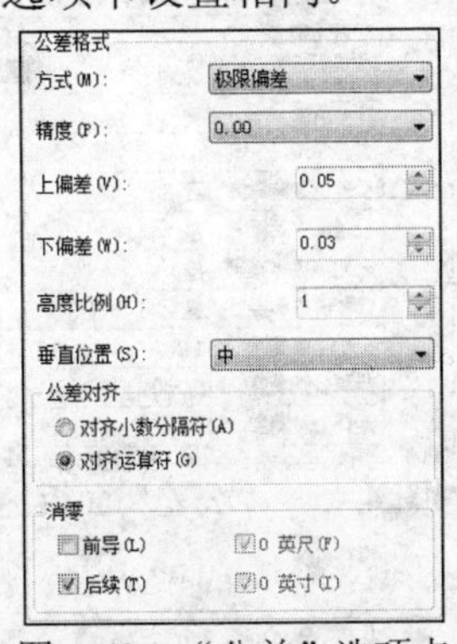

图 4-42　“公差”选项卡

（2） 执行“直径标注”命令，选择半径小一点儿的圆，标注效果如图 4-43 所示。

（3） 单击“线性”标注按钮，命令行提示如下：

```
命令: _dimlinear
指定第一个尺寸界线原点或 <选择对象>://选择图 4-41 所示的右下顶点
指定第二条尺寸界线原点:// 选择图 4-41 所示的内圆圆心
指定尺寸线位置或
[多行文字（M）/文字（T）/角度（A）/水平（H）/垂直（V）/旋转（R）]: m//输入 m，按回车键，弹出在位文字编辑器
指定尺寸线位置或
[多行文字（M）/文字（T）/角度（A）/水平（H）/垂直（V）/旋转（R）]:
标注文字 = 45
```

（4） 在在位文字编辑器中，添加如图 4-44 所示的公差“0.1^-0.1”，添加完成后选中“0.1^-0.1”并单击按钮，单击“文字格式”工具栏上的“确定”按钮，在图形的合适位置单击鼠标完成标注。

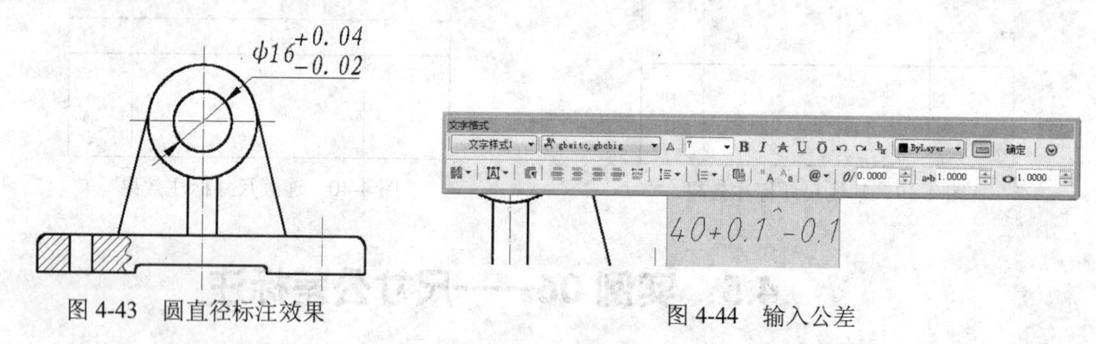

图 4-43 圆直径标注效果

图 4-44 输入公差

（5） 在确定公差时还可以通过“特性”面板来实现。例如，要确定尺寸 16 的极限偏差，可以在标注基本尺寸后，选中该尺寸，单击鼠标右键，在弹出的菜单中选择“特性”命令，打开“特性”面板，该面板的“公差”选项区域用于设置极限偏差，设置偏差后的“公差”选项区域如图 4-45 所示。结果如图 4-46 所示。

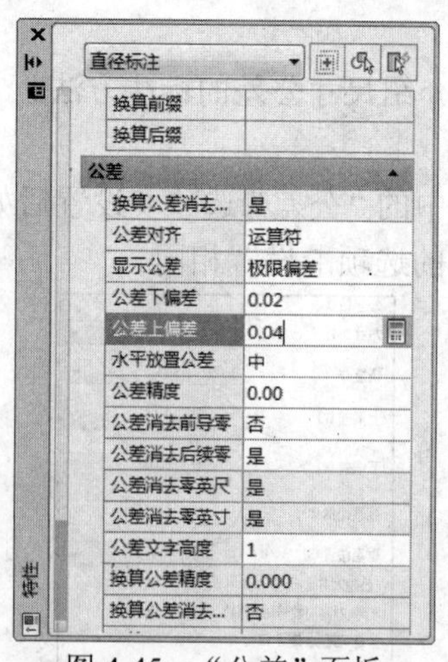

图 4-45 “公差”面板

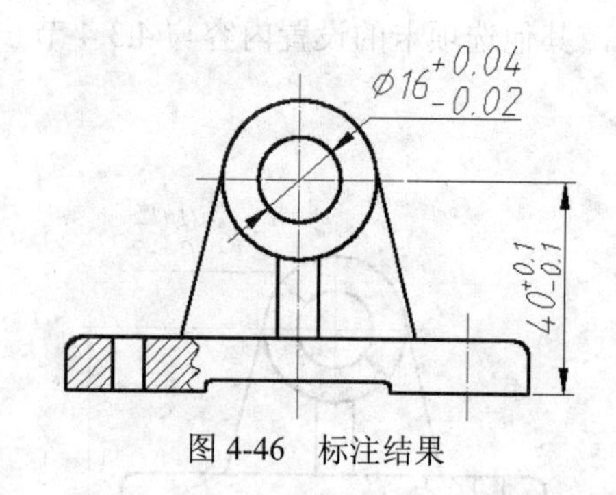

图 4-46 标注结果

4.6 实例 07——形位公差标注

形位公差的类型主要有直线度、垂直度、圆度等，它在机械制图中主要表示特征的形状、轮廓、方向、位置和跳动的允许偏差等。用户可以通过特征控制框来添加形位公差，这些框中包含单个标注的所有公差信息。特征控制框能够被复制、移动、删除、比例缩放和旋转，可以用对象捕捉的模式进行捕捉操作，也可以用夹点编辑和 DDEDIT 命令进行编辑。

特征控制框框包含一个几何特征符号，表示应用公差的几何特征，例如位置、轮廓、形状、方向或跳动。形状公差控制直线度、平面度、圆度和圆柱度；轮廓控制直线和表面。

常见的形位公差由引线、几何特征符号、直径符号、形位公差值、材料状况和基准代号等组成，图 4-47 所示为一个完成的形位公差标注效果。公差特性符号按意义分为形状公差和位置公差，按类型又分为定位、定向、形状、轮廓和跳动，系统提供了 14 种符号，在如图 4-48 所示的“特征符号”对话框可进行选择。各种符号的含义如表 4-1 所示。

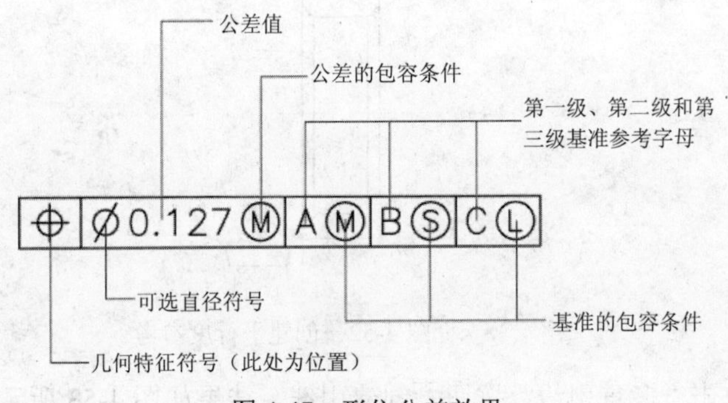

图 4-47　形位公差效果

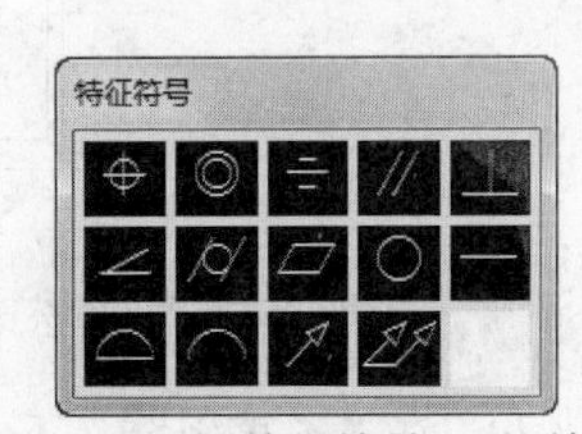

图 4-48　“特征符号”对话框

表 4-1　形位公差符号及其含义

符　号	含　义	符　号	含　义
⌖	直线度（定位）	▱	平面度（形状）
◎	同轴度（定位）	○	圆度（形状）
⌯	对称度（定位）	—	直线度（形状）
//	平行度（定向）	⌓	面轮廓度（轮廓）
⊥	垂直度（定向）	⌒	线轮廓度（轮廓）
∠	倾斜度（定向）	↗	圆跳动（跳动）

在“标注”工具栏中单击“公差”按钮，弹出如图 4-49 所示的“形位公差”对话框，用于指定特征控制框的符号和值，选择几何特征符号后，“形位公差”对话框将关闭，指定合适位置即可完成标注。但是，这样生成的形位公差没有尺寸引线，所以通常形位公差标注通过“QLEADER”命令，即快速引线标注来完成。

单击“形位公差”对话框中“公差 1”、“公差 2”、“基准 1”、“基准 2”或者“基准 3”

后的■按钮，弹出如图 4-50 所示的“附加符号”对话框。该对话框可以指定修饰符号，这些符号可以作为几何特征和大小可改变的特征公差值的修饰符。

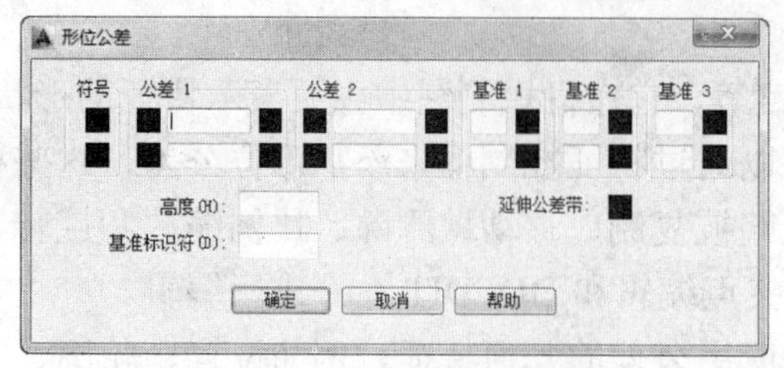

图 4-49 “形位公差”对话框

图 4-50 “附加符号”对话框

下面通过创建如图 4-51 所示的形位公差为例讲述形位公差的创建方法。具体操作步骤如下：

（1） 本例中需要创建的形位公差为平行度，因此首先需要创建平行度形位公差标注中的平行度参考，如图 4-52 所示。创建的方法用户可以参考第二章基本二维图形的绘制方法。

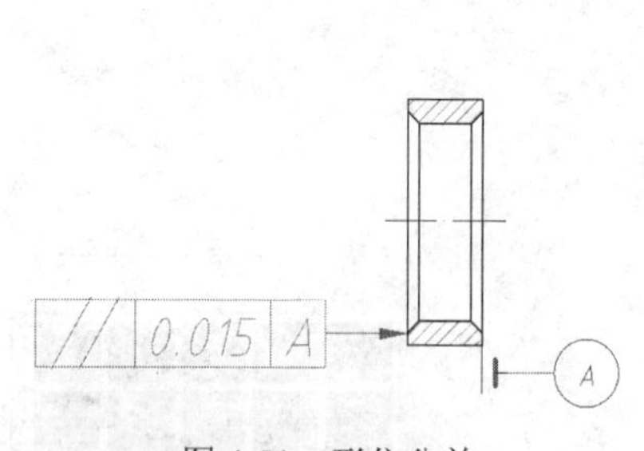

图 4-51 形位公差

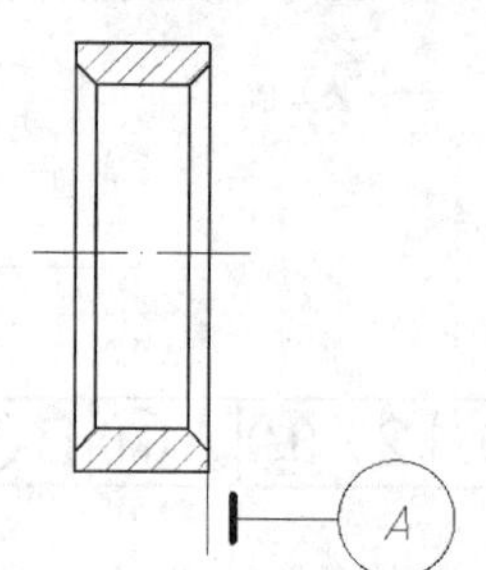

图 4-52 创建平行度参考

（2） 在“多重引线”工具栏上单击“多重引线”按钮创建引线，结果如图 4-53 所示。

（3） 单击“公差”按钮，弹出“形位公差”对话框，按照图 4-54 所示进行设置。

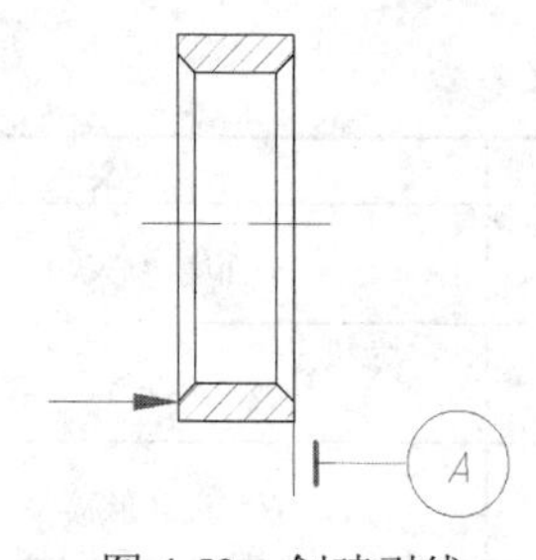

图 4-53 创建引线

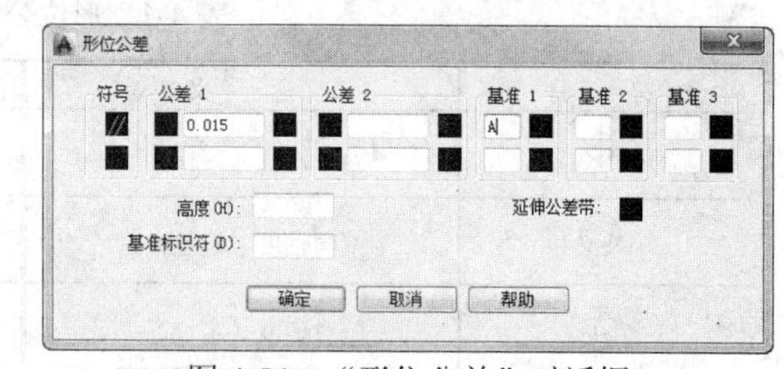

图 4-54 “形位公差”对话框

（4） 单击“确定”按钮，提示输入公差位置，鼠标单击引线端点即可。结果如图 4-51 所示。

4.7 其他特殊标注

4.7.1 折弯尺寸标注

当圆弧或圆的中心位于布局外并且无法显示在其实际位置时，可以创建折弯半径标注，也称为“缩略的半径标注”，可以在更方便的位置指定标注的原点（在命令行中称为“中心位置替代”）。

选择“标注”|“折弯”命令，或单击“标注”工具栏上的“折弯标注”按钮，或在命令行中键入 DIMJOGGED 命令来执行折弯尺寸标注，命令行提示如下：

```
命令: _dimjogged
选择圆弧或圆://选择需要标注的圆弧或者圆对象
指定中心位置替代://拾取替代圆心位置的中心点
标注文字 = 81
指定尺寸线位置或 [多行文字（M）/文字（T）/角度（A）]://指定尺寸线位置
指定折弯位置://指定折弯位置
```

图 4-55 所示为折弯半径标注效果。

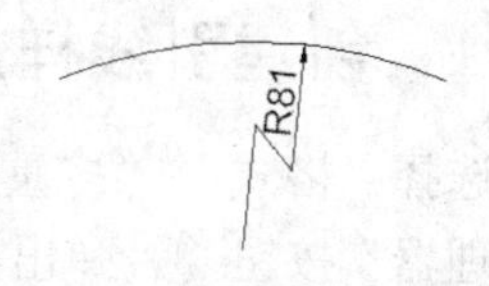

图 4-55　折弯半径标注效果

4.7.2　快速尺寸标注

快速标注主要用于快速创建或编辑一系列标注。在创建系列基线或连续标注，或者为一系列圆或圆弧创建标注时，此命令特别有用。

选择“标注”|“快速标注”命令，或单击“标注”工具栏上的“快速标注”按钮，或在命令行中键入 QDIM 命令都可以进行快速标注。

单击“快速标注”按钮，命令行提示如下：

```
命令: _qdim
关联标注优先级 = 端点
选择要标注的几何图形: 找到 1 个//选择要标注的图形对象
选择要标注的几何图形://按回车键，完成选择
指定尺寸线位置或 [连续（C）/并列（S）/基线（B）/坐标（O）/半径（R）/直径（D）/基准点（P）/编辑（E）/设置（T）] <当前>: //输入选项或按 Enter 键
```

4.7.3　圆心标记标注

圆心标记标注用于创建圆和圆弧的圆心标记或中心线，可以选择圆心标记或中心线，并在设置标注样式时指定它们的大小。

选择“标注”|“圆心标记”命令，或在“标注”工具栏上单击“圆心标记”按钮，或在命令行中键入 DIMCENTER 命令以进行圆心标记标注。

单击“圆心标记”按钮，命令行提示如下：

```
命令: _dimcenter
选择圆弧或圆://拾取需要执行圆心标记命令的圆弧或者圆
```

图 4-56 所示为进行圆心标记标注前后的效果图。

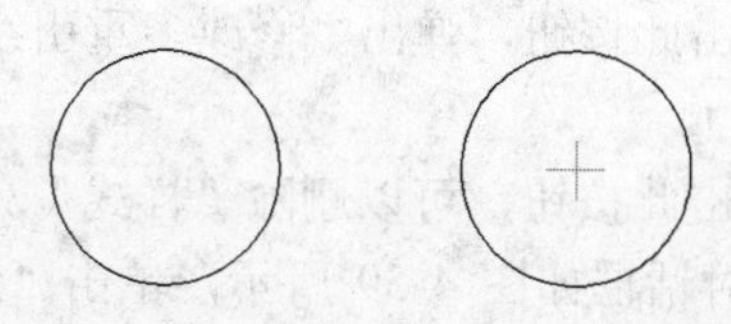

图 4-56　圆心标记

4.8 创建和编辑多重引线

引线对象是一条线或样条曲线，其一端带有箭头，另一端带有多行文字对象或块。在某些情况下，有一条短水平线（又称为基线）将文字或块和特征控制框连接到引线上。基线和引线与多行文字对象或块关联，因此当重定位基线时，内容和引线将随其移动。在 AutoCAD 2014 版本中提供如图 4-57 所示的“多重引线”工具栏供用户对多重引线进行创建和编辑，以及进行其他操作。

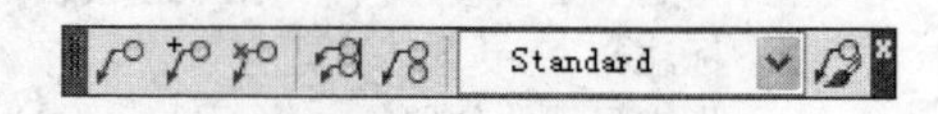

图 4-57 “多重引线”工具栏

4.8.1 创建引线样式

选择“格式”|“多重引线样式”命令，或者单击“多重引线”工具栏中的“多重引线样式管理器”按钮，弹出如图 4-58 所示的“多重引线样式管理器”对话框。该对话框设置当前多重引线样式，以及创建、修改和删除多重引线样式。

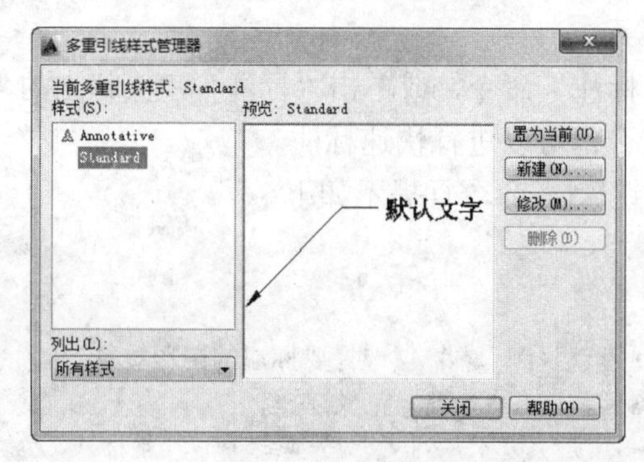

图 4-58 “多重引线样式管理器”对话框

“多重引线样式管理器”对话框中各选项的内容简介如下。

- “当前多重引线样式”状态栏：显示应用于所创建的多重引线的多重引线样式的名称；“样式”列表中显示多重引线列表，当前样式被亮显。
- “列出”下拉列表：用于控制“样式”列表的内容。选择“所有样式”选项，可显示图形中可用的所有多重引线样式，选择“正在使用的样式”选项，仅显示被当前图形中的多重引线参照的多重引线样式。
- “预览”框：用于显示“样式”列表框中选定样式的预览图像。
- “置为当前”按钮：用户单击此按钮，将“样式”列表中选定的多重引线样式设置为当前样式。
- “新建”按钮：用户单击此按钮，弹出“创建新多重引线样式”对话框，可以定义新多重引线样式。
- “修改”按钮：用户单击此按钮，弹出“修改多重引线样式”对话框，可以修改多重引线样式。
- “删除”按钮：用户单击此按钮，可以删除“样式”列表中选定的多重引线样式。

“创建新多重引线样式”对话框如图 4-59 所示，单击“继续”按钮，弹出如图 4-60 所示的“修改多重引线样式”对话框，可以设置基线、引线、箭头和内容的格式。

图 4-59 “创建新多重引线样式”对话框　　图 4-60 “修改多重引线样式”对话框

“修改多重引线样式”对话框有“引线格式”、“引线结构”和“内容”3 个选项卡，下面介绍各选项卡的含义。

（1） “引线格式”选项卡。

- “常规”选项组：用于控制多重引线的基本外观，包括引线的类型、颜色、线型和线宽，引线类型可以选择直引线、样条曲线或无引线，图 4-61 所示为引线类型为样条曲线和直线的效果。

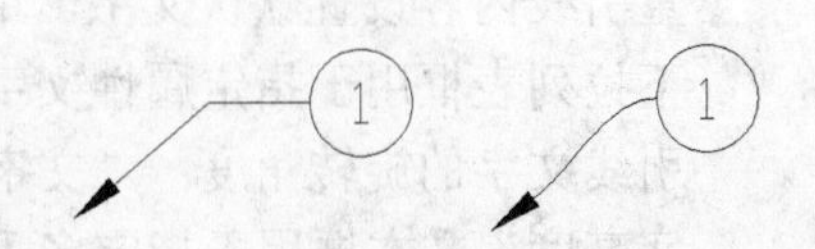

图 4-61 样条曲线引线和直线引线

- “箭头”选项组：用于控制多重引线箭头的外观，“符号”下拉列表中提供了各种多重引线的箭头符号，“大小”文本框用于显示和设置箭头的大小。
- “引线打断”选项组用于控制将折断标注添加到多重引线时使用的设置。“打断大小”列表框用于显示和设置选择多重引线后，用于 DIMBREAK 命令的折断大小。

（2） “引线结构”选项卡。

“引线结构”选项卡如图 4-62 所示，它包含“约束”选项组、“基线设置”选项组和“比例”选项组。

- “约束”选项组：用于控制多重引线的约束。选择“最大引线点数”复选框后，可以在后面的文本框中指定引线的最大点数；选择“第一段角度”复选框后，需要指定引线中的第一个点的角度；选择“第二段角度”复选框后，需要指定多重引线基线中的第二个点的角度。
- “基线设置”选项组：用于控制多重引线的基线设置。“自动包含基线”复选框控制是否将水平基线附着到多重引线内容；“设置基线距离”复选框控制是否为多重引线基线确定固定距离，是则需要设定具体的距离。
- “比例”选项组：用于控制多重引线的缩放。“注释性”复选框用于指定多重引线是否为注释性。如果多重引线非注释性，则“将多重引线缩放到布局”和“指定比例”单选按钮可用。

（3） “内容”选项卡。

“内容”选项卡默认如图 4-63 所示，包括“多重引线类型”下拉列表、“文字选项”选项组和“引线连接”选项组。

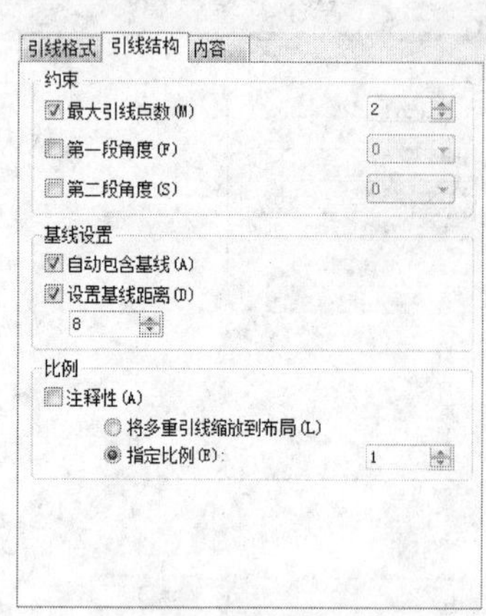

图 4-62 “引线结构”选项卡

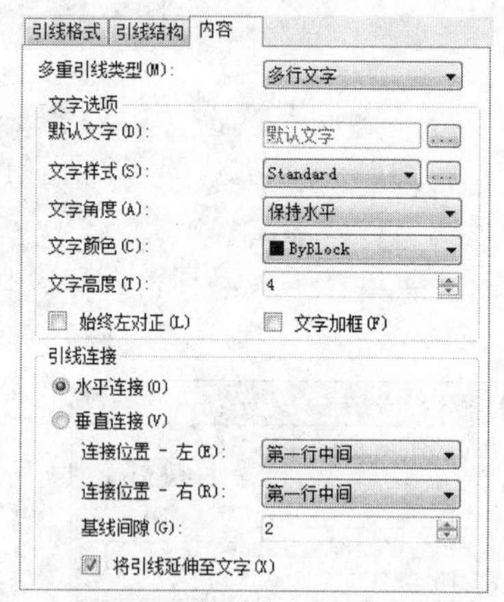

图 4-63 默认“内容”选项卡

- “多重引线类型”下拉列表：确定多重引线是包含文字还是包含块。当选择“多行文字”时，需要设置“文字选项”和“引线连接”两个选项组。
- “文字选项”选项组：用于设置多重引线文字的外观。“默认文字”文本框用于为多重引线内容设置默认文字，单击[...]按钮将启动多行文字在位编辑器。“文字样式”下拉列表框用于指定属性文字的预定义样式；“文字角度”下拉列表框用于指定多重引线文字的旋转角度；“文字颜色”下拉列表框用于指定多重引线文字的颜色；“文字高度”文本框用于指定多重引线文字的高度；“始终左对齐”复选框用于设置多重引线文字是否始终左对齐；“文字加框”复选框用于设置是否使用文本框对多重引线文字内容加框。
- “引线连接”选项组：用于控制多重引线的引线连接设置。“连接位置-左”下拉列表用于控制文字位于引线左侧时基线连接到多重引线文字的方式；“连接位置-右”下拉列表用于控制文字位于引线右侧时基线连接到多重引线文字的方式；“基线间隙”文本框用于指定基线和多重引线文字之间的距离。

4.8.2 创建引线

选择“标注”|“多重引线”命令，或者单击“多重引线”工具栏中的“多重引线”按钮，执行“多重引线”命令。

创建多重引线时可以选择箭头优先、引线基线优先或内容优先 3 种方法，如果已使用多重引线样式，则可以从该指定样式创建多重引线。在命令行中，如果以箭头优先，则按照命令行提示在绘图区指定箭头的位置，命令行提示如下：

```
命令: _mleader
指定引线箭头的位置或 [引线基线优先（L）/内容优先（C）/选项（O）] <选项>://在绘图区指定箭头的位置
指定引线基线的位置://在绘图区指定基线的位置，弹出在位文字编辑器，可输入多行文字或块
```

如果引线基线优先，则需要命令行中输入 L，命令行提示如下：

```
命令: _mleader
指定引线箭头的位置或 [引线基线优先（L）/内容优先（C）/选项（O）] <选项>: l//输入 l，表示引线基线优先
```

```
    指定引线基线的位置或 [引线箭头优先(H)/内容优先(C)/选项(O)] <选项>://在绘图区
指定基线的位置
    指定引线箭头的位置://在绘图区指定箭头的位置，弹出在位文字编辑器，可输入多行文字或块
```

如果内容优先，则需要命令行中输入 C，命令行提示如下：

```
    命令: _mleader
    指定引线基线的位置或 [引线箭头优先(H)/内容优先(C)/选项(O)] <选项>: c//输入 c,
表示内容优先
    指定文字的第一个角点或 [引线箭头优先(H)/引线基线优先(L)/选项(O)] <选项>://指
定多行文字的第一个角点
    指定对角点://指定多行文字的对角点，弹出在位文字编辑器，输入多行文字
    指定引线箭头的位置://在绘图区指定箭头的位置
```

在命令行中，另外提供了选项 O，输入后，命令行提示如下：

```
    命令: _mleader
    指定引线箭头的位置或 [引线基线优先(L)/内容优先(C)/选项(O)] <引线基线优先>: o
    输入选项 [引线类型(L)/引线基线(A)/内容类型(C)/最大节点数(M)/第一个角度(F)
/第二个角度(S)/退出选项(X)] <内容类型>:
```

在后续的命令行中，用户可以设置引线类型、引线基线、内容类型等参数。

4.8.3 编辑引线

在多重引线创建完成后，用户可以通过夹点的方式对多重引线进行拉伸和移动位置，可以对多重引线添加和删除引线，可以对多重引线进行排列和对齐，下面分别讲述这些方法。

（1） 夹点编辑。

用户可以使用夹点修改多重引线的外观，当选中多重引线后，夹点效果如图 4-64 所示。使用夹点，可以拉长或缩短基线、引线，可以重新指定引线头点，可以调整文字位置和基线间距或移动整个引线对象。

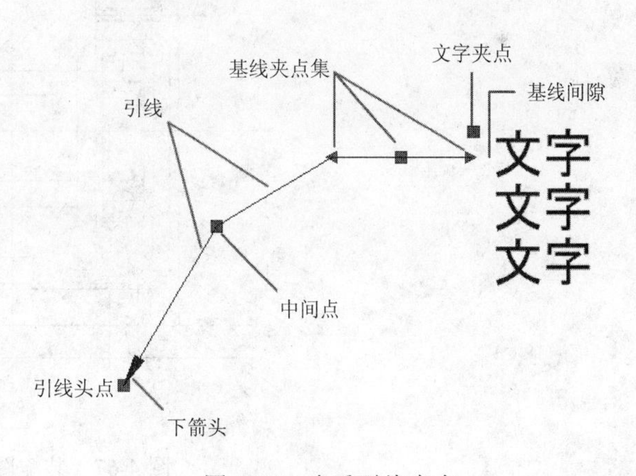

图 4-64　多重引线夹点

（2） 添加和删除引线。

多重引线对象可包含多条引线，因此一个注解可以指向图形中的多个对象。单击“多重引线”面板中的“添加引线”按钮，可以将引线添加至选定的多重引线对象。

如果用户需要删除添加的引线，则可以单击“删除引线”按钮，从选定的多重引线对象中删除引线。

（3） 多重引线合并。

单击“多重引线合并”按钮，可以将选定的包含块的多重引线作为内容组织为一组并附着到单引线，效果如图 4-65 所示。

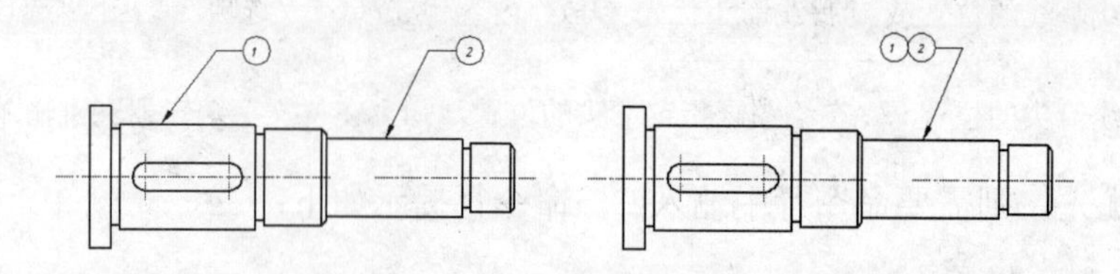

图 4-65　合并多重引线

（4） 对齐多重引线。

单击“多重引线对齐”按钮，可以将多重引线对象沿指定的直线均匀排序，图 4-66 所示为将编号 1 和 2 的多重引线对齐的效果。

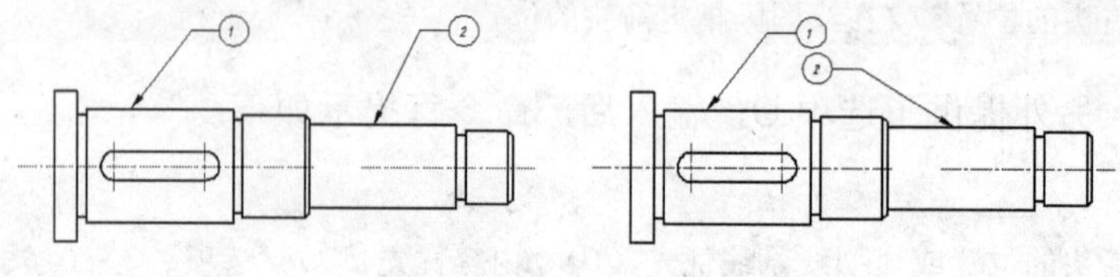

图 4-66　对齐多重引线

4.8.4　实例 08——多重引线应用举例

多重引线在机械制图中最重要的应用是在装配图中标注零件的序号，使用多重引线标注装配图中零件图序号的效果如图 4-67 所示。

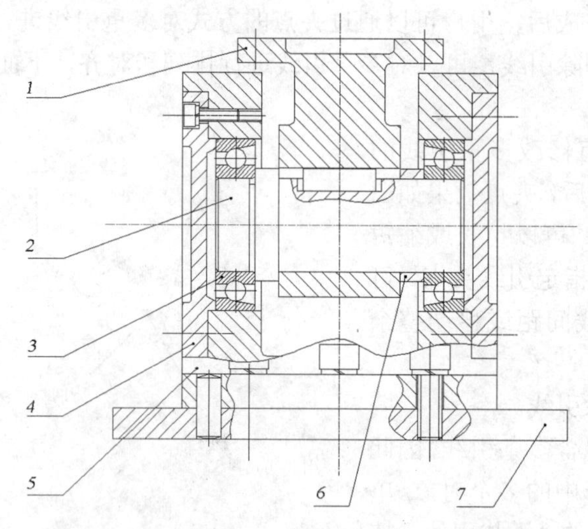

图 4-67　装配图引线

具体操作步骤如下：

（1） 选择“格式”|“多重引线样式”命令，在弹出的“多重引线样式管理器”对话框中单击“新建”按钮，弹出“创建新多重引线样式”对话框，在“新样式名”文本框中键入“YA3”，单击“继续”按钮，弹出“修改多重引线样式”对话框。

（2） 在“引线格式”选项卡的“颜色”下拉列表中选择“红色”，在“线型”下拉列表中选择“continuous”，“线宽”下拉列表中选择“0.25 mm”，“符号”下拉列表中选择“点”，在“大小”文本框中键入“4”，其他选项保持默认设置。

（3） 打开“内容”选项卡，在“文字样式”下拉列表中选择 GB，在“文字颜色”下拉列表中选择“红色”，在“连接位置-左”和“连接位置-右”下拉列表中均选择“所有文字加下画线”，在“基线间距”文本框中键入“1”，设置文字高度为 5，单击“确定”按钮，然后在“多重引线样式管理器”中单击“置为当前”和“关闭”按钮，完成多重引线样式创建。

（4） 打开如图 4-86 所示的“转动副装配图”。在“多重引线样式”工具栏中单击“多重引线”按钮，命令行提示如下：

```
命令: _mleader
指定引线箭头的位置或 [引线基线优先 (L) /内容优先 (C) /选项 (O) ] <选项>:   //在图 4-87 所示的位置圆点所示位置单击鼠标左键
指定引线基线的位置:                //弹出“文字格式”工具栏，在文本框中键入“1”，效果如图 4-68 所示。
```

（5） 继续使用“多重引线”功能，创建如图 4-69 所示的引线。

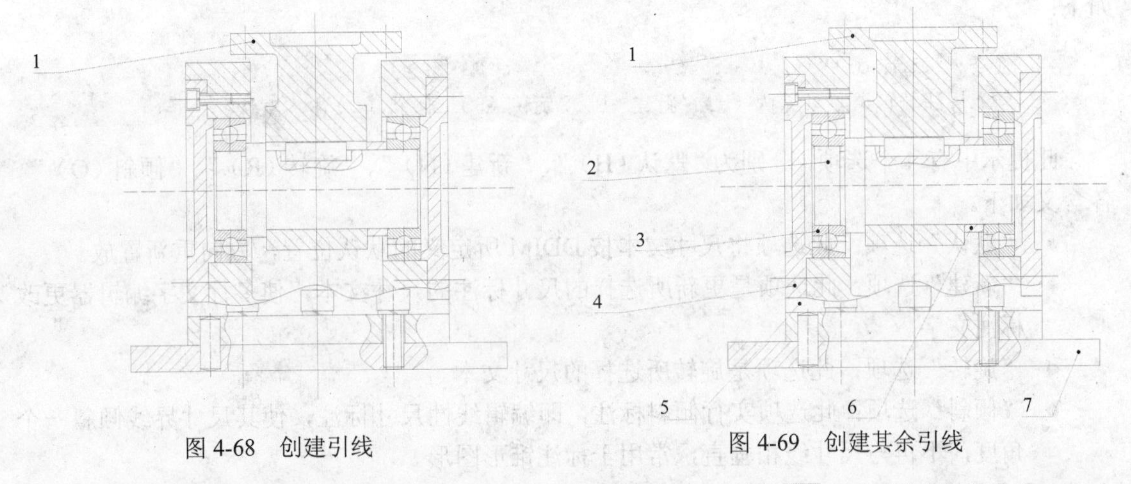

图 4-68 创建引线 图 4-69 创建其余引线

（6） 在“多重引线”工具栏中单击“多重引线对齐”按钮，对齐创建的引线，命令行提示如下：

```
命令: _mleaderalign
选择多重引线: 找到 1 个                              //选择引线“1”
选择多重引线: 找到 1 个，总计 2 个                    //选择引线“2”
选择多重引线: 找到 1 个，总计 3 个                    //选择引线“3”
选择多重引线: 找到 1 个，总计 4 个                    //选择引线“4”
选择多重引线: 找到 1 个，总计 5 个                    //选择引线“5”
选择多重引线:                                //按回车键，完成多重引线选取
当前模式: 使用当前间距 <正交 开>
选择要对齐到的多重引线或 [选项 (O) ]:  //选择引线“1”，并打开正交功能
指定方向: //单击鼠标左键，完成多重引线对齐，最终绘制的多重引线如图 4-67 所示
```

4.9 编辑尺寸标注

对于已经存在的尺寸标注，AutoCAD 提供了许多种编辑的方法，各种方法的便捷程度不同，适应的范围也不相同，应根据实际需要选择适当的编辑方法。

4.9.1 利用特性面板修改尺寸标注属性

修改尺寸标注数字可以通过双击数字，在弹出的“特性”选项板中来完成。在特性选项板中，可以对尺寸标注的基本特性进行修改，如图层、颜色、线型等特性。还能够改变尺寸标注所使用的 6 类标注样式，它们包括直线和箭头、文字、调整、主单位、换算单位和公差。

4.9.2 使用命令编辑尺寸标注

AutoCAD 提供了多种方法满足用户对尺寸标注进行编辑，Dimedit 和 Dimtedit 是两种最常用的对尺寸标注进行编辑的命令。

（1） Dimedit。

单击“编辑标注”按钮，或在命令行输入 Dimedit 都可以执行该命令。命令行提示如下：

```
命令：_dimedit
输入标注编辑类型 [默认（H）/新建（N）/旋转（R）/倾斜（O）] <默认>:
```

此提示中有 4 个选项，分别为“默认（H）”、“新建（N）”、“旋转（R）”、“倾斜（O）”，各含义如下。

- “默认”选项：此选项将尺寸文本按 DDIM 所定义的默认位置，方向重新置放。
- “新建”选项：此选项是更新所选择的尺寸标注的尺寸文本，使多行文字编辑器更改标注文字。
- “旋转”选项：此选项是旋转所选择的尺寸文本。
- “倾斜”选项：此选项实行倾斜标注，即编辑线性尺寸标注，使其尺寸界线倾斜一个角度，不再与尺寸线相垂直，常用于标注锥形图形。

（2） Dimtedit。

单击“编辑标注文字”按钮，或在命令行输入 DIMTEDIT 都可以执行该命令。命令行提示如下：

```
命令：_dimtedit
选择标注：      //选择需要编辑的尺寸标注
指定标注文字的新位置或 [左（L）/右（R）/中心（C）/默认（H）/角度（A）]：  //拖动文字到需要的位置
```

此提示有左（L）、右（R）、中心（C）、默认（H）、角度（A）等 5 个选项，各项含义如下。

- “左”选项：此选项的功能是更改尺寸文本沿尺寸线左对齐。
- “右”选项：此选项的功能是更改尺寸文本沿尺寸线右对齐。
- “中心”选项：此选项的功能是更改尺寸文本沿尺寸线中间对齐。
- “默认”选项：此选项的功能是将尺寸文本按 DDIM 所定义的默认位置、方向、重新置放。
- “角度”选项：此选项的功能是旋转所选择的尺寸文本。

第5章　机件的表达方法

在实际生产中，机件的形状和结构是复杂多样的，必须把机件的结构和内外形状都表达清楚才行。在机械制图《图样画法》的国家标准中规定了视图、剖视图、断面图、局部放大图、简化和规定画法等，掌握这些方法是正确绘制和阅读机械图样的基本条件，也是清楚表达机件结构的有效方法。

5.1　视图

国标规定，将机件放在第一分角内，使机件处于观察者与投影面之间，用正投影法将机件向投影面投影所得到的图形称为视图。视图主要用来表达机件的外部结构形状，必要时才画出不可见部分。视图分为基本视图、向视图、局部视图和斜视图。

5.1.1　基本视图

当机件的形状结构复杂时，用3个视图是不能清楚地表达机件的右面、底面和后面的形状的。为此，国标规定，在原有3个投影面的基础上增加3个投影面组成一个正六面体，六面体的六个表面称为投影面，机件放在六面体内分别向基本投影面投影得到的视图称为基本视图。

图5-1为基本投影面与展开情况示意图。该图合并在一起就是正六面体。

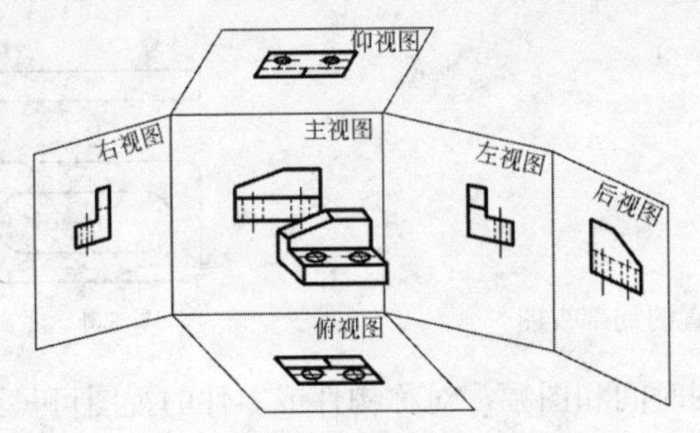

图5-1　基本投影面与展开情况示意图

由前向后投影所得到的视图为主视图，由上向下投影所得到的视图为俯视图，由左向右投影所得到的视图为左视图，由右向左投影所得到的视图为右视图，由下向上投影所得到的视图为仰视图，由后向前投影所得到的视图为后视图，这6个视图为基本视图。各视图展开后要保持“长对正、高平齐、宽相等”的投影规律。

5.1.2　向视图

向视图是可以自由配置的视图。在实际绘图时，为了合理利用图纸和绘制特殊部位，可以不按规定位置绘制基本视图。绘图时，应在向视图上方标注“*X*”（“*X*”指某个大写拉丁字母），在相应视图的附近用箭头指明投影方向，并标注相同的字母。图 5-2 所示为向视图示意图。

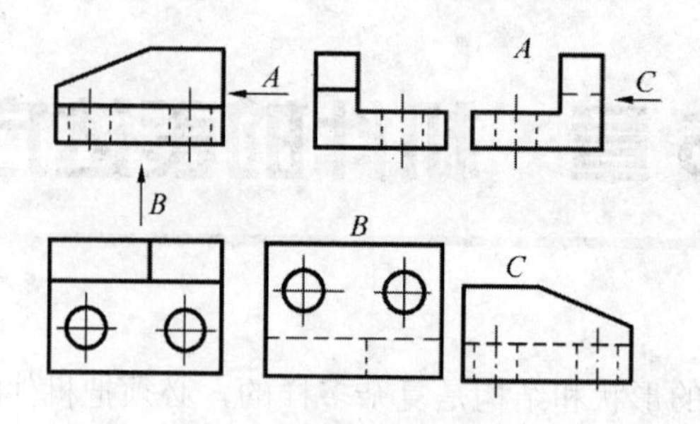

图 5-2　向视图示意图

5.1.3　局部视图

当机件的某一部分形状未表达清楚，又没有必要画出完整的基本视图时，可以只将机件的某一部分画出，这种画法称为局部视图。局部视图是将机件的某一部分向基本投影面投影得到的视图。局部视图一般用于以下两种情况。

（1）　用于表达机件的局部形状，如图 5-3 和 5-4 所示。画局部视图时，一般可按向视图的配置形式配置（如图 5-3*A*、*B*、*C* 视图）。当局部视图按基本视图的配置形式配置时，可省略标注（如图 5-4 的俯视图）。局部视图的断裂边界用波浪线或双折线表示，如图 5-3 中的 *B*、*C* 视图所示。当所表示的局部结构的外形轮廓是完整的封闭图形时，断裂边界可省略不画。

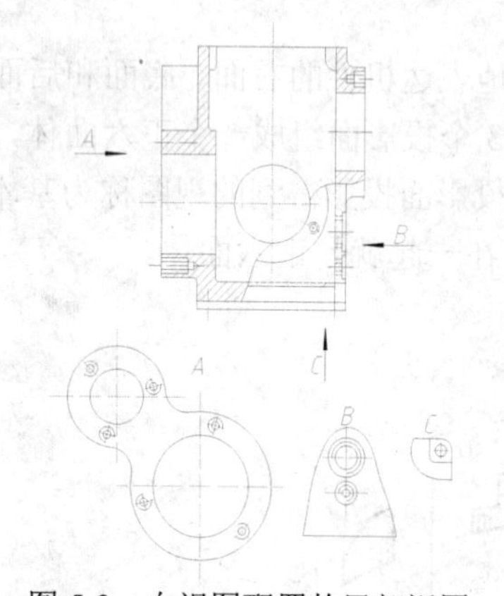

图 5-3　向视图配置的局部视图

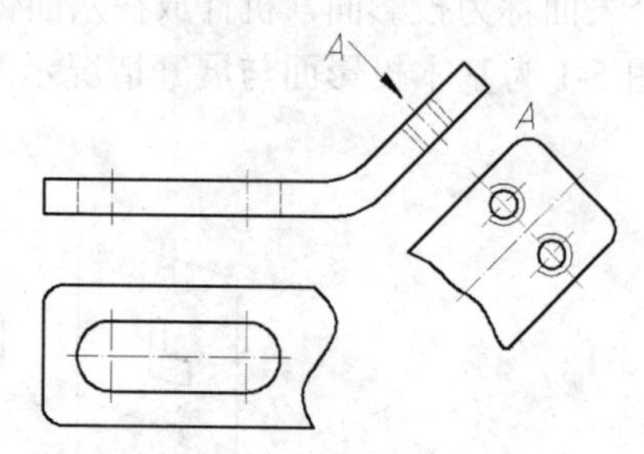

图 5-4　省略标注的局部视图

（2）　用于节省绘图时间和图幅。对称构件或零件的视图可只画一半或四分之一，并在对称中心线两端画出两条与其垂直的平行细实线，如图 5-5、图 5-6 所示。

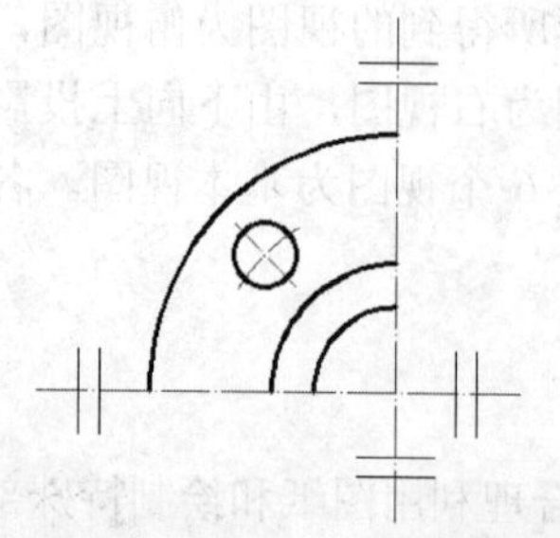

图 5-5　画四分之一的局部视图

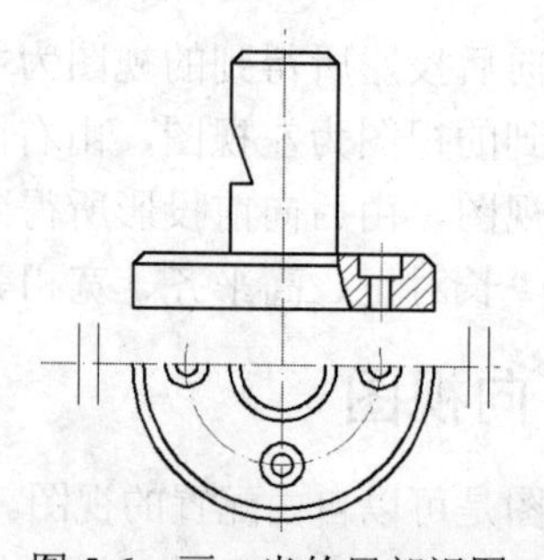

图 5-6　画一半的局部视图

5.1.4 斜视图

斜视图是物体向不平行于基本投影面的平面投影所得的视图，用于表达机件上倾斜结构的真实形状。斜视图通常按向视图的配置形式配置并标注，如图 5-7 所示。在必要时，允许将斜视图旋转配置，如图 5-8 所示。此时应在该斜视图上方画出旋转符号，表示该视图名称的大写拉丁字母应靠近旋转符号的箭头端。也允许将旋转角度标注在字母之后。旋转符号为带有箭头的半圆，半圆的线宽等于字体笔画宽度，半圆的半径等于字体高度，箭头表示旋转方向。

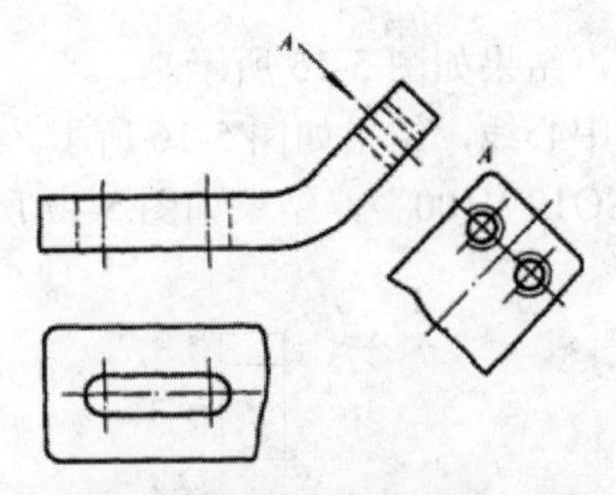

图 5-7　向视图配置形式的斜视图

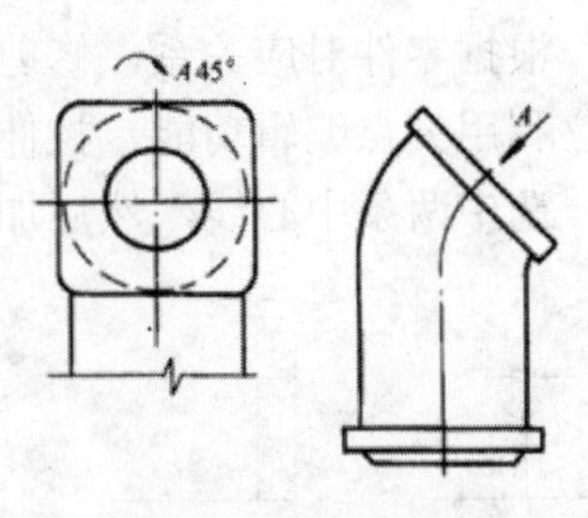

图 5-8　旋转斜视图

5.1.5 实例 09——基本视图实例

根据各视图展开后要保持“长对正、高平齐、宽相等”的投影规律，补全图 5-9 所示的组合体的三视图。步骤如下：

（1） 启动 AutoCAD 2014，打开文件 5-1.dwg，如图 5-9 所示。

（2） 执行“直线”命令绘制直线，第一个点为（200,100），第二个点为（@100<-45），效果如图 5-10 所示。

（3） 如图 5-11 所示，绘制俯视图的上下水平线，绘制到斜线，利用“宽相等”原则在斜线的交点处绘制对称于斜线的竖直线。

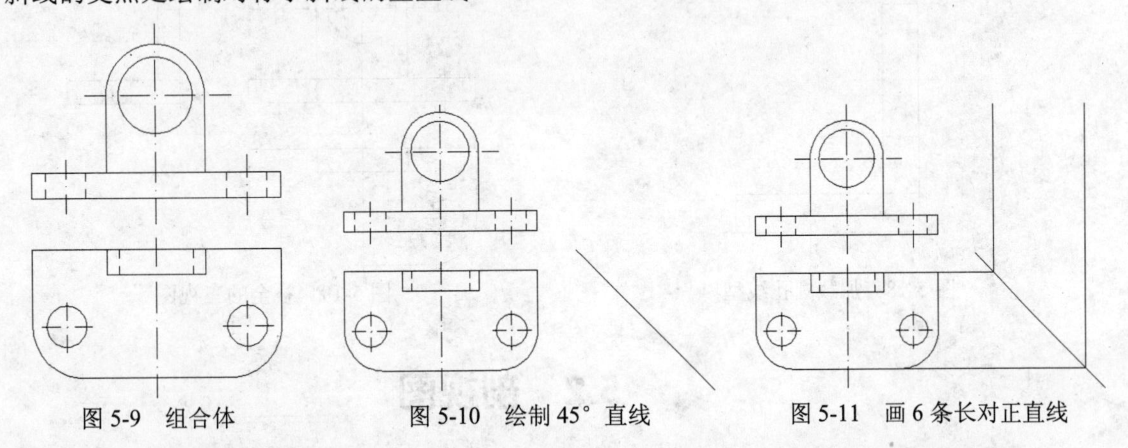

图 5-9　组合体　　图 5-10　绘制 45° 直线　　图 5-11　画 6 条长对正直线

（4） 根据“高平齐”原则，绘制底座的上下两条水平线，如图 5-12 所示。

（5） 利用“宽相等”原则，绘制其他俯视图对应竖直线，结果如图 5-13 所示。

（6） 利用“高平齐”原则，在左视图中绘制零件各部分的水平线，如图 5-14 所示。

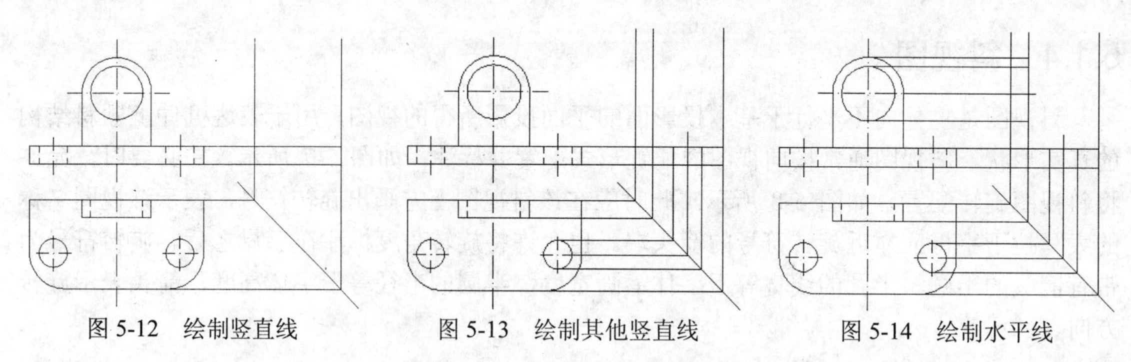

图 5-12　绘制竖直线　　　　图 5-13　绘制其他竖直线　　　　图 5-14　绘制水平线

（7）　根据零件对应关系，修剪、删除多余的直线，结果如图 5-15 所示。

（8）　利用夹点编辑功能，拉伸主视图圆孔对应的中心线，结果如图 5-16 所示。

（9）　选中两条中心线，然后加载线型“ACAD_ISO10W100”，结果如图 5-17 所示。

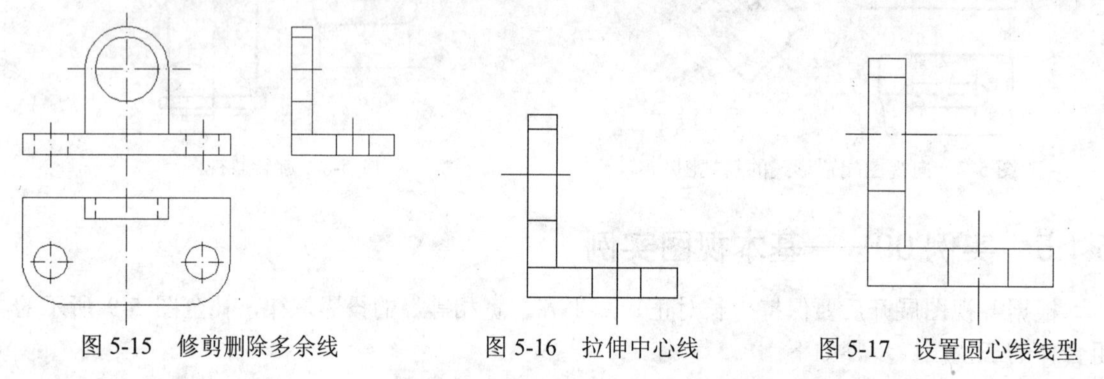

图 5-15　修剪删除多余线　　　　图 5-16　拉伸中心线　　　　图 5-17　设置圆心线线型

（10）　选中左视图中圆孔的四条边线，然后加载线型“DASHED2”，结果如图 5-18 所示。由于在左视图中，两个圆孔都是不能看到的，所以要设置虚线，以表示实际情况。

（11）　补全的三视图如图 5-19 所示。单击“保存”按钮，保存文件 5-1.dwg。

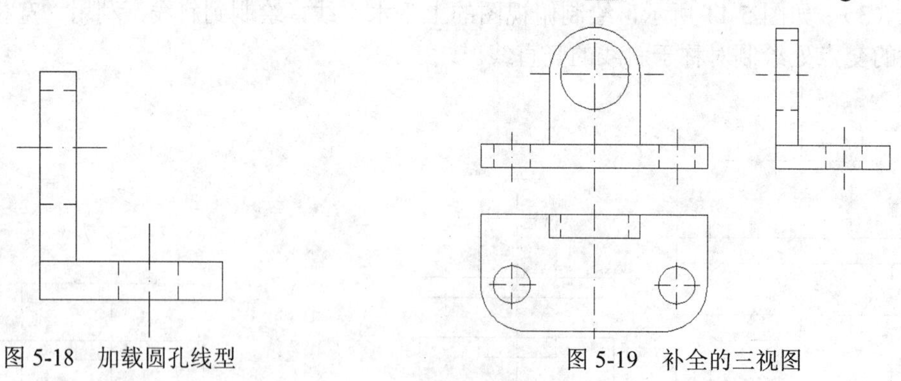

图 5-18　加载圆孔线型　　　　图 5-19　补全的三视图

5.2　剖视图

当机件的内部结构比较复杂时，视图中会出现很多虚线使得图形不够清晰，不利于看图和标注尺寸。为了表达物体内部的空与实的关系，机械制图国标规定了剖视图的画法，该画法既清楚表达机件的内部形状，又避免在视图中出现过多虚线。

5.2.1　剖视的概念

假想用剖切面剖开机件，将处于观察者和剖切面之间的部分移去，将余下部分向投影面投射所得的图形称为剖视图，简称剖视，如图 5-20 所示。

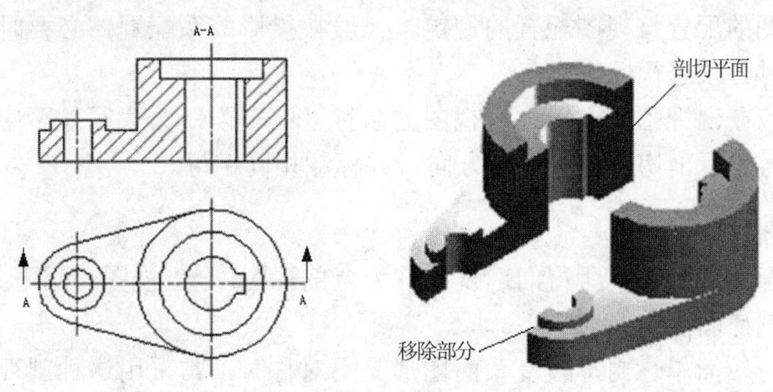

图 5-20　剖视图概念

5.2.2　剖视图的画法

为了清楚地表达机件的内部形状，剖视图画法遵循下面规则：

（1）　在选择剖切面时，应选择平行于相应投影面的平面，该剖切平面应通过机件的对称平面或回转轴线。

（2）　由于剖切是假想的，所以当某个视图取剖视图表达后，不影响其他视图，其他视图仍按完整的机件画出，如图 5-20 所示，主视图取剖视图，俯视图完整画出。

（3）　在剖视图中，已表达清楚的结构形状在其他视图中的投影若为虚线，一般省略不画；未表达清楚的结构允许画必要的虚线。

（4）　剖视图由两部分组成，一是机件和剖切面接触的部分，该部分称为剖面区域；一是剖切面后面的可见部分的投影。

（5）　在剖面区域上应画出剖面符号，表 5-1 为常用的剖面符号。

（6）　不要漏线或多线。

表 5-1　常用剖面符号

材料名称	剖面符号	材料名称	剖面符号
金属材料（已有规定剖面符号者除外）		型砂、填砂、粉末冶金、砂轮、陶瓷、刀片、硬质合金刀片等	
线圈绕组元件		玻璃及供观察用的其他透明材料	
转子、电枢、变压器和电抗器等的叠钢片		非金属材料（已有规定剖面符号者除外）	
格网（筛网、过滤网等）		液体	

5.2.3 剖视图的配置分类与标注

剖视图的配置分类主要包括全剖、半剖和局部剖视图。首先介绍一下一般规定，然后分别进行介绍。一般规定是这样的：

（1） 剖视图的配置按视图配置的规定。一般按投影关系配置；必要时允许配置在其他适当位置，但此时必须进行标注。

（2） 一般应在剖视图上方标注剖视图的名称“×—×”（×为大写拉丁字母）。在相应的视图上用剖切符号表示剖切位置和投影方向，并标注相同字母。

1. 全剖视图的绘制

用剖切面完全地剖开物体所得的剖视图称为全剖视图。全剖视图可用下列剖切方法获得：

（1） 单一剖切面剖切。

当机件的外形较简单、内形较复杂而图形又不对称时，常采用这种剖视。对于外形简单而又对称的机件，为了使剖开后图形清晰、便于标注尺寸，也可以采用这种剖视。

用单一剖切面剖切的全剖视同样适用于表达某些机件倾斜部分的内形。当物体倾斜部分的内、外形在基本视图上均不能反映实形时，可用一平行于倾斜部分、而垂直于某一基本投影面的平面剖切，然后再投射到与剖切面平行的辅助投影面上，就能得到它的实形了，如图 5-21 所示。

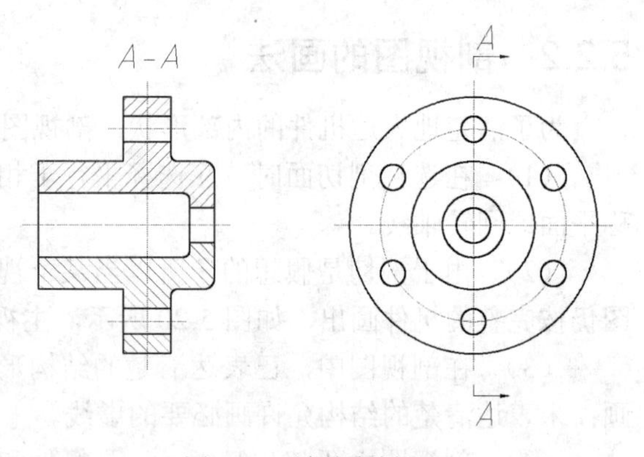

图 5-21 端盖全剖视图

图中弯管倾斜部分的内、外形在基本视图上均不能反映实形。此时用一平行于倾斜部分而垂直于 V 面的平面 A 剖切，弯管倾斜部分在与剖切面 A 平行的辅助投影面内的投影——剖视图 A—A 反映它的实形。

画图时，剖视图最好按投射方向配置。在不致引起误解时，允许将图形旋转，但此时必须在视图上方标出旋转符号。

（2） 几个平行的剖切平面剖切。

机件上结构不同的孔的轴线分布在相互平行的两个平面内。欲表达这些孔的形状，显然用单一剖切面剖切是不能实现的。此时，可采用一组相互平行的剖切平面依次将它们剖开。

这是用几个平行的剖切平面剖切物体获得的全剖视图。用两个平行于 V 面的剖切平面分别沿两组孔的轴线完全地剖开机件，并向 V 面投射，得到如图 5-22 所示图形。

当机件内形的层次较多，用单一剖切面剖切不能同时显示出来时，可采用这种剖视。

（3） 几个相交的剖切面剖切。

机件上有三个形状、大小不同的孔和槽，它们分布在同轴的、直径不同的圆柱面上。欲同时表达它们的形状，显然用单一剖切面、或几个平行的剖切平面剖切都是不能实现的。此时，可采用两个相交的剖切面分别沿不同的孔的轴线依次将它们剖开。

采用两个相交的剖切平面完全地剖开机件。其一通过轴孔和阶梯孔的轴线，它平行于 V 面；其二通过轴孔和小孔的轴线，它倾斜于 V 面。两个剖切平面的交线垂直于 W 面。将被剖切面剖开的结构要素及有关部分旋转到与选定的投影面——V 面平行的位置后，再向 V 面进行投射，如图 5-23 所示。

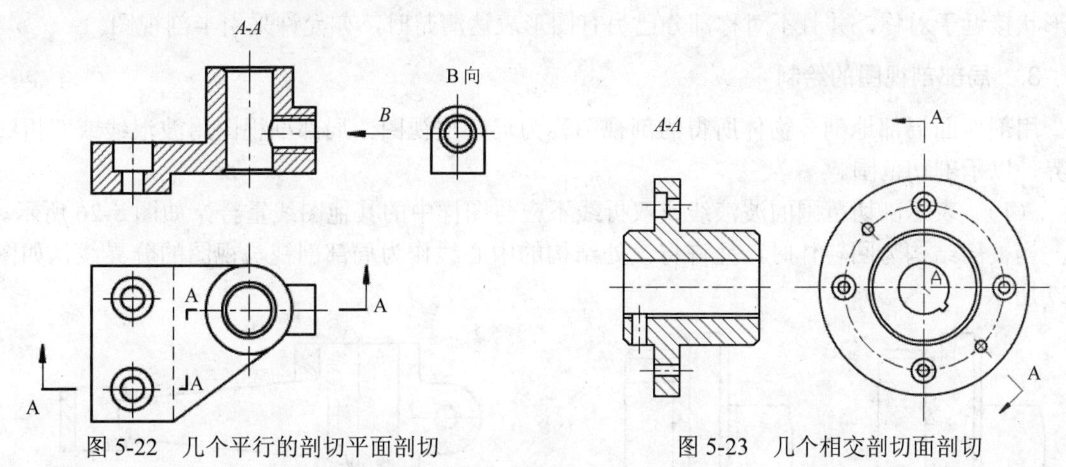

图 5-22　几个平行的剖切平面剖切

图 5-23　几个相交剖切面剖切

从以上实例看出，这种剖视常用于盘类零件，例如凸缘盘、轴承压盖、手轮、带轮等，以表达孔、槽的形状和分布情况。

2.　半剖视图的绘制

当物体具有对称平面时，向垂直于对称平面的投影面上投射所得的图形，可以对称中心线为界，一半画成剖视图，另一半画成视图。这种剖视图称为半剖视图。

由于机件的结构左右对称，因此机件的主视图外形是左右对称的，主视图的全剖视图也是左右对称的。那么，主视图就可以以对称中心线为界，一半画成剖视图、另一半画成视图，如图 5-24 所示。

同理，机件的俯视图前后也是对称的，也可以用半剖视图表示，如图 5-25 所示。

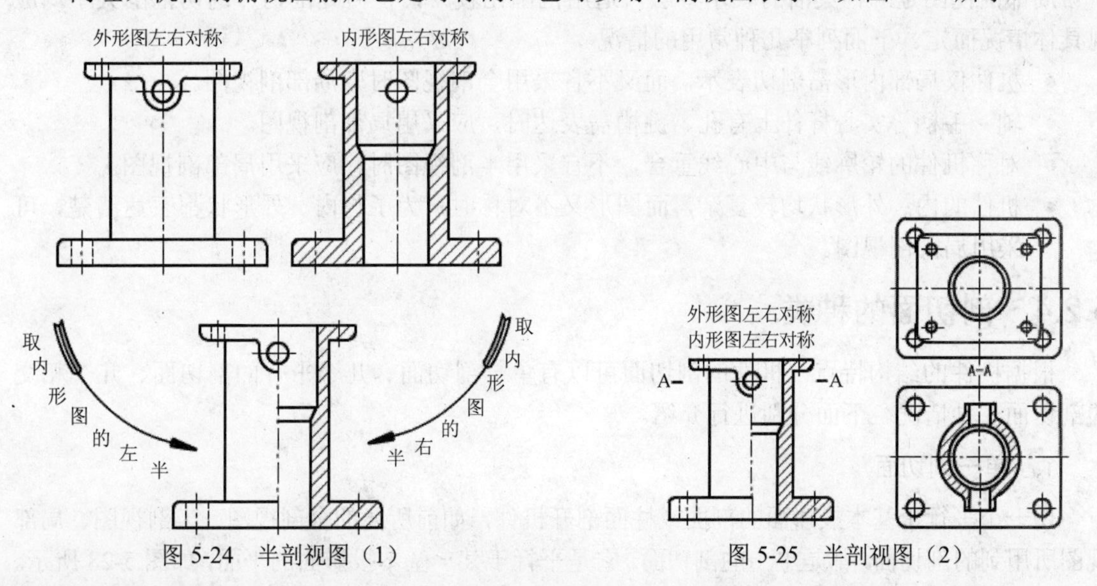

图 5-24　半剖视图（1）

图 5-25　半剖视图（2）

由于图形对称，因此表示外形的视图中的虚线不必画出。同样，表示内形的剖视图中的虚线也不必画出。该例中，主视图的剖切面与机件前后方向的对称面重合，且视图按投射方向配置，则剖切符号和视图名称均可省略。而机件的上下方向没有对称面，因此俯视图必须标出剖切位置及视图名称。但由于视图是按投射方向配置的，则箭头可以省略。

当机件的内形、外形均需表达，而其形状又具有对称平面时，常采用半剖视图。若机件的形状接近于对称，并且不对称部分已另有图形表达清楚时，亦允许采用半剖视图。

3. 局部剖视图的绘制

用剖切面局部地剖开物体所得的剖视图称为局部剖视图。局部剖视图用波浪线或双折线分界，以示剖切范围。

（1） 表示剖切范围的波浪线或双折线不应与图样中的其他图线重合，如图 5-26 所示。

当被剖结构为回转体时，允许将该处结构的中心线作为局部剖视与视图的分界线，如图 5-27 所示。

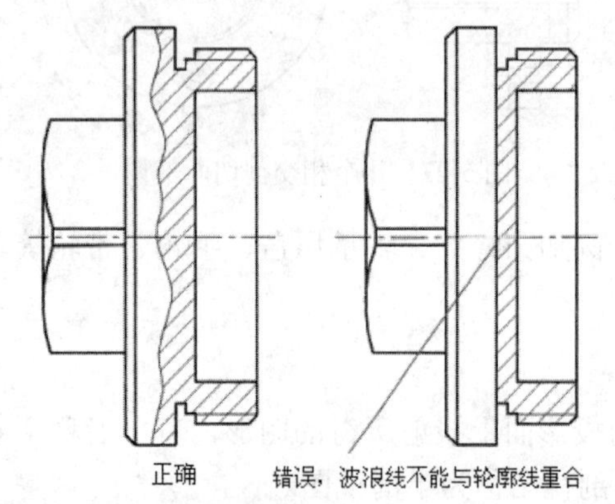

图 5-26 波浪线不应与轮廓线重合

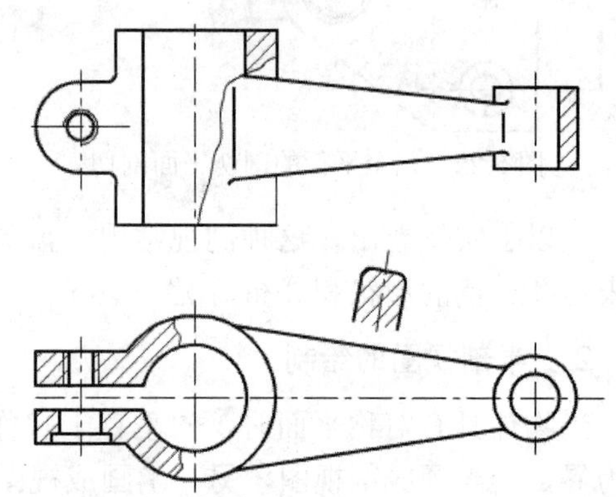

图 5-27 中心线作为局部剖视与视图的分界线

（2） 在同一视图中采用局部剖视的数量不宜过多，以免使图形支离破碎，影响视图的清晰。

局部剖视图是一种灵活的表示方法，适用范围比较广，在何处剖切、剖切范围大小均应视具体情况而定。下面列举几种常用的情况。

- 机件仅局部内形需剖切表示，而又不宜采用全剖视图时取局部剖视图。
- 轴、手柄等实心杆件上有孔、键槽需表达时，应采用局部剖视图。
- 对称机件的轮廓线与中心线重合，不宜采用半剖视图时，应采用局部剖视图。
- 机件的内、外形状均较复杂，而图形又不对称时，为了将内、外形状都表达清楚，可采用局部剖视图。

5.2.4 剖切面的种类

根据机件的结构特点，机件的剖切面可以有单一剖切面、几个平行的剖切面、几个相交的剖切面 3 种情况。下面分别进行介绍。

1. 单一剖切面

用一个平行于基本投影面的剖面或柱面剖开机件，如前所述的全剖视图、半剖视图、局部视图所用到的剖切面，都是单一的剖切面，它是平行于某一基本投影面的平面，如图 5-28 所示。

用一个不平行于任何基本投影面的单一剖切面剖开机件得到的剖视图称为斜剖视图，如图 5-29 所示。斜剖视图一般用来表达机件上倾斜部分的内部结构形状，其原理与斜视图相同。其配置和标注方法通常如图 5-29 所示。必要时，允许将斜剖视旋转配置，但必须在剖视图上方标注旋转符号（同斜视图），剖视图名称应靠近旋转符号的箭头端。有几点需要注意：

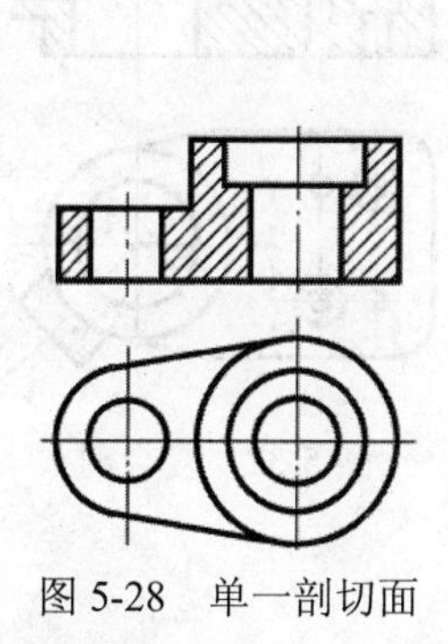

图 5-28　单一剖切面

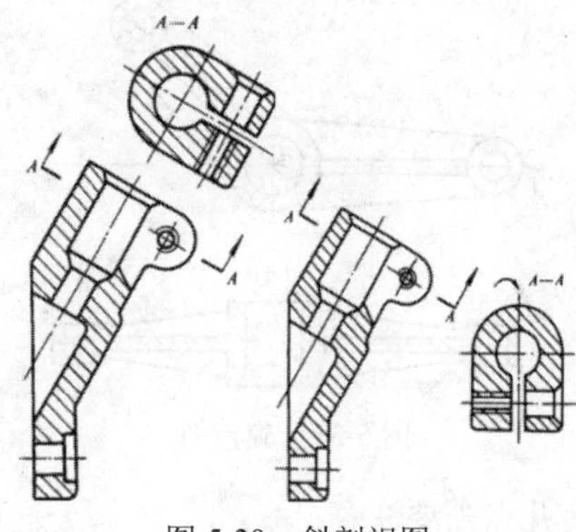

图 5-29　斜剖视图

- 用斜剖视图画图时，必须用剖切符号、箭头和字母标明剖切位置及投射方向，并在剖视图上方注明“×—×”，同时字母一律水平书写。
- 斜剖视图最好按照投影关系配置在箭头所指的方向上。
- 当斜剖视图的主要轮廓线与水平线成 45° 或接近 45° 时，应将图形中的剖面线画成与水平线成 60° 或 30° 的倾斜线，倾斜方向要与该机件的其他剖视图中的剖面线方向一致。

2.　几个平行的剖切面

用几个平行的剖切平面剖开机件的方法称为阶梯剖。阶梯剖多用于表达不具有公共旋转轴的机件。采用这种方法画剖视图时，有几点需要注意：

- 各剖切平面的转折处必须为直角，并且要使表达的内形不相互遮挡，在图形内不应出现完整的要素。
- 剖切平面不得互相重叠。
- 仅当两个要素在图形上具有公共的对称中心线或轴线时，可以各画一半，此时应以对称中心线或轴线为界。
- 画阶梯剖视图时必须标注，在剖切平面的起始、转折处画出剖切符号，标注相同字母，并在剖视图上方标注相应的名称“×—×”。

如图 5-30 为阶梯剖的示意图。

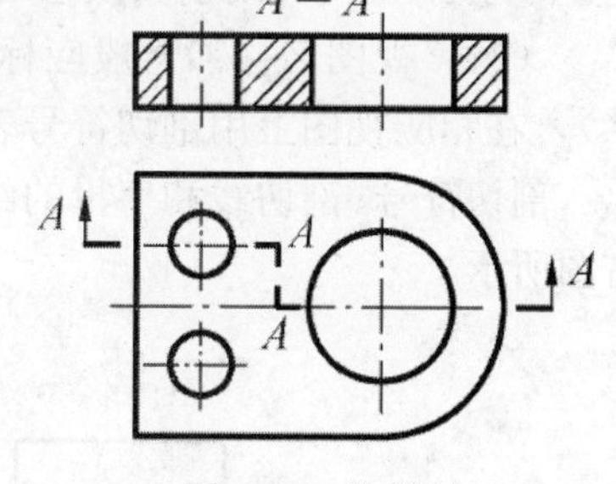

图 5-30　阶梯剖

3.　几个相交的剖切面

几个相交的剖切面是交线垂直于某一段投影面的剖切面，分为旋转剖和复合剖。

（1）　旋转剖。

采用这种方法画剖视图时，先假想按剖切位置剖开机件，然后将剖开后所显示的结构及其有关部分旋转到与选定的投影面平行再进行投影，在剖切平面后的结构仍按原来的位置投影。如图 5-31 中的油孔。

（2）　复合剖。

单一剖切面还可以采用柱面剖切机件，此时剖视图应该按展开的形式绘制，如图 5-32 所示。

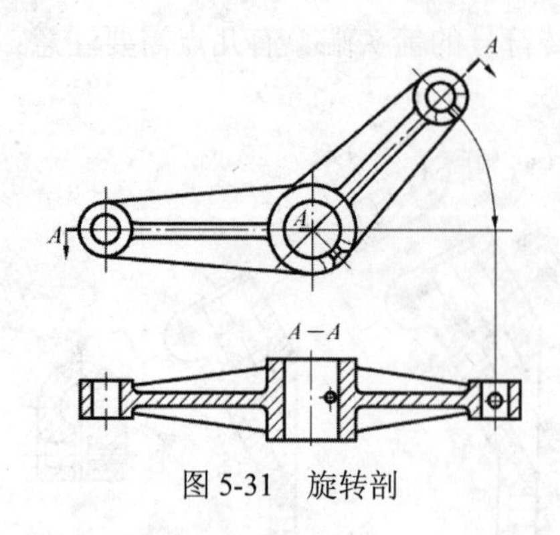

图 5-31　旋转剖

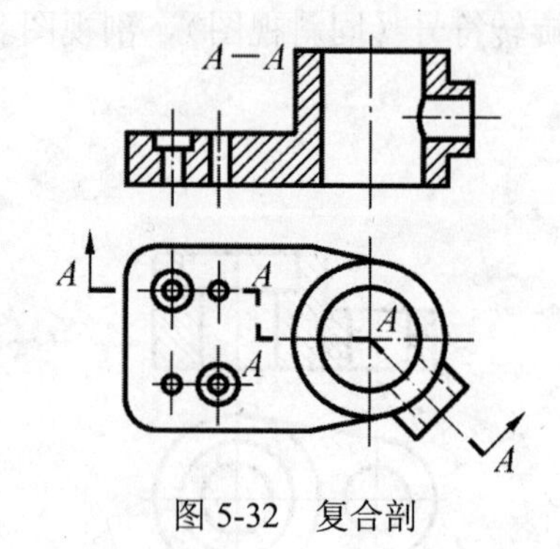

图 5-32　复合剖

有几点需要注意：

- 剖切平面的交线应与机件上的某孔中心线重合。
- 倾斜剖切面转平后，转平位置上原有结构不再画出，剖切平面后面的其他结构仍按原来的位置投射。
- 当剖切后产生不完整要素时，应将该部分按照不剖绘制。
- 画旋转剖和复合剖时，必须加以标注。
- 当转折处的空间有限又不至于引起误解时，允许省略字母。当剖视图按投影关系配置，中间又无其他图形隔开时，可省略箭头。

5.2.5　剖视图的尺寸标注

为了能够清晰地表示出剖视图与剖切位置及投射方向之间的对应关系，便于看图，画剖视图时应将剖切线、剖切符号和剖视图名称标注在相应的视图上。

剖视图的标注一般包括以下内容。

（1）　剖切线：指示剖切位置的线（用点画线表示）。

（2）　剖切符号：指示剖切面的起、止和转折位置及投射方向的符号。

- 剖切面起、止和转折位置：用粗短画表示。
- 投射方向：用箭头或粗短线表示。机械图中均用箭头。

（3）　视图名称：一般应标注剖视图名称“×—×”（“×—×”为大写拉丁字或阿拉伯数字），在相应视图上用剖切符号表示剖切位置和投射方向，并标注相同的字母。

剖切符号、剖切线和字母的组合标注如图 5-33 左图所示。剖切线亦可省略不画，如图 5-33 右图所示。

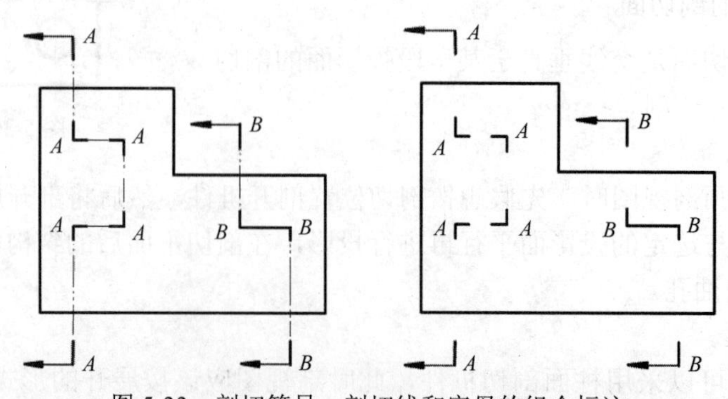

图 5-33　剖切符号、剖切线和字母的组合标注

5.2.6 实例 10——剖视图实例

根据本节讲述的剖视图的知识，将图 5-34 所示主视图键槽部分做成剖视图。步骤如下：

（1） 启动 AutoCAD 2014，打开文件 5-2.dwg，如图 5-34 所示。

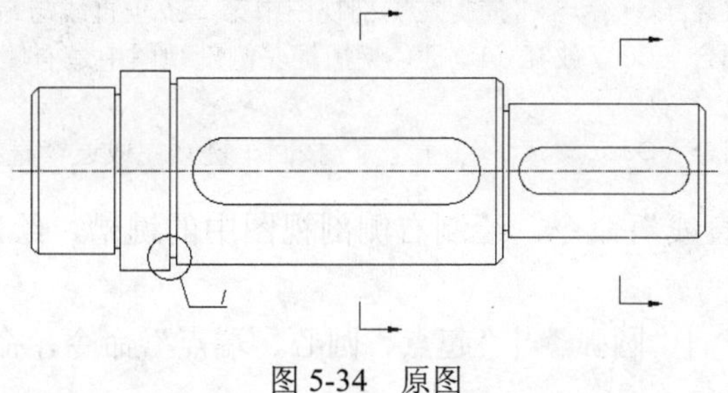

图 5-34 原图

（2） 将“中心线”图层置为当前图层，执行“直线”命令，命令行提示如下：

```
命令: _line 指定第一点: 170,120          //键入剖视图中心线的起点坐标
指定下一点或 [放弃（U）]: 60        //打开“正交”功能，向右移动光标，键入移动距离
指定下一点或 [放弃（U）]:            //按回车键，完成直线绘制
```

（3） 继续使用“直线”命令，绘制剖视图的其余中心线，中心线的各点坐标依次为（200,150）、（200,90）、（260,120）、（300,120）、（280,140）和（280,100），绘制完成的剖视图中心线如图 5-35 所示。

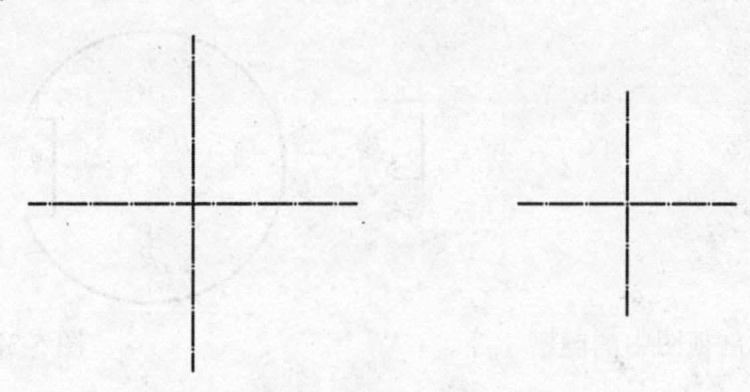

图 5-35 绘制剖视图中心线

（4） 执行“偏移”命令，将左侧的垂直中心线向右偏移 20。

（5） 继续执行“偏移”命令，将左侧剖视图的水平中心线向其上下两侧各偏移 10，将左侧剖视图的垂直中心线向其右侧偏移 26，将右侧剖视图的垂直中心线向其右侧偏移 15 和 19，将右侧剖视图的水平中心线向其上下两侧各偏移 7，偏移完成的效果如图 5-36 所示。

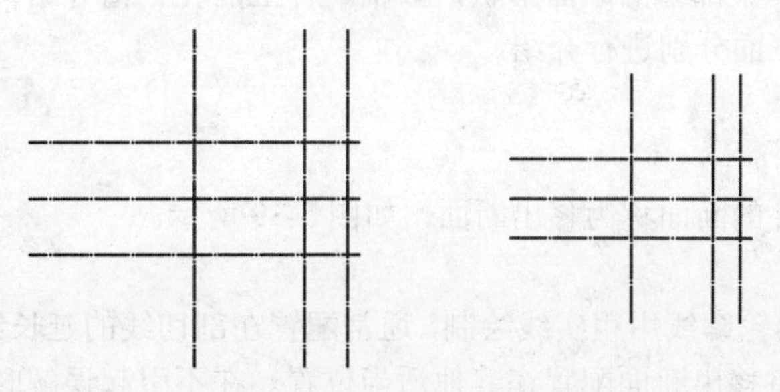

图 5-36 偏移中心线

（6） 将“轮廓线”图层置为当前图层，选择“绘图”|“直线”命令，命令行提示如下：

```
命令：_line 指定第一点：//捕捉左侧剖视图中最右侧偏移后的中心线与最上侧偏移中心线的交点
指定下一点或［放弃（U）］：// 捕捉左侧剖视图中第二条垂直线与最上侧偏移中心线的交点
指定下一点或［放弃（U）］：//捕捉左侧剖视图中第二条垂直线与最下侧偏移中心线的交点
指定下一点或［闭合（C）/放弃（U）］://捕捉左侧剖视图中最右侧偏移后的中心线与最下侧偏移中心线的交点
指定下一点或［闭合（C）/放弃（U）］： //按回车键，完成连续直线的绘制
```

（7） 继续执行“直线”命令，绘制右侧剖视图中的键槽，绘制完成的键槽如图 5-37 所示。

（8） 选择“绘图”|“圆弧”|“起点、圆心、端点”命令，命令行提示如下：

```
命令：_arc 指定圆弧的起点或［圆心（C）］： //鼠标捕捉左侧键槽直线的起点
指定圆弧的第二个点或［圆心（C）/端点（E）］：_c 指定圆弧的圆心：//鼠标捕捉左侧剖视图中心线的交点
指定圆弧的端点或［角度（A）/弦长（L）］： //鼠标捕捉左侧键槽直线的终点
```

（9） 继续使用“绘图”|“圆弧”|“起点、圆心、端点”命令，绘制另一个剖视图。

（10） 选择“修改”|“删除”命令，删除剖视图中偏移后的各中心线，通过以上步骤，完成剖视图的绘制，效果如图 5-38 所示。

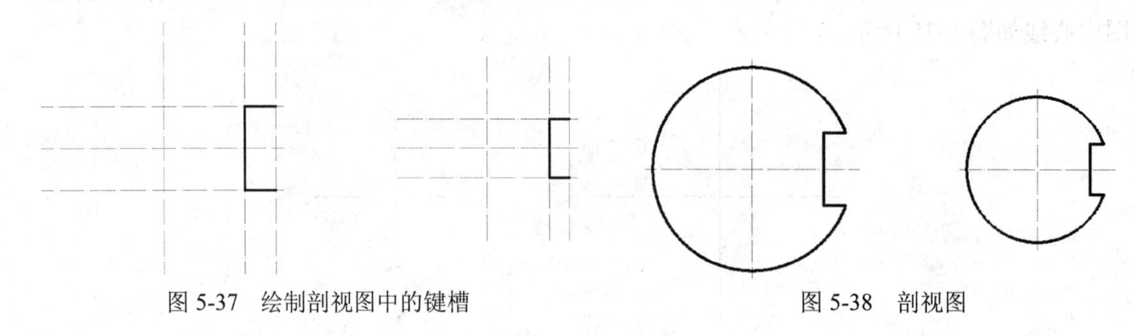

图 5-37 绘制剖视图中的键槽　　图 5-38 剖视图

5.3 断面图

假想用剖切平面将机件某处切断，仅画出剖切平面与机件接触部分的图形，称为断面图，简称断面。为了得到断面结构的实形，剖切平面一般应垂直于机件的轴线或该处的轮廓线。断面一般用于表达机件某部分的断面形状，如轴、杆上的孔、槽等结构。断面图分为移出断面和重合断面两种，下面分别进行介绍。

5.3.1 移出断面

画在视图轮廓线外的断面称为移出断面，如图 5-39 所示。

移出断面的画法：

（1） 移出断面的轮廓线用粗实线绘制，通常配置在剖切线的延长线上，如图 5-39 所示。

（2） 必要时可将移出断面配置在其他适当位置。在不引起误解时，允许将图形旋转，如图 5-40 所示。

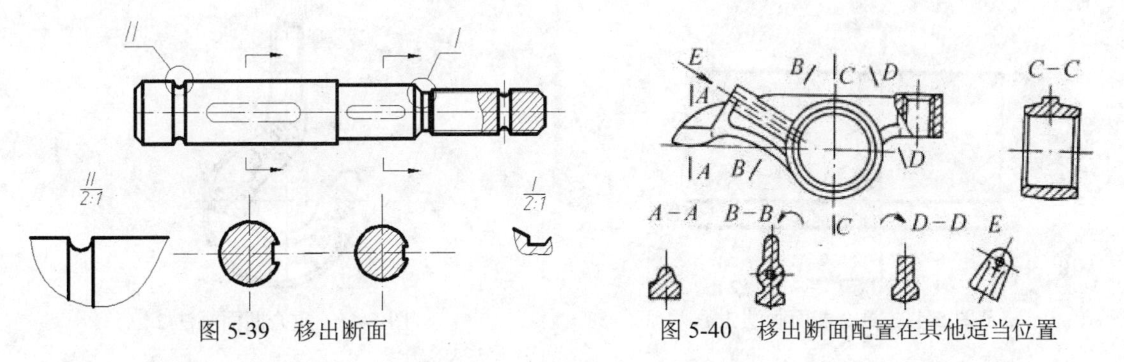

图 5-39　移出断面　　　　图 5-40　移出断面配置在其他适当位置

（3）　当移出断面的图形对称时，也可画在视图的中断处，如图 5-41 所示。

（4）　由两个或多个相交剖切平面剖切得到的移出剖面，中间一般应断开，如图 5-42 所示。

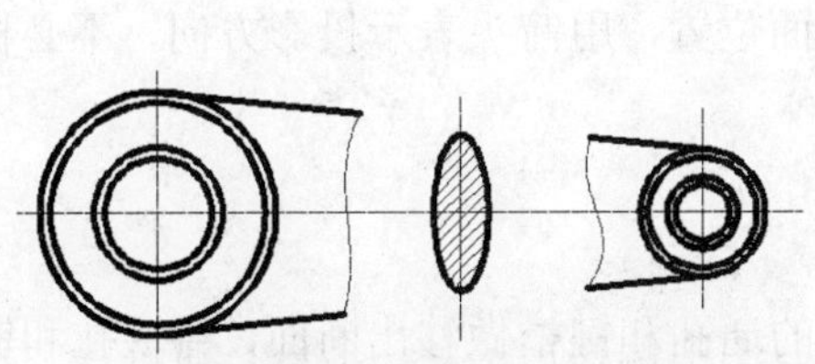

图 5-41　移出断面画在中断处

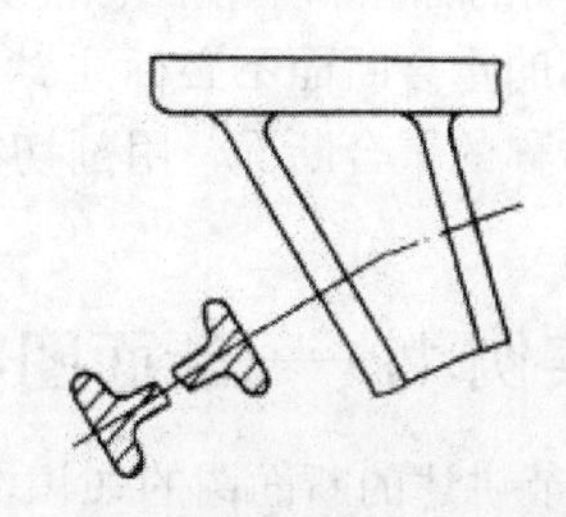

图 5-42　两相交剖切平面剖切的移出断面

（5）当剖切平面通过回转面形成的孔或凹坑的轴线时，这些结构按剖视绘制，如图 5-43（a）所示。当剖切平面通过非圆孔、会导致出现完全分离的两个断面时，则这些机构应按剖视绘制，如图 5-43（b）所示。

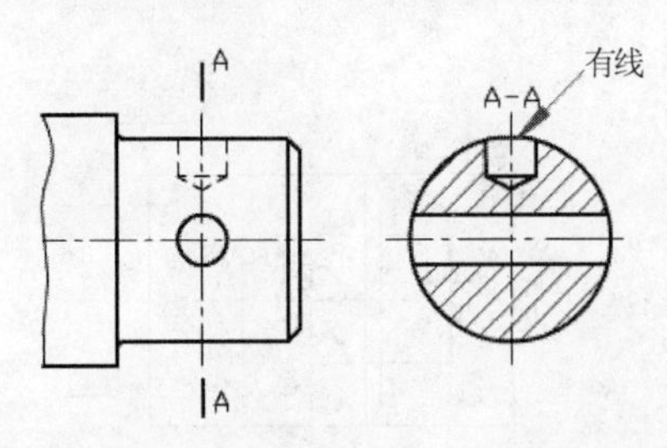

图 5-43（a）　剖切平面通过孔

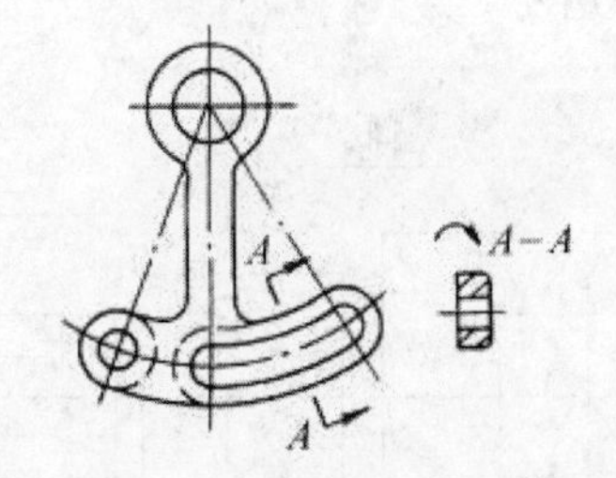

图 5-43（b）　剖切平面通过非圆孔

（6）　移出断面的标注和剖视图相同。

5.3.2　重合断面

画在视图轮廓线之内的断面称为重合断面。

1.　重合断面的画法

画在视图之内的剖面图称为重合断面，重合断图只有当剖面形状简单而又不影响清晰时方可使用。下面分别介绍重合断面的画法。

（1）　重合断面的轮廓线用细实线绘制，当视图中的轮廓线与重合断面的图形重叠时，视图中的轮廓线仍应连续画出，不可间断，如图 5-44 所示。

（2）　不对称的重合断面可省略标注，如图 5-45 所示。

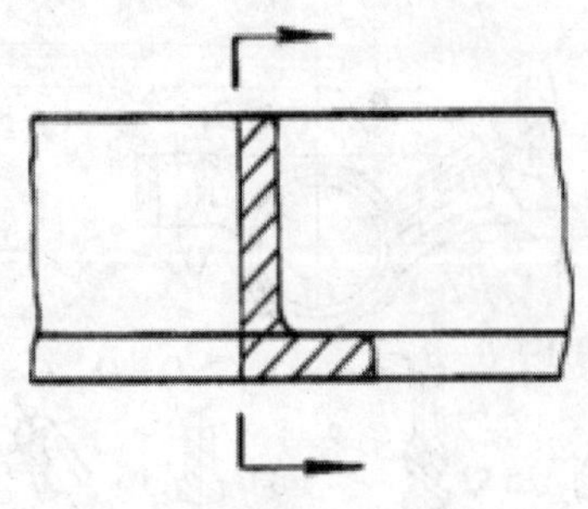

图 5-44　重合断面画法 1

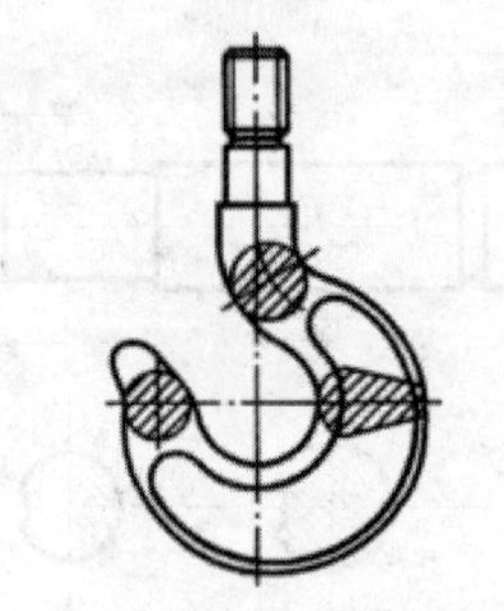

图 5-45　重合断面画法 2

2. 重合断面的标注

重合断面的标注和剖视图标注大致相同，但是需要注意下面两点：

- 对称的重合断面不必标注。
- 不对称的重合断面，用剖切符号表示剖切平面位置，用箭头表示投影方向，不必标注字母。

5.3.3　实例 11——断面图实例

根据本节讲述的断面图的知识，将图 5-46 所示的通孔和键槽做移出断面，将通孔和键槽表示清楚。步骤如下：

（1） 启动 AutoCAD 2014，打开文件 5-3.dwg，如图 5-46 所示。

（2） 首先绘制辅助中心线，如图 5-47 所示。辅助中心线的竖直线分别和圆心与键槽的中心共线。绘制直径为 79 和 40 的两个同心圆，表示外圆和内圆孔，利用标注尺寸辅助绘图，如图 5-47 所示。

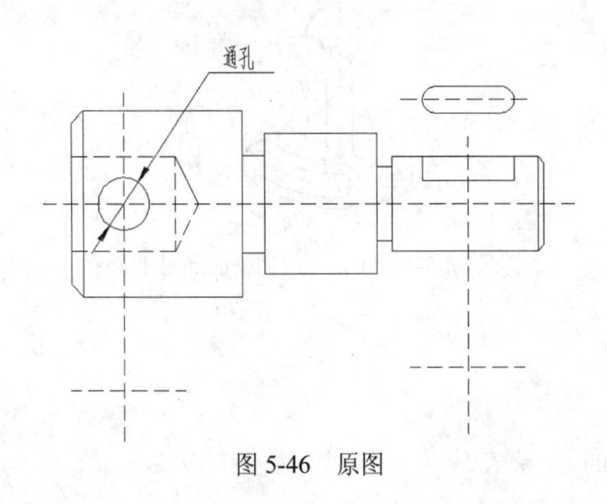

图 5-46　原图

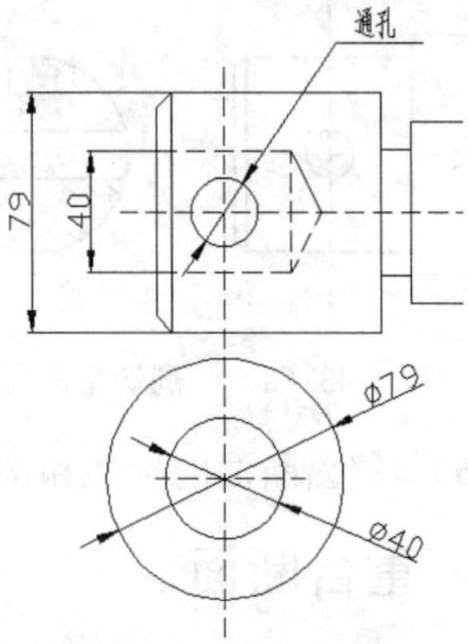

图 5-47　绘制两个同心圆

（3） 删除之前的辅助标注，标注通孔直径为 22，在绘制对称与水平中心线的两条直线，直线间距 22，如图 5-48 所示。

（4） 执行“修剪”命令，修剪两条水平线和水平线之间的内圆弧，结果如图 5-49 所示。

（5） 选择“绘图”|“图案填充”命令，弹出“图案填充和渐变色”对话框。

（6） 在“图案”下拉列表中选择“ANSI31”，在“比例”列表框输入 2。

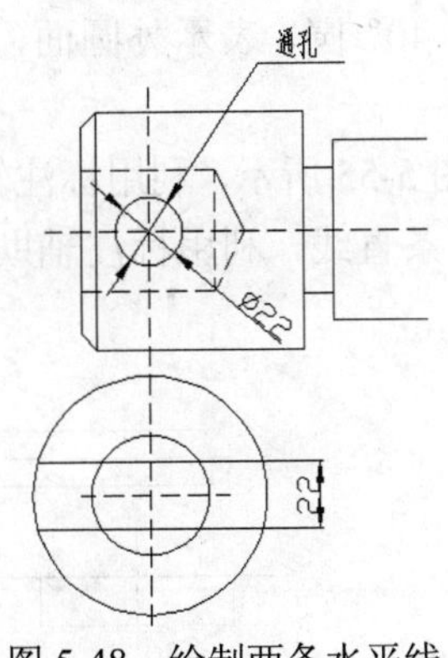

图 5-48　绘制两条水平线

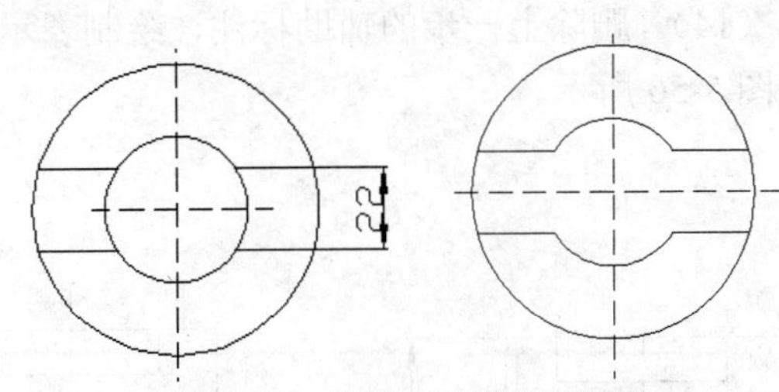

图 5-49　修剪水平线和内圆弧

（7）　单击“添加：拾取点”按钮，在图形中拾取填充区域，如图 5-50 所示的虚线包围区域即为填充区域。

（8）　拾取完毕，单击鼠标右键，在弹出的快捷菜单中选择“确定”命令，回到“图案填充和渐变色”对话框。

（9）　在“图案填充和渐变色”对话框中单击“确定”按钮，完成填充。删除之前的辅助批注，结果如图 5-51 所示。

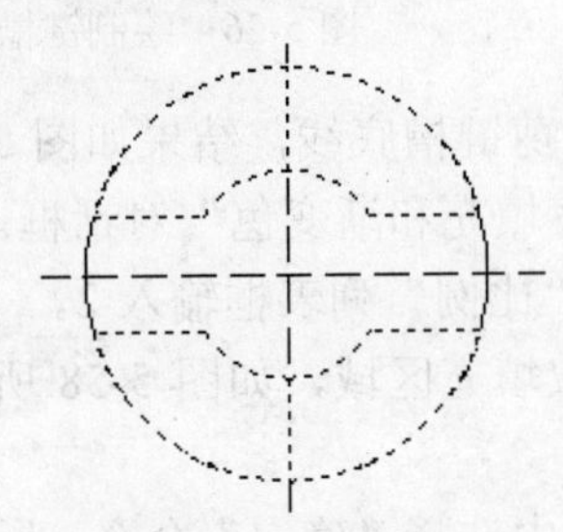

图 5-50　拾取填充区域

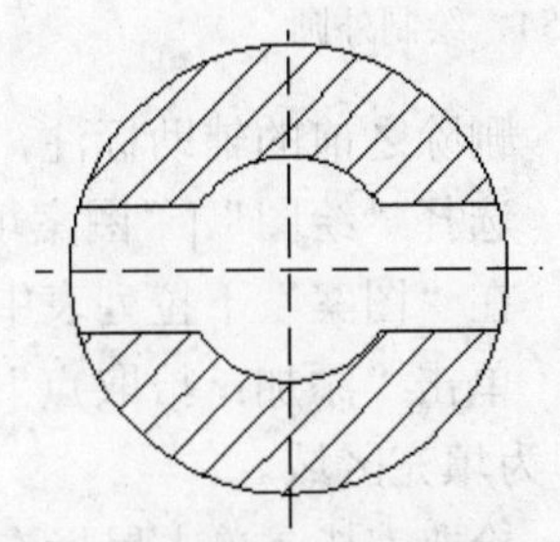

图 5-51　通孔移出断面

（10）　在如图 5-52 所示的圆孔竖直中心线上方绘制一条直线，长度适当即可；利用“多重引线”工具栏上的“多重引线”按钮绘制引线，引线水平位置与刚画的竖直线的上端平齐，左端点与竖直线上端点重合，右端点适当放置保证长度合适清晰即可，如图 5-52 所示。

（11）按照步骤 10 同样的方法绘制零件下方的剖切线。结果如图 5-53 所示。

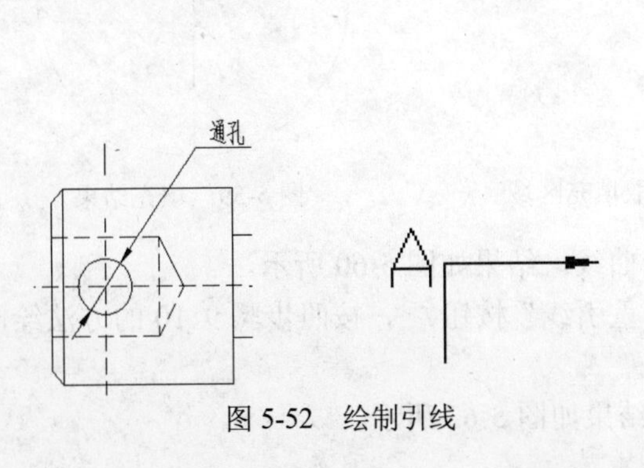

图 5-52　绘制引线

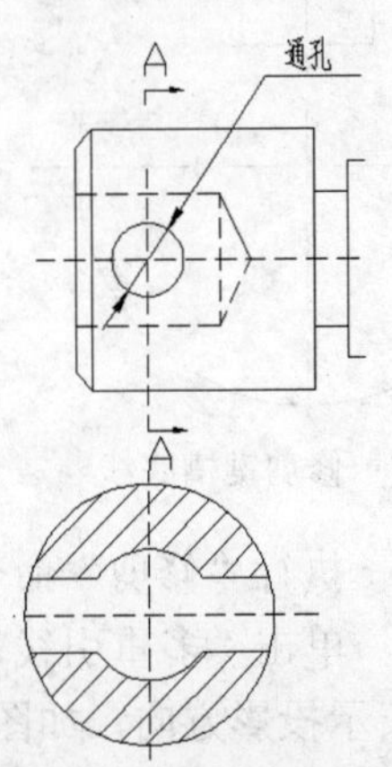

图 5-53　标识投影方向

（12） 以开始绘制的辅助中心线交点为圆心绘制直径为 40°圆，表示外圆面，利用标注尺寸辅助绘图，如图 5-54 所示。

（13） 删除之前的标注，绘制表示键槽深度的直线，如图 5-55 所示，利用标注辅助绘图。

（14） 删除上一步的辅助标注，绘制表示键槽宽度的两条直线，利用标注辅助绘图，结果如图 5-56 所示。

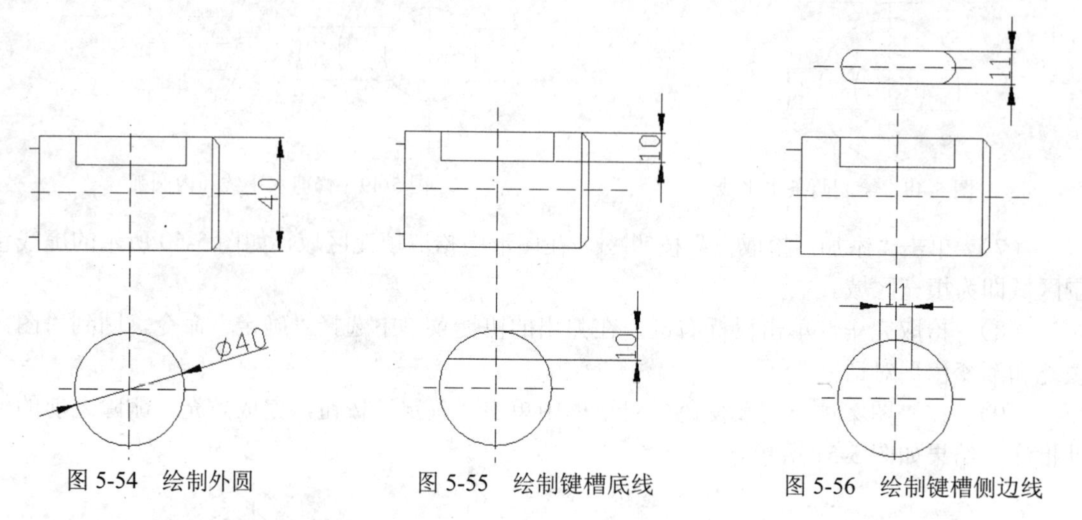

图 5-54 绘制外圆　　图 5-55 绘制键槽底线　　图 5-56 绘制键槽侧边线

（15） 删除之前的辅助标注，执行“修剪”命令，修剪键槽底线，结果如图 5-57 所示。

（16） 选择“绘图”|“图案填充”命令，弹出“图案填充和渐变色”对话框。

（17） 在“图案”下拉列表中选择“ANSI31”，在“比例”列表框输入 2。

（18） 单击“添加：拾取点”按钮，在图形中拾取填充区域，如图 5-58 所示的虚线包围区域即为填充区域。

（19） 拾取完毕，单击鼠标右键，在弹出的快捷菜单中选择“确定”命令，回到“图案填充和渐变色”对话框。

（20） 在“图案填充和渐变色”对话框中单击“确定”按钮，完成填充。结果如图 5-59 所示。

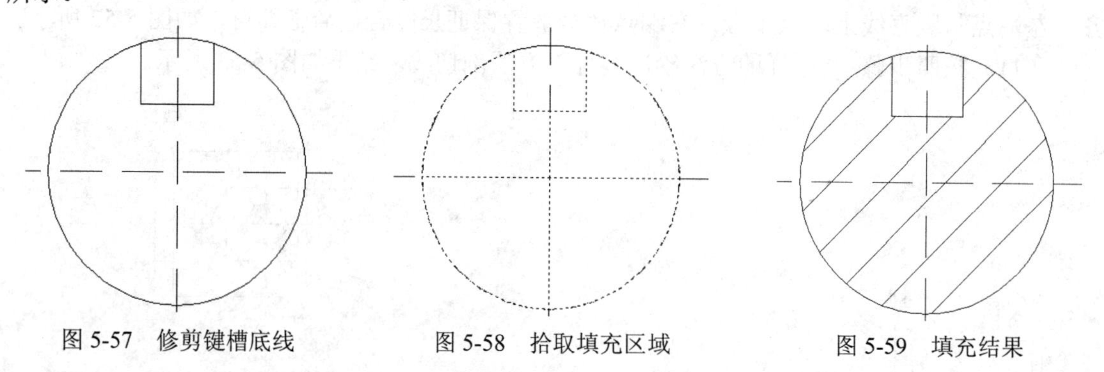

图 5-57 修剪键槽底线　　图 5-58 拾取填充区域　　图 5-59 填充结果

（21） 执行“修剪”命令，修剪键槽顶端曲线，结果如图 5-60 所示。

（22） 单击“多重引线”工具栏上的“多重引线”按钮，按照步骤 9、10 的方法绘制多重引线表示投影方向，如图 5-61 所示。

（23） 单击按钮，保存文件 5-3.dwg。结果如图 5-62 所示。

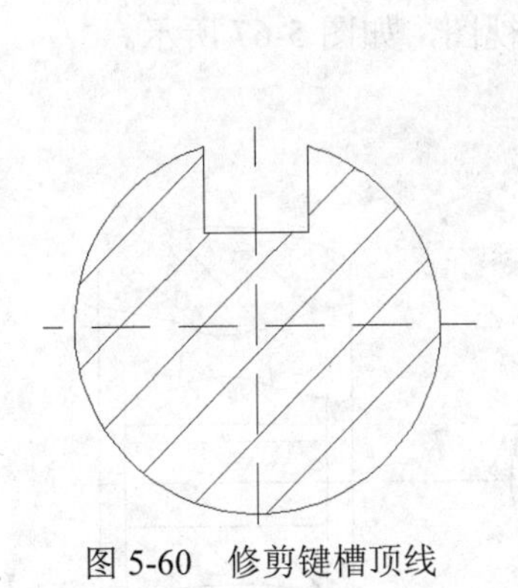

图 5-60　修剪键槽顶线

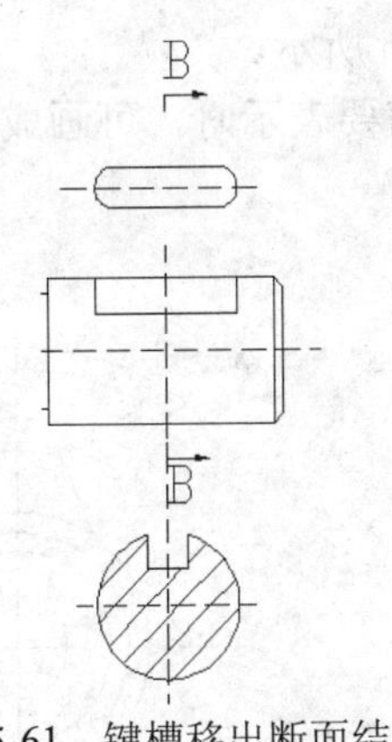
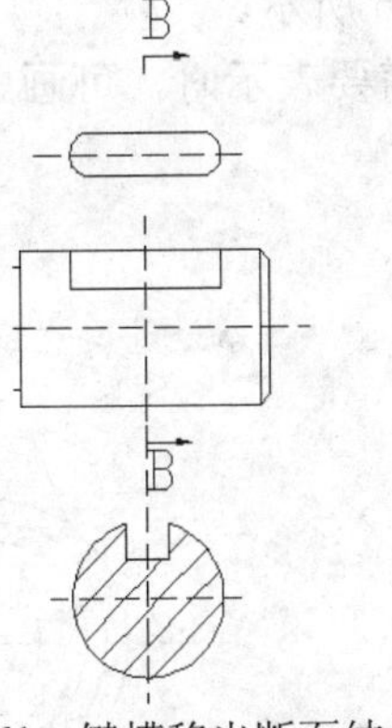

图 5-61　键槽移出断面结果

图 5-62　移出断面结果

5.4　其他表达方法

5.4.1　局部放大图

为了清楚表达机件上的某些细小结构，可将这部分结构用大于原图形的比例画出，画出的图形称为局部放大图。局部放大图的画法如下：

（1）局部放大图可画成视图、剖视、剖面，它与被放大部分的表达方式无关，如图 5-63 所示。

（2）局部放大图应尽量配置在被放大部位的附近，当机件上被放大部分仅一个时，在局部放大图上方只需注明所采用的比例，如图 5-64 所示。

（3）同一机件上不同部位放大图，当图形相同或对称时，只需画出一个，如图 5-64 所示。

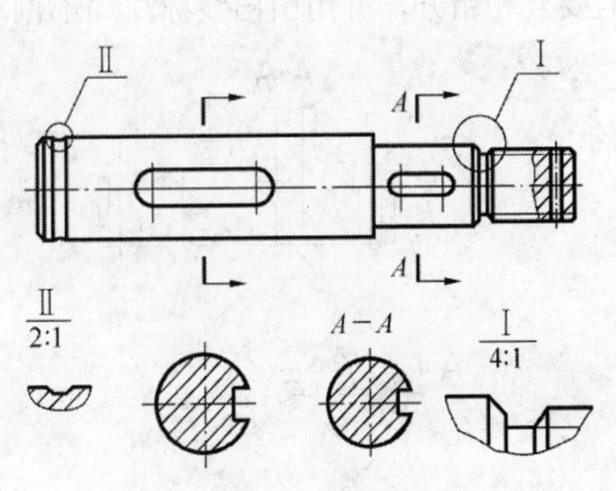

图 5-63　局部放大图

（4）必要时可用几个图形来表达同一个被放大部分的结构，如图 5-65 所示。

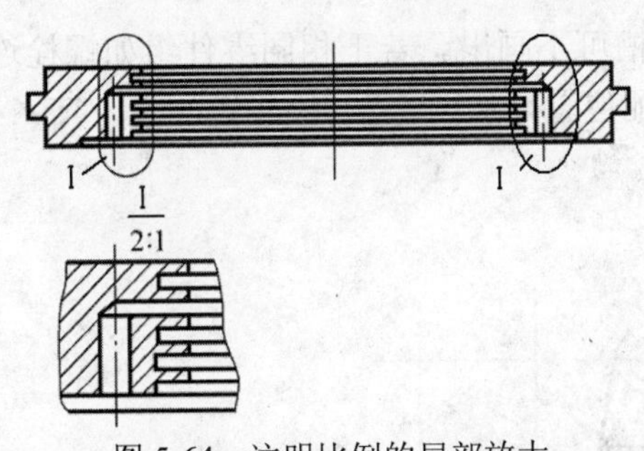

图 5-64　注明比例的局部放大

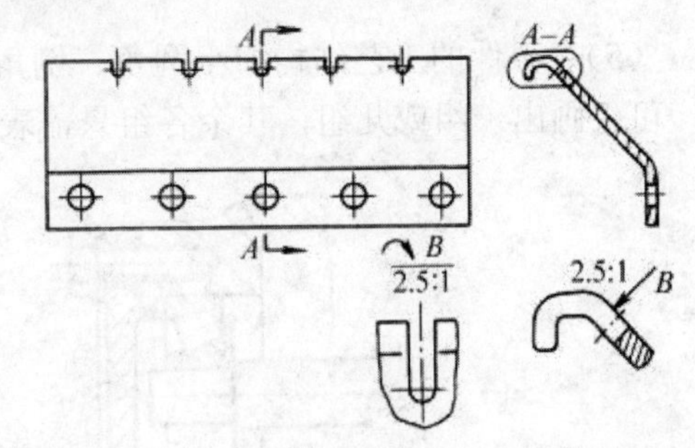

图 5-65　多个图形表达同一被放大部分结构

5.4.2　简化画法

在机械制图中，简化画法很多，下面对比较常用的几项进行介绍。

（1） 对于机件的肋、轮辐及薄壁等，如按纵向剖切，这些结构都不画剖面符号，而用粗实线将它与其邻接部分分开，如图 5-66 所示。

（2） 当肋板或轮辐上的部分内形需要表示时，可画成局部视图，如图 5-67 所示。

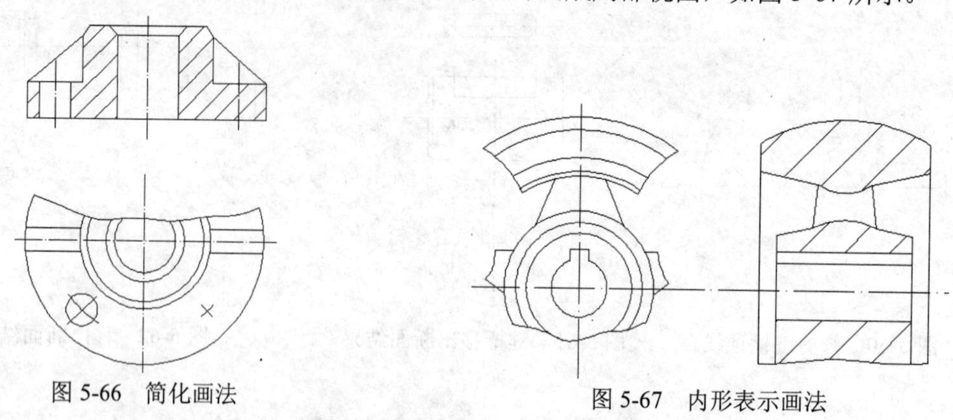

图 5-66 简化画法

图 5-67 内形表示画法

（3） 当零件回转体上均匀分布的肋、轮辐、孔等结构不处于剖切平面时，可将这些结构旋转到剖切平面上画出，如图 5-68 所示小孔的画法。

（4） 在剖视图的剖面区域中可再做一次局部剖视图，两者的剖面线应同方向、同间隔，但要互相错开，并用引出线标注局部剖视图的名称，如图 5-69 所示。

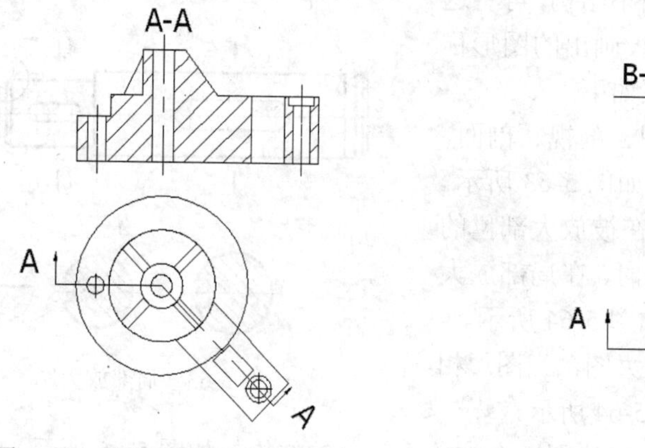

图 5-68 不处于剖切平面时画法

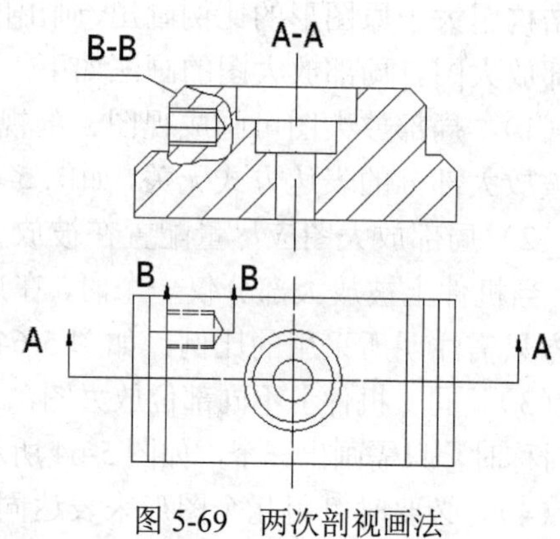

图 5-69 两次剖视画法

（5） 零件的工艺结构如小圆角、倒角、退刀槽可不画出。若干相同零件组如螺栓连接等，可仅画出一组或几组，其余各组只需表明其装配位置，如图 5-70 中的中心线。

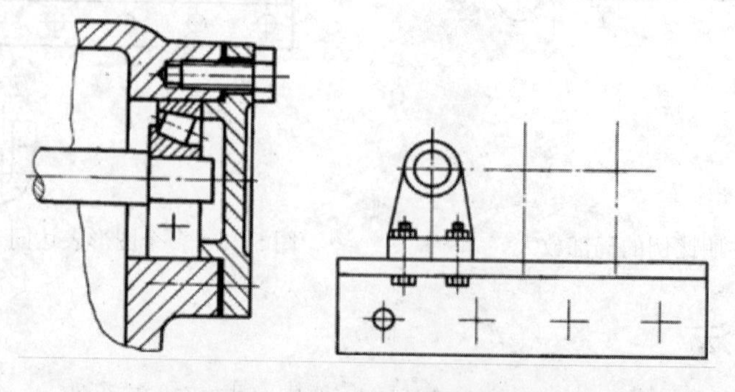

图 5-70 工艺结构简化

(6) 用细实线表示带传动中的带，用点划线表示链传动中的链条，如图 5-71 所示。

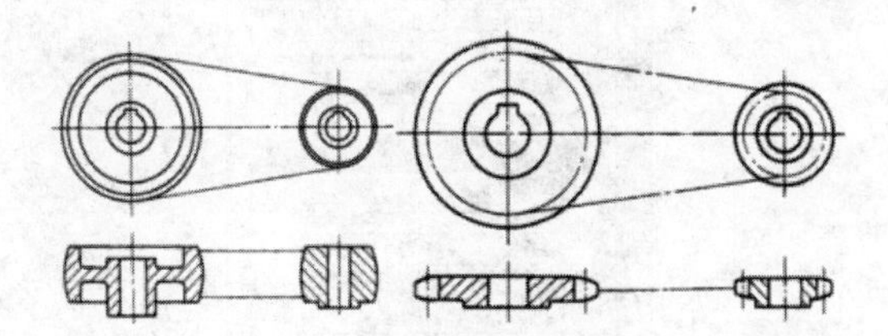

图 5-71 链传动简化画法

在此，仅介绍以上几种。在《中华人民共和国国家标准》的《技术制图图样画法》中规定了机件的简化画法、规定画法和其他表达方法。读者可以在实际应用中进行查找参考，并在绘制机件的零件图时加以运用。

本章介绍了机件的各种表达方法，如视图、剖视、断面等。在实际绘图中，应根据机件的结构形状，复杂程度等进行具体分析，以完整、清晰为目的，以看图方便、绘图简便为原则进行表达方法的选择。同时力求减少视图数量，既要认识到每个视图、剖视和断面图等具有明确的表达内容，也要注意它们之间的联系，正确选择适当的视图方法。在后面章节的零件和装配图中将会使用不同的表达方法进行视图的绘制。

5.4.3 实例 12——局部放大图实例

将图 5-72 所示主视图中凹槽部分做成局部放大图，用于更清楚地表达主视图中的凹槽。绘制局部放大图的具体步骤如下：

(1) 启动 AutoCAD 2014，打开文件 5-4.dwg，如图 5-72 所示。

(2) 将“轮廓线”图层置为当前图层，执行“圆”命令，命令行提示如下：

```
命令: _circle 指定圆的圆心或 [三点(3P)/两点(2P)/切点、切点、半径(T)]:142,228
//该圆心为阶梯槽左侧竖直短线段的中心
指定圆的半径或 [直径(D)] <8.0000>: 8
```

此时绘制的圆如图 5-73 所示。

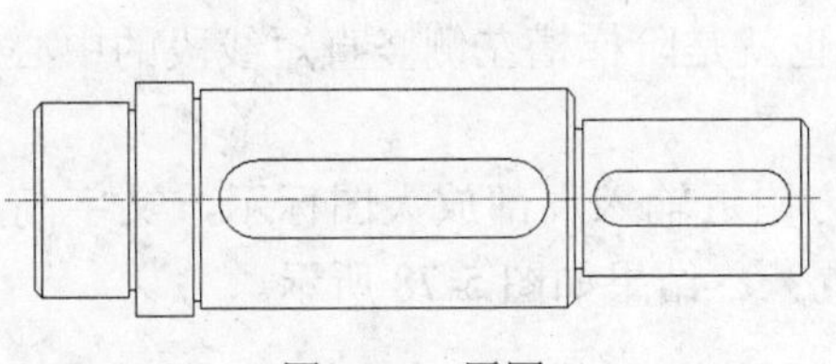

图 5-72 原图

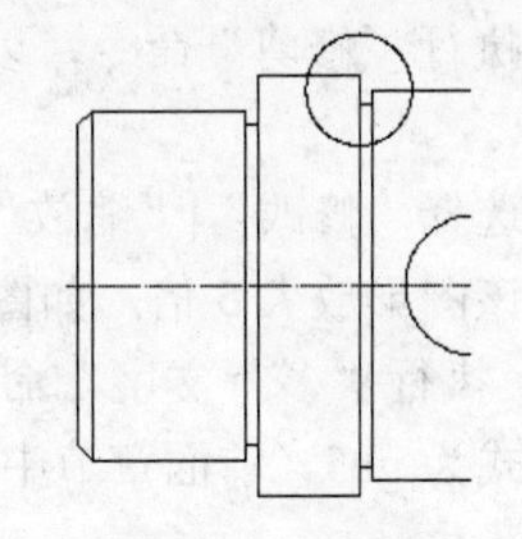

图 5-73 绘制圆

(3) 在“多重引线”工具栏中单击“多重引线”按钮，绘制多重引线，如图 5-74 所示。

(4) 单击绘制的引线，单击鼠标右键，在弹出的快捷菜单中，选择“特性”命令，弹出“特性”面板，如图 5-75 所示，在“箭头”下拉列表中，选择“无”命令。关闭“特性”面板，结果如图 5-76 所示。

(5) 在“文字”面板，单击“多行文字”按钮A，输入数字 1，如图 5-76 所示。

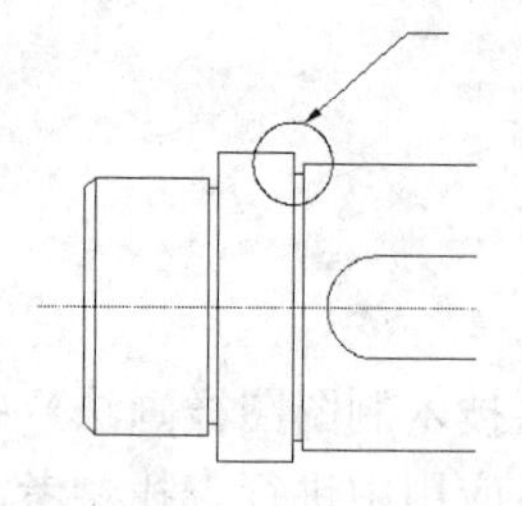

图 5-74　绘制引线

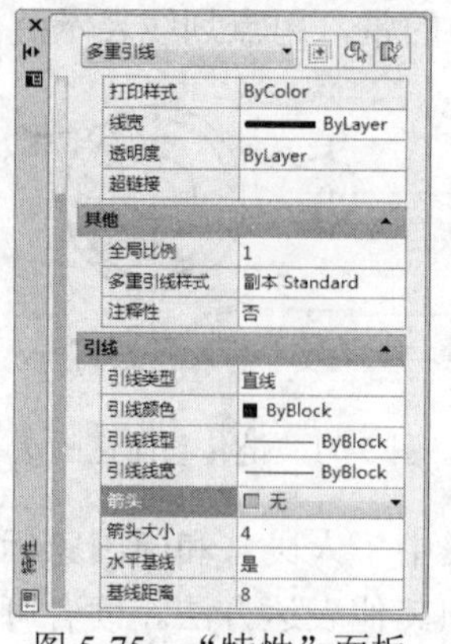

图 5-75　“特性”面板

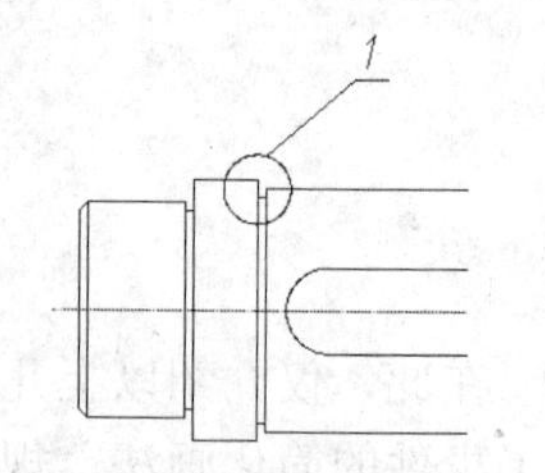

图 5-76　指示局部放大位置

（6）　执行“复制”命令，复制圆内的直线到图形附近的位置，效果如图 5-77 所示。命令行如下：

```
命令：_copy
选择对象：找到 1 个
选择对象：找到 1 个，总计 2 个
选择对象：找到 1 个，总计 3 个
选择对象：找到 1 个，总计 4 个
选择对象：找到 1 个，总计 5 个
选择对象：找到 1 个，总计 6 个
选择对象：找到 1 个，总计 7 个
选择对象：
当前设置：  复制模式 = 多个
指定基点或 [位移（D）/模式（O）] <位移>：
指定第二个点或 [阵列（A）] <使用第一个点作为位移>：    //在图形的适当位置单击鼠标选择
一个点作为基点
指定第二个点或 [阵列（A）/退出（E）/放弃（U）] <退出>：//回车键
```

（7）　执行“样条曲线”命令，绘制样条曲线，如图 5-77 所示。

（8）　执行“修剪”命令，以样条曲线之外的直线为修剪对象，修剪多余轮廓，结果如图 5-78 所示。

（9）　选择“修改”|“缩放”命令，以圆心（也就是阶梯槽左侧竖直短线段的中心）为放大基点对该图形放大 5 倍，如图 5-78 所示。

（10）　执行“多行文字”命令，在填充图上方附近输入局部放大图标示，文字高度为 10，文字格式为 gb5（前面章节中已经讲解如何设置）。结果如图 5-78 所示。

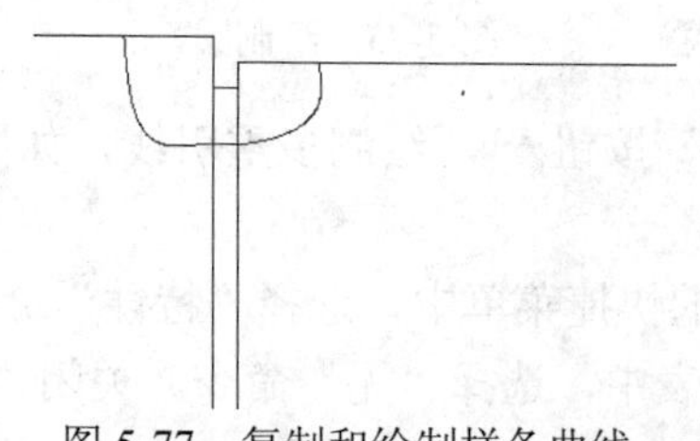

图 5-77　复制和绘制样条曲线

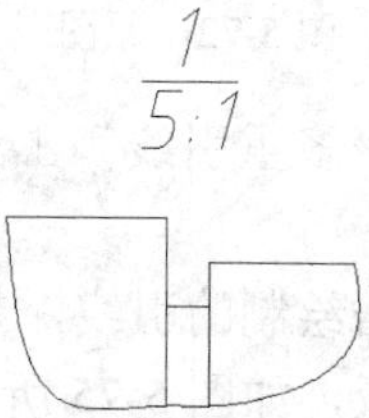

1
5:1

图 5-78　局部放大视图

（11）　单击按钮，保存图形完成绘制。

第 6 章　制作图幅和样板图

在机械制图中，一张完整的图幅包括图框、标题栏、比例、图线、尺寸标注等内容。本章首先讲述图纸的国家标准规定，接着讲述图框、明细表、样板图的绘制方法，最后以“A3 图纸横放”图幅为典型实例讲述具体的绘制步骤。

6.1　国家标准中的基本规定

机械图形作为机械工程领域中一种通用的表达方法，必须遵循统一的标准和规范，为此，国家标准专门制定相关的机械制图标准规范。国标的代号为“GBX-X”，字母“GB”后面的两组数字中的第一组表示标准顺序号，第二组表示标准批准的年份。若标准为推荐性的国标，则代号为“GB/TX-X”。

本节主要介绍图纸幅面和格式、标题栏、比例、字体、图线、尺寸标注等制图国家标准的有关规定。

6.1.1　图纸幅面和格式

图纸的幅面和格式包括图纸幅面尺寸和代号、图框格式和标题栏的位置等内容，下面分别简单介绍这些内容。

1. 图纸幅面尺寸和代号

在机械制图国家标准中对图纸的幅面大小作了统一的规定，各图纸幅面的规格如表 6-1 所示。

表 6-1　图幅国家标准

<table>
<tr><td colspan="2">幅面代号</td><td>A0</td><td>A1</td><td>A2</td><td>A3</td><td>A4</td></tr>
<tr><td colspan="2">长×宽（mm×mm）</td><td>1189×841</td><td>841×594</td><td>594×420</td><td>420×297</td><td>297×210</td></tr>
<tr><td rowspan="3">周边尺寸</td><td>a</td><td colspan="5">25</td></tr>
<tr><td>c</td><td colspan="3">10</td><td colspan="2">5</td></tr>
<tr><td>e</td><td colspan="2">20</td><td colspan="3">10</td></tr>
</table>

2. 图框格式

国家标准规定，在图样上必须用粗实线绘制图框线。机械制图中图框的格式分为不留装订边和留有装订边两种类型，分别如图 6-1 和图 6-2 所示。

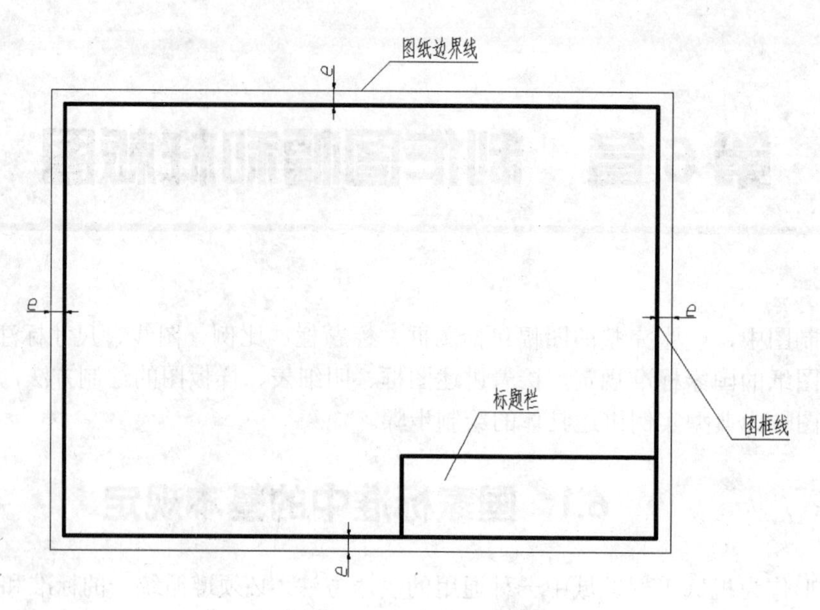

图 6-1　不留装订边

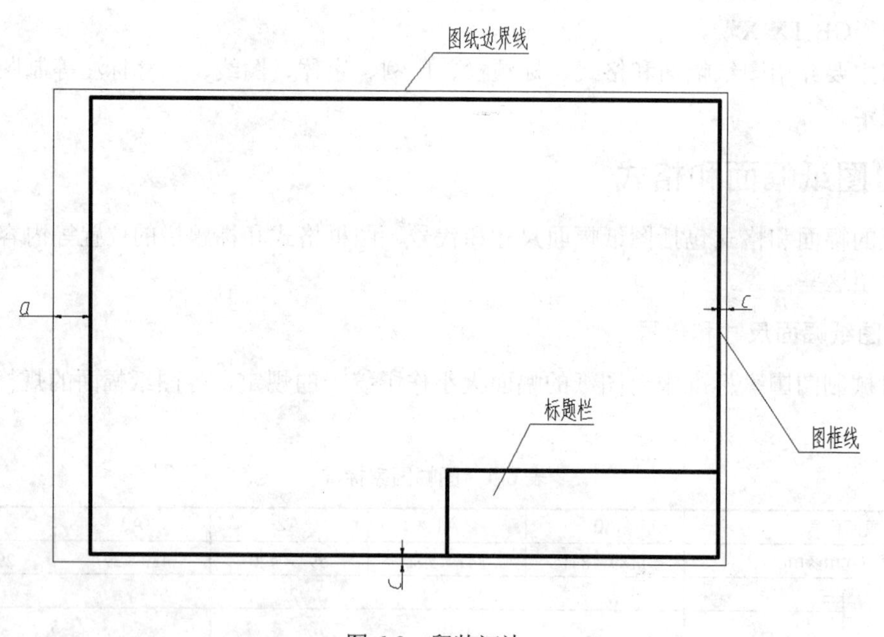

图 6-2　留装订边

提　示

同一组件的各零件图及装配图必须采用同样的格式。

3.　标题栏的位置

国家标准规定标题栏应位于图纸的右下角或者下方，看图的方向应与标题栏中的文字方向一致。标题栏的外框为粗实线，右边线和底边线应与图框线重合。

6.1.2 标题栏

国家标准规定机械图纸中必须附带标题栏，标题栏的内容一般为图样的综合信息，如图样名称、图纸代号、设计、材料标记、绘图日期等。标题栏一般位于图纸的右下角或者下方。

6.1.3 比例

比例是指机械制图中图形与实物相应要素的线性尺寸之比。例如，比例为 1 表示图形与实物中相对应的尺寸相等，比例大于 1 表示为方法比例，比例小于 1 表示为缩小比例。表 6-2 所示为国家标准规定的制图中比例的种类和系列。

表 6-2 比例的种类和系列

比例种类	比例						
	优先选取的比例			允许选取的比例			
原比例	1：1						
放大比例	5：1	2：1		4：1	2.5：1		
	5×10^n：1	2×10^n：1		4×10^n：1	2.5×10^n：1		
缩小比例	1：2	1：5	1：10	1：1.5	1：2.5	1：3	1：4
	1：2×10^n	1：5×10^n	1：1×10^n	1：1.5×10^n	1：2.5×10^n	1：3×10^n	1：4×10^n

机械制图中，常用的 3 种比例为 2：1，1：1 和 1：2。图 6-3 所示为用这 3 种比例绘制的图形的对比。

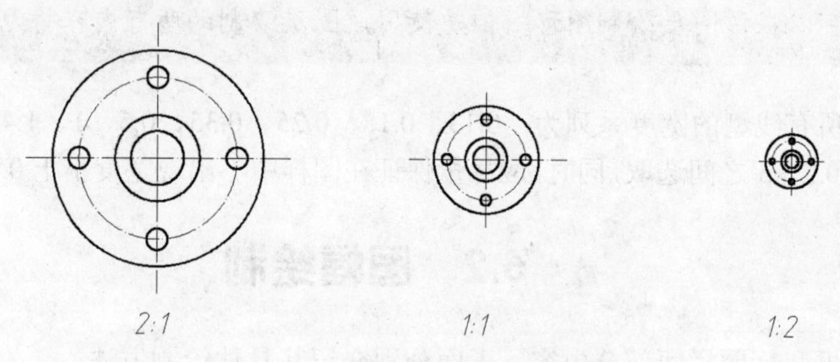

图 6-3 不同比例绘制的机械图形

比例的标注符号应该以“：”表示，标注方法如 1：1，1：100，50：1 等。比例一般应该标注在标题栏的比例栏内。有时，在局部视图或者剖面图中也需要在视图名称的下方或者右侧标注比例，如图 6-4 所示。

I　　A　　B-B
2:1　　1:50　　4:1

图 6-4 比例的另行标注

6.1.4 图线

在机械制图中，不同的图形线型和线宽表示不同含义，因此需要设置不同的图层分别绘制图形中各种图形的不同部分。

在机械制图国家标准中对机械图形中使用的各种图形的名称、线型、线宽以及在图形中的应用作了规定。这些规定如表 6-3 所示。

表 6-3　图形的形式和应用

图线名称	图　线	线　宽	绘制的主要图形
粗实线		b	可见轮廓线、可见过渡线
细实线		约 b/3	剖面线、尺寸线、尺寸界线、引出线、弯折线、牙底线、齿根线、辅助线等
细点画线		约 b/3	中心线、轴线、齿轮节线等
虚线		约 b/3	不可见轮廓线、不可见过渡线
波浪线		约 b/3	断裂处的边界线、剖视与视图的分界线
双折线		约 b/3	断裂处的边界线
粗点画线		b	有特殊要求的线或者面的表示线
双点画线		约 b/3	相邻辅助零件的轮廓线、极限位置的轮廓线、假想投影的轮廓线

在机械制图中，一般将粗实线的线宽设置为 0.5 mm，细线线宽设置为 0.25 mm。

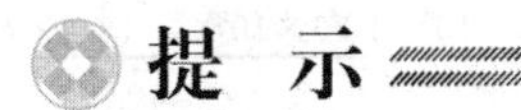

提　示

在机械图形中进行尺寸标注后，系统会自动增加一个名为“DefPoints”的图层。用户可以在该图层绘制图形，但是使用该图层绘制的所有内容将无法输出。

机械制图中所有线型的宽度系列为：0.13、0.18、0.25、0.35、0.5、1、1.4、2。一般粗实线的线宽应该在 0.5～3 之间选取，同时，应尽量保证在图样中不出现宽度小于 0.18 mm 的图元。

6.2　图幅绘制

图幅包括图框和标题栏两部分内容，下面分别介绍其具体绘制方法。

6.2.1　实例 13——图框绘制的 3 种方法

图框是由水平直线和垂直直线组成。绘制图框的方法主要有利用直线绘制、利用矩形和修改命令绘制、利用矩形绘制。下面分别以绘制留修订边的 A3 横放图幅为例介绍这 3 种方法。

1. 利用直线绘制图框

利用直线绘制图框是指完全利用直线命令绘制图框，具体操作步骤如下：

（1） 选择“绘图”|“直线”命令，命令行提示如下：

```
命令: _line 指定第一点: 0,0                          //键入连续直线的起点坐标
指定下一点或 [放弃(U)]: <正交 开> 420,0              //键入连续直线的第二点坐标
指定下一点或 [放弃(U)]: 420,297                      //键入连续直线的第三点坐标
指定下一点或 [闭合(C)/放弃(U)]: 0,297                //键入连续直线的第四点坐标
指定下一点或 [闭合(C)/放弃(U)]: c                    //键入 c，使绘制的多段直线闭合
```

（2）继续使用直线命令绘制图框，直线各端点的坐标依次为（25,10）、（410,10）、（410,287）和（25,287），绘制完成后的效果如图 6-5 所示。

图 6-5　A3 幅面

2. 利用矩形和修剪命令绘制图框

利用矩形和修剪命令绘制图框是指首先绘制矩形作为幅面的边线，然后通过“修剪”命令绘制图框线，具体操作步骤如下：

（1） 选择“绘图” |“矩形”命令，绘制第一个角点为（0,0），另一个角点为（420,297）的矩形。

（2） 选择“修改” |“分解”命令，将步骤 1 绘制的矩形分解。

（3） 选择“修改” |“偏移”命令，将分解矩形的左边向右偏移 25。

（4） 继续使用“偏移”命令，将其余 3 条线段向其内侧偏移距离 10，偏移后的效果如图 6-6 所示。

（5） 执行“修剪”命令，对偏移的 4 条直线进行修剪，效果如图 6-7 所示。

图 6-6　偏移操作

图 6-7　修剪操作

3. 利用矩形绘制图框

利用矩形绘制图框的具体步骤如下：

（1） 执行“矩形”命令，绘制第一个角点为（0,0），另一个角点为（420,297）的矩形。

（2） 继续使用“矩形”命令，绘制角点分别为（25,10）和（410,287）的矩形，完成图幅的绘制。

6.2.2 实例 14——标题栏绘制

标题栏一般显示图形的名称、代号、绘制日期和比例等属性，绘制标题栏的基本方法为直线偏移法，该方法的具体步骤如下：

（1） 执行“矩形”命令，绘制 180×56 的矩形，并将矩形分解，效果如图 6-8 所示。

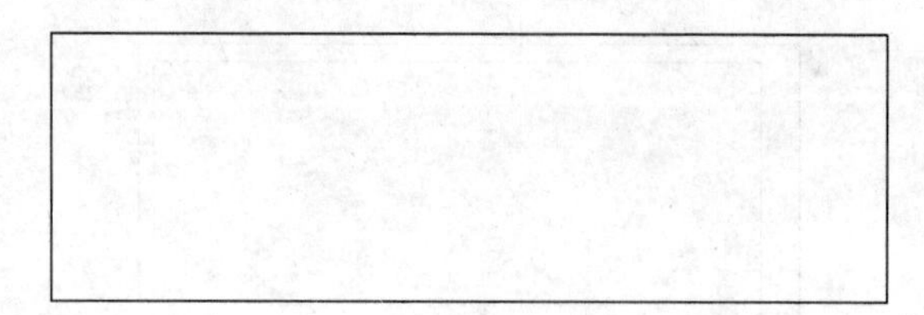

图 6-8　标题栏边界

（2） 选择“修改”|“偏移”命令，偏移右侧边界线，向左偏移 50。

（3） 继续使用“偏移”命令，将右侧边界线分别向其左侧偏移 100、116、128，执行操作后的效果如图 6-9 所示。

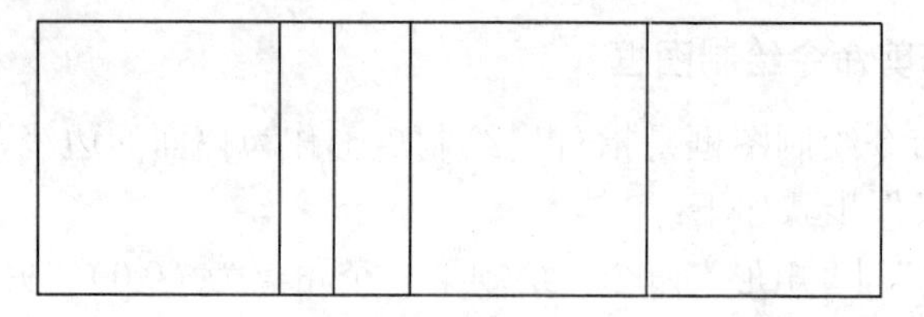

图 6-9　偏移操作

（4） 继续使用“偏移”命令，将下侧边界线向上分别平移 9、18、28、38，执行操作后的效果如图 6-10 所示。

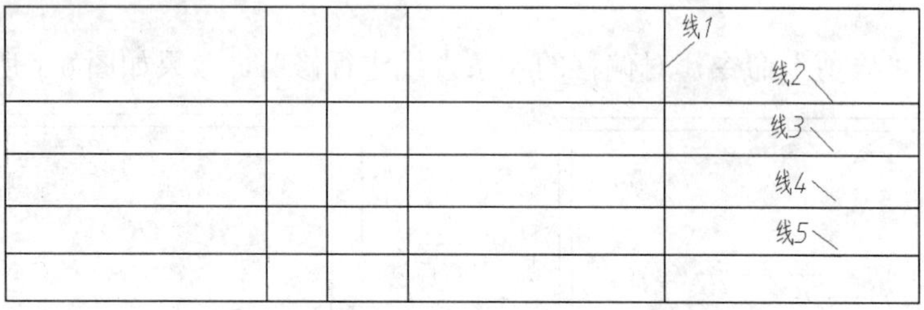

图 6-10　偏移底侧边界线

（5） 选择“修改”|“修剪”命令，修剪第 4 步绘制的直线。

```
命令: _trim
当前设置:投影=UCS, 边=无
选择剪切边...                                          //系统提示信息
选择对象或 <全部选择>:  找到 1 个                       //选择图 6-10 所示的线 1
选择对象: 找到 1 个, 总计 2 个                        //选择图 6-109 所示的线 2
选择对象:                                       //按回车键，完成对象选取
选择要修剪的对象，或按住 Shift 键选择要延伸的对象，或
[栏选 (F) /窗交 (C) /投影 (P) /边 (E) /删除 (R) /放弃 (U) ]: //在线 1 左侧的线 2 上
单击鼠标，完成修剪
```

（6） 继续使用“修剪”命令，修剪图 6-10 所示的线 3、线 4、线 5，操作完成后的效果如图 6-11 所示。

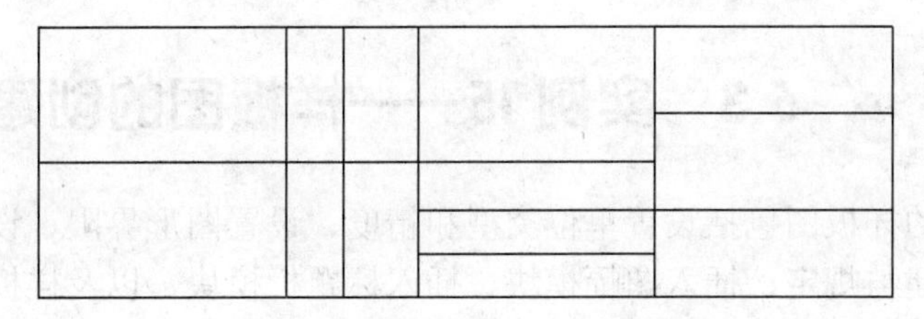

图 6-11　修剪线段

（7）继续使用“直线”、“偏移”和“修剪”命令，按如图 6-12 所示的尺寸绘制标题栏剩余的线段。

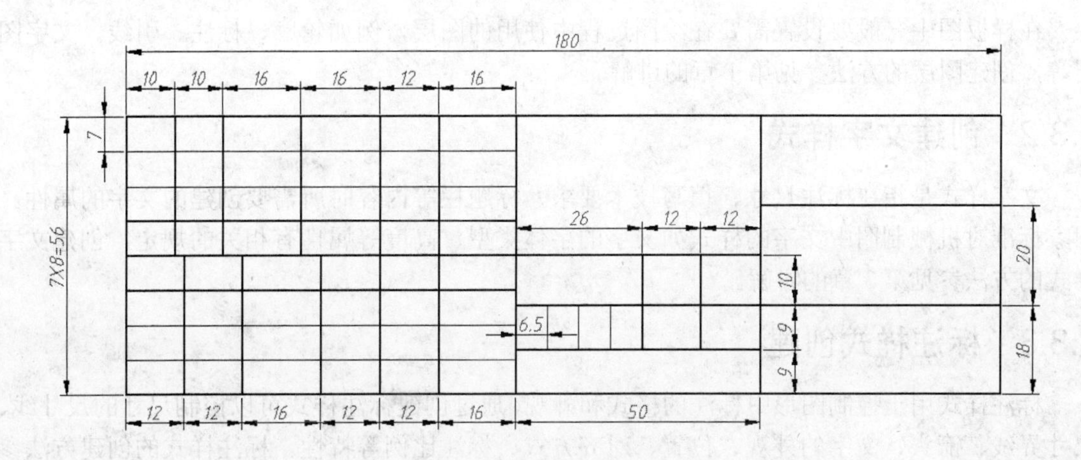

图 6-12　标题栏基本尺寸

（8）绘制完成标题栏后，一般将其创建为块，以图块的形式插入到图框中去。在命令行键入 WBLOCK 命令，弹出如图 6-13 所示的“写块”对话框，单击“拾取点”按钮，在绘图区选择标题栏的右下角点为基点，然后单击“选择对象”按钮，在绘图区选择所有的标题栏图形。在“文件名和路径”下拉列表框中键入块的名称为“A3 图纸标题栏块”，然后单击“确定”按钮，完成块的创建。

图 6-13　“写块”对话框

6.3 实例15——样板图的创建

创建一个完整的样板图包括设置单位类型和精度、设置图形界限、设置图层、创建文字样式、标注样式创建与规定、插入图幅模块、插入标题栏模块，以及样板的保存与使用。其中设置单位类型和精度、设置图形界限等内容已经在第1章作了详细介绍，下面介绍其他内容。

6.3.1 设置图层

在样板图中一般要设置需要在绘图过程中使用的图层，例如轮廓、标注、引线、文字图层等，创建图层的方法参见第1章的讲解。

6.3.2 创建文字样式

文字样式是指在标注尺寸、填写技术要求、标题栏等内容时所需要创建的文字的属性。国家标准对机械制图中文字的样式如文字的字体类型、高度等属性有相关的规定，创建文字样式的方法参见第3章的讲解。

6.3.3 标注样式创建

标注样式用于控制图形中标注的格式和外观，通过创建标注样式可以控制尺寸的尺寸线、尺寸界线、箭头、文字的外观、位置、对齐方式、标注比例等特性。标注样式的创建方法参见第4章的讲解。

6.3.4 插入图幅模块

为了绘图的方便，用户在绘图前可以首先绘制好通用的图幅、标题栏等图形，然后将其创建为块的形式，在绘制新图形时直接调用块，可以提高工作效率。

选择“插入”|“块”命令，弹出如图6-14所示的“插入”对话框，单击“浏览”按钮，打开“选择图形文件”对话框，在“名称”下拉列表中选择“A3 图幅块”选项，单击“打开”按钮，返回“插入”对话框，单击“确定”按钮，命令行提示如下：

```
命令: _insert
指定插入点或 [基点 (B) /比例 (S) /X/Y/Z/旋转 (R) ]: 0,0      //键入插入点的坐标
```

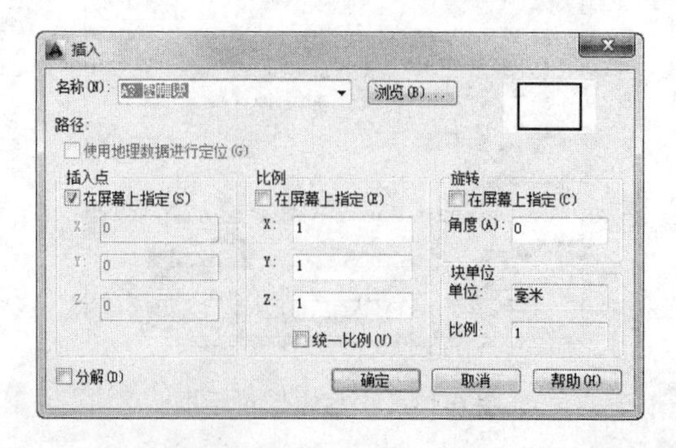

图6-14 “插入”对话框

6.3.5 插入标题栏模块

选择“插入”|“块”命令，弹出“插入”对话框，单击“浏览”按钮，打开“选择图形文件”对话框，在“名称”下拉列表中选择“A3 图纸标题栏块”选项，单击“打开”按钮，返回“插入”对话框，单击“确定”按钮，命令行提示如下：

```
命令: _insert
指定插入点或 [基点(B)/比例(S)/X/Y/Z/旋转(R)]:    捕捉图框的右下角点，完成标题栏块的插入，效果如图 6-15 所示
```

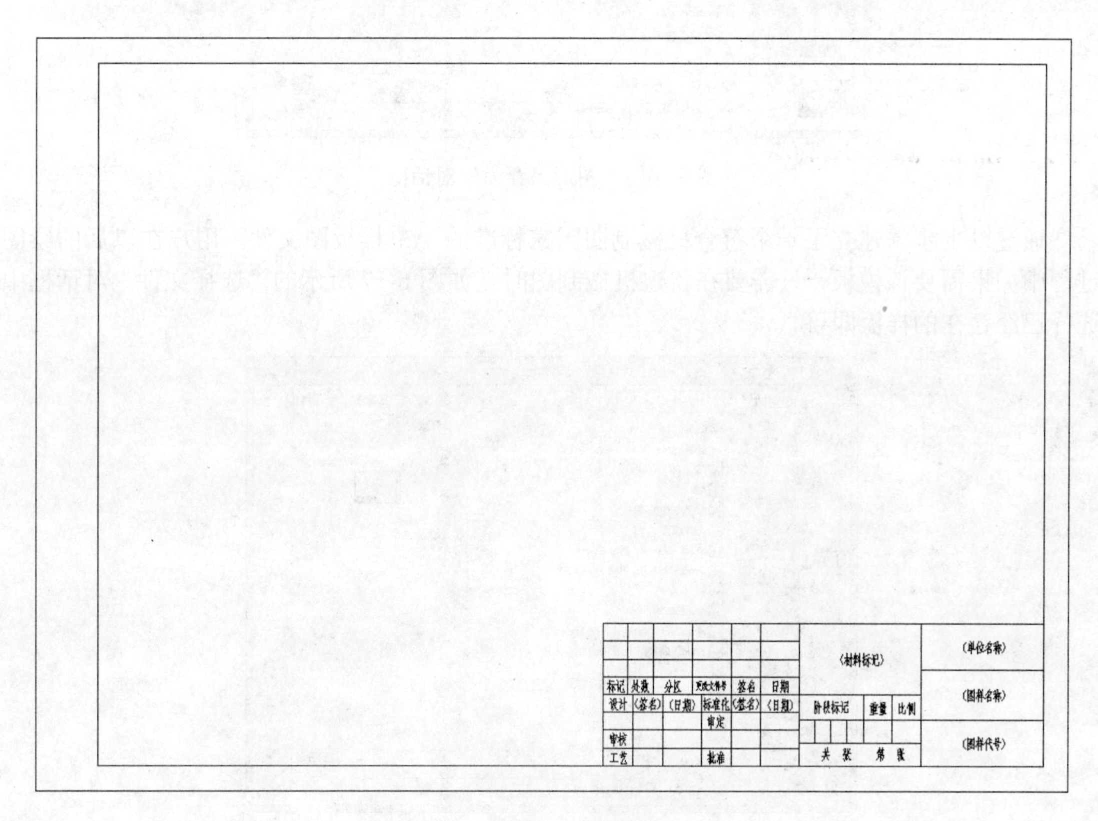

图 6-15　插入标题栏块

6.3.6 样板的保存与使用

绘制机械图形模板的作用是为了在以后的绘图过程中方便调用，以提高绘图效率，因此有必要了解如何将机械制图模板保存成样板图文件，保存模板的具体步骤如下：

选择“文件”|“另存为”命令，打开如图 6-16 所示的“图形另存为”对话框，在“文件类型”下拉列表框中选择“AutoCAD 图形样板（*.dwt）”选项，在“文件名”文本框中键入模板名称“A3 样板图”，单击“保存”按钮保存该文件，弹出“样板选项”对话框，用户可以在“说明”文本框中键入对该模板图形的描述和说明。

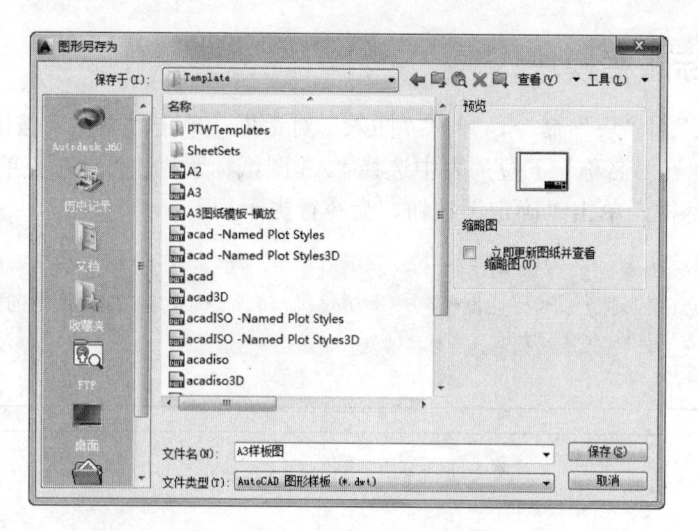

图 6-16　“图形另存为”对话框

通过以上步骤建立了一个符合机械制图国家标准的 A3 样板图文件，用户在以后的绘图过程中如果需要该模板，只需要在新建机械制图时在如图 6-17 所示的“选择文件”对话框中选择已经存在的样板即可。

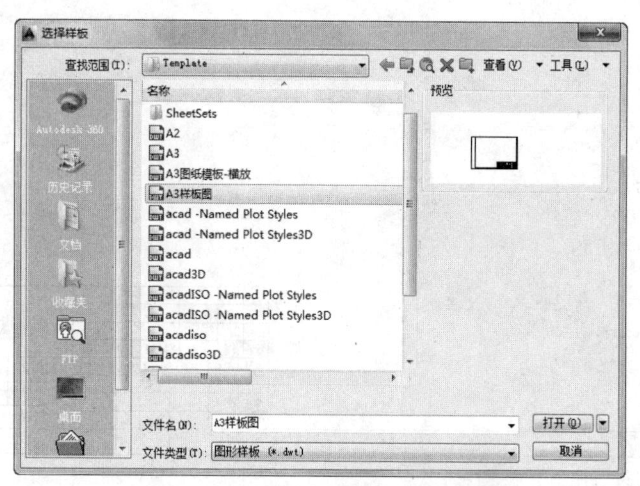

图 6-17　“选择文件”对话框

第 7 章　绘制轴测图

轴测图其实也是一种二维绘图技术，它属于单面平行投影，能同时反映立体的正面、侧面和水平面的形状，立体感较强，因此，在工程设计和工业生产中，轴测图经常被用作辅助图样。本章主要介绍轴测图的基本理论以及正等测图、斜二测图的绘制方法。

7.1　轴测图概述

轴测图的具体定义可归纳为：采用平行投影法，将物体连同确定该物体的直角坐标系一起，沿着不平行于任一坐标面的方向投射在单一投影面上所得的具有立体感的图形，称为轴测图。该投影面称为轴测投影面。空间直角坐标轴（投影轴）在轴测投影面内的投影称为轴测轴，用 O1X1、O1Y1、O1Z1 表示。两轴测轴之间的夹角称为轴间角。

7.1.1　轴测图的特点

由于轴测图是用平行投影法得到的，因此它具有以下特点。

（1） 平行性：物体上相互平行的直线的轴测投影仍然平行；空间上平行于某坐标轴的线段，在轴测图上仍平行于相应的轴测轴。

（2） 定比性：空间上平行于某坐标轴的线段，其轴测投影与原线段长度之比，等于相应的轴向伸缩系数。

由轴测图的以上性质可知，若已知轴测各轴向伸缩系数，即可绘制出平行于轴测轴的各线段的长度，这就是轴测图中“轴测”两字的含义。

AutoCAD 为绘制轴测图创建了一个特定的环境。在这个环境中，系统提供了相应的辅助手段以帮助用户方便地构建轴测图，这就是轴测图绘制模式（简称轴测模式）。用户可以使用“草图设置”或 SNAP 命令来激活轴测投影模式。

7.1.2　使用“草图设置”激活

选择“工具” | “草图设置”命令，弹出“草图设置”对话框，选择“捕捉和栅格”选项卡，选中“启用捕捉”和“启用栅格”复选框，在“捕捉类型”选项组中，如图 7-1 所示选中“等轴测捕捉”单选按钮，单击”确定”按钮可启用等轴测捕捉模式，此时绘图区的光标显示为如图 7-2 所示的形式。

7.1.3　使用 SNAP 命令激活

SNAP 命令中的“样式”选项可用于在标准模式和轴测模式之间切换。在命令行输入 SNAP 命令，命令行提示如下：

```
命令: snap
指定捕捉间距或 [开(ON)/关(OFF)/纵横向间距(A)/样式(S)/类型(T)]<10.0000>:
s //激活"样式"模式
输入捕捉栅格类型 [标准(S)/等轴测(I)] <S>: I //激活"等轴测"选项
指定垂直间距 <10.0000>://按回车键，启用等轴测模式，光标显示为如图 7-2 所示的形式
```

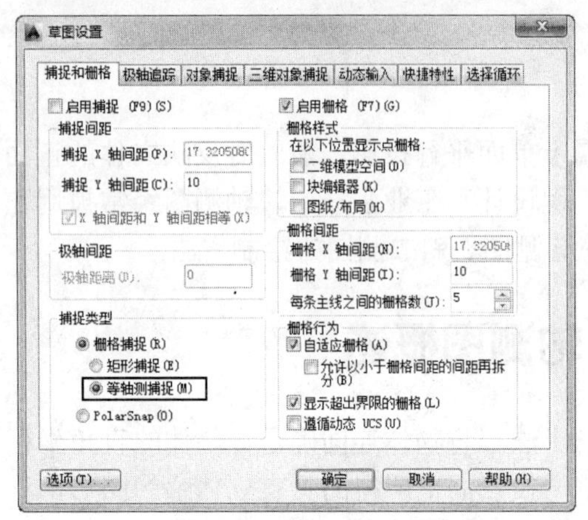

图 7-1 启用等轴测捕捉模式的"草图设置"对话框

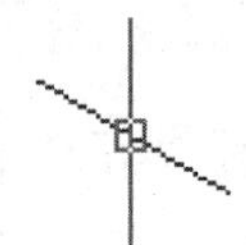

图 7-2 启用等轴测捕捉模式后的光标

7.1.4 轴测图的形成

若需要在一个投影面上能够同时反映物体的三个向度，必须改变形成多面正投影的条件——改变物体、投射方向、投影面三者之间的位置关系。轴测图的实现主要通过以下两种途径。

（1） 在正投影的条件下，如图 7-3 所示改变物体和投影面的相对位置，使物体的正面、顶面和侧面与投影面均处于倾斜位置，然后将物体向投影面投射。我们称这个单一的投影面为轴测投影面，物体在轴测投影面内的投影，称为轴测投影，简称轴测图，用正投影方法得到的轴测图称为正轴测图。

（2） 如图 7-4 所示保持物体和投影面的相对位置，改变投射方向，使投射线与轴测投影面处于倾斜位置，然后将物体向投影面投射，这就是用斜投影方法得到的轴测图。用斜投影方法得到的轴测图称为斜轴测图。

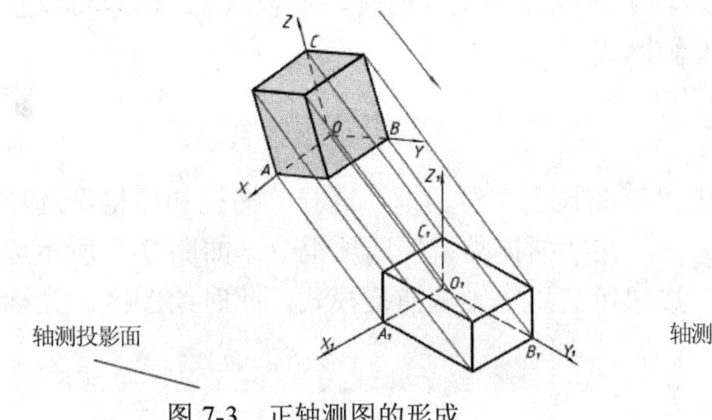

图 7-3 正轴测图的形成

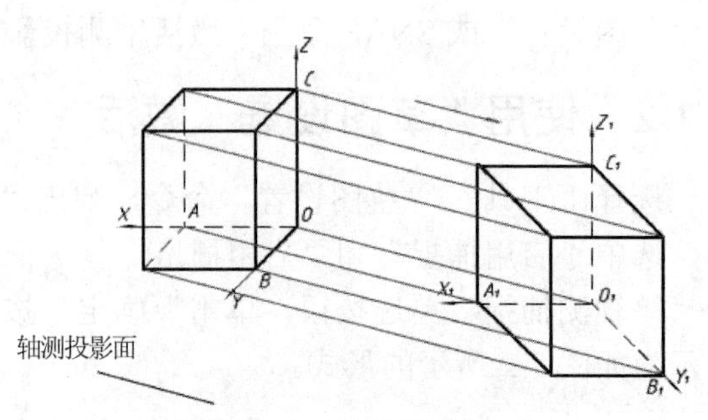

图 7-4 斜轴测图的形成

7.1.5 轴测图的分类

轴测图根据投射线方向和轴测投影面的位置不同可分为正轴测图和斜轴测图两大类。所

谓正轴测图就是投射线方向垂直于轴测投影面所得到的图形，它分为正等轴测（简称正轴测）、正二轴测图（简称正二测）和正三轴测图（简称正三测）。在正轴测图中，最常用的为正等测。

斜轴测图是投射线方向倾斜与轴测投影面所得到的图形，它分为斜等轴测（简称斜等测）、斜二轴测图（简称斜二测）和斜三轴测图（简称斜三测）。在斜轴测图中，最常用的是斜二测。

7.2 在轴测投影模式下绘图

将绘图模式设置为轴测模式后，用户可以方便地绘制出直线、圆、圆弧和文本的轴测图，并由这些基本的图形对象组成复杂形体（组合体）的轴测投影图。

在绘制轴测图的过程中，用户需要不断地在上平面、右平面和左平面之间进行切换，图7-5表示的是3个正等轴测投影平面，分别为上平面、右平面和左平面。正等轴测上的X轴、Y轴和Z轴分别与水平方向成30°、90°和150°。

在绘制等轴测图时，切换表面状态的方法很简单，按F5键或Ctrl+E组合键，程序将在“等轴测上平面”、“等轴测右平面”和“等轴测左平面”设置之间循环，三种平面状态时的光标如图7-6所示。

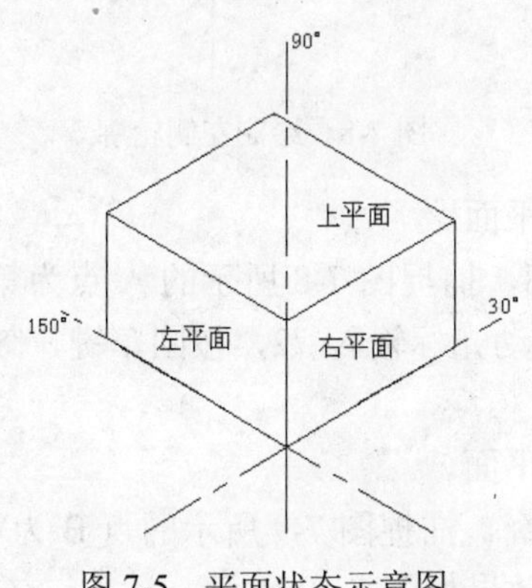

图7-5　平面状态示意图

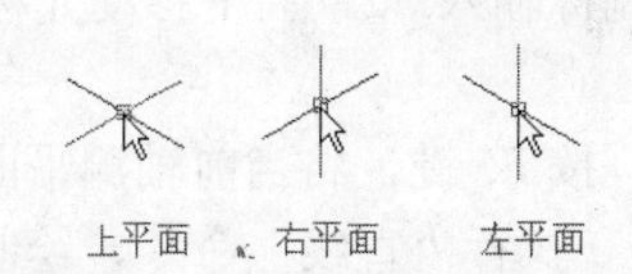

图7-6　三种平面状态时的光标

在绘制等轴测图形时，通常使用极坐标，或者使用“正交”按钮配合绘制。

7.2.1 实例16——绘制直线

根据轴测投影特性，在绘制轴测图时，对于与直角坐标轴平行的直线，可在切换至当前轴测面后，打开正交模式（ORTHO），仍将它们绘成与相应的轴测轴平行；对于与三个直角坐标轴均不平行的一般位置直线，则可关闭正交模式，沿轴向测量获得该直线两个端点的轴测投影，然后相连即得一般位置直线的轴测图。对于组成立体的平面多边形，其轴测图是由边直线的轴测投影连接而成。其中，矩形的轴测图是平行四边形。

在等轴测模式下绘制直线的具体步骤如下：

（1）　在命令行输入SNAP命令，启用等轴测模式。

（2）　单击“状态栏”上的“正交”按钮，启用正交功能。

（3）　按F5键，将当前轴测平面切换到上等测轴平面。

（4） 执行“直线”命令，绘制轴测图的底面轮廓，命令行提示如下：

```
命令：_line 指定第一点：100，100
指定下一点或 [放弃（U）]：72      //利用正交功能，水平向右移动光标，在命令行输入 71
指定下一点或 [放弃（U）]：122      //竖直向下移动光标，在命令行输入 122
指定下一点或 [闭合（C）/放弃（U）]：24 //水平向左移动光标，在命令行输入 24
指定下一点或 [闭合（C）/放弃（U）]：40 //竖直向上移动光标，在命令行输入 40
指定下一点或 [闭合（C）/放弃（U）]：24 //水平向左移动光标，在命令行输入 24
指定下一点或 [闭合（C）/放弃（U）]：40 //竖直向下移动光标，在命令行输入 40
指定下一点或 [闭合（C）/放弃（U）]：24 //水平向左移动光标，在命令行输入 24
指定下一点或 [闭合（C）/放弃（U）]：c  //闭合直线，结果如图 7-7 所示
```

（5） 按 F5 键，将当前轴测平面切换到左等测轴平面。

（6） 执行“直线”命令，按照步骤 4 的方法，直线第一点为（100,100），向上移动光标输入 82，向右移动光标输入 60，向下移动光标输入 34，向右移动光标输入 62，向下移动光标输入 48，按回车键，效果如图 7-8 所示。

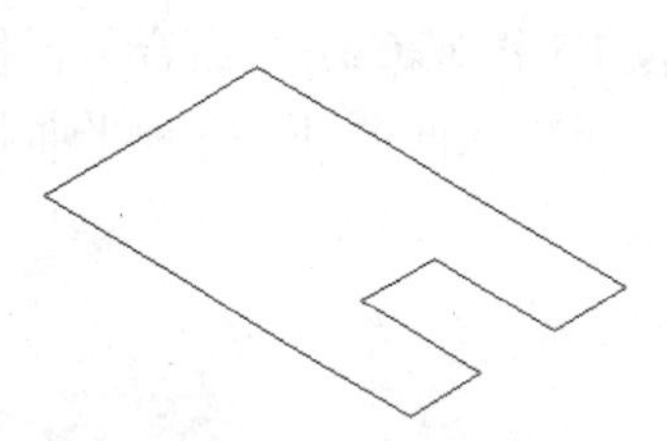

图 7-7 绘制底面轮廓

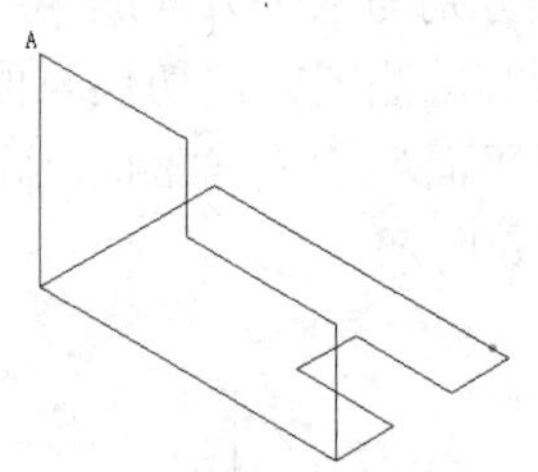

图 7-8 绘制左侧轮廓

（7） 按 F5 键，将当前轴测平面切换到上等测轴平面。

（8） 执行“直线”命令，绘制轴测图的顶部轮廓，捕捉图 7-8 所示的 A 点为第一点，向右移动光标输入 72，向下移动光标输入 60，向左移动光标输入 72，按回车键，效果如图 7-9 所示。

（9） 按 F5 键，将当前轴测平面切换到右等测轴平面。

（10） 执行“直线”命令，绘制轴测图的右侧轮廓，捕捉图 7-9 所示的点 B 为第一点，向下移动光标输入 34，向左移动光标 72，按回车键，效果如图 7-10 所示。

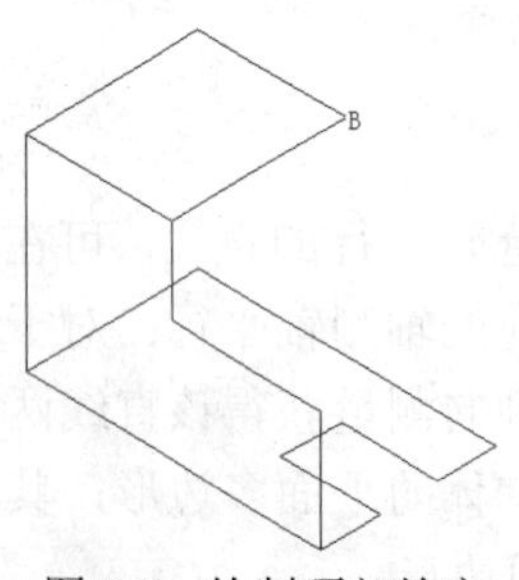

图 7-9 绘制顶部轮廓

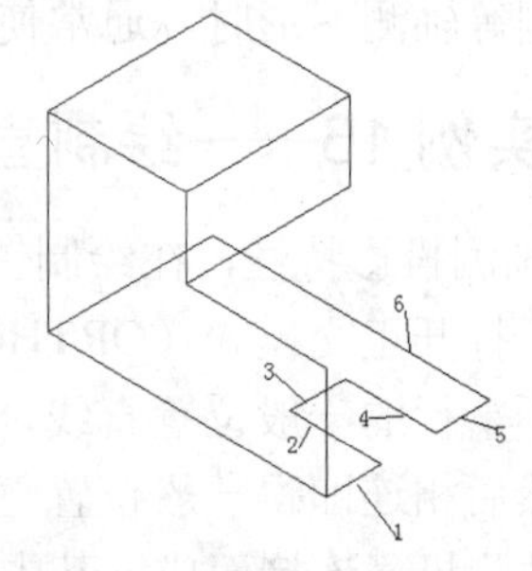

图 7-10 绘制右侧轮廓

（11） 执行“复制”命令，使用“位移”复制模式，将直线 1、2、3、4、5、6 复制，位移为（48,90），效果如图 7-11 所示。

（12） 选择“绘图” |“直线”命令，连接图 7-11 所示的轮廓线的端点，结果如图 7-12

所示。

（13） 综合使用“修剪”和“删除”命令，对图 7-12 所示的图形进行编辑，删除被遮挡住的轮廓线，轴侧图绘制完成，结果如图 7-13 所示。

图 7-11　复制操作

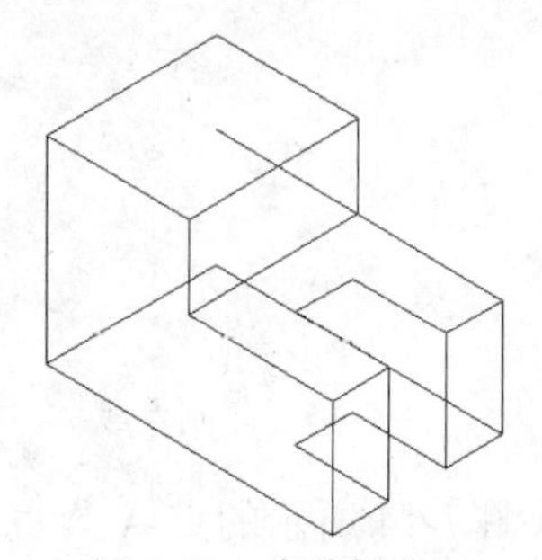

图 7-12　直线操作

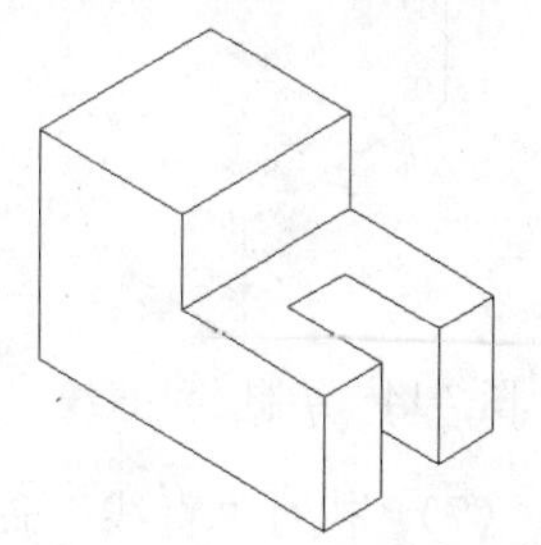

图 7-13　最终结果

提　示

在等轴测绘图模式下绘制直线经常要使用极坐标，当所绘制的直线与不同的轴测轴平行时，输入的极坐标角度值也不同，有以下 4 种情况：

- 直线与 X 轴平行时，极坐标角度是 30° 或-150°。
- 直线与 Y 轴平行时，极坐标角度是 150° 或-30°。
- 直线与 Z 轴平行时，极坐标角度是 90° 或-90°。
- 如果直线与任何轴测轴都不平行，一般必须找到直线上的两个点，再连线。

7.2.2　实例 17——绘制平行线

轴测面内绘制平行线时，一般使用“复制”命令来完成。绘制平行线的具体操作步骤如下：

（1） 在命令行输入 SNAP 命令，启用等轴测模式。

（2） 单击“状态栏”上的“正交”按钮，启用正交功能。

（3） 按两次 F5 键，将当前轴测平面切换到左等测轴平面。

（4） 选择“绘制”|“直线”命令，命令行提示如下：

```
命令: _line 指定第一点: 150,200                  //键入连续直线起点坐标
指定下一点或 [放弃 (U) ]: 10                     //向右引导光标，键入下一点的绝对距离
指定下一点或 [放弃 (U) ]: 20                     ////向下引导光标，键入下一点的绝对距离
指定下一点或 [闭合 (C) /放弃 (U) ]: 30            //向右引导光标，键入下一点的绝对距离
指定下一点或 [闭合 (C) /放弃 (U) ]: 15            //向下引导光标，键入下一点的绝对距离
指定下一点或 [闭合 (C) /放弃 (U) ]: <等轴测平面 上> 20      //，按 F5 键，将当前
轴侧平面切换到上等轴测平面，向右引导光标，键入下一点的绝对距离
指定下一点或 [闭合 (C) /放弃 (U) ]: //按回车键，完成连续直线绘制，效果如图 7-14 所示
```

（5） 执行“复制”命令，将直线 EF 复制，基点为点 E，插入点分别为点 A、B、C、D，效果如图 7-15 所示。

（6） 继续使用“复制”命令，将图 7-14 所示的直线段 AB、BC、CD 和 EF 以点 A 为基点，以图 7-15 所示的点 G 为目标点，进行复制操作，结果如图 7-16 所示。

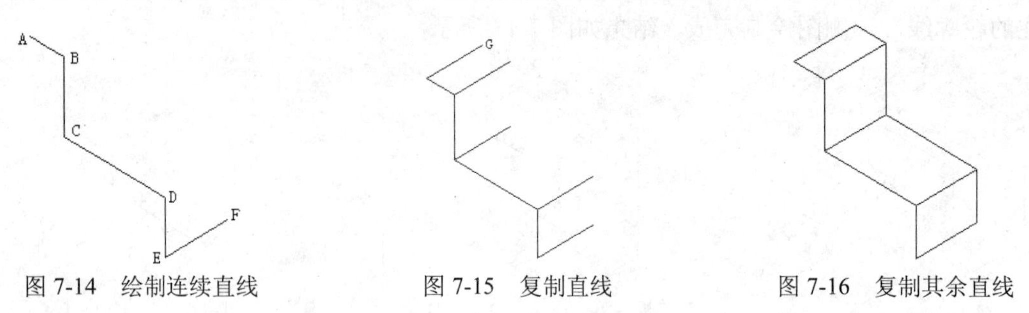

图 7-14　绘制连续直线　　图 7-15　复制直线　　图 7-16　复制其余直线

（7） 执行“直线”命令，以图 7-14 所示的点 A 为直线的起点，向下移动光标，绘制长度为 70 个单位的直线段。

（8） 继续使用“直线”命令，以图 7-14 所示的点 E 为起点，向左移动光标，绘制长度为 70 个单位的直线段，结果如图 7-17 所示。

（9） 按两次 F5 键，将当前轴测平面切换到左等测轴平面。

（10） 执行“修剪”命令，对图 7-17 进行修剪，修剪效果如图 7-18 所示。

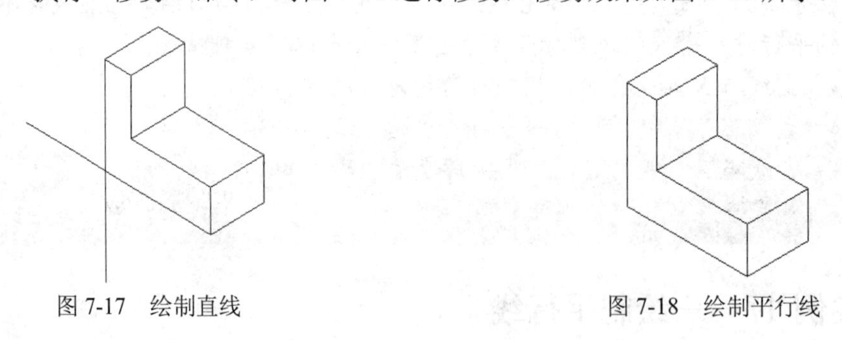

图 7-17　绘制直线　　图 7-18　绘制平行线

提　示

在同一轴测平面内绘制平行线与标准模式下的方法不同，在同一轴测平面内绘制平行线时，必须使用复制命令。如要求平行线间沿 30° 方向的间距是 60 mm，如果使用偏移命令，则偏移后两直线间的垂直距离等于 60 mm，而沿 30° 方向的距离则是 51.96 mm。

7.2.3　实例 18——绘制等轴测圆和圆弧

平行于坐标面的圆的轴测图，是内切于一菱形的椭圆，且椭圆的长轴和短轴分别与该菱形的两条对角线重合。

在绘制等轴测圆以前，首先要按 F5 键将椭圆等轴测平面切换到与已经绘制的图形一致的方向，执行“椭圆”命令，命令行提示如下：

```
命令: _ellipse
指定椭圆轴的端点或 [圆弧(A)/中心点(C)/等轴测圆(I)]: I    //键入 i，以绘制等轴测圆
```

```
指定等轴测圆的圆心：                //在绘图区鼠标捕捉等轴测圆的圆心或者键入圆心坐标
指定等轴测圆的半径或［直径（D）］：    //键入等轴测圆的半径
```

图 7-19 所示是在上面绘制平行线的基础上，按 F5 键，将当前轴测平面切换到上等测轴平面以后，以点（180,172）为圆心，绘制半径为 8 的等轴测圆。

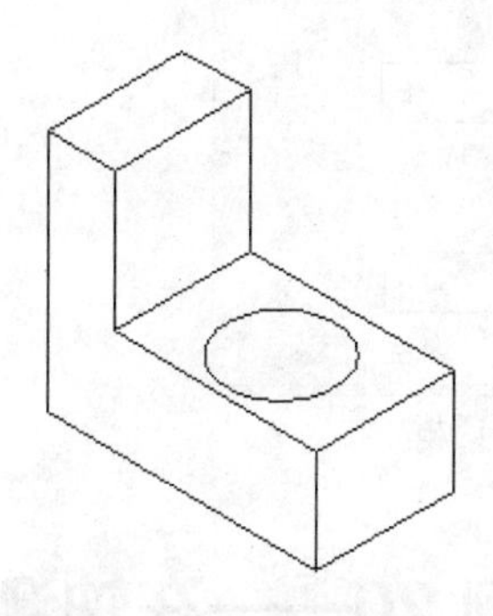

图 7-19　绘制等轴测圆

提　示

在等轴测模式下绘制圆弧时，应首先绘制等轴测圆，然后对圆进行修剪操作。

7.3　实例 19——在轴侧图中书写文字

在等轴测图中不能直接生成文字的等轴测投影。为了使文字看起来更像在当前轴测面上，必须使用倾斜角和旋转角来设置文字，而且字符倾斜角和文字基线旋转角为 30° 或者-30°。用户可以使用倾斜角和旋转角为（30,30）、（-30,30）和（30,-30）在右轴测面积上轴测放置文字。在轴测图中创建文字样式及书写文字的具体操作步骤如下：

（1） 选择“格式”|“文字样式”命令，弹出“文字样式”对话框，单击“新建”按钮，创建文字样式“轴测文字 GB5”，参数设置如图 7-20 所示。

（2） 按 F5 键，将轴测图平面切换到上等测轴平面。

（3） 选择“绘图”|“文字”|“单行文字”命令，命令行提示如下：

```
命令：_dtext
当前文字样式：“轴测文字 GB5”　文字高度：5.0000　注释性：否
指定文字的起点或［对正（J）/样式（S）］：      //在轴测图的顶平面上单击鼠标确定文字起点
指定文字的旋转角度 <0>：30              //键入文字的旋转角度，按回车键，在上轴测面键
入文字“上轴测面”，然后选中文字，单击鼠标右键，在菜单中选择“特性”命令，弹出“特性”面
板，将“倾斜”修改为 330
```

（4） 按 F5 键，将轴测图平面切换到右等测轴平面。

（5） 按回车键，继续绘制“单行文字”命令，在轴测图的右测平面键入文字“右轴测面”，该文字的旋转角度为 30°，最后效果如图 7-21 所示。

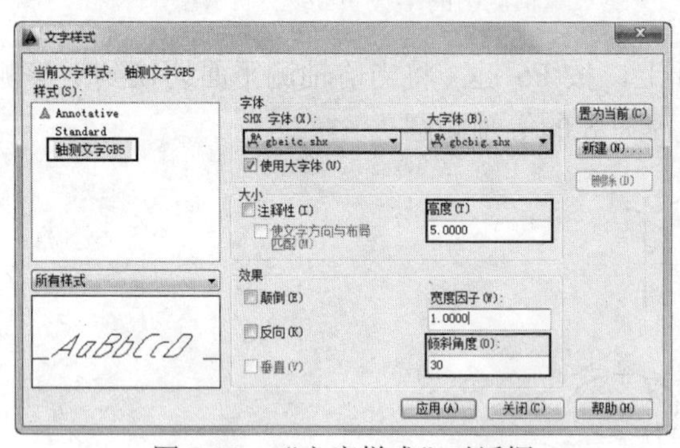
图 7-20 “文字样式”对话框

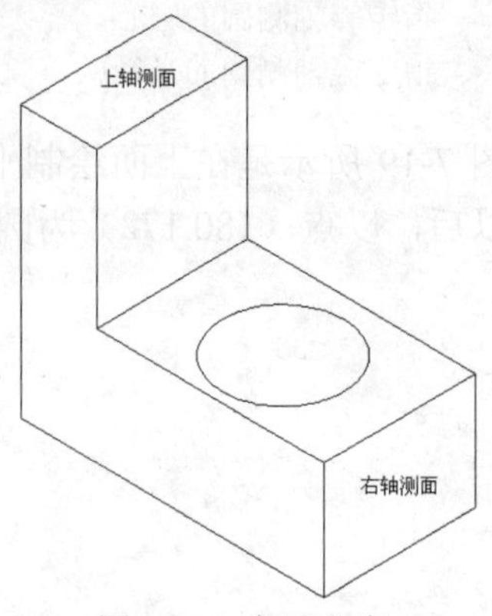

图 7-21 书写文字

7.4 实例 20——在轴测图中标注尺寸

在机械制图中，关于轴测图上的尺寸，标准规定如下：

（1） 对于轴测图上的线性尺寸，一般沿轴测轴方向标注，尺寸的数值为机件的基本尺寸。

（2） 标注的尺寸必须和所标注的线段平行；尺寸界限一般应平行于某一轴测轴；尺寸数字应按相应轴测图标注在尺寸线的上方。如果图形中出现数字字头向下时，应用引出线引出标注，并将数字按水平位置注写。

（3） 标注角度尺寸时，尺寸线应画成到该坐标平面的椭圆弧，角度数字一般写在尺寸线的中断处且字头朝上。

（4） 标注圆的直径时，尺寸线和尺寸界限应分别平行于圆所在的平面内的轴测轴。标注圆弧半径或直径较小的圆时，尺寸线可从（通过）圆心引出标注，但注写的尺寸数字的横线必须平行于轴测轴。

7.4.1 标注轴测图的一般步骤

不同于平面图中的尺寸标注，轴测图的尺寸标注要求和所在的等轴测面平行，所以需要将尺寸线、尺寸界限倾斜某一角度，以使它们与相应的轴测轴平行。

对轴测图而言，标注文本一般可分为两类，一类文本的倾斜角为 30°，另一类文本的倾斜角为-30°。用户可根据需要设置符合轴测图标注的这两种文字样式以及相应的标注样式，标注轴测图的一般步骤如下。

1. 设置文字样式

（1） 选择“格式”|“文字样式”命令，弹出“文字样式”对话框，单击“新建”按钮，弹出“新建文字样式”对话框，输入样式名为“右倾斜”，单击“确定”按钮，返回到“文字样式”对话框。

（2） 在“字体”选项组的“SHX 字体”下拉列表中选择“gbeitc.shx”选项，在“大小”选项组的“高度”文本框中键入“5”，在“效果”选项组的“倾斜角度”文本框中键入“30”，然后单击“应用”单选按钮。

（3） 重复上两步骤，定义一个名为“左倾斜”的文字样式，倾斜角度设置为-30°，其他与前面设置的参数相同。

（4） 单击“文字样式”对话框中的“关闭”按钮，完成文字样式的设置操作。

2. 设置标注样式

（1） 选择“格式”|“标注样式”命令，弹出“标注样式管理器”对话框。

（2） 单击“标注样式管理器”对话框中的“新建”按钮，弹出“创建新标注样式”对话框，输入样式名为“右倾斜-3.5”，基础样式为ISO-25，单击“继续”按钮，弹出“新建标注样式：右倾斜-3.5”对话框。

（3） 选择“文字”选项卡，如图7-22所示在“文字样式”的下拉菜单中选择“右倾斜”选项，其他采用系统默认信息，单击“确定”按钮。

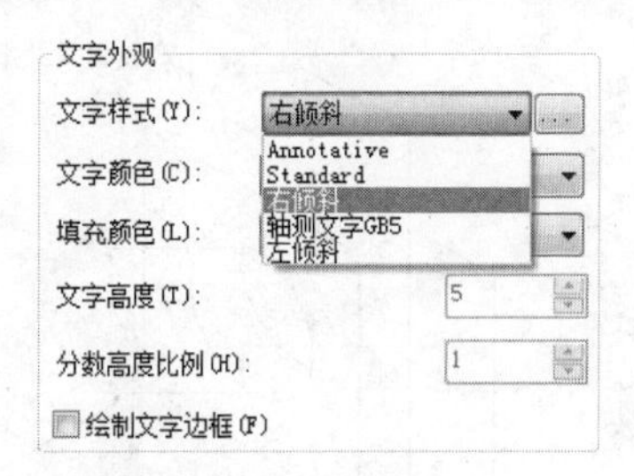

图7-22 设置文字样式

（4） 重复“设置标注样式”中的上两个步骤，定义一个名为“左倾斜-3.5”，在“文字样式”的下拉菜单中选择“左倾斜”选项，其他采用系统默认信息。

（5） 单击“标注样式管理器”对话框中的“关闭”按钮。

7.4.2 标注轴测图尺寸

本节对如图7-23所示的轴测图进行尺寸标注，具体操作步骤如下：

（1） 打开图形源文件中的“标注轴测图尺寸”图例图形。

（2） 在“样式”工具栏中选择当前标注样式为“右倾斜-3.5”。

（3） 单击“标注”工具栏中的“对齐”按钮，配合视图缩放和对象捕捉模式标注如图7-24所示的尺寸。

（4） 选择“标注”|“倾斜”命令，选择刚标注的右侧面的尺寸，命令行提示如下：

```
命令: _dimedit
输入标注编辑类型 [默认 (H) /新建 (N) /旋转 (R) /倾斜 (O) ] <默认>: _o  //系统信息
选择对象:                    //选择文本为60和69的尺寸
选择对象:                    //按回车键，结束选择
输入倾斜角度（按 Enter 表示无）: 30  //在命令行输入倾斜角度30,
命令:  //按回车键，重复倾斜命令，使文本为54的尺寸倾斜90°，结果如图7-25所示
```

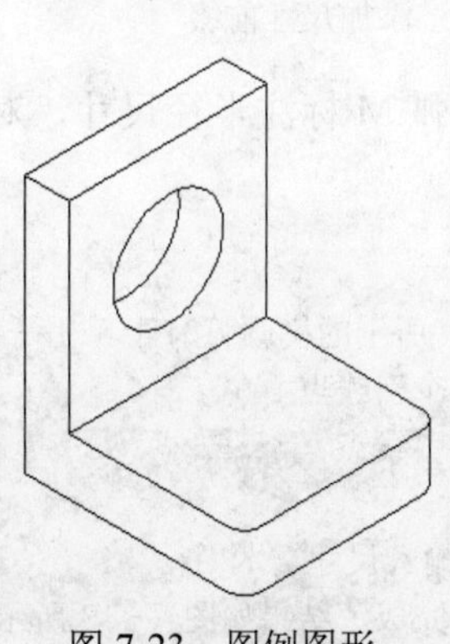

图7-23 图例图形

图7-24 标注对齐尺寸

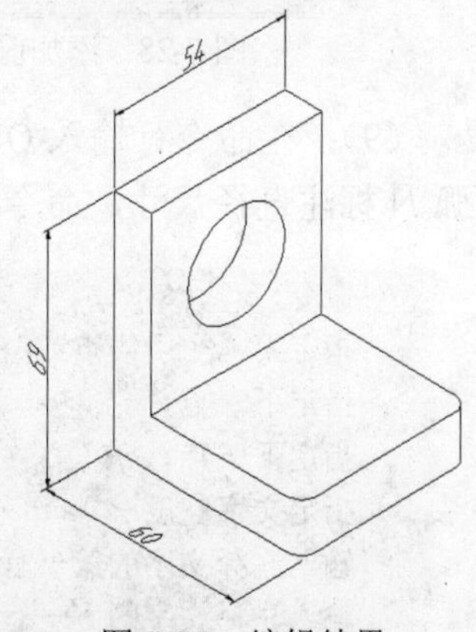

图7-25 编辑结果

（5） 在“样式”工具栏中指定当前标注样式为“左倾斜-3.5”。

（6） 单击“标注”工具栏中的“对齐”按钮，配合视图缩放和对象捕捉模式标注如图 7-26 所示的尺寸。

（7） 选择“标注”|“倾斜”命令，使刚标注的尺寸倾斜 30°，结果如图 7-27 所示。

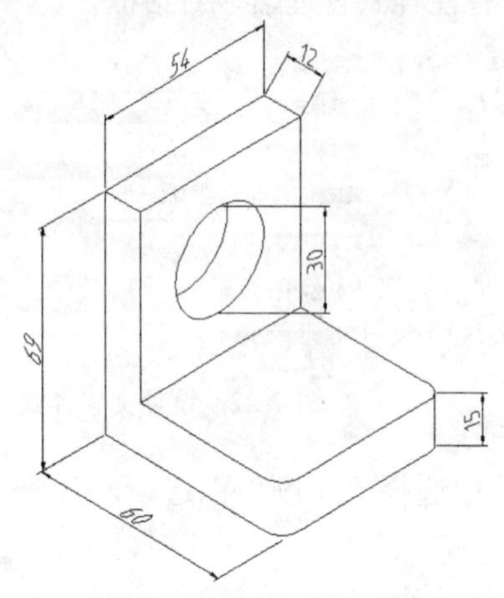

图 7-26 标注对齐尺寸

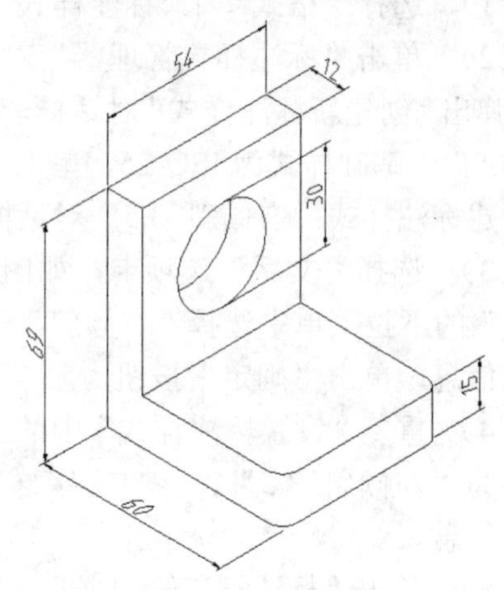

图 7-27 编辑结果

（8） 双击文本为 30 的尺寸，弹出“特性”面板，在该面板中的“主单位”的“标注前缀”工具栏中如图 7-28 所示输入“%%c”，然后按回车键，添加尺寸前缀后的结果如图 7-29 所示。

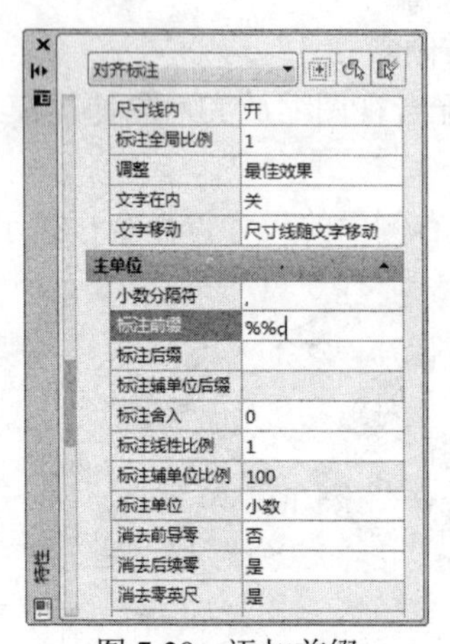

图 7-28 添加前缀

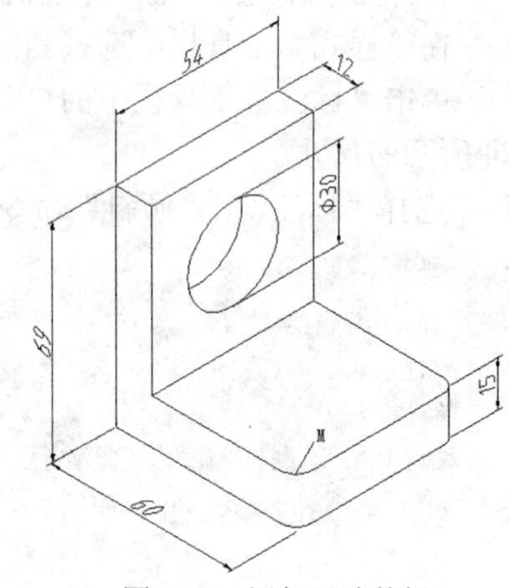

图 7-29 添加尺寸前缀

（9） 在命令行输入 QLEADER 命令，对图 7-29 所示的椭圆弧 M 标注半径尺寸，对椭圆弧 N 标注直径尺寸，命令行提示如下：

```
命令: qleader
指定第一个引线点或 [设置(S)] <设置>:          //在图 7-29 所示的椭圆弧 M 上单击一点
指定下一点:                    //在第一个引线点的右上方拾取第二个引线点
指定下一点:                    //在第二个引线点的右侧拾取第三个引线点
指定文字宽度 <0>:               //按回车键，不指定文字的宽度
输入注释文字的第一行 <多行文字(M)>: 4-R5      /在命令行输入尺寸文本
输入注释文字的下一行:           //按回车键，结束命令，尺寸标注完成，结果如图 7-29 所示
```

提 示

一个对象的标注是使用“左倾斜-3.5”还是使用“右倾斜-3.5”取决于文字倾角的规定。标注文字的倾斜角度具有以下规律：

右轴测面内的标注，若尺寸线与 X 轴平行，则标注文字的倾斜角度为 30°。

右轴测面内的标注，若尺寸线与 Z 轴平行，则标注文字的倾斜角度为-30°。

左轴测面内的标注，若尺寸线与 Z 轴平行，则标注文字的倾斜角度为 30°。

左轴测面内的标注，若尺寸线与 Y 轴平行，则标注文字的倾斜角度为-30°。

顶轴测面内的标注，若尺寸线与 Y 轴平行，则标注文字的倾斜角度为 30°。

顶轴测面内的标注，若尺寸线与 X 轴平行，则标注文字的倾斜角度为-30°。

7.5　实例 21——绘制正等测图形

下面以绘制图 7-30（a）所示的基板二视图为例，介绍绘制图 7-30（b）正等测图形的方法。

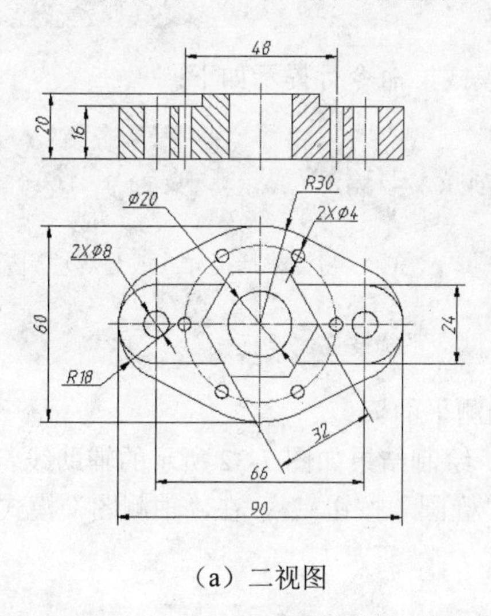

（a）二视图　　（b）正等测图形

图 7-30　基板视图

具体操作步骤如下：

（1）　在命令行输入 LIMITS 命令，设置图幅，命令行提示如下：

```
命令: limits
重新设置模型空间界限:
指定左下角点或 [开(ON)/关(OFF)] <0.0000,0.0000>:      //按回车键,默认系统设置
指定右上角点 <420.0000,217.0000>:                      //按回车键,默认系统设置
```

（2）　选择“格式”|“图层”命令，创建如图 7-31 所示的图层。图层“CSX”用于绘制可见轮廓线，图层“XSX”用于绘制轴测轴。

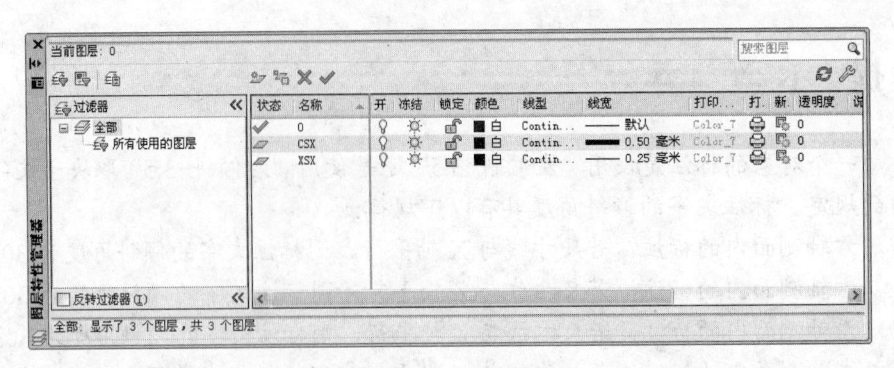

图 7-31　创建图层

（3）单击状态栏中的“正交”按钮，打开“正交”功能。

（4）将图层“XSX”设置为当前图层，在“绘图”工具栏中单击“构造线”按钮，命令行提示如下：

```
命令：_xline 指定点或 [水平（H）/垂直（V）/角度（A）/二等分（B）/偏移（O）]:v //绘制垂直构造线
指定通过点：          //在适当的位置单击鼠标左键
指定通过点：          //按回车键，结束选择
```

（5）在命令行输入 SNAP 命令，启用等轴测模式，命令行提示如下：

```
命令：snap
指定捕捉间距或 [开（ON）/关（OFF）/纵横向间距（A）/样式（S）/类型（T）]<10.0000>: s //改变栅格捕捉样式
输入捕捉栅格类型 [标准（S）/等轴测（I）] <S>: i   //将栅格捕捉样式改为等轴测模式，此时光标样式改变为正等测样式
指定垂直间距 <10.0000>:          //按回车键，默认系统设置
```

（6）按 F5 键，将当前轴测平面转化为上等轴测平面。

（7）单击“构造线”按钮，利用正交功能，绘制结果如图 7-32 所示的辅助线。

（8）将图层“CSX”设置为当前图层，单击“椭圆”按钮，在“轴测图”模式下绘制等轴测圆，命令行提示如下：

```
命令：_ellipse
指定椭圆轴的端点或 [圆弧（A）/中心点（C）/等轴测圆（I）]: i      //绘制等轴测圆
指定等轴测圆的圆心：                          //捕捉刚绘制的辅助线的交点
指定等轴测圆的半径或 [直径（D）]: 30 //在命令行输入等轴测圆的半径，结果如图 7-33 所示
```

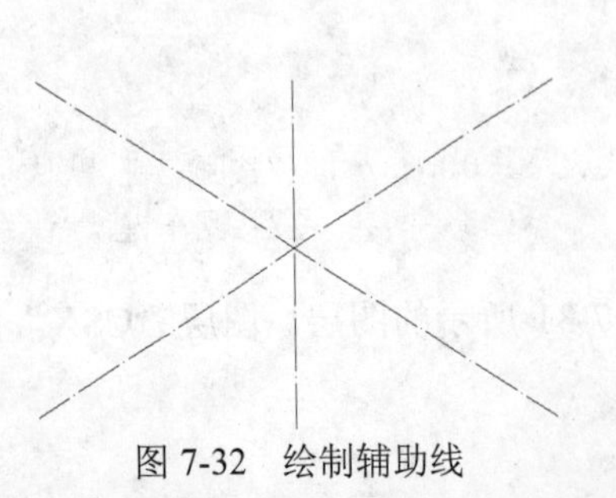

图 7-32　绘制辅助线

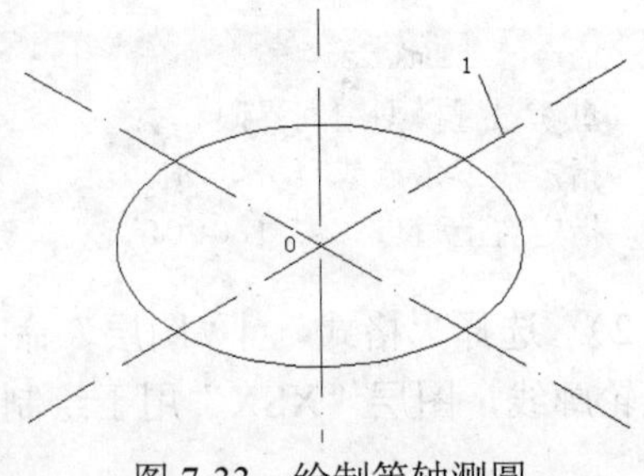

图 7-33　绘制等轴测圆

（9） 单击“复制”按钮，命令行提示如下：

```
命令: _copy
选择对象:     //选择图 7-33 所示的辅助线线 1
选择对象:     //按回车键，结束选择选择
当前设置: 复制模式 = 多个    //系统提示信息
指定基点或 [位移（D）/模式（O）] <位移>:    //捕捉辅助线的交点 O
指定第二个点或 [阵列（A）] <使用第一个点作为位移>:27 //利用正交功能，向右下方向移动光标，在命令行输入 27
指定第二个点或 [阵列（A）/退出（E）/放弃（U）] <退出>:27//利用正交功能，向左上方向移动光标，在命令行输入 27
指定第二个点或 [阵列（A）/退出（E）/放弃（U）] <退出>://按回车键，结束命令，结果如图 7-34 所示
```

（10） 在“绘图”工具栏中单击“椭圆”按钮，在“轴测图”模式下，分别以图 7-34 所示的点 A、点 B 为圆心，绘制半径均为 18 mm 的等轴测圆，结果如图 7-35 所示。

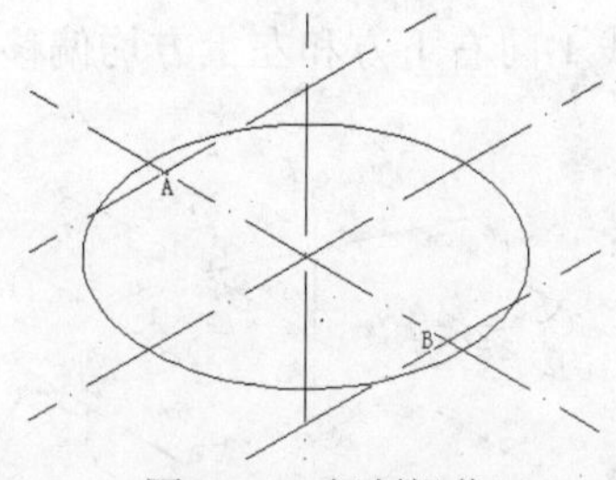

图 7-34 复制操作

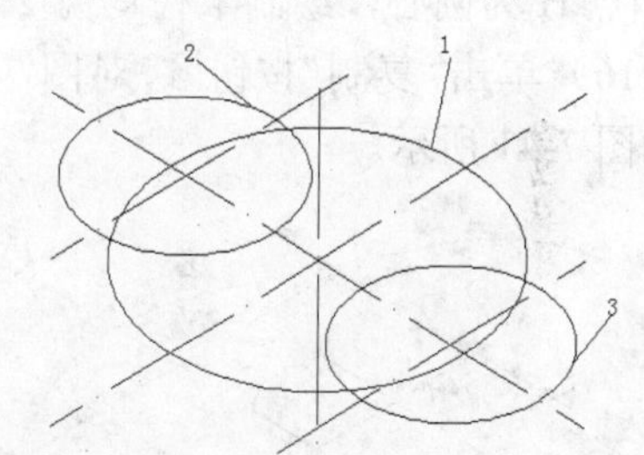

图 7-35 绘制等轴测圆

（11） 单击“直线”按钮，配合捕捉功能，绘制等轴测圆的公切线，命令行提示如下：

```
命令: _line 指定第一点: _tan 到       //捕捉圆 1 的右测切点
指定下一点或 [放弃（U）]: _tan 到     //捕捉圆 2 的右测切点
指定下一点或 [放弃（U）]:             //按回车键，结束命令
命令:                                 //按回车键，重复该命令，绘制圆 1 与圆 2 左侧的公切线，圆 1 与圆 3 的公切线，结果如图 7-36 所示
```

提 示

在绘制等轴测圆的公切线时，为了能够方便地捕捉到圆的切点，最好暂时关闭其他的捕捉模式。

（12） 单击“修剪”按钮，以刚绘制的公切线为修剪边界，对绘制的等轴测圆进行修剪操作，修剪效果如图 7-37 所示。

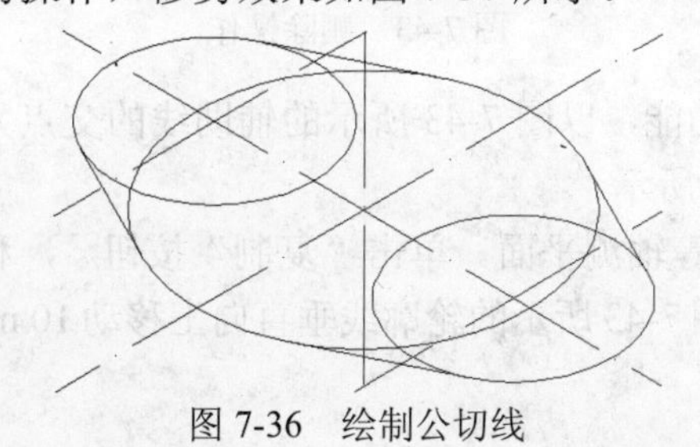
图 7-36 绘制公切线

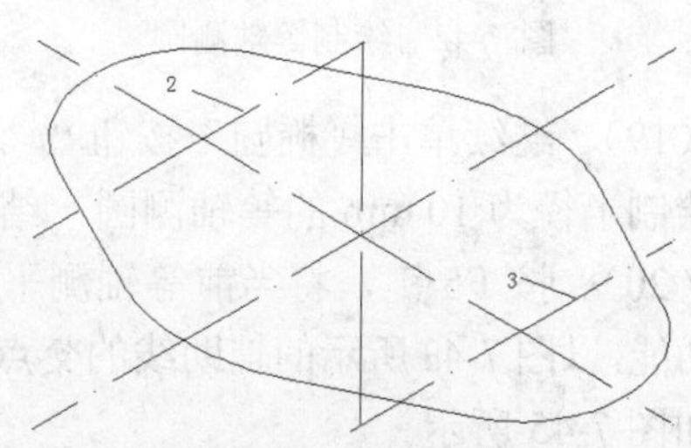

图 7-37 修剪操作

（13） 单击“删除”按钮，删除图 7-37 所示的辅助线线 2 和线 3，结果如图 7-38 所示。

（14） 单击“复制”按钮，利用正交功能，对图 7-38 所示的辅助线线 1，分别向右下方、左上方各偏移 12 mm、24 mm，对图 7-38 所示的辅助线线 4，分别向右下方、左上方偏移 20.8 mm，结果如图 7-39 所示。

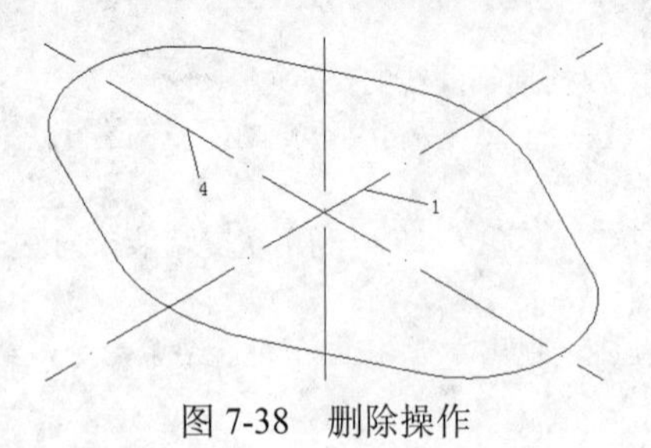

图 7-38　删除操作

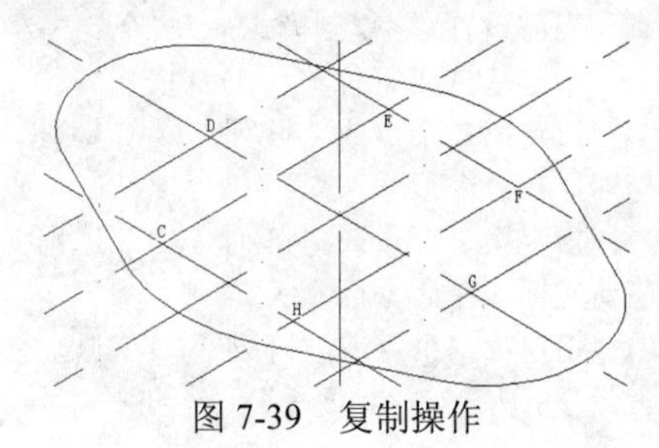

图 7-39　复制操作

（15） 单击“椭圆”按钮，在“轴测图”模式下，分别以图点 C、点 D、点 E、点 F、点 G 和点 H 为圆心，绘制半径均为 2 mm 的等轴测圆，结果如图 7-40 所示。

（16）单击“复制”按钮，对图 7-38 所示的辅助线线 1 向右下方和左上方均偏移 33 mm，结果如图 7-41 所示。

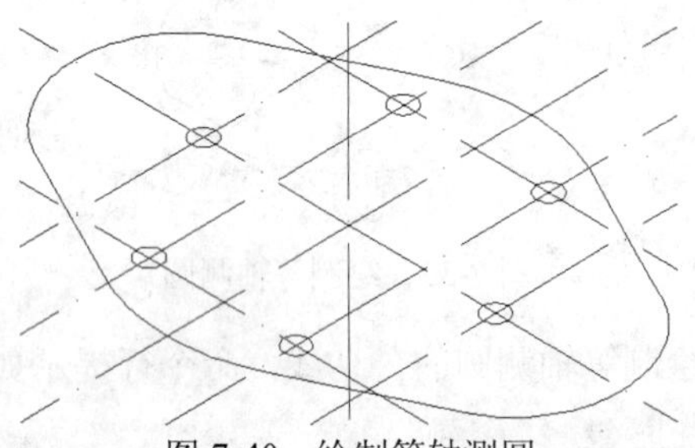
图 7-40　绘制等轴测圆

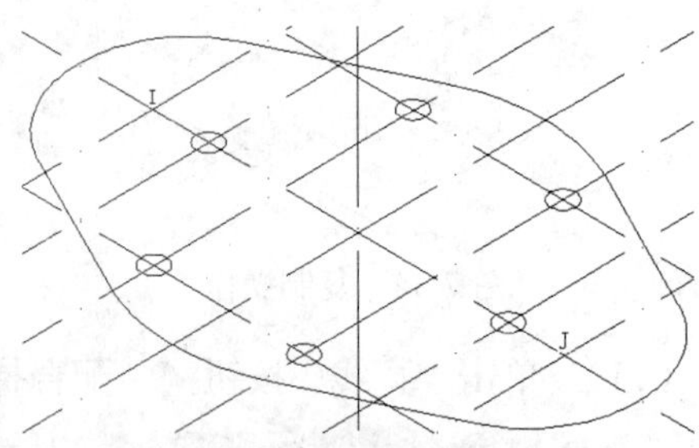

图 7-41　复制操作

（17） 单击“椭圆”按钮，在“轴测图”模式下，分别以图 7-41 所示的点 I 和点 J 为圆心，绘制半径均为 4 mm 的等轴测圆，结果如图 7-42 所示。

（18） 单击“删除”按钮，删除复制后的辅助线，结果如图 7-43 所示。

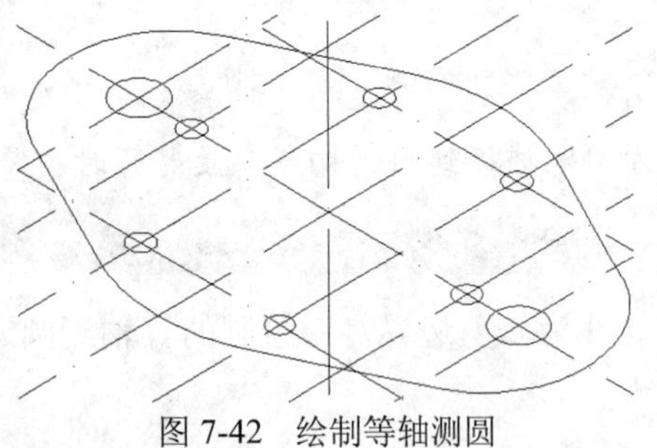
图 7-42　绘制等轴测圆

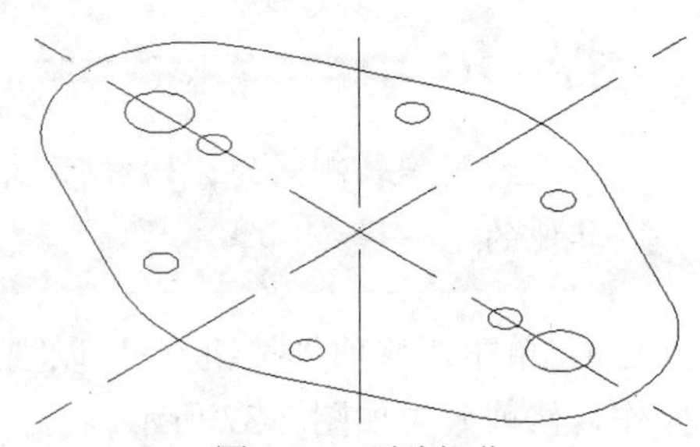
图 7-43　删除操作

（19） 继续单击“椭圆”按钮，配合捕捉功能，以图 7-43 所示的辅助线的交点为圆心，绘制半径为 10 mm 的等轴测圆，结果如图 7-44 所示。

（20） 按 F5 键，将当前等轴测平面转化为右等轴测平面。单击“复制”按钮，利用正交功能，以图 7-43 所示的辅助线的交点为基点，将图 7-43 所示的轮廓线垂直向上移动 10 mm，结果如图 7-45 所示。

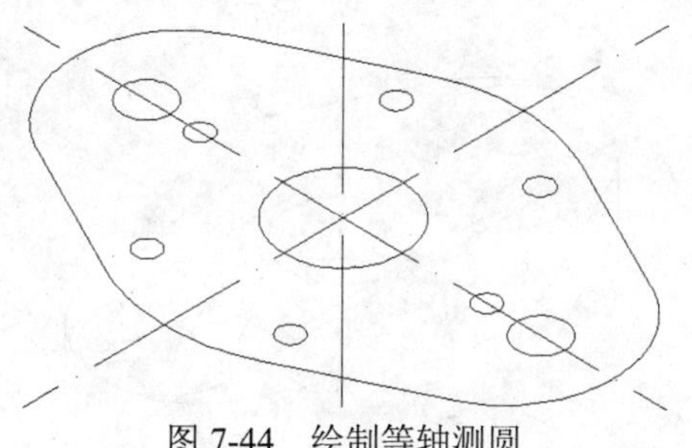

图 7-44　绘制等轴测圆

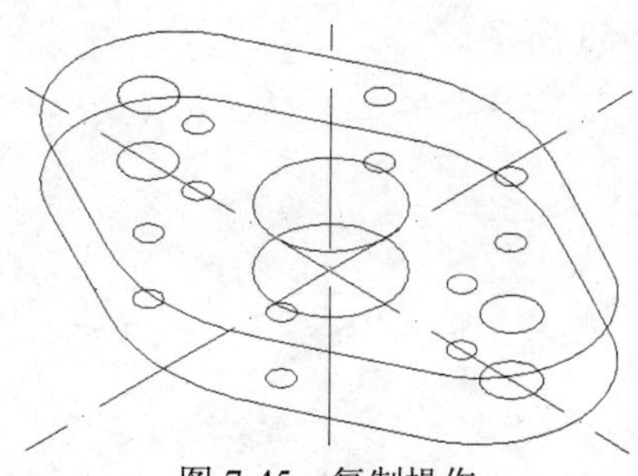

图 7-45　复制操作

（21）　单击“修剪”和“删除”按钮，对图 7-45 所示的轮廓线中不可见轮廓线进行修剪和删除操作，结果如图 7-46 所示。

（22）　单击“直线”按钮，利用捕捉功能，绘制如图 7-46 所示圆弧 1 和圆弧 2、圆弧 3 和圆弧 4 的公切线，结果如图 7-47 所示。

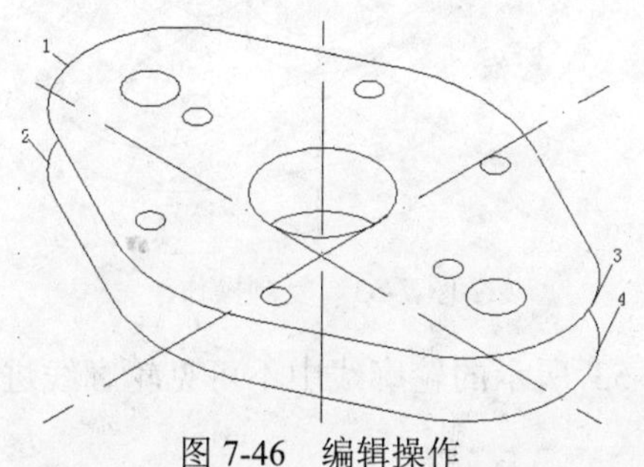

图 7-46　编辑操作

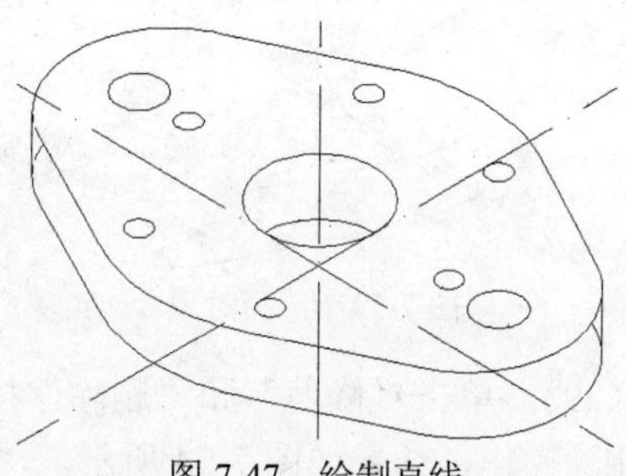

图 7-47　绘制直线

（23）　单击“修剪”按钮，以刚绘制的直线为修剪边界，对图 7-47 所示的轮廓线中不可见轮廓线进行修剪操作，结果如图 7-48 所示。

（24）　按 F5 键，将当前轴测平面转化为上等轴测平面。

（25）　单击“椭圆”按钮，在“轴测图”模式下绘制等轴测圆。以半径为 4 mm 的圆的圆心为圆心，绘制半径均为 12 mm 的等轴测圆，结果如图 7-49 所示。

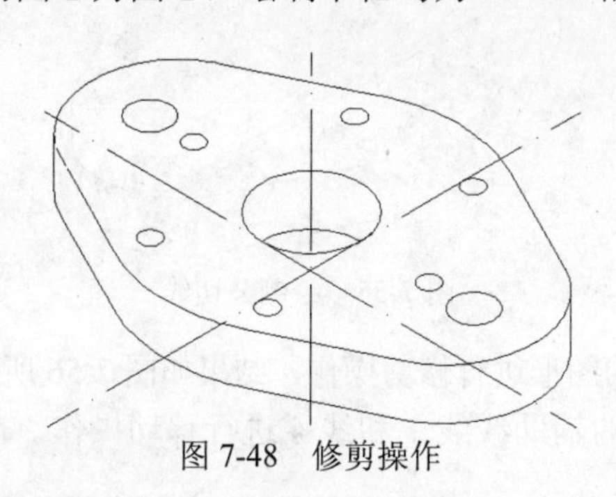

图 7-48　修剪操作

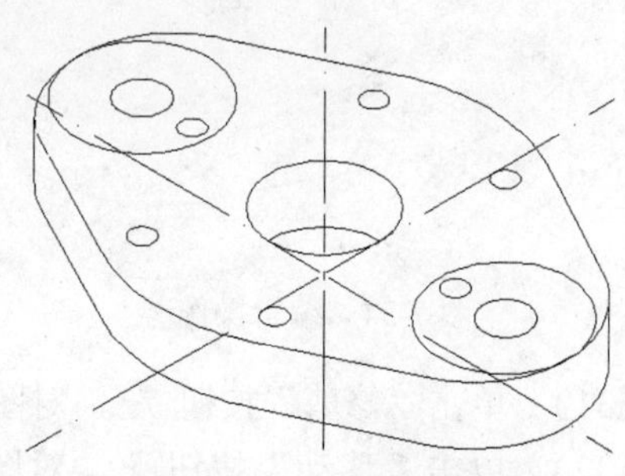

图 7-49　绘制等轴测圆

（26）　单击“直线”按钮，配合捕捉功能，绘制刚绘制的两个等轴测圆的公切线，结果如图 7-50 所示。

（27）　单击“修剪”按钮，以刚绘制的公切线为修剪边界，对半径为 12 的等轴测圆进行修剪操作，结果如图 7-51 所示。

（28）　按 F5 键，将当前等轴测平面转化为右等轴测平面。单击“复制”按钮，利用正交功能，以半径为 10 的圆的圆心为基点，将图 7-52 所示的对象垂直向上移动 6 mm，结果如图 7-53 所示。

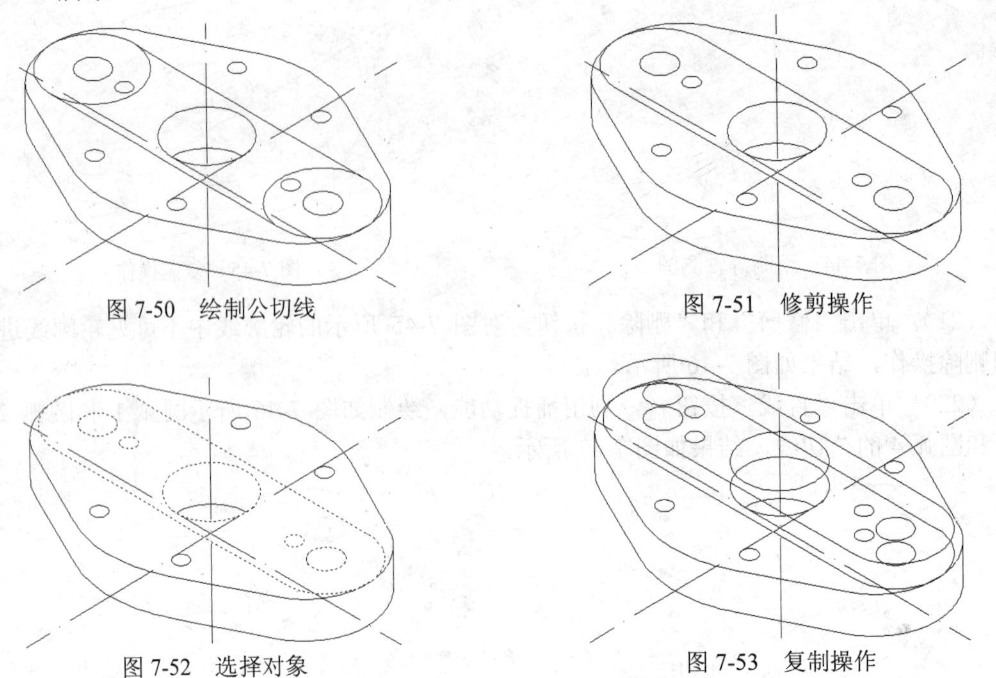

图 7-50　绘制公切线　　图 7-51　修剪操作

图 7-52　选择对象　　图 7-53　复制操作

（29）　单击“修剪”和“删除”按钮，对图 7-53 所示的轮廓线中不可见轮廓线进行修剪和删除操作，结果如图 7-54 所示。

（30）　单击“直线”按钮，利用捕捉功能，绘制如图 7-54 所示的圆弧 3 和圆弧 4、圆弧 5 和圆弧 6 的公切线，结果如图 7-55 所示。

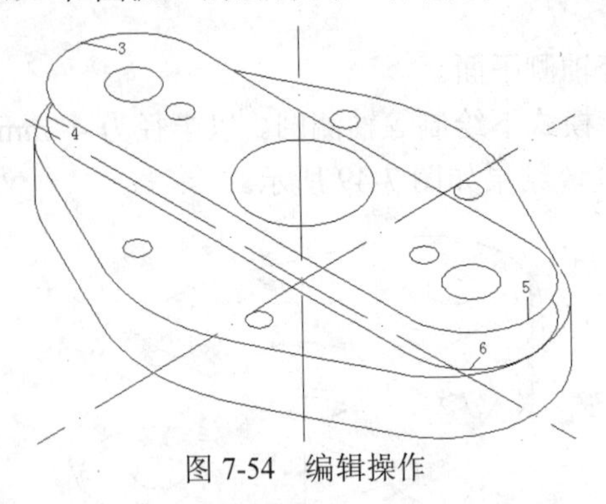

图 7-54　编辑操作

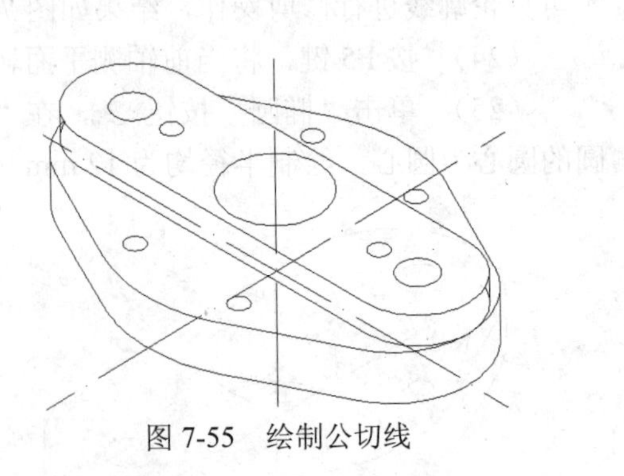

图 7-55　绘制公切线

（31）　单击“修剪”按钮，对图 7-55 所示的图形进行修剪操作，结果如图 7-56 所示。

（32）　单击“移动”按钮，对图 7-56 所示的辅助线线 1 和线 4 进行移动操作，命令行提示如下：

```
命令: _move
选择对象:                              //选择图 7-56 所示的辅助线线 1 和线 4
选择对象:                              //按回车键，结束选择对象
指定基点或 [位移 (D)] <位移>:              //捕捉辅助线线 1 和线 4 的交点
指定第二个点或 <使用第一个点作为位移>:          //捕捉半径为 10 的圆的圆心，结果如图
7-57 所示
```

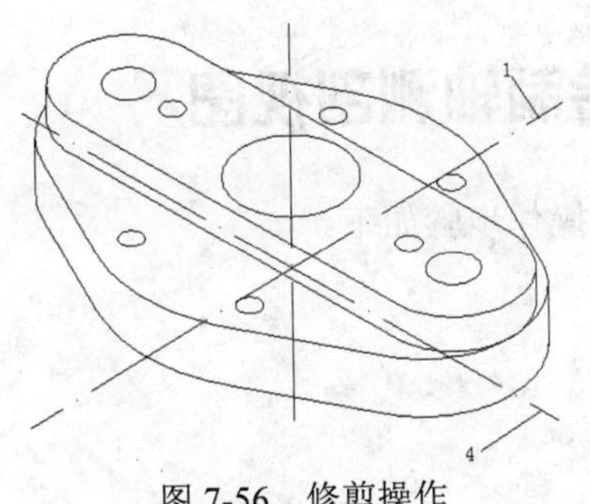

图 7-56　修剪操作

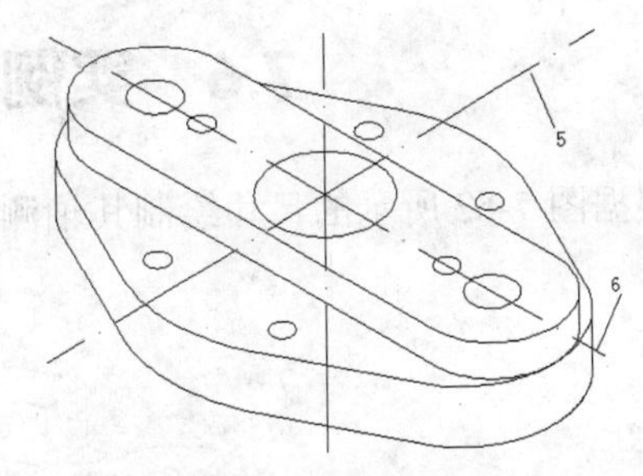

图 7-57　移动操作

（33）　继续单击“复制”按钮，利用正交功能，以刚移动后的辅助线的交点为基点，将图 7-57 所示的辅助线线 5 分别向左上方和右下方均偏移 13.8 mm；将图 7-57 所示的辅助线线 6 分别向左上方和右下方各偏移 9.2 mm、18.4 mm，结果如图 7-58 所示。

（34）　单击“直线”按钮，连接图 7-58 所示的点 K、点 L、点 M、点 N、点 O 和点 P 六个交点，并删除刚绘制的六条辅助线，结果如图 7-59 所示。

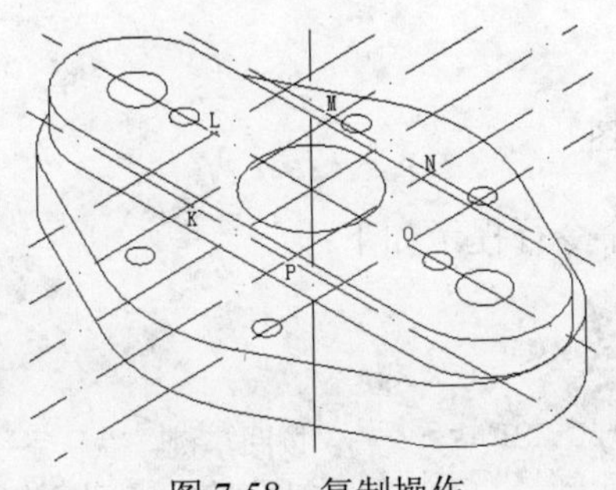

图 7-58　复制操作

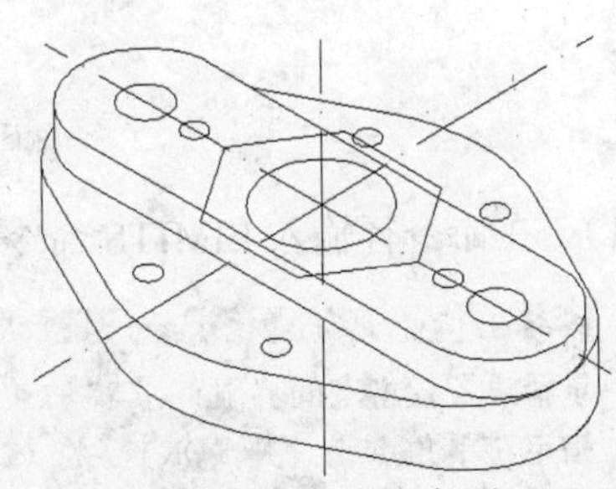

图 7-59　绘制六角形

（35）　按 F5 键，将当前等轴测平面转化为右等轴测平面。单击“复制”按钮，利用正交功能，以图 7-59 所示的辅助线的交点为基点，将刚绘制的六角形和半径为 10 mm 的圆竖直向上移动 4 mm，结果如图 7-60 所示。

（36）　单击“修剪”和“删除”按钮，对图 7-60 所示的轮廓线中不可见轮廓线进行修剪和删除操作，并使用“直线”命令补充相应直线，结果如图 7-61 所示。

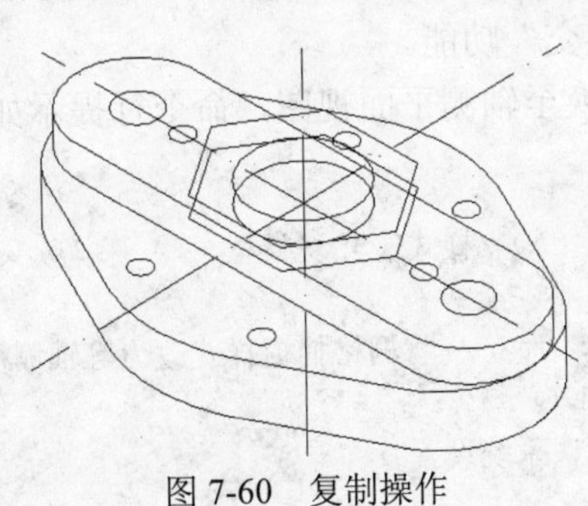

图 7-60　复制操作

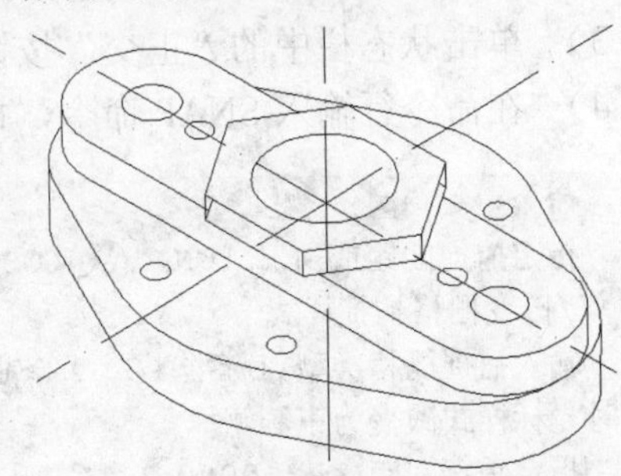

图 7-61　删除辅助线并补充直线

（37）　单击“修剪”和“删除”按钮，对图 7-61 所示的轮廓线中不可见轮廓线进行修剪和删除操作，并删除辅助线，基板的正等测图绘制完成。

（38）　保存文件，保存文件名为“基板正轴测图”。

7.6 实例 22——绘制轴测剖视图

根据图 7-62 所示的尺寸绘制其轴测剖视图，具体操作步骤如下：

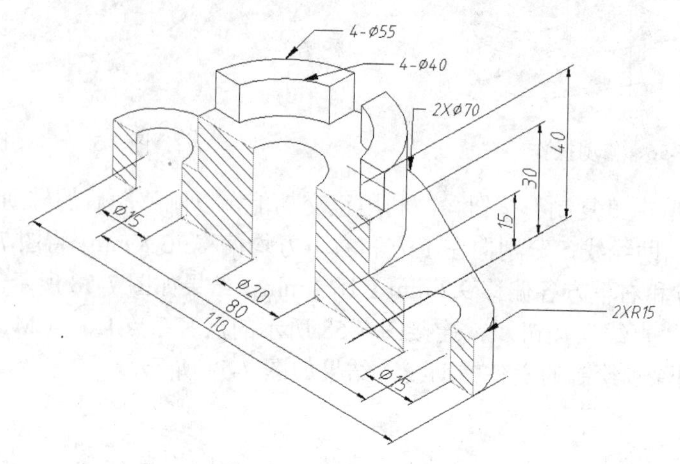

图 7-62　轴测剖视图

（1） 在命令行输入 LIMITS 命令，设置图幅，命令行提示如下：

```
命令: limits
重新设置模型空间界限:
指定左下角点或 [开 (ON) /关 (OFF) ] <0.0000,0.0000>:    //按回车键，默认系统设置
指定右上角点 <420.0000,217.0000>:                       //按回车键，默认系统设置
```

（2） 选择“格式”|“图层”命令，创建图层。图层“点划线”用于绘制中心线（线宽为 0.25 mm，线型为 CENTER，颜色为红色），图层“实体线”用于绘制可见轮廓线（线宽为 0.5 mm，线型为 CONTINUS，颜色为黑色）。图层“剖切线”用于绘制剖面轮廓线（线宽为 0.25 mm，线型为 CONTINUS，颜色为绿色）。图层“剖面线”用于绘制剖面线（线宽为 0.25 mm，线型为 CONTINUS，颜色为黑色）。

（3） 单击状态栏中的“正交”按钮，打开 “正交”功能。

（4） 在命令行输入 SNAP 命令，把当前视图切换至轴测平面视图，命令行提示如下：

```
命令: snap
指定捕捉间距或 [开 (ON) /关 (OFF) /纵横向间距 (A) /样式 (S) /类型 (T) ] <10.0000>:
s  //改变栅格捕捉样式
输入捕捉栅格类型 [标准 (S) /等轴测 (I) ] <S>: i    //将栅格捕捉样式改为等轴测模式,
此时光标样式改变为正等测样式
指定垂直间距 <10.0000>:        //按回车键，默认系统设置
```

（5） 按 F5 键，将当前轴测平面转化为上等轴测平面。

（6） 将“点划线”设置为当前层，单击“构造线”按钮，绘制 3 条辅助线。

（7） 将图层“实体”设置为当前图层，单击“椭圆”按钮，在“轴测图”模式下绘制等轴测圆，命令行提示如下：

```
命令：_ellipse
指定椭圆轴的端点或 [圆弧（A）/中心点（C）/等轴测圆（I）]：i    //绘制等轴测圆
指定等轴测圆的圆心：                    //捕捉图 7-62 所示的交点
指定等轴测圆的半径或 [直径（D）]：35 //输入等轴测圆的半径，完成后的效果如图 7-63 所示
```

（8） 单击“复制”按钮，选择图 7-63 所示的线 1 进行复制，命令行提示如下：

```
命令：_copy
选择对象：       //选择图 7-63 所示的线 1
选择对象：       //按回车键，结束选择
当前设置： 复制模式 = 多个      //系统提示信息
指定基点或 [位移（D）/模式（O）] <位移>：      //捕捉构造线上的任意一点
指定第二个点或 [阵列（A）] <使用第一个点作为位移>:40 //在利用正交功能，向右下方向移
动光标，在命令行输入 40
指定第二个点或 [阵列（A）/退出（E）/放弃（U）] <退出>:40 //在利用正交功能，向左上
方向移动光标，在命令行输入 40
指定第二个点或 [阵列（A）/退出（E）/放弃（U）] <退出>://按回车键，结束命令
```

（9） 单击“椭圆”按钮，在“轴测图”模式下绘制两个等轴测圆。圆心分别为新绘制的两条构造线上的交点，半径均为 15 mm，结果如图 7-64 所示。

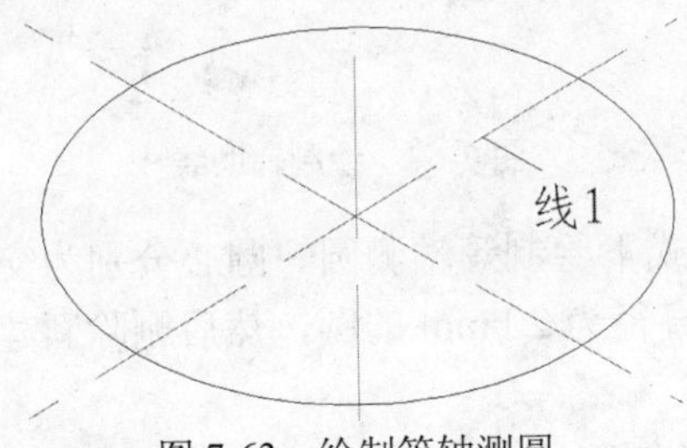

图 7-63　绘制等轴测圆

图 7-64　绘制等轴测圆

（10） 单击“直线”按钮，配合捕捉功能，绘制大圆和右面小圆的公切线，命令行提示如下：

```
命令：_line 指定第一点：_tan 到              //捕捉大圆的右测切点
指定下一点或 [放弃（U）]：_tan 到            //捕捉小圆的右测切点
指定下一点或 [放弃（U）]：                  //按回车键，结束选择
命令：                                      //按回车键，重复命令
LINE 指定第一点：_tan 到                    //捕捉大圆的左测切点
指定下一点或 [放弃（U）]：_tan 到            //捕捉小圆的左测切点
指定下一点或 [放弃（U）]：                  //按回车键，结束选择
```

（11） 继续单击“直线”按钮，配合捕捉功能，绘制大圆和左面小圆的公切线，结果如图 7-65 所示。

（12） 单击“修剪”按钮，对图 7-65 所示的图形进行修剪操作，命令行提示如下：

```
命令：_trim
当前设置:投影=UCS，边=无
选择剪切边...                        //系统提示信息
```

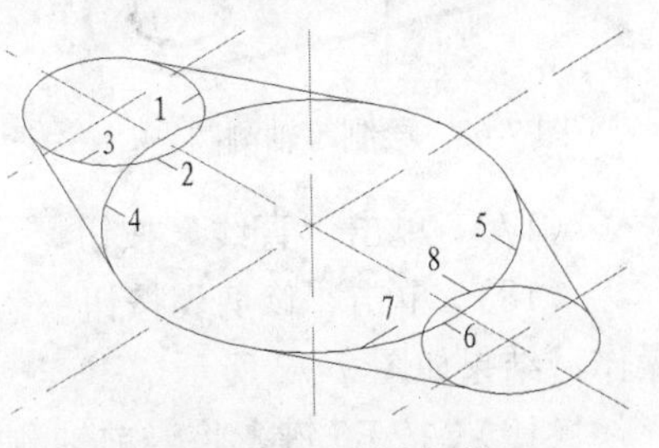

图 7-65　绘制公切线

```
选择对象或 <全部选择>:                              //选择大圆
选择对象:                                          //选择前面小圆
选择对象:                                          //选择后面小圆
选择对象:                                          //选择大圆和前面小圆的右测切线
选择对象:                                          //选择大圆和前面小圆的左侧切线
选择对象:                                          //选择大圆和后面小圆的右测切线
选择对象:                                          //选择大圆和后面小圆的左侧切线
选择对象:                                          //按回车键，结束选择
选择要修剪的对象，或按住 Shift 键选择要延伸的对象，或[栏选（F）/窗交（C）/投影（P）
/边（E）/删除（R）/放弃（U）]:   //选择图 7-65 所示的圆弧 1, 2, 3, 4, 5, 6, 7, 8。
                    //并删除复制的两条构造线，结果如图 7-66 所示
```

（13） 单击“复制”按钮，选择图 7-66 所示的线 1 进行复制，利用正交功能，绘制结果如图 7-67 所示的辅助线，右下和左上方向的偏移距离均为 40 mm。

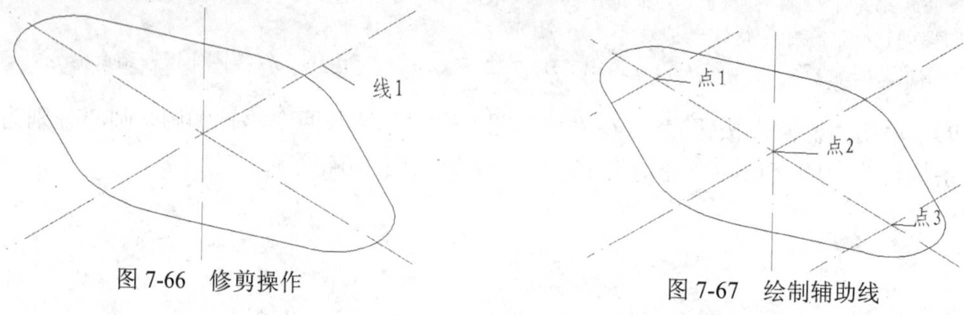

图 7-66　修剪操作

图 7-67　绘制辅助线

（14） 单击“椭圆”按钮，在“轴测图”模式下绘制等轴测圆。圆心分别为交点 1 和交点 3，直径均为 15 mm。以交点 2 为圆心，绘制直径为 20 mm 的圆，然后删除新建的这两条构造线，结果如图 7-68 所示。

（15） 单击“复制”按钮，选择图 7-68 所示的图形进行复制，按 F5 键，将当前等轴测平面转化为右等轴测平面，利用正交功能，垂直向上移动光标，移动距离为 15 mm，结果如图 7-69 所示。

（16） 单击“修剪”按钮，对图 7-69 所示的轮廓线中不可见轮廓线进行修剪和删除操作，结果如图 7-70 所示。

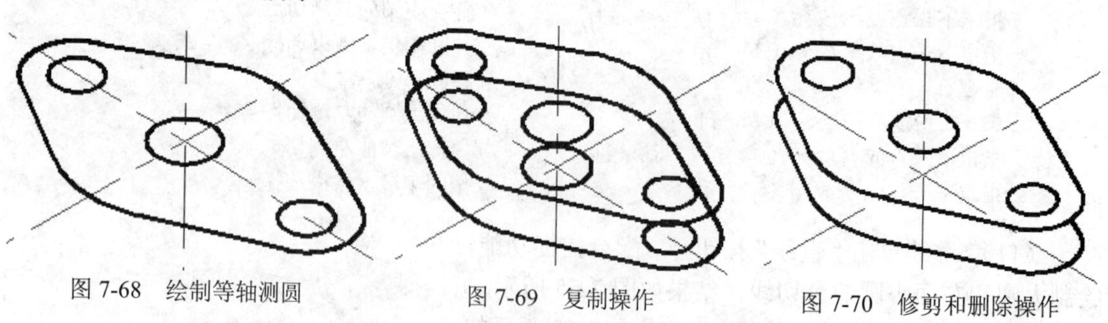

图 7-68　绘制等轴测圆

图 7-69　复制操作

图 7-70　修剪和删除操作

（17） 单击“直线”按钮，绘制如图 7-71 所示的直线 AB，CD。

（18） 单击“修剪”按钮，对图 7-71 所示的轮廓线中不可见轮廓线进行修剪和删除操作，结果如图 7-72 所示。

（19） 按 F5 键，将当前轴测平面转化为上等轴测平面。

（20） 单击“椭圆”按钮，在“轴测图”模式下绘制等轴测圆。圆心与直径为 20 的

圆的圆心重合，直径为 55 mm。结果如图 7-73 所示。

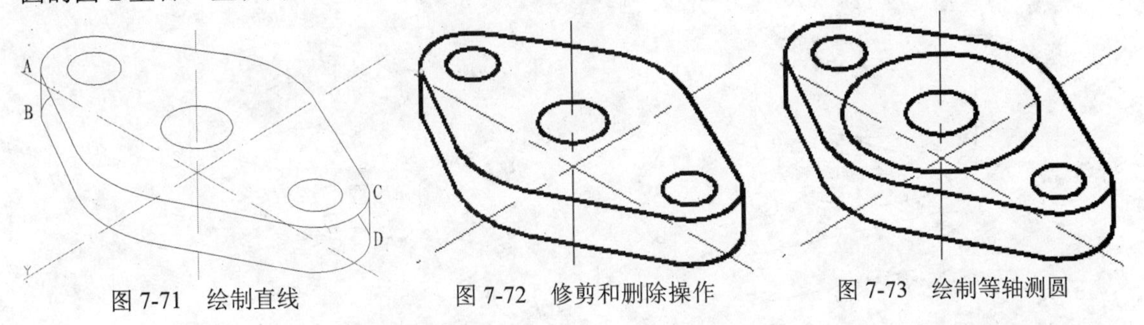

图 7-71　绘制直线　　图 7-72　修剪和删除操作　　图 7-73　绘制等轴测圆

（21） 单击“复制”按钮，选择图 7-73 所示的图形中直径为 20 的圆和新绘制的圆进行复制，按 F5 键，将当前轴测平面转化为右等轴测平面，利用正交功能，垂直向上移动光标，移动距离为 15 mm，结果如图 7-74 所示。

（22） 单击“修剪”按钮，对图 7-74 所示的轮廓线中不可见轮廓线进行修剪和删除操作，结果如图 7-75 所示。

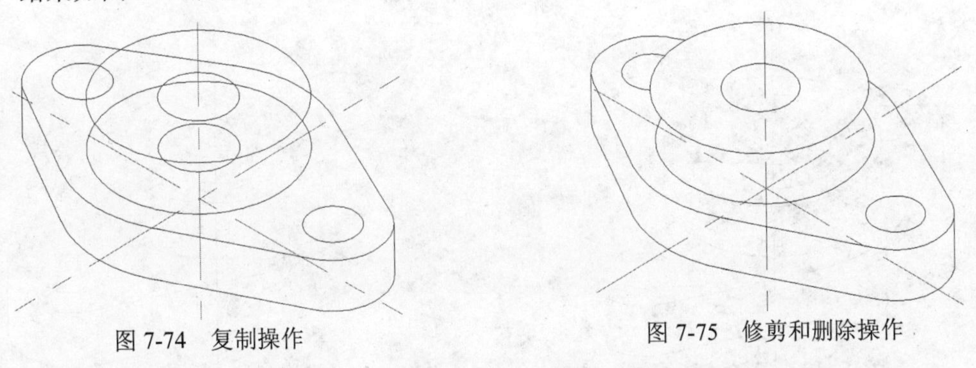

图 7-74　复制操作　　图 7-75　修剪和删除操作

（23） 单击“直线”按钮，绘制如图 7-76 所示的两条直线。

（24） 单击“修剪”按钮，对图 7-76 所示的轮廓线中不可见的轮廓线进行修剪和删除操作，结果如图 7-77 所示。

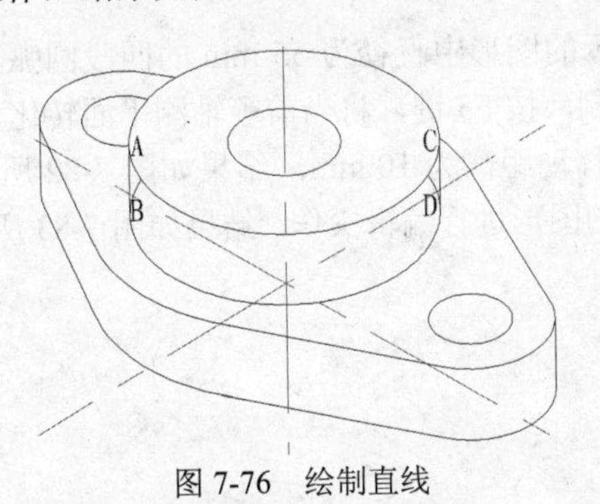

图 7-76　绘制直线

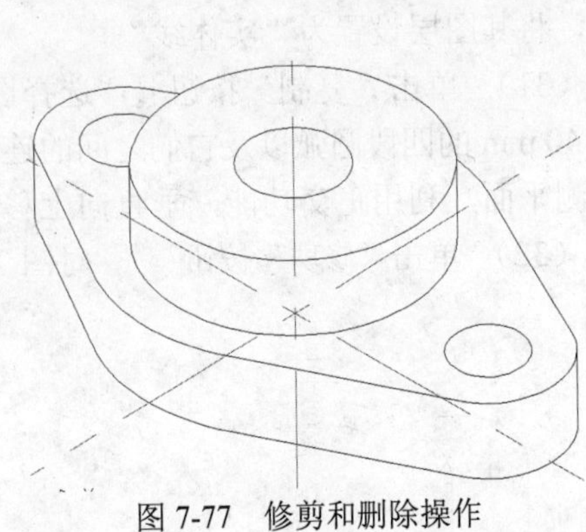

图 7-77　修剪和删除操作

（25） 按 F5 键，将当前轴测平面转化为上等轴测平面。

（26） 单击“椭圆”按钮，在“轴测图”模式下绘制等轴测圆 2，直径为 40 mm，圆心与圆 1 重合。结果如图 7-78 所示。

（27） 单击“复制”按钮，选择图 7-78 所示的三条构造线进行复制，利用捕捉功能，基点选择为三条线的交点，目标点为刚绘制圆的圆心，删除原来的三条构造线，绘制结果如

图 7-79 所示。

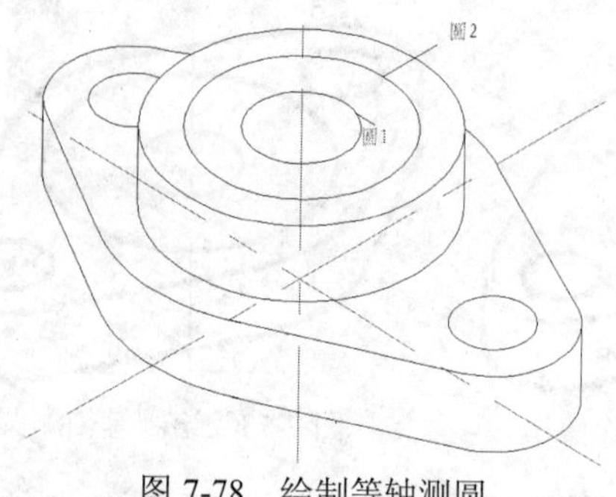

图 7-78　绘制等轴测圆

图 7-79　绘制辅助线

（28） 单击“复制”按钮，选择图 7-79 所示的构造线 1，2 进行复制，利用正交功能，绘制结果如图 7-80 所示的辅助线 3，4，5，6，相邻两线的距离均为 5 mm。

（29） 单击“修剪”按钮，选择对象为圆 1，2 和线 3，4，5，6，修剪对象为圆 1，2 分别在线 3，4 和 5，6 之间的弧段。结果如图 7-81 所示。

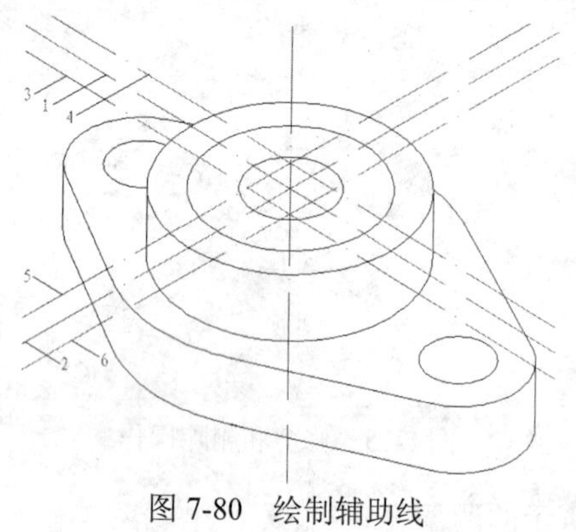

图 7-80　绘制辅助线

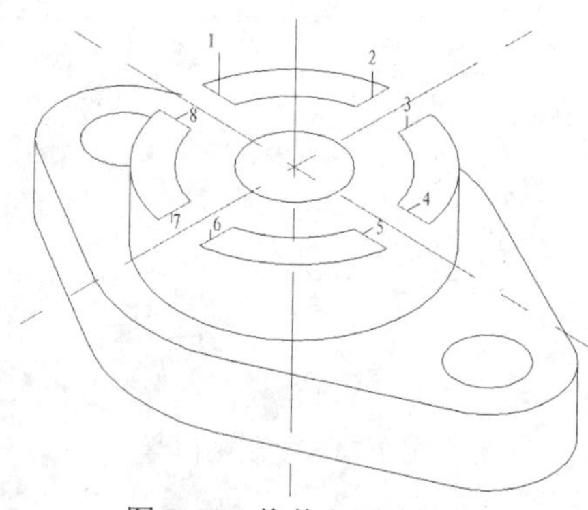

图 7-81　修剪和删除操作

（30） 选择“修改”|“特性”命令，选择对象为图 7-81 所示的线 1，2，3，4，5，6，7，8，将其图层设置为“实体线”。

（31） 单击“复制”按钮，选择图 7-81 所示的图形中直径为 55 mm 的四段圆弧和直径为 40 mm 的四段圆弧以及它们之间的连线进行复制，按 F5 键，将当前等轴测平面转化为右等轴测平面，利用正交功能，垂直向上移动光标，移动距离为 10 mm，结果如图 7-82 所示。

（32） 单击“修剪”按钮，对图 7-82 所示的图形进行编辑操作，结果如图 7-83 所示。

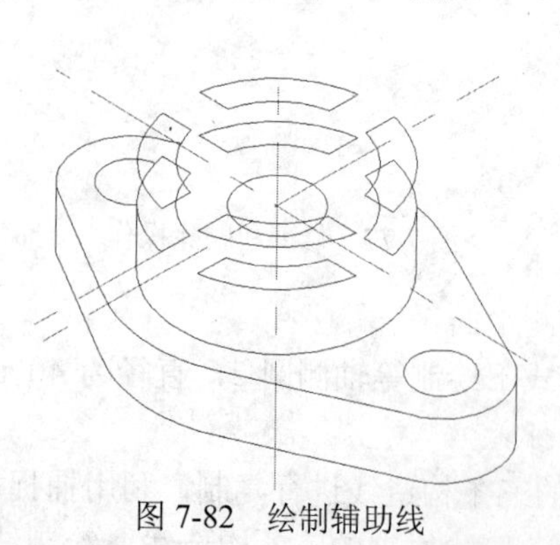

图 7-82　绘制辅助线

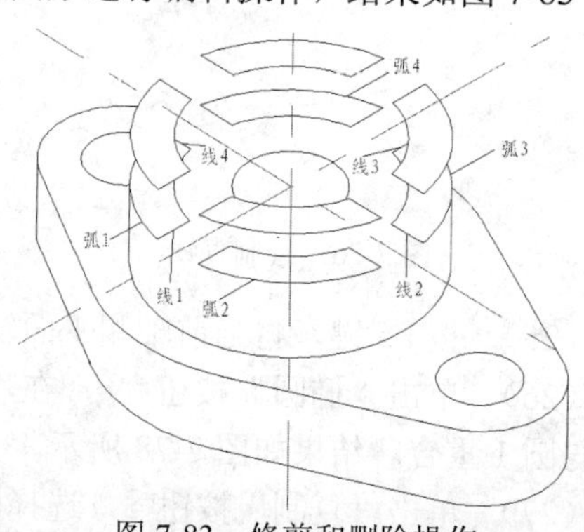

图 7-83　修剪和删除操作

（33） 单击“直线”按钮，绘制如图 7-84 所示的直线。

（34） 单击“延伸”按钮，对图 7-83 所示的直径为 55 mm 的圆弧 1，2，3，4 进行延伸，四段圆弧连接成圆，命令行提示如下：

```
命令: _extend
当前设置:投影=UCS, 边=无
选择边界的边... 找到 3 个      // 选择圆弧 2 和线 1, 2
选择要延伸的对象, 或按住 Shift 键选择要修剪的对象, 或    // 选择该圆弧
[栏选 (F) /窗交 (C) /投影 (P) /边 (E) /放弃 (U) ]:
选择要延伸的对象, 或按住 Shift 键选择要修剪的对象, 或    // 结束操作
[栏选 (F) /窗交 (C) /投影 (P) /边 (E) /放弃 (U) ]:
命令: _extend
当前设置:投影=UCS, 边=无
选择边界的边... 找到 3 个      //选择圆弧 4 和线 3, 4
选择要延伸的对象, 或按住 Shift 键选择要修剪的对象, 或
[栏选 (F) /窗交 (C) /投影 (P) /边 (E) /放弃 (U) ]: // 选择该圆弧
选择要延伸的对象, 或按住 Shift 键选择要修剪的对象, 或
[栏选 (F) /窗交 (C) /投影 (P) /边 (E) /放弃 (U) ]: // 结束操作, 结果如图 7-84 所示
```

（35） 单击“修剪”按钮，对图 7-84 所示的轮廓线中不可见的轮廓线进行修剪和删除操作，结果如图 7-85 所示。

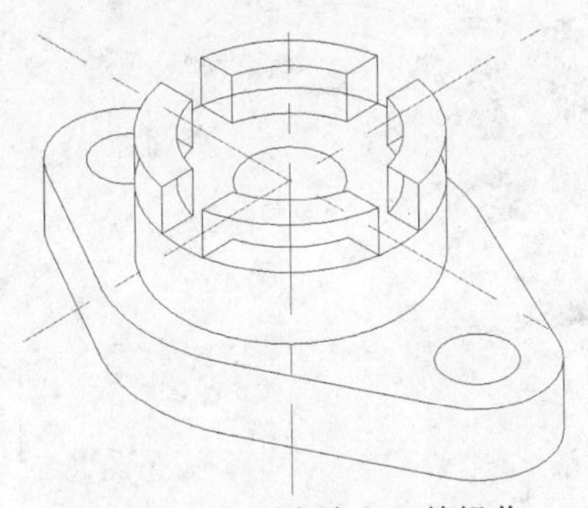
图 7-84　绘制直线和延伸操作

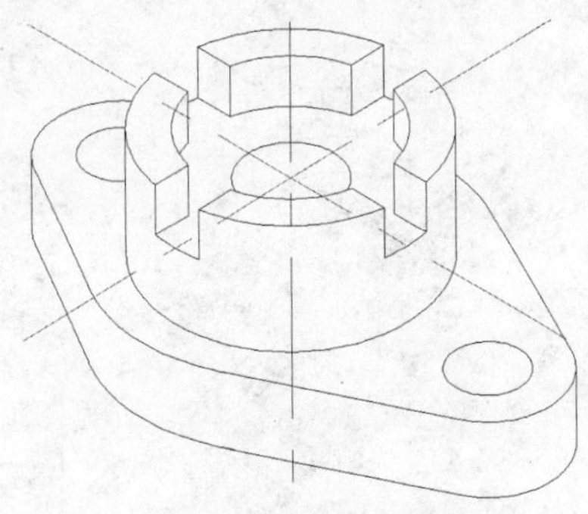
图 7-85　修剪和删除操作

（36） 将“剖切线”设置为当前层，单击“直线”按钮，利用正交功能绘制如图 7-86 所示的剖切面的轮廓线。

（37） 单击“修剪”按钮，对图 7-86 所示的图形进行编辑操作，结果如图 7-87 所示。

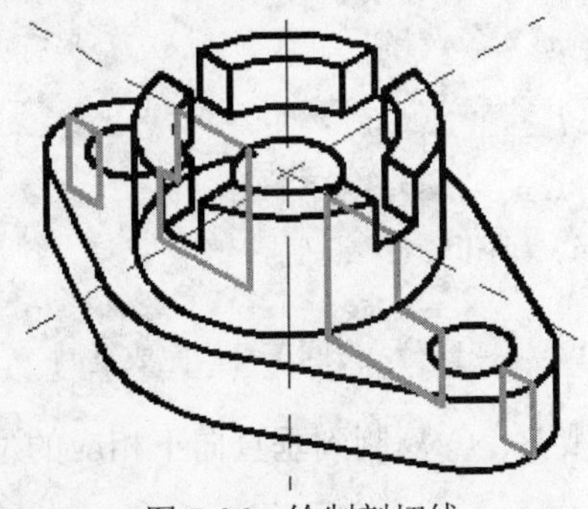
图 7-86　绘制剖切线

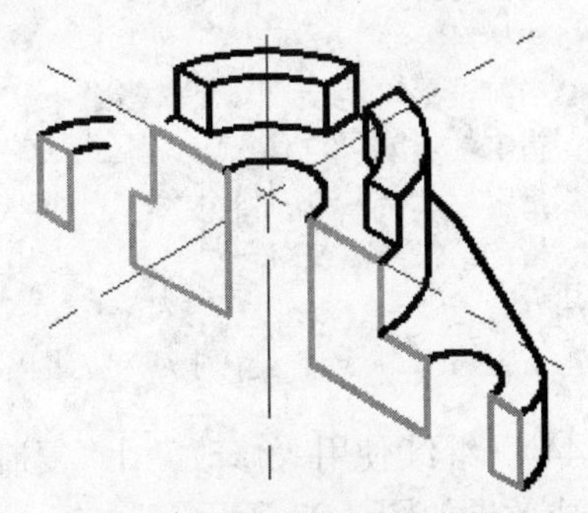
图 7-87　修剪和删除操作

（38） 单击“直线”按钮，绘制如图 7-88 所示的直线，绘制剖切后可见部分的轮廓线。

（39） 单击“延伸”按钮，绘制剖切后可见部分的轮廓线，结果如图 7-88 所示。

（40） 将“剖面线”设置为当前层，单击“图案填充”按钮，对图 7-88 所示的其中之一剖面轮廓进行填充剖面线，其填充参数的设置如图 7-89 所示，填充的结果如图 7-90 所示。

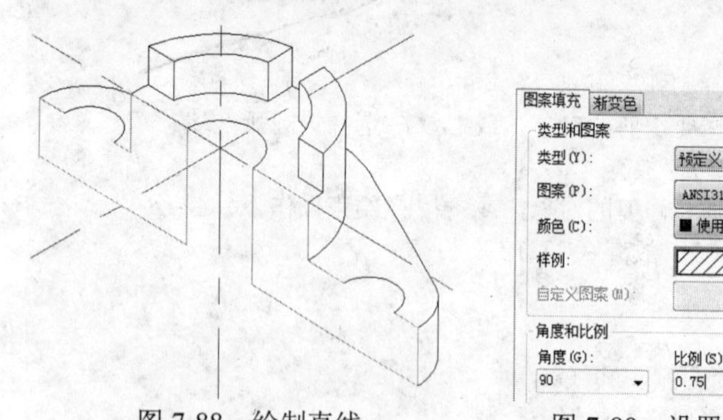

图 7-88　绘制直线

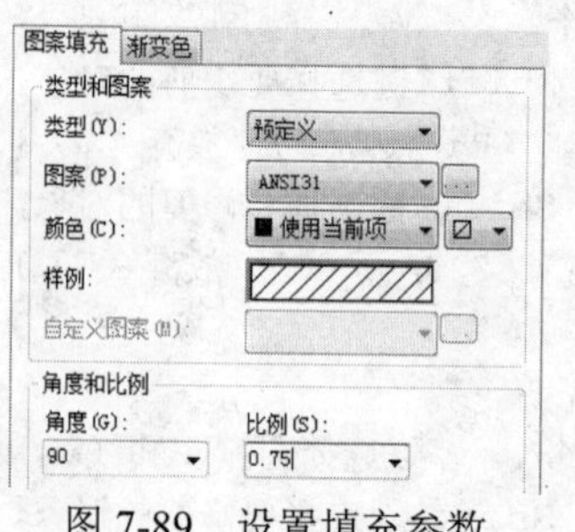

图 7-89　设置填充参数

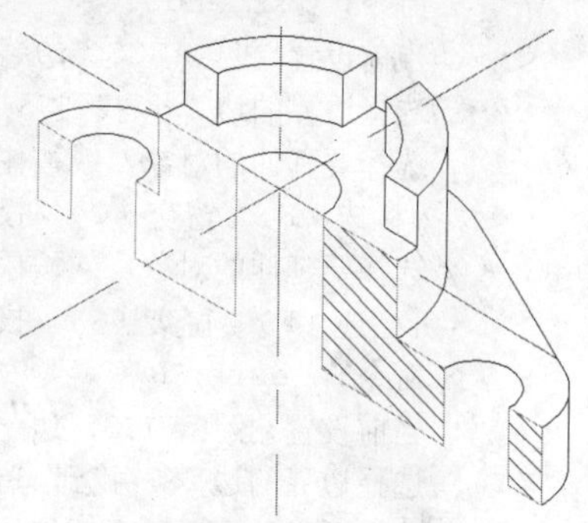

图 7-90　图案填充

（41） 重复执行“图案填充”命令，对另一剖面轮廓线进行图案填充，填充的角度修改为“135”，其他参数保持不变，填充结果如图 7-91 所示。

（42） 选择“修改”|“删除”命令，把图 7-91 所示的辅助线删除完成，结果如图 7-92 所示。

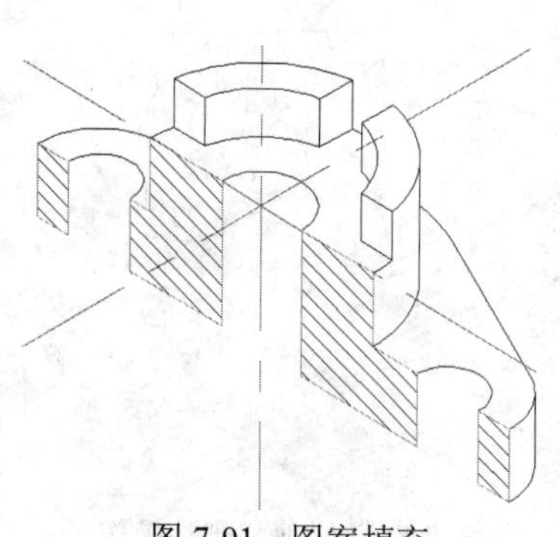

图 7-91　图案填充

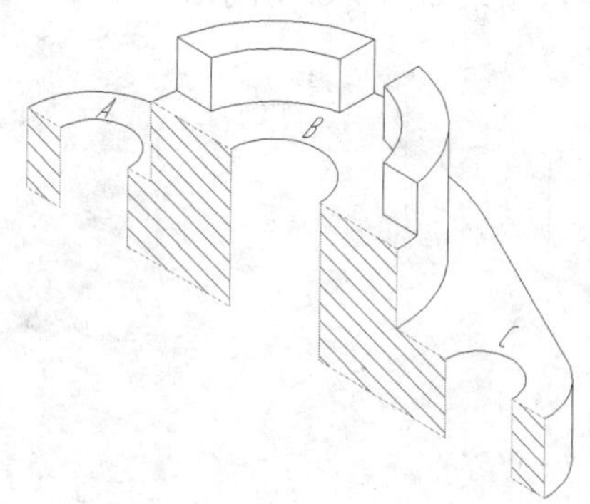

图 7-92　轴测剖视图

（43） 选择“修改”|“复制”命令，命令行提示如下：

```
命令：_copy
选择对象：找到 1 个                    //选择圆弧 A
选择对象：                              //按回车键，完成对象选择
当前设置：  复制模式 = 多个
指定基点或 [位移（D）/模式（O）] <位移>：  <对象捕捉 开>
指定第二个点或 [阵列（A）] <使用第一个点作为位移>：//鼠标捕捉圆弧的左端点
指定第二个点或 [阵列（A）/退出（E）/放弃（U）] <退出>://鼠标捕捉剖面上第二条垂直线下端点
指定第二个点或 [阵列（A）/退出（E）/放弃（U）] <退出>://按回车键，完成复制
```

（44） 继续使用“修改”|“复制”命令，将圆弧 B、C 复制到垂直向下相应的位置，复制完成效果如图 7-93 所示。

（45） 选择“修改”|“修剪”命令，命令行提示如下：

```
命令: _trim
当前设置:投影=UCS，边=无
选择剪切边...
选择对象或 <全部选择>:  找到 1 个          //选择复制后的第一条圆弧
选择对象: 找到 1 个, 总计 2 个          //选择直线 EF
选择对象:    //按回车键，完成对象选择
选择要修剪的对象，或按住 Shift 键选择要延伸的对象，或
[栏选(F)/窗交(C)/投影(P)/边(E)/删除(R)/放弃(U)]:    //鼠标在需要修剪的圆弧上单击
选择要修剪的对象，或按住 Shift 键选择要延伸的对象，或
[栏选(F)/窗交(C)/投影(P)/边(E)/删除(R)/放弃(U)]:    //按回车键，完成修剪操作
```

（46） 继续执行“修改”|“修剪”命令，分别以直线 GH 和 IJ 为修剪参考修剪圆弧 B 和 C，修剪完成后的效果如图 7-94 所示。

图 7-93 复制操作

图 7-94 修剪操作

（47） 保存该文件，名称为“轴测剖视图.dwg”。

7.7 实例 23——轴测图的尺寸标注

根据 7.6 节图 7-62 所示的图创建轴测图尺寸标注，具体步骤如下：

（1） 选择“格式”|“文字样式”命令，系统弹出“文字样式管理器”对话框。

（2） 单击“文字样式管理器”对话框中的“新建”按钮，系统弹出如图 7-95 所示的“新建文字样式”对话框，在该对话框中输入样式名为“右倾斜-3.5”，单击“确定”按钮，系统返回“文字样式”对话框，字体样式和高度设置如图 7-96 所示。

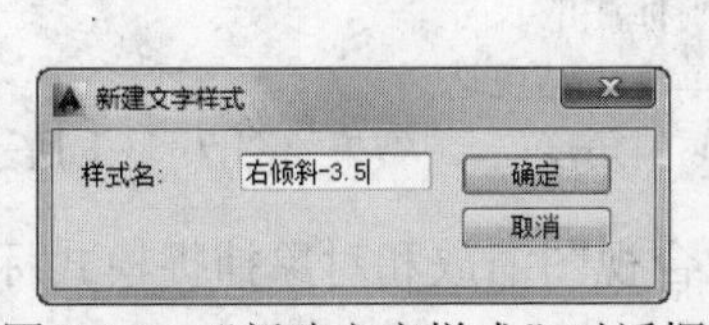

图 7-95 “新建文字样式”对话框

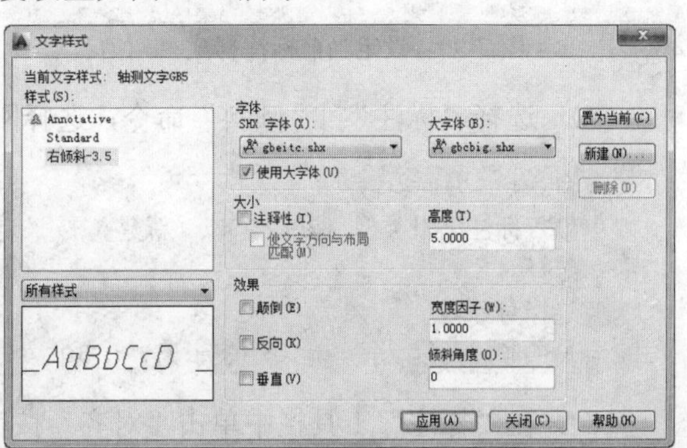

图 7-96 “文字样式”对话框

（3） 选择“格式”|“标注样式”命令，系统弹出“标注样式管理器”对话框。

（4） 单击“标注样式管理器”对话框中的“新建”按钮，系统弹出如图 7-97 所示的“创建新标注样式”对话框，在该对话框中输入样式名为“右倾斜-3.5”，其他采用系统默认信息，然后单击“继续”按钮，系统弹出如图 7-98 所示的“新建标注样式：右倾斜-3.5”对话框。

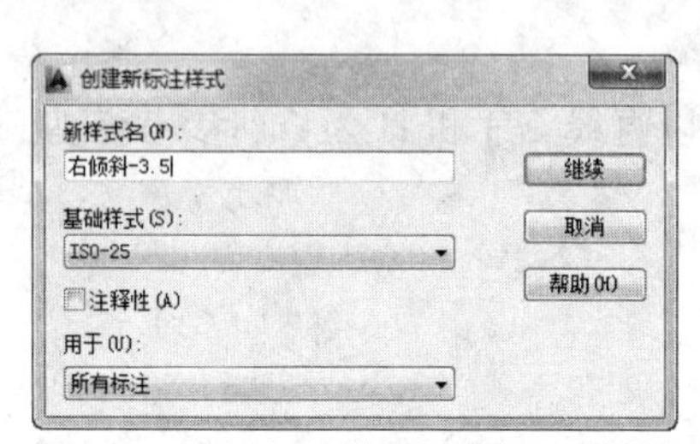

图 7-97 “创建新标注样式”对话框

图 7-98 “新建标注样式：右倾斜-3.5”对话框

（3） 单击“新建标注样式：右倾斜-3.5”对话框中的“文字”标签，打开“文字”选项卡，在“文字样式”下拉菜单中选择“右倾斜”选项，其他采用系统默认信息，然后单击“确定”按钮。

（4） 单击“标注样式管理器”对话框中的“关闭”按钮。

（5） 在“样式”工具栏中指定当前标注样式为“右倾斜-3.5”，如图 7-99 所示。

（6） 在“标注”工具栏中单击“对齐”按钮，配合视图缩放和对象捕捉模式标注如图 7-100 所示的尺寸。

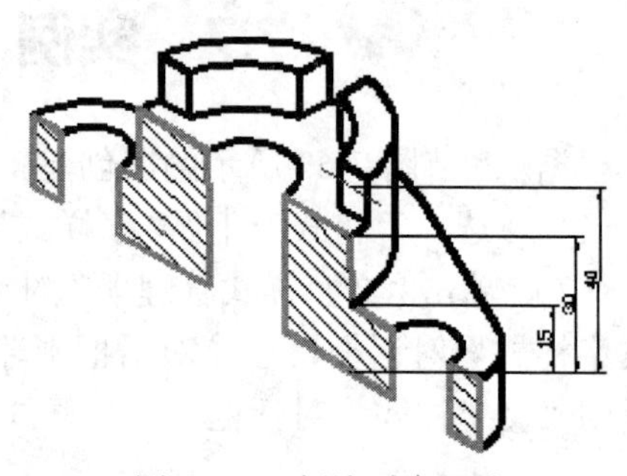

右倾斜-3.5 | 右倾斜-3.5 | Standard | Standard

图 7-99 设定当前标注样式

图 7-100 标注对齐尺寸

（7） 选择“标注”|“倾斜”命令，选择刚标注的右侧面的尺寸，命令行提示如下：

```
命令: _dimedit
输入标注编辑类型 [默认(H)/新建(N)/旋转(R)/倾斜(O)] <默认>: _o    //系统信息
选择对象:                                    //选择刚标注的尺寸
选择对象:                                    //按回车键，结束选择
输入倾斜角度(按 Enter 表示无): 30              //输入倾斜角度 30，结果如图 7-101 所示
```

（8） 在“标注”工具栏中单击“对齐”按钮，配合视图缩放和对象捕捉模式标注如图 7-102 所示的左轴侧面尺寸。

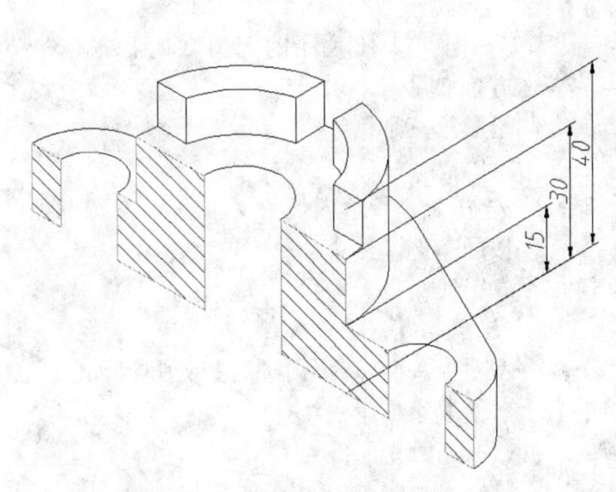

图 7-101　调整尺寸界限的角度

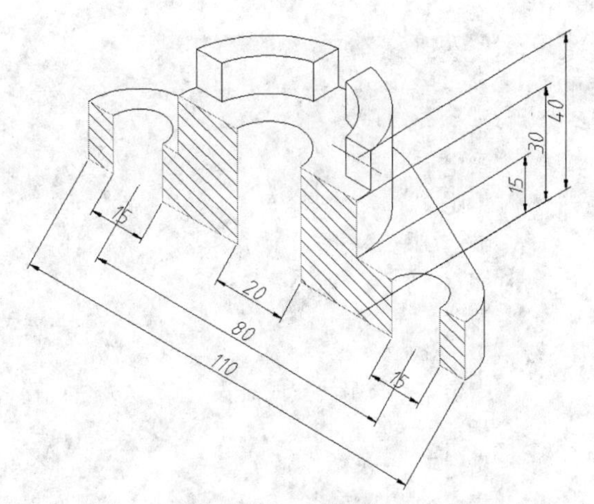

图 7-102　标注左侧面尺寸

（9）　分别选择 15、20 和 15 的尺寸对象后双击其中一个尺寸，弹出“特性”工具栏，在该工具栏中的“主单位”的“标注前缀”工具栏中输入“%%c”，如图 7-103 所示，然后按回车键，效果如图 7-104 所示。

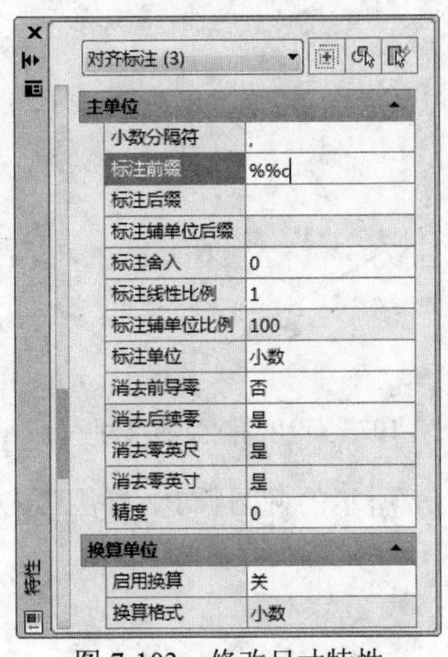

图 7-103　修改尺寸特性

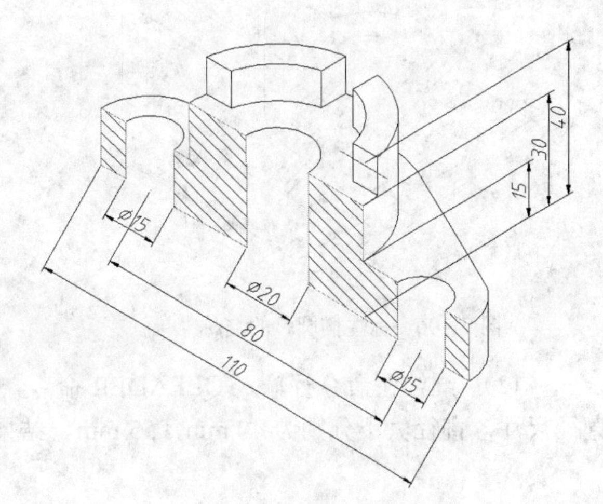

图 7-104　添加尺寸前缀

（10）　选择“标注”|“倾斜”命令，选择所有位置在左轴测面的尺寸，使其倾斜 30°，结果如图 7-105 所示。

（11）　在命令行输入 QLEADER 命令，对图 7-106 所示的椭圆弧 M 标注半径尺寸，对椭圆弧 N 标注直径尺寸，结果如图 7-107 所示，命令行提示如下：

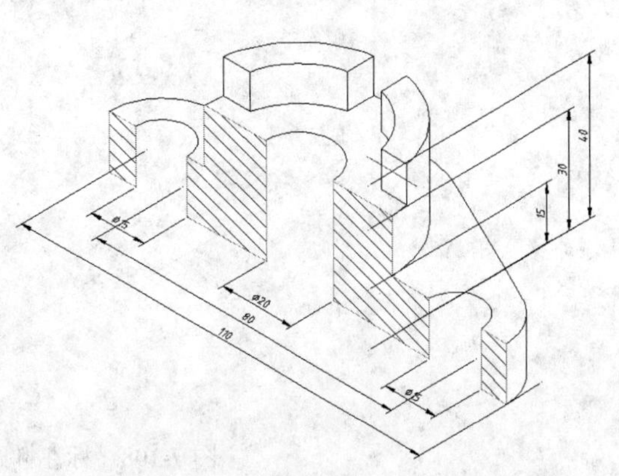

图 7-105　调整尺寸界限的角度

```
命令: qleader
指定第一个引线点或 [设置(S)] <设置>:          //在图 7-106 所示的椭圆弧 M 上单击一点
指定下一点:                //在第一个引线点的右上方拾取第二个引线点
指定下一点:                //在第二个引线点的右侧拾取第三个引线点
指定文字宽度 <0>:           //按回车键，不指定文字的宽度
输入注释文字的第一行 <多行文字(M)>: 2-R15      //在命令行输入尺寸文本
输入注释文字的下一行:                          //按回车键，结束命令
命令:                               //按回车键，重复引线命令
QLEADER
指定第一个引线点或 [设置(S)] <设置>:          //在图 7-106 所示的椭圆弧 N 上单击一点
指定下一点:                //在第一个引线点的右上方拾取第二个引线点
指定下一点:                //在第二个引线点的右侧拾取第三个引线点
指定文字宽度 <0>:           //按回车键，不指定文字的宽度
输入注释文字的第一行 <多行文字(M)>:2- %%c70     //在命令行输入尺寸文本
输入注释文字的下一行:                          //按回车键，结束命令
```

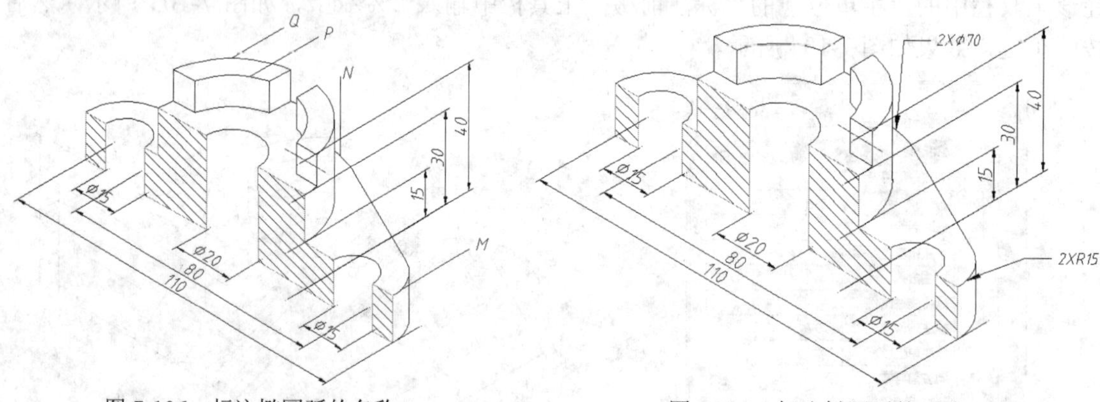

图 7-106　标注椭圆弧的名称　　　　图 7-107　标注椭圆弧的尺寸

（12） 继续在命令行输入 QLEADER 命令，对图 7-106 所示的椭圆弧 P、椭圆弧 Q 标注直径尺寸，直径大小分别为 40 mm，55 mm。结果如图 7-108 所示。

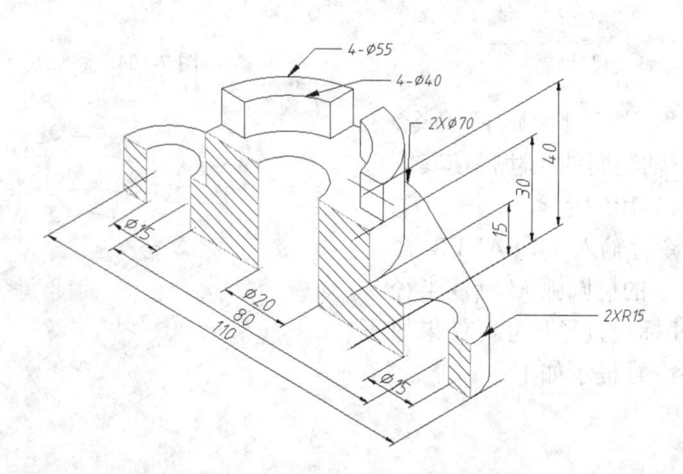

图 7-108　标注椭圆弧的尺寸

第 8 章　绘制二维零件图

零件图是生产中指导制造和检验零件的主要依据。本章通过一些典型的机械零件图的绘制实例，结合前面已讲解的平面图形的绘制、编辑、公差及文字标注等知识，详细介绍零件工程中零件图的绘制方法、步骤以及零件图中技术要求的标注，通过这些内容的讲解，使读者能够掌握绘图命令，积累绘制机械零件图的经验，从而提高绘图效率。

8.1　零件图的内容

零件图是制造和检验零件用的图样，因此，图样中应包括图形、数据和技术要求。一张完整的零件图通常包括以下内容。

（1） 图形。

采用一组视图，如视图、剖视图、断面图、局部放大图等，用以正确、完整、清晰并且简便地表达此零件的结构。

（2） 尺寸。

用一组数字以正确、完整、清晰和合理的尺寸标注出零件的结构形状和其相互位置。

（3） 技术要求。

用一些规定的符号、数字、字母和文字，简明、准确地给出零件在使用、制造和检验时应达到的表面粗糙度、尺寸公差、形状和位置公差、表面热处理和材料热处理等一些技术要求。

（4） 标题栏。

它是用来填写零件名称、材料、图样的编号、比例、绘图人姓名和日期等。

8.2　零件图的视图选择

机械制图中的零件图大体可以分为轴套类零件、轮盘类零件、叉杆类零件和箱体类零件几大类，每种零件图的视图选择方法不尽相同，下面分别介绍各类零件的视图选择方法。

8.2.1　概述

一张正确、完整的机械零件图应该能够将零件各部分的形状以及零件之间的位置关系清晰完整地表示出来，因此，选择各视图的位置极其重要，选择视图的一般步骤如下。

（1） 了解机械零件的使用功能、要求、加工方法和在总件中的安装位置等信息。

（2） 对零件进行形体结构分析。

（3） 选择主视图的投射方向，确定从哪个方向观察零件以绘制主视图。

（4） 确定其他视图的个数。在选择其他视图时，既要考虑将零件中各部分的结构形状以及相对位置准确清晰地表达出来，也要使每个视图所表达的内容重点突出，以避免重复表达，总之，要做到完整清晰地表达零件的整体结构。

8.2.2 轴、套类零件

轴、套类零件一般由若干段不等径的同轴回转体构成，在零件上一般有键槽、销孔和退刀槽等结构特征。

轴、套类零件的主要加工方向是轴线水平放置，为了便于加工时阅读图纸，零件的摆放位置应为轴线的水平位置。对轴套类零件上的孔、键槽等结构，采用剖面图、放大视图等方法来表达这些结构，如图 8-1 所示为轴类零件图的视图选择示例。

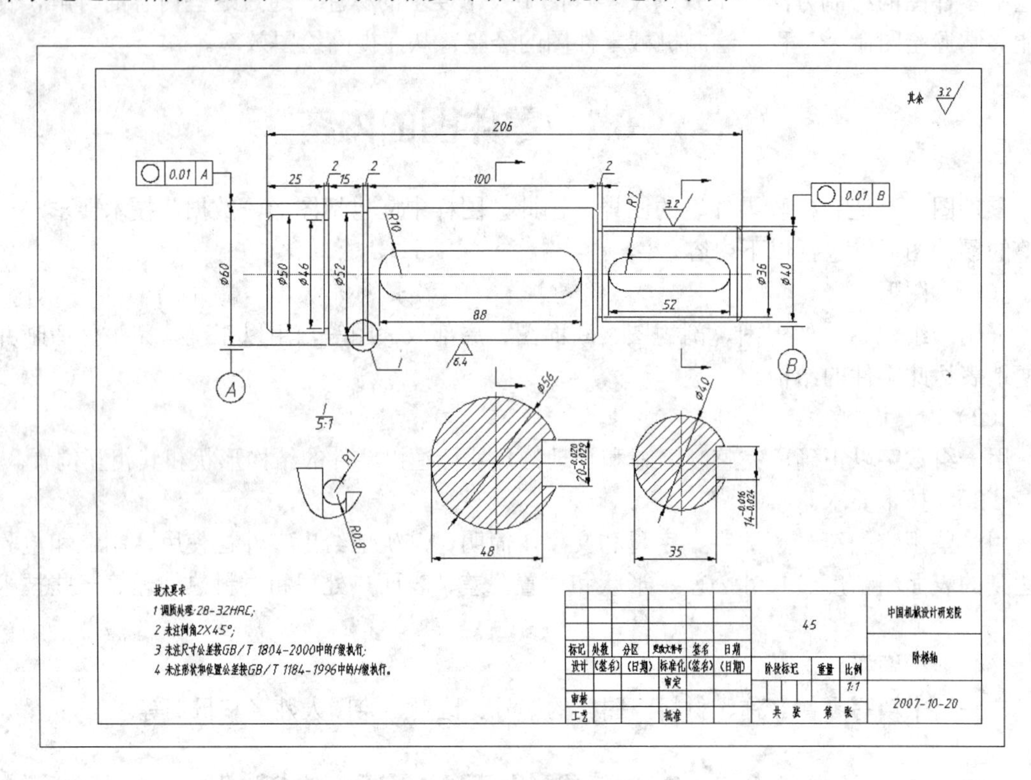

图 8-1 轴类零件图

8.2.3 轮、盘类零件

轮、盘类零件主要包括端盖、轮盘、齿轮和带轮等。这类零件的主要特征是，零件主要部分一般由回转体构成，呈扁平的盘状，且沿圆周均匀分布各种肋、孔和槽等。这类零件在加工时一般也是水平放置，通常是按加工位置即轴线水平放置零件。因此，在选择视图时，一般应该将非圆视图作为主视图，并根据规定将非圆视图画成剖视图。为了表达得更清楚，还应该用左视图完整表达零件的外形和槽、孔等结构的分布情况。如图 8-2 所示为盘类零件图的视图选择示例。

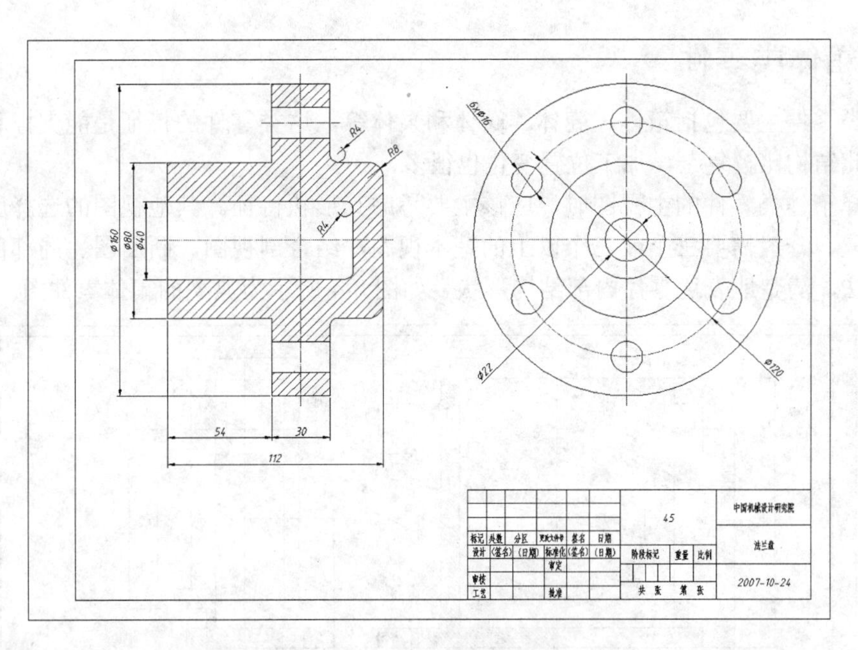

图 8-2　盘类零件图

8.2.4　叉、杆类零件

叉、杆类零件主要包括托架、拨叉和连杆等，这类零件的特征是，结构形状比较复杂，零件通常带有倾斜或者弯曲状的结构，且加工位置多变，工作位置也不固定。

叉、杆类零件图的绘制在选择主视图时应该考虑其形状特征。这类零件一般需要采用两个及两个以上的视图，并且选择合适的剖视表达方法，也常采用斜视图、局部视图、断面图等视图来表达局部结构。如图 8-3 所示为叉架零件图的视图选择示例。

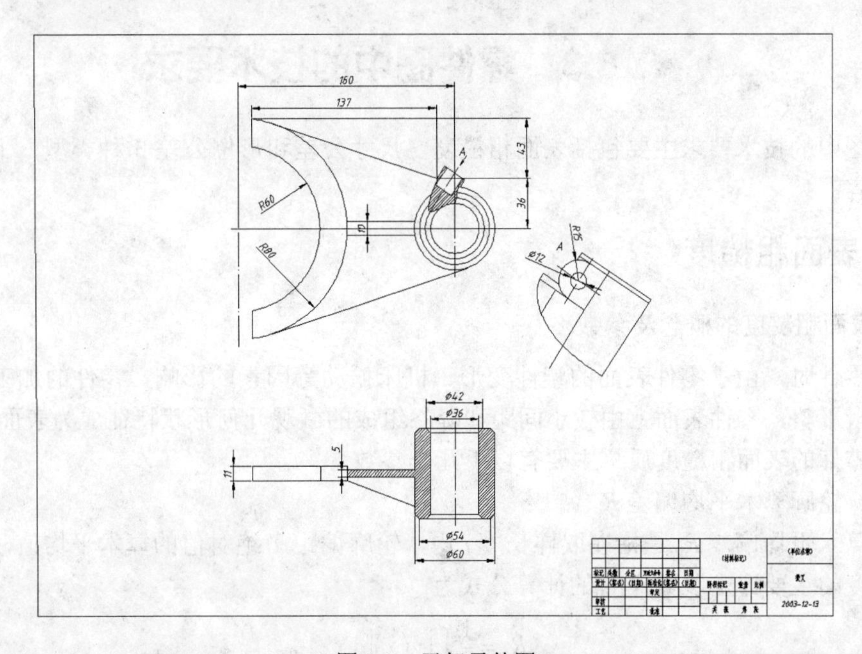

图 8-3　叉架零件图

8.2.5 箱体类零件

箱体类零件主要包括箱体、壳体、阀体和泵体等，这类零件的特征是能支撑和包容其他零件，因此结构比较复杂，加工位置变化也很多。

在选择箱体类零件的主视图时，应该主要考虑其形状特征。其他视图的选择应根据零件的结构选取，一般需要三个或三个以上的基本视图，结合剖视图、断面图、局部剖视图等多种表达方法，清楚地表达零件内部结构形状。如图 8-4 所示为典型的箱体零件图。

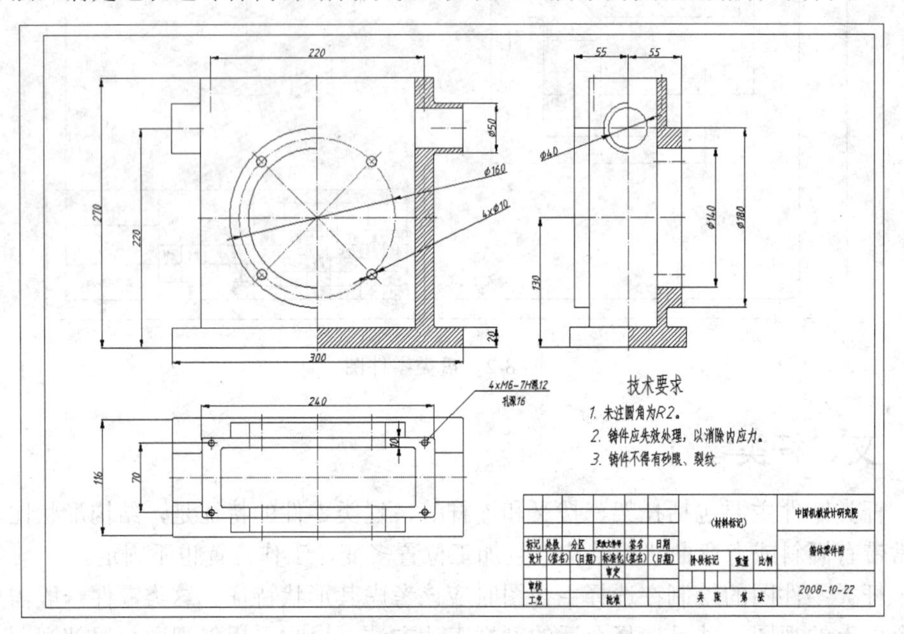

图 8-4 箱体零件图

8.3 零件图中的技术要求

零件图中的技术要求主要包括表面粗糙度、尺寸公差和形位公差 3 种类型，下面分别介绍这些内容。

8.3.1 表面粗糙度

1. 表面粗糙度的概念及参数

加工零件时，由于零件表面的塑性变形、机床振动等因素的影响，零件的加工表面不可能绝对光滑平整，零件表面上由较小间距和峰谷组成的微观几何形状特征成为表面粗糙度。

评定零件的表面粗糙度质量主要有以下几个参数。

（1） 轮廓算术平均偏差 R_a。

轮廓算术平均偏差 R_a 是指在取样长度 l 内，轮廓偏距 Y 绝对值的算术平均值，它是表面粗糙度的主要评定参数，R_a 的计算公式为：

$$R_q = \frac{1}{l}\int_0^l \left|y(x)\right| \mathrm{d}\,x$$

（2） 轮廓最大高度 R_y。

轮廓最大高度 R_y 是指在取样长度 l 内，轮廓峰顶和谷底之间的距离。

（3） 微观不平度十点高度 R_z。

微观不平度十点高度 R_z 是指在取样长度 l 内，5 个轮廓峰高的平均值与 5 个最大轮廓谷底的平均值之和。

2. 表面粗糙度的绘制方法

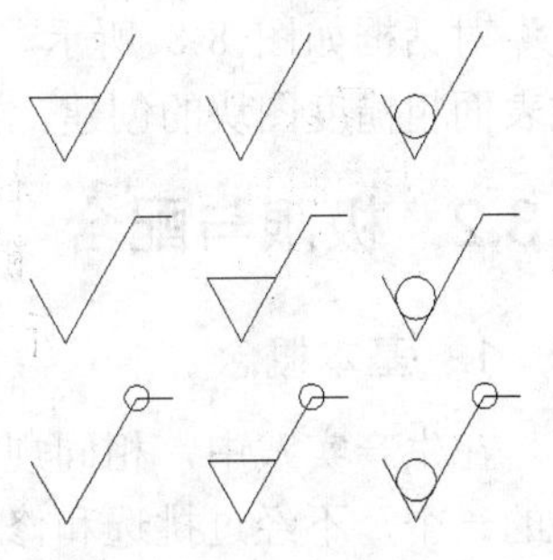

图 8-5 表面粗糙度符号

在我国的《机械制图》国家标准中规定了如图 8-5 所示的 9 种表面粗糙度的符号。在 AutoCAD 2014 中没有提供表示表面粗糙度的符号，因此可以采用将表面粗糙度符号定义为带有属性的块的方法来创建表面粗糙度符号。下面以绘制常用的表面粗糙度符号▽为例，介绍创建表面粗糙度符号的过程。

（1） 绘制表面粗糙度符号，选择"绘图"|"直线"命令，命令行提示如下：

```
命令: _line 指定第一点:                    //在绘图区单击鼠标左键确定起点
指定下一点或 [放弃（U）]: @16<240        //使用极坐标方法输入下一点坐标
指定下一点或 [放弃（U）]: @7<120          //使用极坐标方法输入下一点坐标
指定下一点或 [闭合（C）/放弃（U）]: @7<0     //使用极坐标方法输入下一点坐标
指定下一点或 [闭合（C）/放弃（U）]:按回车键        //完成直线绘制
```

（2） 定义表面粗糙度符号的属性，在命令行键入"ATTDEF"命令，按回车键，弹出"属性定义"对话框，在"属性"选项组的"标记"文本框中键入"3.2"，在"提示"文本框中键入"表面粗糙度"，在"默认"文本框中键入"3.2"；在"文字设置"选项组的"对正"下拉列表框中选择"中下"，在"文字样式"下拉列表框中选择"机械零件图"样式，在"插入点"选项组中选中"在屏幕上指定"复选框，其他选项保持默认设置，设置完成后的"属性定义"对话框如图 8-6 所示。单击"确定"按钮，在绘图区中捕捉绘制的粗糙度符号中水平线的中点，完成粗糙度的绘制，效果如图 8-7 所示。

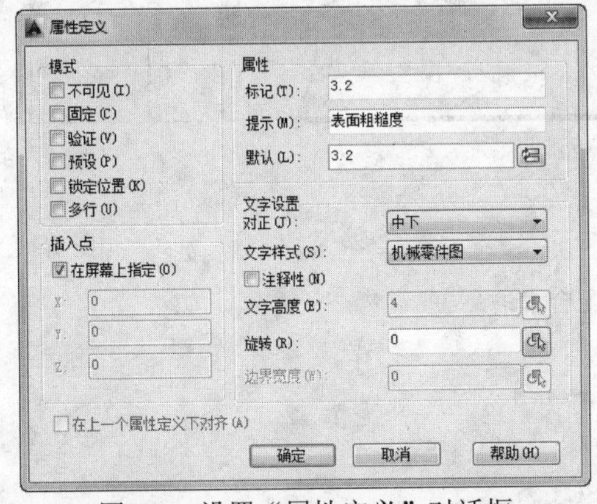

图 8-6 设置"属性定义"对话框

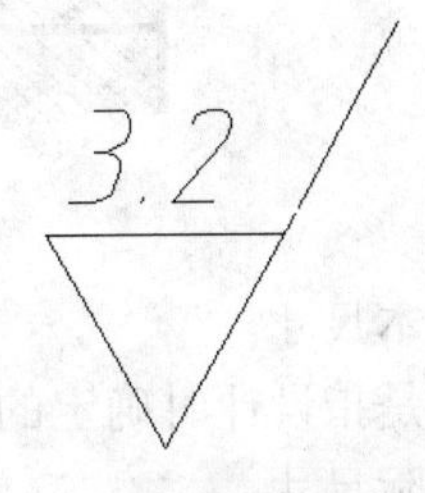

图 8-7 定义属性后的表面粗糙度符号

（3） 创建表面粗糙度图块，在命令行键入"WBLOCK"命令，按回车键，弹出"写块"对话框，在"基点"选项组中单击"拾取点"按钮，在绘图区中捕捉表面粗糙度符号的最低点作为基点，在“对象”选项组中单击“选择对象”按钮，在绘图区中选中表面粗糙度符号后返回到“写块”对话框，在“文件名和路径”下拉列表框中，将保存块的路径修改到工作目录，并将块的名称命名为“表面粗糙度”，设置完成后的“写块”对话框如图 8-8 所示。单击“确定”按钮，完成表面粗糙度图块的创建。

图 8-8　设置“写块”对话框

8.3.2　极限与配合

1.　基本概念

在生产实践中，相同规格的一批零件，任取其中的一个，不经过挑选和修配，就能适合地装配到部件中去，并能满足部件性能的要求，零件的这种性质称为互换性。

加工零件时，因机床精度、刀具磨损、测量误差等生产条件和加工技术的原因，成品零件会出现一定的尺寸误差。加工相同的一批零件时，为保证零件的互换性，设计时应根据零件的使用要求和加工条件，将零件的误差限制在一定的范围内，国家标准总局颁布了《极限与配合》的各种标准，对零件尺寸允许的变动量作出规定。

2.　极限与配合的术语

极限与配合的术语如图 8-9 所示，下面分别介绍各术语的含义。

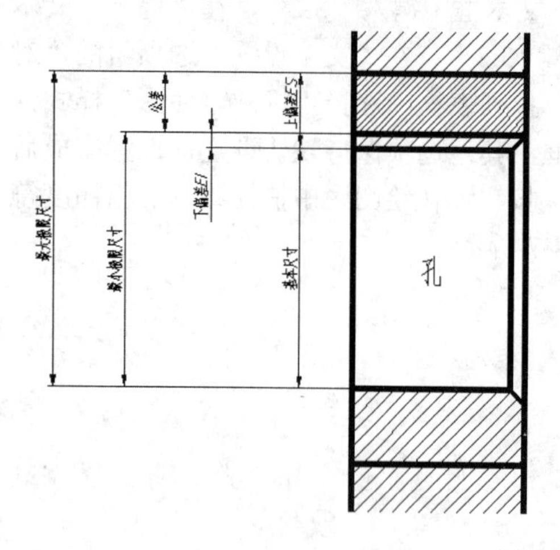

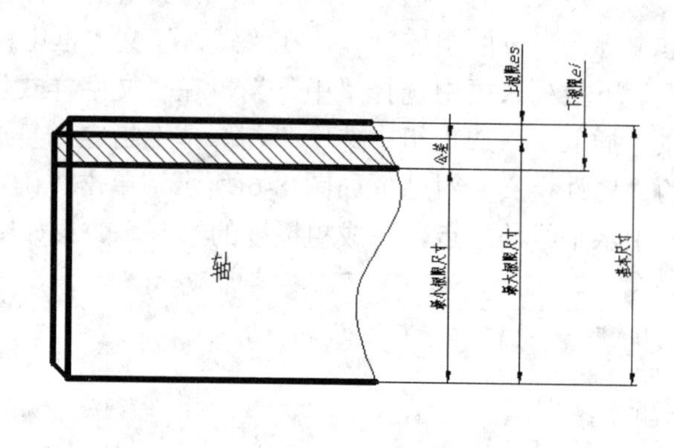

图 8-9　极限与配合术语

（1）　基本尺寸。

基本尺寸是指设计时确定的尺寸。

（2）　实际尺寸。

实际尺寸指对成品零件中某一孔或者轴，通过仪器测量获得的尺寸。

（3）　极限尺寸。

极限尺寸指允许零件实际尺寸变化的极限值，包括最小极限尺寸和最大极限尺寸。

（4） 极限偏差。

极限偏差指极限尺寸与基本尺寸的差值，包括上偏差和下偏差。极限偏差可以是正值，也可以是负值或者零。

（5） 尺寸公差。

尺寸公差指允许的尺寸变动量，等于最大极限尺寸减去最小极限尺寸。尺寸公差是一个没有符号的绝对值。

（6） 尺寸公差带。

尺寸公差带指公差带图中由代表上、下偏差的两条直线所限定的区域，它由公差大小和其相对零线的位置来确定。

3. 极限与配合在零件图上的标注

国标 GB/T 4458.5-2003 给出了机械制图中尺寸公差与配合在图样中的标注方法。在 AutoCAD 2014 中标注尺寸的公差与配合主要有以下 3 种方法。

（1） 创建新的标注样式“尺寸公差与配合标注”，该标注样式中的“公差”选项卡设置后如图 8-10 所示。

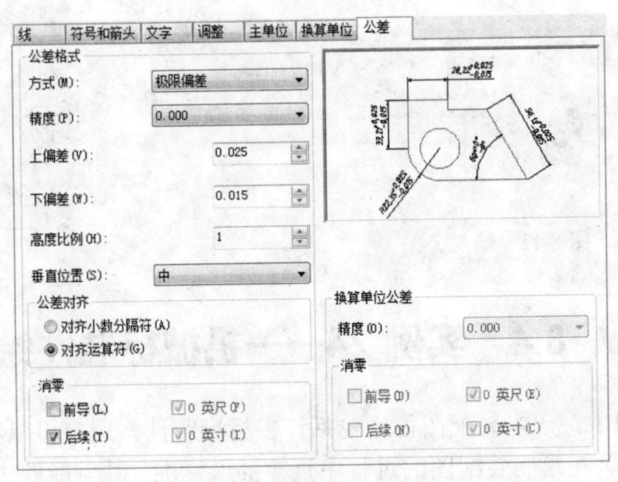

图 8-10 “公差”选项卡

提 示

这种标注公差的方法只能用于单个尺寸的标注，即每标注一个尺寸的公差配合就需要创建与其对应的标注样式，因此，在实际标注中不常用。

（2） 在标注主尺寸公差时，在放置尺寸之前在命令行键入“M”命令，弹出如图 8-11 所示的“文字格式”工具栏。若要在尺寸后添加配合，在多行文字编辑器中的尺寸后依次输入配合的孔公差带、“/”、轴公差带，然后用鼠标选中分数的这些要素，单击按钮，则其改写成如图 8-11 所示的分数形式；若要在尺寸后添加极限偏差，在多行文字编辑器中的尺寸后依次输入偏差的上偏差、“^”、下偏差，然后用鼠标选中极限偏差的这些要素，单击按钮，则其改写成如图 8-12 所示的上下偏差形式，单击“文字格式”工具栏上的“确定”按钮，在图形的合适位置单击鼠标完成标注，即可完成配合和公差标注。

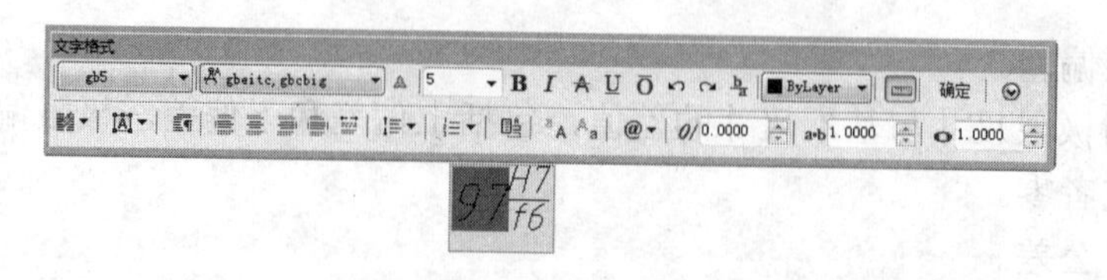

图 8-11　创建配合

（3） 通过“特性”面板来创建极限与配合，例如，要确定尺寸 16 的极限偏差，可以在标注基本尺寸后，选中该尺寸，单击鼠标右键，在弹出的快捷菜单中选择“特性”命令，打开“特性”面板，该面板的“公差”选项组用于设置极限偏差，设置偏差后的“公差”选项组如图 8-13 所示。

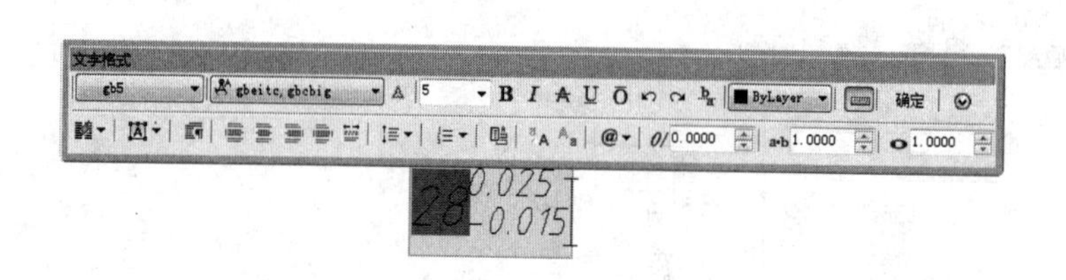

图 8-12　输入公差

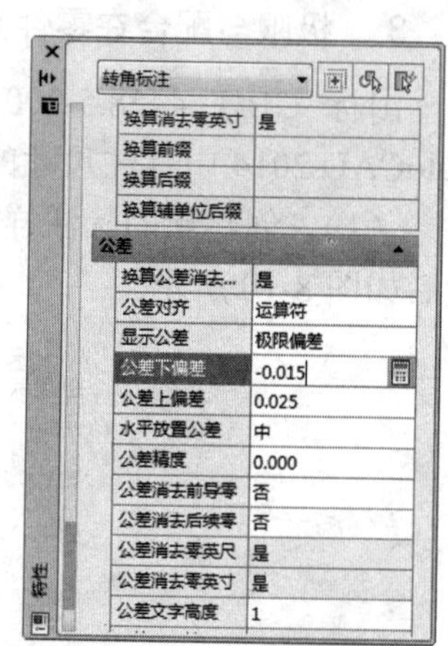

图 8-13　“特性”面板

8.4　实例 24——机械标准件绘制

在机械绘图过程中，一幅装配图往往包括许多标准零件。用户可以将标准件绘制完成以后，保存为块的形式，在绘制装配图的过程中直接插入标准件块，能够大大提高绘图的效率。下面以介绍圆柱销为例，来介绍标准件的绘制方法。

常用的销有圆柱销、圆锥销和开口销等，圆柱销和圆锥销可起定位和连接作用。下面以绘制公称直径 d=8 mm，长度 l=30 mm 的如图 8-14 所示的圆柱销为例介绍绘制销的具体步骤。

（1） 运行 AutoCAD 2014 中文版之后，新建二维制图模型，命名为“圆柱销.dwg”。

（2） 使用第 6 章创建的图层，将“轮廓线”图层置为当前图层，然后单击“矩形”按钮，绘制长度为 30，宽度为 8 的矩形，角点坐标分别为（10,10）和（40,18），效果如图 8-15 所示。

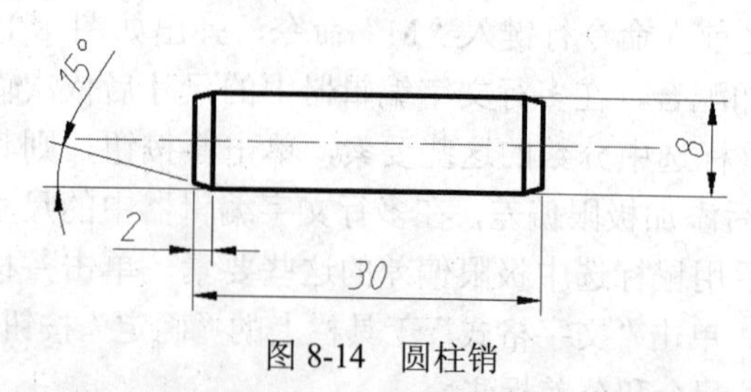

图 8-14　圆柱销

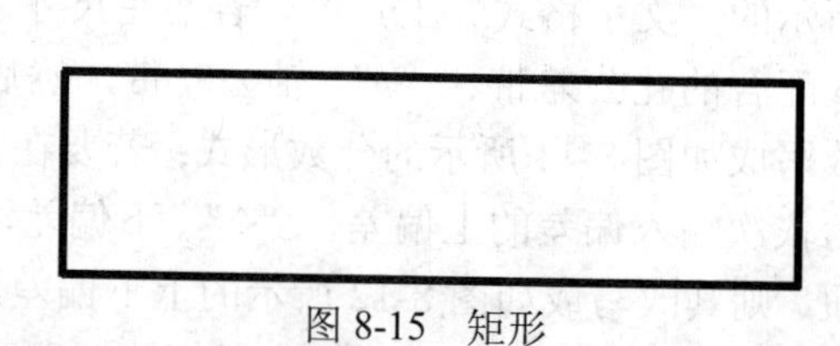

图 8-15　矩形

（3）将“中心线”图层置为当前图层，然后单击“直线”按钮，过点（0,14）和（50,14）绘制直线，效果如图 8-16 所示。

（4） 单击“分解”按钮，将矩形分解，如图 8-17 所示。

图 8-16　绘制中心线　　　　图 8-17　分解矩形

（5） 单击“偏移”按钮，将分解的矩形左右侧边分别向内偏移 1.6，效果如图 8-18 所示。

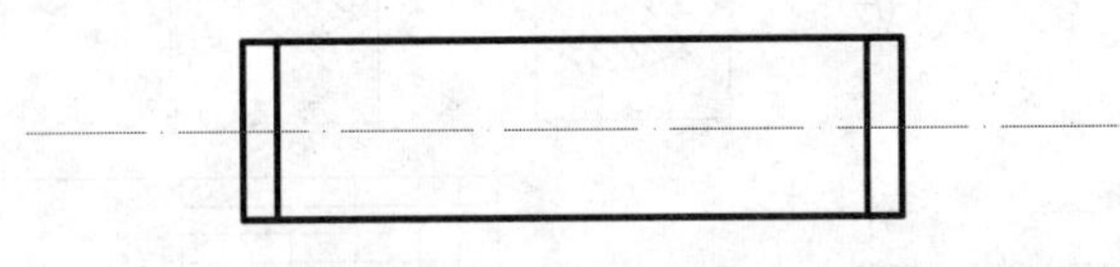

图 8-18　偏移操作

（6） 单击“倒角”按钮，命令行提示如下：

```
命令: _chamfer
（“修剪”模式） 当前倒角距离 1 = 0.0000，距离 2 = 0.0000
选择第一条直线或 [放弃（U）/多段线（P）/距离（D）/角度（A）/修剪（T）/方式（E）/多个（M）]:  a //键入a,首先确定倒角的角度
指定第一条直线的倒角长度 <0.0000>: 1.6      //键入倒角长度
指定第一条直线的倒角角度 <0>: 15           //键入倒角角度
选择第一条直线或 [放弃（U）/多段线（P）/距离（D）/角度（A）/修剪（T）/方式（E）/多个（M）]: // 选择矩形的上侧边
选择第二条直线，或按住 Shift键选择直线以应用角点或 [距离（D）/角度（A）/方法（M）]:// 选择矩形的右侧垂直边
```

（7） 继续使用“倒角”命令，绘制其余倒角，绘制完成的倒角效果如图 8-19 所示。

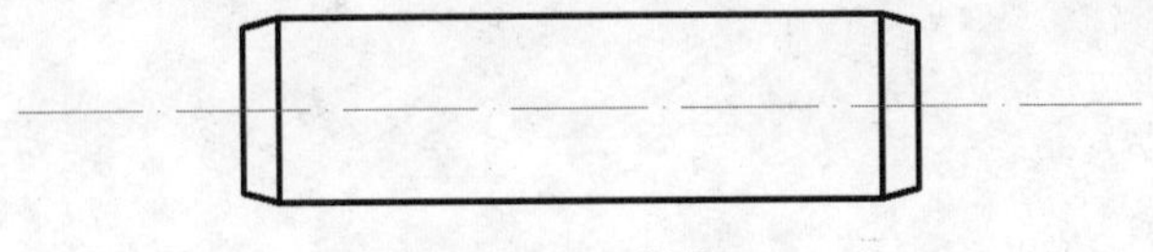

图 8-19　倒角

通过以上步骤，完成了圆柱销标准件的绘制，最终效果如图 8-14 所示。

 8.5　实例 25——轴、套类零件图绘制-齿轮轴

绘制完整的轴套类零件图需要经过配置绘图环境、绘制主视图、绘制剖视图、绘制局部放大图、绘制剖面线、标注尺寸、插入基准代号及标准形位公差、标注表面粗糙度及插入剖切符号、填写标题栏及技术要求等步骤。本例以绘制如图 8-20 所示的轴类零件图为例介绍各大步骤的具体过程。

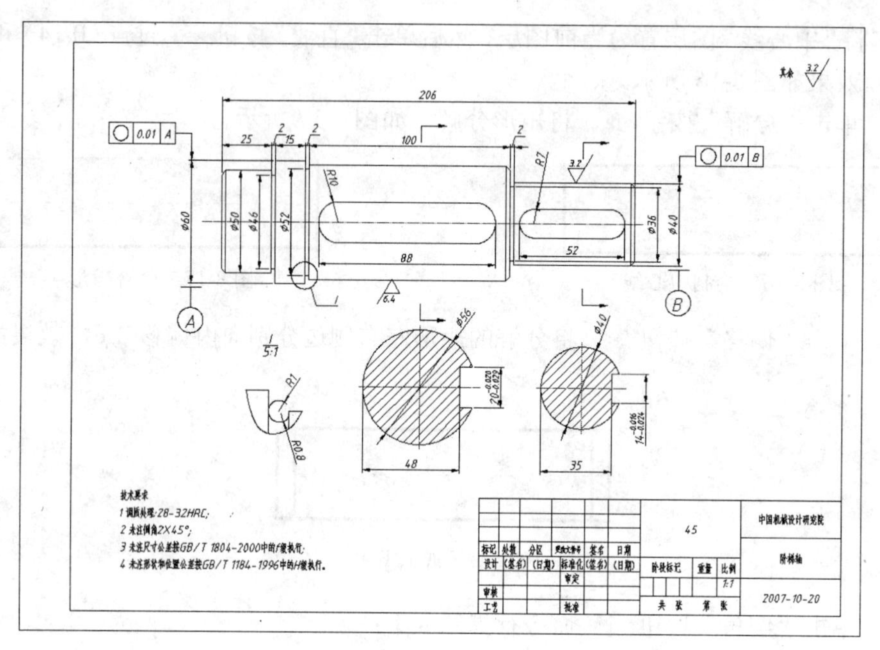

图 8-20　轴类零件图

8.5.1　配置绘图环境

本例中采用插入样板图的方法配置绘图环境。

（1）启动 AutoCAD 2014 以后，选择“文件”|“新建”命令，弹出“选择样板”对话框。

（2）在“名称”列表中选择“A3 样板图.dwt”选项，然后单击“打开”按钮，在绘图区加载了图幅、标题栏、图层、标注样式和文字样式，如图 8-21 所示。

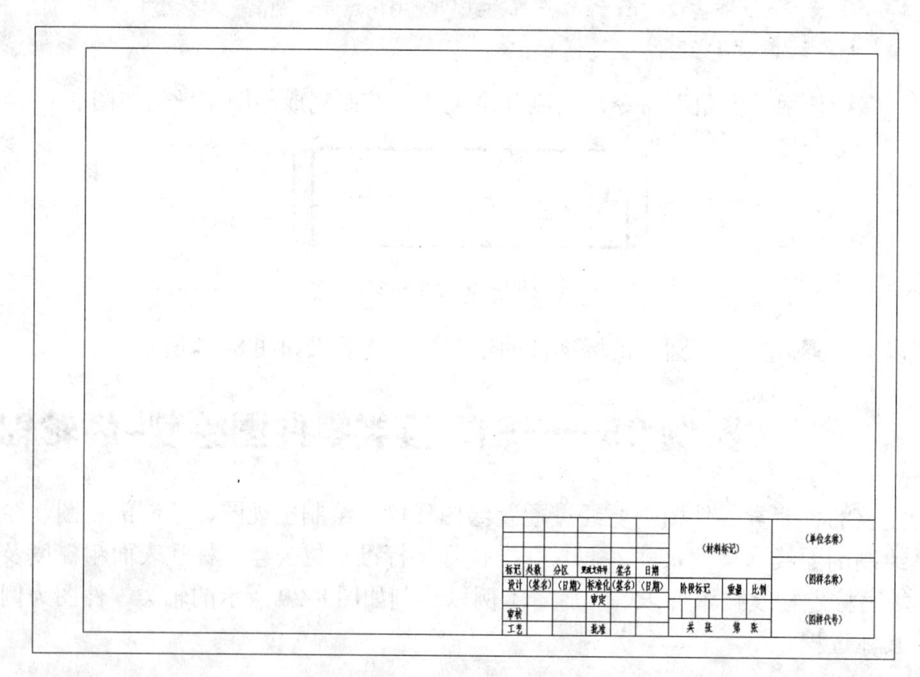

图 8-21　配置绘图环境

配置完绘图环境以后，接下来绘制主视图。

8.5.2 绘制主视图

绘制主视图的具体步骤如下。

（1） 将“中心线”图层置为当前图层，选择“绘图”|“直线”命令，命令行提示如下：

```
命令: _line 指定第一点: 90,200          //键入中心线起点的坐标
指定下一点或 [放弃(U)]: 220   //打开“正交”功能，水平向右移动鼠标，键入移动距离
指定下一点或 [放弃(U)]:                //按回车键，完成中心线绘制
```

（2） 将“轮廓线”图层置为当前图层，选择“绘图”|“直线”命令，使用步骤 1 的绘制方法，第一点坐标为（100，200），其他移动距离分别为 25（向上）、25（向右）、2（向下）、2（向右）、7（向上）、15（向右）、4（向下）、2（向右）、2（向上）、80（向右）、10（向下）、2（向右）、2（向上）、60（向右）、20（向下），效果如图 8-22 所示。

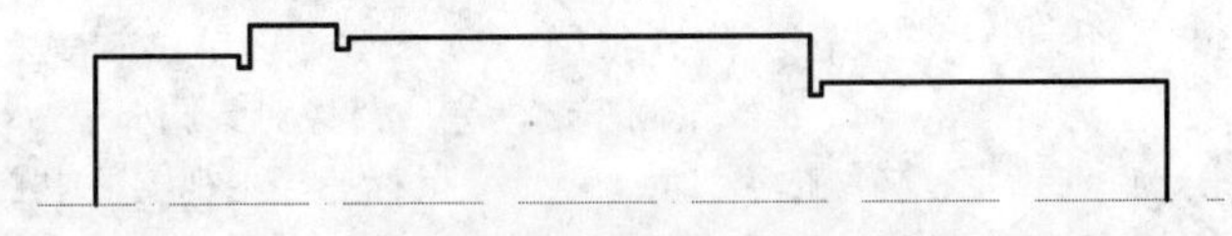

图 8-22 绘制主视图

（3） 选择“修改”|“倒角 ”命令，命令行提示如下：

```
命令: _chamfer
("修剪"模式) 当前倒角距离 1 = 0.0000，距离 2 = 0.0000
选择第一条直线或 [放弃(U)/多段线(P)/距离(D)/角度(A)/修剪(T)/方式(E)/多个(M)]: D //键入D，首先确定倒角的距离
指定第一个倒角距离 <0.0000>: 2                        //键入倒角的距离
指定第二个倒角距离 <2.0000>:         //按回车键，使第二个倒角距离与第一个相等
选择第一条直线或 [放弃(U)/多段线(P)/距离(D)/角度(A)/修剪(T)/方式(E)/多个(M)]: //选择最左侧的垂直直线
选择第二条直线，或按住 Shift键选择直线以应用角点或 [距离(D)/角度(A)/方法(M)]://选择左侧的水平直线，完成倒角绘制
```

（4） 继续使用“倒角”命令，绘制其余倒角，绘制完成后的图形如图 8-23 所示。

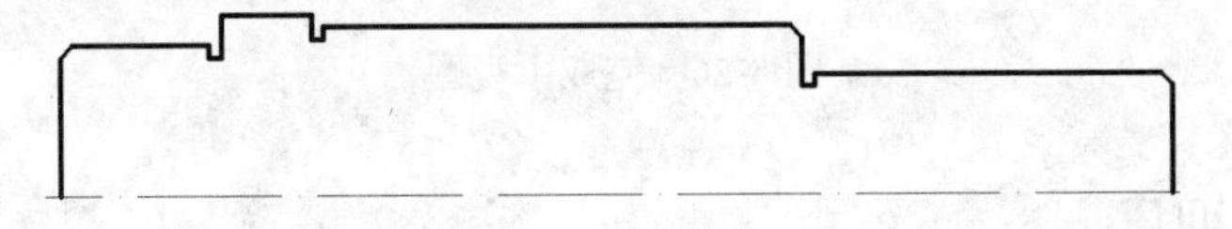

图 8-23 绘制倒角

（5） 选择“绘图”|“直线”命令，绘制轴肩直线，绘制完成后的主视图如图 8-24 所示。

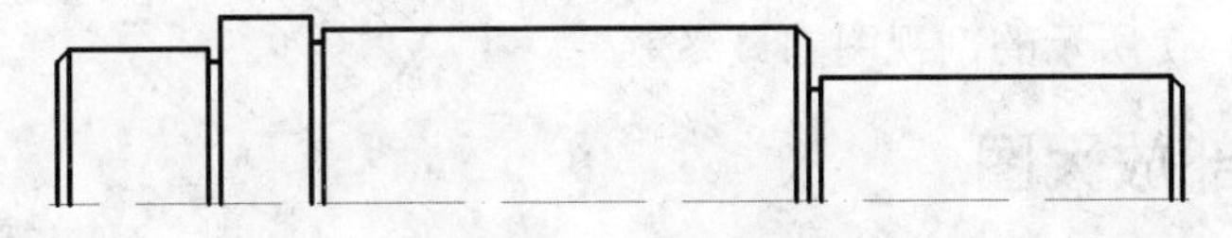

图 8-24 绘制轴肩线

（6） 选择“修改”|“镜像”命令，将图 8-25 沿中心线镜像，效果如图 8-25 所示。

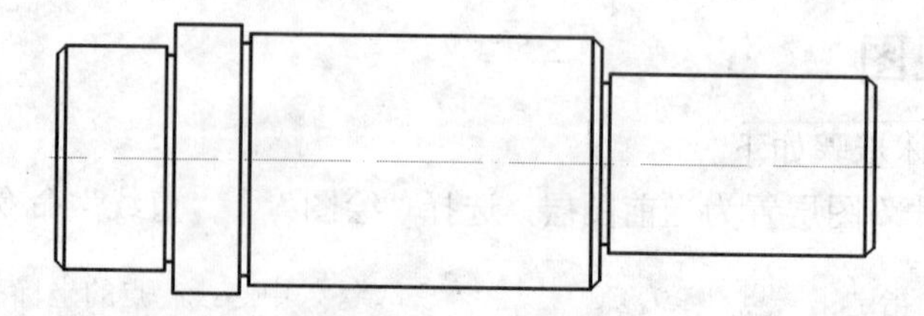

图 8-25 镜像

（7） 使用“直线”命令，绘制键槽中的直线，左侧键槽的上端直线坐标和右侧键槽的上端直线坐标分别为（159,210）、（227,210）、（256,207）、（294,207）。

（8） 选择“修改”|“镜像”命令，命令行提示如下：

```
命令：_mirror
选择对象：找到 1 个                //选择第（7）步绘制的第一条直线
选择对象：找到 1 个，总计 2 个     //选择第（7）步绘制的第二条直线
选择对象：                         //按回车键，完成镜像对象选择
指定镜像线的第一点：指定镜像线的第二点：   //鼠标捕捉主视图种中心线的两个端点
要删除源对象吗？[是（Y）/否（N）] <N>：  //按回车键，不删除源对象，完成镜像操作
```

（9） 选择“绘图”|“圆弧”|“起点、圆心、端点”命令，命令行提示如下：

```
命令：_arc 指定圆弧的起点或 [圆心（C）]：    //捕捉第（7）步绘制的第一条直线的左端点
指定圆弧的第二个点或 [圆心（C）/端点（E）]：_c 指定圆弧的圆心：  //捕捉直线端点连线与中心线的交点
指定圆弧的端点或 [角度（A）/弦长（L）]：     //捕捉第（8）步捕捉的第一条直线的左端点
```

（10） 继续使用“绘图”|“圆弧”|“起点、圆心、端点”命令，绘制其他圆弧，通过以上步骤，完成了主视图的绘制，效果如图 8-26 所示。

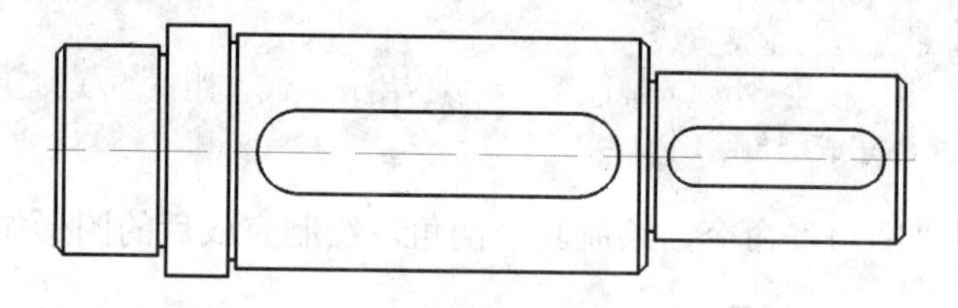

图 8-26 完成主视图

8.5.3 绘制剖视图

绘制轴类零件剖视图的方法在第 5 章 5.2.6 节已经通过具体实例进行了详细介绍，在此不再详述。这里给出如图 8-27 所示的剖视图的最终效果。

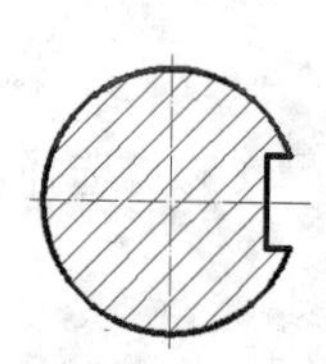

图 8-27 局部剖视图

8.5.4 绘制局部放大图

局部放大图用于更清楚地表达主视图中的凹槽，具体的绘制轴类零件的局部放大图已经在第 5 章 5.4 节通过实例做了详细介绍。

8.5.5　标注尺寸

标注阶梯轴的尺寸分为标注线性尺寸、标注直径尺寸、标注局部放大图的尺寸和标注剖视图尺寸 4 个部分，具体步骤如下：

（1） 将“标注线”图层置为当前图层，将标注样式“GB5”置为当前标注样式，使用“线性”和“连续”命令对轴进行标注，效果如图 8-28 所示。

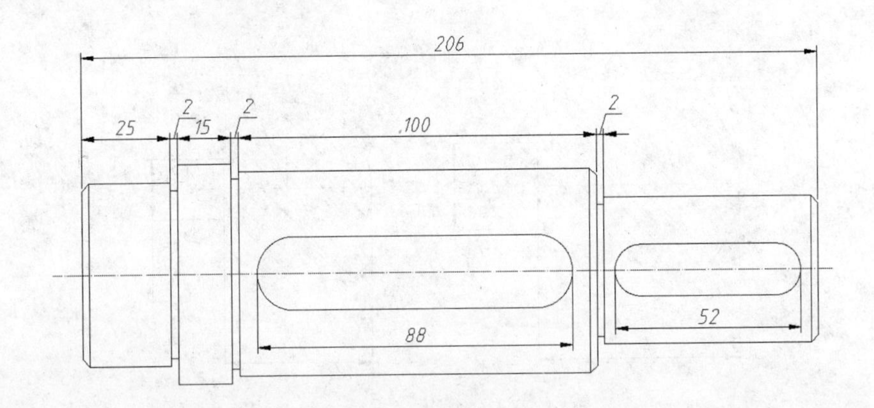

图 8-28　标注线性尺寸

（2） 继续使用“线性”命令，标注各段轴的直径，在使用“线性”命令过程中，需要编辑尺寸，即在尺寸前加入直径符号。

（3） 选择“标注”|“半径”命令，对键槽圆弧进行标注。

（4） 继续选择“标注”|“半径”命令，标注右侧键槽的半径，通过以上步骤完成主视图尺寸的标注，效果如图 8-29 所示。

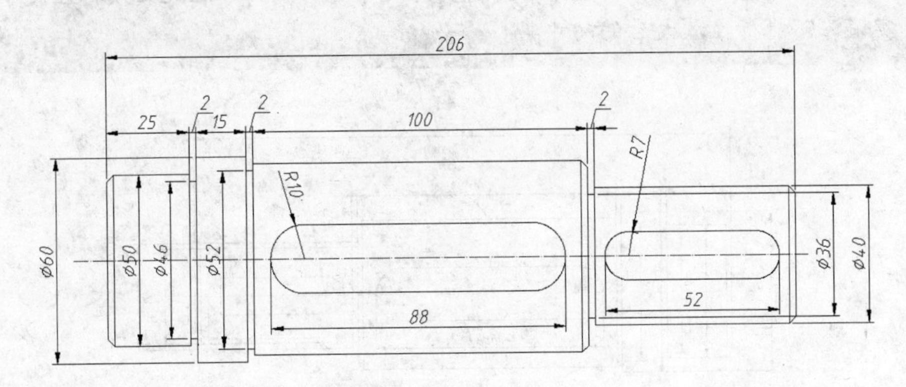

图 8-29　标注主视图的尺寸

（5） 选择“标注”|“线性”命令，命令行提示如下：

```
命令: _dimlinear
指定第一个尺寸界线原点或 <选择对象>:      //鼠标捕捉第一个剖视图键槽的上端线端点
指定第二条尺寸界线原点:             //鼠标捕捉第一个剖视图键槽的下端线端点
指定尺寸线位置或
[多行文字（M）/文字（T）/角度（A）/水平（H）/垂直（V）/旋转（R）]: M //键入M, 弹
```

出“文字格式”工具栏，键入公差
指定尺寸线位置或
[多行文字（M）/文字（T）/角度（A）/水平（H）/垂直（V）/旋转（R）]：//在合适位置单击鼠标左键，完成标注

（6） 使用“线性”和“直径”命令，标注剖视图中的其他尺寸，标注完成后的剖视图如图 8-30 所示。

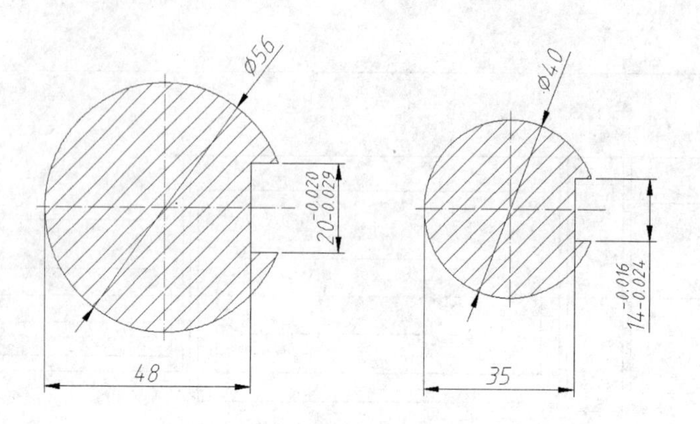

图 8-30 标注剖视图中的尺寸

（7） 选择“标注”|“半径”命令，标注局部放大图中的半径尺寸，标注完成后完成了所有基本尺寸的标注，效果如图 8-31 所示。

提 示

在标注局部放大图中的尺寸时，需要对尺寸进行编辑，在此必须标注尺寸的真实值，不能标注放大后的尺寸。

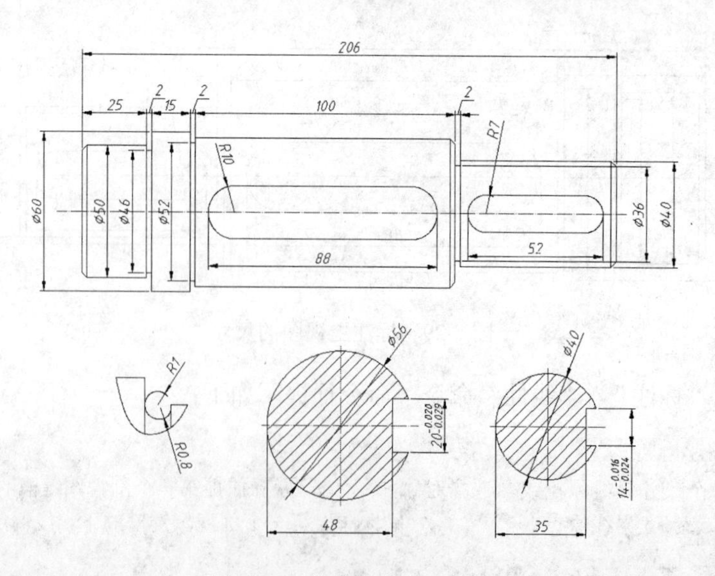

图 8-31 完成基本尺寸标注

8.5.6 插入基准代号及标注形位公差

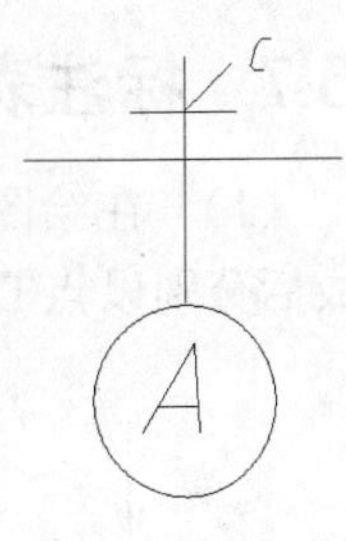

图 8-32 基准

（1） 在绘图区使用基本绘图命令绘制如图 8-32 所示的基准图样，绘制完成后以点 C 为基点创建“基准”图块。

（2） 选择“插入”|“块”命令，弹出“插入”对话框，在“名称”下拉列表中选择“基准”图块，选中“插入点”选项组中的“在屏幕上指定”复选框，然后单击“确定”按钮，在尺寸标注Φ60 下方位置插入标准块。

（3） 选择“修改”|“复制”命令，将基准 A 复制到如图 8-33 所示的基准 B 的位置，并将基准名称改为 B。

（4） 将“引线”图层置为当前图层，将“GB5”引线样式置为当前引线样式，然后选择“标注”|“多重引线”命令，命令行提示如下：

```
命令：_mleader
指定引线箭头的位置或［引线基线优先（L）/内容优先（C）/选项（O）］<选项>:
指定引线基线的位置：                //选择直径尺寸 60 的上尺寸线点
```

（5） 继续使用“多重引线”命令，标注与图 8-33 所示的基准 B 所对应的引线。

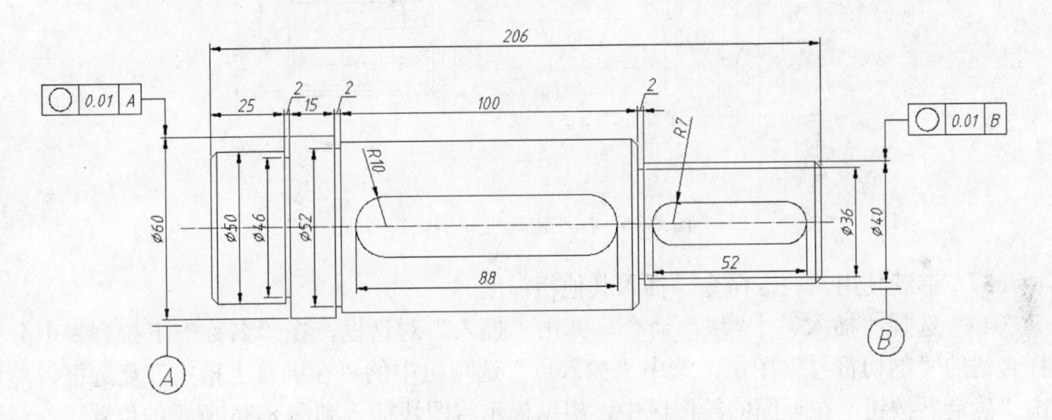

图 8-33 标注形位公差

（6） 将“标注”图层置为当前图层，选择“标注”|“公差”命令，弹出“形位公差”对话框，按图 8-34 所示设置公差的各参数，单击“确定”按钮，在绘图区捕捉第一个引线的端点，完成公差标注。

（7） 继续使用“公差”命令，标注其他形位公差，标注完成后的主视图如图8-34所示。

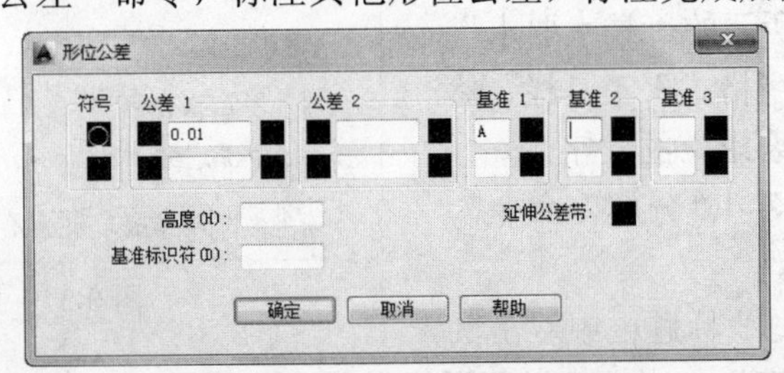

图 8-34 “形位公差”对话框

8.5.7 标注表面粗糙度及插入剖切符号

（1） 在绘图区使用基本绘图命令绘制如图 8-35 所示的剖切符号 1 和剖切符号 2，绘制完成后分别以点 D 和点 E 为基点创建“剖切符号 1”图块和“剖切符号 2”图块。

图 8-35（a） 剖切符号 1　　图 8-35（b） 剖切符号 2

（2） 选择“插入”|“块”命令，弹出“插入”对话框，在“名称”下拉列表中选择“粗糙度”图块，选中“插入点”选项组中的“在屏幕上指定”复选框，然后单击“确定”按钮，在返回的绘图区中，根据提示将图块插入到图 8-36 所示的位置。

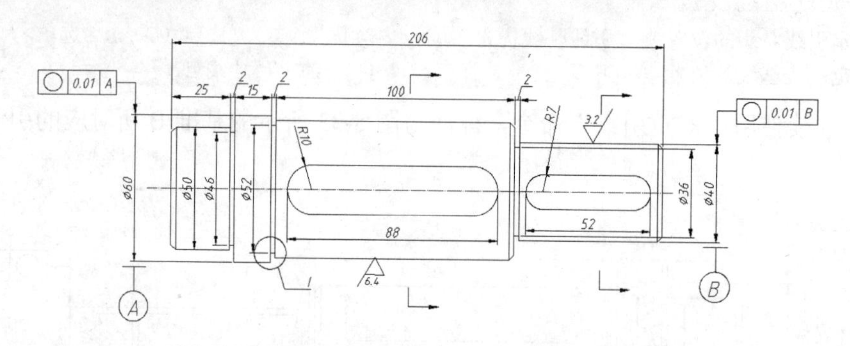

图 8-36 标注粗糙度和剖切符号

（3） 继续使用“块”命令，插入其他粗糙度。

（4） 选择“插入”|“块”命令，弹出“插入”对话框，在“名称”下拉列表中分别选择合适的“剖切符号”图块，选中“插入点”选项组中的“在屏幕上指定”复选框，然后单击“确定”按钮，在返回的绘图区中，根据提示将图块插入到图 8-36 所示的位置。

（5） 继续使用“块”命令，插入图 8-36 所示的图形中的其他剖切符号。

8.5.8 填写标题栏及技术要求

（1） 将“GB5”文字样式置为当前样式，然后把“文字”图层置为当前图层，选择“绘图”|“文字”|“多行文字”命令，在绘图区指定了如图 8-37 所示的“技术要求”角点后，系统打开“文字格式”工具栏，然后在文本框输入“技术要求”的文字。

技术要求
1 调质处理:28-32HRC;
2 未注倒角2X45°;
3 未注尺寸公差按GB/T 1804-2000中的f级执行;
4 未注形状和位置公差按GB/T 1184-1996中的H级执行。

图 8-37 技术要求

（2） 选择“修改”|“分解”命令，将绘图区的标题栏分解。

（3） 在“图样名称”标题框中双击鼠标，在弹出的“编辑文字”文本框中键入图形名称“阶梯轴”，然后单击“文字格式”工具栏中的“确定”按钮。使用同样的方法填写如图 8-38 所示的标题栏的其他内容。

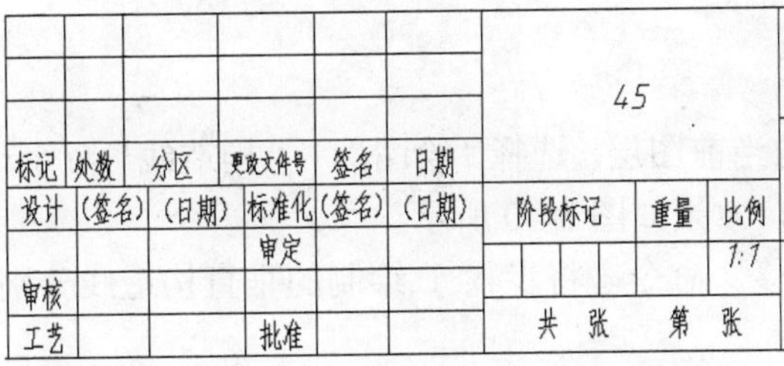

						45			中国机械设计研究院
标记	处数	分区	更改文件号	签名	日期				阶梯轴
设计	(签名)	(日期)	标准化	(签名)	(日期)	阶段标记	重量	比例	
			审定					1:1	2007-10-20
审核									
工艺			批准			共 张	第 张		

图 8-38 填写标题栏

通过以上所有的步骤，完成了主视图、剖视图、局部放大图、剖面线的绘制，尺寸的标注、形位公差的标注，粗糙度的标注以及标题栏的填写，最终零件如图 8-20 所示。本例基本上介绍了绘制轴类零件图的所有步骤，读者可以根据本例绘制其他轴类零件。

8.6 实例 26——轮、盘类零件图绘制-法兰盘

绘制法兰盘主要包括配置绘图环境、绘制主视图、绘制左视图、标注尺寸、填写标题栏等部分，本例通过绘制如图 8-39 所示的法兰盘分别介绍各部分的操作步骤。

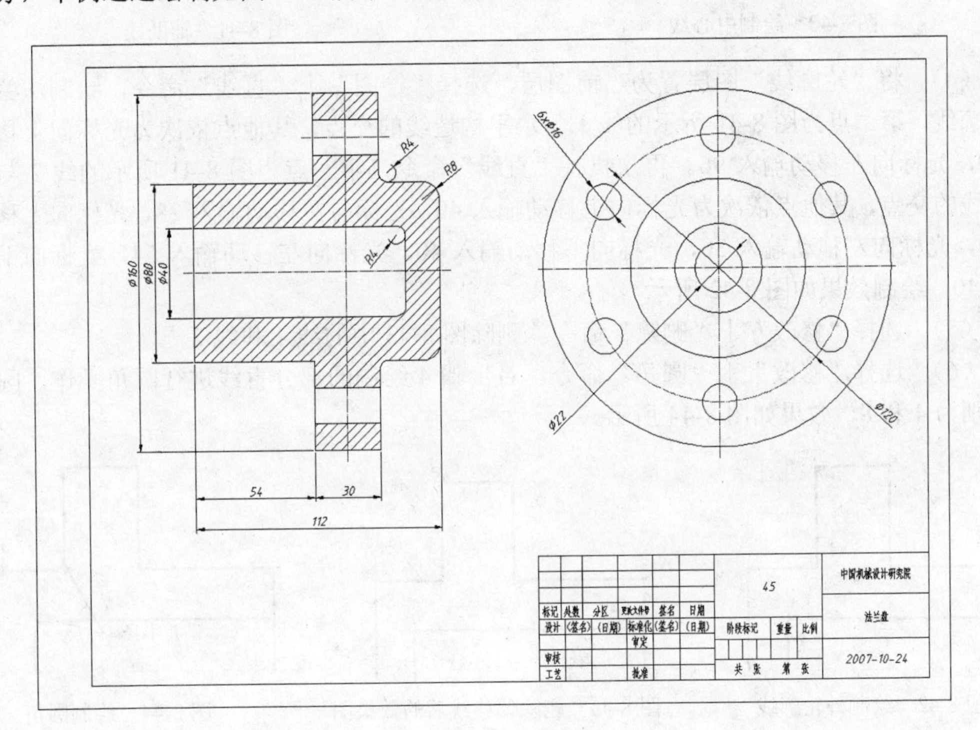

图 8-39 法兰盘

8.6.1 配置绘图环境

（1） 启动 AutoCAD 2014 以后，选择“文件”|“新建”命令，弹出“选择样板”对话框。

（2） 在“名称”列表中选择“A3 样板图.dwt”选项，单击“打开”按钮，在绘图区加载了图幅、标题栏、图层、标注样式和文字样式。

8.6.2 绘制主视图

（1） 将“中心线”图层置为当前图层，选择“绘图”|“构造线”命令，过点（150,200）绘制一条水平和一条垂直构造线，效果如图 8-40 所示。

（2） 选择“修改”|“偏移”命令，将步骤 1 绘制的垂直构造线分别向右偏移 27 和 43，效果如图 8-41 所示。

（3） 继续使用“偏移”命令，将图 8-40 中的垂直中心线向其右侧偏移 43，偏移后效果如图 8-41 所示。

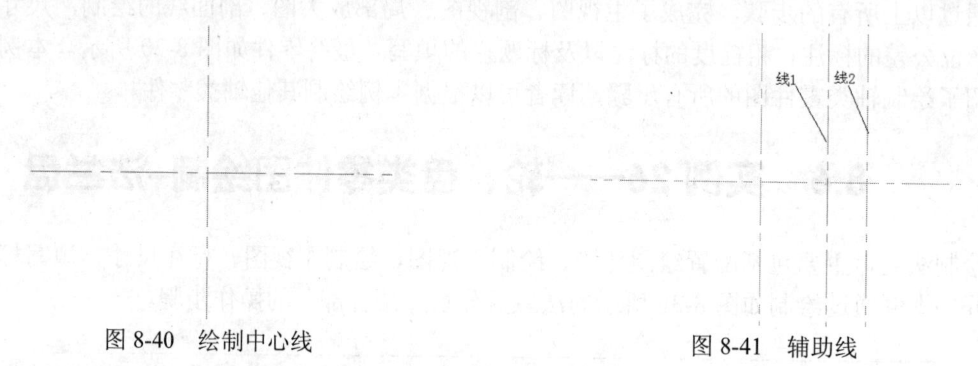

图 8-40 绘制中心线　　图 8-41 辅助线

（4） 将“轮廓线”图层置为当前图层，选择“绘图”|“直线”命令，绘制法兰盘的外轮廓线，第一点为图 8-41 所示的线 1 与水平构造线的交点，其他点依次为光标向上移动输入 20，光标向左移动输入 96。再次执行“直线”命令，第一点为图 8-41 所示的线 2 与水平构造线的交点，其他点依次为光标向上移动输入 40，光标向左移动输入 28，光标向上移动输入 40，光标向左移动输入 30，光标向下移动输入 40，光标向左移动输入 54，光标向下移动输入 40，绘制效果如图 8-42 所示。

（5） 选择“修改”|“删除”命令，删除图 8-43 中的线 1 和线 2。

（6） 选择“修改”|“圆角”命令，对步骤 4 绘制的部分直线进行圆角操作，圆角半径分别为 4 和 8，效果如图 8-44 所示。

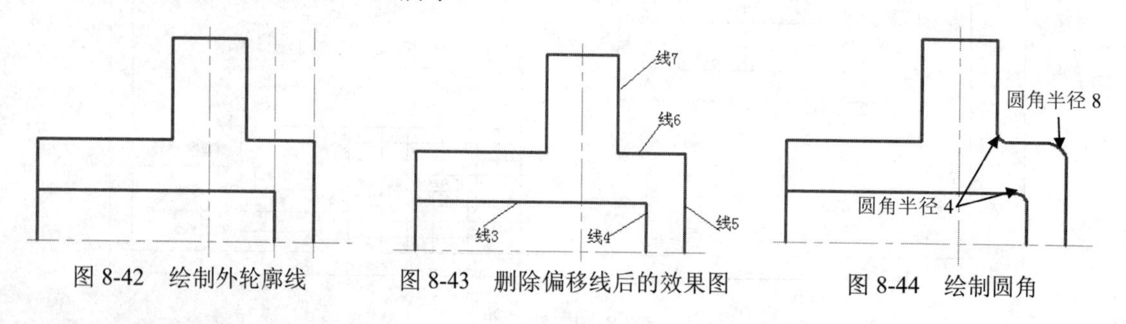

图 8-42 绘制外轮廓线　　图 8-43 删除偏移线后的效果图　　图 8-44 绘制圆角

8.6.3 绘制左视图

（1） 选择“修改”|“偏移”命令，偏移图 8-39 所示的垂直中心线，偏移距离为 200，偏移后的构造线与水平构造线作为左视图的定位辅助线，如图 8-45 所示。

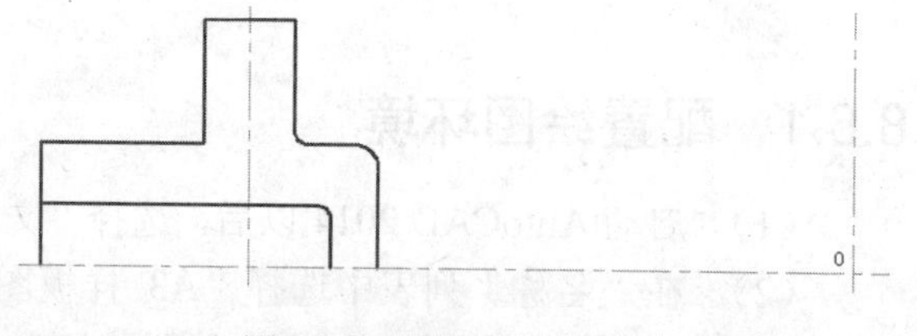

图 8-45 偏移后的效果图

（2） 选择“绘图”｜“圆”｜“圆心、半径”命令，以图 8-45 所示的交点 O 为圆心，绘制半径分别为 11、20、40、60 和 80 的圆，绘制完成后效果如图 8-46 所示。

（3） 选择“绘图”｜“圆”｜“圆心、半径”命令，以图 8-46 所示的交点 A 为圆心，绘制半径为 8 的圆，结果如图 8-47 所示的圆。

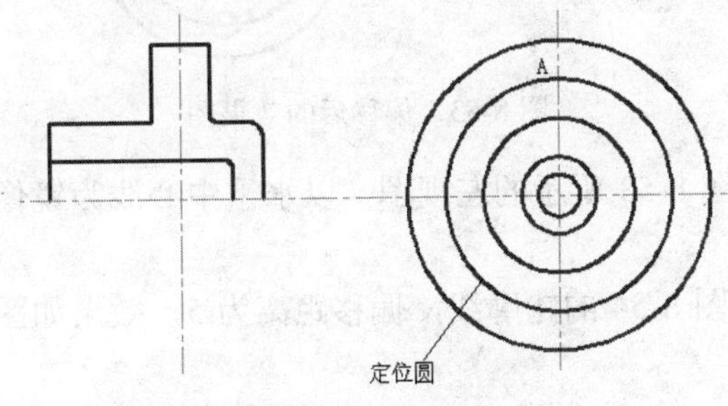

图 8-46 绘制圆

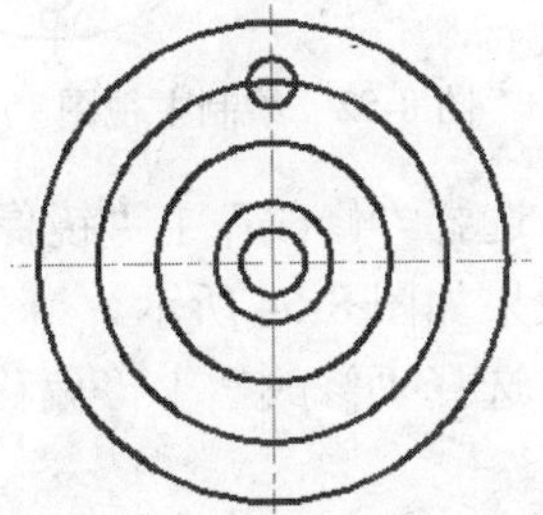

图 8-47 绘制半径为 8 的圆

（4） 选择“修改”｜“阵列”|“环形阵列”命令，选择步骤 3 绘制的圆为阵列对象，以图 8-45 所示的点 0 为中心点，阵列 360°，项目数为 6，阵列后的效果图如图 8-48 所示。

（5） 选择“绘图”｜“直线”命令，以图 8-48 所示的 B 点为追踪点，捕捉水平虚线与外轮廓线的交点作为直线段的第一点，如图 8-49 所示；以图 8-48 所示的 B 点为追踪点，捕捉水平虚线与外轮廓线的交点作为直线段的下一点，如图 8-50 所示，直线段绘制完成，结果如图 8-51 所示。

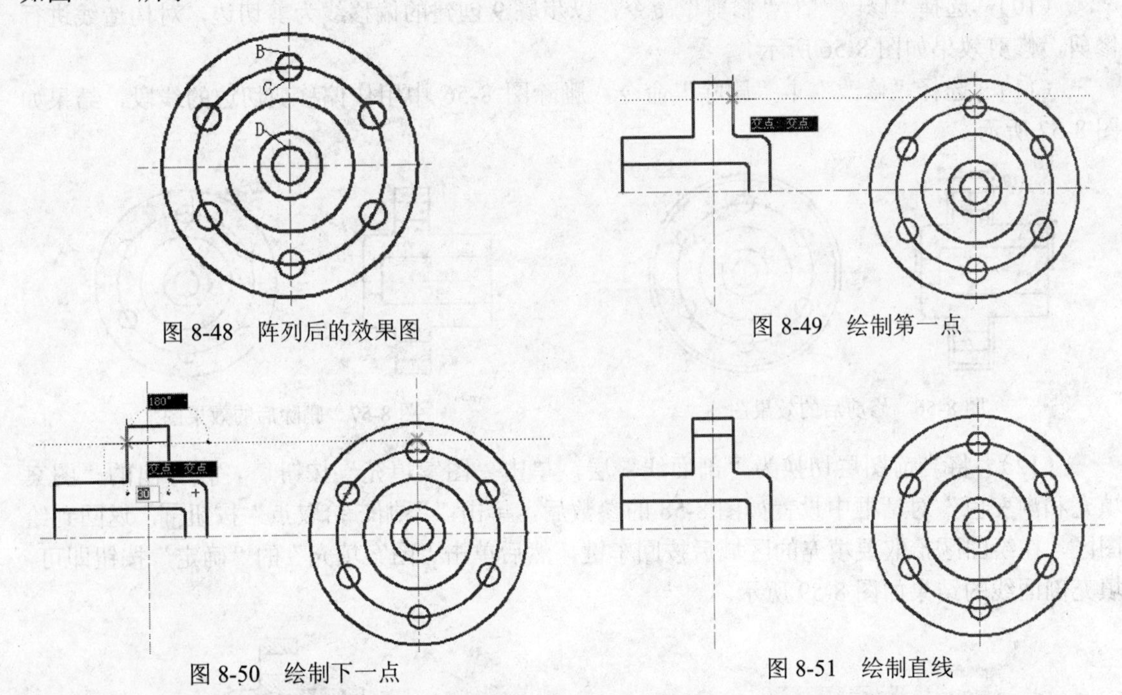

图 8-48 阵列后的效果图

图 8-49 绘制第一点

图 8-50 绘制下一点

图 8-51 绘制直线

（6） 重复以上步骤的操作，分别以图 8-48 所示的 C 点和 D 点为追踪点，捕捉水平虚线与外轮廓线的交点作为直线段的端点，结果如图 8-52 所示。

（7） 选择“修改”｜“偏移”命令，将水平构造线向上方偏移距离为 60，结果如图 8-53 所示，偏移后的构造线作为ϕ16 孔的中心线。

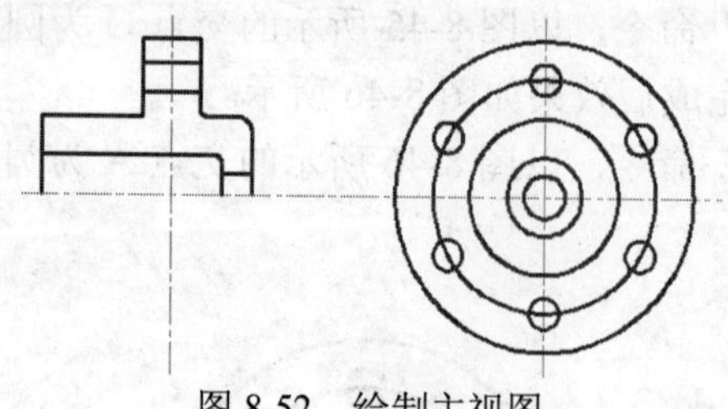

图 8-52　绘制主视图

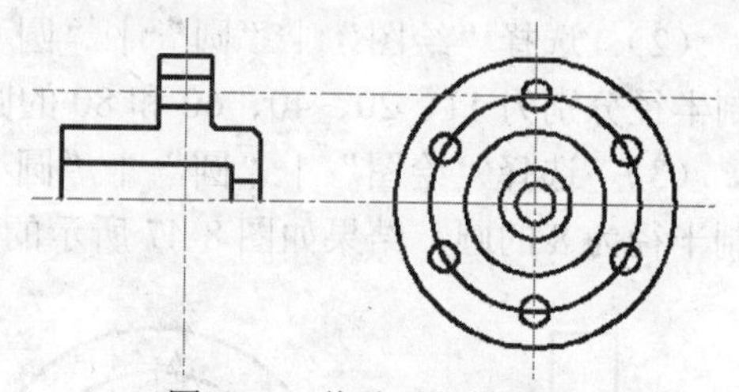

图 8-53　偏移后的效果图

（8）选择“修改”|“镜像”命令，选择图 8-53 所示的左视图，以水平中心线为镜像线镜像，效果如图 8-54 所示。

（9）选择“修改”|“偏移”命令，偏移图 8-54 的轮廓线，偏移距离为 5，效果如图 8-55 所示。

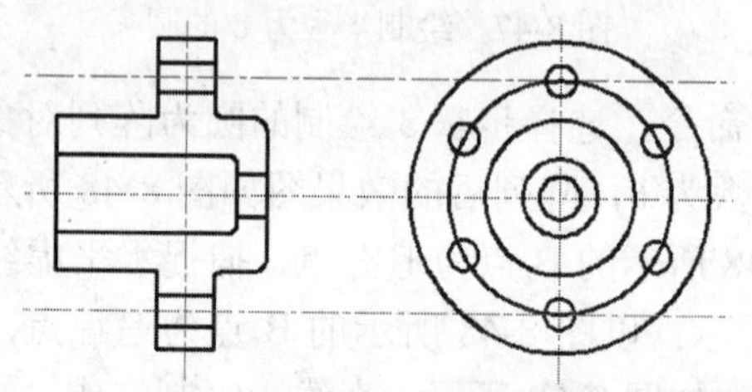

图 8-54　镜像后的效果图

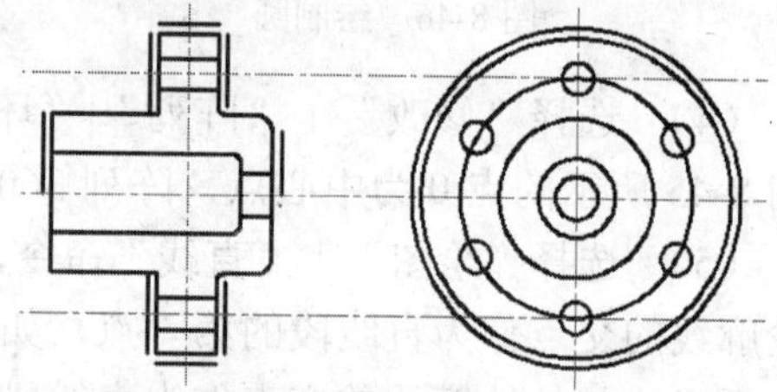

图 8-55　偏移后的效果图

（10）选择“修改”|“修剪”命令，以步骤 9 创建的偏移线为剪切边，对构造线进行修剪，修剪效果如图 8-56 所示。

（11）选择“修改”|“删除”命令，删除图 8-56 中用作偏移剪切边的线段，结果如图 8-57 所示。

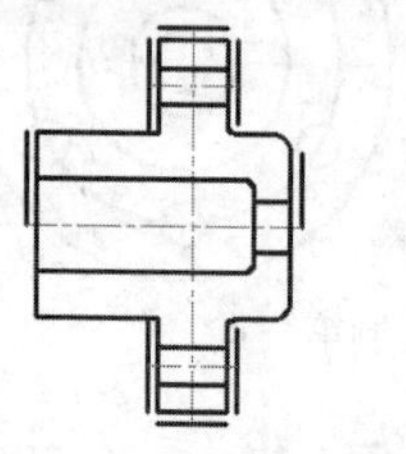

图 8-56　修剪后的效果图

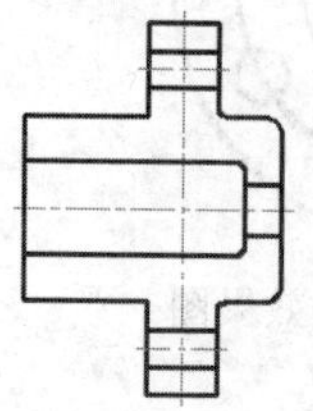

图 8-57　删除后的效果图

（12）将当前图层切换为“剖面线”层，单击“图案填充”按钮，在弹出的“图案填充和渐变色”对话框中设置如图 8-58 的参数后，单击“添加、拾取点”按钮，返回到绘图区，在绘图区拾取要填充的区域后按回车键，然后单击“图案填充”的“确定”按钮即可，填充剖面线的结果如图 8-59 所示。

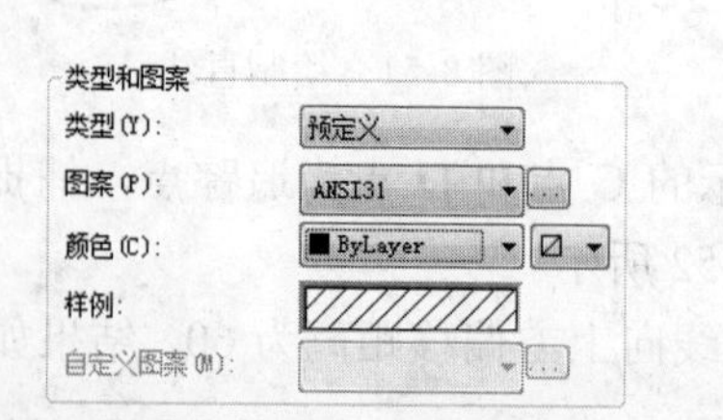

图 8-58　设置参数后的“图案填充”对话框

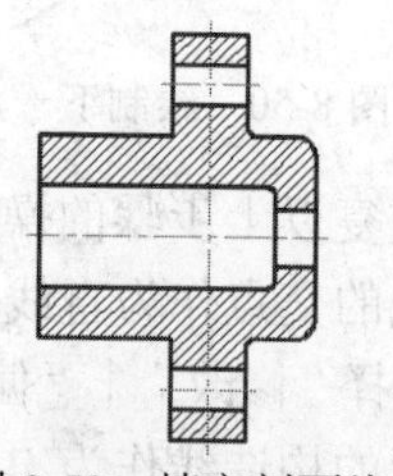

图 8-59　填充剖面线

（13） 双击半径为 60 的圆，系统弹出“特性”对话框，在该对话框中的“图层”的下拉列表中单击“隐藏线”，如图 8-60 所示修改半径为 60 的圆的“图层”特性，效果如图 8-61 所示。

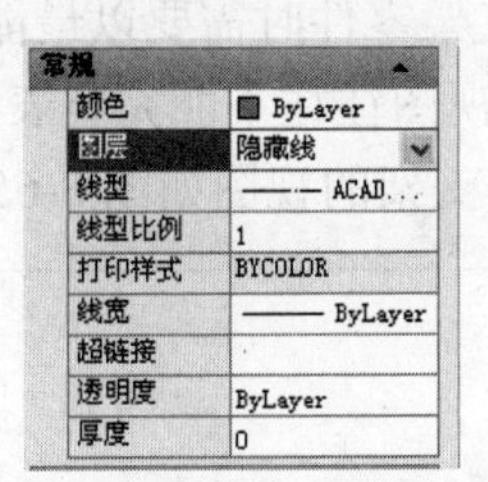

图 8-60 修改圆的“图层”特性

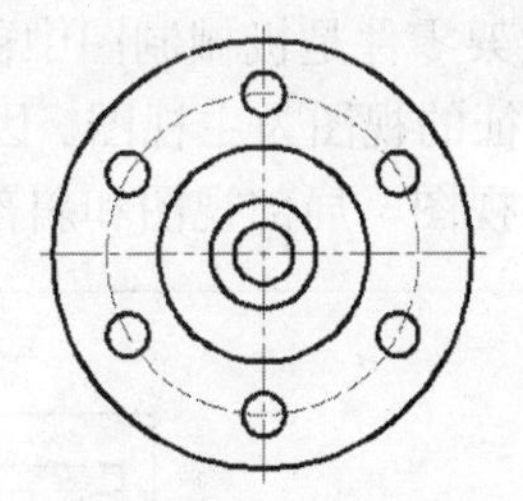

图 8-61 修改圆的特性后的效果图

8.6.4 标注尺寸及填写标题栏

（1） 将“标注”线图层置为当前图层，将“GB5”标注样式置为当前标注样式。

（2） 使用“线性”、“半径”和“直径”对左视图和主视图进行标注，标注效果如图 8-62 和图 8-63 所示。

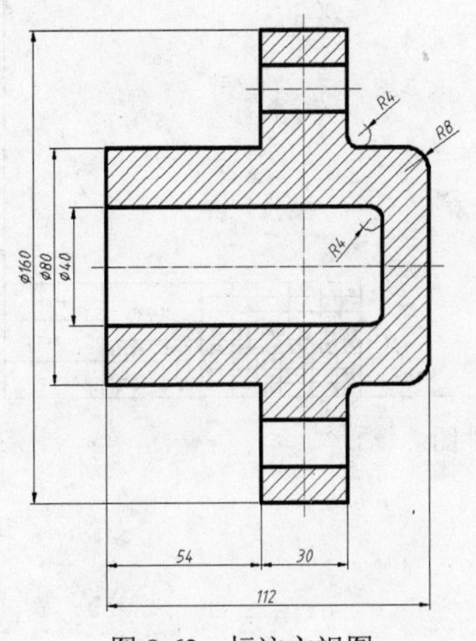

图 8-62 标注主视图

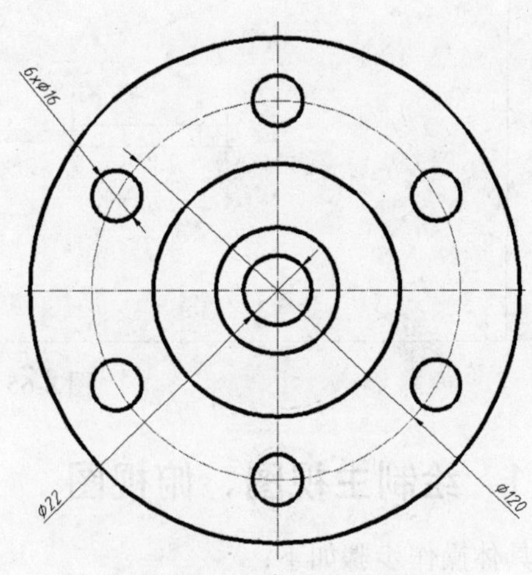

图 8-63 标注左视图

（3） 在“标题栏”的“图样名称”标题框中双击鼠标，在弹出的“编辑文字”文本框中键入图形名称“法兰盘”，然后单击“文字格式”工具栏中的“确定”按钮。使用同样的方法填写如图 8-64 所示的标题栏的其他内容。

									中国机械设计研究院
						45			
标记	处数	分区	更改文件号	签名	日期				法兰盘
设计	(签名)	(日期)	标准化	(签名)	(日期)	阶段标记	重量	比例	
			审定						
审核									2007-10-24
工艺			批准			共 张	第 张		

图 8-64 填写标题栏

通过以上步骤，完成了法兰盘零件图的绘制，效果如图 8-39 所示。

8.7　实例 27——叉架类零件图绘制

轴承支架零件是机械制图中的常见零件，在绘制轴承支架零件时需要以最能表示零件结构、形状特征的视图为主视图。因常有形状扭斜，仅用基本视图往往不能完整表达真实形状，所以常用斜视图、局部视图和斜剖等表达方法。典型的轴承支架的视图如图 8-65 所示。

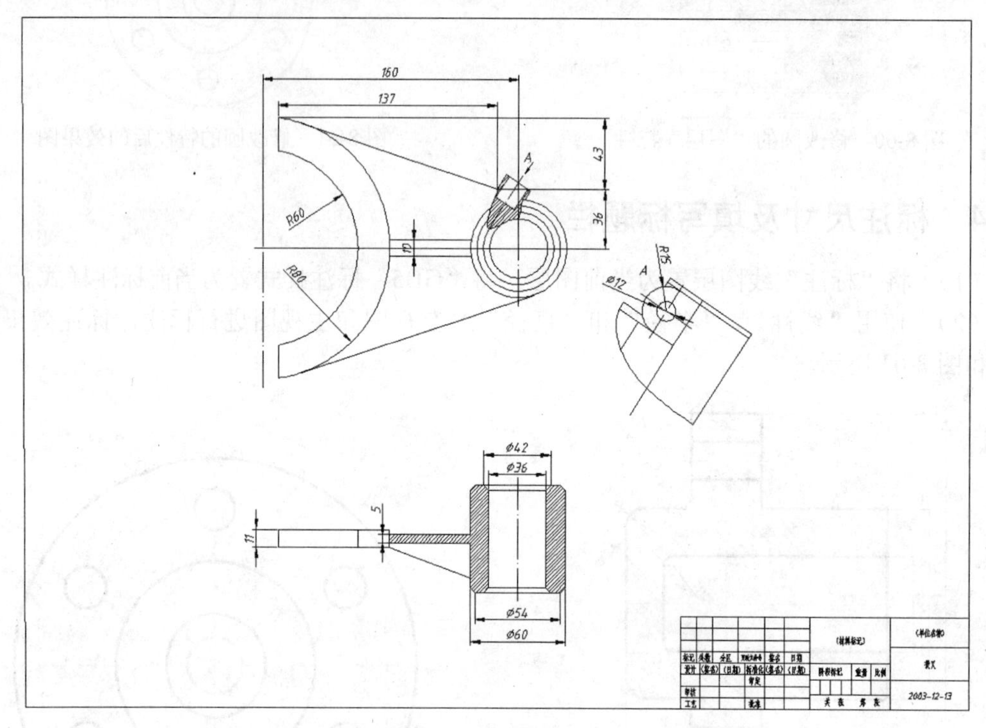

图 8-65　轴承支架零件图

8.7.1　绘制主视图、俯视图

具体操作步骤如下：

（1） 启动 AutoCAD 2014 后，选择“文件”|“新建”命令，弹出“选择样板”对话框，在“文件类型”列表中选择“A4 图纸-横放.dot”选项，单击“打开”按钮，此时，在操作界面上将显示图框和标题栏，用户可以在此范围内绘制零件图。

（2） 在“图层”工具栏中将“中心线”图层设置为当前图层，并使用该图层绘制中心线。

（3） 首先绘制拔叉的主视图，将“中心线”图层设置为当前图层，单击“直线”按钮，绘制拔叉零件的中心线，命令行提示如下：

```
命令: _line 指定第一点: 65,280                    //在命令行输入直线第一点的坐标
指定下一点或 [放弃 (U) ]: 345,280                 //在命令行输入直线第二点的坐标
指定下一点或 [放弃 (U) ]:                         //按回车键，结束命令
```

（4） 重复“直线”命令，以点（150,365）为直线的第一点，以点（150,195）为直线的第二点绘制直线，结果如图 8-66 所示。

（5） 单击“偏移”按钮，将垂直直线向右偏移 160，效果如图 8-67 所示。

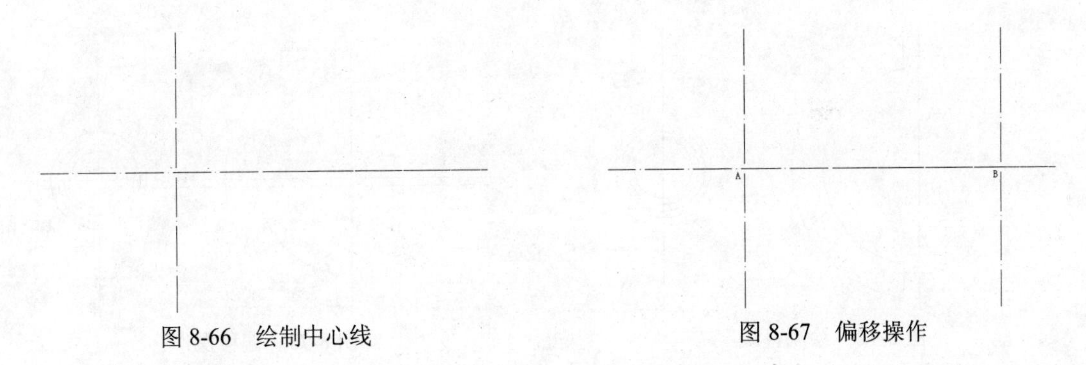

图 8-66　绘制中心线　　图 8-67　偏移操作

（6）将“轮廓线”设置为当前层，单击“圆”按钮，以图 8-67 所示的点 A 为圆心，绘制半径为 60 的圆。

（7）继续绘制“圆”命令，以刚绘制圆的圆心为圆心，绘制半径为 50 的圆，然后以图 8-67 所示的点 B 为圆心，分别绘制半径为 18、22、26 和 30 的 4 个同心圆，完成后效果如图 8-68 所示。

（8）单击“偏移”按钮，对图 7-95 所示的左侧竖直直线向右偏移 10 个单位，结果如图 8-69 所示。

图 8-68　绘制同心圆　　图 8-69　偏移操作

（9）单击“修剪”按钮，以刚偏移后的直线为修剪边，对半径为 60 和 80 的两个圆进行修剪操作，修剪效果如图 8-70 所示。

（10）单击“删除”按钮，删除作为修剪边的直线，删除后的效果如图 8-71 所示。

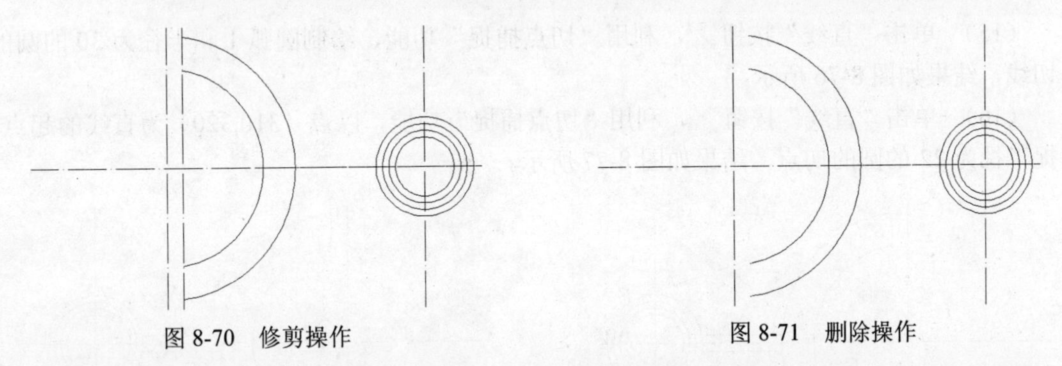
图 8-70　修剪操作　　图 8-71　删除操作

（11）单击“直线”按钮，利用“对象捕捉”功能，分别连接修剪后圆弧的两个上端点和两个下端点，结果如图 8-72 所示。

（12）单击“偏移”按钮，将水平中心线分别向上和向下偏移 5 个单位，结果如图 8-73 所示。

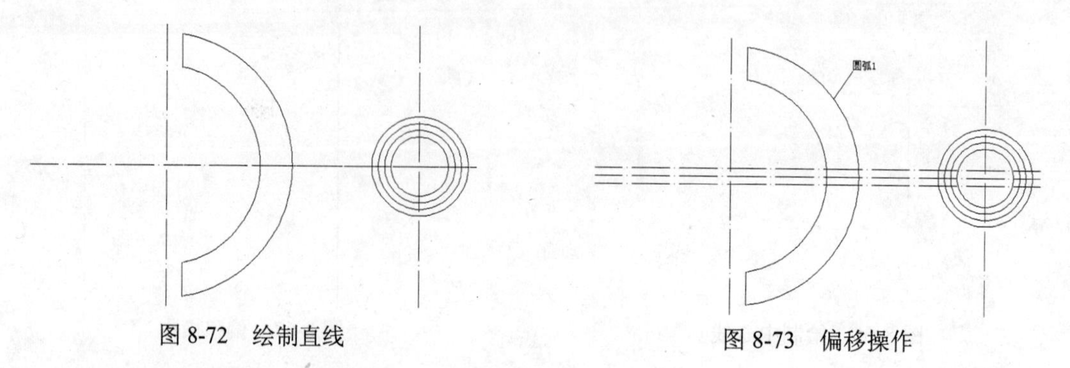

图 8-72　绘制直线　　　　图 8-73　偏移操作

（13）单击“修剪”按钮，以半径为 30 的圆和圆弧 1 为修剪边，对上一步骤偏移后的对象进行修剪操作，保留在圆和圆弧之间的部分，结果如图 8-74 所示。

（14）单击“标准”工具栏中的“特性匹配”按钮，将刚修剪后的两段直线段进行特性操作，命令行提示如下：

```
    命令：'_matchprop
    选择源对象：                                   //选择半径为 30 的圆
    当前活动设置：  颜色 图层 线型 线型比例 线宽 厚度 打印样式 标注 文字 填充图案 多段线
视口 表格材质 阴影显示 多重引线                          //系统信息
    选择目标对象或 [设置(S)]：                     //选择刚修剪后的两条直线段
    选择目标对象或 [设置(S)]： //按回车健，结束命令，结果如图 8-75 所示
```

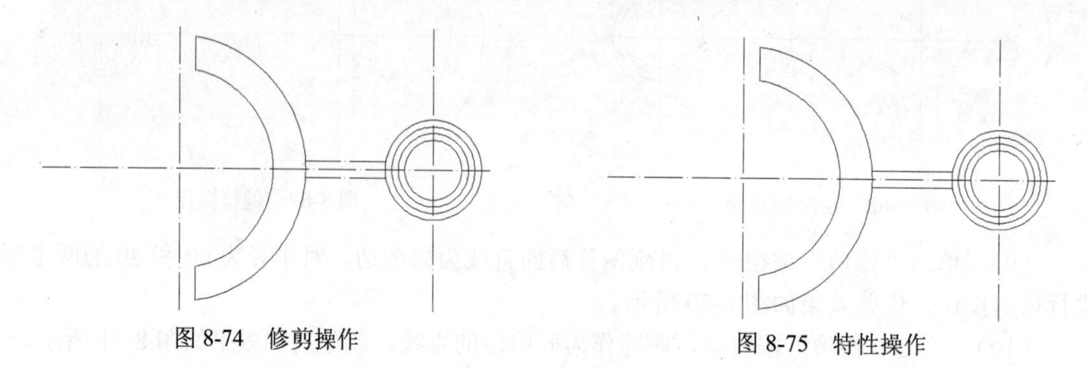

图 8-74　修剪操作　　　　图 8-75　特性操作

（15）单击“直线”按钮，利用“切点捕捉”功能，绘制圆弧 1 和半径为 30 的圆的公切线，结果如图 8-76 所示。

（16）单击“直线”按钮，利用“切点捕捉”功能，以点（310,320）为直线的起点，捕捉半径为 22 的圆的切点，结果如图 8-77 所示。

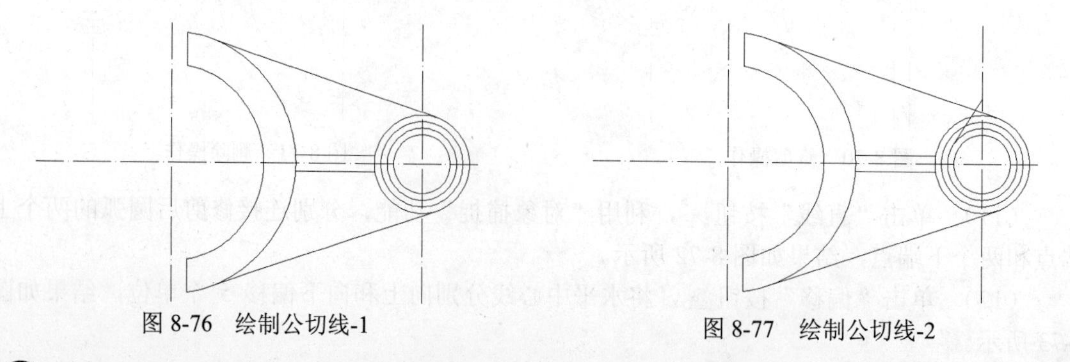

图 8-76　绘制公切线-1　　　　图 8-77　绘制公切线-2

（17） 单击“偏移”按钮，将刚绘制的直线向左上方和右上方分别偏移 6 和 9 个单位，结果如图 8-78 所示。

（18） 单击“标准”工具栏中的“特性匹配”按钮，将图 8-78 所示的线 1 进行特性操作，将线 1 图层由“中心线”图层切换为“轮廓线”图层，结果如图 8-79 所示。

（19） 单击“直线”按钮，利用“对象捕捉”功能，绘制如图 8-80 所示的直线段。

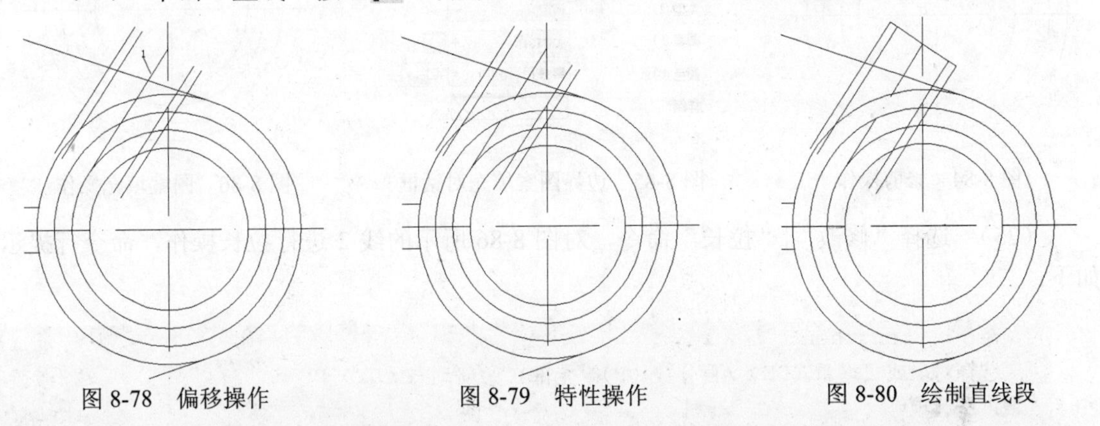

图 8-78　偏移操作　　图 8-79　特性操作　　图 8-80　绘制直线段

（20） 单击“偏移”按钮，将上一步骤绘制的直线分别向左下方偏移 15 个单位，结果如图 8-81 所示。

（21） 单击“修剪”按钮，对直线段和圆弧进行修剪操作，并删除多余部分的直线段和圆弧，修剪后的效果如图 8-82 所示。

（22） 单击“样条曲线”按钮，以绘制局部剖面的轮廓线，此轮廓线大致包括围孔即可，结果如图 8-83 所示。

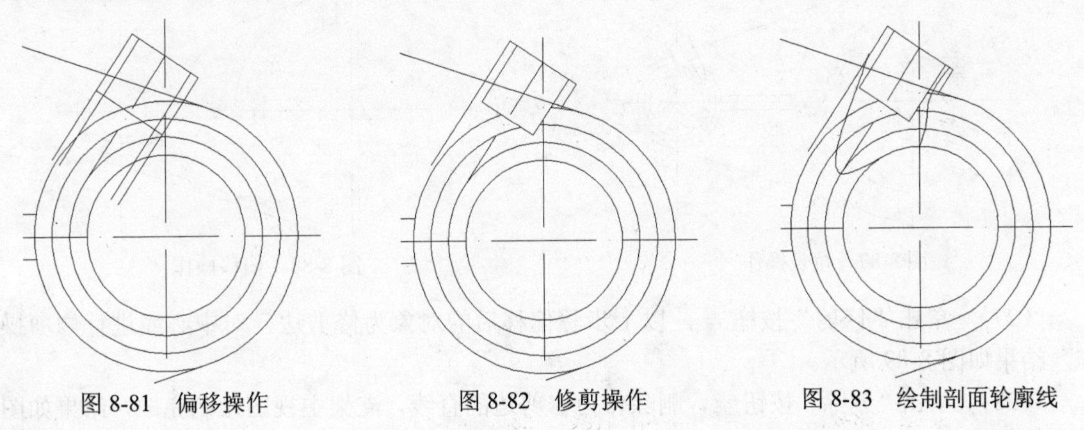

图 8-81　偏移操作　　图 8-82　修剪操作　　图 8-83　绘制剖面轮廓线

（23） 单击“修剪”按钮，以上一步骤绘制的剖面轮廓线为修剪边，对圆弧进行修剪操作，修剪后的效果如图 8-84 所示。

（24） 选择“绘图”|“图案填充”命令，弹出“图案填充和渐变色”对话框，将“图案”设置为 ANSI31，将“角度”设置为 0，将“比例”设置为 0.5，如图 8-85 所示，然后单击“拾取点”按钮，系统返回到绘图区，选中需要填充的区域中的点，按回车键后，系统返回到“图案填充”对话框，单击该对话框中的“确定”按钮，图案填充后的效果如图 8-86 所示。

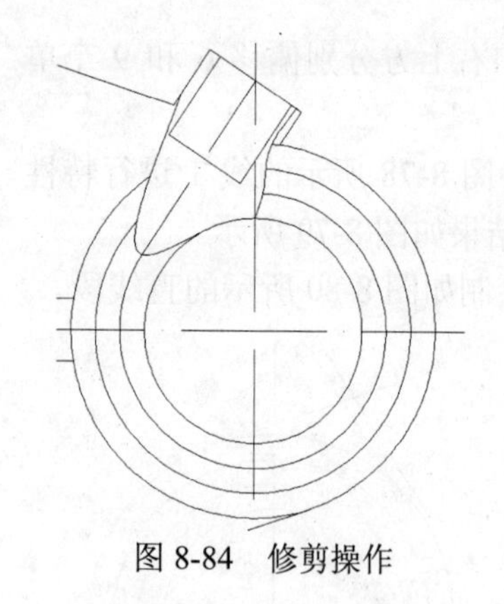

图 8-84　修剪操作

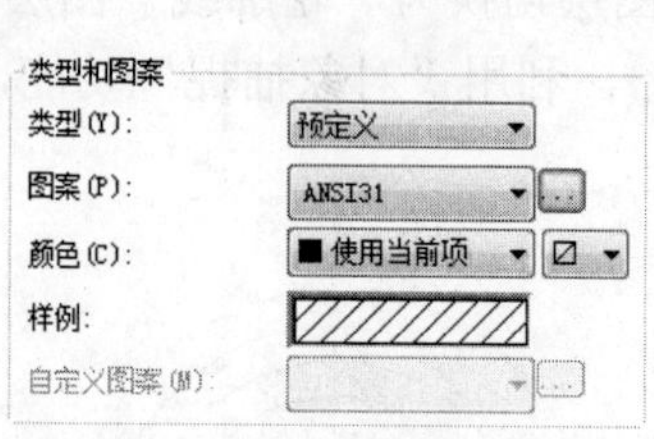

图 8-85　边界图案填充对话框

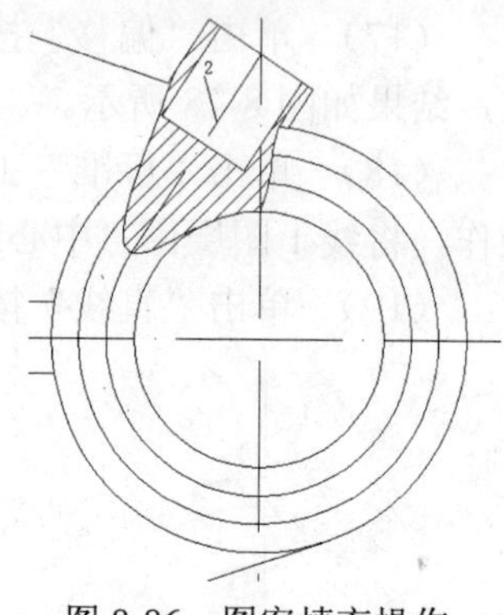

图 8-86　图案填充操作

（25）　选择“修改”|“拉长”命令，对图 8-86 所示的线 2 进行拉长操作，命令行提示如下：

```
    命令: _lengthen
    选择对象或 [增量 (DE) /百分数 (P) /全部 (T) /动态 (DY) ]: de                    //激活
“增量”选项
    输入长度增量或 [角度 (A) ] <0.0000>: 5                         //在命令行中输入长度增量
    选择要修改的对象或 [放弃 (U) ]:                       //用鼠标单击图 8-86 所示的线 2 的右上方
    选择要修改的对象或 [放弃 (U) ]:                       //按回车键，结束命令，结果如图 8-87 所示
```

（26）　单击“偏移”按钮，将图 8-87 所示的左侧竖直中心线向左、线 3 向上、线 4 向下各偏移 5 个单位，结果如图 8-88 所示。

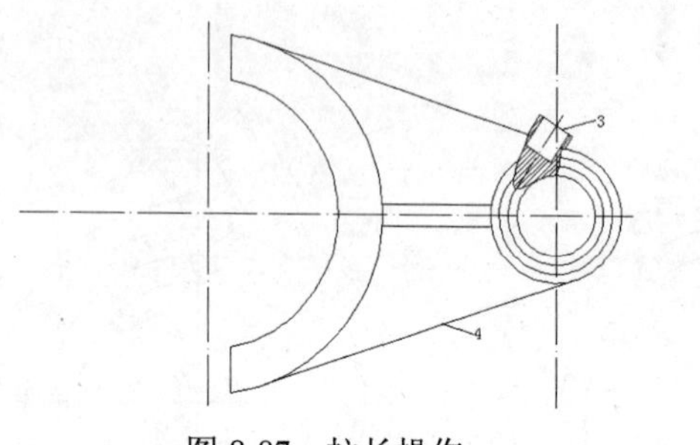

图 8-87　拉长操作

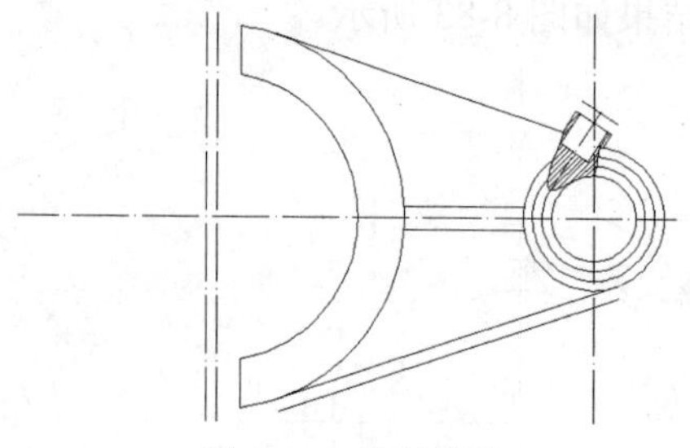

图 8-88　偏移操作

（27）　单击“修剪”按钮，以上步骤偏移后的对象为修剪边，对中心线进行修剪操作，结果如图 8-89 所示。

（28）　单击“删除”按钮，删除作为修剪边的直线，支架主视图绘制完成，结果如图 8-90 所示。

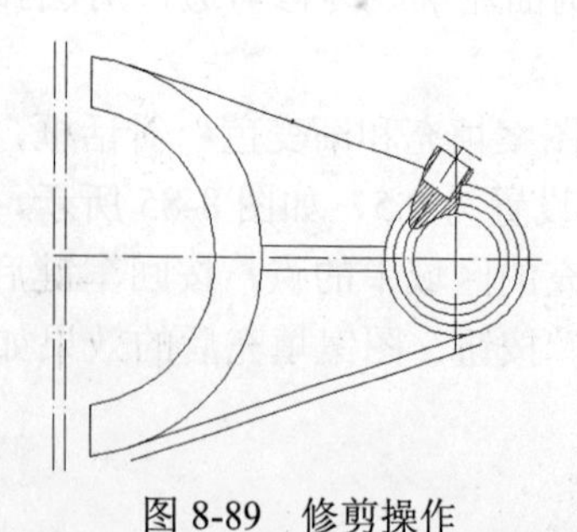

图 8-89　修剪操作

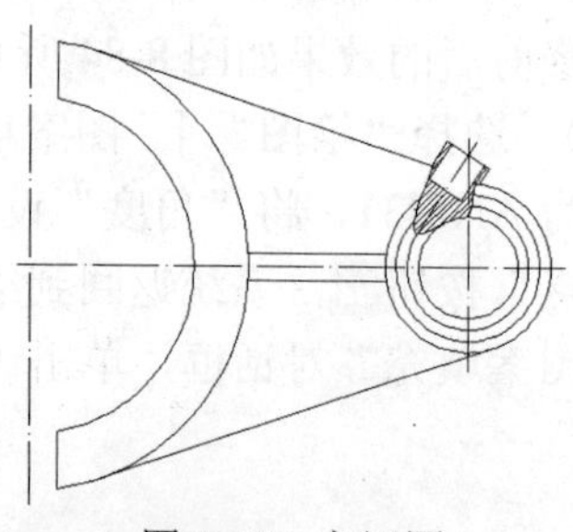

图 8-90　主视图

（29） 单击“直线”按钮，利用“正交”功能，绘制俯视图的轮廓线，第一点坐标为（160，103），其他点依次为：向上移动光标输入 5.5，向右移动光标输入 70，向下移动光标输入 3，向右移动光标输入 50，向上移动光标输入 30，向右移动光标 59.5，向下移动光标输入 32.5，结果如图 8-91 所示。

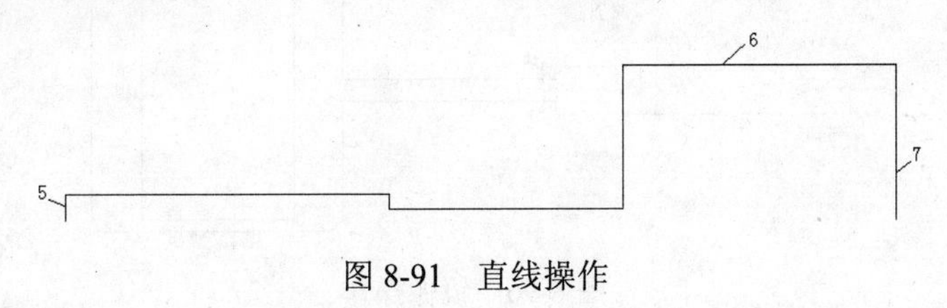

图 8-91 直线操作

（30） 单击“偏移”按钮，将图 8-91 所示的线 6 向右偏移 50 个单位，线 6 向下偏移 3 个单位，线 7 向左分别偏移 12 个和 48 个单位，结果如图 8-92 所示。

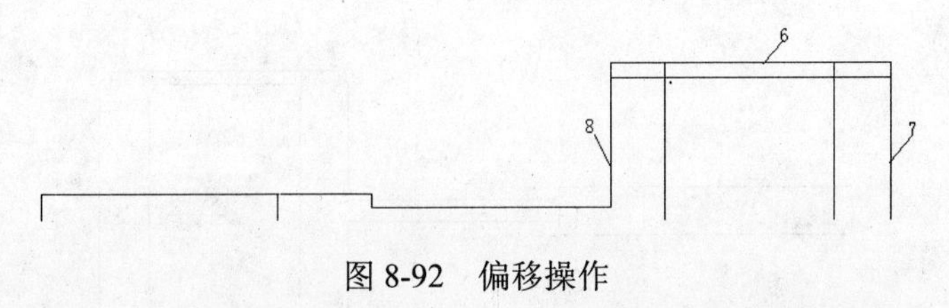

图 8-92 偏移操作

（31） 单击“倒角”按钮，对图 8-92 所示的图形进行倒角操作，倒角距离均为 3，结果如图 8-93 所示。

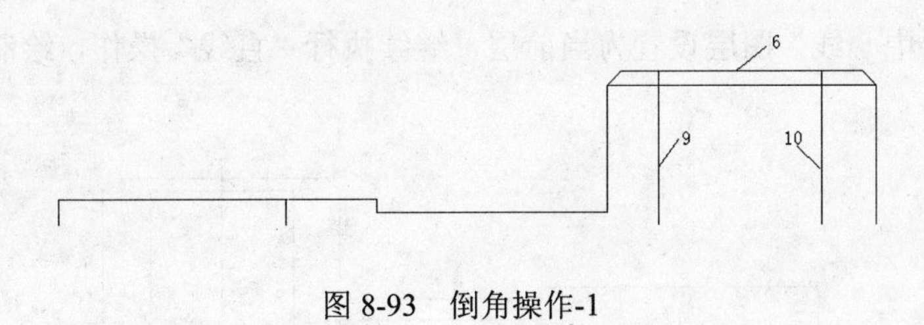

图 8-93 倒角操作-1

（32） 继续执行“倒角”操作，对图 8-93 所示的线 6、线 9 和线 10 进行倒角操作，采用“不修剪”模式，倒角距离为 3 个单位，结果如图 8-94 所示。

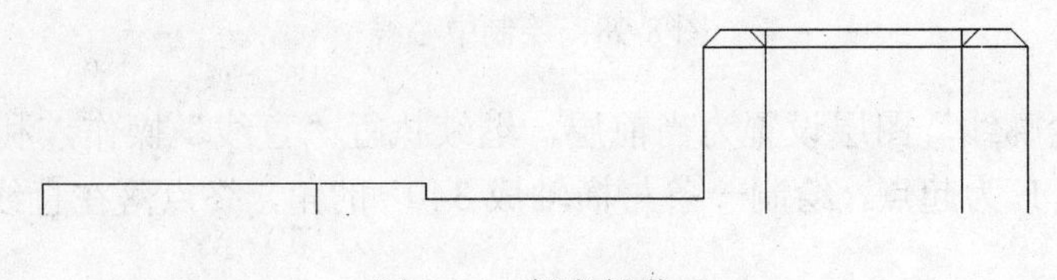

图 8-94 倒角操作-2

（33） 单击“修剪”按钮，对图 8-94 进行修剪操作，结果如图 8-95 所示。

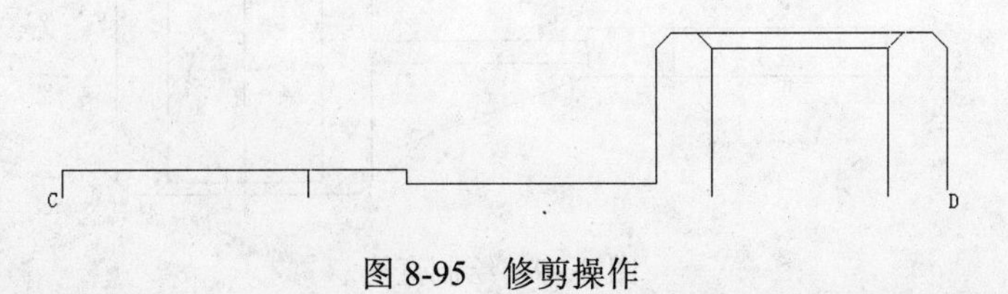

图 8-95 修剪操作

（34） 单击“镜像”按钮，对图 8-95 所示的对象进行镜像操作，镜像线为点 CD 的连线，结果如图 8-96 所示。

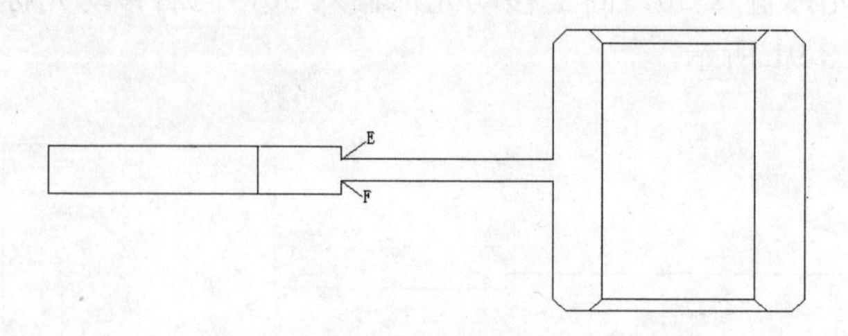

图 8-96 镜像操作

（35） 单击“直线”按钮，绘制直线连接图 8-96 所示的点 E 和点 F，结果如图 8-97 所示。

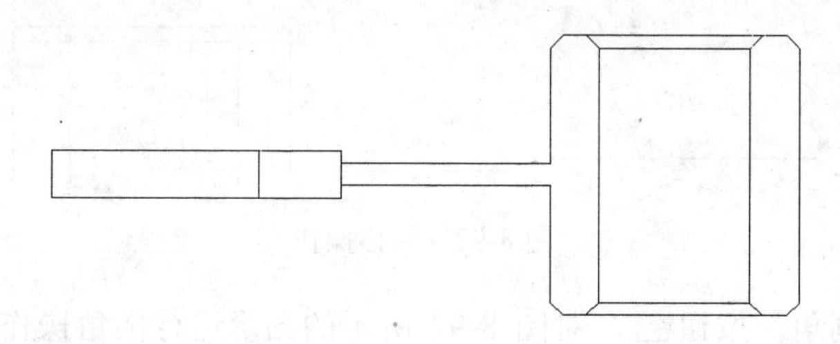

图 8-97 直线操作

（36） 将“中心线”图层设置为当前层，继续执行“直线”操作，绘制中心线，结果如图 8-98 所示。

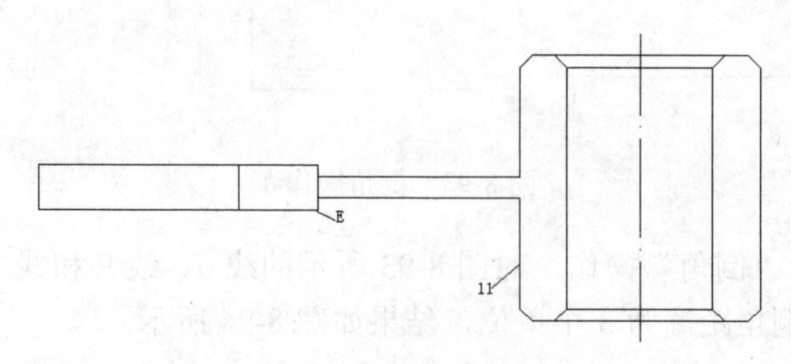

图 8-98 绘制中心线

（37） 将“轮廓线”图层设置为当前层，继续执行“直线”操作，利用“极轴”功能，以图 8-98 所示的点 E 为起点，绘制一条与横轴成 340° 的角，终点落在直线 11 上，结果如图 8-99 所示。

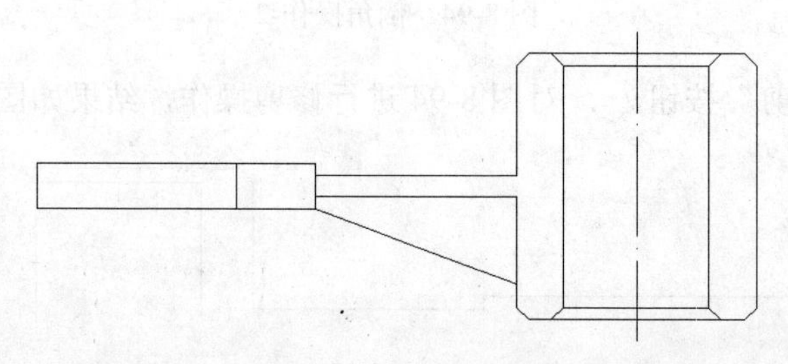

图 8-99 绘制直线

（38） 将“剖面线”图层置为当前图层，选择“绘图”|“图案填充”命令，弹出“图案填充和渐变色”对话框，将“图案”设置为ANSI31，将“角度”设置为0，将“比例”设置为0.5，然后单击“拾取点”按钮，系统返回到绘图区，选中需要填充的区域中的点，按回车键后，系统返回到“图案填充”对话框，单击该对话框中的“确定”按钮，图案填充后的效果如图8-100所示。

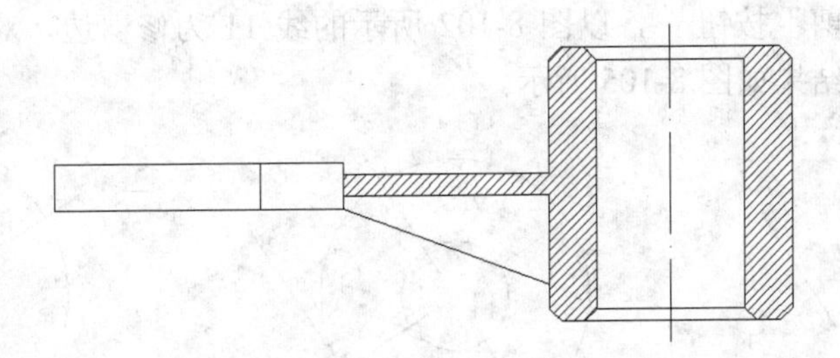

图8-100 图案填充

通过以上步骤，完成了主视图和俯视图的绘制，效果如图8-101所示。

8.7.2 绘制局部视图

绘制孔的A向视图，其绘制步骤如下：

（1） 单击“偏移”按钮，将图8-101所示的中心线线3向右下方分别偏移120、135个单位，结果如图8-102所示。

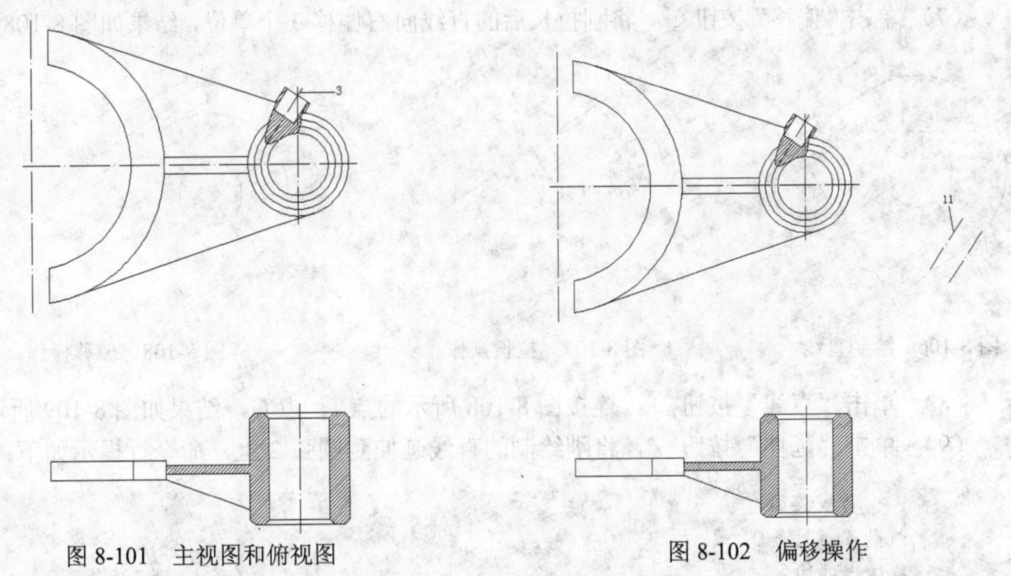

图8-101 主视图和俯视图　　图8-102 偏移操作

（2） 单击“旋转”按钮，对图8-102所示的线11进行旋转操作，以绘制通过中心线11垂直中心线，命令提示如下：

```
命令: _rotate
UCS 当前的正角方向:  ANGDIR=逆时针  ANGBASE=0              //系统信息
选择对象:                                    //选择图 8-102 所示的线 11
选择对象:                                    //按回车键，结束对象选择
指定基点: <对象捕捉 关> _mid 于              //捕捉线 11 的中点
```

```
指定旋转角度，或 [复制（C）/参照（R）] <0>: c     //激活"复制"选项
旋转一组选定对象。                                 //系统信息
指定旋转角度，或 [复制（C）/参照（R）] <0>: 90 //输入旋转角度，结果如图 8-103 所示
```

（3） 单击"圆"按钮，以图 8-103 所示的点 F 为圆心，分别绘制半径为 6、15 的圆，结果如图 8-104 所示。

（4） 单击"修剪"按钮，以图 8-102 所示的线 11 为修剪边，对图 8-104 半径为 15 的圆进行修剪操作，结果如图 8-105 所示。

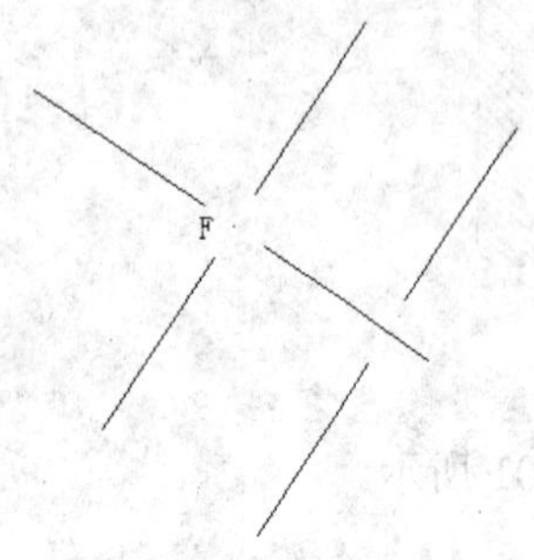

图 8-103　旋转操作

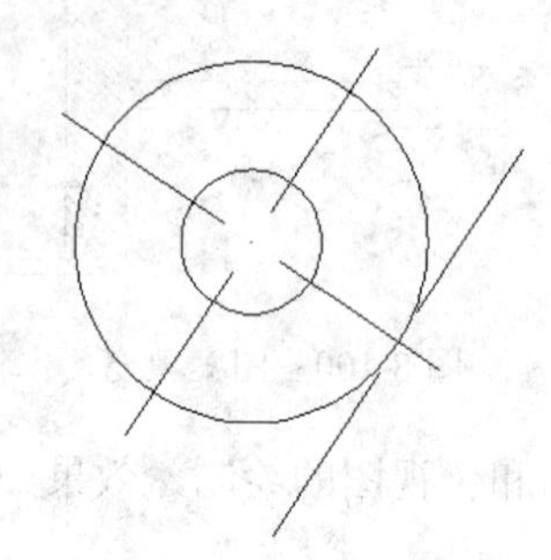

图 8-104　绘制同心圆

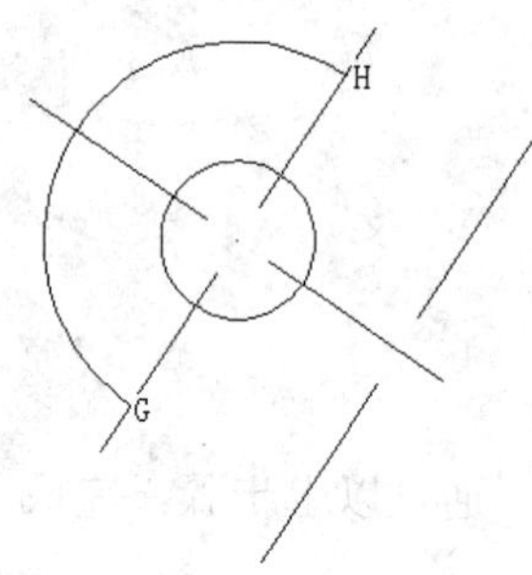

图 8-105　修剪操作

（5） 单击"直线"按钮，过图 8-105 所示的点 G、点 H 绘制如图 8-106 所示的直线。

（6） 选择"修改"|"拉长"命令，对过点 H 进行拉长操作，把该直线向上拉长 9 个单位，向下拉长 37 个单位，结果如图 8-107 所示。

（7） 单击"偏移"按钮，将刚拉长后的直线向右偏移 3 个单位，结果如图 8-108 所示。

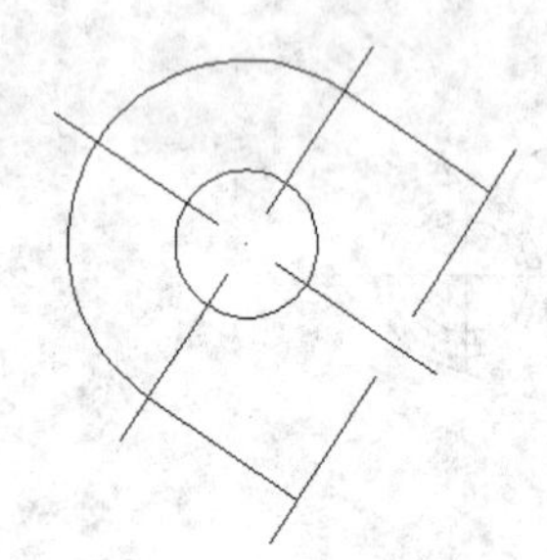

图 8-106　绘制直线

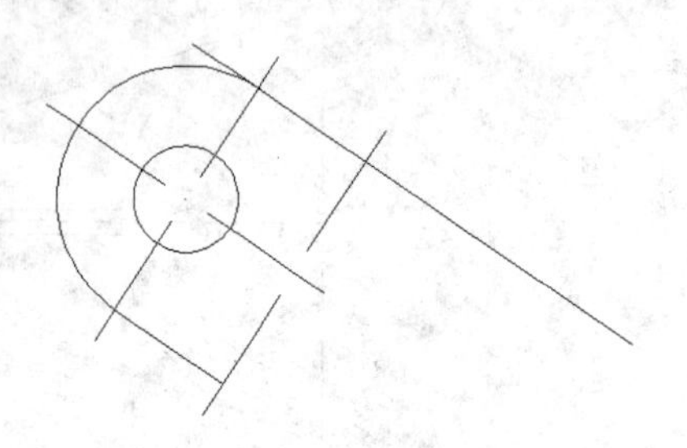

图 8-107　拉长操作

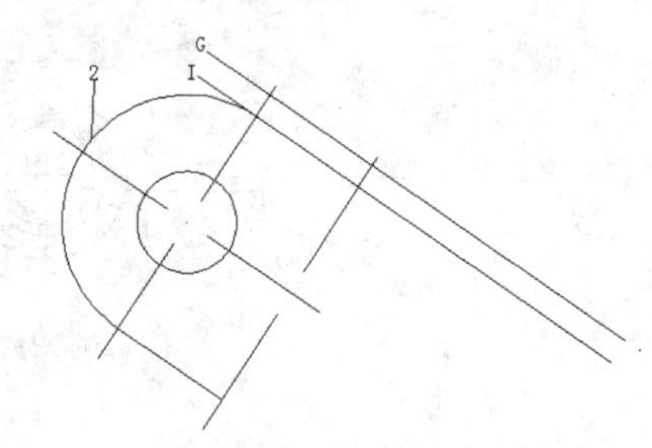

图 8-108　偏移操作

（8） 单击"直线"按钮，连接图 8-108 所示的点 I、点 G，结果如图 8-109 所示。

（9） 单击"延伸"按钮，将刚绘制的直线延伸到圆弧 2 上，命令行提示如下：

```
命令: _extend
当前设置:投影=UCS，边=无
选择边界的边...                                               //系统信息
选择对象或 <全部选择>:                                       //选择刚绘制的直线
选择对象:                                                     //按回车键，结束对象选择
选择要延伸的对象，或按住 Shift 键选择要修剪的对象，或
[栏选（F）/窗交（C）/投影（P）/边（E）/放弃（U）]:     //选择图 8-108 所示的圆弧 2
选择要延伸的对象，或按住 Shift 键选择要修剪的对象，或
[栏选（F）/窗交（C）/投影（P）/边（E）/放弃（U）]:     //按回车键，结束命令，结果如
图 8-110 所示
```

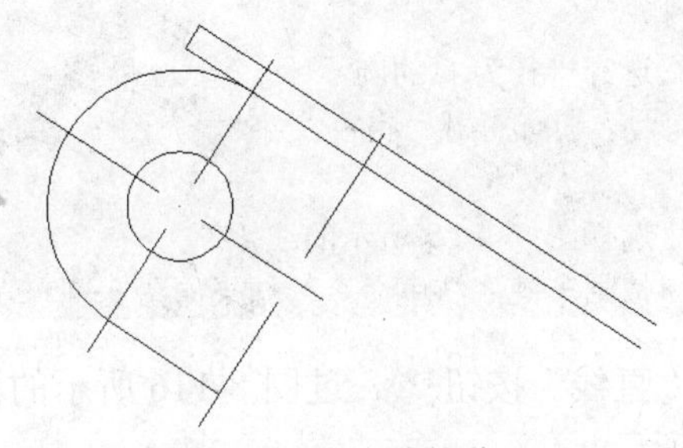

图 8-109　直线操作

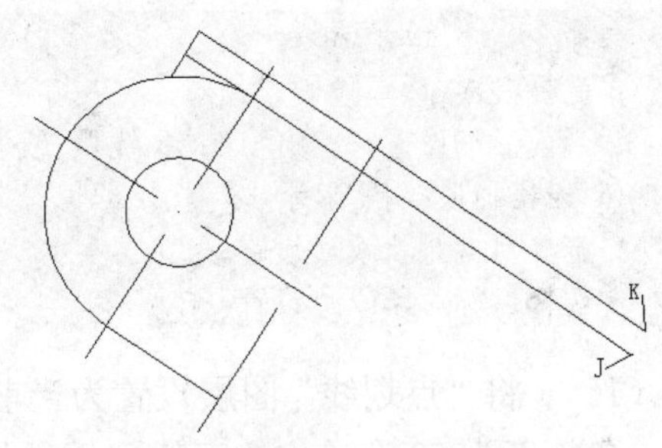

图 8-110　延伸操作

（10） 单击“直线”按钮，连接图 8-110 所示的点 J、点 K，结果如图 8-111 所示。

（11） 选择“修改”|“拉长”命令，对图 8-110 所示的直线 JK 进行拉长操作，把该直线向左下方拉长 63 个单位，结果如图 8-112 所示。

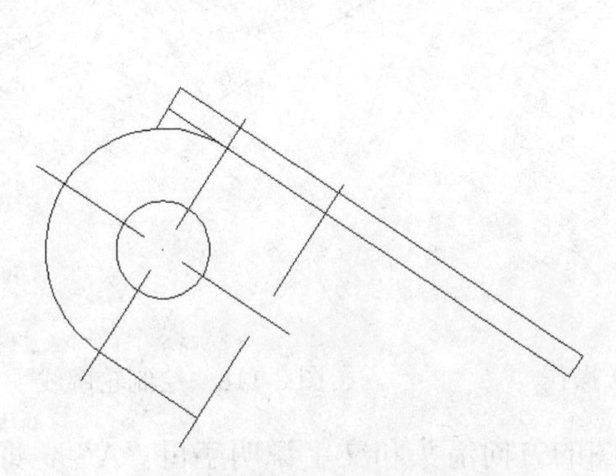

图 8-111　直线操作

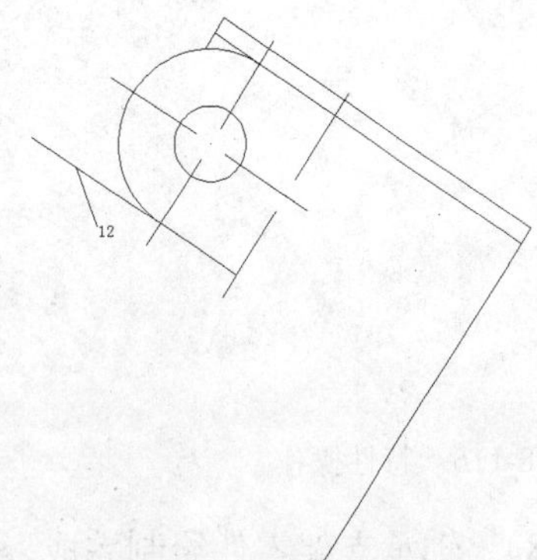

图 8-112　拉长操作

（12） 单击“偏移”按钮，将图 8-112 所示的直线 12 向右偏移 5 个单位，结果如图 8-113 所示。

（13） 单击“直线”按钮，过图 8-113 所示的点 L 做一条长度为 25 个单位、与刚偏移后直线垂直的直线，结果如图 8-114 所示。

（14） 单击“修剪”按钮，以图 8-114 所示的线 12、13 为修剪边，对上一步骤绘制的直线进行修剪操作，结果如图 8-115 所示。

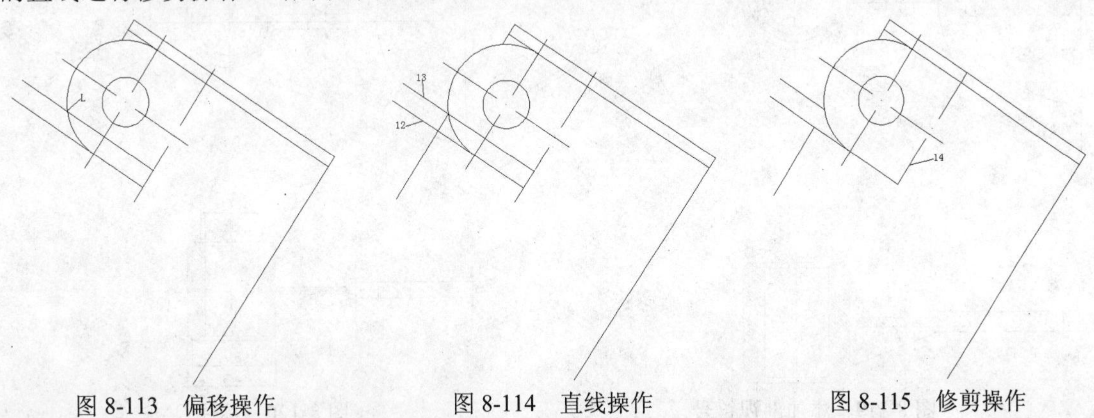

图 8-113　偏移操作　　图 8-114　直线操作　　图 8-115　修剪操作

（15） 单击“标准”工具栏中的“特性匹配”按钮，把图 8-115 所示的线 14 的图层特性由“点划线”改成“轮廓线”，命令行提示如下：

```
命令: '_matchprop
选择源对象:                                    //选择半径为 6 的圆
当前活动设置: 颜色 图层 线型 线型比例 线宽 厚度 打印样式 标注 文字 填充图案 多段线
视口 表格材质 阴影显示 多重引线
选择目标对象或 [设置(S)]:                       //选择图 8-115 所示的线 14
选择目标对象或 [设置(S)]:                       //按回车键，结束命令，结果如图 8-116 所示
```

（16） 将“点划线”图层设置为当前层，单击“直线”按钮，过图 8-116 所示的点 M 绘制一条长度为 50 个单位的直线，结果如图 8-117 所示。

（17） 单击“样条曲线”按钮，绘制如图 8-118 所示的轮廓线。

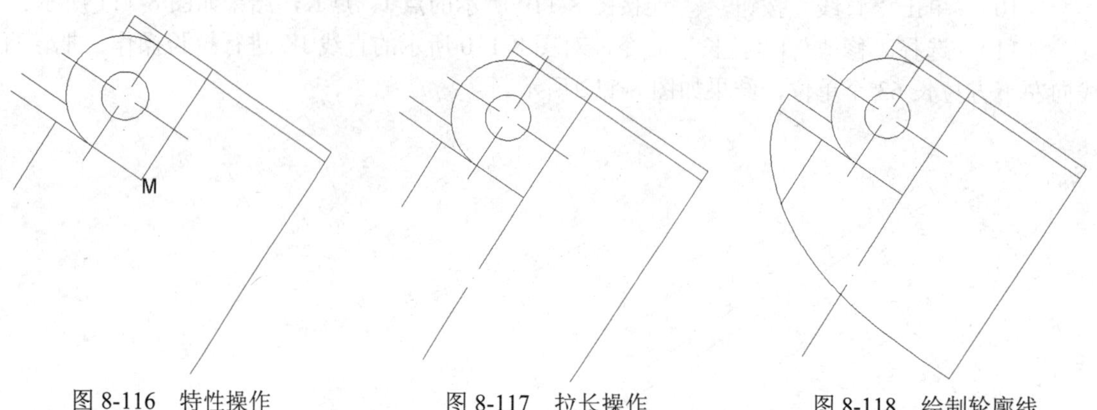

图 8-116　特性操作　　图 8-117　拉长操作　　图 8-118　绘制轮廓线

（18） 轴承支架零件绘制完成，添加局部视图的方向箭头和文字说明字母“A”，即绘制完成该图的绘制，如图 8-119 所示。

（19） 绘制完轴承支架零件图以后，将“GB5”标注样式置为当前标注样式，然后按图 8-120 所示的尺寸标注零件图。

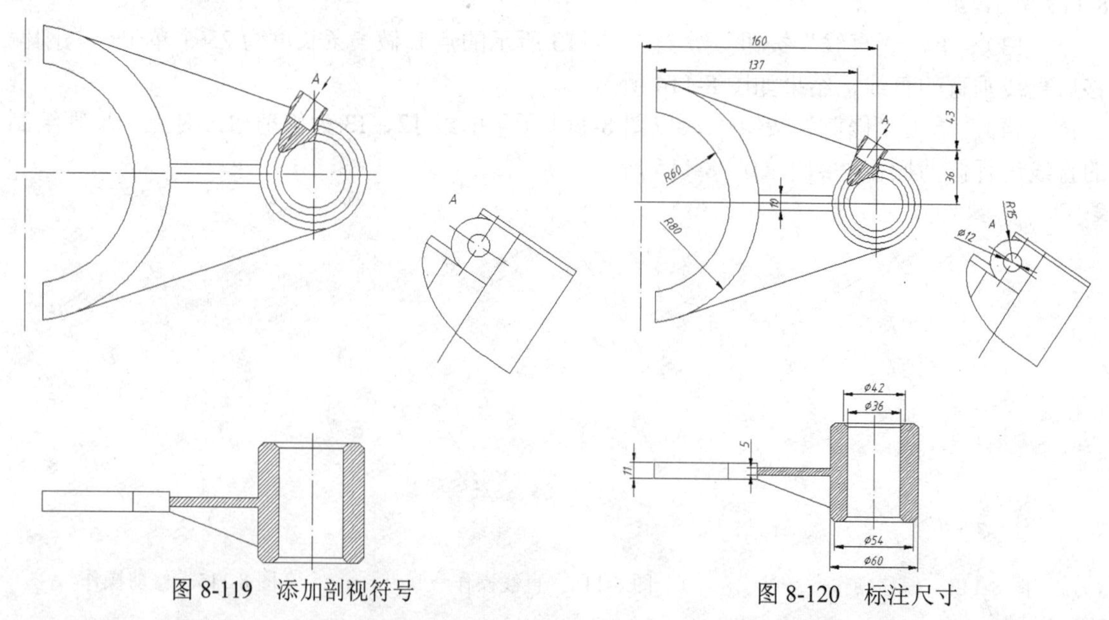

图 8-119　添加剖视符号　　图 8-120　标注尺寸

（20） 标注完尺寸以后，填写标题栏，完成了整个叉架类零件图的绘制，最终效果如图 8-65 所示。

8.8　箱体类零件图绘制——减速器箱体

箱壳类零件一般较为复杂，为了完整表达清楚其复杂的内、外结构和形状，所采用的视图较多。选择主视图以能反映箱壳工作状态且表示结构、形状特征为出发点。

箱壳类零件的功能特点决定了其结构和加工要求的重点在于内腔，所以大量地采用剖视画法。选取剖视时一般以把完整孔形剖出为原则，当轴孔不在同一平面时，要善于使用局部剖视、阶梯剖视和复合剖视表达。本节以绘制如图 8-121 所示的减速器机箱为例介绍绘制箱体类零件的具体步骤。

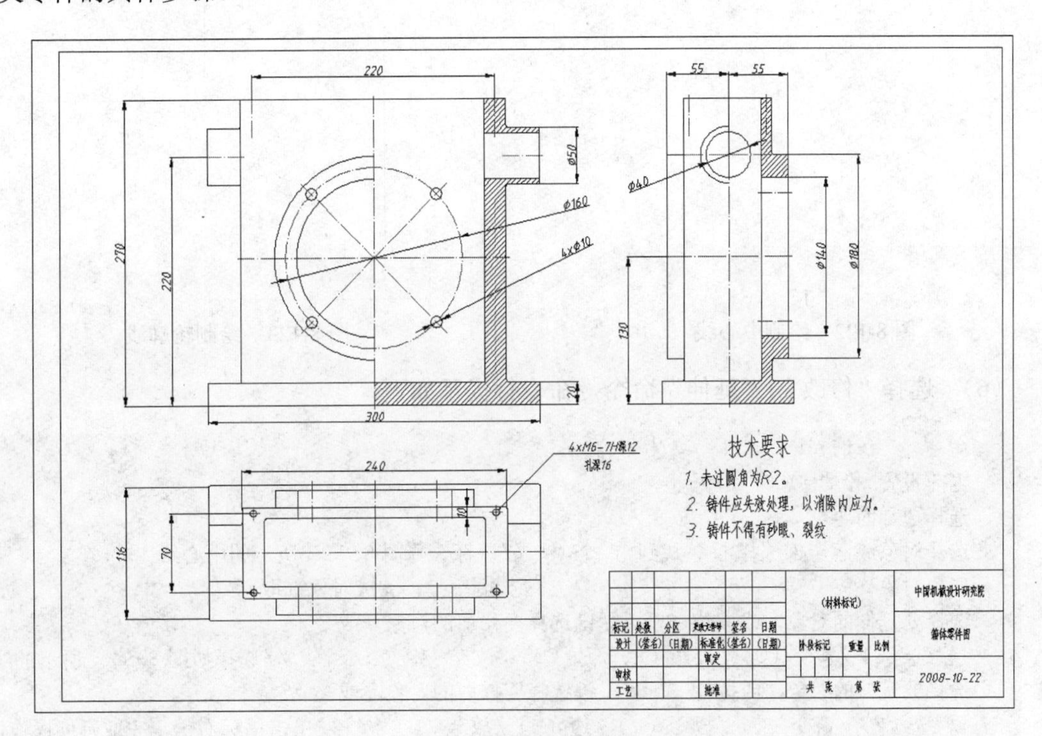

图 8-121　箱体零件图

8.8.1　实例 28——绘制主视图

（1） 启动 AutoCAD 2014 以后，选择“文件”|“新建”命令，弹出“选择样板”对话框。

（2） 在“名称”列表中选择“A1 图纸横放样板图.dwt”选项，然后单击“打开”按钮，在绘图区加载了图幅、标题栏、图层、标注样式和文字样式。

（3） 将“中心线”图层置为当前图层，选择“绘图”|“直线”命令，命令行提示如下：

```
命令：_line 指定第一点：186,400      //键入直线的起点坐标
指定下一点或 [放弃（U）]：246        //键入直线的终点坐标
指定下一点或 [放弃（U）]：           //按回车键，完成直线绘制
```

（4）继续使用“直线”命令，绘制其他中心线，中心线的起点和终点坐标依次为（309,543）

和（309,267）、（511,400）和（687,400）、（629,543）和（629,267）、（156,140）和（462,140）、（309,203）和（309,77）。绘制完成后的效果如图 8-122 所示。

（5） 将“轮廓线”图层置为当前图层，选择“绘图”|“直线”命令，绘制如图 8-123 所示的连续直线，直线的端点坐标依次为（159,270）、（270,309）、（159,290）、（189,290）、（189,540）、（309,540）。

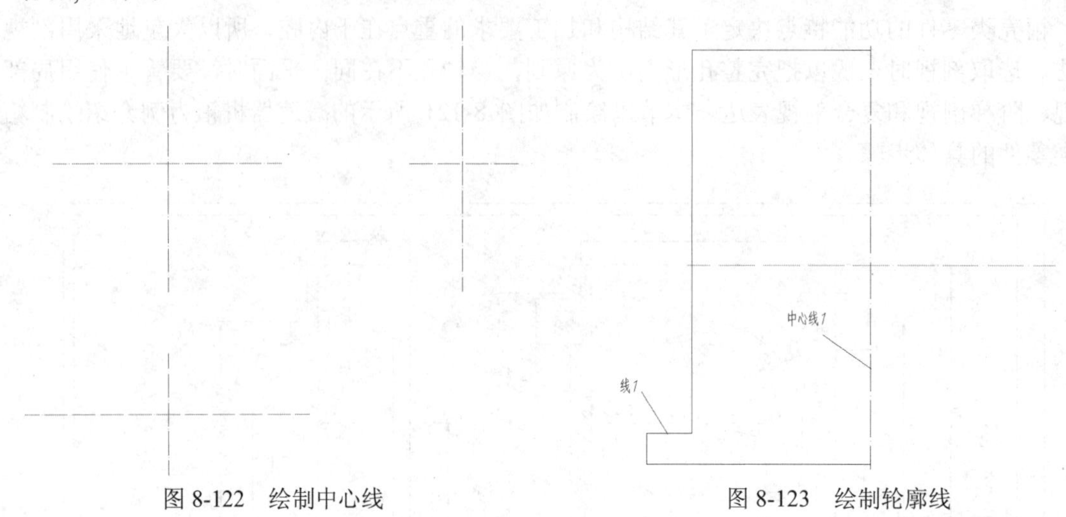

图 8-122 绘制中心线　　图 8-123 绘制轮廓线

（6） 选择“修改”|“延伸”命令，命令行提示如下：

```
命令: _extend
当前设置:投影=UCS，边=无
选择边界的边...
选择对象或 <全部选择>:  找到 1 个      //鼠标选择图 8-123 所示的中心线 1
选择对象:                        //按回车键，完成对象选取
选择要延伸的对象，或按住 Shift 键选择要修剪的对象，或
[栏选（F）/窗交（C）/投影（P）/边（E）/放弃（U）]:       //选择如图 8-123 所示的线 1
选择要延伸的对象，或按住 Shift 键选择要修剪的对象，或
[栏选（F）/窗交（C）/投影（P）/边（E）/放弃（U）]: //单击鼠标右键，完成延伸操作，效果如图 8-124 所示
```

（7） 选择“修改”|“圆角”命令，命令行提示如下：

```
命令: _fillet
当前设置: 模式 = 修剪，半径 = 2.0000
选择第一个对象或 [放弃（U）/多段线（P）/半径（R）/修剪（T）/多个（M）]: r //键入 r，首先确定圆角的半径
指定圆角半径 <2.0000>:                    //键入圆角的半径
选择第一个对象或 [放弃（U）/多段线（P）/半径（R）/修剪（T）/多个（M）]: t //键入 t，进行修剪模式选择
输入修剪模式选项 [修剪（T）/不修剪（N）] <修剪>: n        //选择不修剪
选择第一个对象或 [放弃（U）/多段线（P）/半径（R）/修剪（T）/多个（M）]://选择图 8-123 所示的线 1
选择第二个对象，或按住 Shift 键选择对象以应用角点或 [半径（R）]://选择图 8-123 所示的与线 1 垂直的直线，效果如图 8-125 所示
```

图 8-124　延伸操作　　　　图 8-125　倒圆角操作

（8） 将“中心线”图层置为当前图层，选择“绘图”|“直线”命令，绘制端点坐标为（156,490）和（192,490）、（199,543）和（199,507）的两条中心线，绘制完成后的效果如图 8-126 所示。

（9） 将“轮廓线”图层置为当前图层，选择“绘图”|“直线”命令，绘制如图 8-127 所示的连续直线，直线的端点坐标依次为（189,515）、（159,515）、（159,465）、（189,465）。

（10） 选择“修改”|“圆角”命令，对步骤 9 绘制的两条水平直线进行半径为 2 的倒圆角操作，操作结束后的效果如图 8-128 所示。

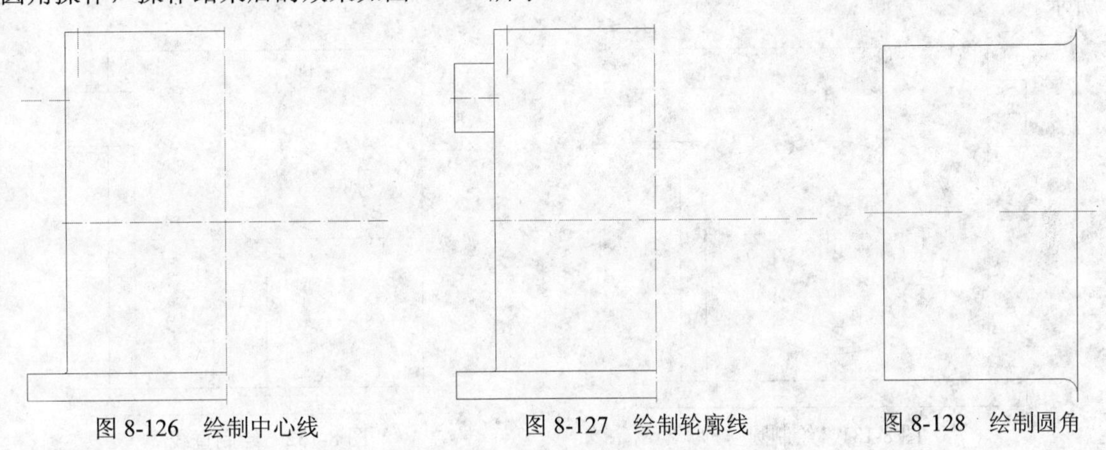

图 8-126　绘制中心线　　　　图 8-127　绘制轮廓线　　　　图 8-128　绘制圆角

（11） 选择“修改”|“镜像”命令，命令行提示如下：

```
命令: _mirror
选择对象: 指定对角点: 找到 13 个        //选择所有已经绘制的除中心线以外的主视图
选择对象:                              //按回车键，完成对象选择
指定镜像线的第一点: 指定镜像线的第二点:   //鼠标捕捉垂直中心线的起点和终点
要删除源对象吗？[是（Y）/否（N）] <N>://按回车键，完成镜像操作，效果如图 8-129 所示
```

（12） 选择“绘图”|“直线”命令，绘制端点分别为（409,540）和（409,290）、（409,510）和（459,510）、（409,470）和（459,470），绘制完成后的效果如图 8-130 所示。

（13） 将“中心线”图层置为当前图层，选择“绘图”|“圆”|“圆心、半径”命令，命令行提示如下：

```
命令: _circle 指定圆的圆心或 [三点(3P)/两点(2P)/切点、切点、半径(T)]:
指定圆的半径或 [直径(D)]: 80            //键入圆的半径
```

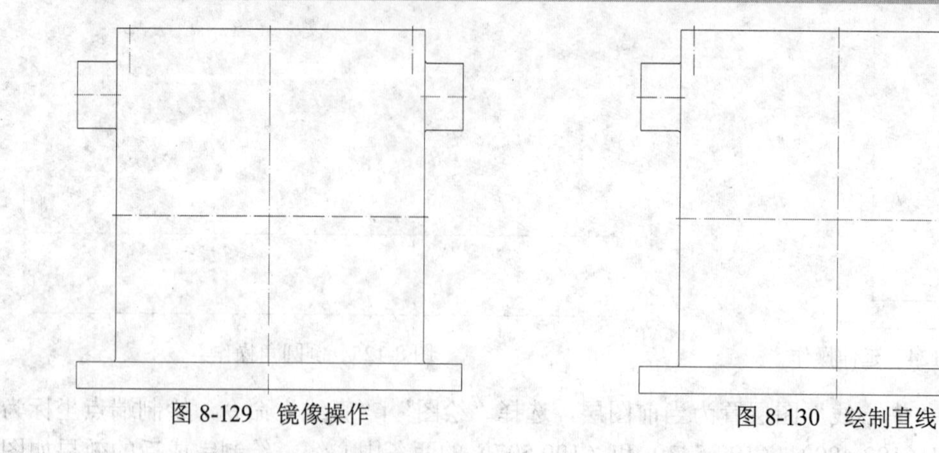

图 8-129 镜像操作

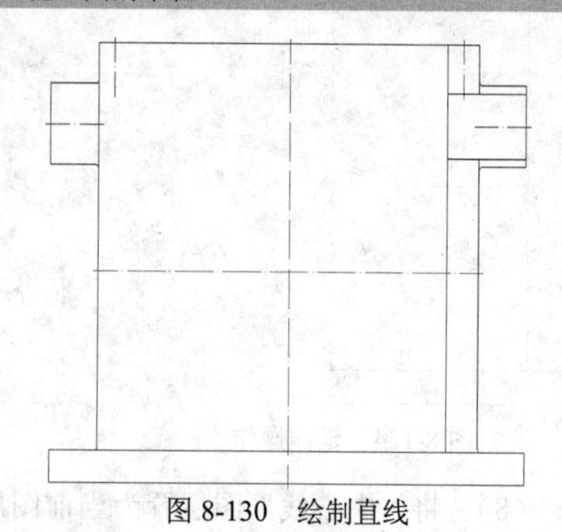

图 8-130 绘制直线

(14) 将“轮廓线”图层置为当前图层，选择“绘图”|“圆”|“圆心、半径”命令，以中心线的交点为圆心，分别绘制半径为 70 和 90 的圆，绘制完成后的效果如图 8-131 所示。

(15) 选择“修改”|“修剪”命令，以中心线为参照，对两个轮廓圆进行修剪操作。

(16) 将“中心线”图层置为当前图层，选择“绘图”|“直线”命令，绘制端点坐标依次为（243,466）和（375,334）、（243,334）和（375,466）。绘制完成后的效果如图 8-132 所示。

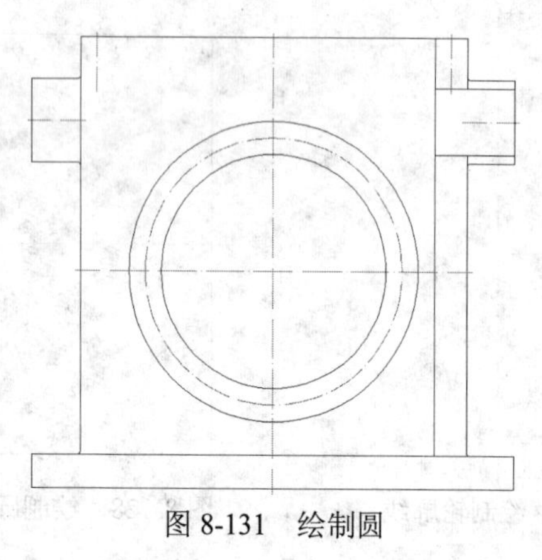

图 8-131 绘制圆

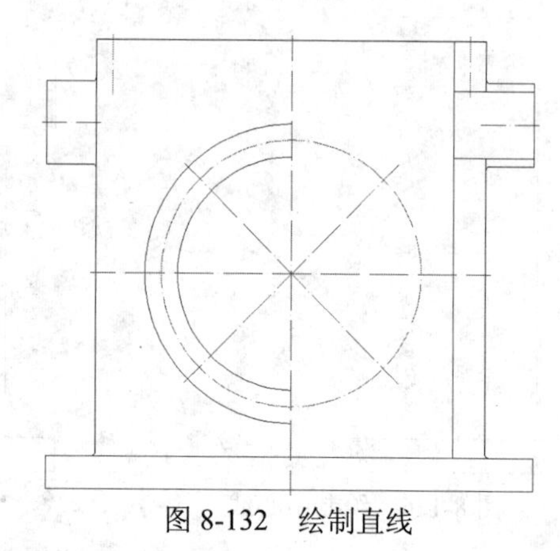

图 8-132 绘制直线

(17) 将“轮廓线”图层置为当前图层，选择“绘图”|“圆”|“圆心、半径”命令，分别以步骤 14 绘制的两条直线与半径为 80 的定位圆的交点为圆心，绘制半径为 5 的圆，绘制完成后的效果如图 8-133 所示。

(18) 将“剖面线”图层设置为当前图层，选择“绘图”|“图案填充”命令，弹出“图案填充和渐变色”对话框，在其中单击图案文本框右侧的□按钮，在弹出的“填充图案选项板”对话框中选择“ANSI31”图案，单击“确定”按钮，返回到“图案填充和渐变色”对话框。在“比例”文本框中键入“1”，在“角度”文本框中键入“0”，在“边界”选项组中单击“添加：拾取点”按钮，在绘图区中选择如图 8-134 所示的图案填充区域，选取完区域后按回车键，返回到“图案填充和渐变色”对话框，在其中单击“确定”按钮，完成图案填充。

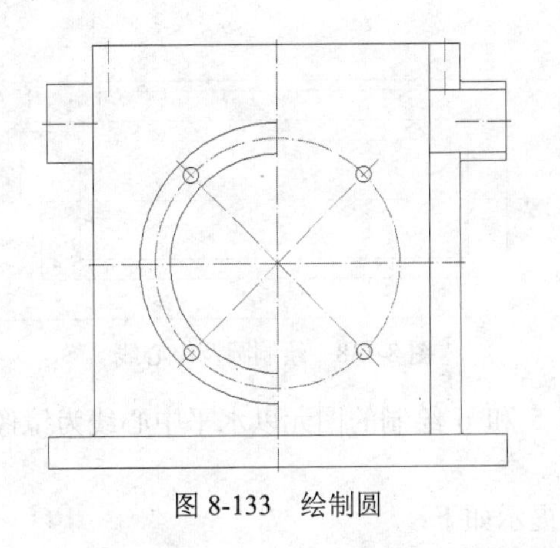

图 8-133　绘制圆

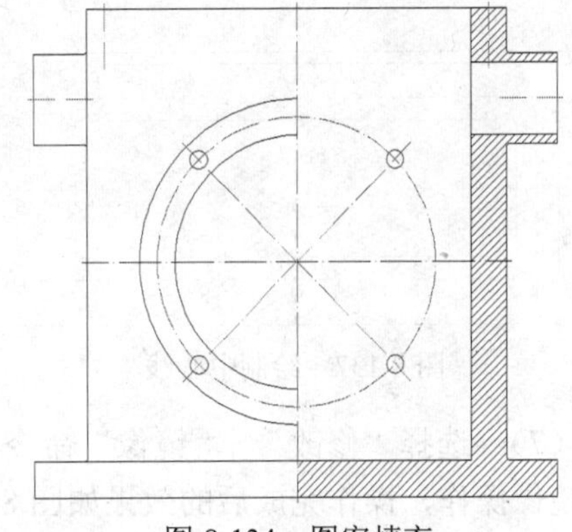

图 8-134　图案填充

8.8.2　实例 29——绘制俯视图

绘制俯视图的步骤具体如下：

（1）将"轮廓线"图层置为当前图层，选择"绘图"|"矩形"命令，命令行提示如下：

```
命令: _rectang
当前矩形模式:  圆角=2.0000
指定第一个角点或 [倒角(C)/标高(E)/圆角(F)/厚度(T)/宽度(W)]: f//键入 f,确定矩形的类型
指定矩形的圆角半径 <2.0000>: 2      //键入矩形的圆角半径
指定第一个角点或 [倒角(C)/标高(E)/圆角(F)/厚度(T)/宽度(W)]: 159,200//键入第一个角点坐标
指定另一个角点或 [面积(A)/尺寸(D)/旋转(R)]: 459,80    //键入另一个角点的坐标
```

（2）继续使用"矩形"命令，绘制圆角半径均为 2，角点坐标分别为（189,180）和（429,100）、（209,170）和（409,110），绘制完成后的效果如图 8-135 所示。

（3）选择"绘图"|"直线"命令，绘制端点依次为（219,180）和（219,195）、（399,195）和（399,180）的连续直线，绘制完成后的效果如图 8-136 所示。

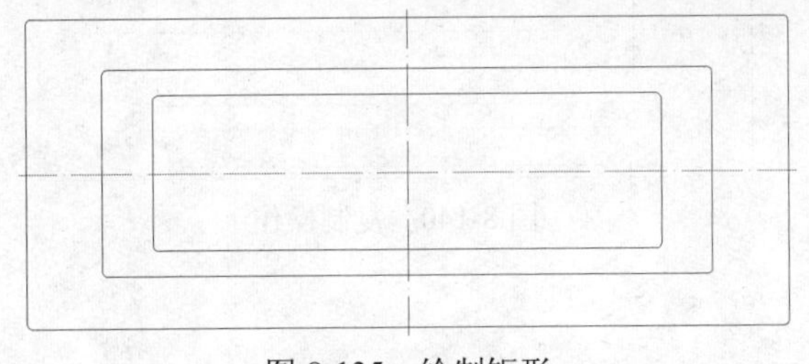

图 8-135　绘制矩形

图 8-136　绘制连续直线

（4）将"中心线"图层置为当前图层，选择"绘图"|"直线"命令，绘制起点和终点分别为（239,195）和（239,170）、（252,203）和（252,167）的两段中心线。

（5）选择"修改"|"镜像"命令，将步骤 4 绘制的两段中心线以垂直中心线为镜像线进行镜像操作，操作完成后的效果如图 8-137 所示。

（6）将"轮廓线"图层置为当前图层，选择"绘图"|"圆"命令，按照图 8-138 所示的位置尺寸绘制两个半径为 6 的圆以及圆的中心线。

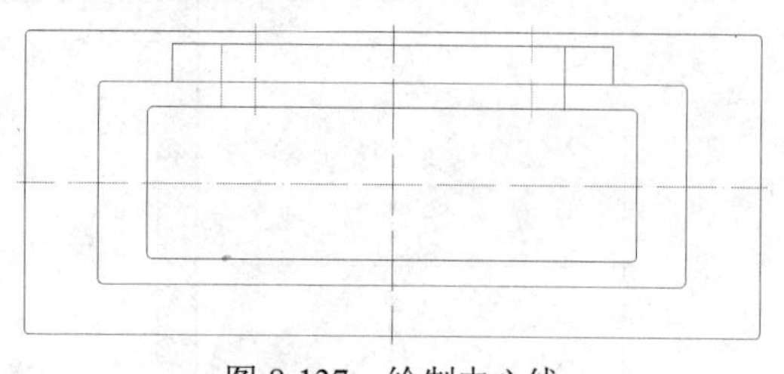

图 8-137　绘制中心线

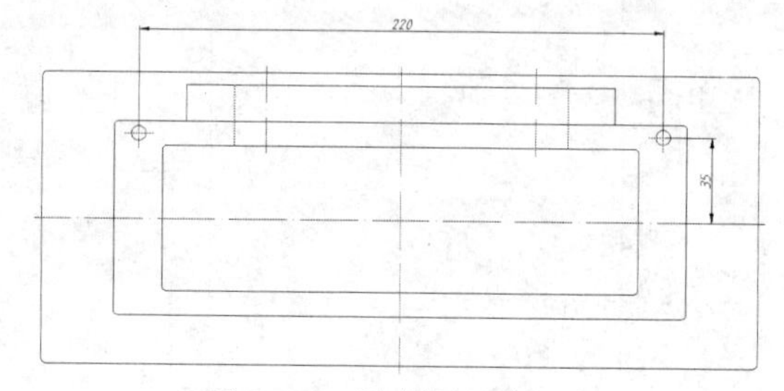

图 8-138　绘制圆及中心线

（7） 选择“修改”|“镜像”命令，将步骤 5 和 6 绘制的图元以水平中心线为镜像线进行镜像操作，操作完成后的效果如图 8-139 所示。

（8） 选择“修改”|“复制”命令，命令行提示如下：

```
命令: _copy
选择对象: 找到 1 个        //选择主视图左凸台的上边线
选择对象: 找到 1 个, 总计 2 个    //选择主视图左凸台的上圆角
选择对象: 找到 1 个, 总计 3 个    //选择主视图左凸台的下边线
选择对象: 找到 1 个, 总计 4 个     // 选择主视图左凸台的下圆角
选择对象: 指定对角点: 找到 1 个, 总计 5 个  //选择主视图右凸台的上边线
选择对象: 找到 1 个, 总计 6 个     //选择主视图右凸台的上圆角
选择对象: 找到 1 个, 总计 7 个     // 选择主视图右凸台的下边线
选择对象: 找到 1 个, 总计 8 个      // 选择主视图右凸台的下圆角
选择对象:                          //按回车键, 完成对象选择
当前设置:  复制模式 = 多个
指定基点或 [位移(D)/模式(O)] <位移>:
指定第二个点或 [阵列(A)] <使用第一个点作为位移>://鼠标捕捉左凸台中心线的左端点
指定第二个点或 [阵列(A)/退出(E)/放弃(U)] <退出>://鼠标捕捉俯视图中最大矩形与
水平中心线的交点, 完成复制操作, 效果如图 8-140 所示
```

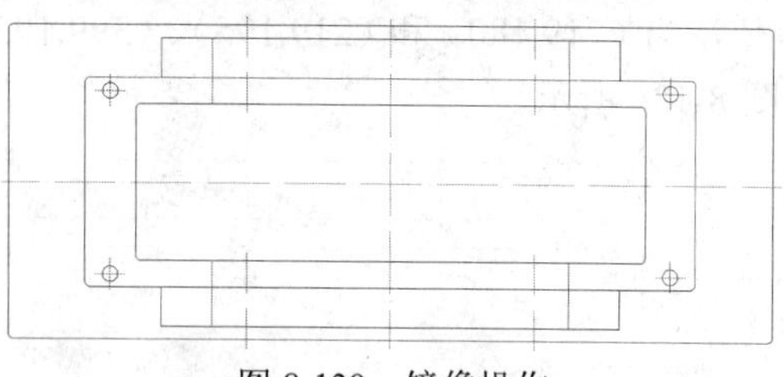

图 8-139　镜像操作

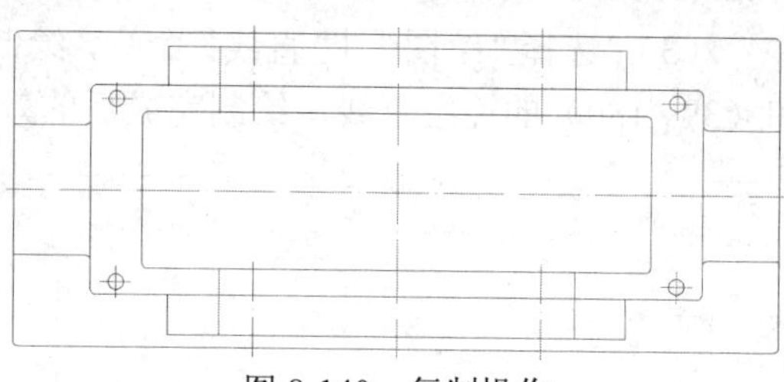

图 8-140　复制操作

8.8.3　实例 30——绘制左视图

绘制左视图的具体操作步骤如下：

（1） 将“轮廓线”图层置为当前图层，选择“绘图”|“直线”命令，绘制坐标依次为（629,270）、（569,270）、（569,290）、（629,290）、（589,290）、（589,540）和（629,540），绘制完成的直线段如图 8-141 所示。

（2） 继续使用“绘图”|“直线”命令，绘制坐标依次为（589,310）、（574,310）、（574,490）、（589,490）。绘制完成后效果如图 8-142 所示。

（3） 选择“绘图”|“圆角”命令，对图 8-142 所示的线 1 和线 2 进行半径为 2 的倒圆角操作。

（4） 选择“修改”|“镜像”命令，对左视图中已经绘制的所有图元以垂直中心线为镜像线进行镜像操作，操作完成后的效果如图 8-143 所示。

（5） 选择“修改”|“偏移”命令，命令行提示如下：

```
命令: _offset
当前设置: 删除源=否  图层=源  OFFSETGAPTYPE=0
指定偏移距离或 [通过(T)/删除(E)/图层(L)] <通过>:  70   //键入偏移距离
选择要偏移的对象，或 [退出(E)/放弃(U)] <退出>:     //选择如图 8-142 所示的线 2
指定要偏移的那一侧上的点，或 [退出(E)/多个(M)/放弃(U)] <退出>://在线 2 右侧单击鼠标左键
选择要偏移的对象，或 [退出(E)/放弃(U)] <退出>://按回车键完成偏移操作，效果如图 8-144 所示
```

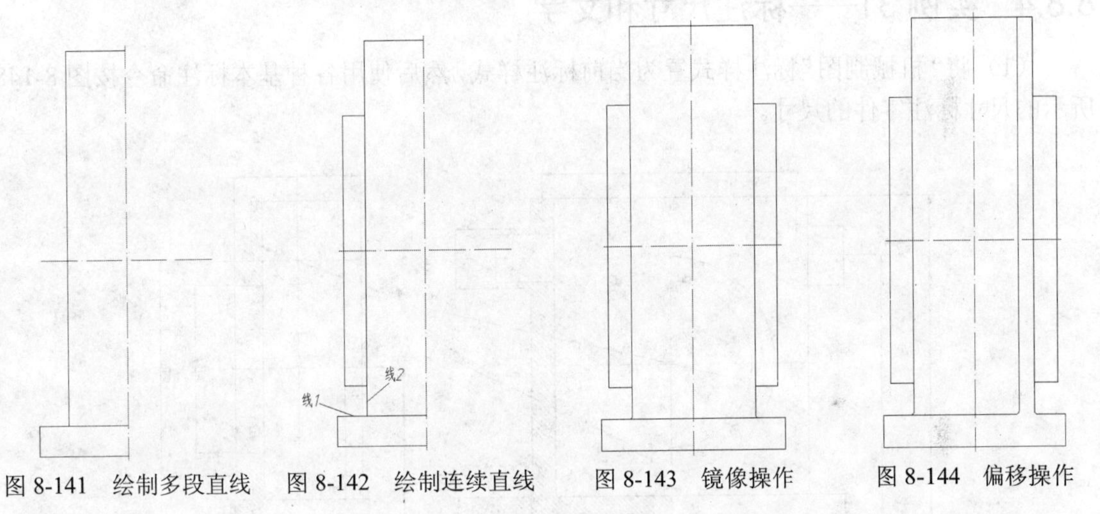

图 8-141　绘制多段直线　　图 8-142　绘制连续直线　　图 8-143　镜像操作　　图 8-144　偏移操作

（6） 选择“绘图”|“直线”命令，绘制起点和终点坐标分别为（659,470）和（684,470）的直线。

（7） 选择“修改”|“镜像”命令，将步骤 6 绘制的直线以水平中心线为镜像线进行镜像操作，效果如图 8-145 所示。

（8） 选择“绘图”|“圆”|“圆心、半径”命令，以图 8-145 所示的中心线与垂直中心线的交点为圆心，分别绘制半径为 20 和 25 的圆，并将半径为 25 的圆以垂直中心线为参照进行修剪操作，操作完成后的效果如图 8-146 所示。

（9） 将“剖面线”图层设置为当前图层，选择“绘图”|“图案填充”命令，弹出“图案填充和渐变色”对话框，在其中单击图案文本框右侧的□按钮，在弹出的“填充图案选项板”对话框中选择“ANSI31”图案，单击“确定”按钮，返回到“图案填充和渐变色”对话框。在“比例”文本框中键入“1”，在“角度”文本框中键入“0”，在“边界”选项组中单击“添加：拾取点”按钮，在绘图区中选择如图 8-147 所示的图案填充区域，选取完区域后按回车键，返回到“图案填充和渐变色”对话框，在其中单击“确定”按钮，完成图案填充，效果如图 8-147 所示。

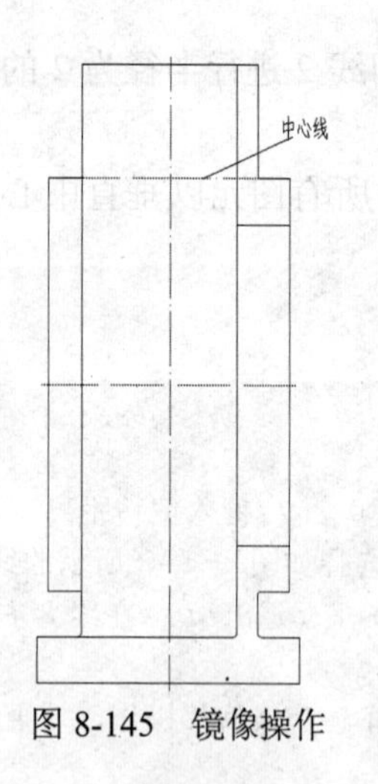

图 8-145　镜像操作

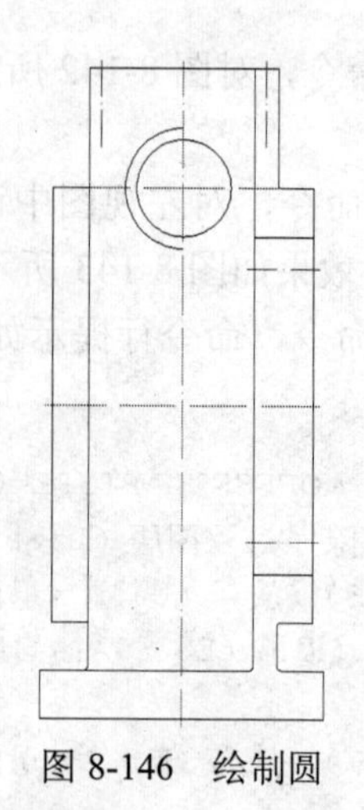

图 8-146　绘制圆

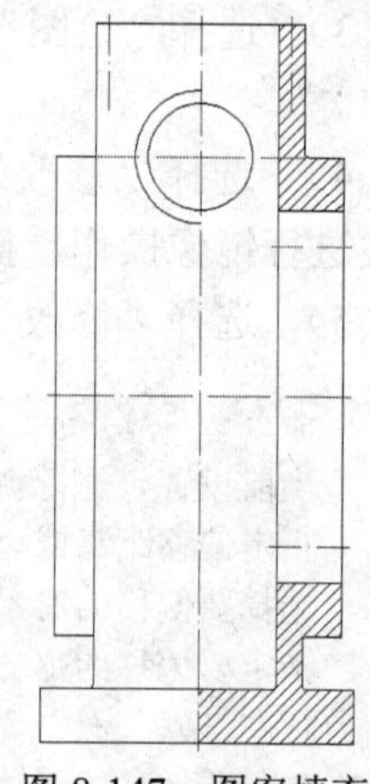

图 8-147　图案填充

8.8.4　实例 31——标注尺寸和文字

（1）将“机械制图”标注样式置为当前标注样式，然后使用各种基本标注命令按图 8-148 所示的尺寸标注零件的尺寸。

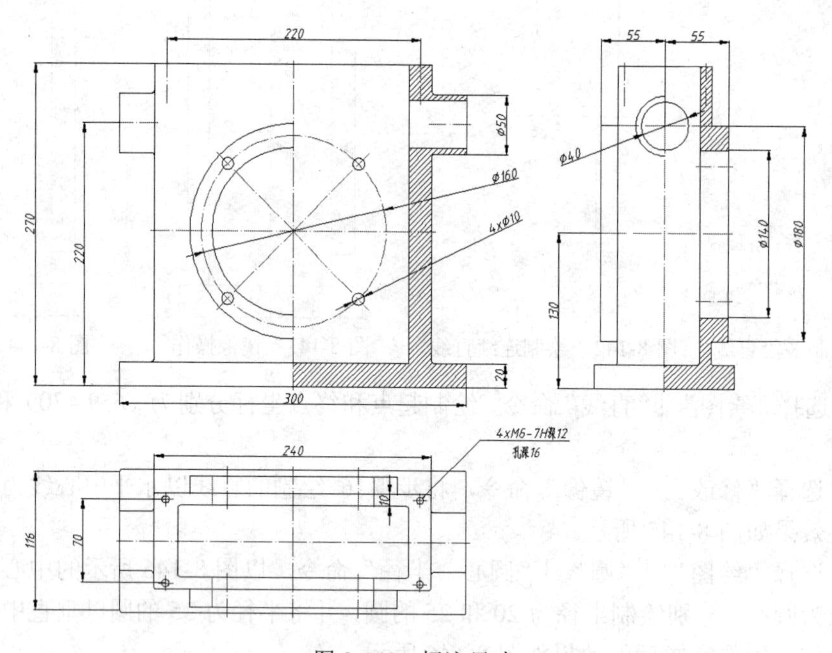

图 8-148　标注尺寸

（2）将“GB5”文字样式置为当前文字样式，然后选择“绘图”｜“文字”｜“多行文字”命令，在绘图区的空白区域填写如图 8-149 所示的技术要求。

填写完技术要求以后，在标题栏中相应位置填写图号、零件名称等内容。

通过以上步骤，完成了箱体类零件图的绘制，最终效果如图 8-121 所示。

技术要求
1. 未注圆角为R2。
2. 铸件应失效处理，以消除内应力。
3. 铸件不得有砂眼、裂纹

图 8-149　技术要求

8.9 绘制焊缝

焊接是一种不可拆的连接方式。焊接的主要方法是将被焊接处以局部加热至金属接近熔化时，将被连接件融合在一起。焊接在机械、化工、建筑、船舶和电器等行业有着非常广泛的应用。

8.9.1 焊接分类

焊接按焊接接头的基本形式可以分为对接接头、T 形接头、角接接头和搭接接头。按焊缝结合形式可分为对接焊缝、角接焊缝和塞焊缝。

8.9.2 焊缝符号及其标注方法

国家标准 GB/T 324-1988 规定焊缝符号表示方法。焊缝符号一般由基本符号、辅助符号、补充符号、焊缝尺寸和指引线组成。

1. 基本符号

基本符号是表示焊缝截面形状的符号，其线宽为粗实线宽度的 0.7 倍。常见的焊缝名称和基本符号如表 8-1 所示。

表 8-1 常见焊缝的基本符号

	名 称	符 号
基本符号	I 形焊缝	| |
	V 形焊缝	V
	带钝边 V 形焊缝	Y
	角焊缝	◺
	塞焊缝	⊓

2. 辅助符号

辅助符号是表示焊缝表面形状特征的符号，不需要确切说明焊缝表面形状时，可以不用辅助符号，表 8-2 所示为几种常见的辅助符号的名称、形式和符号。

表 8-2 常见焊接的辅助符号

	名 称	符 号	说 明
辅助符号	平面符号	—	对接焊缝表面平齐（一般需要加工）
	凸面符号	︵	表示焊缝表面凸起
	凹面符号	︶	表示焊缝表面凹起

3. 补充符号

补充符号是指对焊缝的某些特征的补充说明，表 8-3 所示为几种常见的补充符号。

表 8-3 补充符号

	名 称	符 号	说 明
补充符号	三面焊缝符号	[	表示三面带有焊缝
	周围焊缝符号	○	表示围绕工件周围焊接
	现场符号	◣	表示在工地或现场焊接

4. 焊缝尺寸符号

焊缝尺寸符号是用字母表示对焊缝的尺寸要求，需要注明焊缝尺寸时注明，GB/T 985-1988 和 GB/T 986-1988 规定了焊缝尺寸的确定方法。表 8-4 所示列举了焊缝尺寸符号及其意义。

表 8-4　焊缝尺寸符号含义

符　号	名　称	符　号	名　称	符　号	名　称	符　号	名　称
δ	工件厚度	c	焊缝宽度	h	余高	e	焊缝间隙
α	坡口角度	R	根部半径	β	坡口面角度	n	焊缝段数
b	根部间隙	K	焊角尺寸	S	焊缝有效厚度	N	相同焊缝数量
p	钝　边	H	坡口深度	l	焊缝长度	d	熔核直径

5. 指引线

指引线是图样上焊接处的标志。指引线一般由带箭头的引出线与两条基准线（一条实线、一条虚线）组成。指引线的箭头指在接头焊缝一侧时，基本符号标注在基准线的实线一侧；指引线的箭头指在接头焊缝的背面时，基本符号标注在基准线的虚线一侧。

8.9.3　焊缝的表达方法

1. 图样中焊缝的绘制方法

国家标准 GB/T 12212-1990 规定：图样中一般用焊缝符号表示焊缝，也可采用图示法表示。采用图示法表示焊缝时，焊缝通常用细实线绘制成栅线。在剖视图中，焊缝的金属熔焊区断面形状涂黑表示，如图 8-150 所示。必要时，可绘制焊缝的局部放大图，并在局部放大图上标注有关尺寸。

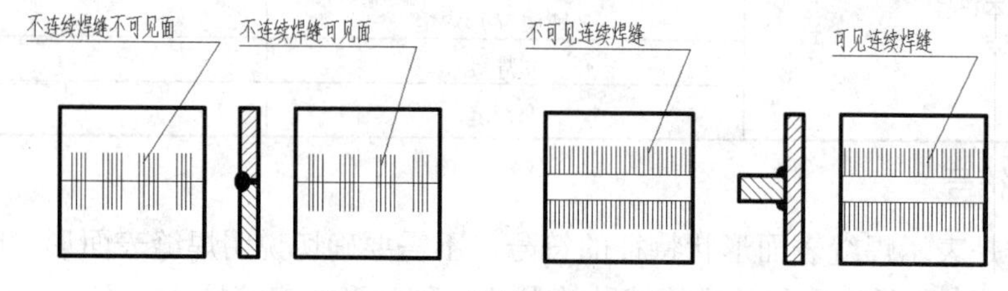

图 8-150　焊缝的绘制方法

2. 焊缝的标注方法

图样中采用图示方法绘制焊缝时，应标注焊缝符号，并采用局部放大图将焊缝结构的形状和尺寸详细表示出来，表 8-5 表示了几种焊缝的标注示例。

表 8-5　焊缝的标注示例

焊接形式及图示法	标注示例	备　注
p　b　α　k	60°　2　2　Y　12　3　111	用埋弧焊形成的带钝边 V 形连续焊缝在箭头侧，钝边 P=2 mm 根部间隙 b=2 mm，坡口角度 α=60°，用手工电弧焊形成的连续、对称角焊缝，焊角尺寸 k=3

（续表）

焊接形式及图示法	标注示例	备　注
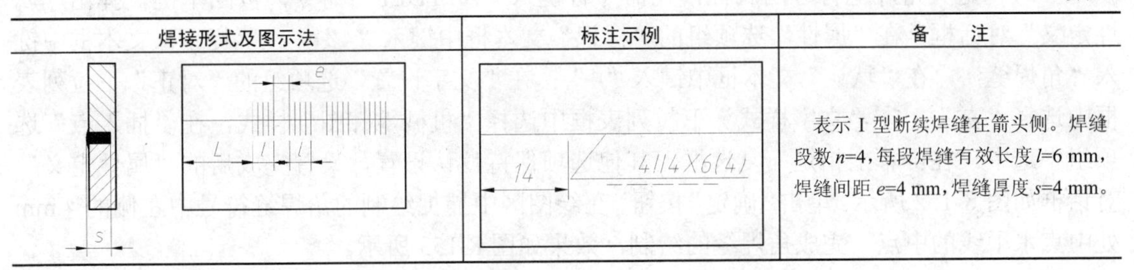		表示 I 型断续焊缝在箭头侧。焊缝段数 n=4，每段焊缝有效长度 l=6 mm，焊缝间距 e=4 mm，焊缝厚度 s=4 mm。

8.9.4　实例 32——绘制焊接图举例

本节以图 8-151 所示的轴承挂架焊接图为例讲述绘制焊接图的方法。

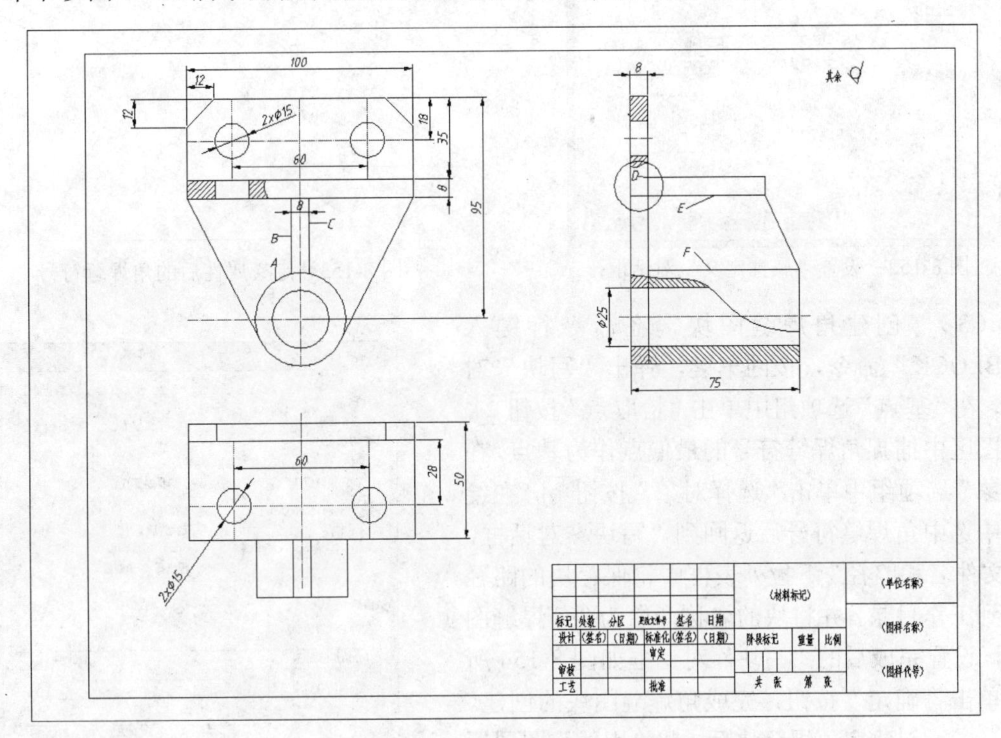

图 8-151　轴承挂架零件图

绘制焊缝的步骤一般为首先创建焊缝符号，然后用多重引线或者引线连接，插入焊缝图块。本例首先绘制立板与圆筒之间的环绕圆筒周围焊接，该焊接符号中的“△”表示角焊缝，焊角高度为 4 mm，“○”表示环绕周围焊接，“4△”标注在实线一侧表示标记的位置为可见焊缝。立板与肋板之间的标记有两个箭头指向两处，表示两处焊缝的焊接要求相同，具体绘制步骤如下：

（1） 绘制角焊缝符号，选择“绘图”|“直线”命令，命令行提示如下：

```
命令: _line 指定第一点: 10, 10                    //在命令行键入直线的起点坐标
指定下一点或 [放弃 (U) ]: 17, 10                  //在命令行键入直线的下一点坐标
指定下一点或 [放弃 (U) ]: 13.5, 16                //在命令行键入直线的下一点坐标
指定下一点或 [闭合 (C) /放弃 (U) ]: C             //键入 C，使绘制的直线闭合
```

（2） 定义角焊缝符号的属性，在命令行键入“ATTDEF”命令，按回车键，弹出“属性定义”对话框，在“属性”选项组的“标记”文本框中键入“4”，在“提示”文本框中键入“角焊缝”，在“默认”文本框中键入“4”；在“文字设置”选项组的“对正”下拉列表框中选择“左”，在“文字样式”下拉列表框中选择“机械零件图”样式，在“插入点”选项组中选中“在屏幕上指定”复选框，其他选项保持默认设置，设置完成后的“属性定义”对话框如图 8-152 所示。单击“确定”按钮，在绘图区中捕捉绘制的角焊缝符号中左侧的 4 mm 处中点水平线的中点，完成角焊缝的绘制，效果如图 8-153 所示。

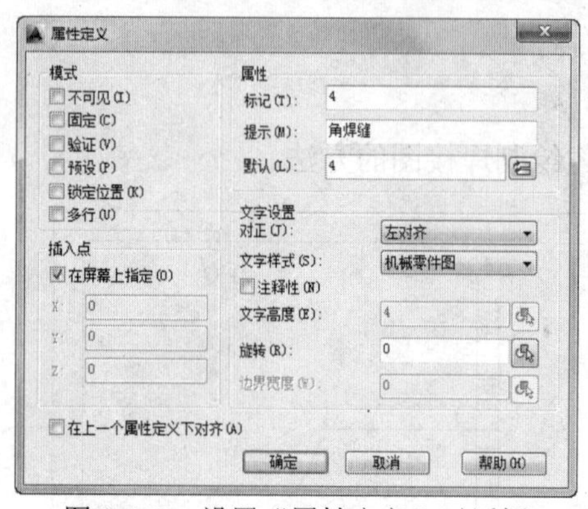

图 8-152 设置“属性定义”对话框

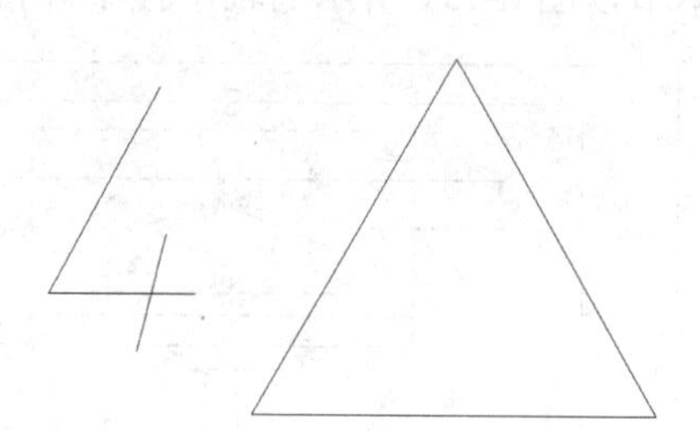

图 8-153 定义属性后的角焊缝符号

（3） 创建角焊缝图块，在命令行键入“WBLOCK”命令，按回车键，弹出“写块”对话框，在“基点”选项组中单击“拾取点”按钮，在绘图区中捕捉角焊缝符号的最低点作为基点，在“对象”选项组中单击“选择对象”按钮，在绘图区中选中角焊缝符号后返回到“写块”对话框，在“文件名和路径”下拉列表框中将保存块的路径修改到工作目录，并将块的名称命名为“角焊缝图块”，设置完成后的“写块”对话框如图 8-154 所示。单击“确定”按钮，完成角焊缝图块的创建。

图 8-154 设置“写块”对话框

（4） 创建完角焊缝块后，将“引线”图层置为当前图层，选择“标注”|“多重引线”命令，命令行提示如下：

```
命令: _mleader
指定引线箭头的位置或 [引线基线优先 (L) /内容优先 (C) /选项 (O) ] <选项>://鼠标捕捉图 8-151 中的 A 点
指定引线基线的位置:    //拖动鼠标一定距离然后单击鼠标左键完成放置
```

（5） 选择“插入”|“块”命令，弹出“插入”对话框，单击“浏览”按钮，在弹出的“选择图形文件”对话框中选择步骤 3 创建的焊缝块，然后单击“确定”按钮，返回绘图区，鼠标捕捉步骤 4 绘制引线的水平线端点作为基点插入焊缝图块。

（6） 将“轮廓线”图层置为当前图层，选择“绘图”|“圆”|“圆心、半径”命令，命令行提示如下：

```
命令: _circle 指定圆的圆心或 [三点(3P)/两点(2P)/切点、切点、半径(T)]: //捕捉引线的拐点作为圆心
指定圆的半径或 [直径(D)]: 1        //键入圆的半径
```

(7) 将“隐藏线”图层置为当前图层，选择“绘图”|“直线”命令，命令行提示如下：

```
命令: _line 指定第一点:             //鼠标捕捉圆的下切点
指定下一点或 [放弃(U)]:8           /水平向左引导光标，键入距离 8
指定下一点或 [放弃(U)]:            //按回车键，完成直线绘制
```

通过以上步骤，完成了立板与圆筒之间的环绕圆筒周围焊接焊缝的绘制，使用同样的方法，使用“引线”功能分别以图 8-151 中的 B 点、C 点为基点绘制焊缝，然后以引线的拐点为基点插入主视图中另一角焊缝的图块。

接下来绘制左视图中的焊缝，左视图中标记5▷表示双面连续角焊缝，焊角高 5 mm，两个箭头所指横板与肋板、肋板与圆筒之间两处焊缝相同。绘制该焊缝的具体步骤如下：

(1) 绘制双角焊缝符号，选择“绘图” |“直线”命令，命令行提示如下：

```
命令: _line 指定第一点 58, 24                    //在命令行键入直线的起点坐标
指定下一点或 [放弃(U)]: 47, 24                   //在命令行键入直线的下一点坐标
```

(2) 继续使用直线命令，绘制端点坐标分别为（47,24）和（43,27）、（47,24）和（43,21）的两条直线。

(3) 继续使用直线命令，依次绘制端点坐标为（55,24）、（51,27）和（51,21）的闭合直线。

(4) 定义双角焊缝符号的属性，在命令行键入“ATTDEF”命令，按回车键，弹出“属性定义”对话框，在“属性”选项组的“标记”文本框中键入“5”，在“提示”文本框中键入“双角焊缝”，在“默认”文本框中键入“5”；在“文字设置”选项组的“对正”下拉列表框中选择“左”，在“文字样式”下拉列表框中选择“机械零件图”样式，在“插入点”选项组中选中“在屏幕上指定”复选框，其他选项保持默认设置，单击“确定”按钮，在绘图区中捕捉第 2 步绘制的两条直线的交点，完成双角焊缝的绘制。

(5) 创建双角焊缝图块，在命令行键入“WBLOCK”命令，按回车键，弹出“写块”对话框，在“基点”选项组中单击“拾取点”按钮，在绘图区中捕捉双角焊缝符号的最低点作为基点，在“对象”选项组中单击“选择对象”按钮，在绘图区中选中角焊缝符号后返回到“写块”对话框，在“文件名和路径”下拉列表框中将保存块的路径修改到工作目录，并将块的名称命名为“角焊缝图块”，单击“确定”按钮，完成角焊缝图块的创建。

(6) 创建完焊缝块后，将“引线”图层置为当前图层，然后选择“标注”|“多重引线”命令，命令行提示如下：

```
命令: _mleader
指定引线箭头的位置或 [引线基线优先(L)/内容优先(C)/选项(O)] <选项>://鼠标捕捉图 8-154 中的E 点
指定引线基线的位置:    //拖动鼠标一定距离然后单击鼠标左键完成放置，弹出“文字格式”工具栏，在文本框键入 5，然后单击“确定”按钮，完成引线绘制
```

(7) 重复执行“多重引线”命令，以图 8-151 所示的 F 点为基点，绘制拐点与第一条引线相同的引线。

（8） 选择“插入”|“块”命令，弹出“插入”对话框，单击“浏览”按钮，在弹出的“选择图形文件”对话框中选择步骤 4 创建的焊缝块，然后单击“确定”按钮，返回绘图区，鼠标捕捉步骤 5 绘制引线的拐点作为基点插入焊缝图块。

最后绘制焊缝，该符号表示横板上表面与立板的焊缝为单边“V”形焊缝，坡口角度为 45°，间隙为 2 mm，表面铲平，坡口深度 4 mm，横板下表面与立板的焊缝是 4 mm 高的角焊缝。绘制该焊缝的方法与其他焊缝类似，读者可以以图 8-155 所示的点 J 和图 8-156 所示的点 K 为基点分别创建焊缝图块，然后使用“引线”功能，以图 8-151 的 D 点为基点绘制引线，并插入两个焊缝图块，最终完成焊缝的绘制。

除了绘制以上焊缝外，还需要绘制焊缝 2 的局部放大图，该放大图的具体尺寸如图 8-157 所示，绘制的过程与一般机械零件图相似，在此不再详述。

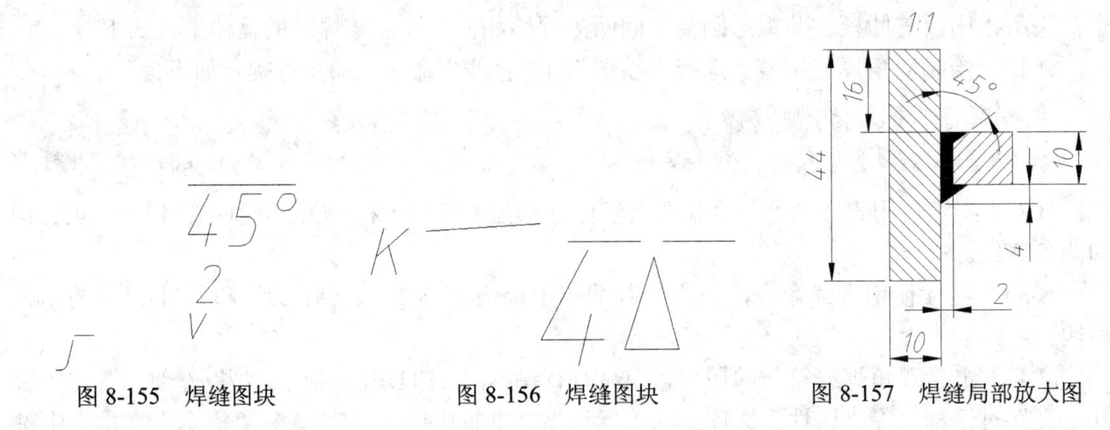

图 8-155 焊缝图块

图 8-156 焊缝图块

图 8-157 焊缝局部放大图

通过以上步骤，完成了该零件图中各种焊缝的具体绘制，最终的效果如图 8-158 所示。

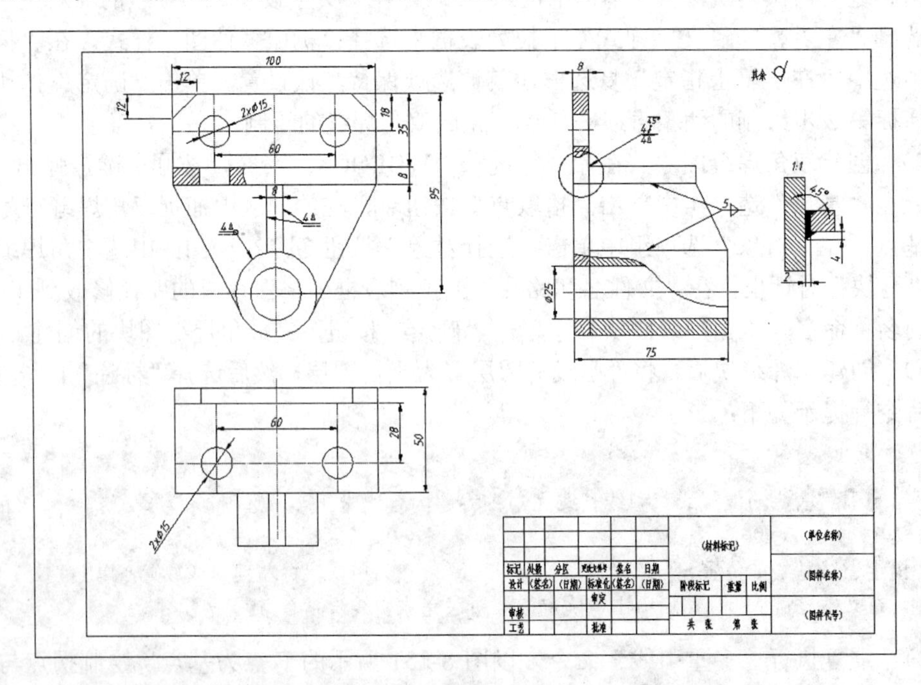

图 8-158 绘制完焊缝的零件图

第 9 章　绘制二维装配图

在机械制图中，装配图是用来表达部件或机器的工作原理、零件之间的安装关系与相互位置的图样，包含装配、检验、安装时所需要的尺寸数据和技术要求，是指定装配工艺流程，进行装配、检验、安装以及维修的技术依据，是生产中的重要技术文件。

本章主要介绍使用 AutoCAD 2014 绘制装配图的方法与过程、看装配图和由装配图拆画零件的方法等内容。

9.1　装配图概述

9.1.1　装配图的作用

装配图是用来表达机器或者部件整体结构的一种机械图样。在设计过程中，一般应先根据要求画出装配图，用以表达机器或者零部件的工作原理、传动路线和零件间的装配关系。然后通过装配图表达各组成零件在机器或部件上的作用和结构，以及零件之间的相对位置和连接方式，以便正确地绘制零件图。

在装配过程中，要根据装配图把零件装配成部件或者机器。设计人员往往通过装配图了解部件的性能、工作原理和使用方法。因此装配图是反映设计思想，指导装配、维修、使用机器以及进行技术交流的重要技术资料。

9.1.2　装配图的内容

一般情况下，设计或测绘一个机械或产品都离不开装配图，一张完整的装配图应该包括以下内容。

（1）　一组装配起来的机械图样。

该图样用一般表示法和特殊表示法绘制，它应正确、完整、清晰和简便地表达机器（或部件）的工作原理、零件之间的装配关系和零件的主要结构形状。

（2）　几类尺寸。

根据由装配图拆画零件图以及装配、检验、安装、使用机器的需要，在装配图中必须标注能反映机器（或部件）的性能、规格、安装情况、部件或零件间的相对位置、配合要求以及机器总体大小的尺寸。

（3）　技术要求。

在绘制装配图的过程中，如果有些信息无法用图形表达清楚，如机器（或部件）的质量、装配、检验和使用等方面的要求，可用文字或符号来标注。

（4）　标题栏、零件序号和明细栏。

为充分反应各零件的关系，装配图中应包含完整清晰的标题栏、零件序号和明细栏。

9.1.3 装配图的表达方法

装配图的视图表达方法和零件图基本相同，在装配图中也可以使用各种视图、剖视图、断面图等表达方法来表达。为了正确表达机器或部件的工作原理、各零件间的装配连接关系，以及主要零件的基本形状，各种剖视图在装配图中应用极为广泛。在装配部件中，往往有许多零件是围绕一条或几条轴线装配起来的，这些轴线成为装配轴线或者装配干线。下面分别介绍各种装配图的表达方法。

1. 规定画法

在实际绘图过程中，国家标准对装配图的绘制方法进行了一些总结性的规定，总结如下：

（1） 相邻两零件的接触表面和配合表面（包括间隙配合）只画出其中的一条轮廓线，不接触的表面和非配合表面应画两条轮廓线。如果距离太近，可以不按比例夸大画出。

（2） 相邻两零件的剖面线，倾斜方向应尽量相反。当不能使其方向相反时，例如三个零件彼此相邻的情况，则剖面线的间隔不应该相等，或者使剖面线相互错开，以示区别。

（3） 同一装配图中的同一零件的剖面线方向必须一致，而且间隔应该相等。

（4） 图形上宽度 2 mm 的狭小面积的剖面，允许将剖面涂黑代替剖面符号，对于玻璃等不宜涂黑的材料可不画剖面符号。

（5） 在剖视图中，对一些实心零件（如轴类、杆类等）和一些标准件（如键、螺纹、销等），若剖切平面通过其轴线或者对称面剖切时，可按不剖切表达，只画出零件的外形。

2. 装配图的特殊画法

在绘制装配图时，需要注意以下的特殊画法：

（1） 拆卸画法。

所谓拆卸画法是指当一个或几个零件在装配图的某一视图中遮住了大部分的装配关系或其他零件时，可假想拆去一个或几个零件，只画出所表达部分的视图。

（2） 沿结合面剖切画法。

为了表达内部结构，多采用这种特殊画法。

（3） 单独表示某个零件。

在绘制装配图的过程中，当某个零件的形状未表达清楚而又对理解装配图关系有影响时，可单独绘制该零件的某一视图。

（4） 夸大画法。

在绘制装配图时，有时会遇到薄片零件、细丝零件、微小间隙等的绘制。对于这些零件或间隙，无法按其实际尺寸绘制出，或虽能绘制出，但不能明显表述其结构（如圆锥销及锥形孔的锥度很小时），可采用夸大画法，即可把垫片画厚，把弹簧线径及锥度适当夸大地绘出。

（5） 假想画法。

为了表示与本零件有装配关系但又不属于本部件的其他相邻零、部件时，可采用假想画法。将其他相邻零、部件用双点划线画出。

（6） 展开画法。

所谓展开画法主要用来表达某些重叠的装配关系或零件动力的传动顺序，如在多极传动变速箱中，为了表达齿轮的传动顺序以及装配关系，可假想将空间轴系按其传动顺序展开在一个平面图上，然后画出剖视图。

（7） 简化画法。

在绘制装配图时，下列情况可采用简化画法：

- 零件的工艺结构允许不画，如圆角、倒角、推刀槽等。
- 螺母和螺栓头允许采用简化画法。如遇到螺纹紧固件等相同的零件组时，在不影响理解的前提下，允许只画出一处，其余可只用细点画线表示其中心位置。
- 在绘制剖视图时表示滚动轴承时，一般一半采用规定画法，另一半采用通用画法。

9.2 装配图的一般绘制过程

装配图的绘制过程大体可以分为由内向外法和由外向内法两种，下面分别介绍这两种方法。

9.2.1 由内向外法

由内向外法是指首先绘制中心位置的零件，然后以中心位置的零件为基准来绘制外部的零件。一般来说，这种方法适合于装配图中含有箱体类的零件，且箱体外部还有较多零件的情况。

例如要绘制减速器的装配图，减速器的装配图一般包含减速箱、传动轴、齿轮轴、轴承、端盖和键等众多零部件。这类装配图一般采用由内向外法比较合适，基本绘制步骤如下：

（1） 绘制并并入减速箱俯视图图块文件。

（2） 绘制并并入齿轮轴图块。

（3） 绘制并平移齿轮轴图块。

（4） 绘制并并入传动轴图块。

（5） 平移传动轴图块。

（6） 绘制并并入圆柱齿轮图块。

（7） 提取轴承图符。

（8） 绘制并并入其他零部件图块。

（9） 块消隐。

（10） 绘制定距环。

9.2.2 由外向内法

由外向内法是指首先绘制外部零件，然后再以外部零件为基准绘制内部零件。例如，在绘制泵盖装配图中一般使用由外向内的方法，基本步骤如下：

（1） 绘制外部轮廓线。

（2） 绘制中心孔连接阀。

（3） 绘制端盖。

（4） 绘制外圈的螺帽。

除了由内向外法和由外向内法两种主要的绘制装配图的方法外，还有由左向右，由上向下等方法，在具体绘制过程中，用户可以根据需要选择最合适的方法。

9.3 装配图的视图选择

绘制装配图时，首先要对需要绘制的装配体进行详细的分析和考虑，根据它的工作原理及零件间的装配连接关系，运用前面学过的各种表达方法，选择一组图形，把它的工作原理、装配连接关系和主要零件的结构形状都表达清楚。

9.3.1 主视图的选择

装配图中的主视图应清楚地反映出机器或部件的主要装配关系。一般情况下，其主要装配关系均表现为一条主要装配干线。选择主视图的一般原则是：

（1） 能清楚地表达主要装配关系或者装配干线。

（2） 尽量符合机器或者部件的工作位置。

9.3.2 其他视图的选择

仅仅绘制一个主视图，往往不能把所有的装配关系和结构表示出来。因此，还需要选择适当数量的视图和恰当的表达方法来补充主视图中未能表达清楚的部分。所选择的每一个视图或每种表达方法都应有明确的目的，要使整个表达方案达到简练、清晰、正确。

9.4 装配图的尺寸标注

装配图绘制完成后，需要给装配图标注必要的尺寸，装配图中的尺寸是根据装配图的作用来确定的，用来进一步说明零部件的装配关系和安装要求等信息，在装配图上应标注以下5种尺寸：

（1） 规格尺寸。

规格尺寸在设计时就已确定，它用来表示机器（或部件）的性能和规格尺寸，是设计机器、了解和选用机器的依据。

（2） 装配尺寸。

装配尺寸分为两种：配合尺寸和相对位置尺寸。前者用来表示两个零件之间的配合性质的尺寸，后者用来表示装配和拆画零件时，需要保证的零件间相对位置的尺寸。

（3） 外形尺寸。

外形尺寸用来表示机器（或部件）外形轮廓的尺寸，即机器（或部件）的总长、总宽和总高。

（4） 安装尺寸。

所谓安装尺寸就是机器（或部件）安装在地基上或与其他机器（或部件）相连接时所需要的尺寸。

（5） 其他重要尺寸。

是在设计中经过计算确定或选定的尺寸，不包含在上述4种尺寸之中，在拆画零件时，不能改变。

在装配图中，不能用图形来表达信息时，可以采用文字在技术要求中进行必要的说明。

9.5 装配图的技术要求

装配图中的技术要求，一般可从以下几个方面来考虑：

（1） 装配体装配后应达到的性能要求。

（2） 装配体在装配过程中应注意的事项及特殊加工要求。例如，有的表面需装配后加工，有的孔需要将有关零件装好后配作等。

（3） 检验、试验方面的要求，如手压滑油泵图中技术要求的第 2 条。

（4） 使用要求。如对装配体的维护、保养方面的要求及操作使用时应注意的事项等。与装配图中的尺寸标注一样，不是上述内容在每一张图上都要注全，而是根据装配体的需要来确定。

技术要求一般注写在明细表的上方或图纸下部空白处，如手压滑油泵图所示。如果内容很多，也可另外编写成技术文件作为图纸的附件。

9.6 装配图中零件的序号和明细栏

在绘制好装配图后，为了阅读图纸方便，以提高图纸的可读性，做好生产准备工作和图样管理，对装配图中每种零部件都必须编写序号，并填写明细栏。

9.6.1 零件序号

在机械制图中，零件序号有一些规定，序号的标注形式有多种，序号的排列也需要遵循一定的原则，下面分别介绍这些规定和原则。

1. 一般规定

编注机械装配图中的零件序号一般应该遵循以下原则：

（1） 装配图中每种零件都必须编注序号。

（2） 装配图中，一个部件可只编写一个序号，例如螺母就只编写一个序号，同一装配图中，尺寸规格完全相同的零部件，应编写相同的序号。

（3） 零部件的序号应与明细栏中的序号一致，且在同一个装配图中编注序号的形式一致。

2. 序号的标注形式

一个完整的零件序号应该由指引线、水平线（或圆圈）以及序号数字组成，各部分的含义如下。

（1） 指引线：指引线用细实线绘制，应从所指部分的可见轮廓部分引出，并在可见轮廓内的起始端画一圆点。

（2） 水平线或者圆圈：水平线或者圆圈用细实线绘制，用以注写序号数字。

（3） 序号数字：在指引线的水平线上或圆圈内注写序号时，其字高比该装配图中所标注数字高度大一号，也允许大两号。当不画水平线或者圆圈，在指引线附近注写序号时，序号字高必须比该装配图中所标主尺寸数字高度大两号。

3. 序号的编排方法

装配图中的序号应该在装配图的周围按照水平或者垂直方向整齐排列，序号数字可按顺时针或者逆时针方向依次增大。在一个视图上无法连续编完全部所需序号时，可在其他视图上按上述原则继续编写。

4. 其他规定

（1） 当序号指引线所指部分内不便画圆点时，可用箭头代替圆点，箭头需指向该部分轮廓。

（2） 指引线可以画成折线，但只可曲折一次，指引线不能相交，当指引线通过有剖面线的区域时，指引线不应与剖面线平行，可采用公共指引线，但应注意水平线或圆圈要排列整齐。

9.6.2 标题栏和明细栏

装配图的标题栏可以和零件图的标题栏一样。明细栏绘制应在标题栏的上方，外框左右两侧为粗实线，内框为细实线。为方便添加零件，明细栏的零件编写顺序是从下往上，明细栏的绘制方法参见第 3 章。

9.7 装配图的一般绘制方法及实例

机械装配图的绘制方法综合起来有直接绘制法、零件插入法和零件图块插入法 3 种，下面分别介绍每种方法的主要内容。

9.7.1 实例 33——直接绘制法

直接绘制法适合于绘制比较简单的装配图，下面以绘制如图 9-1 所示的手柄装配图为例介绍使用“直接绘制法”的基本方法。

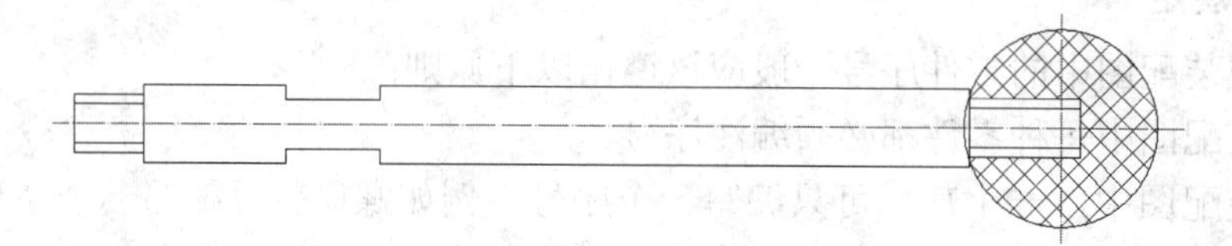

图 9-1 手柄装配图

（1） 将“中心线”图层置为当前图层，选择“绘图”｜“直线”命令，绘制直线，第一点为（50,180），第二点为（290,180）。

（2） 继续使用“直线”命令，绘制起点和终点坐标分别为（250,210）和（250,160）的中心线，绘制完成的效果如图 9-2 所示。

（3） 将“轮廓线”图层置为当前图层，选择“绘图”｜“圆”｜“圆心、半径”命令，以中心线交点为圆心，绘制半径为 20 的圆，效果如图 9-3 所示。

图 9-2 绘制中心线　　　　图 9-3 绘制圆

（4） 选择“修改”|“偏移”命令，将垂直中心线向右偏移 4。

（5） 继续选择“修改”|“偏移”命令，将垂直中心线向其左侧依次偏移 19、191、206，将水平中心线向其上下两侧各偏移 6 和 8，偏移完成后将偏移后的所有图元的图层匹配为“轮廓线”图层，效果如图 9-4 所示。

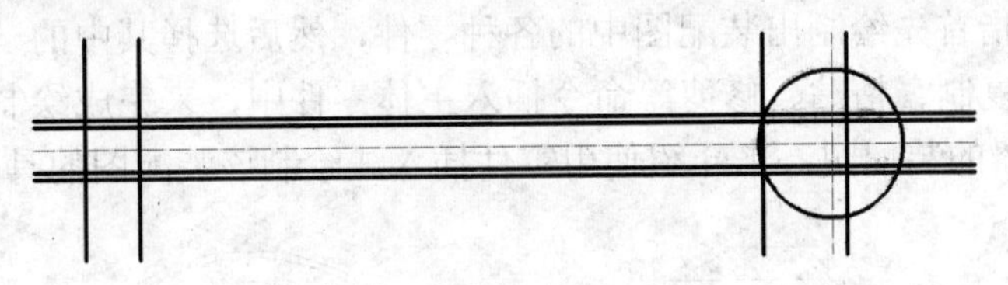

图 9-4 偏移操作

（6） 选择“修改”|“修剪”命令，将偏移后的对象进行修剪操作，修剪后的效果如图 9-5 所示。

图 9-5 修剪操作

（7） 选择“修改”|“偏移”命令，将左右端的两条水平直线各向其内侧偏移 2，中间的两条水平直线各向其内侧偏移 3，将第二条垂直线向其右侧依次偏移 30 和 50，偏移完成后的效果如图 9-6 所示。

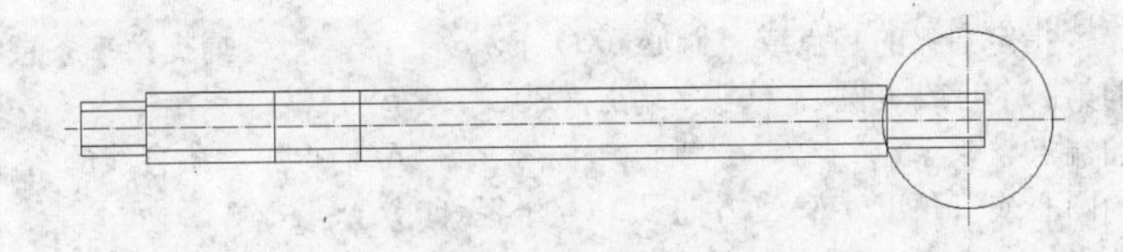

图 9-6 偏移操作

（8） 选择“修改”|“修剪”命令，将图 9-6 所示的图形修剪为如图 9-7 所示的形状。

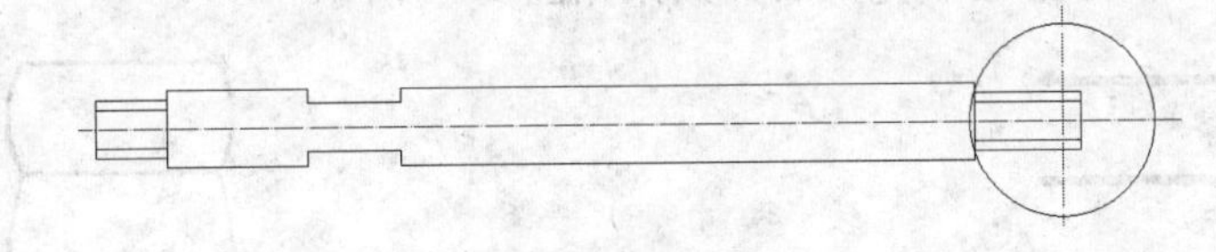

图 9-7 修剪操作

（9） 将“剖面线”图层置为当前图层，选择“绘图”|“图案填充”命令，打开“图案填充和渐变色”对话框，选择“ANSI37”图案作为样例，填充效果如图 9-8 所示。

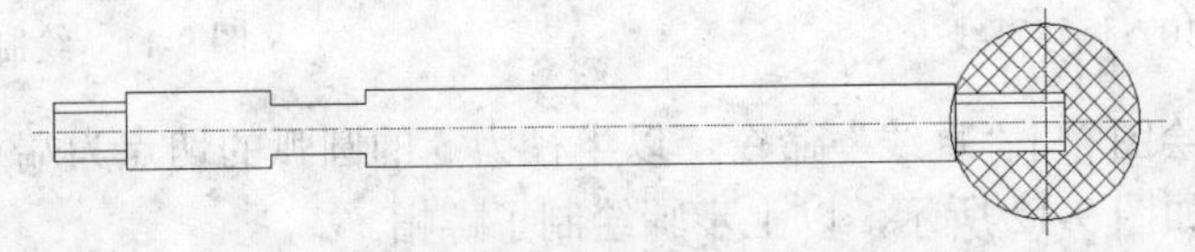

图 9-8 图案填充

通过以上步骤完成了手柄装配图的绘制。一张完整的装配图还应该标注尺寸，填写技术要求等，由于篇幅原因，在此不再详述，这些内容读者可以参考本书相关章节。

9.7.2 实例34——零件插入法

零件插入法是指首先绘制出装配图中的各种零件，然后选择其中的一个主体零件，将其他各零件依次通过复制、粘贴、修剪等命令插入主体零件中，来完成绘制。下面通过绘制如图9-9所示的联轴器的装配图，来介绍使用零件插入法绘制该装配图的具体步骤。

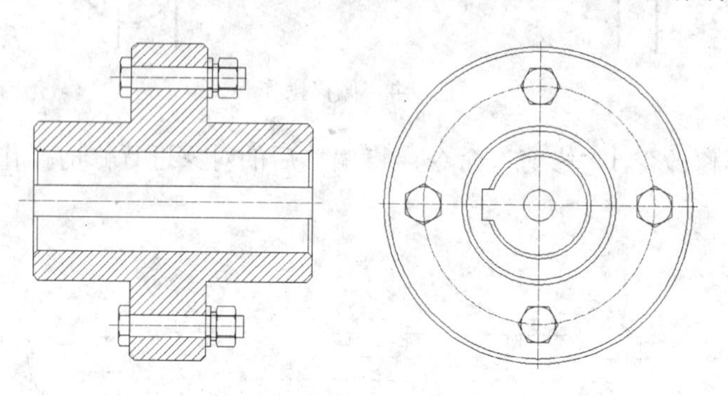

图9-9 联轴器装配图

（1） 将“轮廓线”图层置为当前图层，选择“绘图”|“直线”命令，绘制一条长度为9的水平直线。

（2） 选择“修改”|“偏移”命令，将第1步绘制的直线向其上方偏移5、15和20，偏移完成后的效果如图9-10所示。

（3） 选择“绘图”|“圆弧”|“起点、端点、半径”命令，命令行提示如下：

```
命令：_arc 指定圆弧的起点或 [圆心（C）]:            //捕捉第二条直线的右端点
指定圆弧的第二个点或 [圆心（C）/端点（E）]: _e
指定圆弧的端点:                                    //捕捉第二条直线的右端点
指定圆弧的圆心或 [角度（A）/方向（D）/半径（R）]: _r
指定圆弧的半径: 5   //键入圆弧半径
```

（4） 继续选择“绘图”|“圆弧”|“起点、端点、半径”命令，依次绘制其他圆弧，圆弧的半径分别为5和18，绘制完成后的效果如图9-11所示。

图9-10 偏移直线

图9-11 绘制圆弧

（5） 选择“绘图”|“直线”命令，以半径为5的圆弧的切点为端点绘制圆弧的切线，绘制完成后的效果如图9-12所示，以上步骤绘制了螺帽。

（6） 按照图9-13所示的尺寸绘制螺杆头部。

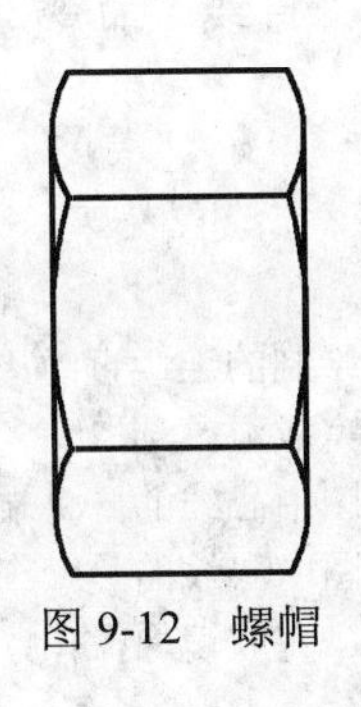

图 9-12　螺帽

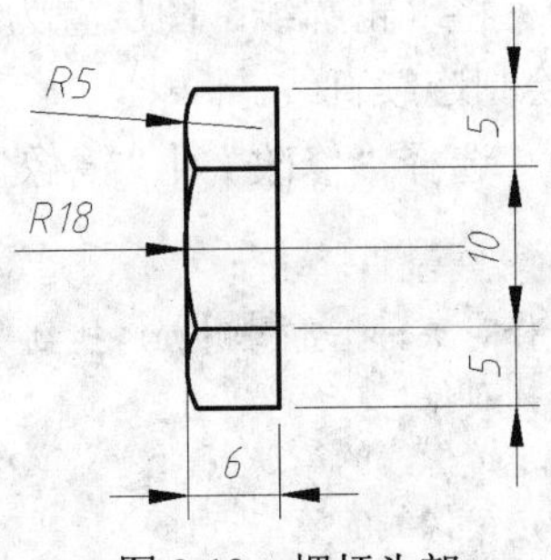

图 9-13　螺杆头部

（7）选择“绘图”|“直线”命令，打开正交功能，以图 9-13 螺杆头部的最右边垂直直线的上端点作为起点，绘制长度为 60 的水平直线，效果如图 9-14 所示。

（8）选择“修改”|“偏移”命令，将第 7 步绘制的直线向其下方依次偏移 4.5 和 15.5，偏移完成后删除第 7 步绘制的直线，然后选择“绘图”|“直线”命令，以偏移后右侧两条直线的端点作为直线的起点和终点，绘制完成后的效果如图 9-15 所示，以上步骤完成了螺杆的绘制。

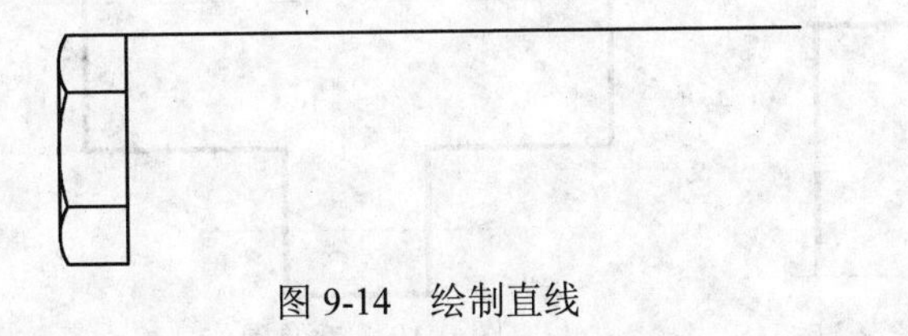

图 9-14　绘制直线

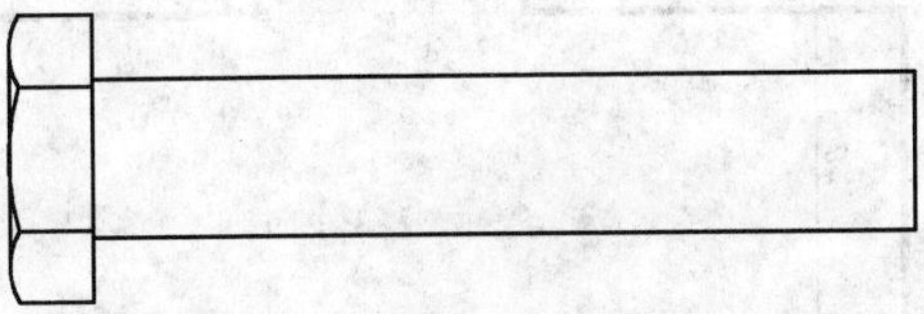

图 9-15　偏移和绘制直线

（9）选择“绘图”|“矩形”命令，绘制长为 3，宽为 20 的矩形，第一点为空白绘图区任意一点。

（10）综合使用“分解”、“偏移”和“直线”命令，按图 9-16 所示的尺寸绘制垫圈。

（11）将“中心线”图层置为当前图层，选择“绘图”|“直线”命令，命令行提示如下：

```
命令: _line 指定第一点:                      //在绘图区单击鼠标拾取起点
指定下一点或 [放弃 (U)]: 150                  //向右引导光标，键入移动距离
指定下一点或 [闭合 (C) /放弃 (U)]:              //按回车键，完成直线绘制
```

（12）综合使用“直线”命令和“圆”命令，绘制其余中心线，绘制完成后的图形如图 9-17 所示。

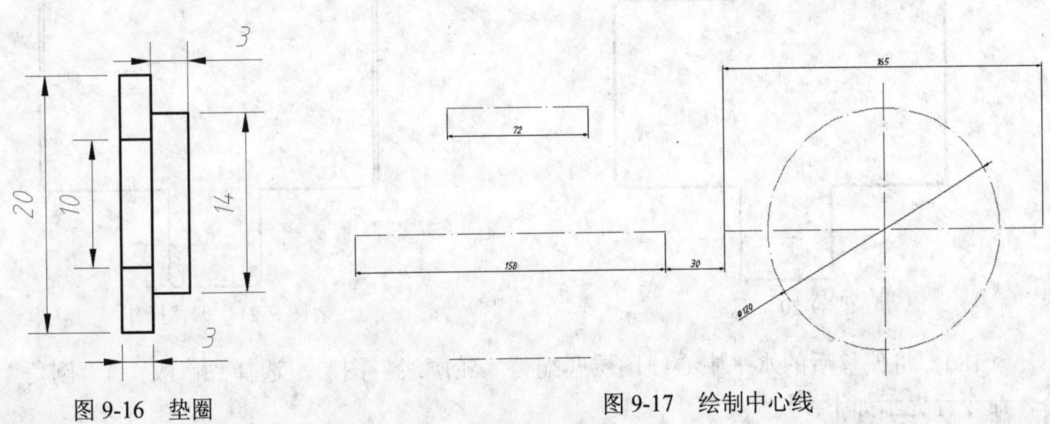

图 9-16　垫圈

图 9-17　绘制中心线

（13） 将“轮廓线”图层置为当前图层，选择“绘图”|“直线”命令，按如图 9-18 所示的尺寸绘制连续直线。

（14） 选择“修改”|“镜像”命令，命令行提示如下：

```
命令：_mirror
选择对象：指定对角点：找到 8 个                //选择所有绘制的连续直线
选择对象：                                     //按回车键完成对象选取
指定镜像线的第一点：                           //捕捉主视图中心线的一个端点
指定镜像线的第二点：                           //捕捉主视图中心线的另一个端点
要删除源对象吗？[是（Y）/否（N）] <N>：        //按回车键，完成镜像操作，效果如图 9-19
所示
```

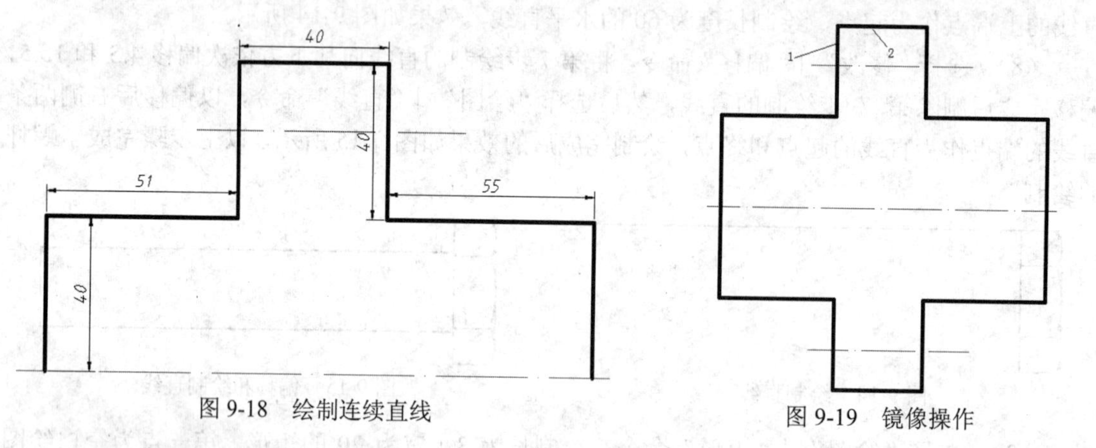

图 9-18　绘制连续直线　　图 9-19　镜像操作

（15） 选择“修改”|“倒角”命令，对图 9-19 所示的直线 1 和直线 2 进行倒角，倒角距离为 2.5。

（16） 继续选择“修改”|“倒角”命令，绘制如图 9-20 所示的其他倒角，倒角距离均为 2.5。

（17） 选择“修改”|“偏移”命令，将图 9-20 所示的中心线向其上下两侧分别平移 8 和 25，将左右两侧的轮廓线向其内侧分别平移 2，偏移后的效果如图 9-21 所示。

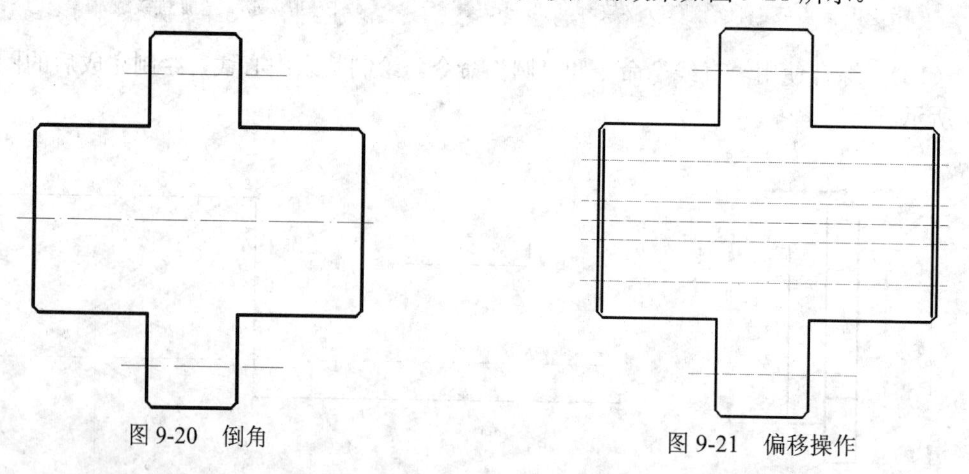

图 9-20　倒角　　图 9-21　偏移操作

（18） 将偏移后的水平中心线图层匹配为“轮廓线”图层，选择“修改”|“倒角”命令，命令行提示如下：

```
命令: _chamfer
("修剪"模式) 当前倒角距离 1 = 2, 距离 2 = 2
选择第一条直线或 [放弃 (U) /多段线 (P) /距离 (D) /角度 (A) /修剪 (T) /方式 (E) /多个 (M) ]: T //选择修剪模式
输入修剪模式选项 [修剪 (T) /不修剪 (N) ] <修剪>: N //选择不修剪模式
选择第一条直线或 [放弃 (U) /多段线 (P) /距离 (D) /角度 (A) /修剪 (T) /方式 (E) /多个 (M) ]: //选择最右侧的垂直直线
选择第二条直线, 或按住 Shift 键选择要应用角点的直线://选择上侧偏移距离为 25 的水平线
```

（19） 选择“修改” |“倒角”命令，绘制其余倒角，完成的效果如图 9-22 所示。

（20） 选择“修改” | “修剪”命令，将图 9-22 所示的图形修剪为如图 9-23 所示的形状。

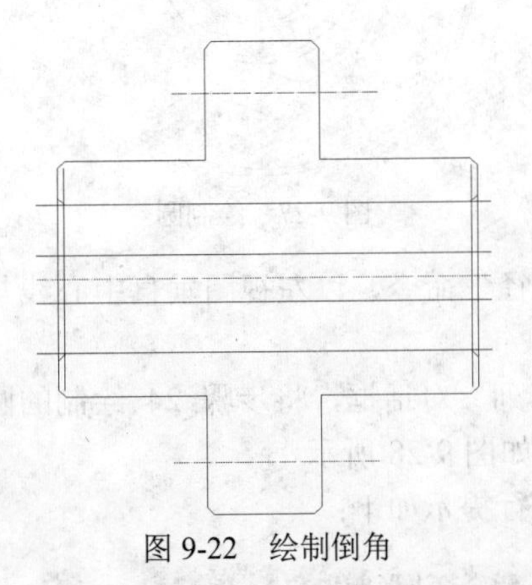

图 9-22　绘制倒角

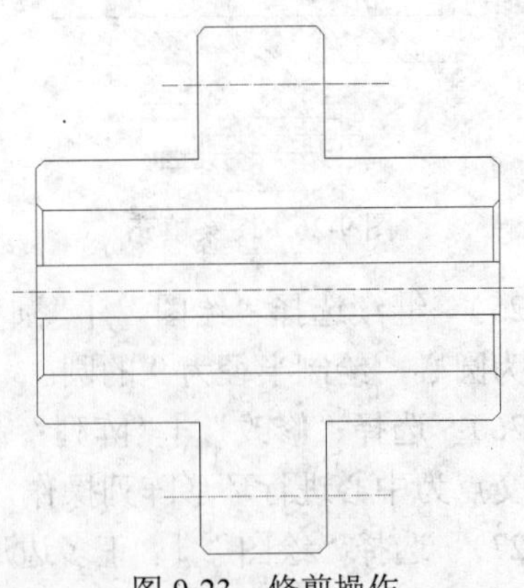

图 9-23　修剪操作

（21） 装配螺杆，在绘图区选择螺杆的所有图元，然后单击鼠标右键，在弹出的快捷菜单中选择“移动”命令，命令行提示如下：

```
命令: _move 找到 12 个
指定基点或 [位移 (D) ] <位移>: //捕捉螺杆左侧第二条垂直直线的中点
指定第二个点或 <使用第一个点作为位移>: <正交 关>//捕捉主视图上侧中心限与左侧垂直直线的交点，完成平移操作，效果如图 9-24 所示
```

（22） 继续选择“移动”命令，装配螺母和垫圈，装配完成后的效果如图 9-25 所示。

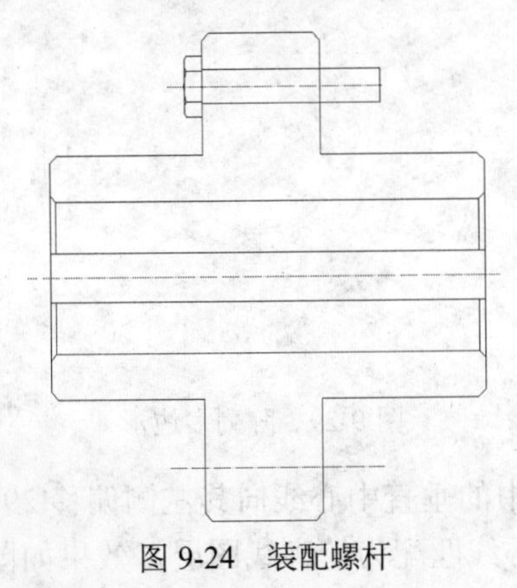

图 9-24　装配螺杆

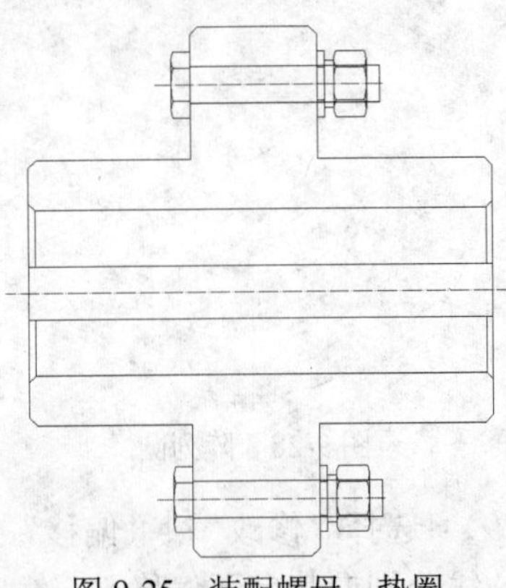

图 9-25　装配螺母、垫圈

（23） 将“剖面线”图层置为当前图层，选择“绘图”|“图案填充”命令，打开“图案填充和渐变色”对话框，选择“ANSI31”样例，选择图 9-26 所示的区域进行图案填充。

（24） 接下来绘制装配图中的左视图。将“轮廓线”图层置为当前图层，然后选择“绘图”|“圆”|“圆心、半径”命令，以左视图中心线的交点为圆心，绘制如图 9-27 所示的半径分别为 8、25、27、37.5、40、77.5 和 80 的圆。

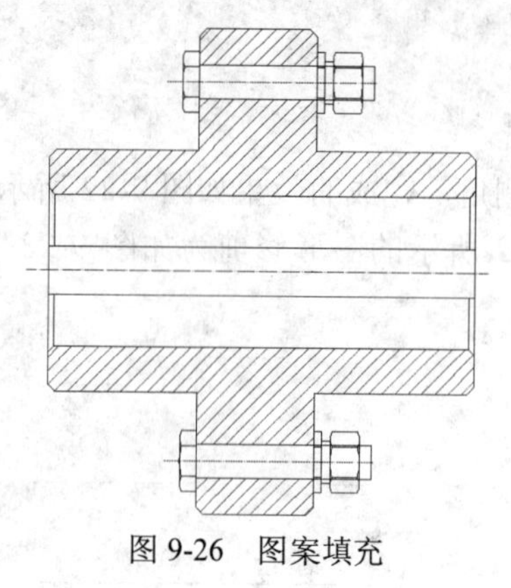

图 9-26　图案填充

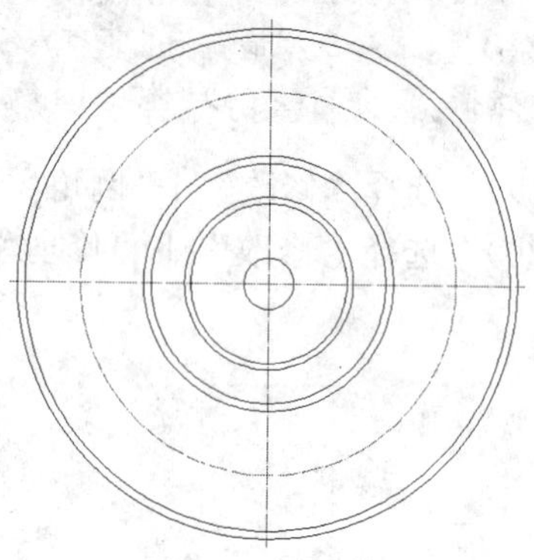

图 9-27　绘制圆

（25） 继续选择“绘图”|“圆”|“圆心、半径”命令，以左视图垂直中心线与定位圆交点为圆心，绘制半径为 9 的圆。

（26） 选择“修改”|“阵列”命令，打开“阵列”对话框，将步骤 24 绘制的圆以中心线的交点为中心进行环形阵列操作，阵列后的效果如图 9-28 所示。

（27） 选择“绘图”|“正多边形”命令，命令行提示如下：

```
命令：_polygon 输入侧面数 <4>：6              //键入多边形的边数
指定正多边形的中心点或 [边（E）]：            //捕捉半径为 9 的圆的圆心
输入选项 [内接于圆（I）/外切于圆（C）] <I>：C      //选择外切于圆的模式
指定圆的半径：9                             //键入圆的半径
```

（28） 选择“修改”|“阵列”命令，打开“阵列”对话框，将第 26 步绘制的正六边形以中心线的交点为中心进行环形阵列操作，阵列后的效果如图 9-29 所示。

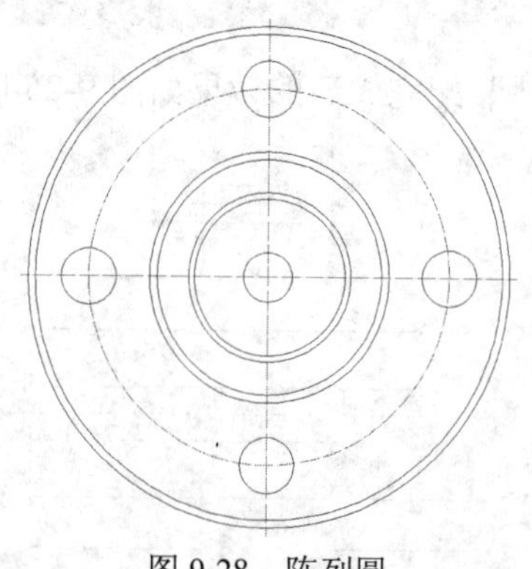

图 9-28　阵列圆

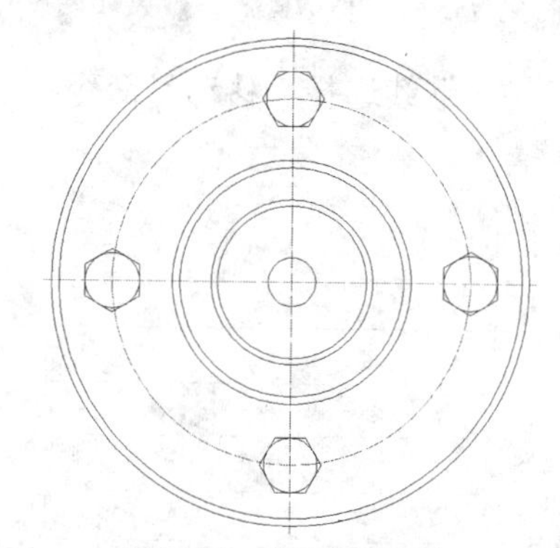

图 9-29　阵列多边形

（29） 选择“修改”|“偏移”命令，将左视图中的垂直中心线向其左侧偏移 29.5，将水平中心线分别向其上下偏移 8，然后将偏移后的中心线匹配为轮廓线图层，效果如图 9-30 所示。

（30） 选择“修改”|“修剪”命令，将步骤 28 偏移的直线进行修剪操作，修剪后的效果如图 9-31 所示。

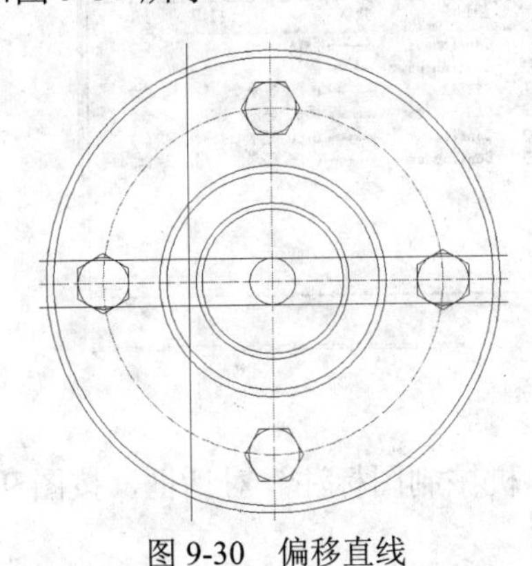

图 9-30 偏移直线

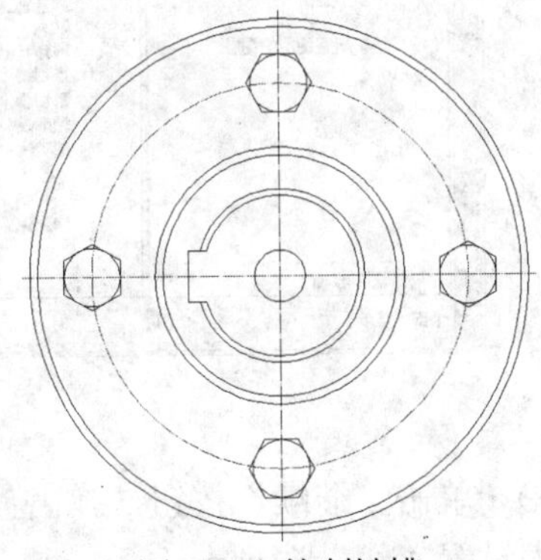

图 9-31 绘制键槽

通过以上步骤，完成了以零件插入法绘制装配图的操作，最终效果参见图 9-9 所示。

9.7.3 实例 35——零件图块组装法

零件图块插入法是指将各种零件均存储为图块，然后以插入图块的方法来装配零件以绘制装配图。

本节以减速器为例，介绍使用组装方式绘制减速器的装配图的方法。该产品一共由多个零件装配而成，主要有减速器箱体、小齿轮及其轴、大齿轮、大齿轮轴、大轴承、小轴承等。绘制的思路为利用图块和图文件的方法将零件绘制成图形库，然后从零件图形数据中读取零件库文件，拼画组成装配文件，最后作必要的修剪，具体步骤如下：

1. 绘制如图 9-32 所示的减速器箱体

（1） 选择“文件”|“新建”命令，系统弹出“选择样板”对话框，单击“打开”右侧的下拉按钮▾，选择“无样板打开-公制（M）”方式建立新文件。

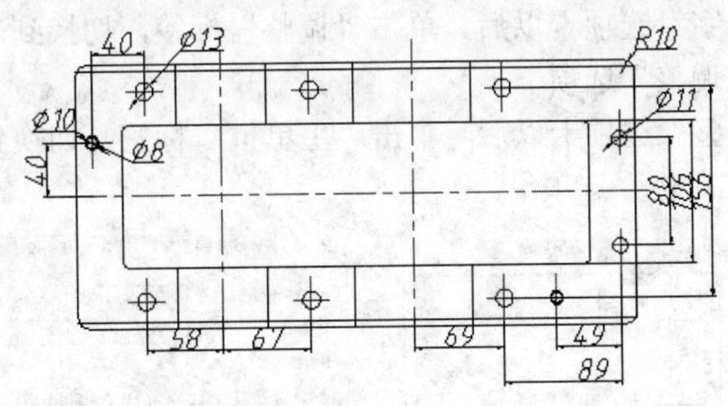

图 9-32 箱体俯视图

（2） 单击状态栏中的“正交”按钮，打开“正交”功能。

（3） 选择“格式”|“图层”命令，创建如图 9-33 所示的图层，其中图层“点划线”用来绘制中心线，图层“轮廓线”用于绘制外壳零件的轮廓线，图层“剖切线”用于绘制剖切线，图层“细实线”用于绘制其他图线，各图层设置的线型、颜色、线宽如图 9-2 所示。

（4） 选择“标注”|“标注样式”命令，弹出“标注样式管理器”对话框。单击“新建”按钮，弹出“创建新标注样式”对话框，在“新样式名”文本框中键入“机械制图标注”。

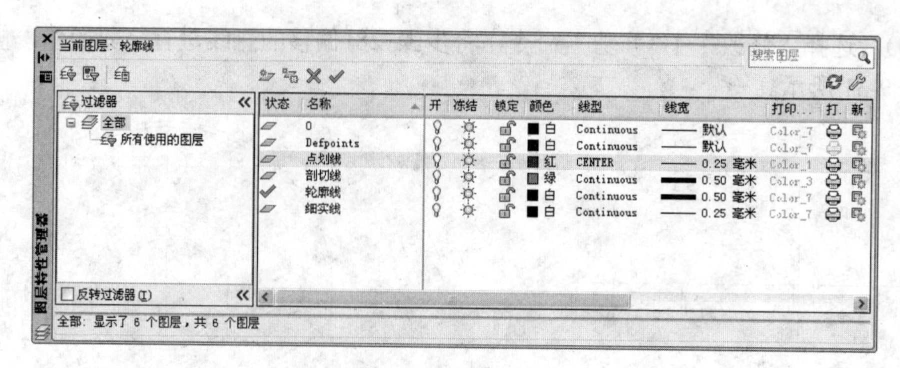

图 9-33　创建图层

（5）单击“继续”按钮，弹出“新建标注样式：机械制图标注”对话框，按图 9-34 所示的数据设置“线”选项卡。

（6）设置完“线”选项卡以后，按图 9-35 所示，数据设置“文字”选项卡，其中“文字高度”设置为 7，“从尺寸线偏移”设置为 0.5，“文字对齐”采用 ISO 标准。

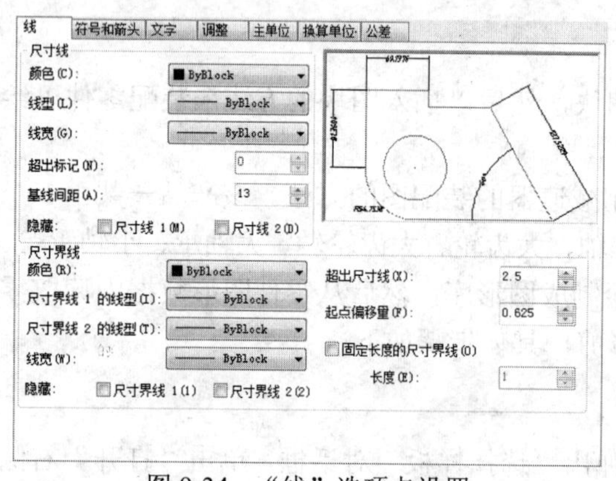

图 9-34　“线”选项卡设置

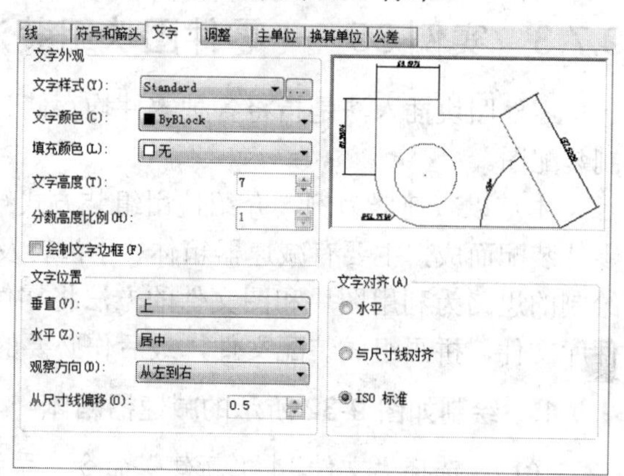

图 9-35　“文字”选项卡设置

（7）设置完“文字”选项卡以后，单击“调整”标签，切换到“调整”选项卡，按图 9-36 所示的数据设置“调整”选项卡。

（8）设置完“调整”选项卡以后，单击“主单位”标签，切换到“主单位”选项卡，按图 9-37 所示设置“主单位”选项卡。

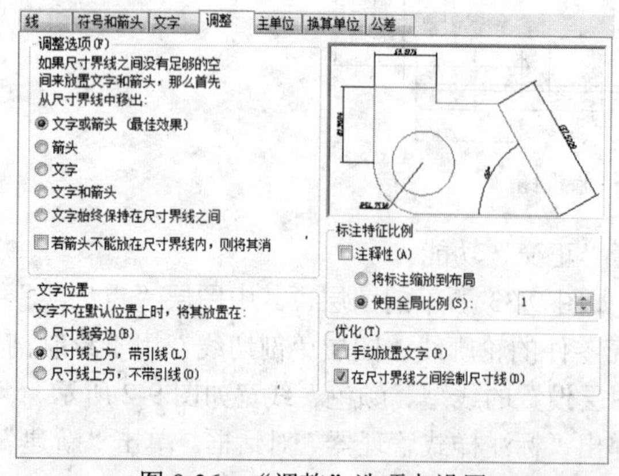

图 9-36　“调整”选项卡设置

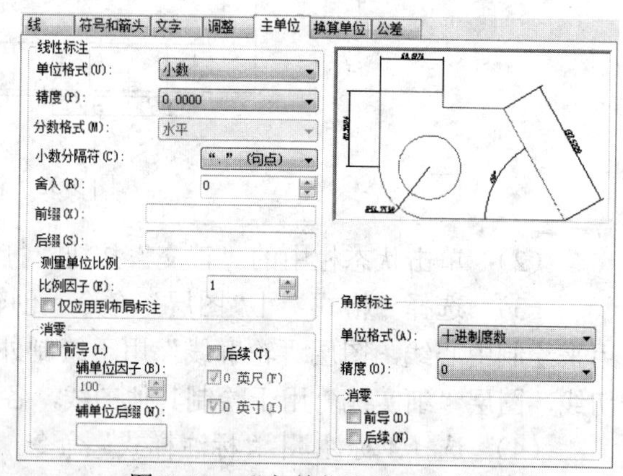

图 9-37　“主单位”选项卡设置

（9） 设置完各选项卡以后，单击“确定”按钮，返回“标注样式管理器”对话框，单击“置为当前”按钮，将新建的“机械制图标注”样式设置为当前使用的标注样式。

（10） 将“点划线”图层设置为当前图层，单击“构造线”按钮，绘制如图 9-38 所示的辅助线，命令行提示如下：

```
命令：_xline 指定点或 [水平（H）/垂直（V）/角度（A）/二等分（B）/偏移（O）]：h //绘制水平构造线
指定通过点:0,360                //输入通过点坐标
指定通过点:                     //按回车键，结束命令
命令:                           //按回车键，重复命令
XLINE 指定点或 [水平（H）/垂直（V）/角度（A）/二等分（B）/偏移（O）]：v    //绘制垂直构造线
指定通过点:0,490                //输入通过点坐标
指定通过点:                     //按回车键，结束命令
```

（11） 单击“偏移”按钮，对刚绘制的辅助线进行偏移操作，命令行提示如下：

```
命令：_offset
当前设置：删除源=否  图层=源  OFFSETGAPTYPE=0       //系统信息
指定偏移距离或 [通过（T）/删除（E）/图层（L）] <通过>： 425 //在命令行输入偏移距离
选择要偏移的对象，或 [退出（E）/放弃（U）] <退出>：  //选择图 9-38 所示的竖直辅助线
指定要偏移的那一侧上的点，或 [退出（E）/多个（M）/放弃（U）] <退出>： //在竖直辅助线的左侧单击一点
选择要偏移的对象，或 [退出（E）/放弃（U）] <退出>：   //按回车键，完成偏移操作
```

（12） 继续使用“偏移”命令，将水平中心线向其下方偏移 210，偏移完成后的效果如图 9-39 所示。

图 9-38 绘制辅助线　　图 9-39 偏移操作

（13） 将“轮廓线”图层设置为当前图层，单击“矩形”按钮，命令行提示如下：

```
命令：_rectang
指定第一个角点或 [倒角（C）/标高（E）/圆角（F）/厚度（T）/宽度（W）]：62,52//在命令行输入矩形第一个角点的坐标
指定另一个角点或 [面积（A）/尺寸（D）/旋转（R）]：490,248//在命令行输入矩形另一个角点坐标
```

（14） 继续单击“矩形”按钮，绘制如图 9-40 所示的其他 3 个矩形，3 个矩形的角点

坐标依次为{（92,54），（463,246）}，{（100,97），（455,203）}，{（92,94），（463,206）}。

（15） 单击“直线”按钮，绘制轴孔轮廓线，命令行提示如下：

```
命令: _line 指定第一点: 141,248                //在命令行输入直线上第一点的坐标
指定下一点或 [放弃(U)]: 141,203               //在命令行输入直线上第二点的坐标
指定下一点或 [放弃(U)]:
命令:
LINE 指定第一点: 209,248                      //输入第二条直线的一个点坐标
指定下一点或 [放弃(U)]: 209,203               //输入第二条直线的另一个点坐标
指定下一点或 [放弃(U)]:
命令:
LINE 指定第一点: 275,248                      //输入第三条直线的一个点坐标
指定下一点或 [放弃(U)]: 275,203               //输入第三条直线的另一个点坐标
指定下一点或 [放弃(U)]:
命令:
LINE 指定第一点: 365,248                      //输入第四条直线的一个点坐标
指定下一点或 [放弃(U)]: 365,203               //输入第四条直线的另一个点坐标
指定下一点或 [放弃(U)]:
```

（16） 单击“镜像”按钮，对步骤15绘制的直线以水平中心线为镜像线进行镜像操作，镜像完成后的效果如图9-41所示。

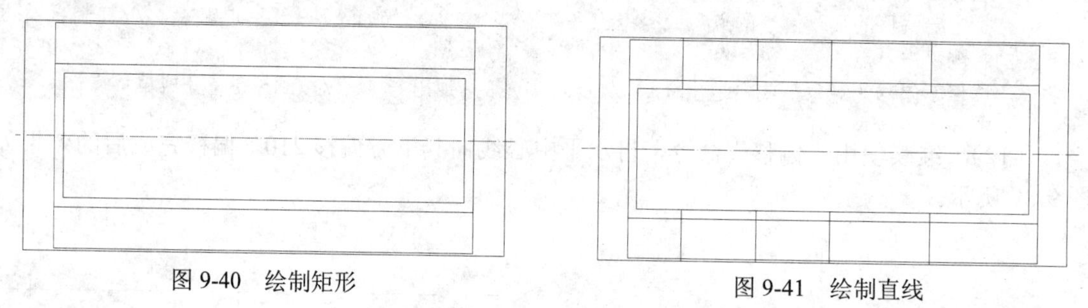

图9-40 绘制矩形

图9-41 绘制直线

（17） 单击“偏移”按钮，对刚绘制的辅助线和一条直角边进行偏移操作，偏移量如图9-42中标注的尺寸所示。

（18） 单击“圆角”按钮，命令行提示如下：

```
命令: _fillet
当前设置: 模式 = 修剪, 半径 = 5.0000        //系统提示信息
选择第一个对象或 [放弃(U)/多段线(P)/半径(R)/修剪(T)/多个(M)]: r  //激活“半径”选项
指定圆角半径 <5.0000>: 10          //在命令行输入圆角半径
选择第一个对象或 [放弃(U)/多段线(P)/半径(R)/修剪(T)/多个(M)]: //选择角点坐标为{(65,52),(490,248)}的矩形
选择第二个对象，或按住 Shift 键选择对象以应用角点或 [半径(R)]: //选择其他的各边
```

（19） 继续使用“圆角”命令，对角点坐标是{（100,97），（455,203）}的矩形进行倒圆角操作，圆角半径为5，操作完成后的效果如图9-43所示。

（20） 将“点划线”图层设置为当前图层，单击“直线”按钮，绘制如图9-43所示的十字中心线，长度为15 mm。

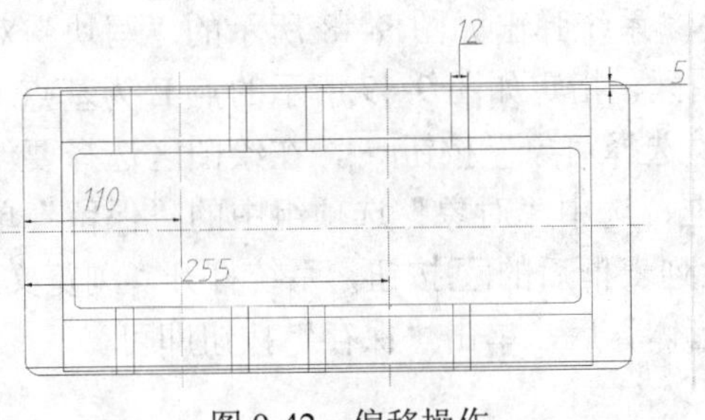

图 9-42　偏移操作

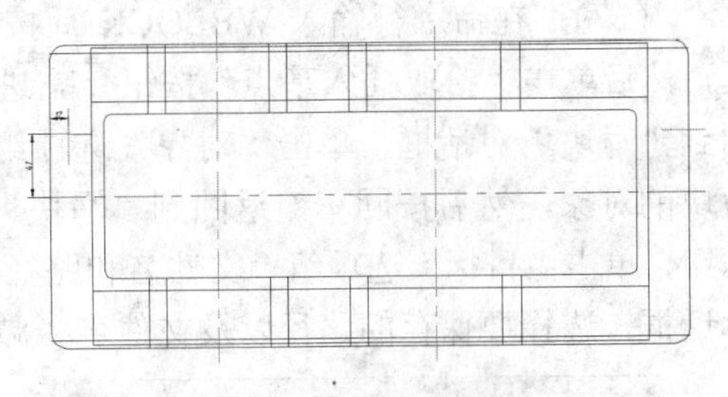

图 9-43　绘制直线

（21） 单击“偏移”按钮，对第（20）步绘制的图元按图 9-44 中标注的尺寸进行水平和垂直偏移操作，得到螺栓孔和销孔的中心线。

（22） 单击“圆”按钮，绘制销孔，命令行提示如下：

```
命令：_circle 指定圆的圆心或 [三点（3P）/两点（2P）/切点、切点、半径（T）]： //捕捉图 9-15 所示的辅助线的交点 0
指定圆的半径或 [直径（D）]： 11                        //在命令行输入圆的半径
```

（23） 继续单击“圆”按钮，完成螺栓孔和销孔的绘制，螺栓孔的直径为 8 mm，10 mm，销孔的直径是 13 mm。完成后的结果如图 9-45 所示。

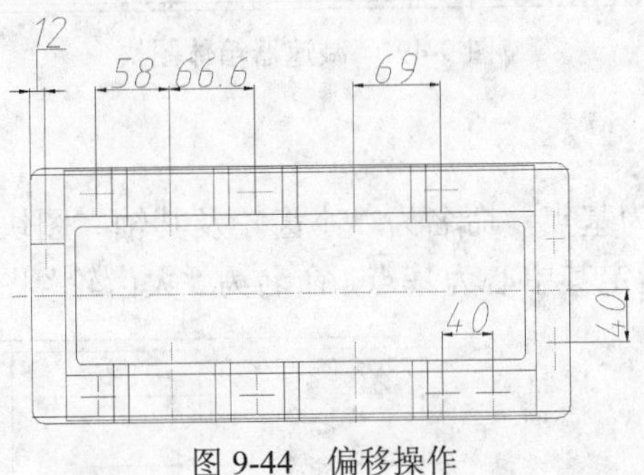

图 9-44　偏移操作

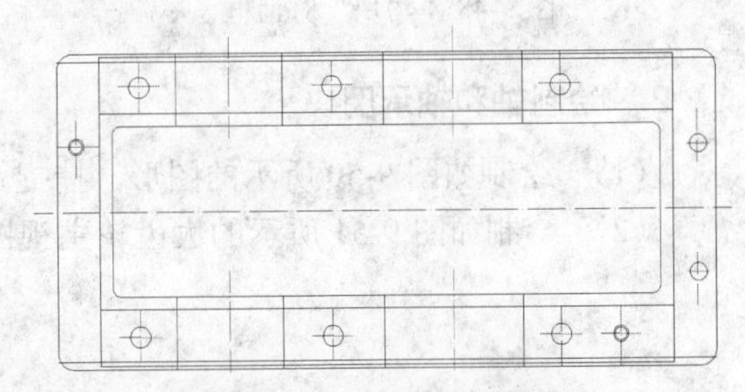

图 9-45　绘制螺栓孔和销孔

（24） 单击“圆角”按钮，对角点坐标为{（92,54），（463,246）}的矩形进行半径为 10 mm 的圆角修剪，实现对底座轮廓线倒圆角，从而完成减速器箱体俯视图的绘制，结果如图 9-46 所示。

（25） 将图层“细实线”设置为当前层。将“机械制图标注”样式设置为当前使用的标注样式。

（26） 在“标注”工具栏中依次单击“线性标注”按钮，“半径标注”按钮，完成对减速器箱体俯视图的标注，结果如图 9-47 所示。

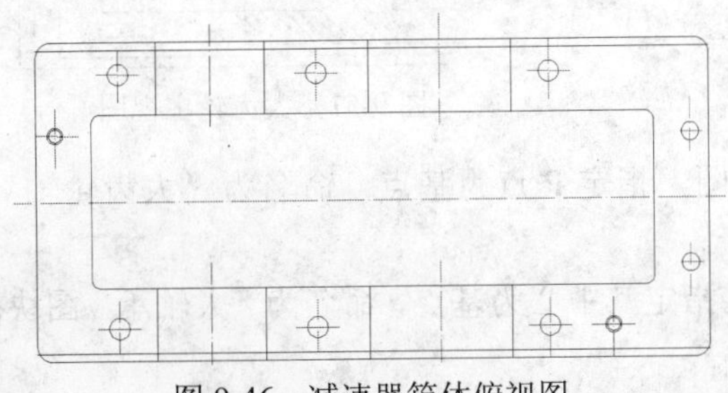

图 9-46　减速器箱体俯视图

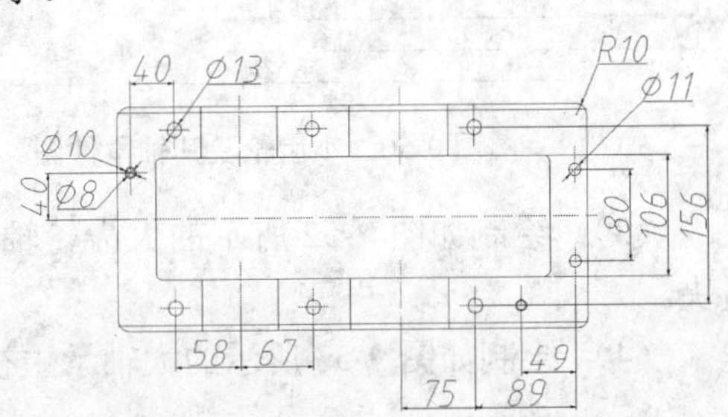

图 9-47　减速器箱体俯视图尺寸标注

（27） 在命令行输入 WBLOCK 后按回车键，系统弹出如图 9-48 所示的“写块”对话框，然后单击“拾取插入基点”按钮，进入绘图区，指定如图 9-49 所示的点 E 为基点，返回到“写块”对话框，单击“对象”选项组中的“选择对象”按钮，在绘图区选择要创建为块的对象，然后按回车键返回到“写块”对话框，选中“对象”选项组中的“保留”单选按钮，单击“目标”选项组“文件名和路径”下拉列表框后的按钮，系统打开“浏览文件”对话框，选择要保存的路径以及文件名“减速器箱体”后，单击“保存”按钮即可。

图 9-48 “写块”对话框

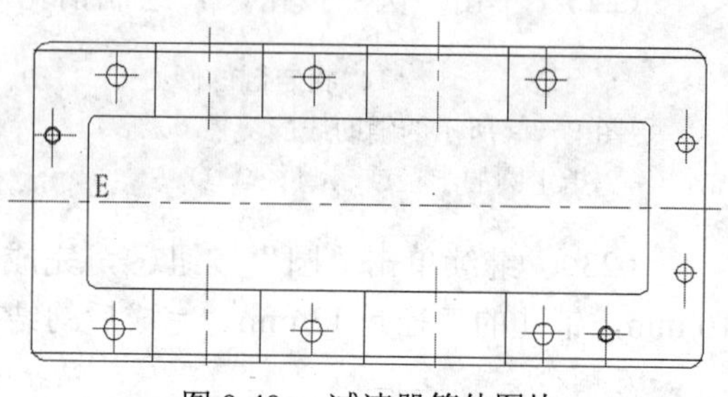

图 9-49 减速器箱体图块

2. 绘制轴和轴承图块

（1） 绘制如图 9-50 所示的图形，捕捉点 O 为基点，命名为“小齿轮及其轴”图块。

（2） 绘制如图 9-51 所示的大齿轮主视图，指定其中心为基点，命名为“大齿轮”图块。

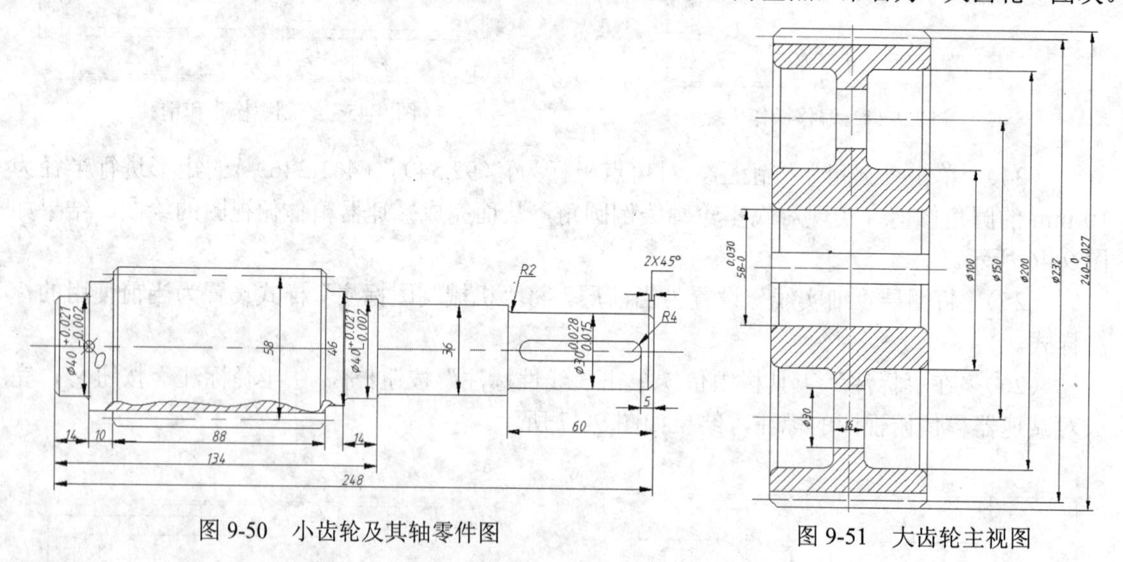

图 9-50 小齿轮及其轴零件图

图 9-51 大齿轮主视图

（3） 绘制如图 9-52 所示的大齿轮轴主视图，指定 P 点为基点，命名为“大齿轮轴”图块。

（4） 绘制如图 9-53 所示的大轴承主视图，指定其中心为基点，命名为“大轴承”图块。

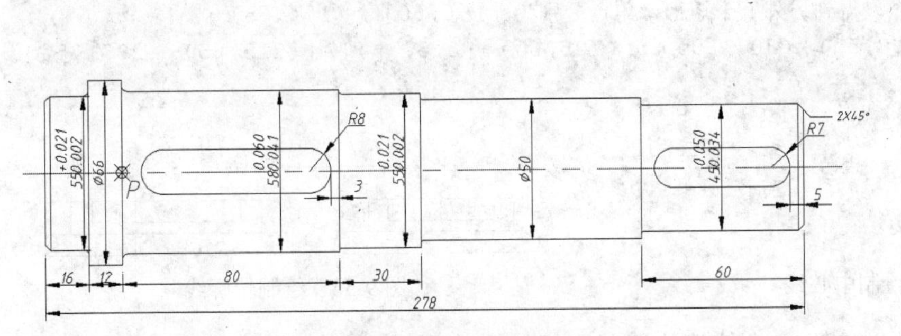

图 9-52　大齿轮轴主视图

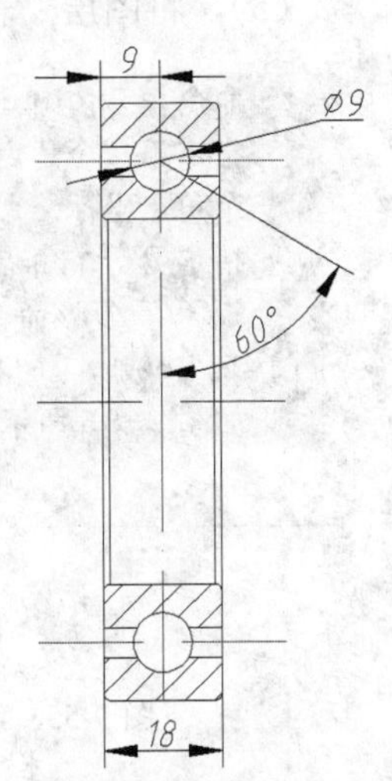

图 9-53　大轴承主视图

3. 绘制如图 9-54 所示的箱体端盖

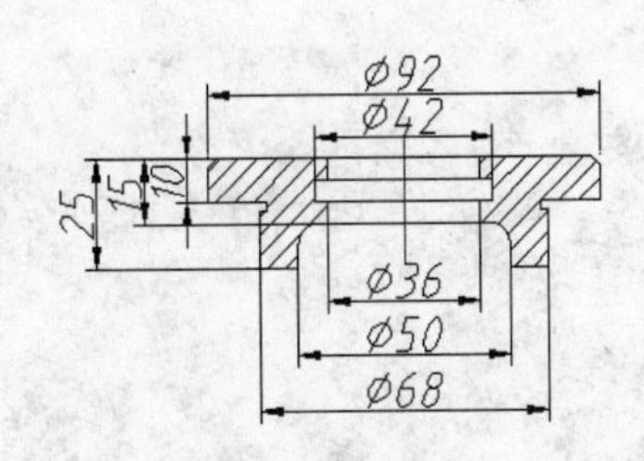

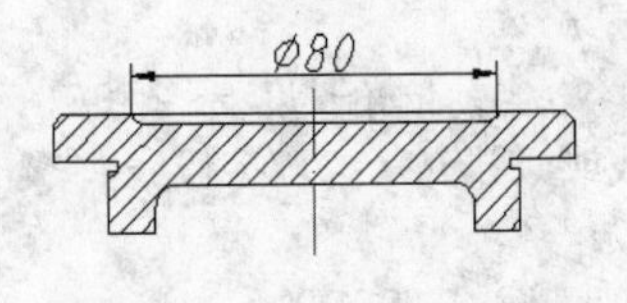

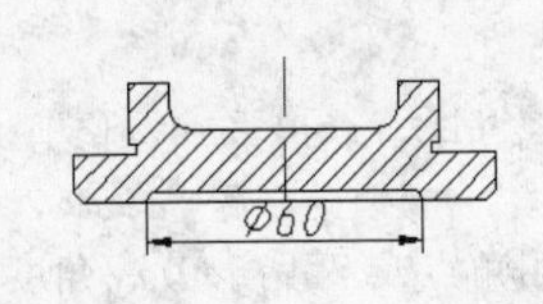

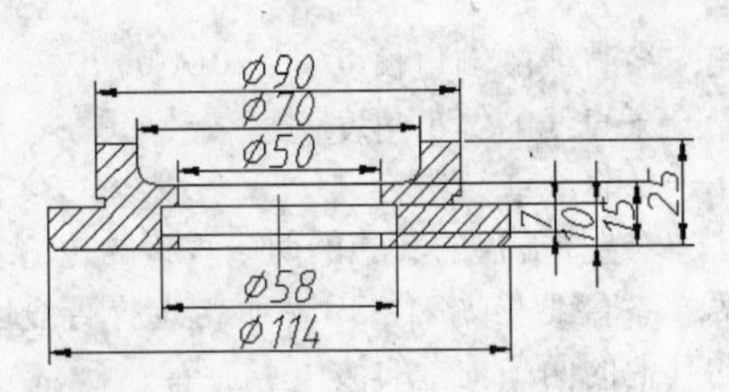

图 9-54　箱体端盖的主视图

（1） 选择“文件”|“新建”命令，系统弹出“选择样板”对话框，单击“打开”右侧的下拉按钮，选择“无样板打开-公制（M）”方式建立新文件。

（2） 单击状态栏中的“正交”按钮，打开“正交”功能。

（3） 使用上例创建的图层绘制零件图。

（4） 将图层“点划线”设置为当前层。单击“直线”按钮，绘制如图 9-55 所示的中心线，命令行提示如下：

```
命令: _line 指定第一点: 60,90        //在命令行输入第 1 点的坐标（60, 90）
指定下一点或 [放弃（U）]:  330,90   //在命令行输入第 2 点的坐标（330, 90）
指定下一点或 [放弃（U）]:            //按回车键，结束命令
……//重复该命令，得到两条直线，分别为{(120,45),(120,80)}和{(265,45),(265,80)}。
```

（5） 将图层“轮廓线”设置为当前层。单击“矩形”按钮，命令行提示如下：

```
命令: _rectang
指定第一个角点或 [倒角 (C) /标高 (E) /圆角 (F) /厚度 (T) /宽度 (W) ]: 74,50//输入第一个角点坐标
指定另一个角点或 [面积 (A) /尺寸 (D) /旋转 (R) ]: 166,60 //输入另一个角点的坐标。
……//重复该命令，得到另外五个矩形，角点分别为{ (86,60) , (154,75) }, { (95,65) , (145,75)},{(193,50),(307,60)},{(205,60),(295,75)},{(215,65),(285,75)}。结果如图 9-56 所示。
```

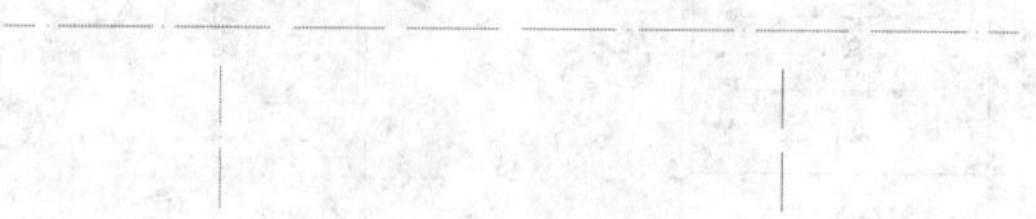

图 9-55 绘制中心线

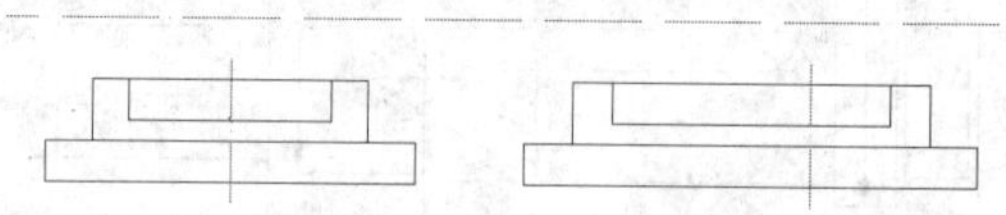

图 9-56 绘制轮廓线

（6） 单击“移动”按钮，使箱体端盖刚好能安装到减速器箱体中，移动量如图中的尺寸标注所示。结果如图 9-57 所示。

（7） 单击“倒角”按钮、“修剪”按钮等，细化图形。

```
命令: _chamfer
("修剪"模式) 当前倒角长度 = 2.0000, 角度 = 45
选择第一条直线或 [放弃 (U) /多段线 (P) /距离 (D) /角度 (A) /修剪 (T) /方式 (E) /多个 (M) ]: D
指定第一个倒角距离 <2.0000>:
指定第二个倒角距离 <2.0000>:
选择第一条直线或 [放弃 (U) /多段线 (P) /距离 (D) /角度 (A) /修剪 (T) /方式 (E) /多个 (M) ]: A
指定第一条直线的倒角长度 <2.0000>: 2
指定第一条直线的倒角角度 <45>: 45
选择第一条直线或 [放弃 (U) /多段线 (P) /距离 (D) /角度 (A) /修剪 (T) /方式 (E) /多个 (M) ]: //选择端盖的其中的两条垂直的边
选择第二条直线，或按住 Shift 键选择直线以应用角点或 [距离(D)/角度(A)/方法(M)]://选择端盖的其他的两条垂直的边
……//重复该命令
```

（8） 单击“圆角”按钮，“修剪”按钮等，细化图形。

```
命令: _fillet
当前设置: 模式 = 修剪, 半径 = 5.0000          //系统提示信息
选择第一个对象或 [放弃 (U) /多段线 (P) /半径 (R) /修剪 (T) /多个 (M) ]: r  //激活"半径"选项
指定圆角半径 <5.0000>: 5          //在命令行输入圆角半径
选择第一个对象或 [放弃 (U) /多段线 (P) /半径 (R) /修剪 (T) /多个 (M) ]: //选择端盖内壁的两条边
选择第二个对象，或按住 Shift 键选择对象以应用角点或 [半径 (R) ]: //选择端盖内壁的两条其它的边。
……//重复该命令，圆角半径为 5 mm。结果如图 9-58 所示
```

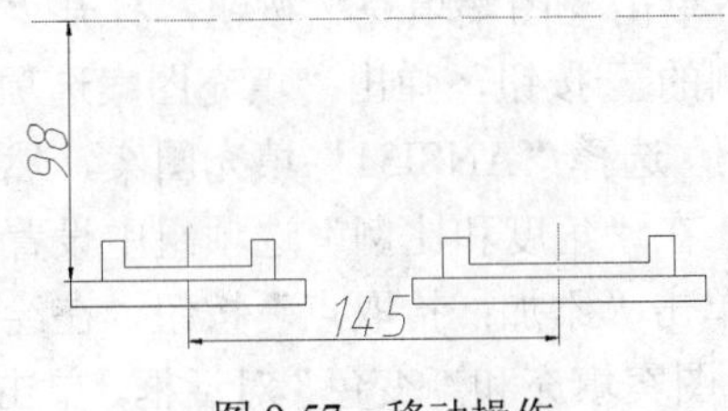

图 9-57　移动操作

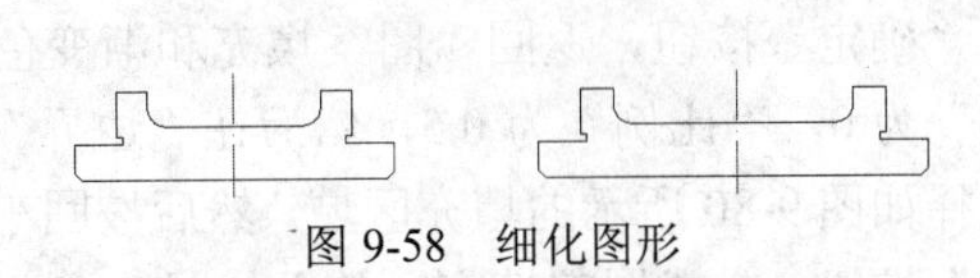

图 9-58　细化图形

（9）单击“镜像”按钮，命令行提示如下：

```
命令: _mirror
选择对象: 指定对角点: 找到 15 个                    //选择图 9-58 所示的图元作为要镜象对象
选择对象:                                          //按回车键，结束对象选择
指定镜像线的第一点:                                //选择轴中心线上任意一点
指定镜像线的第二点:                  //选择轴中心线上的另一点
要删除源对象吗？[是（Y）/否（N）] <N>:              //按回车键，默认系统设置，结果如图
9-59 所示
```

（10）单击“矩形”按钮，绘制两个矩形，角点坐标分别为{（90,50），（150,52）}，{（225,128），（305,130）}。

（11）单击“圆角”按钮，圆角半径为 2 mm。对新绘制的两个矩形在端盖内的部分的直角边进行圆角操作。结果如图 9-60 所示.

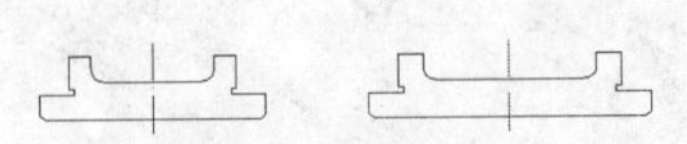

图 9-59　镜像操作

图 9-60　绘制左下和右上端盖的内凹面

（12）单击“偏移”按钮，并进行修剪，使左上端盖的轴孔半径为 18 mm，右下端盖的轴孔半径为 25 mm，结果如图 9-61 所示。

（13）继续单击“偏移”按钮，并进行修剪，使左上端盖的油封槽为直径 42 mm、高度 5 mm，右下端盖的油封槽为直径 58 mm、高度 7 mm，结果如图 9-62 所示。

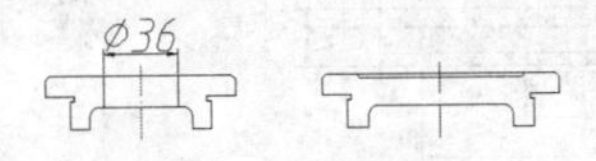

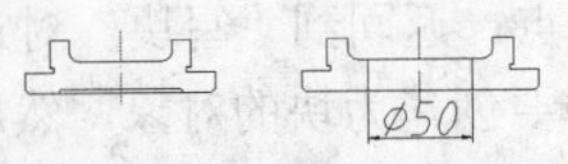

图 9-61　绘制端盖的轴孔

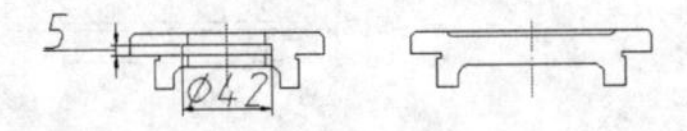

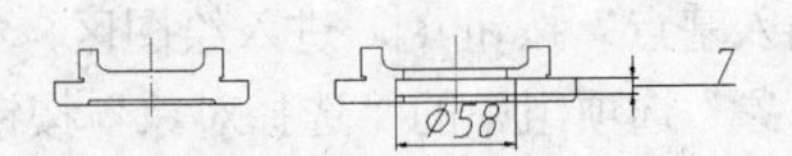

图 9-62　绘制端盖的油封槽

（14） 将“剖面线”图层设置为当前图层，然后单击“图案填充”按钮，打开“图案填充和渐变色”对话框，单击“图案”下拉列表框右侧的□按钮，弹出“填充图案选项板”对话框，单击“ANSI”标签，切换到“ANSI”选项卡，选择“ANSI31”填充图案，然后单击“确定”按钮，返回“图案填充和渐变色”对话框，在“角度和比例”选项组中设置“角度”为 0，“比例”为 0.5，然后在“边界”选项组中单击“添加：拾取点”按钮，在绘图区选择如图 9-80 所示的填充区域，然后按回车键，返回“图案填充和渐变色”对话框，单击“确定”按钮，完成图案填充，效果如图 9-63 所示。

图 9-63 绘制剖面线

（15） 绘制完成箱体端盖零件图以后，对其按 9-64 所示的尺寸进行标注。

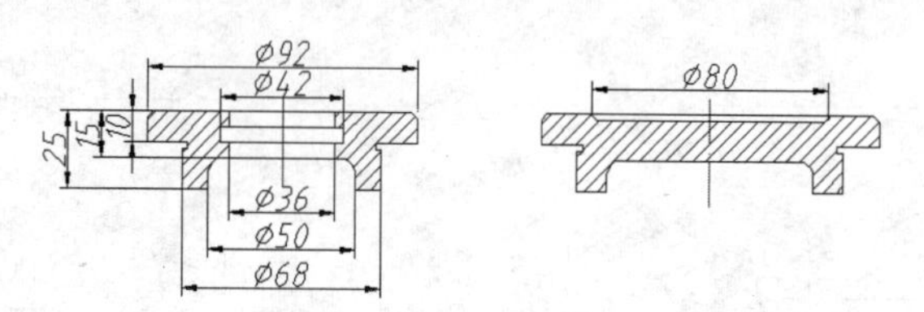

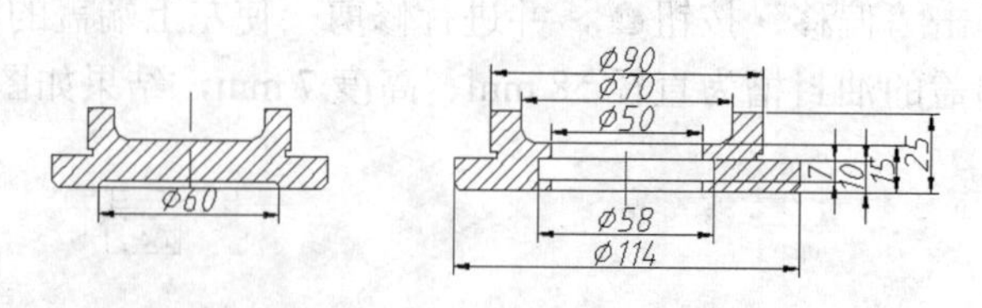

图 9-64 箱体端盖的尺寸的标注

（16） 在命令行输入 WBLOCK 后按回车键，系统弹出“写块”对话框，然后单击“拾取插入基点”按钮，进入绘图区，指定（193,90）为基点，返回到“写块”对话框，单击“对象”选项组中的“选择对象”按钮，在绘图区选择要创建为块的对象，然后按回车键返回到“写块”对话框，选中“对象”选项组中的“保留”单选按钮，单击“目标”选项组

“文件名和路径”下拉列表框后的按钮，系统打开“浏览文件”对话框，选择要保存的路径以及文件名“箱体端盖图块”后，单击“保存”按钮即可。

4. 利用图形库将零件组成装配图

⑴ 启动 AutoCAD 2014 后，选择“文件”｜“新建”命令，弹出“选择样板”对话框，在“文件类型”列表中选择“A1 图纸-横放.dot”选项，单击“打开”按钮，此时，在操作界面上将显示图框和标题栏，用户可以在此范围内绘制装配图。

（2） 在命令行输入 LIMITS 后按回车键，命令行提示如下：

```
命令: LIMITS
重新设置模型空间界限:
指定左下角点或 [开 (ON) /关 (OFF) ] <0.0000,0.0000>:
指定右上角点 <420.0000,297.0000>: 841,594 //即使用 A1 图纸，结果如图 9-65 所示
```

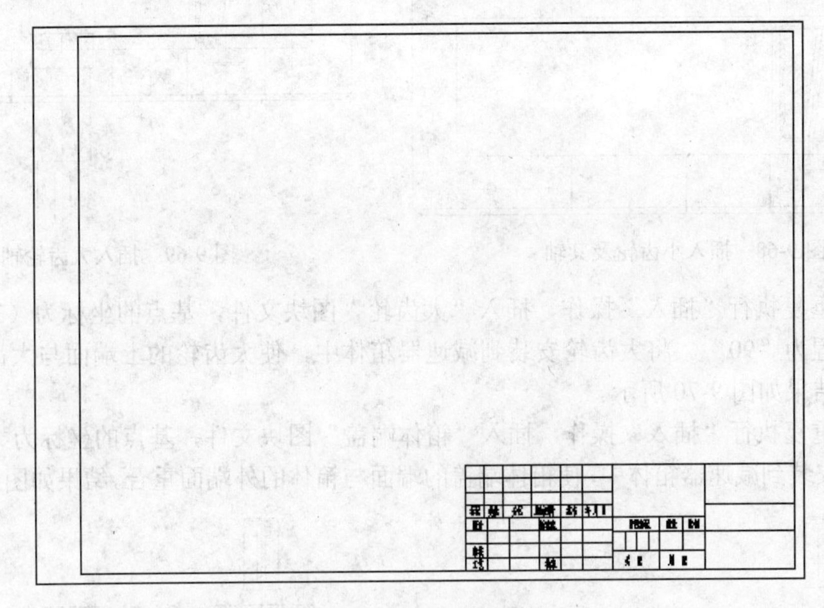

图 9-65 配置绘图环境

（3） 单击“插入块”按钮，系统弹出如图 9-66 所示的“插入”对话框，单击“浏览”单选按钮浏览(B)...，选择“减速器箱体”块文件，然后选中“分解”复选框后单击“确定”按钮，基点的坐标为（140,400），结果如图 9-67 所示。

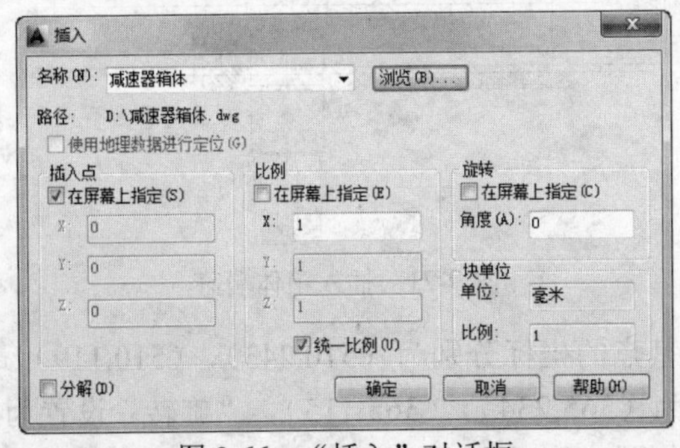

图 9-66 “插入”对话框

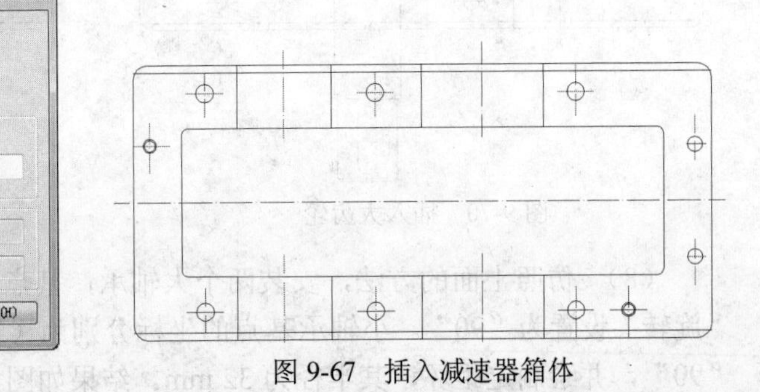

图 9-67 插入减速器箱体

（4） 重复执行“插入”操作，插入“小齿轮及其轴”图块文件，基点的坐标为（215，302），“旋转”设置为“90”。将小齿轮及其轴安装到减速器箱体中，使小齿轮及其轴的最下面的台阶面与箱体的内壁重合。结果如图 9-68 所示。

（5） 重复执行“插入”操作，插入“大齿轮轴”图块文件，基点的坐标为（360，391），“旋转”设置为“-90”。将大齿轮轴安装到减速器箱体中，使大齿轮轴的最上面的台阶面与箱体的内壁重合。结果如图 9-69 所示。

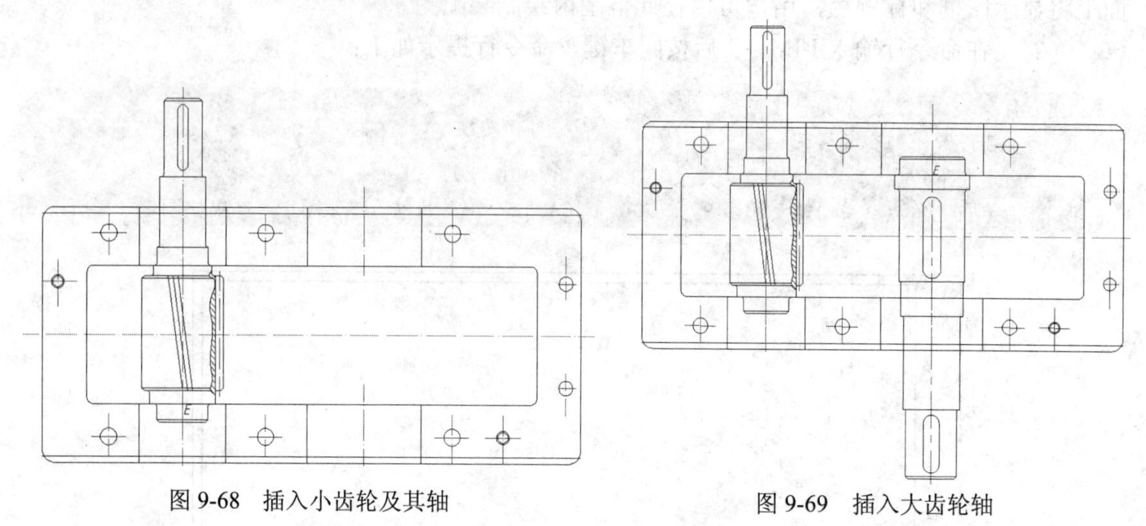

图 9-68　插入小齿轮及其轴　　图 9-69　插入大齿轮轴

（6） 重复执行“插入”操作，插入“大齿轮”图块文件，基点的坐标为（360,350），“旋转”设置为“90”。将大齿轮安装到减速器箱体中，使大齿轮的上端面与大齿轮轴的台阶面重合。结果如图 9-70 所示。

（7） 重复执行“插入”操作，插入“箱体端盖”图块文件，基点的坐标为（95,260），将箱体端盖安装到减速器箱体中，使箱体端盖的端面与箱体的外端面重合。结果如图 9-71 所示。

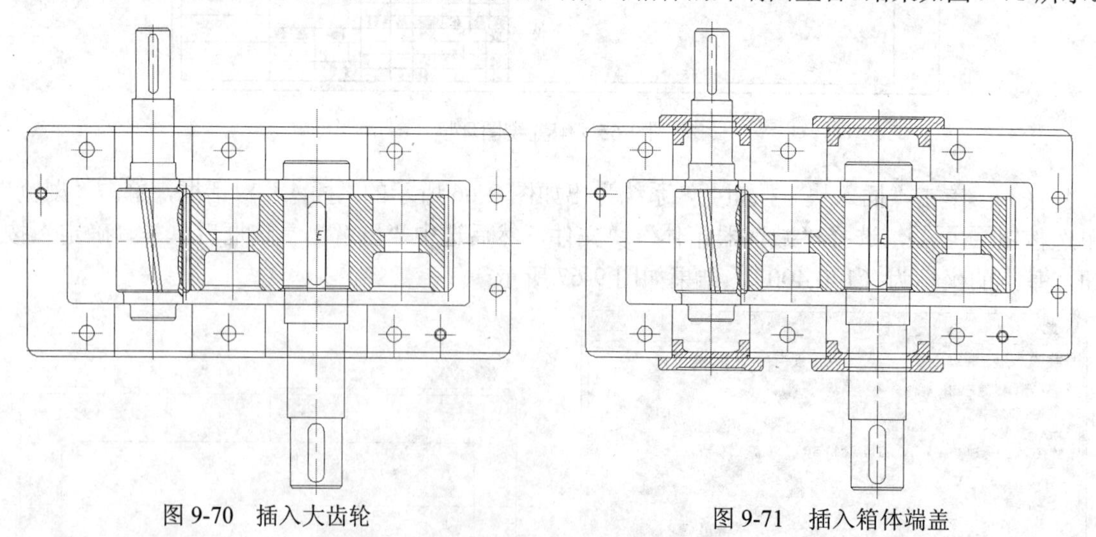

图 9-70　插入大齿轮　　图 9-71　插入箱体端盖

（8） 仿照上面的方法，安装两个大轴承，基点的坐标分别为（510,243），（510,119），“旋转”设置为“90”。小轴承基点的坐标分别为（365,234），（365,115），“旋转”设置为“90”，并绘制定距环，其半径为 32 mm。结果如图 9-72 所示。

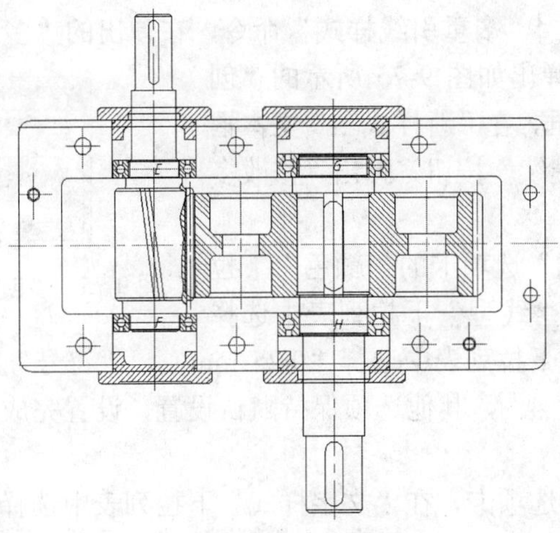

图 9-72 补全装配图

（9） 选择“修剪”、“删除”、“打断于点”等命令，对装配图进行细节修剪。结果如图 9-73 所示。

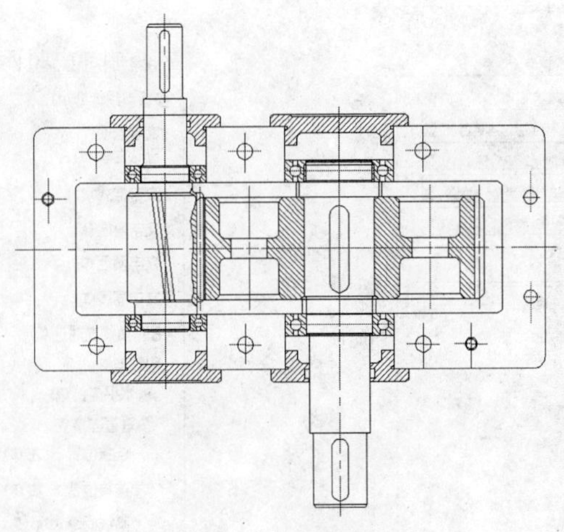

图 9-73 修剪装配图

（10） 绘制完装配图以后，按图 9-74 所示标注必须的定位尺寸和总体尺寸。

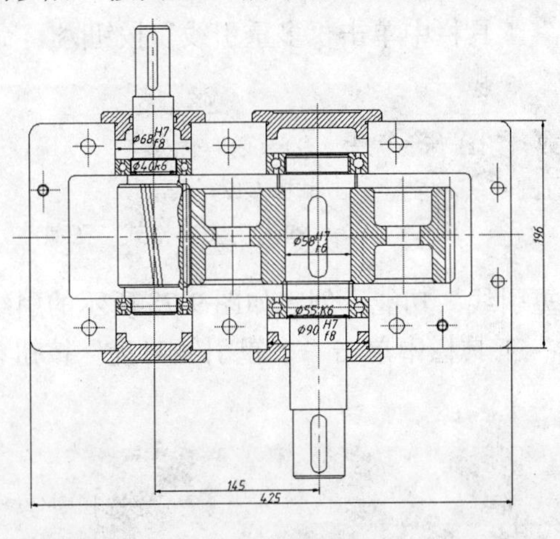

图 9-74 尺寸的标注

（11） 选择“格式”|“多重引线样式”命令，在弹出的“多重引线样式管理器”对话框中单击“新建”按钮，弹出如图 9-75 所示的“创建新多重引线样式”对话框，在“新样式名”文本框中键入“YA3”，单击“继续”按钮，弹出“修改多重引线样式”对话框。

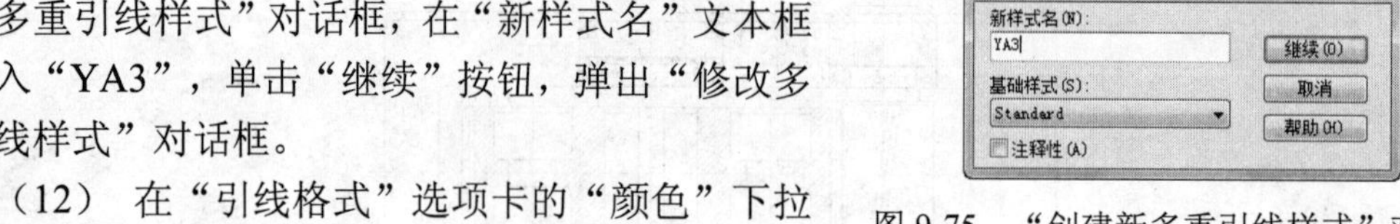

图 9-75 “创建新多重引线样式”对话框

（12） 在“引线格式”选项卡的“颜色”下拉列表中选择“红色”，在“线型”下拉列表中选择“continuous”，“线宽”下拉列表中选择“0.25 mm”，“符号”下拉列表中选择“点”，在“大小”文本框中键入“4”，其他选项保持默认设置，设置完成的“引线格式”选项卡如图 9-76 所示。

（13） 打开“内容”选项卡，在“文字样式”下拉列表中选择“gb5”，在“文字颜色”下拉列表中选择“红色”，在“连接位置-左”和“连接位置-右”下拉裂标中均选择“所有文字加下划线”，在“基线间距”文本框中键入“1”，设置完成的“内容”选项卡如图 9-77 所示。单击“确定”按钮，然后在“多重引线样式管理器”中单击“置为当前”|“关闭”按钮，完成多重引线样式创建。

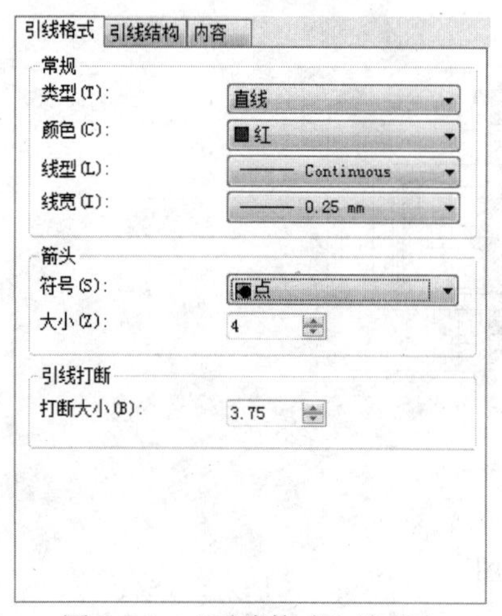

图 9-76 “引线格式”选项卡

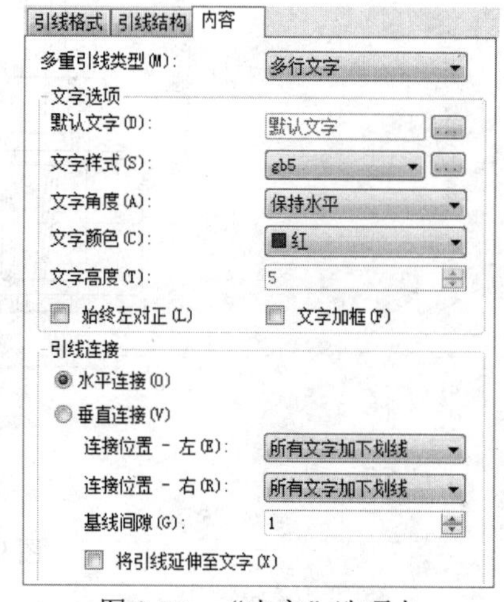

图 9-77 “内容”选项卡

（14） 在“多重引线”工具栏中单击“多重引线”按钮，命令行提示如下：

```
命令: _mleader
指定引线箭头的位置或 [引线基线优先 (L) /内容优先 (C) /选项 (O) ] <选项>:   //在图
9-78 所示的引线 1 的位置圆点所示位置单击鼠标左键
指定引线基线的位置:                    //弹出“文字格式”工具栏，在文本框中键入“1”，
```

（15） 继续使用“多重引线”功能，创建如图 9-78 所示的引线。

（16） 在“多重引线”工具栏中单击“多重引线对齐”按钮，对齐创建的引线，命令行提示如下：

```
命令: _mleaderalign
选择多重引线: 找到 1 个                     //选择引线“1”
选择多重引线: 找到 1 个, 总计 2 个           //选择引线“2”
```

选择多重引线：找到 1 个，总计 3 个　　　　　　　　　//选择引线“3”
选择多重引线：找到 1 个，总计 4 个　　　　　　　　　//选择引线“4”
选择多重引线：找到 1 个，总计 5 个　　　　　　　　　//选择引线“5”
…选择多重引线：找到 1 个，总计 14 个　　　　　　　　//选择引线“14”
选择多重引线：　　　　　　　　　　　　　　　　　　　//按回车键，完成多重引线选取
当前模式：使用当前间距 <正交 开>
选择要对齐到的多重引线或 [选项（O）]：　　　　　　　//选择引线“1”，并打开正交功能
指定方向：　　　　　　　　　　　　　　　　　　　　　//单击鼠标左键，完成多重引线对齐，最终绘制的多重引线如图 9-78 所示

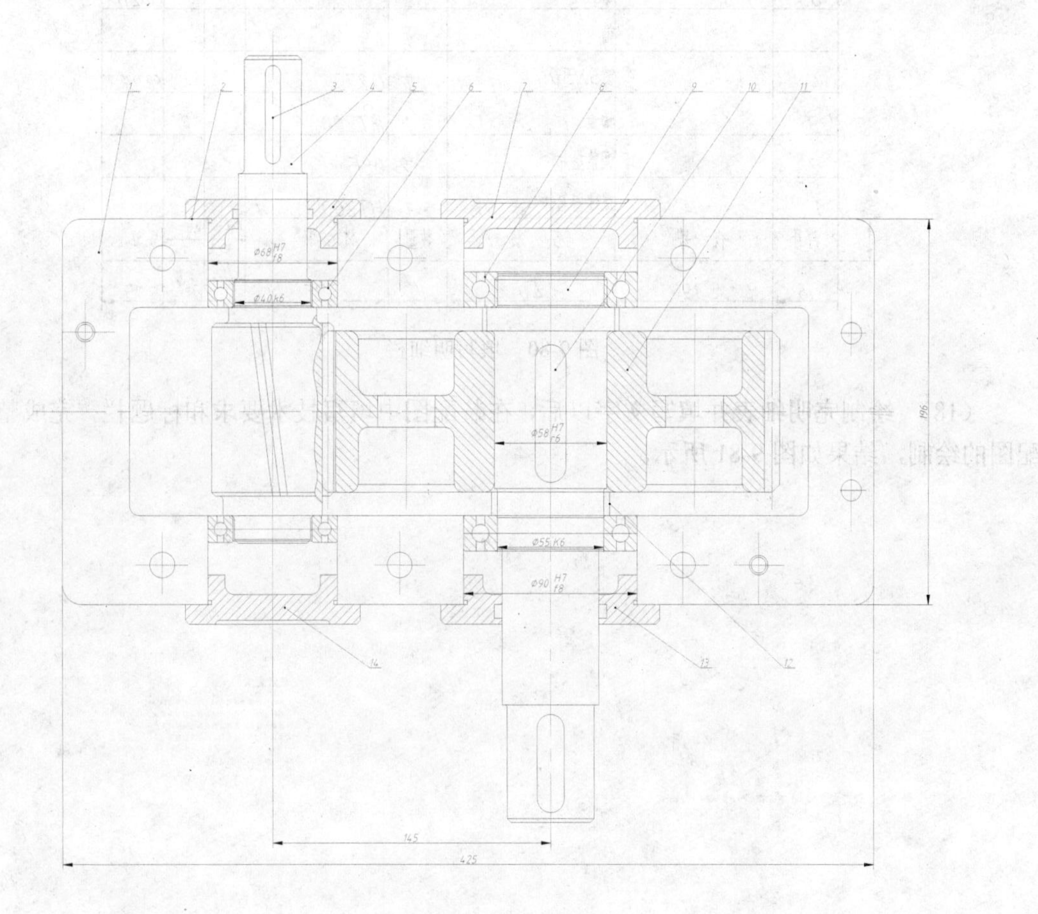

图 9-78　标注零件序号

（17）　使用“表格法”绘制明细栏，明细栏的总宽度等于标题栏的宽度，每行的高度等于 7，标题栏中的文字格式如图 9-79 所示，最终完成的明细栏如图 9-80 所示。

图 9-79　文字格式

14		端盖	1	HT150			
13		端盖	1	HT150			
12		定距环	1	Q235A			
11		大齿轮	1	40			
10		键16X70	1	Q275			GB 1095-79
9		轴	1	45			
8		轴承	2				30208
7		端盖	1	HT200			
6		轴承	2				30211
5		轴	1	45			
4		键8X50	1	Q275			GB 1095-79
3		端盖	1	HT200			
2		调整垫片	2	08F			
1		减速器箱体	1	HT200			
序号	代 号	名 称	数量	材 料	单件 重量	总计	备注
16	39	40	15	35	10	20	15

7

图 9-80 填写明细栏

（18） 绘制完明细表并填写文字以后，在装配图中填写技术要求和标题栏，完成整个装配图的绘制，结果如图 9-81 所示。

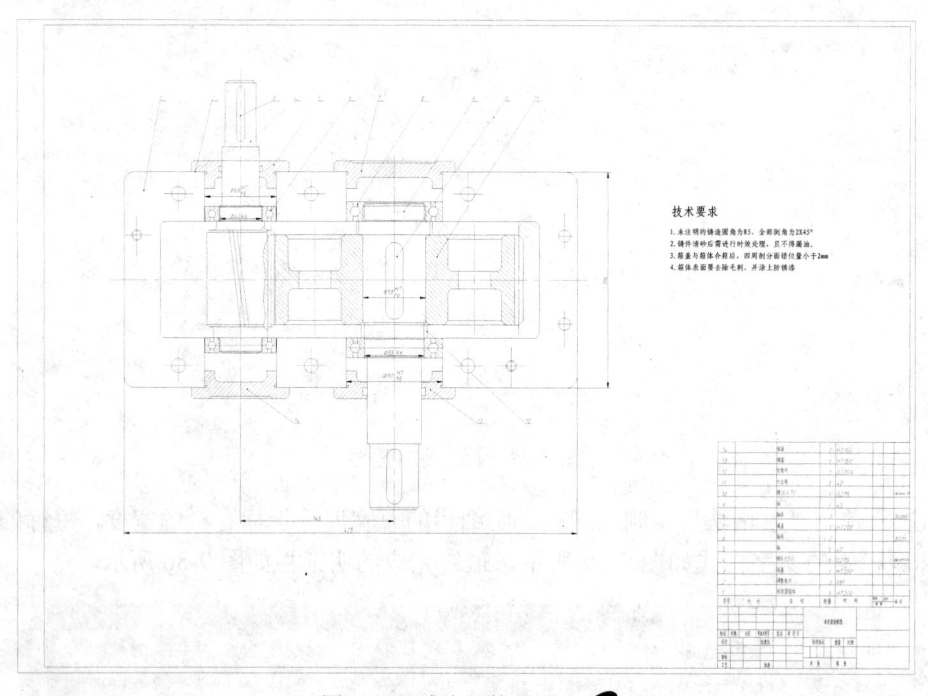

图 9-81 减速器装配图

第 10 章　三维绘图与编辑

AutoCAD 除了有非常强大的二维图形绘制功能外，还提供了比较强大的三维图形绘制功能。用户可以通过软件提供的命令直接绘制基本三维图形；通过三维编辑命令，还可以绘制比较复杂的三维图形。通过本章的学习，读者可以掌握机械制图中绘制三维图形的方法。

10.1　三维建模概述

在三维空间中观察实体，能感觉到它的真实形状和构造，有助于形成设计概念，有利于设计决策，同时也有助于设计人员之间的交流。采用计算机绘制三维图形的技术称之为三维几何建模。根据建模方法及其在计算机中的存储方式的不同，三维几何建模分为以下 3 种类型：

（1） 线框模型。

线框模型是用直线和曲线表示对象边界的对象表示法。线框模型没有表面，是由描述轮廓的点、直线和曲线构成的。组成轮廓的每一个点和每一条直线都是单独绘制出来的，因此线框模型是最费时的。线框模型不能进行消隐和渲染处理。

（2） 表面模型。

表面模型不仅具有边界，而且具有表面。因此它比线框模型更为复杂，表面模型的表面是由多个平面的多边形组成的，对于曲面来说，表面模型是由表面多边形网格组成的近似曲面。很显然，多边形网格越密，曲面的光滑程度越高。用户可以直接编辑构成表面模型的多边形网格。由于表面模型具有面的特征，因此可以对它进行计算面积、着色、消隐、渲染、求两表面交线等操作。

（3） 实体模型。

实体模型具有实体的特征，例如体积、重心、惯性距等。在 AutoCAD 中，不仅可以建立基本的三维实体，而且可以对三维实体进行布尔运算，以得到复杂的三维实体。另外还可以通过二维实体产生三维实体。实体模型是这 3 种模型中最容易建立的一种模型。

10.2　用户坐标系

在用户打开 AutoCAD 时，系统默认提供世界坐标系，但是在实际绘图的时候，用户需要调整坐标系，以方便制图。这个时候用户可以选择“工具”|“新建 UCS”命令，弹出 UCS 子菜单，通过子菜单的命令，可以创建新的用户坐标系。AutoCAD 2014 提供了 9 种方法供用户创建新的 UCS，这 9 种方法适用于不同的场合，都非常有用，希望读者能够熟练掌握。

用户通过 UCS 命令也可定义用户坐标系，在命令行中输入 UCS 命令，命令行提示如下：

```
命令: ucs
当前 UCS 名称: *俯视*
指定 UCS的原点或 [面(F)/命名(NA)/对象(OB)/上一个(P)/视图(V)/世界(W)/X/Y/Z/Z轴(ZA)] &lt;世界&gt;:
```

命令行提示用户选择合适的方式建立用户坐标系，各选项含义如表 10-1 所示。

表 10-1 创建 UCS 方式说明表

键盘输入	后续命令行提示	说　明
无	指定 X 轴上的点或 <接受>: 指定 XY 平面上的点或 <接受>:	使用一点、两点或三点定义一个新的 UCS。如果指定一个点，则原点移动而 X、Y 和 Z 轴的方向不改变；若指定第二点，UCS 将绕先前指定的原点旋转，X 轴正半轴通过该点；若指定第三点，UCS 将绕 X 轴旋转，XY 平面的 Y 轴正半轴包含该点
F	选择实体对象的面: 输入选项 [下一个（N）/X 轴反向（X）/Y 轴反向（Y）] <接受>: x	UCS 与选定面对齐。在要选择的面边界内或面的边上单击，被选中的面将亮显，X 轴将与找到的第一个面上的最近的边对齐
NA	输入选项 [恢复（R）/保存（S）/删除（D）/?]: s 输入保存当前 UCS 的名称或 [?]:	按名称保存并恢复通常使用的 UCS 方向
OB	选择对齐 UCS 的对象:	新建 UCS 的拉伸方向（Z 轴正方向）与选定对象的拉伸方向相同
P	无后续提示	恢复上一个 UCS
V	无后续提示	以垂直于观察方向（平行于屏幕）的平面为 XY 平面，建立新的坐标系，UCS 原点保持不变
W	无后续提示	将当前用户坐标系设置为世界坐标系
X/Y/Z	指定绕 X 轴的旋转角度 <90>: 指定绕 Y 轴的旋转角度 <90>: 指定绕 Z 轴的旋转角度 <90>:	绕指定轴旋转当前 UCS
ZA	指定新原点或 [对象（O）] <0,0,0>: 在正 Z 轴范围上指定点 <-1184.8939,0.0000,-16810.7989>:	用指定的 Z 轴正半轴定义 UCS

10.3 视觉样式

在 AutoCAD 中，视觉样式是用来控制视口中边和着色的显示。一旦应用了视觉样式或更改了其设置，就可以在视口中查看效果。

用户选择“视图”|“视觉样式”菜单中的子菜单命令可以观察各种三维图形的视觉样式，选择“视觉样式管理器”子菜单命令，打开视觉样式管理器，如图 10-1 所示。

系统一共为用户提供了 10 种预设的视觉样式来表现三维图形，各表现形式如下。

- 二维线框：通过使用直线和曲线表示边界的方式显示对象。
- 概念：使用平滑着色和古氏面样式显示对象。古氏面样式在冷暖颜色而不是明暗效果之间转换，效果缺乏真实感，但是可以更方便地查看模型的细节。
- 消隐：使用线框表示法显示对象，而隐藏表示背面的线。
- 真实：使用平滑着色和材质显示对象。
- 着色：使用平滑着色显示对象。
- 带边缘着色：使用平滑着色和可见边显示对象。

- 灰度：使用平滑着色和单色灰度显示对象。
- 勾画：使用线延伸和抖动边修改器显示手绘效果的对象。
- 线框：通过使用直线和曲线表示边界的方式显示对象。
- X 射线：以局部透明度显示对象。

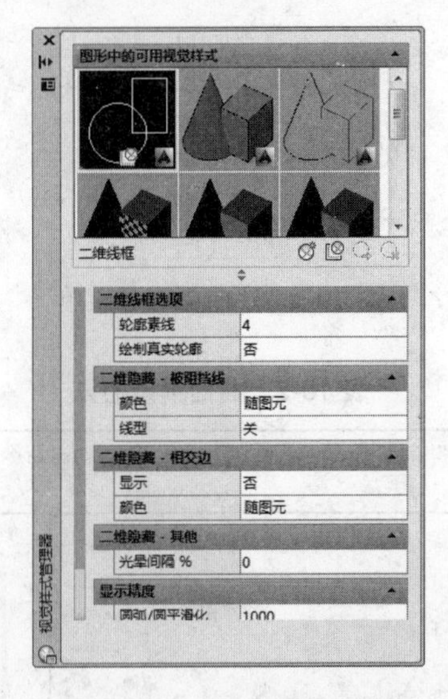

图 10-1　视觉样式管理器

10.4　绘制三维表面图形

三维面和三维体同为三维图形中的重要元素。本节将要介绍如何使用 AutoCAD 绘制三维面。

10.4.1　创建面域

面域是使用形成闭合环的对象创建的二维闭合区域。环可以是直线、多段线、圆、圆弧、椭圆、椭圆弧和样条曲线的组合。组成环的对象必须闭合或通过与其他对象共享端点而形成闭合的区域。创建面域后，可以使用“拉伸”命令拉伸面域生成三维实体，还可以通过 Union、Subtraction 和 Intersection 命令创建复合的面域。

定义面域的步骤如下：

（1）　选择“绘图”|“面域”命令。

（2）　选择对象以创建面域。这些对象必须各自形成闭合区域，例如圆或闭合多段线。

（3）　按 Enter 键。命令行上的消息指出检测到了多少个环，以及创建了多少个面域。

```
命令: _region
选择对象: 找到 1 个
选择对象:   //按 Enter 键
已提取 1 个环。
已创建 1 个面域。
```

还可以通过边界定义面域，用户可以选择“绘图”|“边界”命令，按照系统提示完成相应操作。

10.4.2 创建平面曲面

用户选择“绘图”|“建模”|“曲面”命令，弹出如图 10-2 所示的子菜单，AutoCAD 系统为用户提供了多种创建曲面的方法，表 10-2 演示了常见曲面的创建方法。

平面(L)
网络(N)
过渡(B)
修补(P)
偏移(O)
圆角(F)

图 10-2 “曲面”子菜单

表 10-2 曲面创建方法

选择“绘图”|“建模”|“曲面”|“平面”命令，或在命令行中输入 Planesurf 命令，可以通过指定矩形的两个对角点创建平面曲面	
命令: _Planesurf 指定第一个角点或 [对象(O)] <对象>://拾取角点 1 指定其他角点:// 拾取角点 2	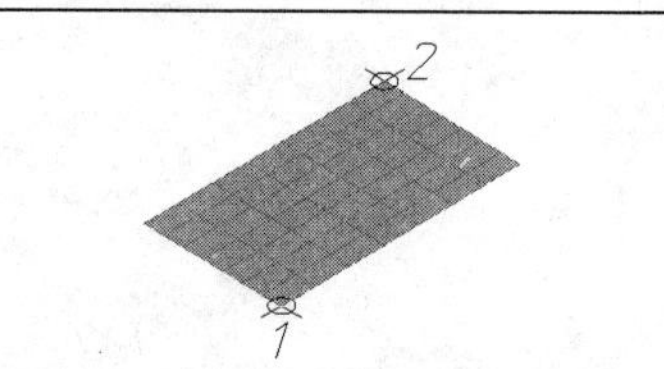
选择“绘图”|“建模”|“曲面”|“网络”命令，或在命令行中输入 SURFNETWORK 命令，可以在 U 方向和 V 方向（包括曲面和实体边子对象）的几条曲线之间的空间中创建曲面	
命令: _SURFNETWORK 沿第一个方向选择曲线或曲面边:找到 1 个//选择第一个方向第一条曲线 沿第一个方向选择曲线或曲面边:找到 1 个，总计 2 个//选择第一个方向第二条曲线 沿第一个方向选择曲线或曲面边:// 沿第二个方向选择曲线或曲面边:找到 1 个//选择第二个方向第一条曲线 沿第二个方向选择曲线或曲面边:找到 1 个，总计 2 个//选择第二个方向第二条曲线 沿第二个方向选择曲线或曲面边:找到 1 个，总计 3 个//选择第二个方向第二条曲线 沿第二个方向选择曲线或曲面边:按回车键，得到曲面	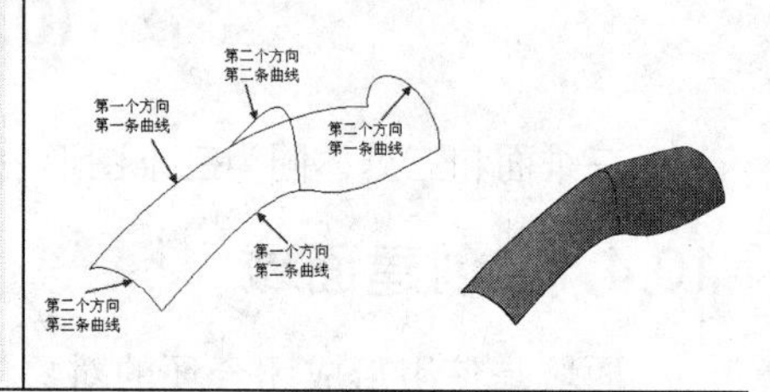
选择“绘图”|“建模”|“曲面”|“过渡”命令，或在命令行中输入 SURFBLEND 命令，可以在两个现有曲面之间创建连续的过渡曲面	
命令: _SURFBLEND 连续性 = G1 - 相切，凸度幅值 = 0.5 选择要过渡的第一个曲面的边或 [链(CH)]: 找到 1 个//选择第一个曲面的边 选择要过渡的第一个曲面的边或 [链(CH)]://按回车键 选择要过渡的第二个曲面的边或 [链(CH)]: 找到 1 个//选择第二个曲面的边 选择要过渡的第二个曲面的边或 [链(CH)]://按回车键 按 Enter 键接受过渡曲面或 [连续性(CON)/凸度幅值(B)]://按回车键，完成过渡曲面创建	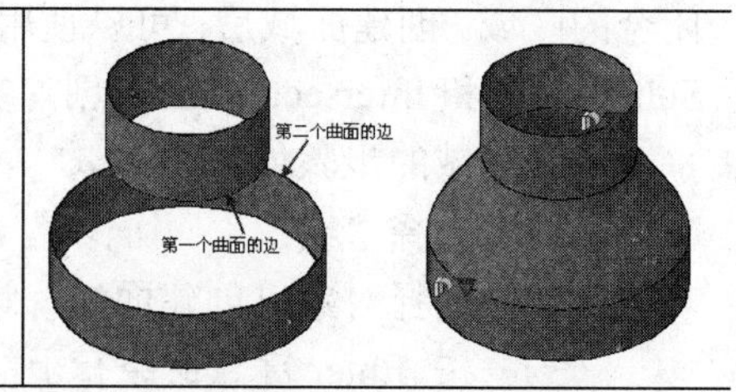
选择“绘图”|“建模”|“曲面”|“修补”命令，或在命令行中输入 SURFPATCH 命令，可以通过在形成闭环的曲面边上拟合一个封口来创建新曲面	
命令: _SURFPATCH 连续性 = G0 - 位置，凸度幅值 = 0.5 选择要修补的曲面边或 [链(CH)/曲线(CU)] <曲线>: 找到 1 个//选择曲面边一 选择要修补的曲面边或 [链(CH)/曲线(CU)] <曲线>: 找到 1 个，总计 2 个//选择曲面边二 选择要修补的曲面边或 [链(CH)/曲线(CU)] <曲线>: 找到 1 个，总计 3 个//选择曲面边三 选择要修补的曲面边或 [链(CH)/曲线(CU)] <曲线>: 找到 1 个，总计 4 个//选择曲面边四 选择要修补的曲面边或 [链(CH)/曲线(CU)] <曲线>://按回车键，完成选择 按 Enter 键接受修补曲面或 [连续性(CON)/凸度幅值(B)/导向(G)]://按回车键	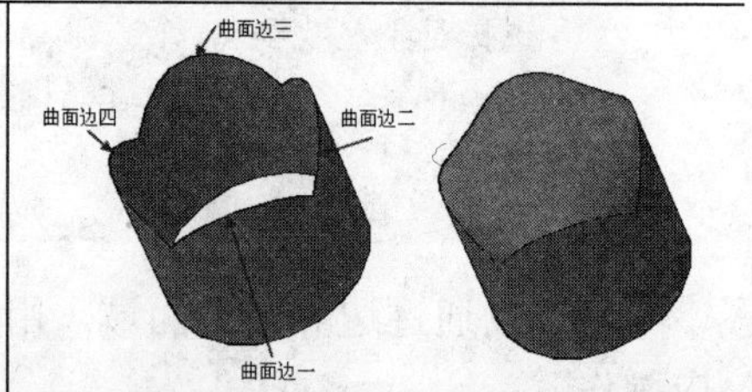

（续表）

选择“绘图”|“建模”|“曲面”|“偏移”命令，或在命令行中输入 SURFOFFSET 命令，可以创建与原始曲面相距指定距离的平行曲面	
命令: _SURFOFFSET 连接相邻边 = 否 选择要偏移的曲面或面域: 找到 1 个//选择要偏移的曲面 选择要偏移的曲面或面域://按回车键完成曲面选择，显示偏移方向箭头，标识正方向，正值向箭头方向偏移，负值向箭头反方向偏移 指定偏移距离或 [翻转方向(F)/两侧(B)/实体(S)/连接(C)/表达式(E)] <100.0000>: 100//输入偏移距离 100，按回车键，显示效果 1 个对象将偏移。 1 个偏移操作成功完成。	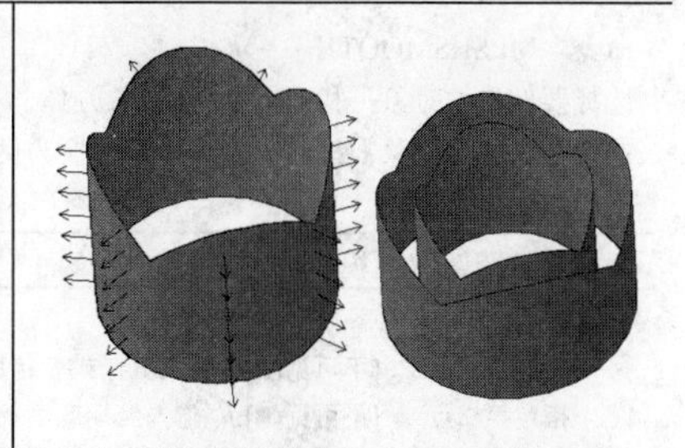
选择“绘图”|“建模”|“曲面”|“圆角”命令，或在命令行中输入 SURFFILLET 命令，可以在两个其他曲面之间创建圆角曲面	
SURFFILLET 半径 = 50.0000，修剪曲面 = 是 选择要圆角化的第一个曲面或面域或者 [半径(R)/修剪曲面(T)]: r//输入 r，设置圆角半径 指定半径或 [表达式(E)] <50.0000>: 500//设置圆角半径为 500 选择要圆角化的第一个曲面或面域或者 [半径(R)/修剪曲面(T)]://选择第一个曲面 选择要圆角化的第二个曲面或面域或者 [半径(R)/修剪曲面(T)]://选择第二个曲面 按 Enter 键接受圆角曲面或 [半径(R)/修剪曲面(T)]://按回车键，完成圆角	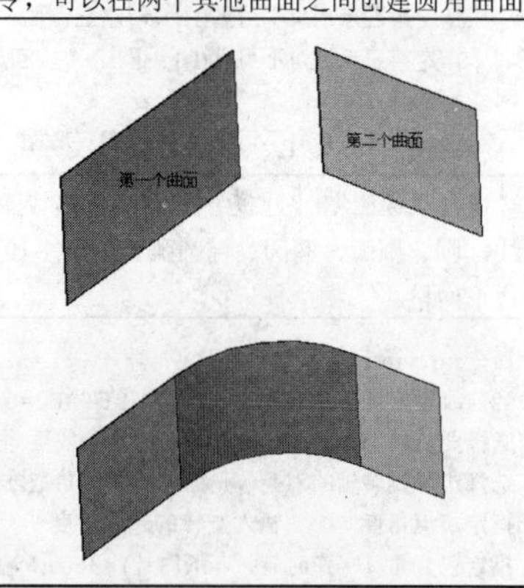

10.4.3 创建三维网格

用户选择“绘图”|“建模”|“网格”命令，会弹出如图 10-3 所示的子菜单，用户执行这些命令可以绘制各种三维网格，表 10-3 演示了常见三维网格曲面的创建方法。

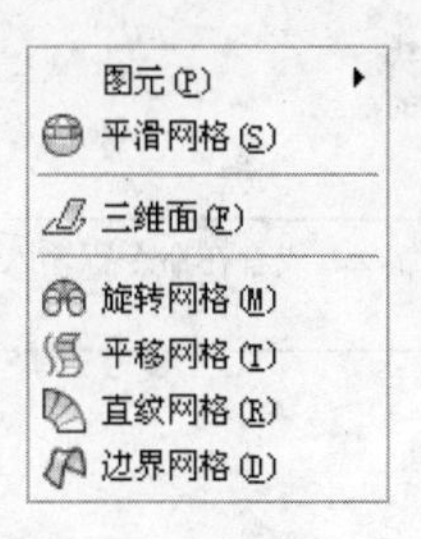

图 10-3 “网格”子菜单

表 10-3 三维网格曲面创建方法

选择“绘图”|“建模”|“网格”|“图元”命令的子菜单，可以沿常见几何体（包括长方体、圆锥体、球体、圆环体、楔体和棱锥体）的外表面创建三维多边形网格	
命令: _MESH 当前平滑度设置为: 0 输入选项 [长方体(B)/圆锥体(C)/圆柱体(CY)/棱锥体(P)/球体(S)/楔体(W)/圆环体(T)/设置(SE)] <楔体>: _BOX//可以绘制多种基本图元的网格 指定第一个角点或 [中心(C)]://指定长方体网格的第一个角点 指定其他角点或 [立方体(C)/长度(L)]://指定长方体网格的另一个角点 指定高度或 [两点(2P)] <103.1425>://指定长方体网格的高	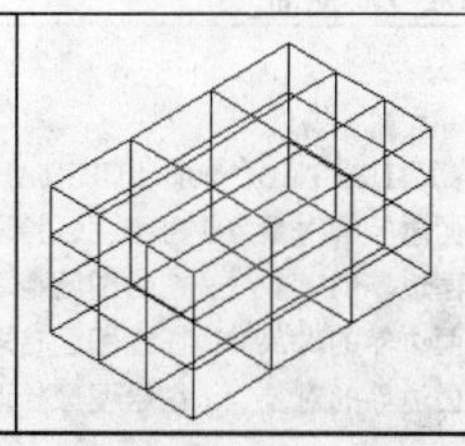

（续表）

选择“绘图”|“建模”|“网格”|“平滑网格”命令，可以将实体、曲面和传统网格类型转换为网格对象

命令: _MESHSMOOTH
选择要转换的对象：找到 1 个//选择长方体
选择要转换的对象：按回车，长方体转换为网格对象

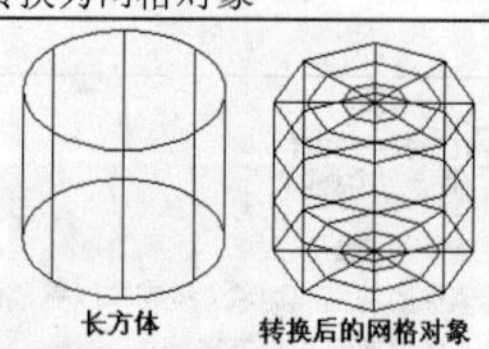

选择“绘图”|“建模”|“网格”|“三维面”命令，或者在命令行输入 3dface 命令，用户可以创建具有三边或四边的平面网格。

3DFACE
指定第一点或 [不可见(I)]://输入坐标或者拾取一点确定网格第一点
指定第二点或 [不可见(I)]:// 输入坐标或者拾取一点确定网格第二点
指定第三点或 [不可见(I)] <退出>://输入坐标或者拾取一点确定网格第三点
指定第四点或 [不可见(I)] <创建三侧面>://按回车创建三边网格或者输入或拾取第四点
指定第三点或 [不可见(I)] <退出>://按回车键退出，或以最后创建的边为始边，输入或拾取网格第三点
指定第四点或 [不可见(I)] <创建三侧面>://按回车创建三边网格或者输入或拾取第四点

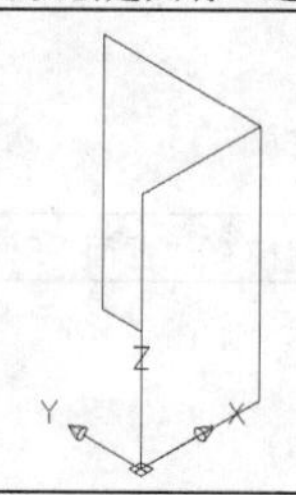

选择“绘图”|“建模”|“网格”|“旋转网格”命令，或者在命令行输入 revsurf 命令，用户可以通过将路径曲线或轮廓（直线、圆、圆弧、椭圆、椭圆弧、闭合多段线、多边形、闭合样条曲线或圆环）绕指定的轴旋转来创建一个近似于旋转曲面的多边形网格

命令: _revsurf
当前线框密度: SURFTAB1=6 SURFTAB2=6
选择要旋转的对象://光标在绘图区拾取需要进行旋转的对象
选择定义旋转轴的对象://光标在绘图区拾取旋转轴
指定起点角度 <0>://输入旋转的起始角度
指定包含角 (+=逆时针，-=顺时针) <360>://输入旋转包含的角度

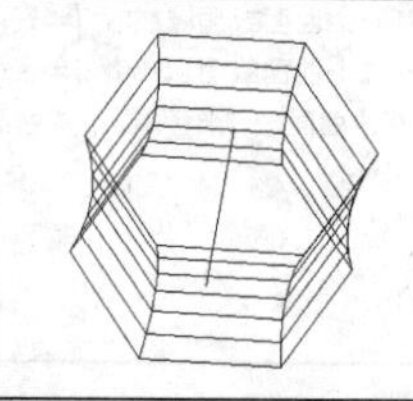

选择“绘图”|“建模”|“网格”|“平移网格”命令，或者在命令行输入 tabsurf 命令，可以创建多边形网格，该网格表示通过指定的方向和距离（称为方向矢量）拉伸直线或曲线（称为路径曲线）定义的常规平移曲面

命令: _tabsurf
当前线框密度: SURFTAB1=20
选择用作轮廓曲线的对象://在绘图区拾取需要拉伸的曲线
选择用作方向矢量的对象://在绘图区拾取作为方向矢量的曲线

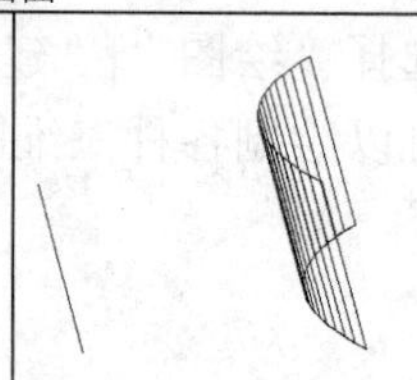

选择“绘图”|“建模”|“网格”|“直纹网格”命令，或者在命令行输入 rulesurf 命令，可以在两条直线或曲线之间创建一个表示直纹曲面的多边形网格

命令: _rulesurf
当前线框密度: SURFTAB1=20
选择第一条定义曲线://在绘图区拾取网格第一条曲线边
选择第二条定义曲线://在绘图区拾取网格第二条曲线边

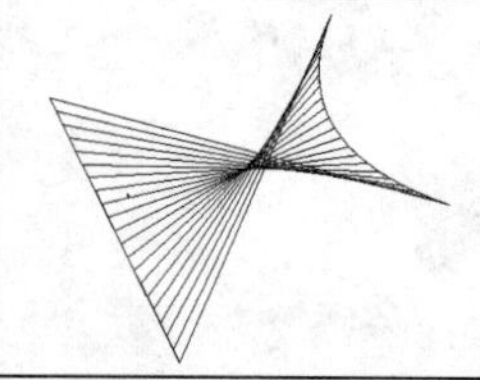

选择“绘图”|“建模”|“网格”|“边界网格”命令，或者在命令行输入 edgesurf 命令，可以创建一个边界网格。这类多边形网格近似于一个由四条邻接边定义的孔斯曲面片网格。孔斯曲面片网格是一个在四条邻接边（这些边可以是普通的空间曲线）之间插入的双三次曲面

命令: _edgesurf
当前线框密度: SURFTAB1=20 SURFTAB2=20
选择用作曲面边界的对象 1://在绘图区拾取第一条边界
选择用作曲面边界的对象 2://在绘图区拾取第二条边界
选择用作曲面边界的对象 3://在绘图区拾取第三条边界
选择用作曲面边界的对象 4://在绘图区拾取第四条边界

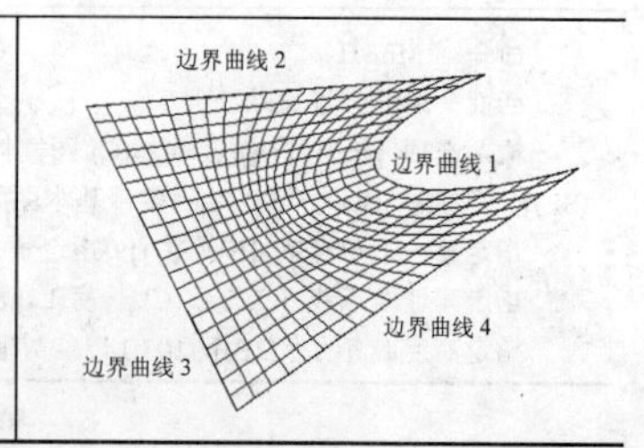

10.5　绘制实体三维图形

机械制图三维模型中，几乎所有的零件都是三维体。本节将要介绍 AutoCAD 提供的各种绘制三维体的命令，从而为第 11 章绘制三维模型打下基础。

10.5.1　绘制基本实体图形

利用 AutoCAD 的“绘图”|“建模”子菜单（如图 10-4 所示）或者“建模”工具栏（如图 10-5 所示），均可以绘制各种基本的实体图形。用户可以选择其中的选项绘制一些基本的三维实体图形，例如长方体、圆锥体、圆柱体、球体、圆环体和楔体等。

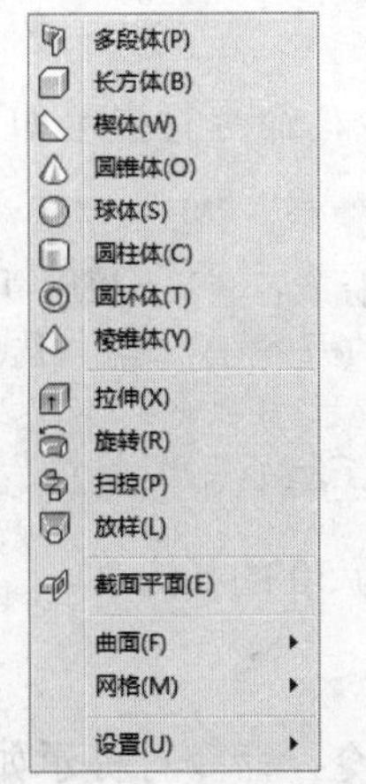

图 10-4　“建模”子菜单

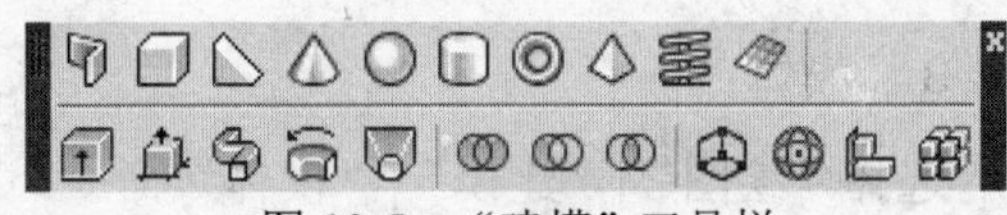

图 10-5　“建模”工具栏

下面就分别介绍几种比较常见的实体模型。

1.　多段体

选择“绘图”|“建模”|“多段体”命令，执行 POLYSOLID 命令，可以将现有直线、二维多线段、圆弧或圆转换为具有矩形轮廓的实体，也可以像绘制多线段一样绘制实体。执行后，命令行提示如下：

```
命令：_Polysolid 指定起点或 [对象（O）/高度（H）/宽度（W）/对正（J）] <对象>://输入参数，定义多段体的宽度、高度，设定创建多段体的方式
指定下一个点或 [圆弧（A）/放弃（U）]://指定多段体的第 2 个点
指定下一个点或 [圆弧（A）/放弃（U）]://指定多段体的第 3 个点
指定下一个点或 [圆弧（A）/闭合（C）/放弃（U）]://
```

其中几个参数的含义如下。

- 对象：指定要转换为实体的对象，可以转换的对象包括直线、圆弧、二维多段线和圆。
- 高度：指定实体的高度。
- 宽度：指定实体的宽度。
- 对正：使用命令定义轮廓时，可以将实体的宽度和高度设置为左对正、右对正或居中。对正方式由轮廓的第一条线段的起始方向决定。

图 10-6 所示的是以边长为 2000 的矩形为对象创建的多段体，高度为 2000，宽度为 200，

对正为居中。

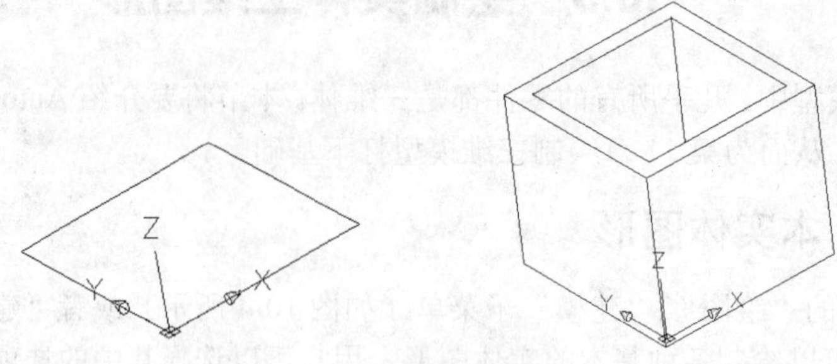

图 10-6　柱状多段体

2. 长方体

选择“绘图”|“建模”|“长方体”命令，执行 BOX 命令，命令行提示如下：

```
命令: _box
指定第一个角点或 [中心(C)]://输入长方体的一个角点坐标或者输入 c 采用中心法绘制长方体
指定其他角点或 [立方体(C)/长度(L)]://指定长方体的另一角点或输入选项，如果长方体的另一角点指定的 Z 值与第一个角点的 Z 值不同，将不显示高度提示。
指定高度或 [两点(2P)]://指定高度或输入 2P 以选择两点选项
```

如图 10-7 所示，是角点为（0,0,0）、（100,200,0），高度为 50 的长方体。

3. 楔体

选择“绘图”|“建模”|“楔体”命令，执行 WEDGE 命令，命令行提示如下：

```
命令: _wedge
指定第一个角点或 [中心(C)]:
指定其他角点或 [立方体(C)/长度(L)]:
指定高度或 [两点(2P)]:
```

楔体可以看成是长方体沿对角线切成两半的结构，因此整个绘制方法与长方体大同小异，图 10-8 即是角点为（0,0,0）、（100,200,0），高度为 50 的楔体。

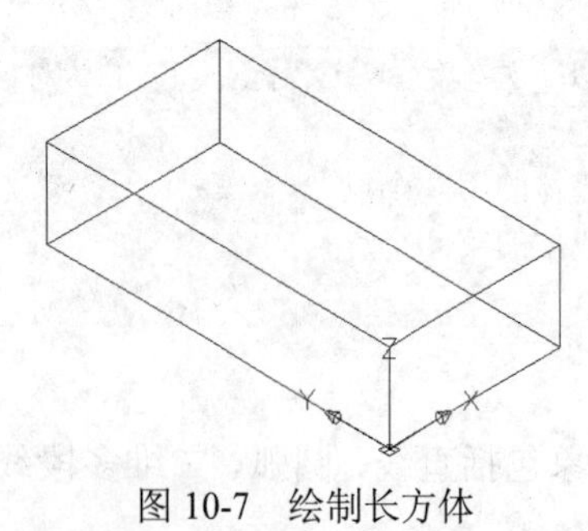

图 10-7　绘制长方体

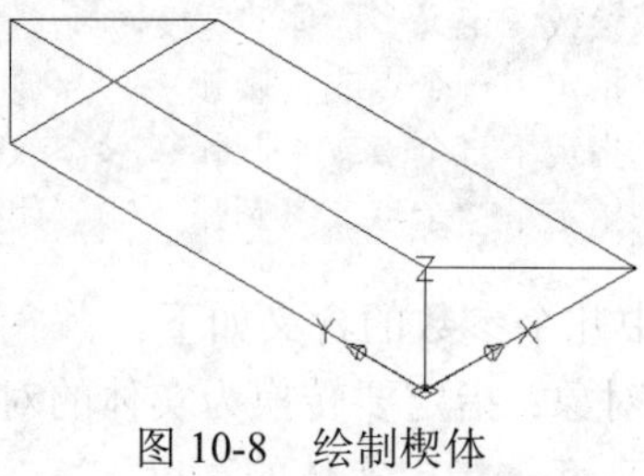

图 10-8　绘制楔体

4. 圆柱体

选择“绘图”|“建模”|“圆柱体”命令，执行 CYLINDER 命令，命令行提示如下：

```
命令: _cylinder
```

```
指定底面的中心点或 [三点(3P)/两点(2P)/切点、切点、半径(T)/椭圆(E)]://指定圆柱体底面中心的坐标或者输入其他选项绘制底面圆或者椭圆
指定底面半径或 [直径(D)]://指定底面圆的半径或者直径
指定高度或 [两点(2P)/轴端点(A)] <50.0000>://指定圆柱体的高度
```

如图 10-9 所示，是底面中心为（0,0,0），半径为 50，高度为 200 的圆柱体。

5. 圆锥体

选择“绘图”|“建模”|“圆锥体”命令，执行 CONE 命令，命令行提示如下：

```
命令: _cone
指定底面的中心点或 [三点(3P)/两点(2P)/切点、切点、半径(T)/椭圆(E)]:
指定底面半径或 [直径(D)] <49.6309>:
指定高度或 [两点(2P)/轴端点(A)/顶面半径(T)] <104.7250>:
```

圆锥体与圆柱体绘制也大同小异，仅存在是否定义顶面半径的问题，图 10-10 所示为底面中心为（0,0,0），半径为 50，高度为 200，顶面半径为 20 的圆锥体。

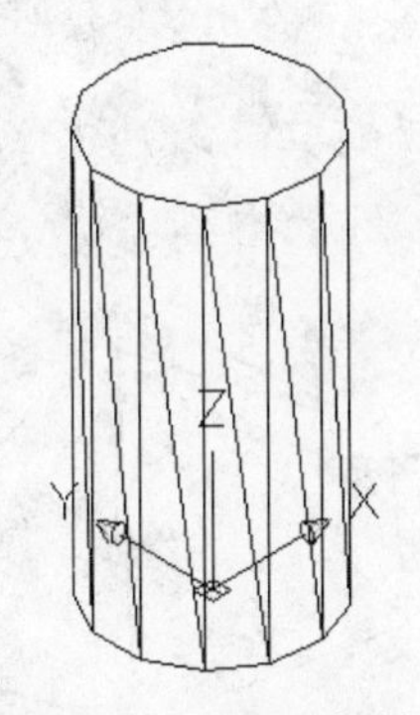

图 10-9 绘制圆柱体

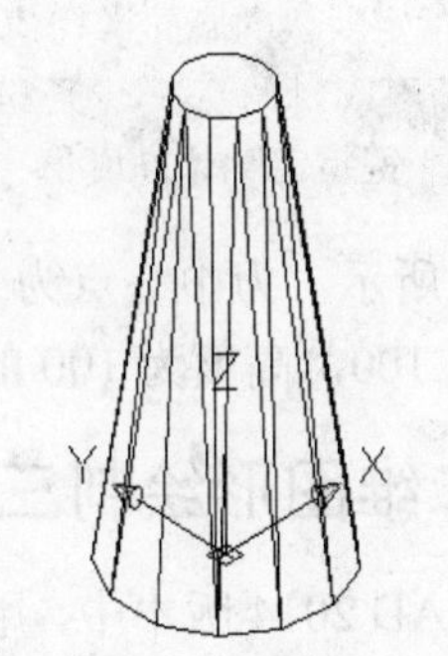

图 10-10 绘制圆锥体

6. 球体

选择“绘图”|“建模”|“球体”命令，执行 SPHERE 命令，命令行提示如下：

```
命令: _sphere
指定中心点或 [三点(3P)/两点(2P)/切点、切点、半径(T)]://指定球体的中心点或者使用类似于绘制圆的其他方式绘制球体
指定半径或 [直径(D)] <50.0000>://指定球体的半径或者直径
```

图 10-11 所示，为中心点为（0,0,0），半径为 100 的球体。

7. 圆环体

选择“绘图”|“建模”|“圆环体”命令，执行 TORUS 命令，命令行提示如下：

```
命令: _torus
指定中心点或 [三点(3P)/两点(2P)/切点、切点、半径(T)]: //指定圆环所在圆的中心点或者使用的其他方式绘制圆
指定半径或 [直径(D)] <90.4277>://指定圆环的半径或者直径
指定圆管半径或 [两点(2P)/直径(D)]://指定圆管的半径或者直径
```

图 10-12 所示，为中心点为（0,0,0），圆环半径为 100，圆管半径为 20 的圆环体。

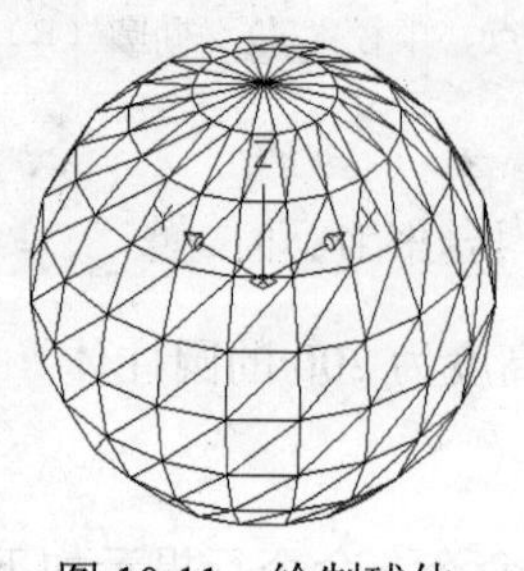

图 10-11　绘制球体

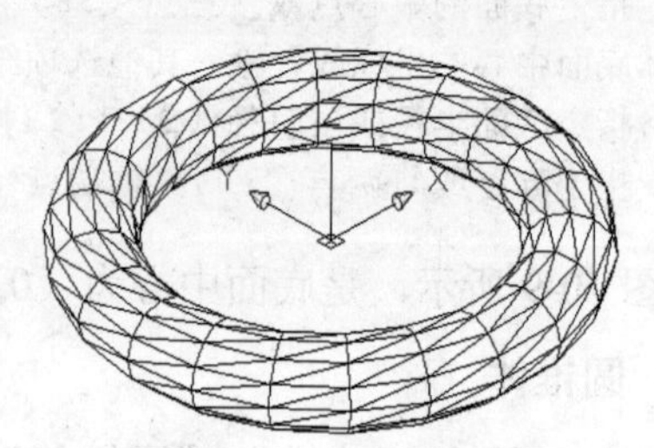

图 10-12　绘制圆环体

8. 棱锥体

选择“绘图”|“建模”|“棱锥体”命令，执行 PYRAMID 命令，命令行提示如下：

```
命令: _pyramid
 4 个侧面  外切
指定底面的中心点或 [边（E）/侧面（S）]:// 指定点或输入选项
指定底面半径或 [内接（I）] <100.0000>://指定底面半径、输入 i 将棱锥面更改为内接或按Enter 键指定默认的底面半径值
指定高度或 [两点（2P）/轴端点（A）/顶面半径（T）] <200.0000>://指定高度、输入选项或按 Enter 键指定默认高度值
```

图 10-13 所示，为中心点为（0,0,0），侧面为 6，外切，半径为 100，高度为 100 的棱锥体。

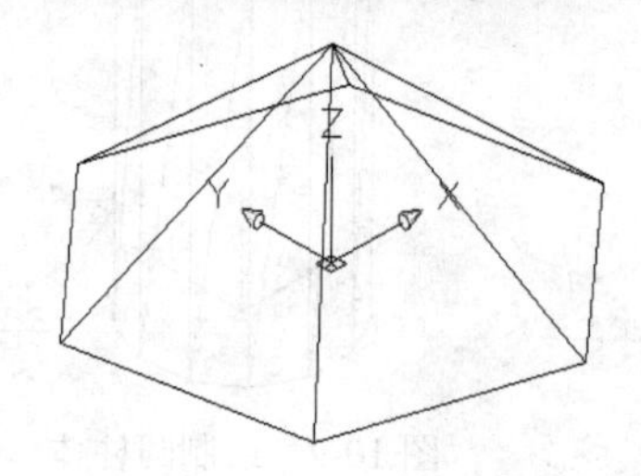

图 10-13　绘制棱锥体

10.5.2　二维图形绘制三维体

在 AutoCAD 2014 版本中，用户可以通过拉伸、放样、旋转、扫掠等方法由二维图形生成三维实体。

1. 拉伸

选择“绘图”|“建模”|“拉伸”命令，可以执行 EXTRUDE 命令，将一些二维对象拉伸成三维实体。

EXTRUDE 命令可以拉伸多段线、多边形、矩形、圆、椭圆、闭合的样条曲线、圆环和面域，不能拉伸三维对象、包含在块中的对象、有交叉或横断部分的多段线，或非闭合多段线。拉伸过程中不但可以指定高度，而且还可以使对象截面沿着拉伸方向变化。

将图 10-14 所示图形拉伸成图 10-15 所示台阶实体，命令行提示如下：

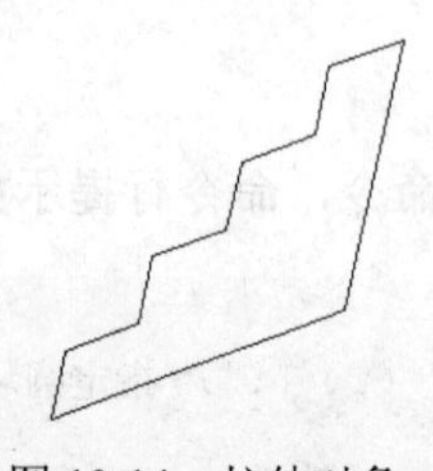

图 10-14　拉伸对象

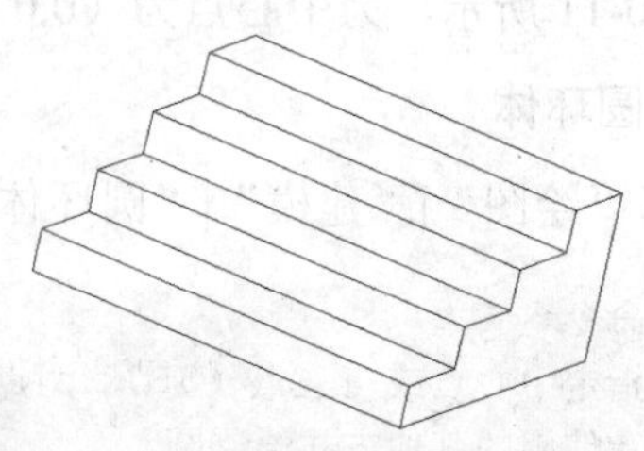

图 10-15　拉伸实体

```
命令: _extrude
当前线框密度:  ISOLINES=8，闭合轮廓创建模式 = 实体
```

```
    选择要拉伸的对象或 [模式 (MO) ]: _MO 闭合轮廓创建模式 [实体 (SO) /曲面 (SU) ] <实
体>: _SO
    选择要拉伸的对象或 [模式 (MO) ]:  找到 1 个 //拾取图 10-14 所示的封闭二维曲线
    选择要拉伸的对象或 [模式 (MO) ]: //按 Enter 键，完成拾取
    指定拉伸的高度或 [方向 (D) /路径 (P) /倾斜角 (T) /表达式 (E) ] <147.7748>:100//
输入拉伸高度
```

2. 放样

选择“绘图”|“建模”|“放样”命令，可以执行 LOFT 命令，可以通过对包含两条或两条以上横截面曲线的一组曲线进行放样（绘制实体或曲面）来创建三维实体或曲面。

LOFT 命令在横截面之间的空间内绘制实体或曲面，横截面定义了结果实体或曲面的轮廓（形状）。横截面（通常为曲线或直线）可以是开放的（例如圆弧），也可以是闭合的（例如圆）。如果对一组闭合的横截面曲线进行放样，则生成实体；如果对一组开放的横截面曲线进行放样，则生成曲面。

如图 10-16 所示，将圆 1，2，3 沿路径 4 放样，放样形成的实体如图 10-17 和图 10-18 所示，命令行提示如下：

```
    命令: _loft
    当前线框密度: ISOLINES=8，闭合轮廓创建模式 = 实体
    按放样次序选择横截面或 [点(PO)/合并多条边(J)/模式(MO)]:_MO闭合轮廓创建模式 [实
体 (SO) /曲面 (SU) ] <实体>: _SO
    按放样次序选择横截面或 [点 (PO) /合并多条边 (J) /模式 (MO) ]://找到 1 个//拾取圆 1
    按放样次序选择横截面或 [点 (PO) /合并多条边 (J) /模式 (MO) ]: 找到 1 个，总计 2 个
//拾取圆 2
    按放样次序选择横截面或 [点 (PO) /合并多条边 (J) /模式 (MO) ]:找到 1 个，总计 3 个//
拾取圆 3
    按放样次序选择横截面或 [点 (PO) /合并多条边 (J) /模式 (MO) ]://按 Enter 键，完成截
面拾取
    选中了 3 个横截面
    输入选项 [导向 (G) /路径 (P) /仅横截面 (C) /设置 (S) ] <仅横截面>: p//输入 p，按路
径放样
    选择路径轮廓://拾取多段线路径 4，按 Enter 键生成放样实体
```

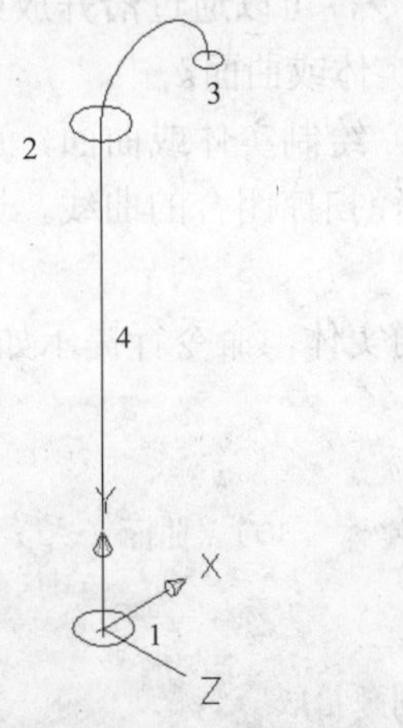

图 10-16　放样截面和路径

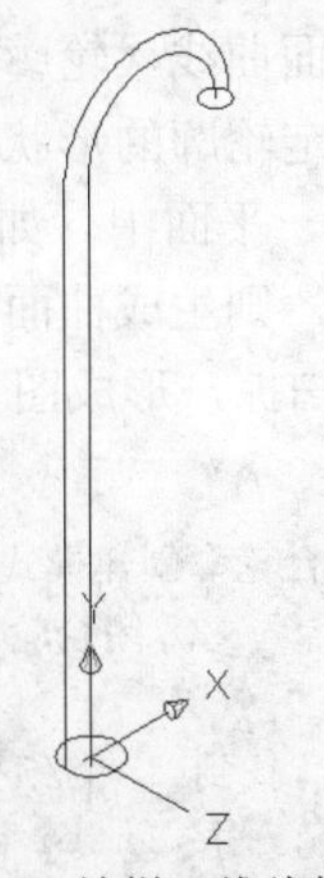

图 10-17　放样二维线框显示

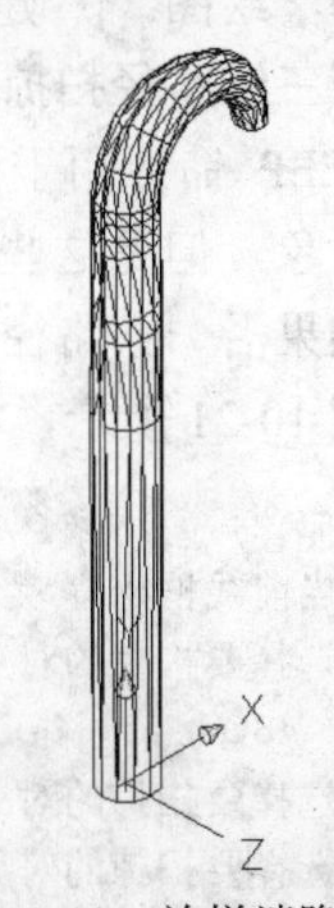

图 10-18　放样消隐显示

3. 旋转

选择“绘图”|“建模”|“旋转”命令，可以执行 REVOLVE 命令，将一些二维图形绕指定的轴旋转形成三维实体。

REVOLVE 命令，可以通过将一个闭合对象围绕当前 UCS 的 X 轴或 Y 轴旋转一定角度来创建实体，也可以围绕直线、多段线或两个指定的点旋转对象。用于旋转生成实体的闭合对象可以是圆、椭圆、二维多义线及面域。

将如图 10-19 所示的多段线 1 绕轴线 2 旋转，形成图 10-20 所示的旋转实体，命令行提示如下：

```
命令: _revolve
当前线框密度:  ISOLINES=8，闭合轮廓创建模式 = 实体
选择要旋转的对象或 [模式（MO）]: _MO 闭合轮廓创建模式 [实体（SO）/曲面（SU）] <实体>: _SO
选择要旋转的对象或 [模式（MO）]: 找到 1 个//拾取旋转对象 1
选择要旋转的对象或 [模式（MO）]://按 Enter 键，完成拾取
指定轴起点或根据以下选项之一定义轴 [对象（O）/X/Y/Z] <对象>: o//输入 o，以对象为轴
选择对象://拾取直线 2 为旋转轴
指定旋转角度或 [起点角度（ST）/反转（R）/表达式（EX）] <360>://按 Enter 键，默认旋转角度为 360°
```

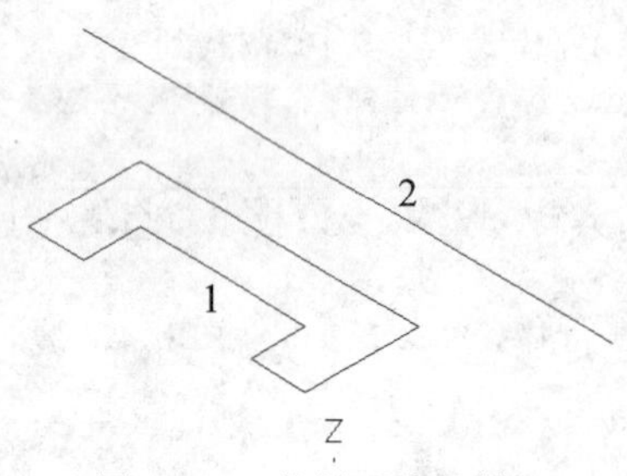

图 10-19　旋转对象和轴

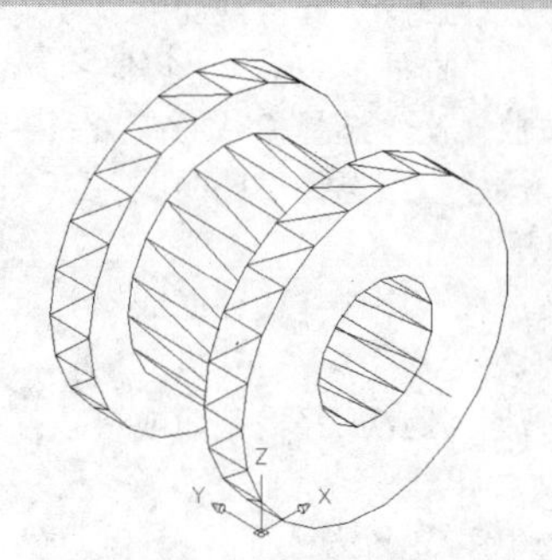

图 10-20　旋转形成的实体

4. 扫掠

选择“绘图”|“建模”|“扫掠”命令，可以执行 SWEEP 命令，可以通过沿开放或闭合的二维或三维路径扫掠开放或闭合的平面曲线（轮廓）来创建新实体或曲面。

SWEEP 命令用于沿指定路径以指定轮廓的形状（扫掠对象）绘制实体或曲面，可以扫掠多个对象，但是这些对象必须位于同一平面中。如果沿一条路径扫掠闭合的曲线，则生成实体。如果沿一条路径扫掠开放的曲线，则生成曲面。

如图 10-21 所示，将圆对象沿直线扫掠，形成图 10-22 所示的实体，命令行提示如下：

```
命令: _sweep
当前线框密度:  ISOLINES=8，闭合轮廓创建模式 = 实体
选择要扫掠的对象或 [模式（MO）]: _MO 闭合轮廓创建模式 [实体（SO）/曲面（SU）] <实体>: _SO
选择要扫掠的对象或 [模式（MO）]:找到 1 个//拾取圆对象
选择要扫掠的对象或 [模式（MO）]://按 Enter 键，完成扫掠对象拾取
选择扫掠路径或 [对齐（A）/基点（B）/比例（S）/扭曲（T）]://拾取直线扫掠路径
```

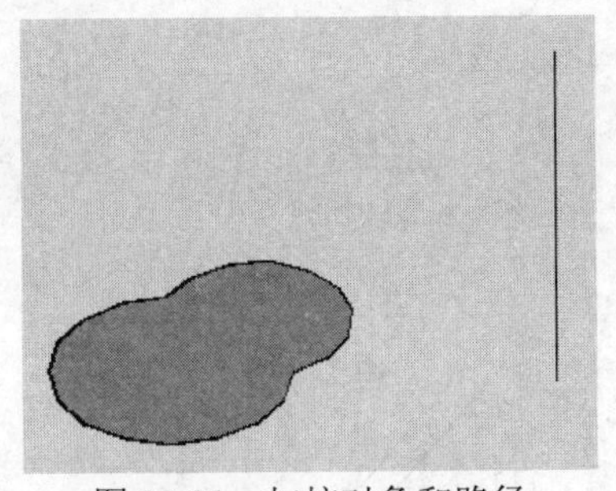

图 10-21　扫掠对象和路径

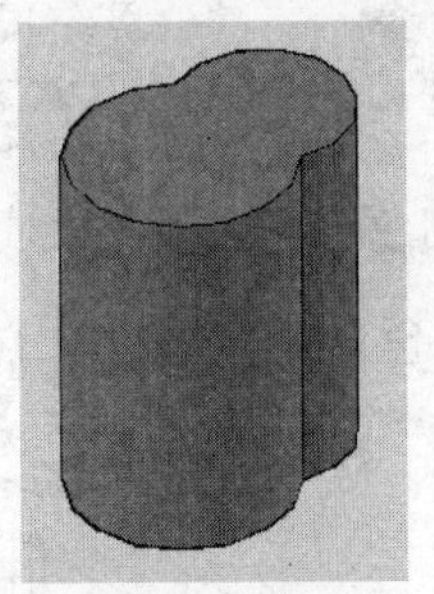

图 10-22　扫掠实体

10.5.3　布尔运算

对于绘制完成的基本实体和其他实体，用户可以使用并运算、差运算和交运算来创建比较复杂的组合实体。

1. 并运算

并运算用于将两个或多个相重叠的实体组合成一个新的实体。在进行“并”操作后，多个实体相重叠的部分合并为一个，因此复合体的体积只会等于或小于原对象的体积。Union 命令用于完成“并”运算。

选择“修改”|“实体编辑”|“并集”命令，或者单击“建模”或“实体编辑”工具栏中的并集按钮，或者在命令行提示符下输入 Union 命令，即可激活此命令，此时命令行提示如下：

```
命令: _union
选择对象: 找到 1 个//拾取第一个合并对象
选择对象: 找到 1 个，总计 2 个//拾取第二个合并对象
选择对象:                    //按 Enter 键
```

执行并运算后的图形如图 10-23 所示。

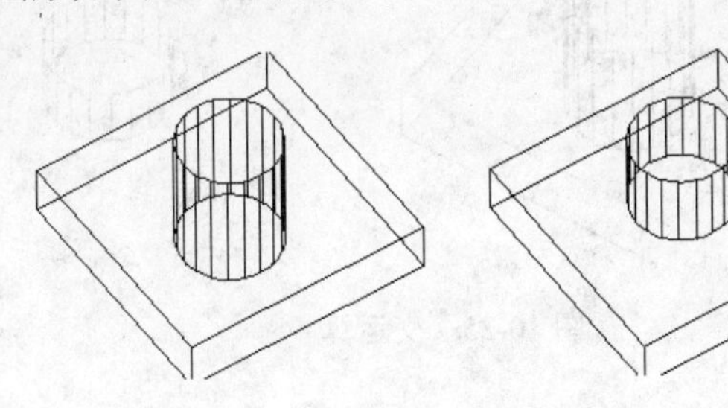

图 10-23　并运算

2. 差运算

差运算用于从选定的实体中删除与另一个实体的公共部分。选择“修改”|“实体编辑”|“差集”命令，或者单击“建模”或“实体编辑”工具栏中的差集按钮，或者在命令行提示符下输入 Subtract 命令，即可激活此命令，命令行提示如下：

```
命令: _subtract 选择要从中减去的实体或面域...
选择对象: 找到 1 个//拾取要从中减去实体的实体
```

```
选择对象:              //按 Enter 键
选择要减去的实体或面域 ..
选择对象: 找到 1 个//拾取要被减去的实体
选择对象:              //按 Enter 键
```

执行差运算后的图形如图 10-24 所示。

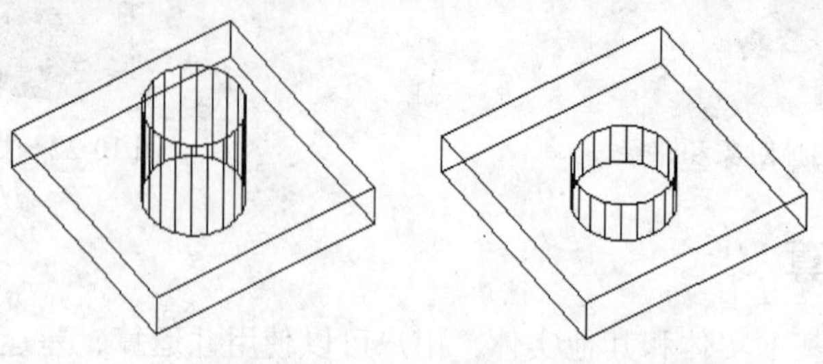

图 10-24　差运算

3. 交运算

交运算用于绘制两个实体的共同部分。要调用交运算命令，选择“修改”|“实体编辑”|“交集”命令，或者单击“建模”或“实体编辑”工具栏中的交集按钮，或者在命令行提示符下输入 Intersect 命令，即可激活此命令，此时命令行提示如下：

```
命令: _intersect
选择对象: 找到 1 个//拾取第一个对象
选择对象: 找到 1 个, 总计 2 个//拾取第二个对象
选择对象:              //按 Enter 键
```

执行交运算后的图形如图 10-25 所示。

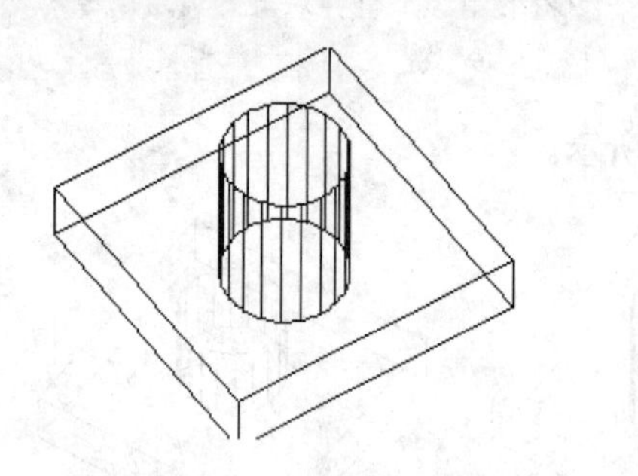

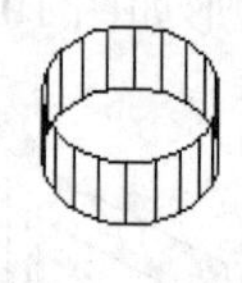

图 10-25　交运算

10.5.4　编辑三维对象

对于三维实体，用户也可以进行移动、阵列、镜像、旋转、剖切、圆角和倒角等操作，与二维对象不同的是，这些操作将在三维空间进行，这些操作都在“修改”|“三维操作”子菜单下。

1. 三维移动

选择“修改”|“三维操作”|“三维移动”命令，可以执行 3DMOVE 命令，将三维对象移动。命令行提示如下：

命令：_3dmove
选择对象：找到 1 个//拾取要移动的三维实体
选择对象://按回车键，完成对象选择
指定基点或［位移（D）］<位移>： //拾取移动的基点
指定第二个点或 <使用第一个点作为位移>：正在重生成模型。//拾取第二点，三维实体沿基点和第二点的连线移动

如图 10-26 所示，是将长方体在三维空间中移动的情形。

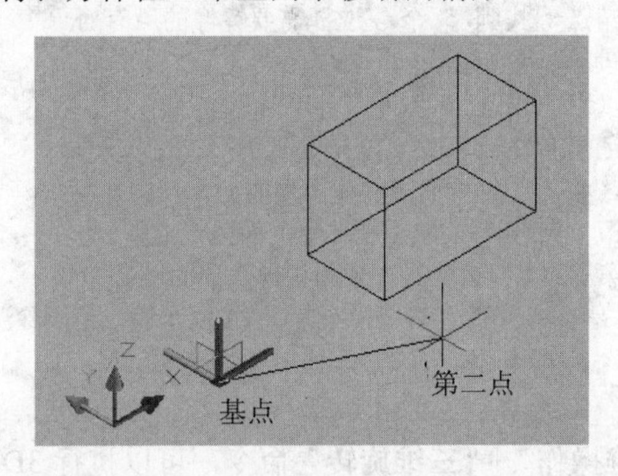

图 10-26 移动三维实体

2. 三维阵列

选择“修改”|“三维操作”|“三维阵列”命令，可以执行 3DARRAY 命令，可以在三维空间中创建对象的矩形阵列或环形阵列。三维阵列除了指定列数（X 方向）和行数（Y 方向）以外，还要指定层数（Z 方向）。

将图 10-27 所示的圆柱矩形阵列，命令行提示如下：

命令：_3darray
选择对象：找到 1 个//拾取需要阵列的圆柱体对象
选择对象://按回车键，完成选择
输入阵列类型［矩形（R）/环形（P）］<矩形>:r//输入 r，执行矩形阵列
输入行数（---）<1>://指定行数
输入列数（|||）<1>：4//指定列数
输入层数（...）<1>://指定层数
指定列间距（|||）：40//指定列之间的间距，效果如图 10-28 所示

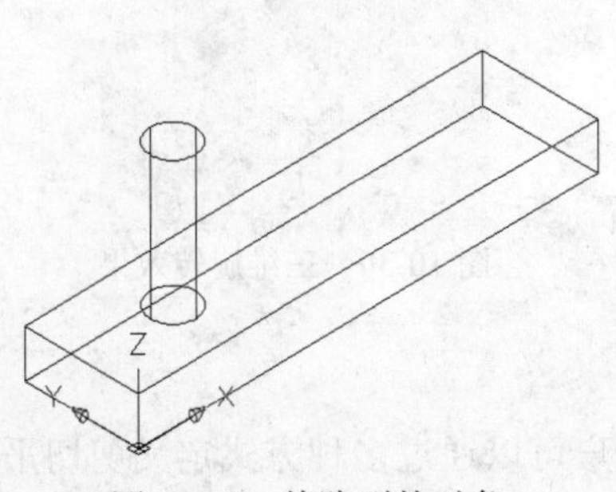

图 10-27 待阵列的对象

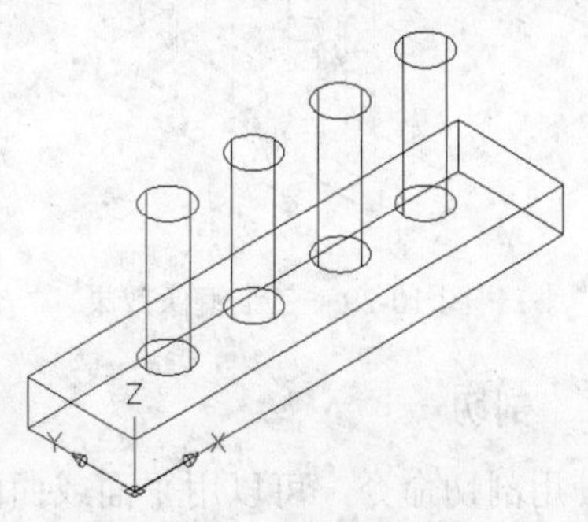

图 10-28 矩形阵列效果

3. 三维镜像

选择“修改”|“三维操作”|“三维镜像”命令，可以执行 MIRROR3D 命令，可以通过指定镜像平面来镜像三维对象。镜像平面可以是平面对象所在的平面、通过指定点且与当前 UCS 的 XY、YZ 或 XZ 平面平行的平面、由 3 个指定点定义的平面。

将图 10-28 所示的柱阵列效果镜像，命令行提示如下：

```
命令：_mirror3d
选择对象：指定对角点：找到 5 个//选择需要镜像的所有对象
选择对象：//按回车键，完成选择
指定镜像平面（三点）的第一个点或
  [对象（O）/最近的（L）/Z 轴（Z）/视图（V）/XY 平面（XY）/YZ 平面（YZ）/ZX 平面（ZX）/三点（3）] <三点>：//拾取圆柱体上顶面一点
在镜像平面上指定第二点：//拾取圆柱体上顶面另一点
在镜像平面上指定第三点：//拾取另一个圆柱体上顶面圆心
是否删除源对象？[是（Y）/否（N）] <否>：//按回车键，不删除源对象，效果如图 10-29 所示
```

4. 三维旋转

选择“修改”|“三维操作”|“三维旋转”命令，可以执行 3DROTATE 命令，可以操作三维对象在三维空间绕指定的 X 轴、Y 轴、Z 轴、视图、对象或两点旋转。

将图 10-29 所示的镜像效果绕 Z 轴旋转，命令行提示如下：

```
命令：_3drotate
UCS 当前的正角方向：  ANGDIR=逆时针  ANGBASE=0
选择对象：指定对角点：找到 10 个//拾取需要旋转的对象
选择对象：//按回车键，完成选择
指定基点：//指定旋转的基点
拾取旋转轴：//拾取旋转轴 Z 轴
指定角的起点或键入角度：//指定旋转角的起点
指定角的端点：正在重生成模型。//指定旋转角的另一个端点，效果如图 10-30 所示
```

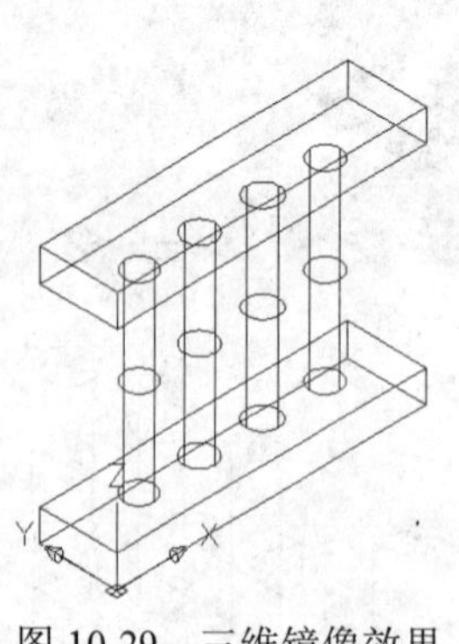

图 10-29　三维镜像效果

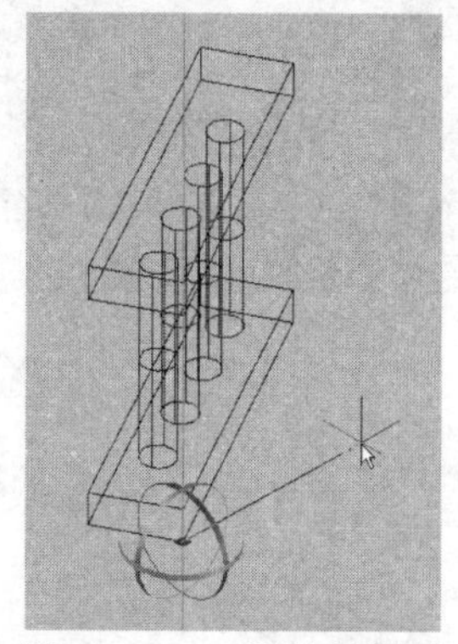
图 10-30　三维旋转效果

5. 剖切

使用剖切命令，可以用平面或曲面剖切实体，用户可以通过多种方式定义剪切平面，包括指定点或者选择曲面或平面对象。使用该命令剖切实体时，可以保留剖切实体的一半或全

部，剖切实体保留原实体的图层和颜色特性。

选择“修改”|“三维操作”|“剖切”命令，或者在命令行中输入 SLICE，可执行剖切命令，命令行提示如下：

```
命令：_slice
选择要剖切的对象：找到 1 个//选择剖切对象
选择要剖切的对象://按回车键，完成对象选择
指定 切面 的起点或 [平面对象（O）/曲面（S）/Z 轴（Z）/视图（V）/XY（XY）/YZ（YZ）/ZX（ZX）/三点（3）] <三点>://选择剖切面指定方法
指定平面上的第二个点://指定剖切面上的点
在所需的侧面上指定点或 [保留两个侧面（B）] <保留两个侧面>://指定保留侧面上的点
```

在剖切面的指定选项中，命令行提示了 8 个选项，各选项含义如下。

- “平面对象”：该选项将剪切面与圆、椭圆、圆弧、椭圆弧、二维样条曲线或二维多段线对齐。
- “曲面”：该选项将剪切平面与曲面对齐。
- “Z 轴”：该选项通过平面上指定一点和在平面的 Z 轴（法向）上指定另一点来定义剪切平面。
- “视图”：该选项将剪切平面与当前视口的视图平面对齐，指定一点定义剪切平面的位置。
- XY：该选项将剪切平面与当前用户坐标系（UCS）的 XY 平面对齐，指定一点定义剪切平面的位置。
- YZ：该选项将剪切平面与当前 UCS 的 YZ 平面对齐，指定一点定义剪切平面的位置。
- ZX：该选项将剪切平面与当前 UCS 的 ZX 平面对齐，指定一点定义剪切平面的位置。
- “三点”：该选项用三点定义剪切平面。

图 10-31 显示了将底座空腔剖开的效果。

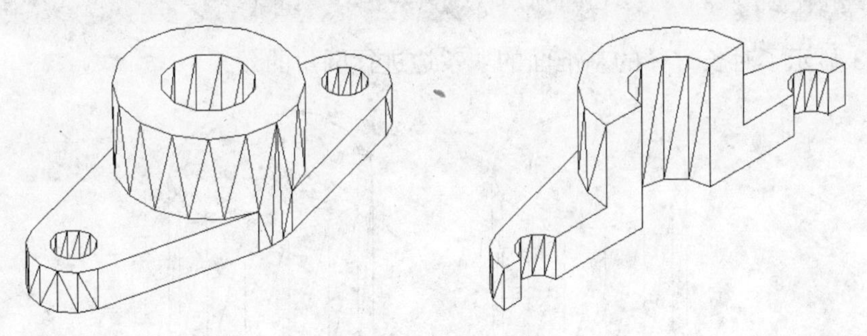

图 10-31　剖切效果

6. 三维圆角

使用圆角命令可以对三维实体的边进行圆角，但必须分别选择这些边。执行“圆角”命令后，命令行提示如下：

```
命令：_fillet
当前设置：模式 = 修剪，半径 = 0
选择第一个对象或 [放弃（U）/多段线（P）/半径（R）/修剪（T）/多个（M）]://选择需要圆角的对象
```

```
输入圆角半径或 [表达式（E）]:3//输入圆角半径
选择边或 [链（C）/环（L）/半径（R）]://选择需要圆角的边
已选定 1 个边用于圆角
```

图 10-32 显示了对长方体 3 条边进行圆角操作，圆角半径为 3 的圆角效果。

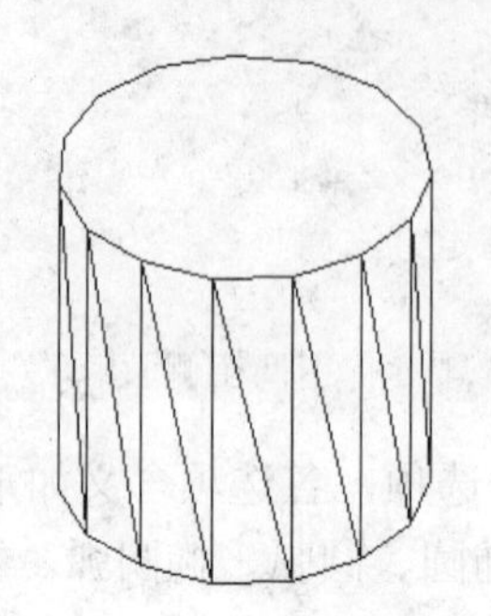
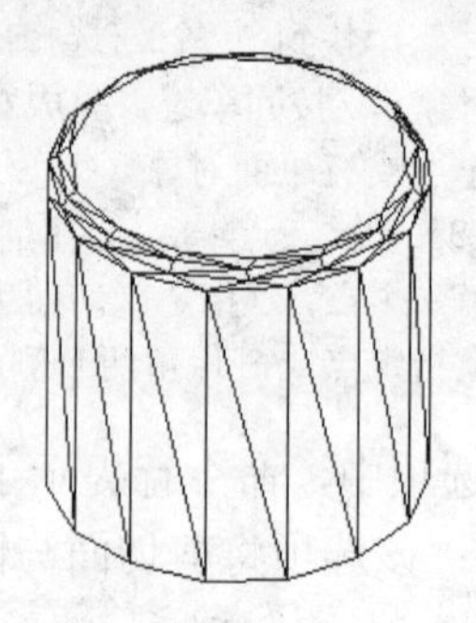

图 10-32　三维圆角效果

7. 三维倒角

使用倒角命令，可以对基准面上的边进行倒角操作。执行倒角命令，命令行提示如下：

```
命令: _chamfer
（"修剪"模式） 当前倒角距离 1 = 0，距离 2 = 0
选择第一条直线或 [放弃（U）/多段线（P）/距离（D）/角度（A）/修剪（T）/方式（E）/多个（M）]://指定倒角对象
基面选择...
输入曲面选择选项 [下一个（N）/当前（OK）] <当前（OK）>://输入曲面的选项
指定 基面 倒角距离或 [表达式（E）]: 3//输入倒角距离
指定 其他曲面 倒角距离或 [表达式（E）] <3>: //输入倒角距离
选择边或 [环（L）]: 选择边或 [环（L）]://选择倒角边
```

图 10-33 显示了对长方体的基准面的 4 条边进行倒角的效果。

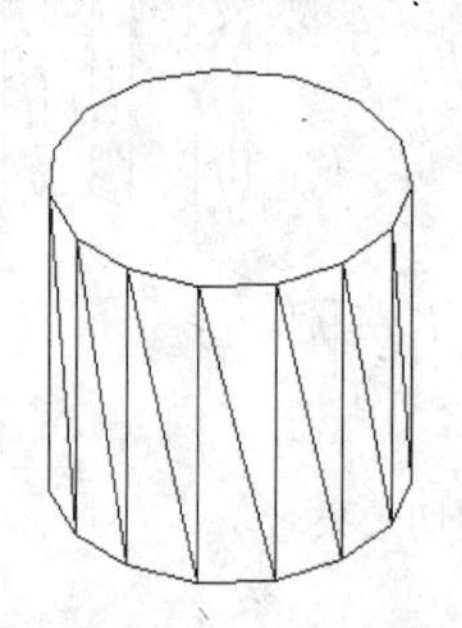
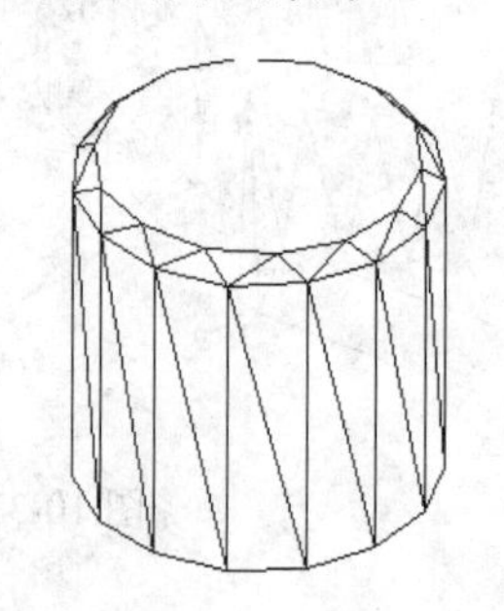

图 10-33　三维倒角效果

 10.6　三维实体编辑

对已经绘制完成的三维实体，用户可以在"实体编辑"工具栏中对三维实体的边、面以及实体本身进行各种编辑操作，工具栏效果如图 10-34 所示。

图 10-34 “实体编辑”工具

10.6.1 编辑边

AutoCAD 提供了压印边、复印边和着色边 3 种编辑边的方法。

（1） 压印边。

压印边命令可以将对象压印到选定的实体上。为了使压印操作成功，被压印的对象必须与选定对象的一个或多个面相交。“压印”选项仅限于以下对象执行：圆弧、圆、直线、二维和三维多段线、椭圆、样条曲线、面域、体和三维实体。

选择“修改”|“实体编辑”|“压印边”命令，或单击“压印边”按钮来执行该命令，命令行提示如下：

```
命令: _imprint
选择三维实体://选择需要进行压印操作的三维实体
选择要压印的对象://选择需要压印的对象
是否删除源对象 [是(Y)/否(N)] <N>://输入 n，删除源对象，输入 y，保留源对象
选择要压印的对象://按回车键，显示压印边效果如图 10-35 所示
```

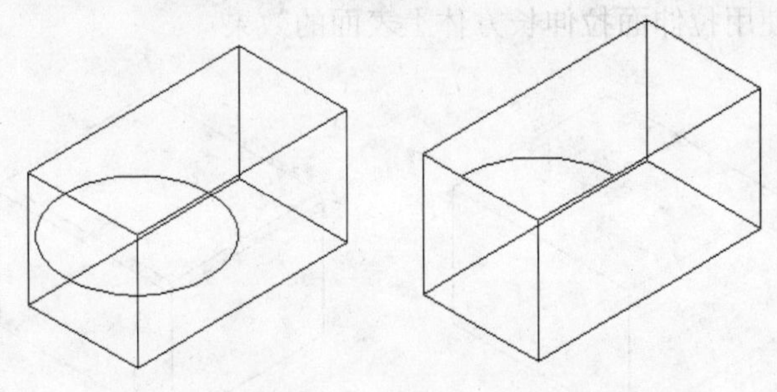

图 10-35 压印边效果

（2） 复制。

用户可以将三维实体的边复制为独立的直线、圆弧、圆、椭圆或样条曲线等对象。如果指定两个点，AutoCAD 将使用第一个点作为基点，并相对于基点放置一个副本。如果只指定一个点，然后按 Enter 键，AutoCAD 将使用原始选择点作为基点，下一点作为位移点。

用户可以通过选择“修改”|“实体编辑”|“复制边”命令，或单击“复制边”按钮来执行该命令。

（3） 着色。

可以为三维实体对象的独立边指定颜色。用户可以通过选择“修改”|“实体编辑”|“着色边”命令，或单击“着色边”按钮来执行该命令。选择需要着色的边之后，弹出“选择颜色”对话框，该对话框的用法不再赘述。

（4） 圆角边和倒角边。

选择“修改”|“实体编辑”|“圆角边”命令，或者单击“实体编辑”工具栏中的“复制边”按钮，或者在命令行输入 FILLETEDGE 命令，可执行圆角边命令，其功能与 10.5.4 节介绍的三维圆角功能类似，命令行会稍有不同，不再赘述。

选择“修改”|“实体编辑”|“倒角边”命令，或者单击“实体编辑”工具栏中的“倒角边”按钮，或者在命令行输入 CHAMFEREDGE 命令，可执行倒角边命令，其功能与 10.5.4 节介绍的三维圆角功能类似，命令行会稍有不同，不再赘述。

10.6.2 编辑面

对于已经存在的三维实体的面，用户可以通过拉伸、移动、旋转、偏移、倾斜、删除或复制实体对象来对其进行编辑，或改变面的颜色。

（1） 拉伸。

用户可以沿一条路径拉伸平面，或者通过指定一个高度值和倾斜角来对平面进行拉伸，该命令与“拉伸”命令类似，各参数含义不再赘述。选择“修改”|“实体编辑”|“拉伸面”命令，或单击“拉伸面”按钮，命令行提示如下：

```
…
_extrude
选择面或 [放弃（U）/删除（R）]: 找到一个面。//选择需要拉伸的面
选择面或 [放弃（U）/删除（R）/全部（ALL）]://按回车键，完成面选择
指定拉伸高度或 [路径（P）]: 10//输入拉伸高度
指定拉伸的倾斜角度 <0>: 10//输入拉伸角度
```

图 10-36 演示了使用拉伸面拉伸长方体上表面的效果。

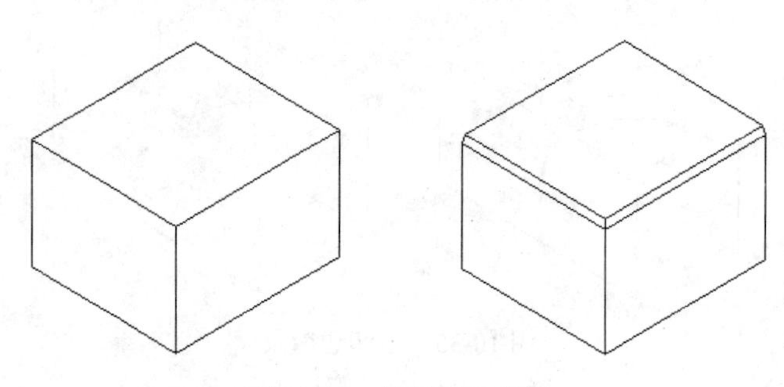

图 10-36　拉伸面的效果

（2） 移动。

用户可以通过移动面来编辑三维实体对象，AutoCAD 只移动选定的面而不改变其方向。

选择“修改”|“实体编辑”|“移动面”命令，或单击“移动面”按钮，命令行提示如下。

```
…
_move
选择面或 [放弃（U）/删除（R）]: 找到一个面。//选择需要移动的面
选择面或 [放弃（U）/删除（R）/全部（ALL）]://按回车键，完成选择
指定基点或位移://拾取或者输入基点坐标
指定位移的第二点://输入位移的第二点，按回车键，完成面移动
已开始实体校验
已完成实体校验
```

图 10-37 演示了移动长方体侧面的效果。

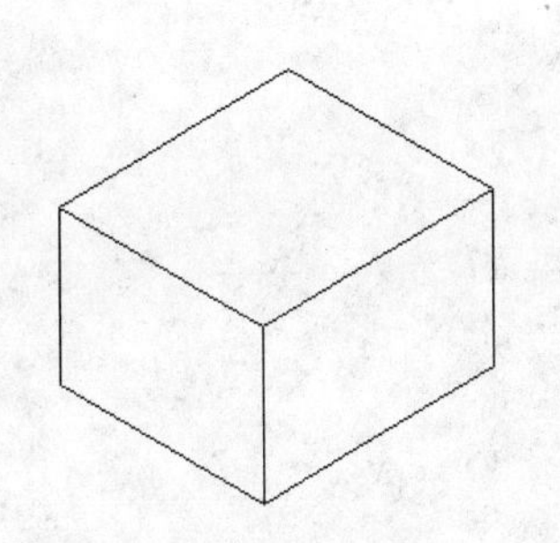
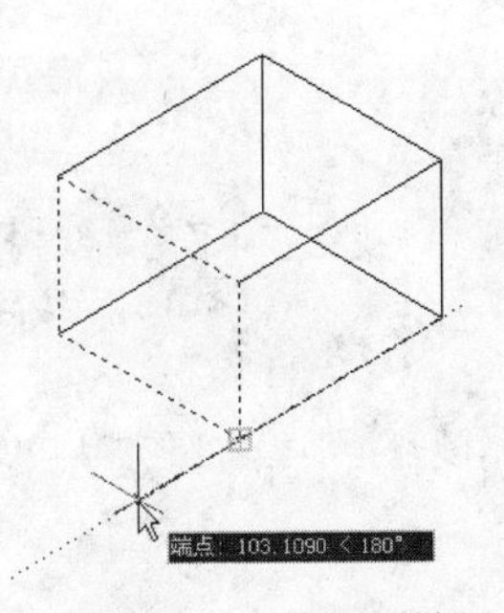

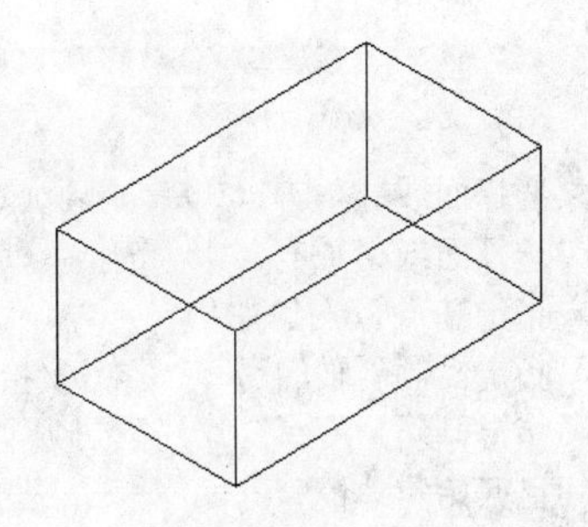

图 10-37　移动面效果

（3） 旋转。

通过选择一个基点和相对（或绝对）旋转角度，可以旋转选定实体上的面或特征集合。所有三维面都可绕指定的轴旋转，当前的 UCS 和 ANGDIR 系统变量的设置决定了旋转的方向。

用户可以通过指定两点，一个对象、X 轴、Y 轴、Z 轴或相对于当前视图视线的 *Z* 轴方向来确定旋转轴。

用户可以通过选择“修改”|“实体编辑”|“旋转面”命令，或单击“旋转面”按钮来执行该命令。

该命令与 ROTATE3D 命令类似，只是一个用于三维面旋转，一个用于三维体旋转，这里不再赘述。

图 10-38 演示了绕图示轴旋转长方体侧面 30° 的效果。

（4） 偏移。

在一个三维实体上，可以按指定的距离均匀地偏移面。通过将现有的面从原始位置向内或向外偏移指定的距离可以创建新的面（在面的法线方向上偏移，或向曲面或面的正侧偏移）。例如，可以偏移实体对象上较大的孔或较小的孔，指定正值将增大实体的尺寸或体积，指定负值将减少实体的尺寸或体积。

选择“修改”|“实体编辑”|“偏移面”命令，或单击“偏移面”按钮，可执行此命令，该命令与二维制图中的偏移命令类似，对命令行不再赘述。

图 10-39 演示偏移圆锥体锥体面的效果。

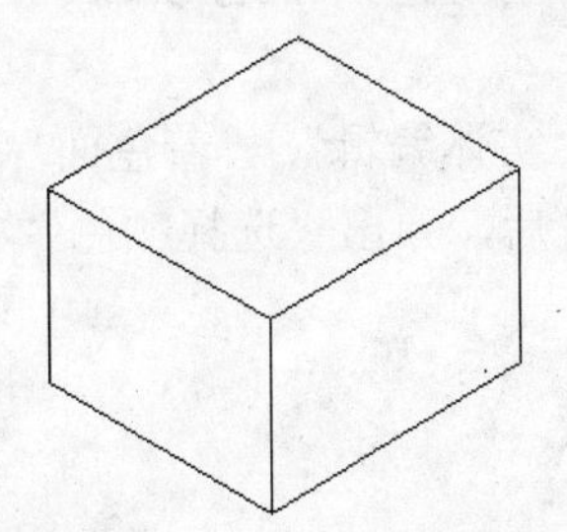
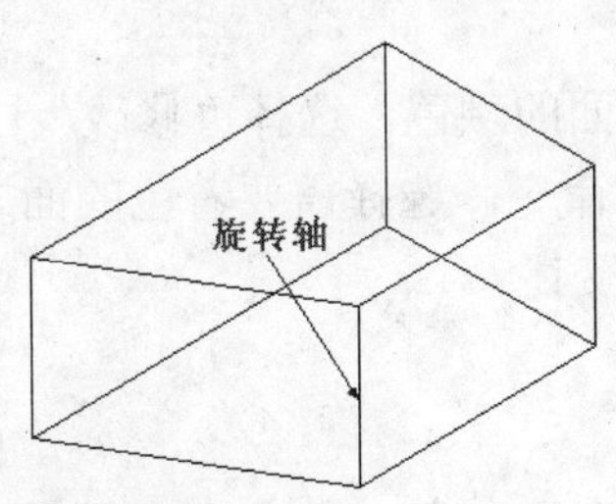

图 10-38　旋转面效果

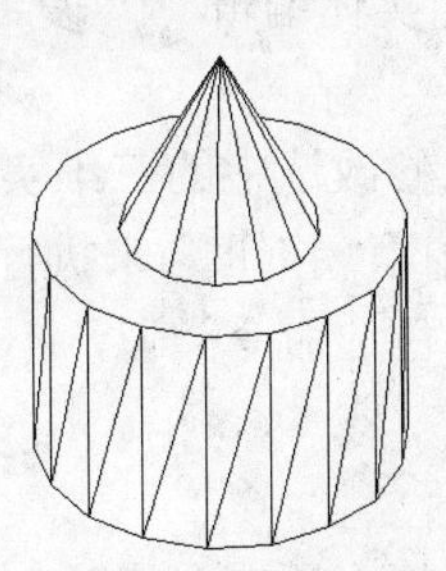
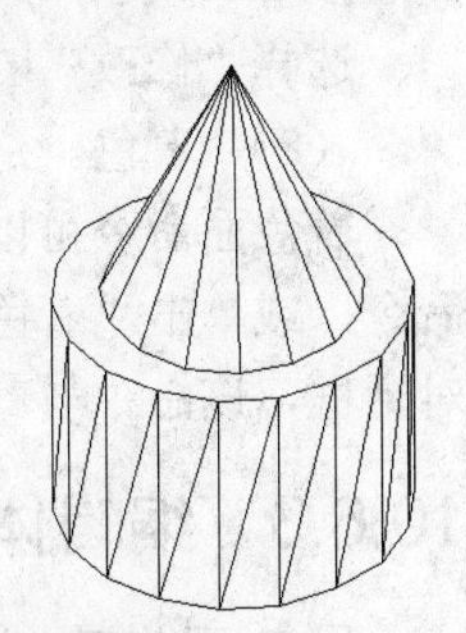

图 10-39　偏移面效果

（5） 倾斜。

用户可以沿矢量方向以绘图角度倾斜面，以正角度倾斜选定的面将向内倾斜面，以负角度倾斜选定的面将向外倾斜面。

选择“修改”|“实体编辑”|“倾斜面”命令，或单击“倾斜面”按钮，命令行提示如下：

```
…
 _taper
选择面或 [放弃 (U) /删除 (R) ]: 找到一个面。//选择需要倾斜的面
选择面或 [放弃 (U) /删除 (R) /全部 (ALL) ]://按回车键，完成选择
指定基点://拾取基点
指定沿倾斜轴的另一个点://拾取倾斜轴的另外一个点
指定倾斜角度: 30//输入倾斜角度
已开始实体校验
已完成实体校验
```

如图 10-40 所示，演示了沿图示基点和另一个点倾斜长方体侧面 30° 的效果。

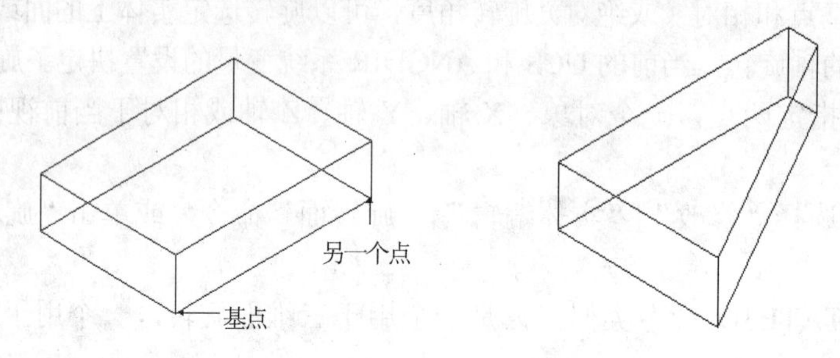

图 10-40 倾斜面效果

（6） 删除。

在 AutoCAD 三维操作中，用户可以从三维实体对象上删除面、倒角或圆角。只有当所选的面删除后不影响实体的存在时，才能删除所选的面。

选择“修改”|“实体编辑”|“删除面”命令，或单击“删除面”按钮来执行该命令。

（7） 复制。

用户可以复制三维实体对象上的面，AutoCAD 将选定的面复制为面域或体。如果指定了两个点，AutoCAD 使用将第一点用做基点，并相对于基点放置一个副本。如果只指定一个点，然后按 Enter 键，AutoCAD 将使用原始选择点作为基点，下一点作为位移点。

选择“修改”|“实体编辑”|“复制面”命令，或单击“复制面”按钮来执行该命令。

（8） 着色。

着色面命令可以修改选中的三维实体面的颜色。选择“修改”|“实体编辑”|“着色面”命令，或单击“着色面”按钮来执行该命令。选择需要着色的面之后，弹出“选择颜色”对话框，该命令与着色边命令类似，不再赘述。

10.6.3 编辑体

用户可以使用分割、抽壳、清除和检查等命令，直接对三维实体本身进行修改。

（1） 分割。

用户可以利用分割实体的功能，将组合实体分割成零件，或者组合三维实体对象不能共享公共的面积或体积。在将三维实体分割后，独立的实体保留其图层和原始颜色，所有嵌套的三维实体对象都将被分割成最简单的结构。

选择“修改”|“实体编辑”|“分割”命令，或单击“分割”按钮来执行该命令。

（2） 抽壳。

用户可以从三维实体对象中以指定的厚度创建壳体或中空的实体。AutoCAD 通过将现有的面向原位置的内部或外部偏移来创建新的面。偏移时，AutoCAD 将连续相切的面看作单一的面。

选择“修改”|“实体编辑”|“抽壳”命令，或单击“抽壳”按钮来执行该命令。

（3） 清除。

如果三维实体的边的两侧或顶点共享相同的曲面或顶点，那么可以删除这些边或顶点。AutoCAD 将检查实体对象的体、面或边，并且合并共享相同曲面的相邻面，三维实体对象所有多余的、压印的，以及未使用的边都将被删除。

选择“修改”|“实体编辑”|“清除”命令，或单击“清除”按钮来执行该命令。

（4） 检查。

检查实体的功能可以检查实体对象是否为有效的三维实体对象。对于有效的三维实体，对其进行修改不会导致 ACIS 失败错误信息。如果三维实体无效，则不能编辑对象。

选择“修改”|“实体编辑”|“检查”命令，或单击“检查”按钮来执行该命令。

10.7 渲染

在绘制效果图的时候，经常需要将已绘制的三维模型染色，或者给三维模型设置场景，或是给模型增加光照效果，使三维模型更加逼真。本节将向读者介绍如何使用 AutoCAD 提供的渲染，实现对已绘制的三维图形润色。用户可以使用如图 10-41 所示的“视图”|“渲染”子菜单的命令或者如图 10-42 所示的“渲染”工具栏中的按钮进行各种渲染操作。由于篇幅所限，本节仅介绍经常用到的渲染命令。

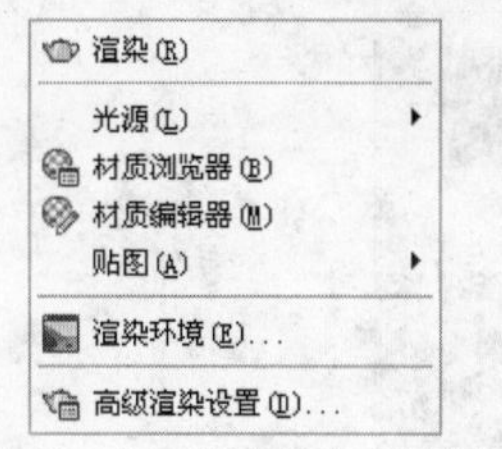

图 10-41 “渲染”子菜单

图 10-42 “渲染”工具栏

10.7.1 光源

在 AutoCAD 中，系统为用户提供点光源、聚光灯、平行光 3 种光源，用户在“视图”|“渲染”|“光源”子菜单中可以分别创建这些光源。选择“视图”|“渲染”|“光源”|“光源列表”命令，弹出如图 10-43 所示的“模型中的光源”动态选项板，选项板中按照名称和类型，列出了每个添加到图形的光源（LIGHTLIST），其中不包括阳光、默认光源以及块和外部参照中的光源。

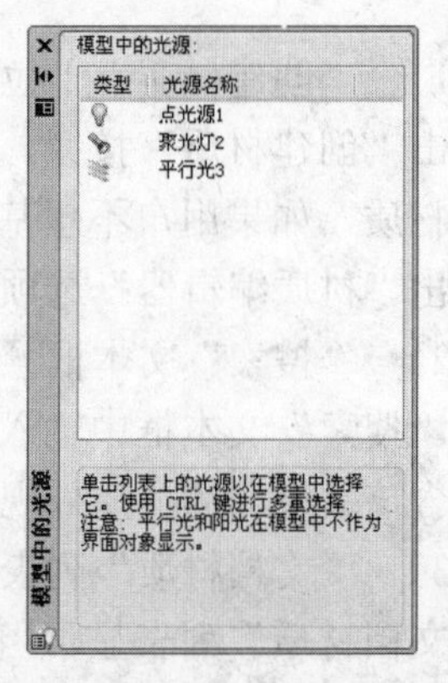

图 10-43 “模型中的光源”动态选项板

在列表中选定一个光源时，将在图形中选定该光源，选定的光源也可取消。列表中光源的特性按其所属图形保存。在图形中选定一个光源时，可以使用夹点工具来移动或旋转该光源，并更改光源的其他某些特性（例如聚光灯中的聚光锥角和衰减锥角），更改光源特性后，可以在模型上看到更改的效果。

选择“视图”|“渲染”|“光源”子菜单中的“地理位置”和“阳光特性”两个命令，可以分别设置太阳光受地理位置的影响，以及不同的日期、时间等各种状态下阳光的特性。

10.7.2 材质

AutoCAD 为用户提供了两种使用材质的方式，第一种是用户直接从“材质编辑器”选项板自己定义所需的材质，第二种是提供了材质库，预定义了大量的常用的材质，用户可以直接使用，也可以在预定义材质的基础上对材质进行修改得到自己想要的材质。

1. 材质浏览器

选择“视图”|“渲染”|“材质浏览器”命令，或者单击“渲染”工具栏中的“材质”按钮，弹出如图 10-44 所示的“材质浏览器”选项板，用户可以导航和管理材质，还可以在所有打开的库中和图形中对材质进行搜索和排序。

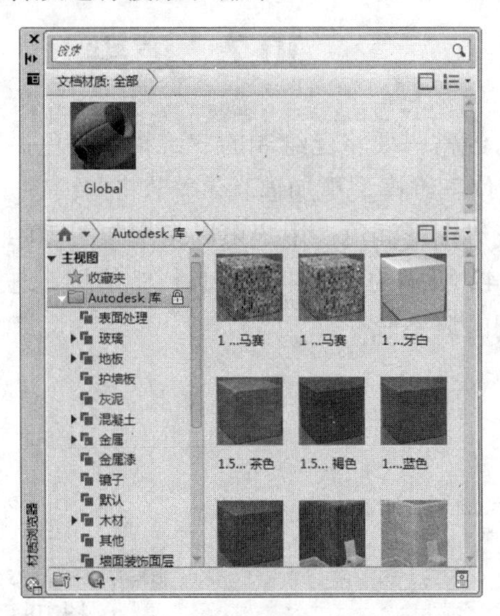

图 10-44　“材质浏览器”选项板

（1）　“创建材质”下拉列表。

单击“创建材质”按钮，弹出材质类别列表，选择其中的某一个类别，可以创建某一个类别的材质，如果用户不想基于某个类别创建材质，则选择“通用”选项。在选择某个选项后，弹出“材质编辑器”选项板，用户可以在其中设置材质的各个参数。

（2）　“搜索”文本框。

在“搜索”文本框中输入材质名称的关键词，则在材质库中搜索相应材质，材质列表中显示包含该关键词的材质外观列表。

（3）　“文档材质”列表。

“文档材质”列表显示当前文档中已经创建的材质列表，单击“排序”按钮弹出排序下拉菜单，用户可以按照名称、类型或者材质颜色对当前文档中的材质进行排序。

（4） 库管理项。

库管理项可以创建新库，或者管理已有的材质库。AutoCAD系统在左侧的库列表中为用户默认提供了“Autodesk库”和“我的材质”库，用户可以直接使用Autodesk库中的材质，也可以把自己创建的材质放入“我的材质”库，当然，也可以创建新的库名。

2. 材质编辑器

选择“视图”|“渲染”|“材质编辑器”命令，或者单击“渲染”工具栏中的“材质”按钮，弹出如图10-45所示的“材质编辑器”选项板。在“材质编辑器”选项板中，用户可以对材质的参数进行各种设置，可以创建新的材质，可以对材质进行编辑。材质编辑器和材质浏览器通常情况下同时使用，用户可以在材质浏览器中选中一个材质，在材质编辑器中对材质参数进行编辑，也可以创建一个新的材质，在材质编辑器中进行参数设置。

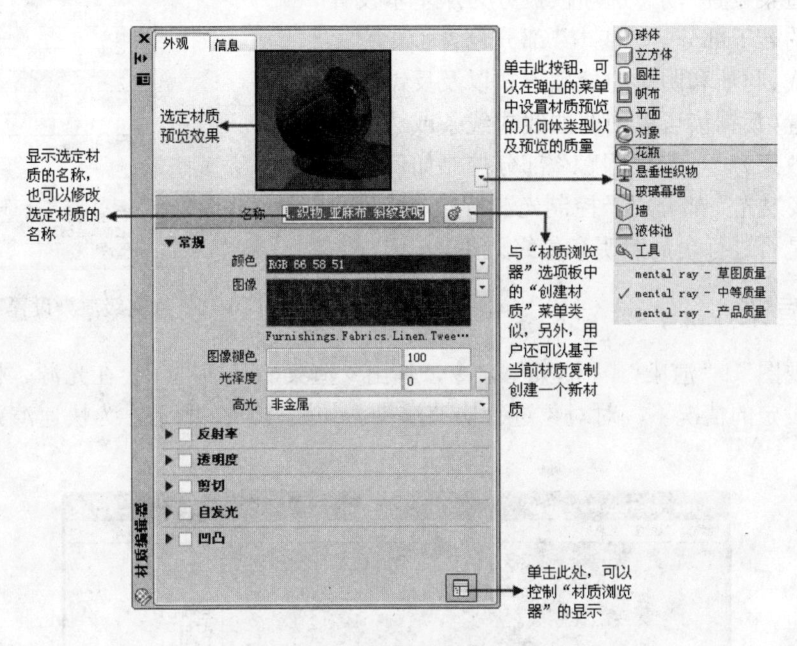

图 10-45 “材质编辑器”选项板

3. 应用材质

“材质编辑器”选项板仅仅完成对材质参数的设置和修改，“材质浏览器”选项板可以将材质应用到对象。

（1） 应用库中的材质。

当选中材质库列表中的某个材质的时候，单击鼠标右键会弹出快捷菜单，用户可以对材质进行重命名，可以删除材质，可以把材质添加到相应的库或者工具选项板，还可以把材质添加到“文档材质”列表中。

（2） 应用文档材质。

当材质添加到“文档材质”列表中后，用户就可以将材质应用到文档中的对象。用户选择列表中的某一个材质，单击鼠标右键弹出快捷菜单，用户可以将材质应用到对象，可以对材质进行重命名、删除、添加到库等操作。

10.7.3 贴图

选择“视图”|“渲染”|“贴图”子菜单下的命令，可以为对象添加各种已经定义好的材质，贴图类型包括平面贴图、长方体贴图、柱面贴图和球面贴图等。

10.7.4 高级渲染设置

选择“视图”|“渲染”|“高级渲染设置”命令，弹出“高级渲染设置”动态选项板，如图 10-46 所示，在该对话框中，选项板包含渲染器的主要控件，用户从中可以设置渲染的各种具体参数。

“高级渲染设置”动态选项板被分为从基本设置到高级设置的若干部分。“基本”部分包含了影响模型的渲染方式、材质和阴影的处理方式以及反锯齿执行方式的设置(反锯齿可以削弱曲线式线条或边在边界处的锯齿效果)。“光线跟踪”部分控制如何产生着色。“间接发光”部分用于控制光源特性、场景照明方式以及是否进行全局照明和最终采集。

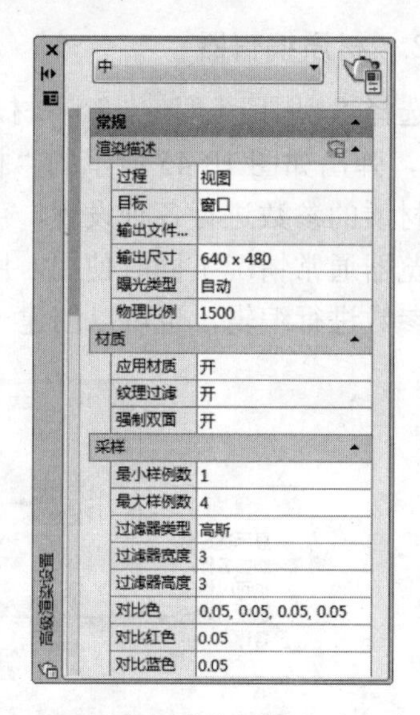

图 10-46 “高级渲染设置”动态选项板

10.7.5 渲染

选择“视图”|“渲染”|“渲染”命令，弹出“渲染”对话框，会在光源、材质、贴图以及渲染参数设定的情况下，对对象进行快速渲染。如图 10-47 所示，为快速渲染一个室内场景的效果。

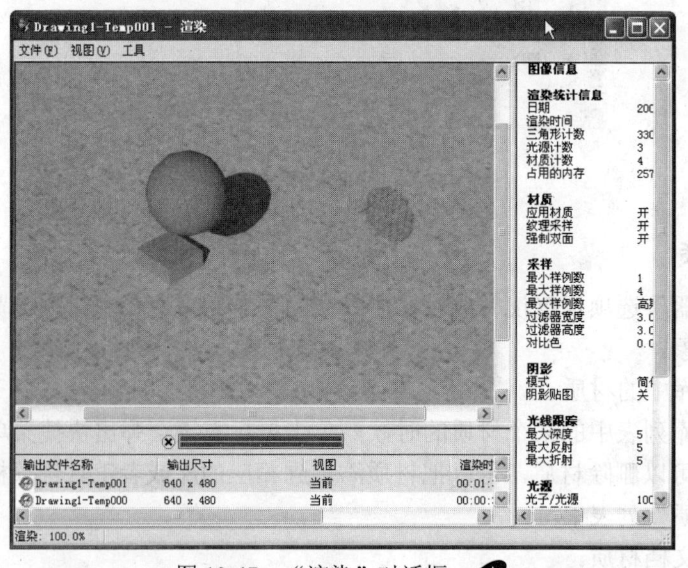

图 10-47 “渲染”对话框

第 11 章　机械三维零件图绘制

用户通过学习第 10 章实体的绘制、编辑、渲染等之后，就可以利用这些三维命令来绘制机械的众多零件。本章将通过多个实例来巩固和应用第 10 章所学的知识，从轴套类零件、盘类零件、箱体类零件、叉架类零件等典型机械零件的介绍，使用户对 AutoCAD 的三维绘制功能更熟悉，并逐步掌握 AutoCAD 的三维绘图过程和设计思路。

11.1　轴、套类——轴承

轴承的种类很多，主要用于支撑轴类零件，根据其摩擦性质的不同，可以把轴承分为滑动轴承和滚动轴承两大类。其中滚动轴承广泛运用于机械支承，可以用于支承轴和轴上的零件，从而实现旋转或者摆动等运动。为满足机械装置受力要求，滚动轴承出现了多种类型，各有自己的特征。按轴承的形状可分为深沟球轴承、推力球轴承、圆柱滚子轴承、滚针轴承、滚锥轴承、自动离心滚子轴承等。

滚动轴承通常由外圈、内圈、滚动体和保持架 4 个部分组成，如图 11-1 所示。内圈装于轴颈上，配合较紧；外圈与轴承座孔配合，通常配合较松。轴承内外圈都有滚道，滚动体沿滚道滚动。保持架的作用是均匀地隔开滚动体，防止其相互摩擦。

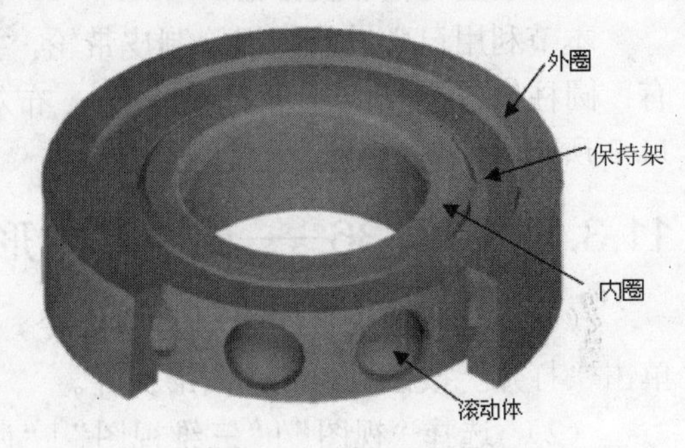

图 11-1　滚动体组成

滚动轴承的结构大致有如下几个共同的特征：环形体（内圈和外圈）、滚动体（滚珠、滚柱）、保持架。环形体的构建可以通过创建两个圆柱的差集，再与绘制滚道的形状进行差集运算，另外也可通过旋转操作进行环形体的创建。滚动体的创建要视不同滚动体的形状而定，有球体、圆柱体、圆锥体等。保持架一般通过拉伸或旋转轮廓，再进行滚动体孔的绘制，通常要运用到环形阵列。在第 12 章的装配图中有相应轴承的绘制讲解，本节不再赘述。

11.2　轴、套类——轴

轴在机械传动中运用极广，一般作为支撑回转零部件的重要零件。根据其形状的不同，可将轴分为直轴和曲轴两大类。直轴在机械运用中相对比较多，根据直轴外形的不同，又可分为光轴和阶梯轴两种。光轴的形状比较简单，但零件的装配和定位比较困难；而阶梯轴的形状是比较复杂的，是一个纵向不等直径的圆柱体。为了连接齿轮、涡轮等其他零件，一般通过键和键槽来紧固，因此轴上的键槽的设计也是设计轴的一个方面。

一般绘制轴，可以通过绘制每个阶梯的圆柱体，再将这些圆柱体合并，并在需要创建键槽的轴节上绘制键槽，一般通过差集运算来创建键槽；或者通过轴的二维轮廓线进行旋转，再绘制键槽。在第 12 章的装配图中有相应轴的绘制讲解，本节不再赘述。

11.3　轮、盘类——皮带轮

轮、盘类零件一般用于传动动力、改变速度、转换方向或起支承、轴向定位和密封等作用，根据其形状的不同，可将其分为以下几种类型：皮带轮、齿轮、端盖、法兰盘等。齿轮类零件的绘制将在 11.4 节介绍。

皮带轮用于带传动，通过皮带与轮的摩擦来传递旋转运动和扭矩，根据带的形状不同，可将皮带轮分为平带轮、V 带轮、多楔带、同步带等。在机械行业中应用最广的是 V 带，其横截面呈等腰梯形。

端盖的主要作用是用于定位和密封，通过销钉等来连接。而法兰盘是用于连接并参与传动的，它们的周边一般都有用于固定的连接孔。

盘类零件的绘制一般可以通过多个圆柱体的布尔运算，根据不同盘类零件的要求再进行不同特征的绘制。皮带轮的绘制过程一般是：通过圆柱体的差集运算创建总体轮廓，再创建轮槽和皮带槽。

本节利用已学过的知识绘制皮带轮，主要用到的命令有：圆柱体、拉伸、剖切、三维阵列、布尔运算等，如图 11-2 所示。

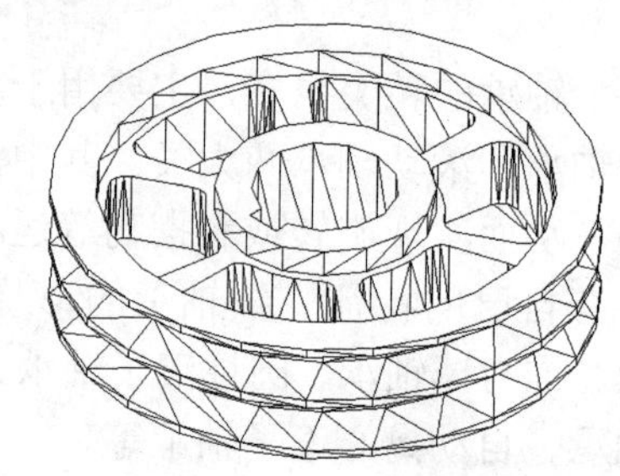

图 11-2　皮带轮

11.3.1　实例 36——绘制基本形体

（1） 选择“文件”|“新建”命令，弹出“选择样板”对话框，选择“acadiso.dat”，单击“打开”按钮新建一个图形文件。

（2） 选择“视图”|“三维视图”|“西南等轴侧”命令，将视图转换成西南等轴侧视图。

（3） 单击“圆柱体”按钮，创建皮带轮的整体轮廓，圆心为（0,0,0），底面半径为 30，高为 14，效果如图 11-3 所示。

（4） 单击“圆柱体”按钮，以当前坐标系下的（0,0,0）点为圆柱体底面圆心，半径为 25，高为 3，创建皮带轮的侧面轮廓，用于下面步骤差集的对象。效果如图 11-4 所示。

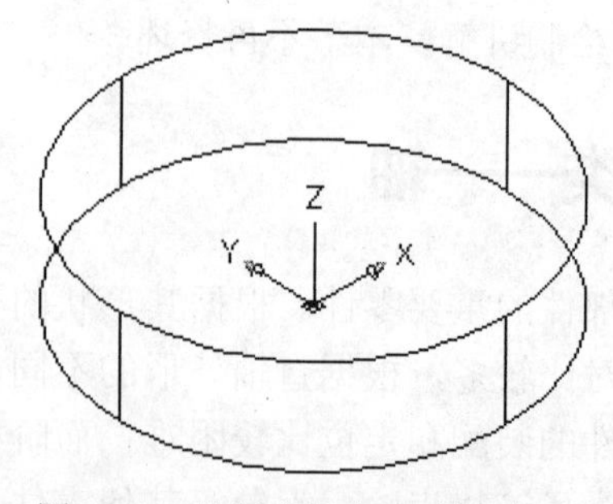

图 11-3　绘制半径为 30 的圆柱体

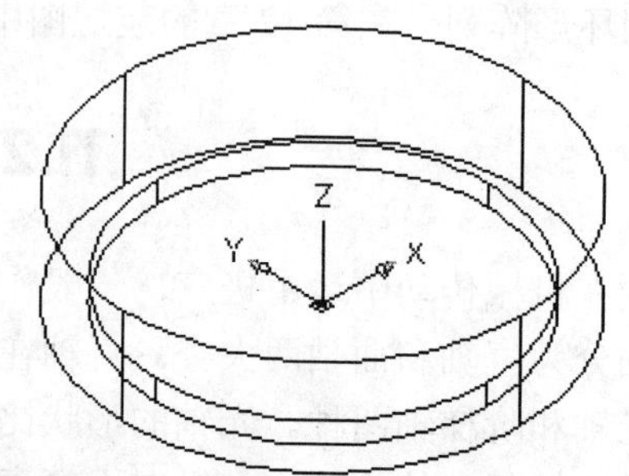

图 11-4　绘制半径为 25 的圆柱体

（5） 在命令行中输入 UCS，将 UCS 坐标系原点移动到当前坐标系下的（0,0,6）点处。

（6） 单击“圆柱体”按钮，以当前坐标系下的（0,0,0）点为圆柱体底面圆心，半径为 25，高为-3，创建皮带轮的侧面轮廓，用于下面步骤差集的对象。效果如图 11-5 所示。

（7） 单击“差集”按钮，创建皮带轮侧面板，用步骤 3 创建的圆柱体减去步骤 4 创建的圆柱体，效果如图 11-6 所示。

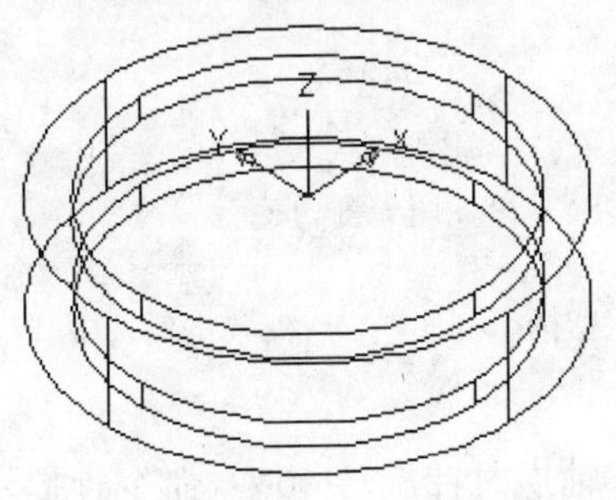

图 11-5 绘制半径为 25 的圆柱体

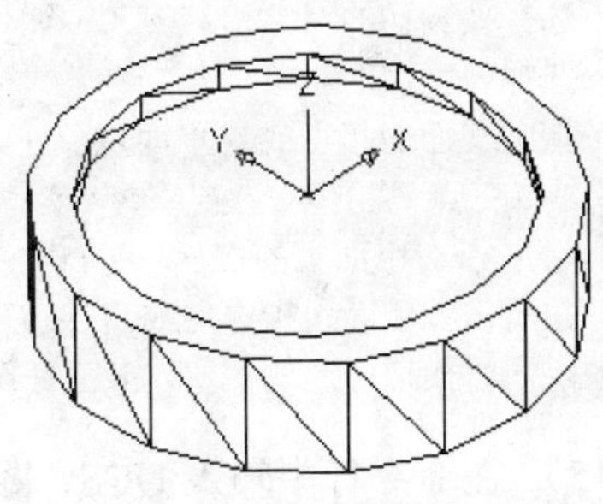

图 11-6 差集

（8） 单击“圆柱体”按钮，以当前坐标系下的（0,0,0）点为圆柱体底面圆心，半径为 12，高为-3，创建皮带轮的中心轴凸台。效果如图 11-7 所示。

（9） 在命令行中输入 UCS，将 UCS 坐标系移动转为世界坐标系。

（10） 单击“圆柱体”按钮，以当前坐标系下的（0,0,0）点为圆柱体底面圆心，半径为 12，高为 3，创建皮带轮的中心轴另一侧。效果如图 11-8 所示。

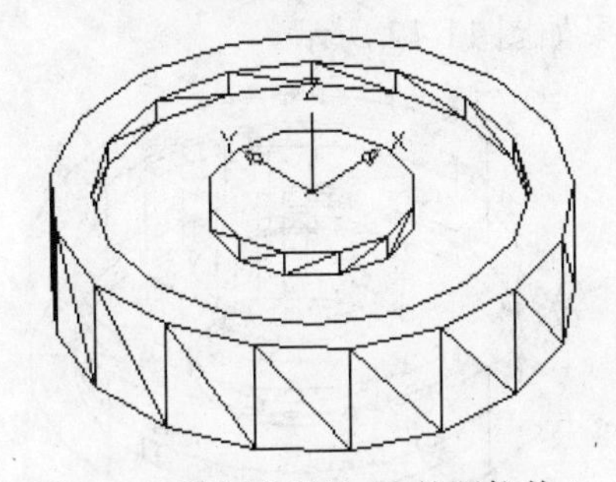

图 11-7 绘制半径为 12 的圆柱体 1

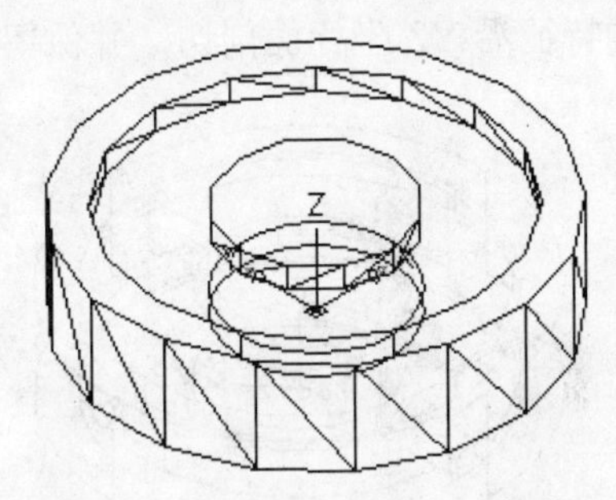

图 11-8 绘制半径为 12 的圆柱体 2

（11） 单击“圆柱体”按钮，以当前坐标系下的（0,0,0）点为圆柱体底面圆心，半径为 24，高为 14，创建圆柱体，用于下面步骤的差集运算。效果如图 11-9 所示。

（12） 单击“圆柱体”按钮，以当前坐标系下的（0,0,0）点为圆柱体底面圆心，半径为 13，高为 14，创建圆柱体，用于下面步骤的差集运算。效果如图 11-10 所示。

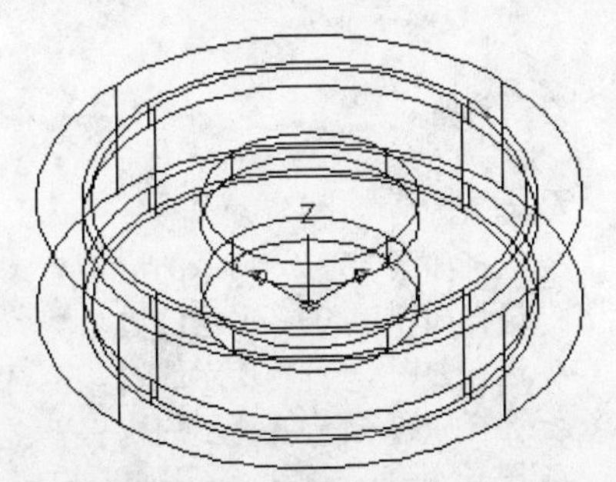

图 11-9 绘制半径为 24 的圆柱体 1

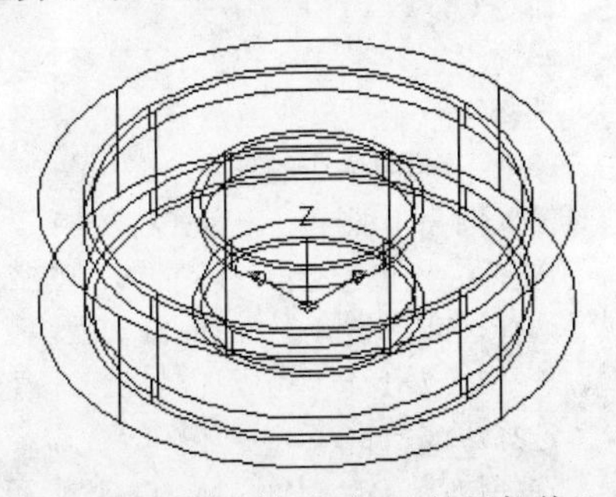

图 11-10 绘制半径为 13 的圆柱体 2

（13） 单击“差集”按钮，将刚刚创建的两圆柱体进行差集运算，步骤 11 创建的圆柱体减去步骤 12 创建的圆柱体。

（14） 在命令行中，选择“修改”|“三维操作”|“剖切”命令，将步骤 13 创建的特征沿 ZX 坐标面剖切，并保留其中一侧。命令行提示如下：

```
命令: _slice
选择要剖切的对象: 找到 1 个            //选择步骤（13）创建的特征
选择要剖切的对象:                    //按 Enter 键确认选择的对象
指定切面的起点或 [平面对象（O）/曲面（S）/Z 轴（Z）/视图（V）/XY（XY）/YZ（YZ）/ZX（ZX）/三点（3）] <三点>: zx          //输入 zx，以 XZ 坐标面为剖切平面
指定 ZX 平面上的点 <0,0,0>:       //按 Enter 键确认
在所需的侧面上指定点或 [保留两个侧面（B）] <保留两个侧面>:    //单击所选中特征的左侧上的点，将剖切的左侧保留，效果如图 11-11 所示
```

（15） 在命令行中输入 UCS，将 UCS 坐标系绕 Z 轴逆时针旋转 40°。命令行提示如下：

```
命令: ucs
当前 UCS 名称: *世界*
指定 UCS 的原点或 [面(F)/命名(NA)/对象(OB)/上一个(P)/视图(V)/世界(W)/X/Y/Z/Z 轴（ZA）] <世界>: z          //输入“z”，确定绕 Z 轴旋转
指定绕 Z 轴的旋转角度 <90>: -40       //输入旋转的角度“-40”
```

（16） 选择“修改”|“三维操作”|“剖切”命令，利用步骤 14 的剖切方法，将第一次剖切的特征沿 YZ 坐标面剖切，并保留其中一侧。效果如图 11-12 所示。

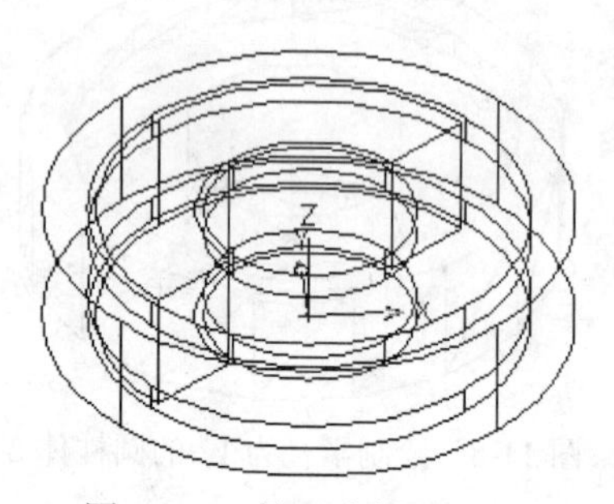

图 11-11　第一次剖切效果

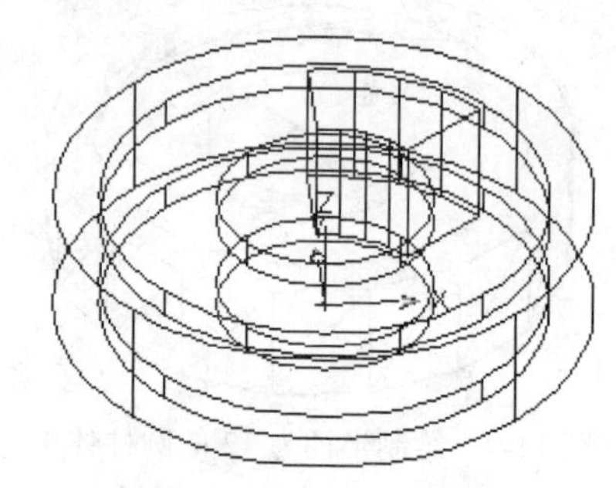

图 11-12　第二次剖切效果

（17） 单击“圆角”按钮，将步骤 16 创建的特征的四边界创建半径为 2 的倒圆角，命令行提示如下：

```
命令: _fillet
当前设置: 模式 = 修剪，半径 = 0.0000
选择第一个对象或 [放弃（U）/多段线（P）/半径（R）/修剪（T）/多个（M）]: //选择如图 11-13 所示的四条边的任意一条
输入圆角半径或 [表达式（E）]:2                          //输入圆角的半径
选择边或 [链（C）/环（L）/半径（R）]:                   //选择如图 11-13 所示的边 1
选择边或 [链（C）/环（L）/半径（R）]:                   //选择如图 11-13 所示的边 2
选择边或 [链（C）/环（L）/半径（R）]:                   //选择如图 11-13 所示的边 3
选择边或 [链（C）/环（L）/半径（R）]:                   //选择如图 11-13 所示的边 4
选择边或 [链（C）/环（L）/半径（R）]:                   //按 Enter 键确认，效果如图 11-14 所示
已选定 3 个边用于圆角
```

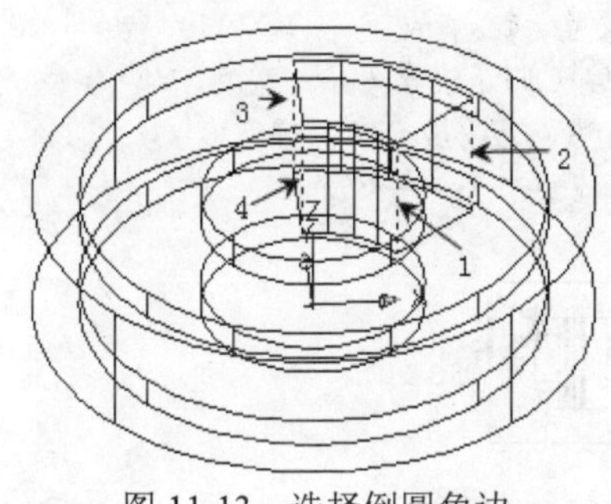

图 11-13　选择倒圆角边

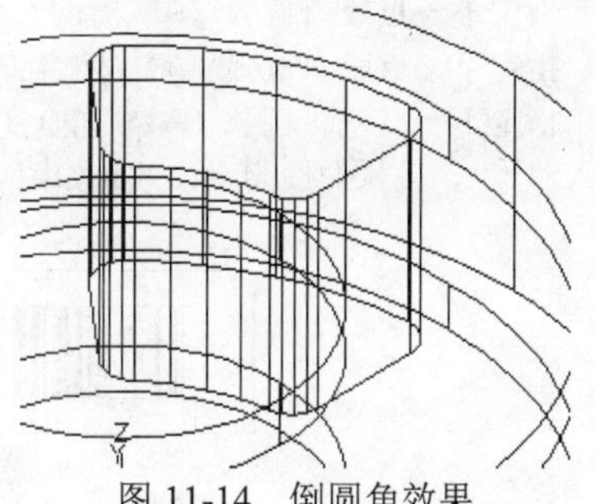

图 11-14　倒圆角效果

（18）　选择“修改”|“三维操作”|“三维阵列”命令，将刚刚剖切后并进行到圆角后的特征进行阵列，命令行提示如下：

```
命令：_3darray
选择对象：找到 1 个              //选择步骤（17）所创建特征
选择对象：                      //按 Enter 键确认选择对象
输入阵列类型 [矩形（R）/环形（P）] <矩形>:P      //将阵列类型转换为环形
输入阵列中的项目数目：6                  //输入阵列的个数
指定要填充的角度（+=逆时针，-=顺时针） <360>:    //按 Enter 键确认填充的角度为 360°
旋转阵列对象？ [是（Y）/否（N）] <Y>: Y       //按 Enter 键默认
指定阵列的中心点：0,0,0                //输入坐标原点
指定旋转轴上的第二点：<正交 开>          //将正交功能打开，在 Z 轴上捕捉一点，效果如图
11-15 所示
```

（19）　单击“差集”按钮，将步骤 7 创建的特征与步骤 18 的阵列特征进行差集运算，效果如图 11-16 所示。

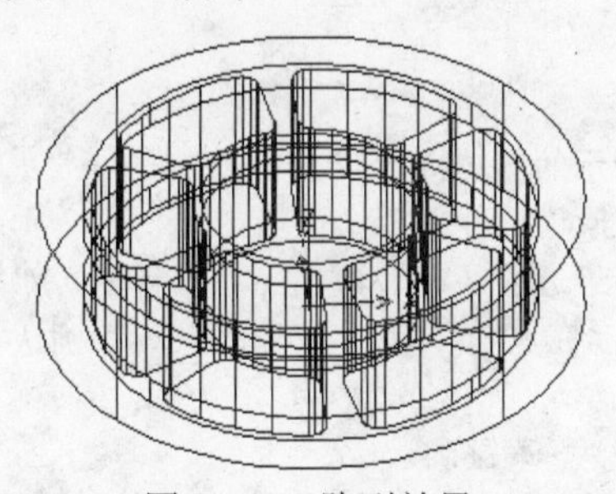

图 11-15　阵列效果

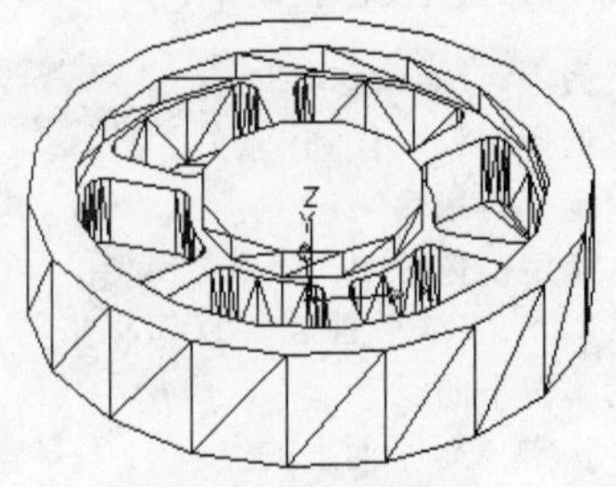

图 11-16　差集

（20）　单击“并集”按钮，将已创建的特征合并为一个整体。

11.3.2　实例 37——绘制皮带槽

（1）　选择“视图”|“三维视图”|“主视”命令，将视图转换成主视视图。

（2）　单击“多线段”按钮，绘制闭合的多线段为下步旋转的轮廓线。命令行提示如下：

```
命令：_pline
指定起点：30,13                  //输入起点的坐标
当前线宽为 0.0000
指定下一个点或 [圆弧（A）/半宽（H）/长度（L）/放弃（U）/宽度（W）]:@4.5<210       //
输入第二点的极坐标，下同
```

指定下一点或 [圆弧 (A) /闭合 (C) /半宽 (H) /长度 (L) /放弃 (U) /宽度 (W)]:@1<270
指定下一点或 [圆弧 (A) /闭合 (C) /半宽 (H) /长度 (L) /放弃 (U) /宽度 (W)]:@4.5<330
指定下一点或 [圆弧 (A) /闭合 (C) /半宽 (H) /长度 (L) /放弃 (U) /宽度 (W)]:c //输入"c",确认曲线闭合,效果如图 11-17 所示

图 11-17 绘制多线段

(3) 在命令行中输入 UCS,将 UCS 坐标系原点移动到当前坐标系的(0,0,7)坐标点。

(4) 将视图转换为"西南等轴侧"视图,并单击"旋转"按钮,创建单个皮带槽,命令行提示如下:

命令: _revolve
当前线框密度: ISOLINES=8,闭合轮廓创建模式 = 实体
选择要旋转的对象或 [模式 (MO)]: _MO 闭合轮廓创建模式 [实体 (SO) /曲面 (SU)] <实体>: _SO
选择要旋转的对象或 [模式 (MO)]:找到 1 个//选择步骤 (2) 所创建的多线段
选择要旋转的对象或 [模式 (MO)]://按 Enter 键确认选择的对象
指定轴起点或根据以下选项之一定义轴 [对象 (O) /X/Y/Z] <对象>: z //输入"z"确认 Z 轴为旋转轴
指定旋转角度或 [起点角度 (ST) /反转 (R) /表达式 (EX)] <360>://按 Enter 键确认旋转的角度。效果如图 11-18 所示的虚线部分

(5) 选择"修改"|"三维操作"|"三维镜像"命令,将步骤 4 所创建的特征沿 XY 坐标面镜像,命令行提示如下:

命令: _mirror3d
选择对象: 找到 1 个 //选择图 11-18 所示的旋转特征
选择对象: //按 Enter 键确认选择的对象
指定镜像平面 (三点) 的第一个点或 [对象 (O) /最近的 (L) /Z 轴 (Z) /视图 (V) /XY 平面 (XY) /YZ 平面 (YZ) /ZX 平面 (ZX) /三点 (3)] <三点>: xy //输入"xy"确认 XY 坐标面为镜像平面
指定 XY 平面上的点 <0,0,0>: //按 Enter 键确认
是否删除源对象? [是 (Y) /否 (N)] <否>: N //选择"否 (N)",确认不删除源对象,效果如图 11-19 所示的虚线

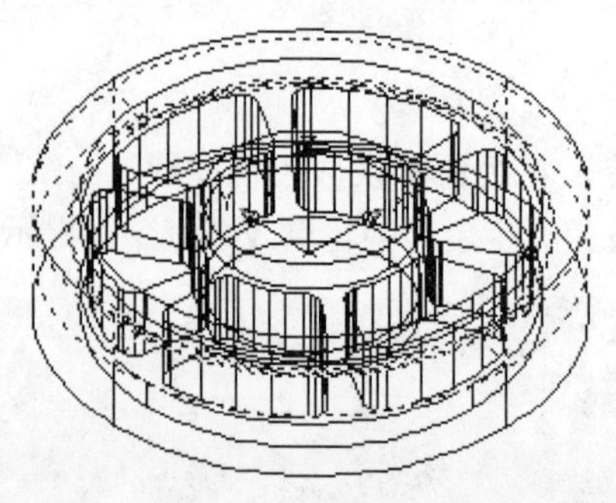

图 11-18 创建皮带槽

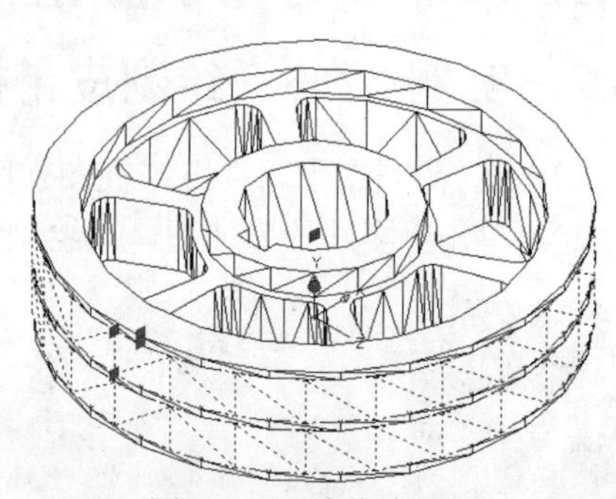

图 11-19 镜像皮带槽

（6） 单击“差集”按钮，将整体特征与刚刚创建的两皮带槽进行差集运算，效果如图 11-20 所示。

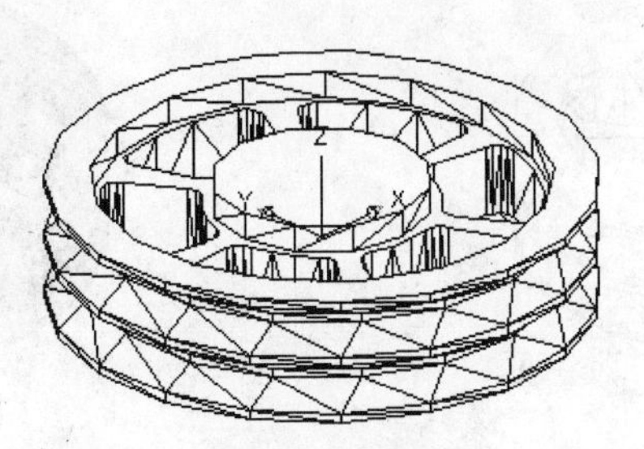

图 11-20 差集

11.3.3 实例 38——绘制轴孔和键槽

（1） 在命令行中输入 UCS，将 UCS 坐标原点移动到当前坐标系的（0,0,-7）坐标点。

（2） 单击“圆柱体”按钮，以当前坐标系下的（0,0,0）点为圆柱体底面圆心，半径为 8，高为 14，创建轴孔的圆柱体模型。效果如图 11-21 所示。

（3） 单击“差集”按钮，将所创建的皮带轮特征与刚刚创建的圆柱体进行差集运算，效果如图 11-22 所示。

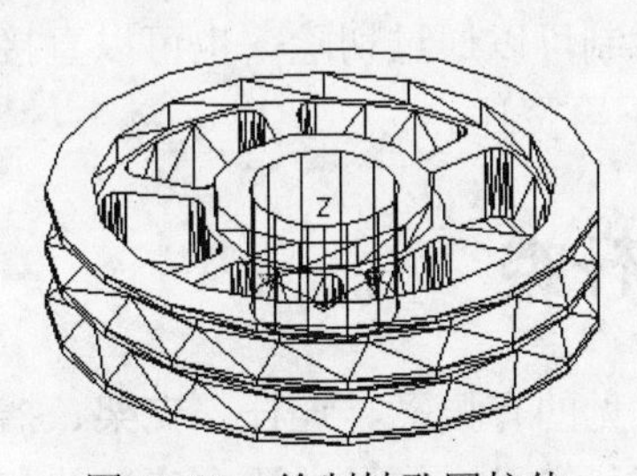

图 11-21 绘制轴孔圆柱体

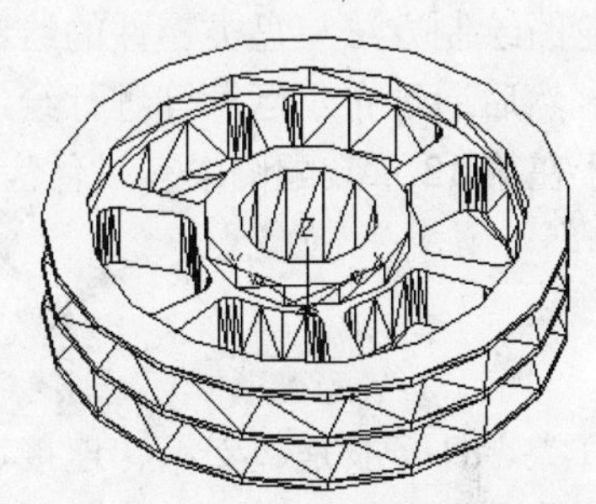

图 11-22 差集

（4） 将视图转换为“仰视”视图，并单击“矩形”按钮，绘制平键槽的轮廓曲线，第一个角点为（9.5, -2），第二个角点为（@-3,4），效果如图 11-23 所示。

（5） 将视图转换为“西南等轴侧”视图，并单击“拉伸”按钮，对刚绘制的矩形进行拉伸操作，拉伸高度为 20，效果如图 11-24 所示。

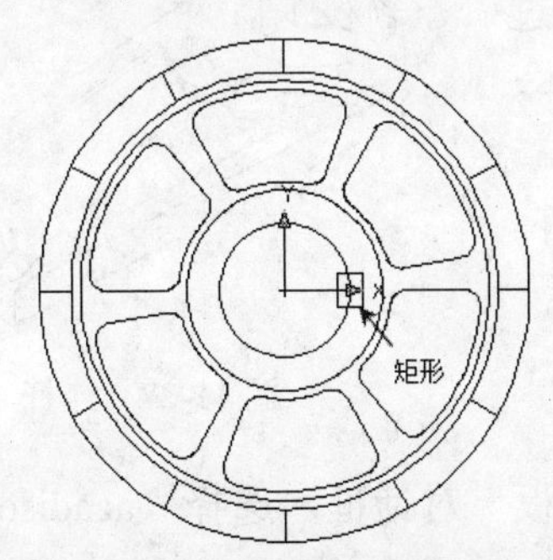

图 11-23 绘制矩形

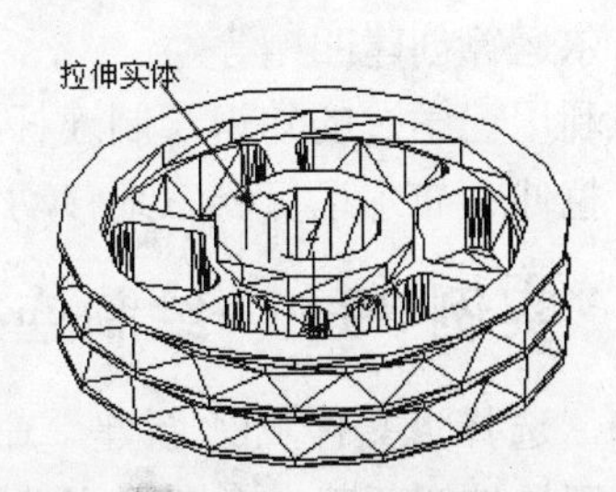

图 11-24 拉伸矩形

（6） 单击“差集”按钮，将步骤 3 差集所创建的皮带轮特征与刚刚创建的拉伸体进行差集运算，效果如图 11-25 所示。

（7） 选择“视图”|“视觉样式”|“概念”命令，效果如图 11-26 所示。

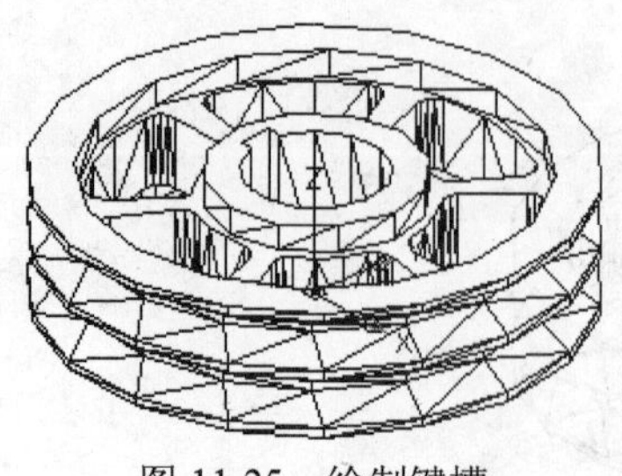
图 11-25　绘制键槽

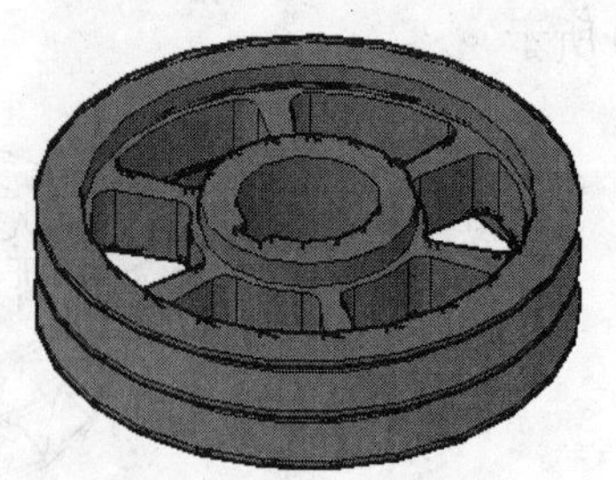
图 11-26　皮带轮

（8）选择“文件”|“保存”命令，弹出“图形另存为”对话框，输入文件名“皮带轮.dwg”，单击“保存”按钮保存所绘制图形。

11.4　绘制圆柱齿轮

齿轮在机械应用中一般是作为传递旋转运动和扭矩。齿轮的传递是最广泛的一种传递形式，齿轮按照齿圈上轮齿的分布形式，可分为直齿、斜齿、人字齿等；按照轮体的结构特点，齿轮大致分为盘形齿轮、套筒齿轮、轴齿轮、扇形齿轮和齿条等。

齿轮的绘制方法与盘类零件的绘制类似，但齿轮上的齿一般是通过先拉伸，再通过阵列来创建，然后通过布尔运算等进行绘制齿。一般齿的绘制可以通过切除，也可以直接拉伸齿形。由于在第 12 章装配图中有具体齿轮的绘制，本章不再赘述。

11.5　叉、杆类

叉杆类零件一般是起支承、连接、操纵等作用，常见的有拔叉、连杆、支架、摇臂等。叉架的作用是用于换挡变速，广泛用于汽车、坦克等变速箱里，拔叉主要由安装孔和叉口组成，连杆也是发动机的重要组成部分，用于连接活塞和曲轴等。连杆一般包括大头、小头和主体三个部分，支架是一个连接支撑件，用于支撑其他零件。形状不是很确定，根据所支撑的零件体不同而设置不同的支架，一般由安装部分、连接部分、支撑部分组成。摇臂是一个双臂杠杆。

连杆的创建过程一般是先利用圆柱绘制大小头，再通过大小头的轮廓来绘制主体，一般是用拉伸命令来创建主体，再通过布尔运算创建凹槽等。

本节利用已学过的知识绘制连杆，主要用到的命令有：圆柱体、拉伸、布尔运算、三维移动等，如图 11-27 所示。

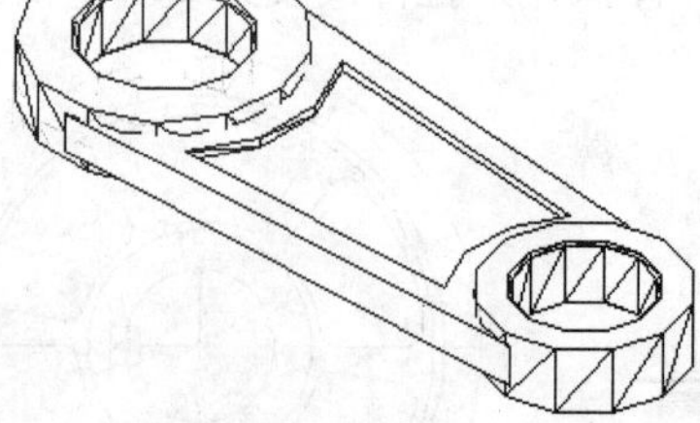

图 11-27　连杆

11.5.1　实例 39——绘制连杆

（1） 选择“文件”|“新建”命令，弹出“选择样板”对话框，选择“acadiso.dat”，单击“打开”按钮新建一个图形文件。

（2） 选择“视图”|“三维视图”|“西南等轴侧”命令，将视图转换成西南等轴侧视图。

（3） 选择“工具”|“选项”命令，在弹出的“选项”对话框中的“显示”下的“每个

曲面的轮廓素数”中输入“12”，将线框密度设置为12。

（4） 单击“圆柱体”按钮，以当前坐标系下的（0,0,0）点为圆柱体底面圆心，半径为15，高为10，创建连杆小头外圈轮廓。效果如图11-28所示。

（5） 单击“圆柱体”按钮，以当前坐标系下的（0,0,0）点为圆柱体底面圆心，半径为10，高为10，创建连杆小头内圈轮廓。效果如图11-29所示。

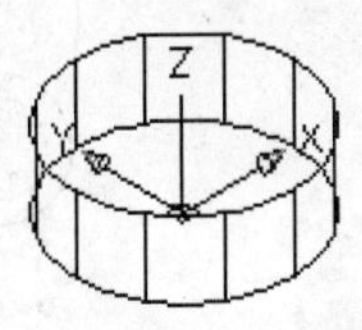

图11-28 绘制半径为15的圆柱体

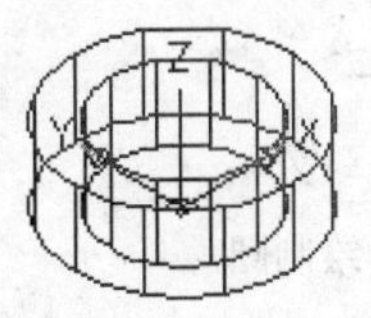

图11-29 绘制半径为10的圆柱体

（6） 单击“圆柱体”按钮，以当前坐标系下的（0,80,0）点为圆柱体底面圆心，半径为20，高为10，创建连杆大头外圈轮廓。效果如图11-30所示。

（7） 单击“圆柱体”按钮，以当前坐标系下的（0,80,0）点为圆柱体底面圆心，半径为12，高为10，创建连杆大头内圈轮廓。效果如图11-31所示。

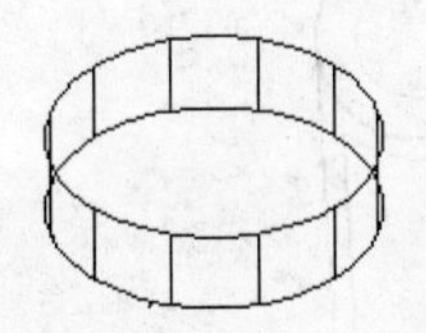

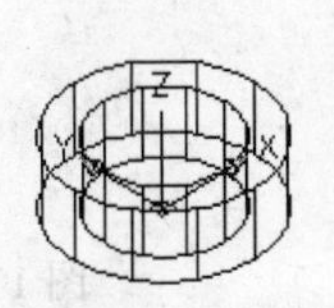

图11-30 绘制半径为20的圆柱体

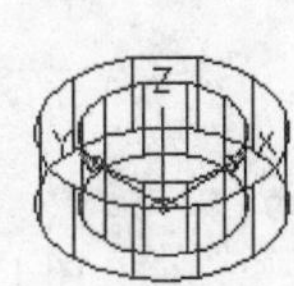

图11-31 绘制半径为12的圆柱体

（8） 单击“差集”按钮，将上面创建的圆柱体进行差集运算，差集效果如图11-32所示。

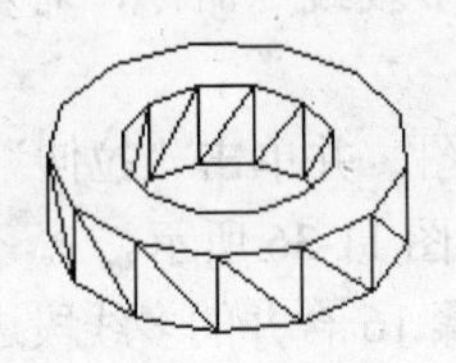

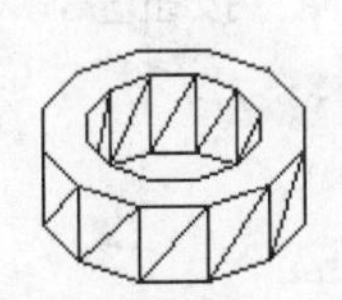

图11-32 差集运算

（9） 选择“视图”|“三维视图”|“仰视”命令，将视图转换成仰视视图。

（10） 单击“圆”按钮，分别绘制圆心为（0,0,0），半径为15，圆心为（0,80,0），半径为20的圆，效果如图11-33（a）所示。

（11） 单击“直线”按钮，绘制与步骤10绘制的两圆外切的直线，效果如图11-33（b）所示。

（12） 单击“修剪”按钮，将圆修剪成圆弧，效果如图11-33（c）所示。

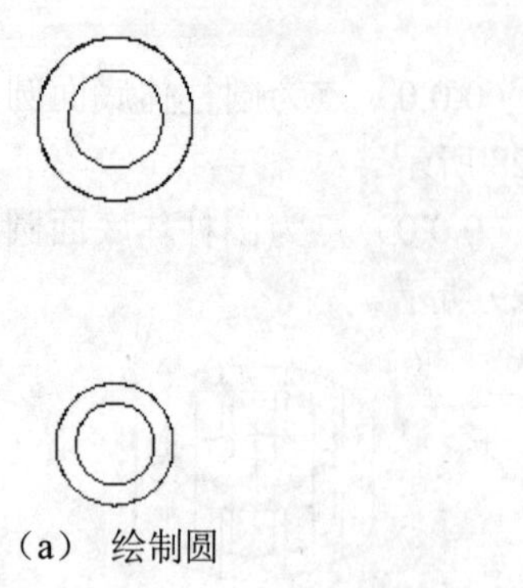

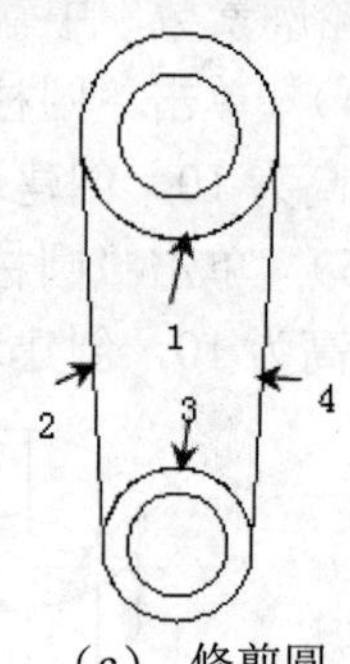

（a） 绘制圆　　（b） 绘制相切直线　　（c） 修剪圆

图 11-33　绘制直线和圆弧

（13） 单击“偏移”按钮，将图 11-33（c）所示的曲线进行偏移，向内侧偏移 4，效果如图 11-34 所示。

（14） 单击“修剪”按钮，修剪多余的部分，效果如图 11-35 所示。

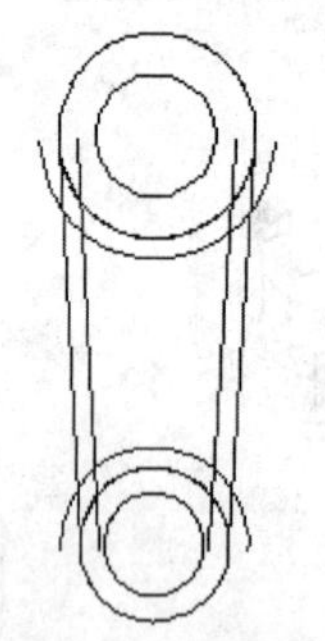

图 11-34　偏移曲线

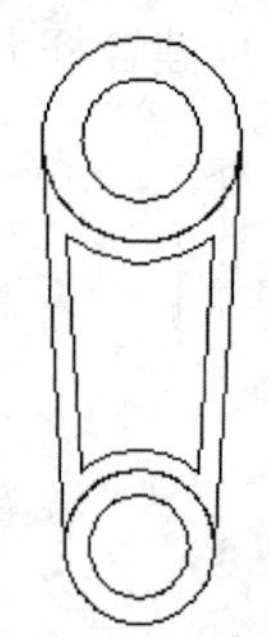

图 11-35　修剪曲线

（15） 利用上面所述的方法，选择“修改”|“对象”|“多段线”命令，对步骤 12 所创建的对象进行合并操作。

（16） 再次选择“修改”|“对象”|“多段线”命令，对步骤 14 所创建的对象进行合并操作。

（17） 将视图转换为“西南等轴侧”视图，并单击“拉伸”按钮，对步骤 15 合并的多线段进行拉伸操作，拉伸的高度为 6，效果如图 11-36 所示。

（18） 再次单击“拉伸”按钮，对步骤 16 合并的多线段进行拉伸操作，拉伸的高度为 1.5，效果如图 11-37 所示。

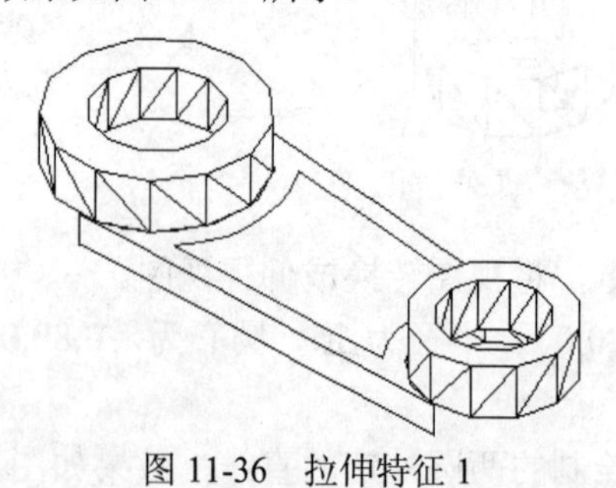

图 11-36　拉伸特征 1

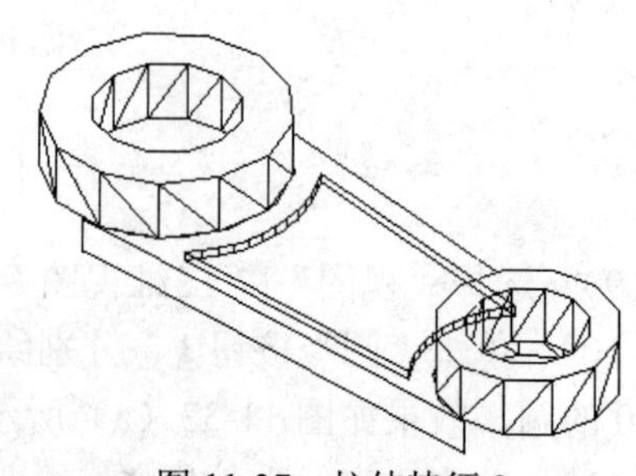

图 11-37　拉伸特征 2

（19） 单击“三维移动”按钮，移动步骤 17 和步骤 18 所拉伸的特征，命令行提示如下：

```
命令：_3dmove
选择对象：找到 2 个              //选择图 11-36 和图 11-37 所拉伸特征
选择对象：               //按 Enter 键确认选择的对象
指定基点或 [位移（D）] <位移>:              //拾取选中对象上的任意一点
指定第二个点或 <使用第一个点作为位移>:@0,0,-8//输入目标点的坐标，效果如图 11-38 所示
```

（20） 在命令行中输入 UCS，将 UCS 坐标系原点移动到当前坐标系下的（0,0,-5）点。

（21） 选择"修改"|"三维操作"|"三维镜像"命令，将步骤 18 所创建的特征沿 XY 坐标面镜像，命令行提示如下：

```
命令：_mirror3d
选择对象：找到 1 个              //选择图 11-39 所示的虚线特征
选择对象：              //按 Enter 键确认选择的对象
指定镜像平面（三点） 的第一个点或
  [对象（O）/最近的（L）/Z 轴（Z）/视图（V）/XY 平面（XY）/YZ 平面（YZ）/ZX 平面（ZX）/三点（3）] <三点>: xy              //输入"xy"确认 XY 坐标面为镜像平面
指定 XY 平面上的点 <0,0,0>:              //按 Enter 键确认
是否删除源对象？[是（Y）/否（N）] <否>: N          //选择"否（N）"，确认不删除源对象，效果如图 11-40 所示的虚线
```

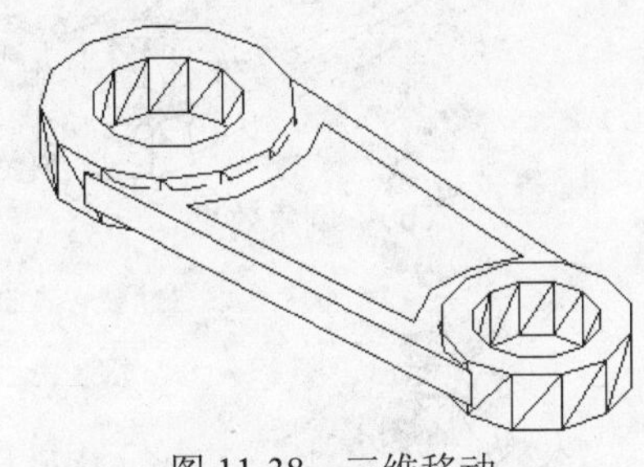

图 11-38　三维移动

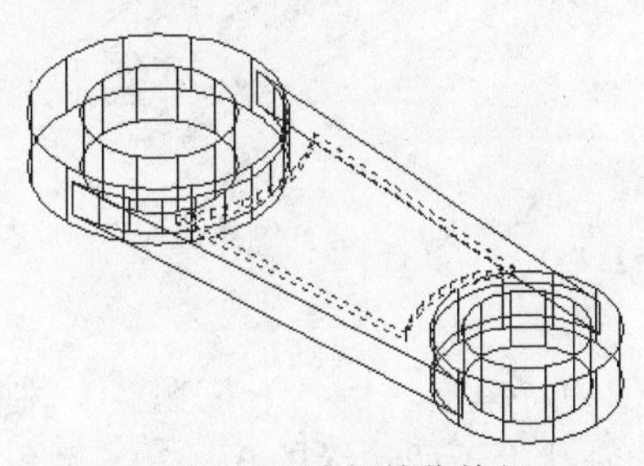

图 11-39　选择镜像特征

（22） 单击"差集"按钮，将上面创建的圆柱体进行差集运算，命令行提示如下：

```
命令：_subtract 选择要从中减去的实体或面域...
选择对象：找到 1 个              //选择步骤 17 所创建的拉伸高度为"6"的特征
选择对象：              //按 Enter 键确认选择的对象
选择要减去的实体或面域 ..
选择对象：找到 1 个          //选择拉伸高度为"1.5"的特征
选择对象：找到 1 个，总计 2 个          //选择镜像后的拉伸高度为"1.5"的特征
选择对象：          //按 Enter 键确认选择的对象为减去的对象，效果如图 11-41 所示
```

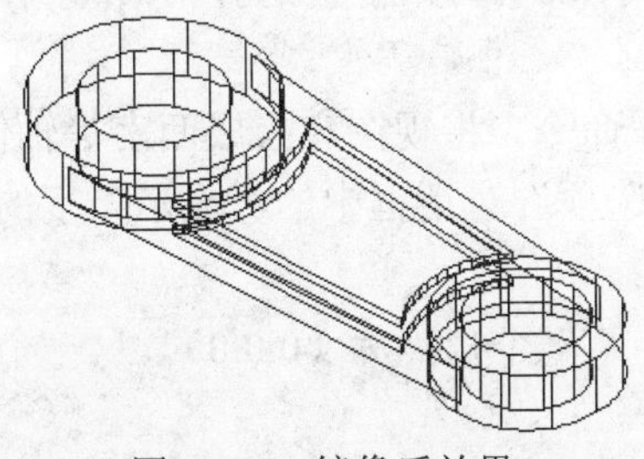

图 11-40　镜像后效果

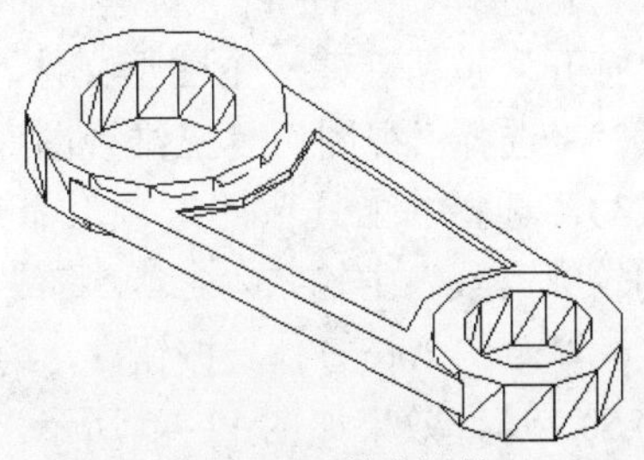

图 11-41　差集运算

（23） 单击“倒角”按钮，创建轴孔边缘的0.8×0.8倒角，命令行提示如下：

```
命令: _chamfer
（“修剪”模式） 当前倒角距离 1 = 0.0000，距离 2 = 0.0000
选择第一条直线或 [放弃 (U) /多段线 (P) /距离 (D) /角度 (A) /修剪 (T) /方式 (E) /多个 (M) ]:    //选择如图 11-42 (a) 所示的边
基面选择...
输入曲面选择选项 [下一个 (N) /当前 (OK) ] <当前 (OK) >: N     //选择下一个基面
输入曲面选择选项 [下一个 (N) /当前 (OK) ] <当前 (OK) >: OK     //按 Enter 键确认所选中的基面，如图 11-42 (a) 所示的虚线面
指定基面倒角距离或 [表达式 (E) ] <3.0000>:0.8          //输入倒角边半径
指定其他曲面倒角距离或 [表达式 (E) ] <0.8000>://输入倒角边半径
选择边或 [环 (L) ]:              //选择如图 11-42 (a) 所示的虚线边
选择边或 [环 (L) ]:              //按 Enter 键确认所选中的上下两边，效果如图 11-42 (b) 所示
```

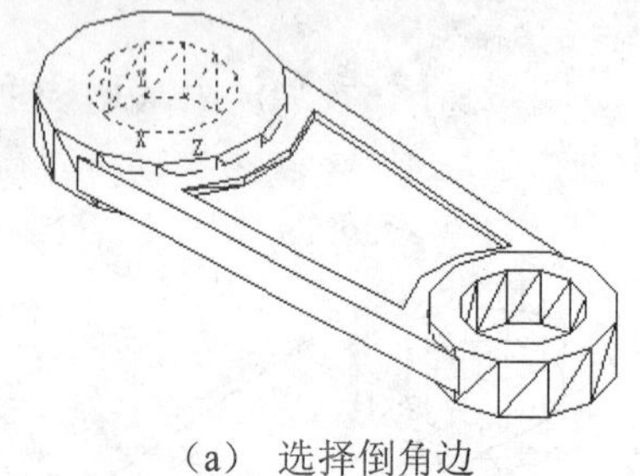

（a） 选择倒角边

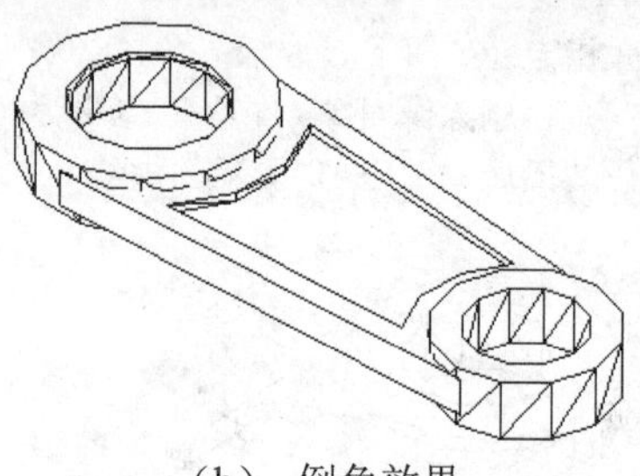

（b） 倒角效果

图 11-42 倒角

（24） 单击“倒角”按钮，利用上述的方法创建轴孔上下两边缘的0.6×0.6倒角，如图11-43所示。

（25） 选择“文件”|“保存”命令，弹出“图形另存为”对话框，输入文件名“连杆.dwg”，单击“保存”按钮保存所绘制图形。

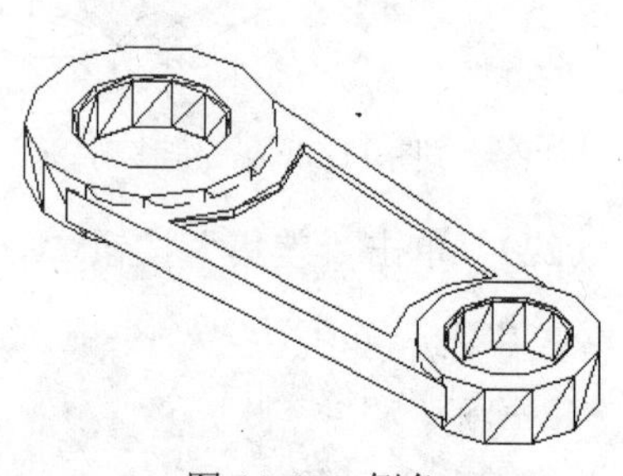

图 11-43 倒角

11.5.2 实例 40——绘制支架

本节利用已学过的知识绘制支架，主要用到的命令有：长方体、圆柱体、拉伸、倾斜面、布尔运算、三维阵列等，如图11-44所示。

（1） 选择“文件”|“新建”命令，弹出“选择样板”对话框，选择“acadiso.dat”，单击“打开”按钮新建一个图形文件。

（2） 选择“视图”|“三维视图”|“西南等轴侧”命令，将视图转换成西南等轴侧视图。

（3） 选择“工具”|“选项”命令，在弹出的“选项”对话框中的“显示”下的“每个曲面的轮廓素数”中输入“12”，将线框密度设置为12。

（4） 单击“长方体”按钮，绘制支架的底板，第一个角点为（0,0,0），另一个角点为（@80,50,15），效果如图11-45所示。

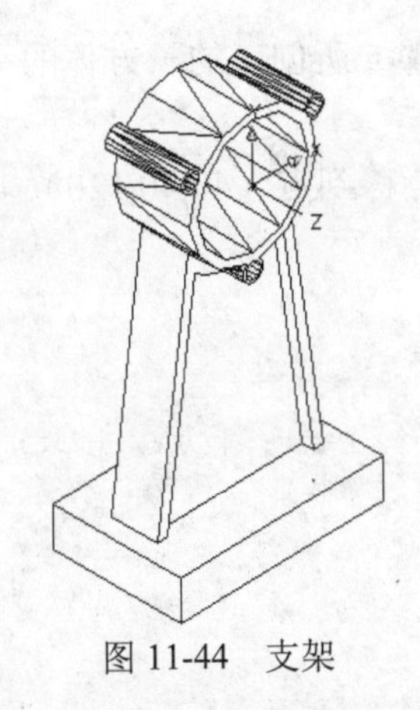

图 11-44　支架

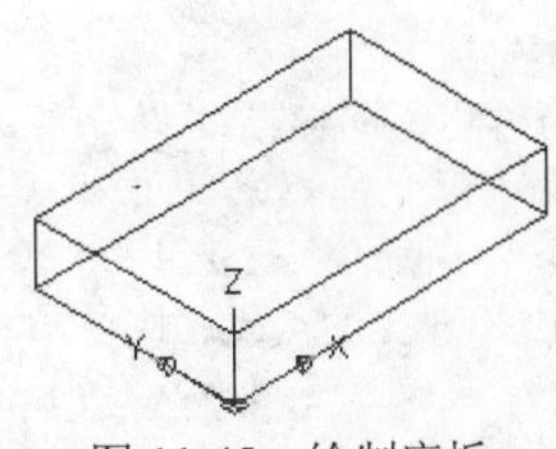

图 11-45　绘制底板

（5）　单击“长方体”按钮，绘制支架的支撑体，第一个角点为（5,16,0），另一个角点为（@70,18,120），效果如图 11-46 所示。

（6）　单击“倾斜面”按钮，将步骤 5 所创建的长方体的一侧面倾斜，命令行提示如下：

```
命令：_solidedit
实体编辑自动检查： SOLIDCHECK=1
输入实体编辑选项 [面（F）/边（E）/体（B）/放弃（U）/退出（X）] <退出>: _face
输入面编辑选项
[拉伸（E）/移动（M）/旋转（R）/偏移（O）/倾斜（T）/删除（D）/复制（C）/颜色（L）/材质（A）/放弃（U）/退出（X）] <退出>: _taper
选择面或 [放弃（U）/删除（R）]：找到一个面。    //选择图 11-47 所示的虚线框为倾斜的面
选择面或 [放弃（U）/删除（R）/全部（ALL）]：        //按 Enter 键确认选择的面
指定基点：                          //拾取图 11-47 所示的 1 点
指定沿倾斜轴的另一个点：               //拾取图 11-47 所示的 2 点
指定倾斜角度：8             //输入倾斜的角度
输入面编辑选项
[拉伸（E）/移动（M）/旋转（R）/偏移（O）/倾斜（T）/删除（D）/复制（C）/颜色（L）/材质（A）/放弃（U）/退出（X）] <退出>: X                //按 Enter 键确认
实体编辑自动检查： SOLIDCHECK=1
输入实体编辑选项 [面（F）/边（E）/体（B）/放弃（U）/退出（X）] <退出>: X      //按 Enter 键确认，效果如图 11-48 所示
```

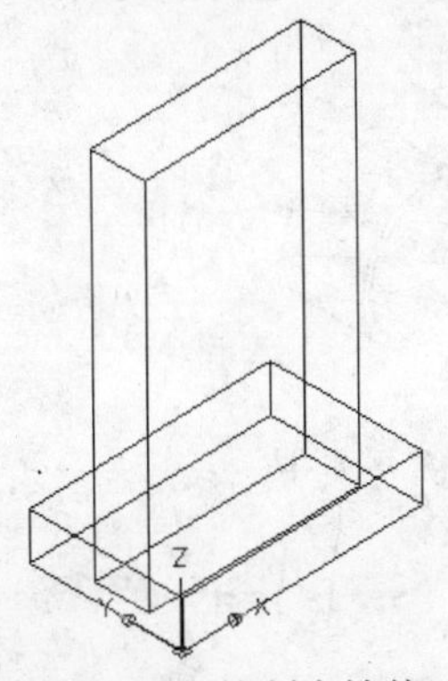

图 11-46　绘制支撑体

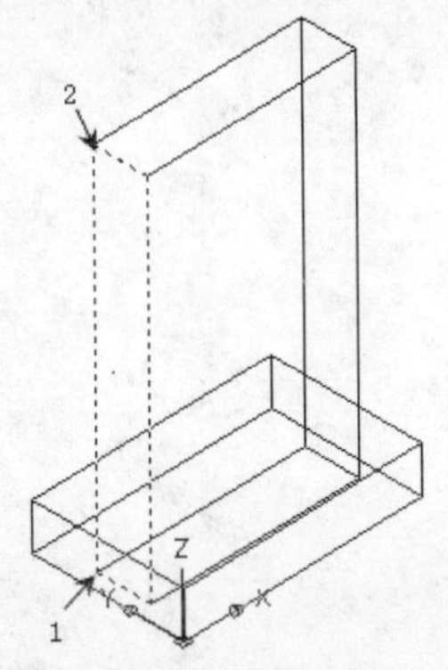

图 11-47　指定倾斜面和倾斜轴

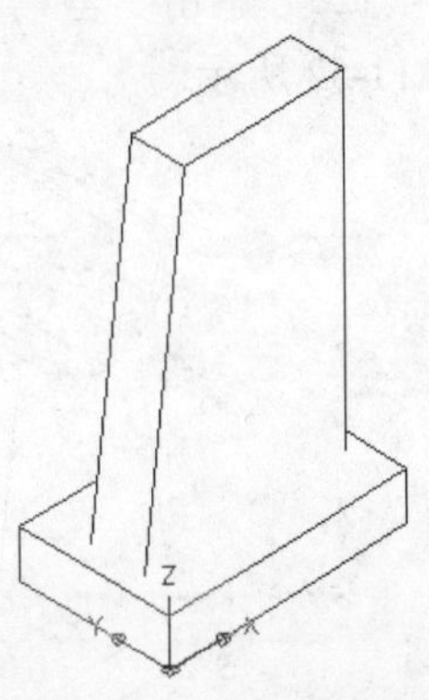

图 11-48　倾斜面效果

（7） 单击“倾斜面”按钮，利用上面的方法将步骤5所创建的长方体的另一侧面倾斜，效果如图11-49所示。

（8） 在命令行中输入UCS，将当前的UCS坐标原点移到点（40,40,120）上，并绕X轴旋转90°。命令行提示如下：

```
命令: ucs
当前 UCS 名称: *世界*
指定 UCS的原点或 [面(F)/命名(NA)/对象(OB)/上一个(P)/视图(V)/世界(W)/X/Y/Z/Z轴(ZA)] <世界>: 40,40,120          //输入目标点的坐标
指定 X 轴上的点或 <接受>:          //按 Enter 键确认
命令:              //按 Enter 键确认下步仍设置 UCS
当前 UCS 名称: *没有名称*
指定 UCS的原点或 [面(F)/命名(NA)/对象(OB)/上一个(P)/视图(V)/世界(W)/X/Y/Z/Z轴(ZA)] <世界>: x            //输入“x”确认绕 X 轴旋转
指定绕 X 轴的旋转角度 <90>:             //按 Enter 键确认
```

（9） 单击“圆柱体”按钮，创建轴套外径，底面圆心为（0,0,0），底面半径为25，高为30，效果如图11-50所示。

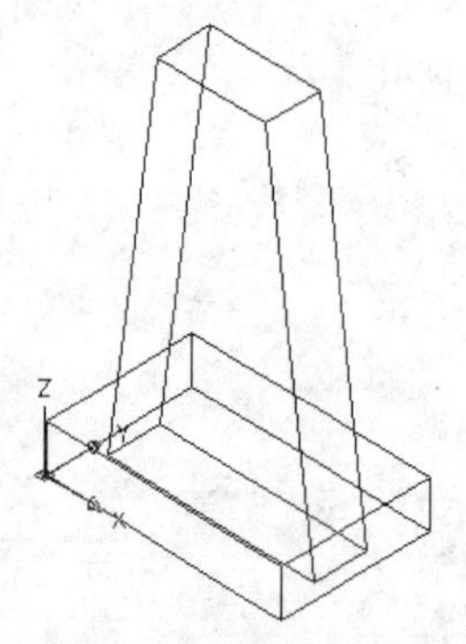

图11-49 倾斜面2效果

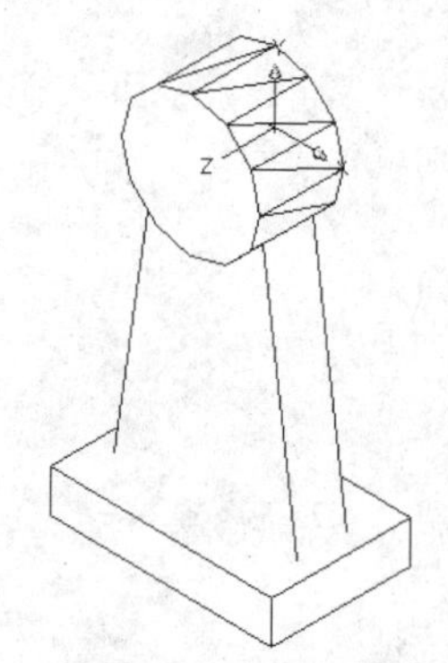

图11-50 绘制半径为25的圆柱体

（10） 单击“圆柱体”按钮，以当前坐标系下的（0,0,0）点为圆柱体底面圆心，半径为22，高为35，创建轴孔圆柱体。效果如图11-51所示。

（11） 单击“并集”按钮，将上面所创建的长方体、斜面体、半径为25的圆柱体合并。

（12） 单击“差集”按钮，将步骤11合并的特征减去步骤10创建的圆柱体，效果如图11-52所示。

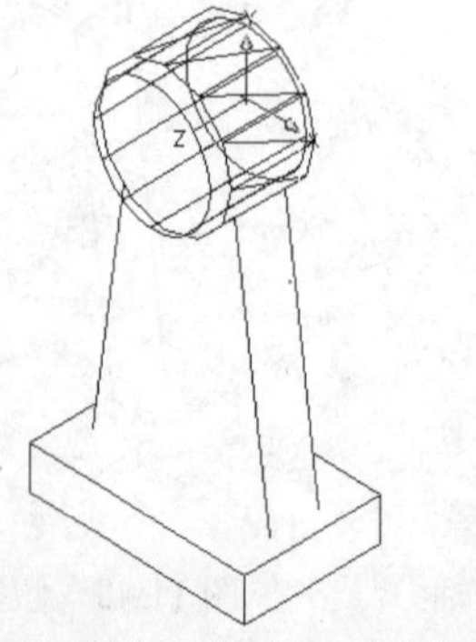

图11-51 绘制半径为22的圆柱体

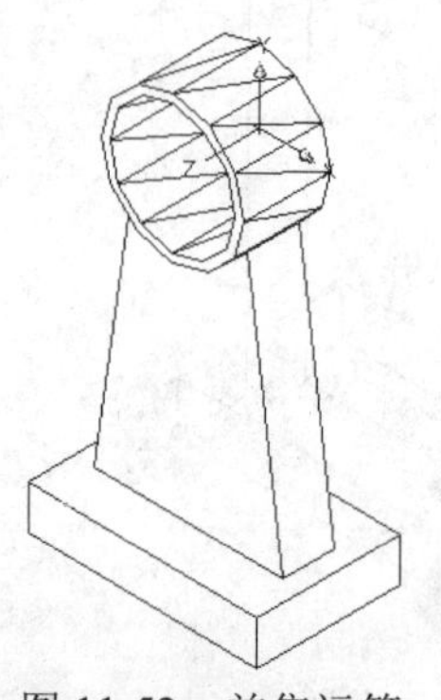

图11-52 差集运算

（13） 将视图转换为“主视”视图，单击“直线”按钮，利用对象捕捉功能捕捉支撑体的端点，再单击“圆弧”按钮，利用对象捕捉功能绘制圆弧，如图 11-53（a）所示。

（14） 单击“偏移”按钮，同上个例子的偏移操作类似，对四条曲线进行偏移，偏移的距离为 4，效果如图 11-53（b）所示。

（15） 单击“修剪”按钮，修剪多余的部分，并将轮廓曲线删除，效果如图 11-53（c）所示。

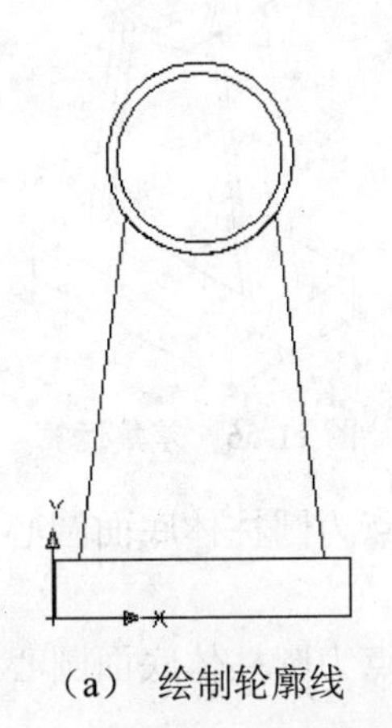

（a） 绘制轮廓线

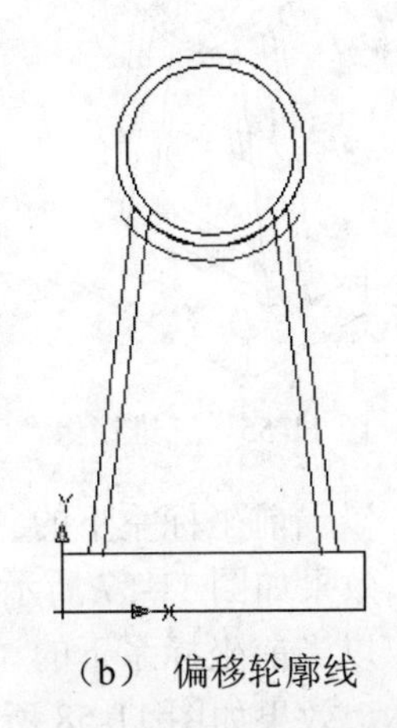

（b） 偏移轮廓线

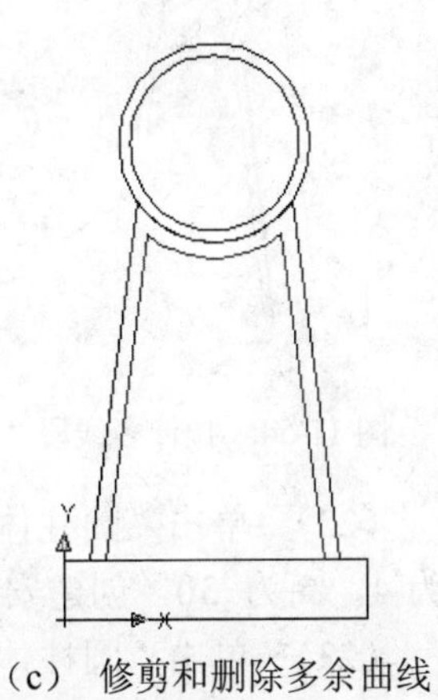

（c） 修剪和删除多余曲线

图 11-53 绘制拉伸轮廓线

（16） 选择“修改”|“对象”|“多段线”命令，同上个例子的合并线段类似，对步骤 15 所创建修剪的对象进行合并操作。

（17） 将视图转换为“西南等轴侧”视图，并单击“拉伸”按钮，对步骤 16 合并的多线段进行拉伸操作，拉伸的高度为-4，效果如图 11-54 所示。

（18） 在命令行中输入 UCS，将 UCS 坐标系移动到当前坐标系下的（0,0,-25）点，

（19） 选择“修改”|“三维操作”|“三维镜像”命令，将步骤 17 所创建的拉伸特征沿 XY 坐标面镜像，命令行提示如下：

```
命令：_mirror3d
选择对象：找到 1 个            //选择步骤（17）所创建的拉伸特征
选择对象：                //按 Enter 键确认选择的对象
指定镜像平面（三点）的第一个点或
  [对象（O）/最近的（L）/Z 轴（Z）/视图（V）/XY 平面（XY）/YZ 平面（YZ）/ZX 平面（ZX）/三点（3）] <三点>：xy                //输入“xy”确认 XY 坐标面为镜像平面
指定 XY 平面上的点 <0,0,0>：              //按 Enter 键确认
是否删除源对象？[是（Y）/否（N）] <否>：N          //选择“否（N）”，确认不删除源对象，效果如图 11-55 所示的虚线
```

（20） 单击“差集”按钮，将主体与步骤 17 和步骤 19 所创建的拉伸特征进行差集运算，效果如图 11-56 所示。

（21） 在命令行中输入 UCS，将 UCS 坐标系移动到轴孔圆柱体一侧面的中心点处，命令行提示如下：

```
命令：ucs
当前 UCS 名称：*主视*
```

指定 UCS 的原点或 [面(F)/命名(NA)/对象(OB)/上一个(P)/视图(V)/世界(W)/X/Y/Z/Z轴(ZA)] <世界>:　　　　//拾取轴孔前端面的圆心
指定 X 轴上的点或 <接受>:　　　　//按 Enter 键确认

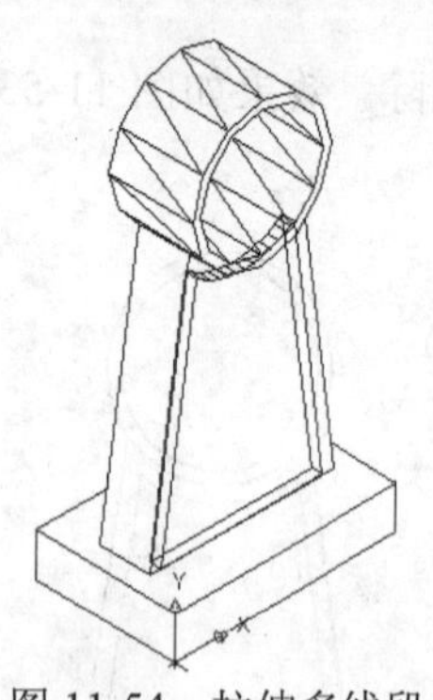
图 11-54　拉伸多线段

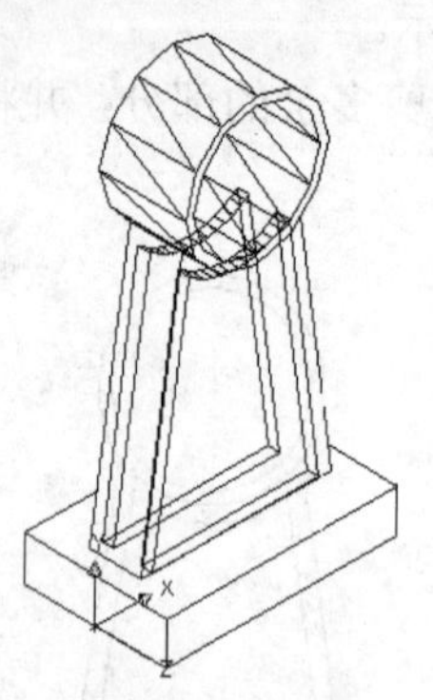
图 11-55　三维镜像

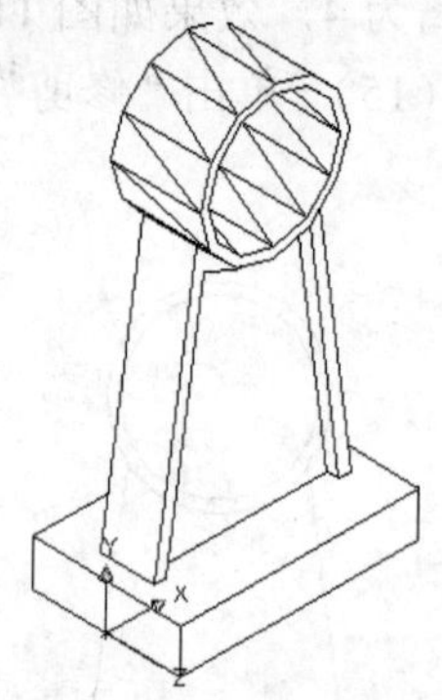
图 11-56　差集运算

（22） 单击“圆柱体”按钮，以当前坐标系下的（0,-28,0）点为圆柱体底面圆心，半径为 4，高为-30，创建安装孔外径。效果如图 11-57 所示。

（23） 单击“圆柱体”按钮，以当前坐标系下的（0,-28,0）点为圆柱体底面圆心，半径为 3，高为-30，创建安装孔圆柱体。效果如图 11-58 所示。

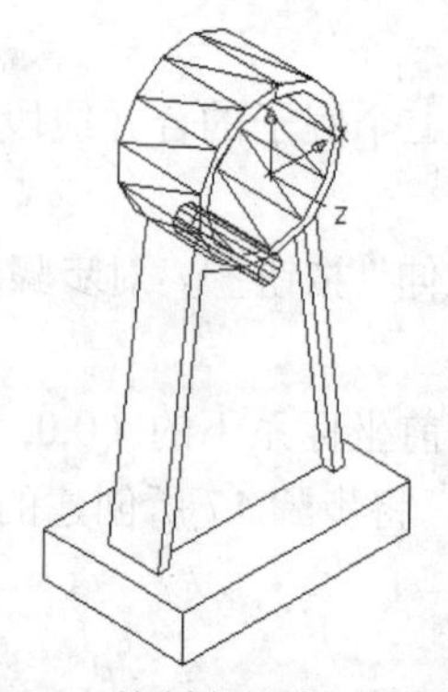
图 11-57　绘制半径为 4 的圆柱体

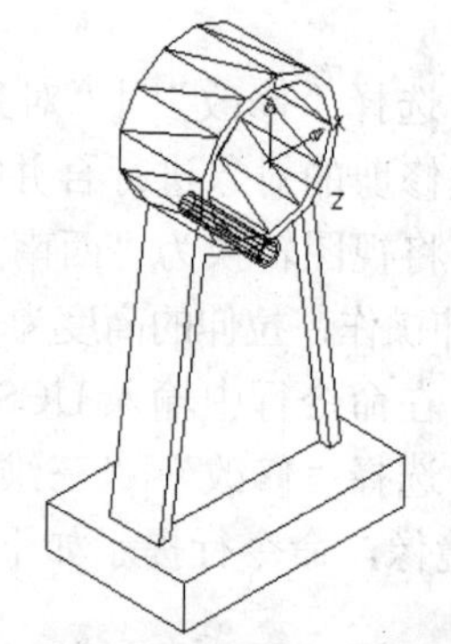
图 11-58　绘制半径为 3 的圆柱体

（24） 选择“修改”|“三维操作”|“三维阵列”命令，将步骤 22 和 23 所创建的圆柱体进行阵列，命令行提示如下：

命令: _3darray
选择对象: 找到 1 个　　　　//选择步骤 22 和步骤 23 所创建的圆柱体
选择对象:　　　　//按 Enter 键确认选择对象
输入阵列类型 [矩形(R)/环形(P)] <矩形>:P　　　　//将阵列类型转换为环形
输入阵列中的项目数目:3　　　　//输入阵列的个数
指定要填充的角度(+=逆时针, -=顺时针) <360>:　　　　//按 Enter 键确认填充的角度为 360°
旋转阵列对象? [是(Y)/否(N)] <Y>: Y　　　　//按 Enter 键默认
指定阵列的中心点: 0,0,0　　　　//输入坐标原点
指定旋转轴上的第二点: <正交 开> @0,0,5　　　　//将正交功能打开，并输入相对坐标。效果如图 11-59 所示

（25） 单击“并集”按钮，将主体部分和半径为 4 的 3 个圆柱体合并。

（26） 单击“差集”按钮，将主体部分与半径为 3 的 3 个圆柱体进行差集运算，效果如图 11-60 所示。

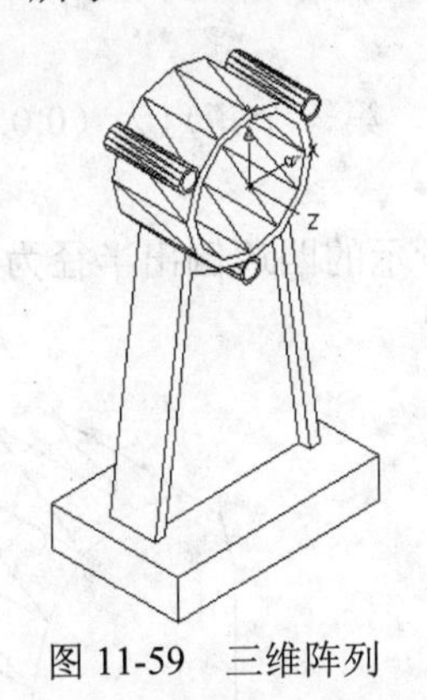

图 11-59 三维阵列

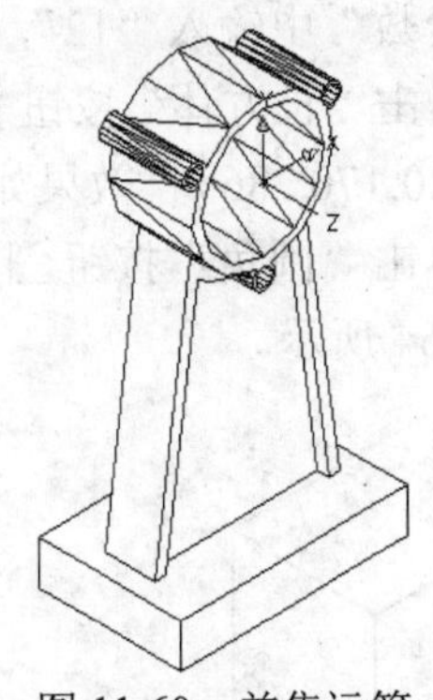

图 11-60 差集运算

（27）选择“文件”|“保存”命令，弹出“图形另存为”对话框，输入文件名“支架.dwg”，单击“保存”按钮保存所绘制图形。

11.6 箱体类——齿轮泵

箱体类零件主要是用来支承轴、轴承等的零件，并对这些零件进行密封和保护，其外部一般比较复杂，其内外表面一般设有凸台。比较典型的箱体有阀体、减速器箱体、泵体等。一般箱体都包含以下的特征：孔、肋、方形或者圆形箱体、空腔、凸台等。

箱体的绘制过程一般是通过圆柱体、正方体或拉伸命令等来创建基本轮廓，在此基础上，在轮廓的各个面上进行凸台，孔等的绘制，很多软件对箱体的绘制是先绘制总体轮廓再进行剖分处理，AutoCAD 也不例外，其绘制过程也是先绘制箱体的整体，然后再进行剖切处理。

本节利用已学过的知识绘制齿轮泵，主要用到的命令有：长方体、圆柱体、拉伸、布尔运算、三维阵列、三维镜像、分割、剖切等，如图 11-61 所示。

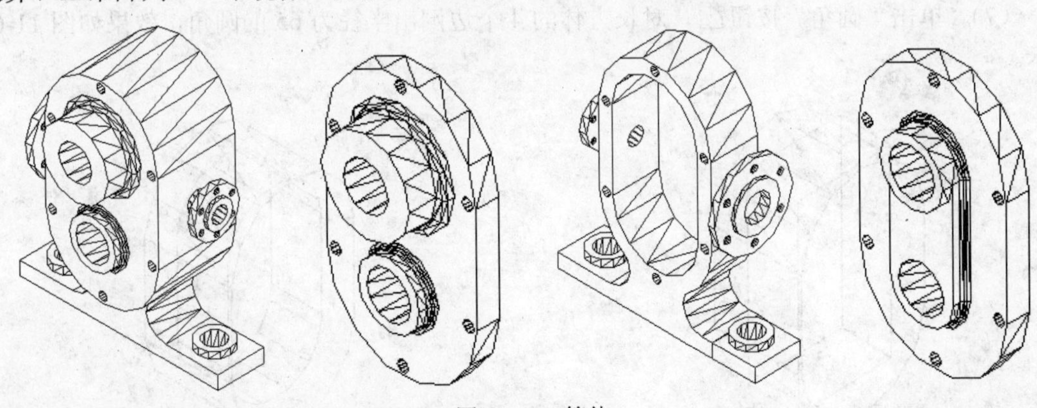

图 11-61 箱体

11.6.1 实例 41——绘制箱体基本形状

（1） 选择“文件”|“新建”命令，弹出“选择样板”对话框，选择“acadiso.dat”，

单击“打开”按钮新建一个图形文件。

（2） 选择“视图”|“三维视图”|“西南等轴侧”命令，将视图转换成西南等轴侧视图。

（3） 选择“工具”|“选项”命令，在弹出的“选项”对话框中的“显示”下的“每个曲面的轮廓素数”中输入“12”，将线框密度设置为12。

（4） 单击“长方体”按钮，绘制箱体的外部长方体，第一个角点为（0,0,0），另一个角点为（@120,170,286），效果如图11-62所示。

（5） 单击“圆角”按钮，对长方体的如图11-63所示的四边倒出半径为85的圆角，效果如图11-64所示。

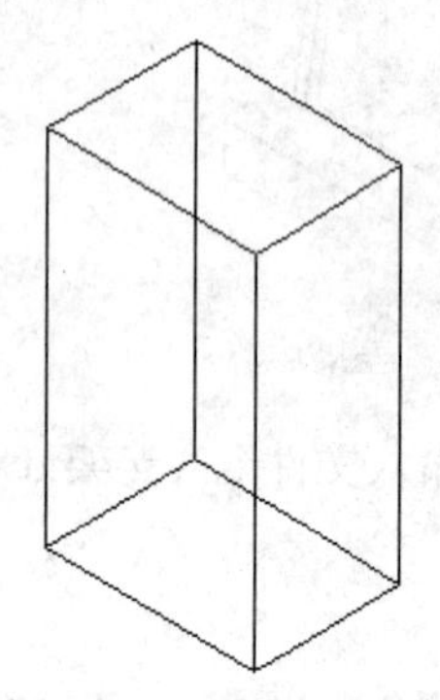

图11-62 绘制长方体

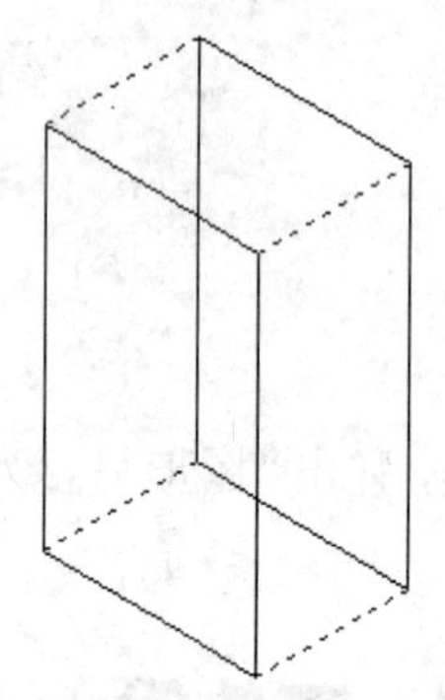

图11-63 选择倒圆角边

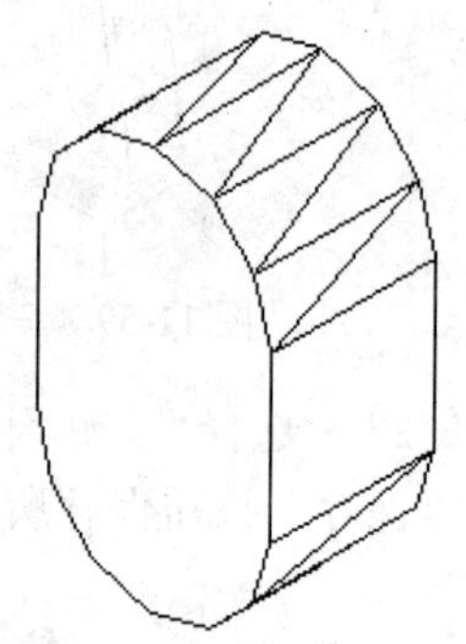

图11-64 到圆角效果

（6） 单击“长方体”按钮，绘制箱体的内部长方体，命令行提示如下：

```
命令: _box
指定第一个角点或 [中心 (C) ]: c                  //输入“c”，使用中心创建长方体
指定中心: 60,85,143                               //输入长方体中心点坐标
指定角点或 [立方体 (C) /长度 (L) ]: l             //输入“c”，使用长度创建长方体
指定长度: <正交 开> 70                            //打开正交，并沿X轴方向输入长度“70”
指定宽度: 130                                     //沿Y轴方向输入长度“70”
指定高度或 [两点 (2P) ] <286.0000>: 246           //输入长方体高度，效果如图11-65所示
```

（7） 单击“圆角”按钮，对长方体的4个边倒出半径为65的圆角，效果如图11-66所示。

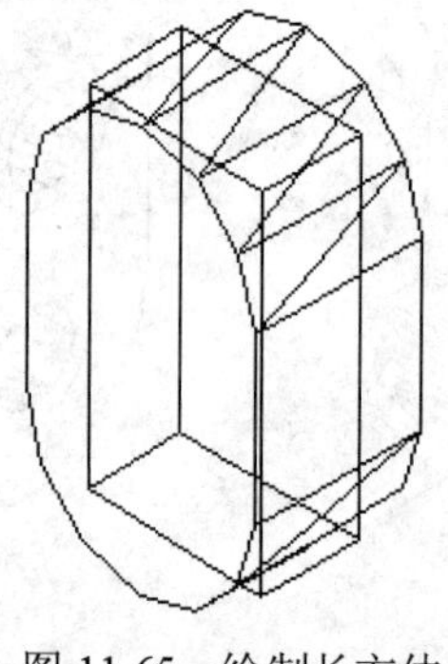

图11-65 绘制长方体

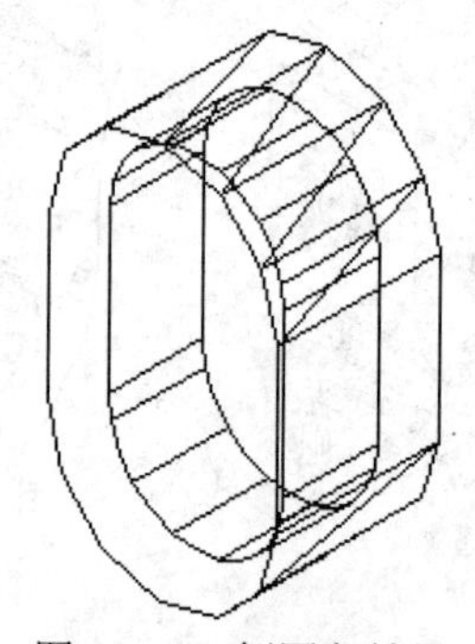

图11-66 倒圆角效果

（8） 单击“差集”按钮，将步骤5创建的特征与步骤7创建的特征进行差集运算。

（9） 在命令行中输入UCS，将UCS坐标系绕Y轴旋转-90°。

（10） 单击“圆柱体”按钮，绘制轴承放置位置的凸台，底面圆心为（85,85,0），底面半径为35，高度为15，效果如图11-67所示。

（11） 单击“圆柱体”按钮，绘制轴承放置位置的凸台，底面圆心为（201,85,0），底面半径为35，高度为25，效果如图11-68所示。

（12） 单击“长方体”按钮，绘制箱体的内部长方体，第一个角点为（85,50,0），另一个角点为（@116,70,0），效果如图11-69所示。

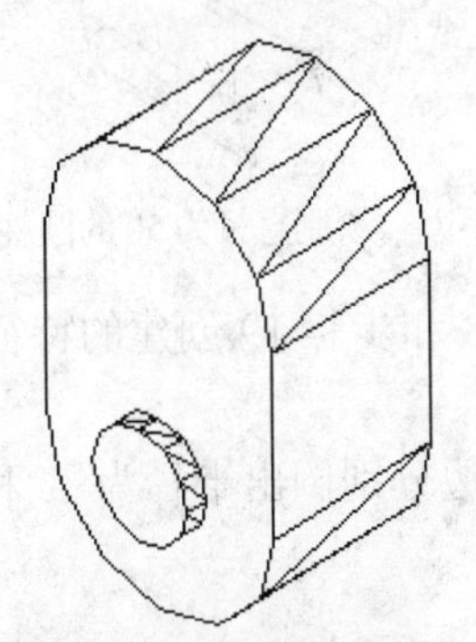

图11-67 绘制圆柱体1

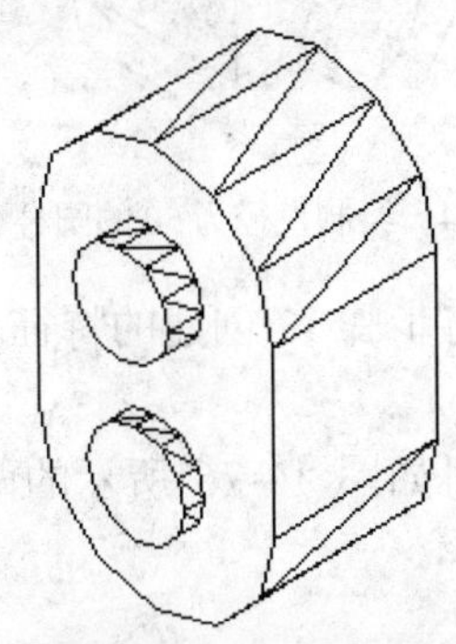

图11-68 绘制圆柱体2

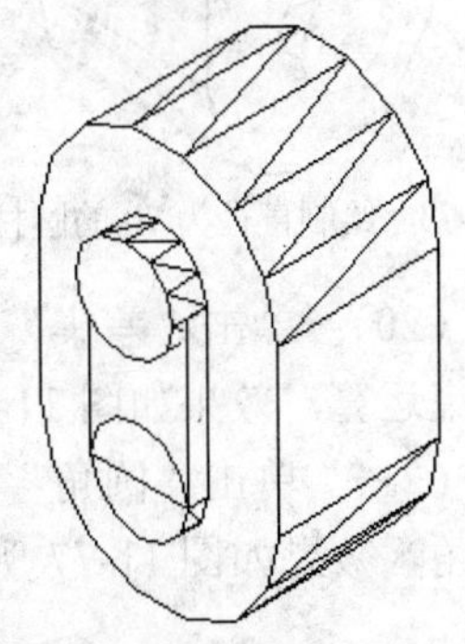

图11-69 绘制长方体

（13） 单击“并集”按钮，将上面所创建的所有特征合并。

（14） 单击“圆角”按钮，对如图11-70所示的4个边倒出半径为6的圆角，效果如图11-71所示。

（15） 将视图转换为“东北等轴侧”视图，并单击“圆柱体”按钮，绘制上端轴承放置位置的凸台，底面圆心为（201,85,-120），底面半径为50，高度为-40，效果如图11-72所示。

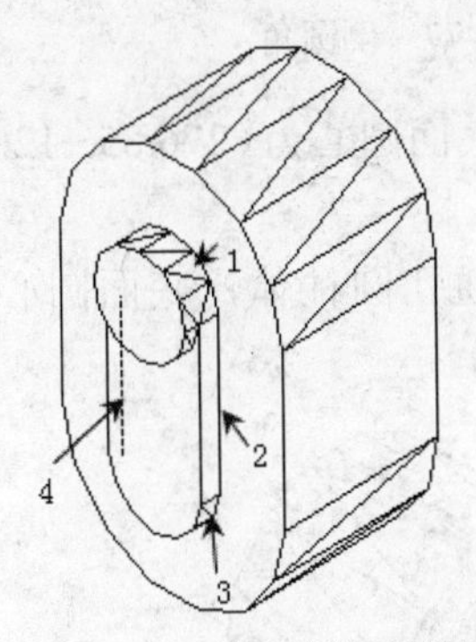

图11-70 选择倒圆角边

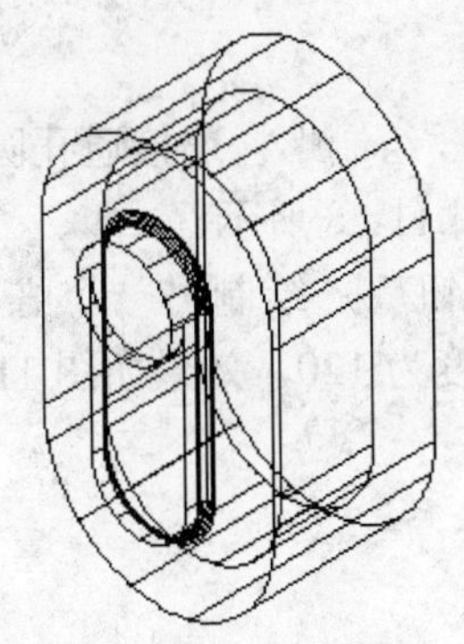

图11-71 倒圆角效果

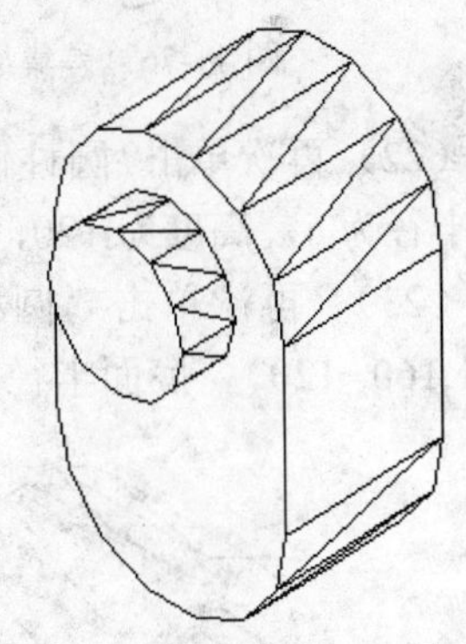

图11-72 绘制直径为100的圆柱体

（16） 再次单击“圆柱体”按钮，绘制下端轴承放置位置的凸台，底面圆心为（85,85,-120），底面半径为35，高度为-15，效果如图11-73所示。

（17） 单击“并集”按钮，将上面所创建的所有特征合并。

（18） 再次单击“圆柱体”按钮，绘制上端轴承通孔圆柱体，底面圆心为（201,85,-160），底面半径为25，高度为250，效果如图11-74所示。

（19） 再次单击“圆柱体”按钮，绘制下端轴承通孔圆柱体，底面圆心为（85,85,-135），底面半径为25，高度为250，效果如图11-75所示。

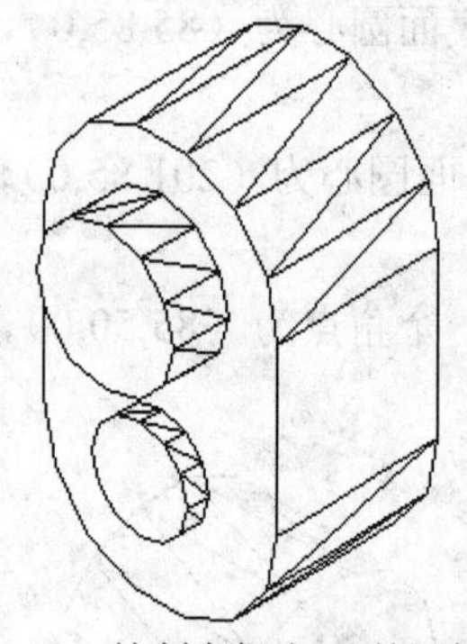

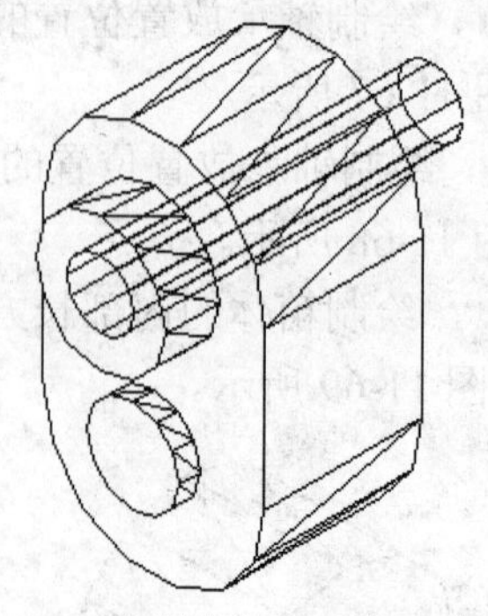

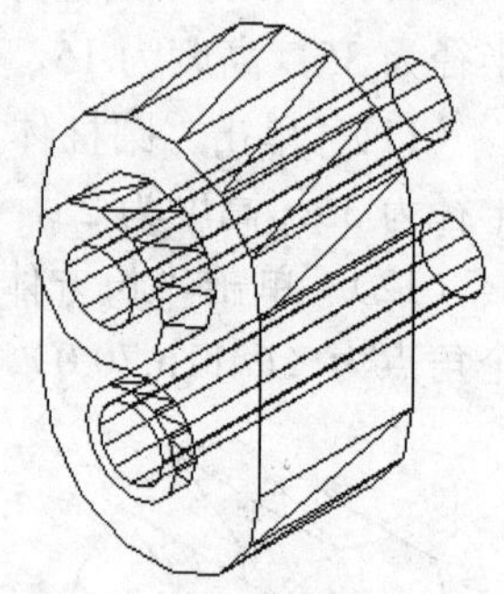

图 11-73　绘制直径为 70 的圆柱体　　图 11-74　绘制直径为 50 的圆柱体 1　　图 11-75　绘制直径为 50 的圆柱体 2

（20） 单击“差集”按钮，将步骤 17 创建的特征与步骤 18 和步骤 19 创建的特征进行差集运算，效果如图 11-76 所示。

（21） 单击“圆角”按钮，对如图 11-76 所示的两个圆弧边分别倒出半径为 8 和 6 的圆角，效果如图 11-77 所示。

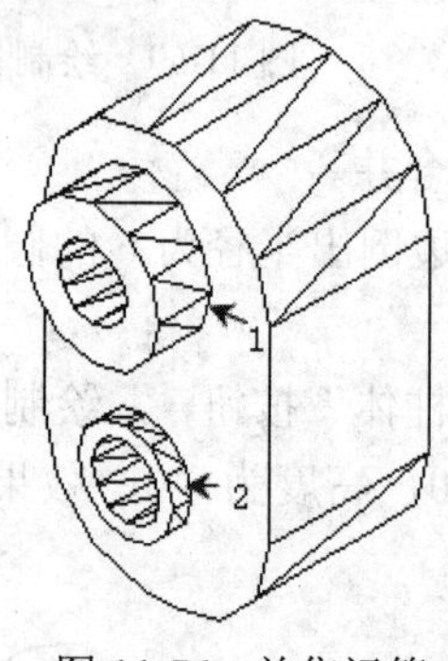

图 11-76　差集运算

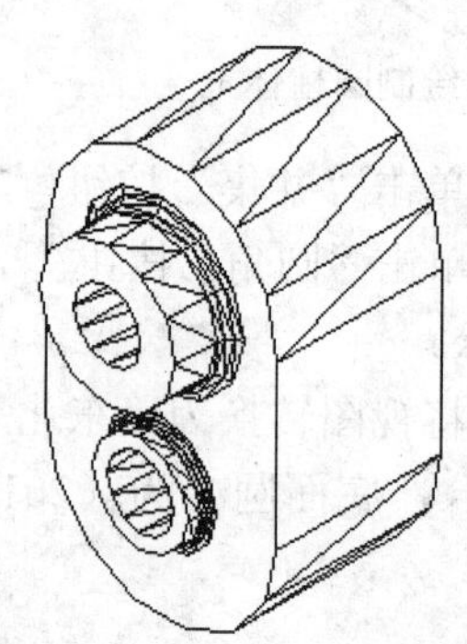

图 11-77　倒圆角

（22）再次单击“圆柱体”按钮，绘制螺栓连接通孔圆柱体，底面圆心为(276,85,-120)，底面半径为 6，高度为 120，效果如图 11-78 所示。

（23） 再次单击“圆柱体”按钮，绘制另一个螺栓连接通孔圆柱体，底面圆心为(201,160,-120)，底面半径为 6，高度为 120，效果如图 11-79 所示。

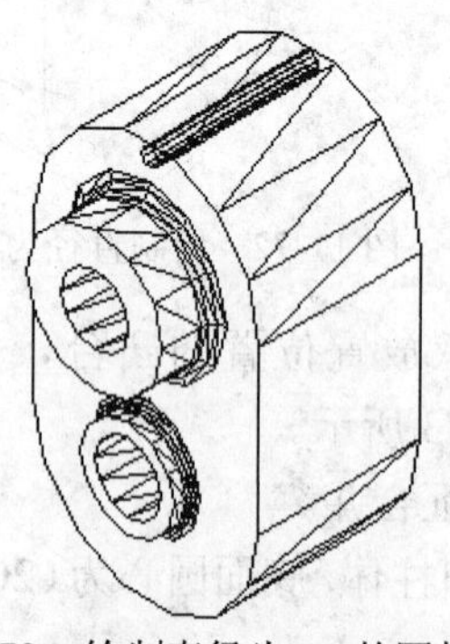

图 11-78　绘制直径为 12 的圆柱体 1

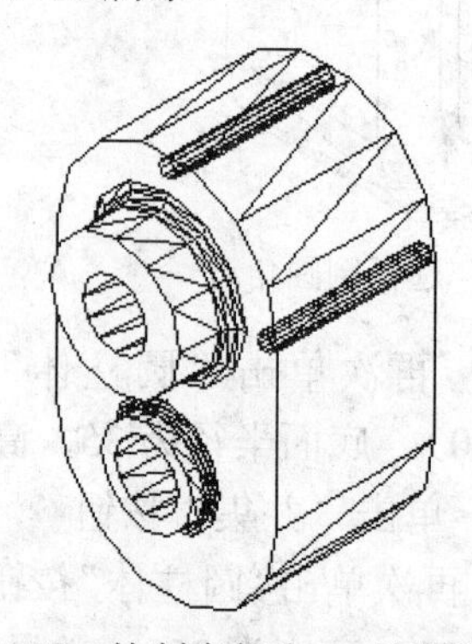

图 11-79　绘制直径为 12 的圆柱体 2

（24）在命令行中输入 UCS，将 UCS 坐标系原点移动到当前坐标系下的点(143,85,-60)。

（25） 选择“修改”|“三维操作”|“三维镜像”命令，将步骤 23 所创建的圆柱体沿

ZX 坐标面镜像，命令行提示如下：

```
命令：_mirror3d
选择对象：找到 1 个            //选择步骤 23 所创建的圆柱体
选择对象：           //按 Enter 键确认选择的对象
指定镜像平面（三点） 的第一个点或 [对象（O）/最近的（L）/Z 轴（Z）/视图（V）/XY 平面（XY）/YZ 平面（YZ）/ZX 平面（ZX）/三点（3）] <三点>: zx   //输入“zx”，指定镜像平面
指定 ZX 平面上的点 <0,0,0>:        //按 Enter 键确认
是否删除源对象？[是（Y）/否（N）] <否>: N    //按 Enter 键确认，效果如图 11-80 所示
```

（26） 选择“修改”|“三维操作”|“三维镜像”命令，将所创建的半径为 6 的圆柱体沿 YZ 坐标面镜像，效果如图 11-81 所示。

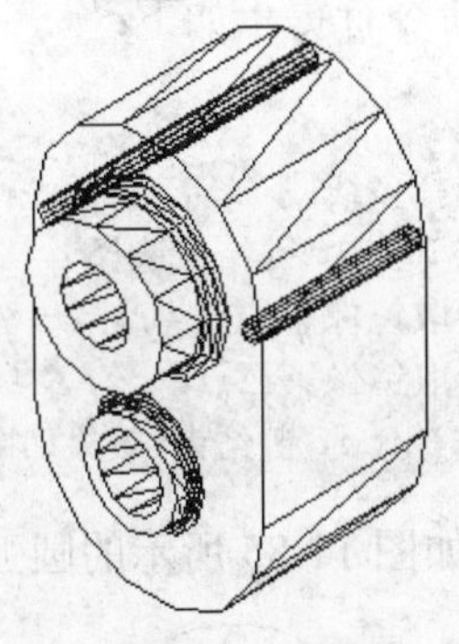
图 11-80 三维镜像 1

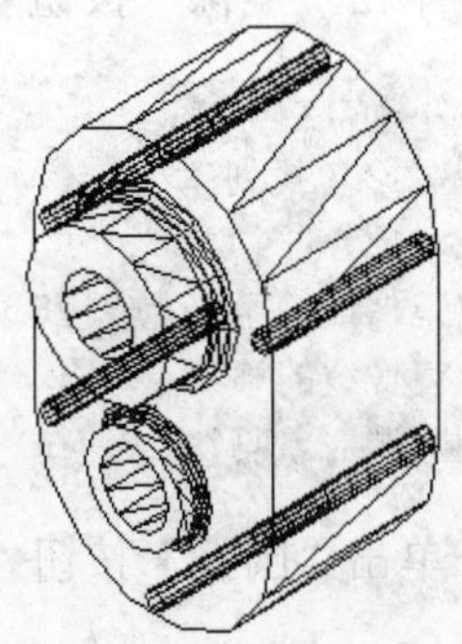
图 11-81 三维镜像 2

（27） 单击“差集”按钮，将整体与刚创建的所有半径为 6 的圆柱体特征进行差集运算，效果如图 11-82 所示。

（28） 将视图转换为“左视”视图，并单击“多线段”按钮，绘制轴的轮廓曲线，命令行提示如下：

```
命令：_pline
指定起点：-85,-50          //输入多线段起点坐标
当前线宽为 0.0000
指定下一个点或 [圆弧（A）/半宽（H）/长度（L）/放弃（U）/宽度（W）]: 150  //利用正交功能，使多线沿 X 轴负方向绘制 150 长的直线段
指定下一点或 [圆弧（A）/闭合（C）/半宽（H）/长度（L）/放弃（U）/宽度（W）]:20   //利用正交功能，使多线沿 Y 轴正方向绘制 20 长的直线段
指定下一点或 [圆弧（A）/闭合（C）/半宽（H）/长度（L）/放弃（U）/宽度（W）]:80   //利用正交功能，使多线沿 X 轴正方向绘制 80 长的直线段
指定下一点或 [圆弧（A）/闭合（C）/半宽（H）/长度（L）/放弃（U）/宽度（W）]:a    //输入“a”，将其转换为圆弧绘制方式
指定圆弧的端点或[角度（A）/圆心（CE）/闭合（CL）/方向（D）/半宽（H）/直线（L）/半径（R）/第二个点（S）/放弃（U）/宽度（W）]: d    //输入“d”，指定方向绘制圆弧
指定圆弧的起点切向：        //在长度为 80 的直线延长方向上单击一点
指定圆弧的端点:-129.1955,12.3931,-25          //在倒角弧上拾取点
指定圆弧的端点或[角度（A）/圆心（CE）/闭合（CL）/方向（D）/半宽（H）/直线（L）/半径（R）/第二个点（S）/放弃（U）/宽度（W）]:         //按 Enter 键确认介绍多线段的绘制，效果如图 11-83 所示
```

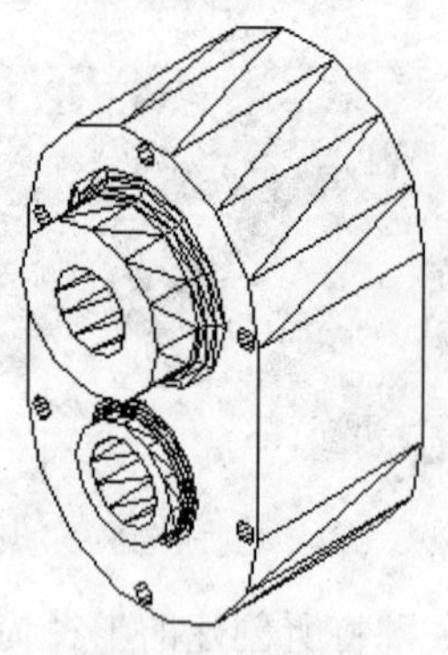

图 11-82　差集运算

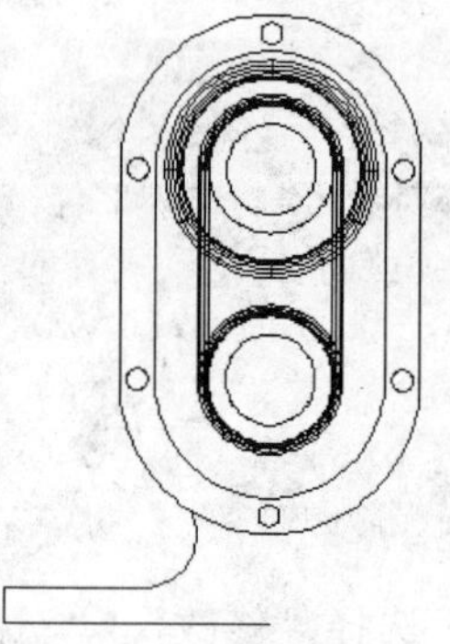

图 11-83　绘制多线段

（29）　单击“镜像”按钮，将刚绘制的多线镜像，命令行提示如下：

```
命令：_mirror
选择对象：找到 1 个                                    //选择多线段
选择对象：                                            //按 Enter 键结束选择
指定镜像线的第一点：-85,-50,0                          //拾取镜像第一点
指定镜像线的第二点:-85,0,0                             //拾取镜像第二点
要删除源对象吗？[是（Y）/否（N）] <N>:                  //按 Enter 键结束，效果如图 11-84 所示
```

（30）　单击“圆弧”按钮，利用对象捕捉功能绘制如图 11-85 所示的圆弧曲线。

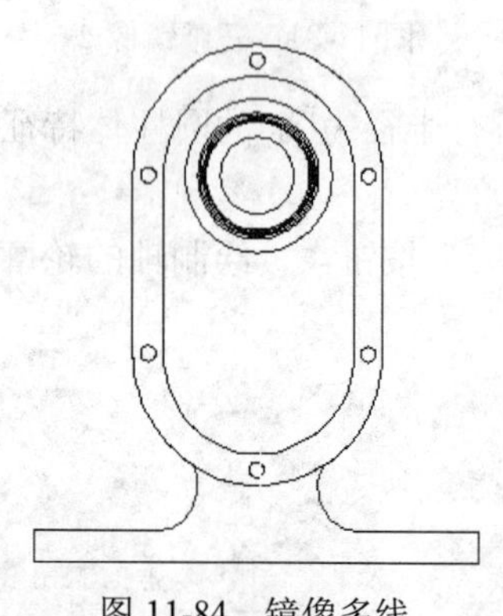

图 11-84　镜像多线

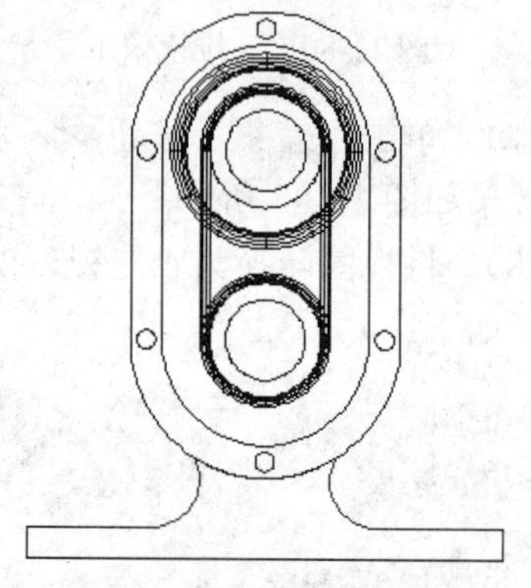

图 11-85　绘制圆弧

（31）　选择“修改”|“对象”|“多段线”命令，对所创建的多线段和圆弧进行合并操作。

（32）　将视图转换为“西南等轴侧”视图，并单击“拉伸”按钮，对刚合并的多线段进行拉伸操作，拉伸的高度为 70，效果如图 11-86 所示。

（33）　单击“三维移动”按钮，移动所拉伸的特征，命令行提示如下：

```
命令：_3dmove
选择对象：找到 1 个                //选择刚刚创建的拉伸特征
选择对象：              //按 Enter 键确认选择
指定基点或［位移（D）］<位移>：              //在选中的拉伸特征上拾取一点
指定第二个点或 <使用第一个点作为位移>：@0,0,-95        //输入目标点坐标效果如图
11-87 所示
```

（34） 在命令行中输入 UCS，将 UCS 坐标系绕 X 轴旋转 90°。

（35） 单击“圆柱体”按钮，绘制底座凸台，底面圆心为（25,-60,30），底面半径为 25，高度为-10，效果如图 11-88 所示。

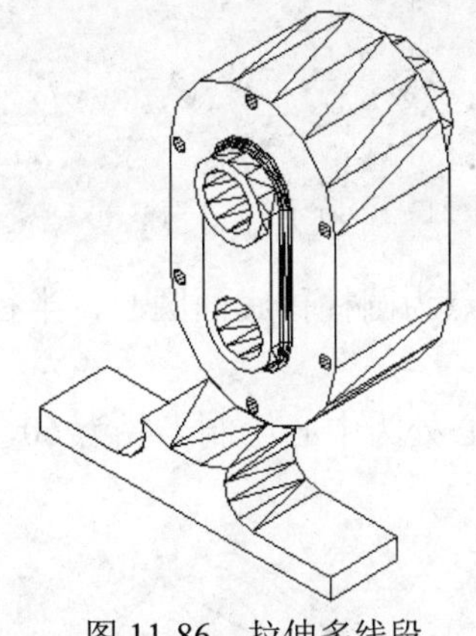
图 11-86 拉伸多线段

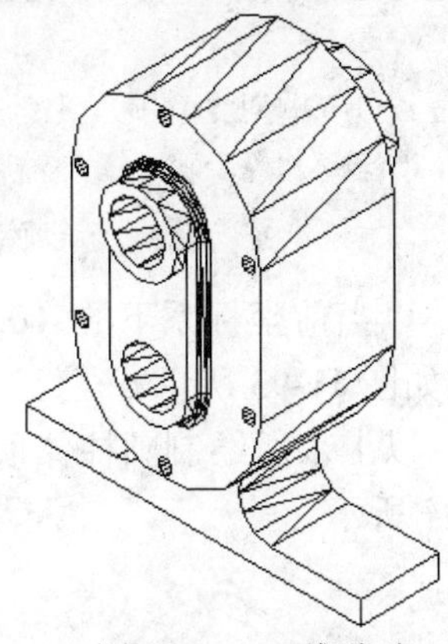
图 11-87 三维移动

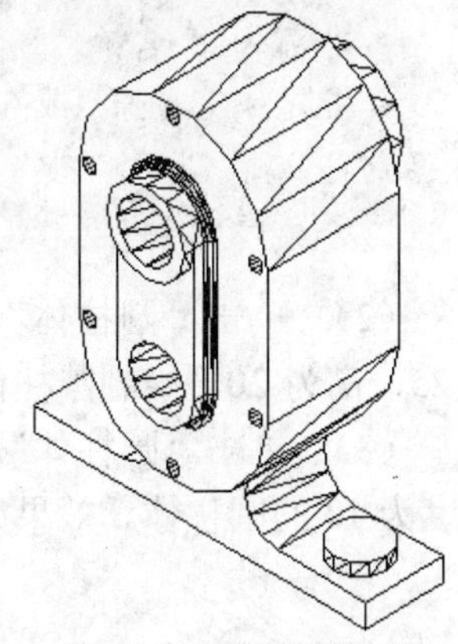
图 11-88 绘制圆柱体

（36） 单击“圆柱体”按钮，以刚绘制的圆柱体顶面圆心为中心点，半径为 16，高度为 40 的圆柱体，绘制底座通孔，效果如图 11-89 所示。

（37） 在命令行中输入 UCS，将当前坐标系原点移动到点（-85,-25,50）处。

（38） 选择“修改”|“三维操作”|“三维镜像”命令，将步骤 35 和 36 所创建的圆柱体沿 YZ 坐标面镜像，效果如图 11-90 所示。

（39） 单击“并集”按钮，将已合并的整体与半径为 25 的两个圆柱体合并。

（40） 单击“差集”按钮，将整体与刚创建的所有半径为 16 的两个圆柱体特征进行差集运算，效果如图 11-91 所示。

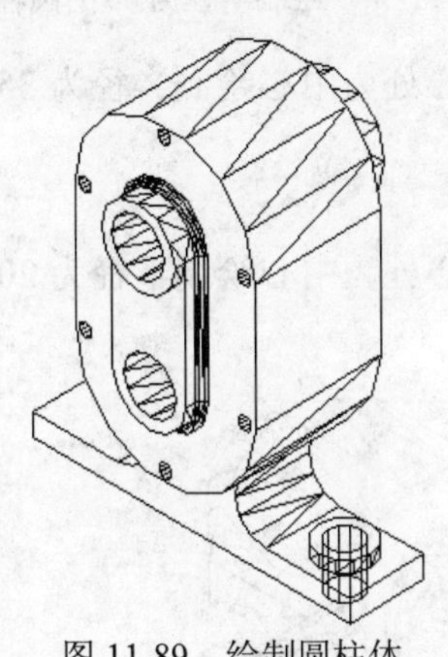
图 11-89 绘制圆柱体

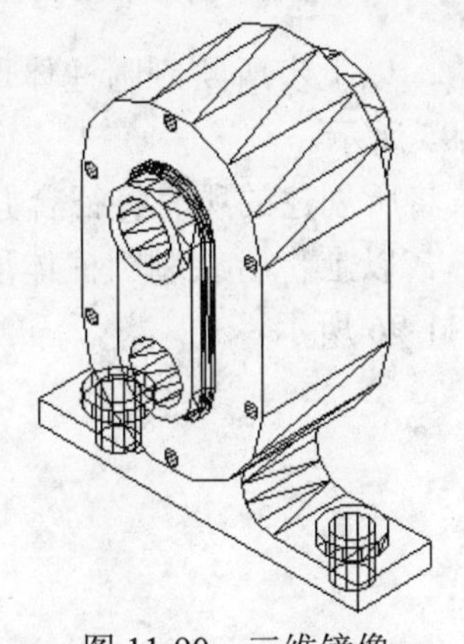
图 11-90 三维镜像

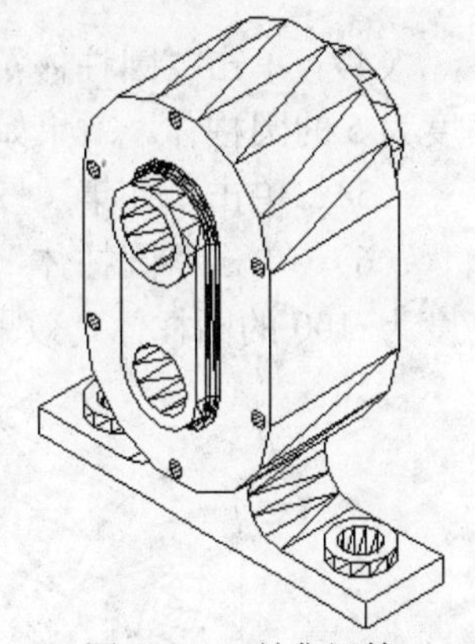
图 11-91 差集运算

11.6.2 实例 42——绘制箱体前凸台和孔

（1） 在命令行中输入 UCS，将当前坐标系原点移动到点（85,-35,-193）处并绕 Y 轴旋转 90°，命令行提示如下：

```
命令：ucs
当前 UCS 名称：*没有名称*
```

```
    指定 UCS 的原点或 [面(F)/命名(NA)/对象(OB)/上一个(P)/视图(V)/世界(W)/X/Y/Z/Z
轴(ZA)] <世界>: 85,-35,-193                //输入目标点的坐标
    指定 X 轴上的点或 <接受>:            //按 Enter 键确认
    命令: ucs              //按 Enter 键确认继续设置 UCS
    当前 UCS 名称: *没有名称*
    指定 UCS 的原点或 [面(F)/命名(NA)/对象(OB)/上一个(P)/视图(V)/世界(W)/X/Y/Z/Z
轴(ZA)] <世界>: y                //输入"y"确定绕 Y 轴旋转
    指定绕 Y 轴的旋转角度 <90>:        //按 Enter 键确认，如图 11-92 所示
```

（2） 单击"圆柱体"按钮，以当前坐标系下的（0,0,0）点为圆柱体底面圆心，半径为 25，高为 20，绘制圆柱体。效果如图 11-93 所示。

（3） 单击"圆柱体"按钮，以上步所绘制圆柱体顶面中心处为中心绘制半径为 60，高度为 10 的圆柱体。效果如图 11-94 所示。

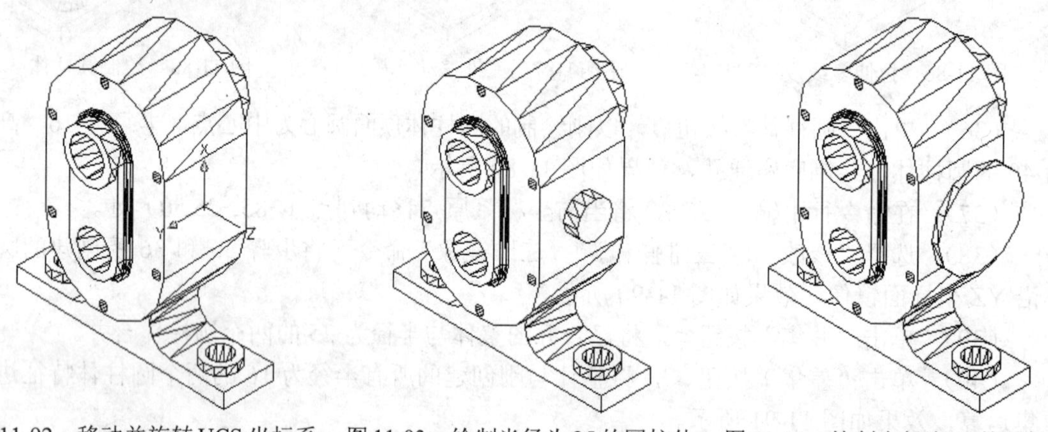

图 11-92　移动并旋转 UCS 坐标系　图 11-93　绘制半径为 25 的圆柱体　图 11-94　绘制半径为 60 的圆柱体

（4） 单击"圆柱体"按钮，以上步所绘制圆柱体顶面中心处为中心绘制半径为 35，高度为 5 的圆柱体。效果如图 11-95 所示。

（5） 单击"并集"按钮，将所创建的所有特征合并。

（6） 单击"圆柱体"按钮，以上步所绘制圆柱体顶面中心处为中心绘制半径为 20，高度为-100 的圆柱体。效果如图 11-96 所示。

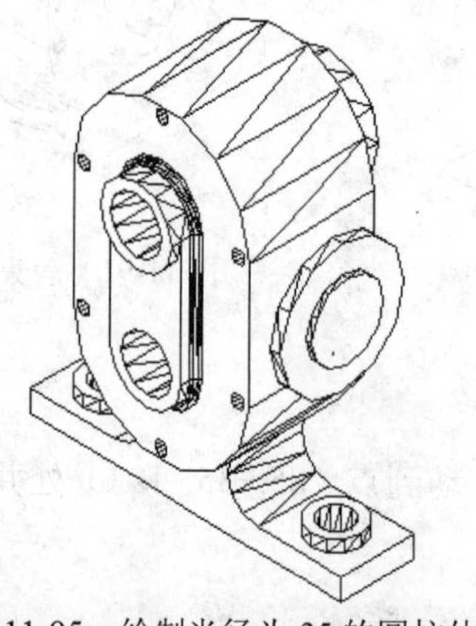

图 11-95　绘制半径为 35 的圆柱体

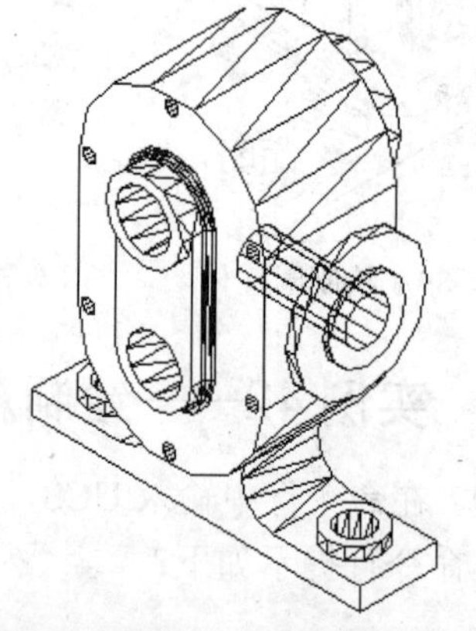

图 11-96　绘制半径为 20 的圆柱体

（7） 单击“差集”按钮，将已合并的整体与刚创建的半径为 20 的圆柱体特征进行差集运算，效果如图 11-97 所示。

（8） 单击“圆柱体”按钮，绘制连接孔，底面圆心为（47.5,0,30），底面半径为 5，高度为-10，效果如图 11-98 所示。

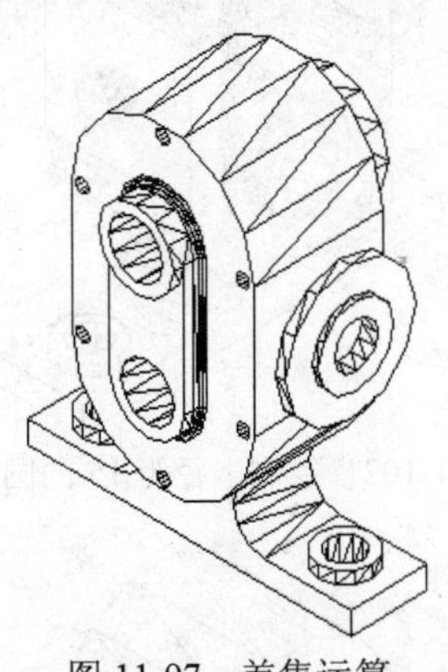

图 11-97 差集运算

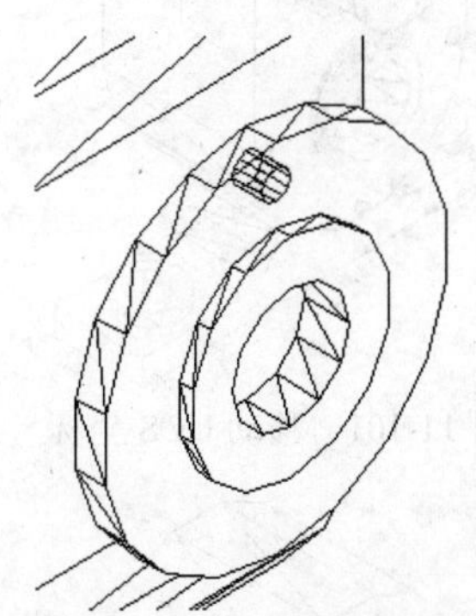

图 11-98 绘制通孔圆柱体

（9） 将视图转换为“主视”视图，并单击“环形阵列”工具按钮，选择步骤 8 所绘制的圆柱体为阵列对象，中心点为（60,143），项目总数为 6，项目间角度为 60，阵列效果如图 11-99 所示。

（10） 将视图转换为“西南等轴侧”视图，并单击“差集”按钮，将已合并的整体与刚阵列的半径为 6 的圆柱体特征进行差集运算，效果如图 11-100 所示。

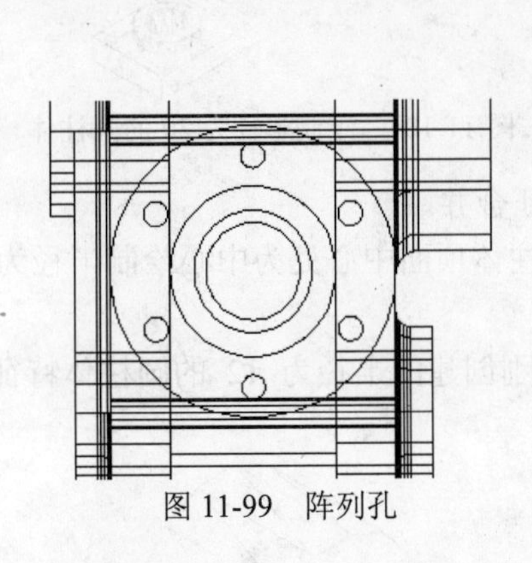

图 11-99 阵列孔

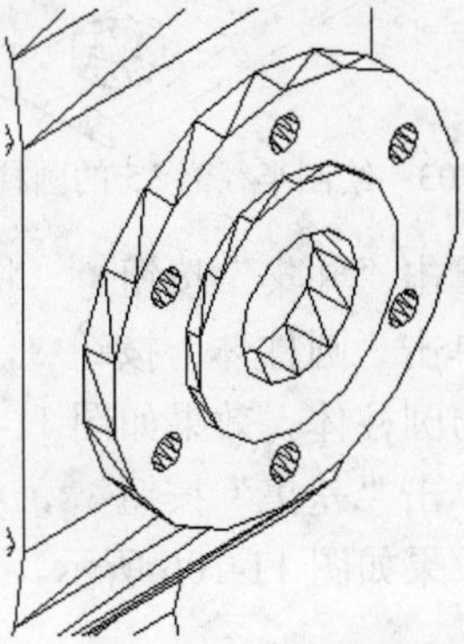

图 11-100 差集运算

11.6.3 实例 43——绘制箱体后凸台和孔

（1） 将视图转换为“东北等轴侧”视图，在命令行中输入 UCS，将当前的 UCS 坐标系下的原点移动到点（60,143,-170），如图 11-101 所示的位置。

（2） 单击“圆柱体”按钮，以当前坐标系下的原点为底面圆心绘制半径为 15，高度为-20 的圆柱体。效果如图 11-102 所示。

（3） 单击“圆柱体”按钮，以上步所绘制圆柱体顶面中心处为中心绘制半径为 35，高度为-10 的圆柱体。效果如图 11-103 所示。

（4） 单击“圆柱体”按钮，以上步所绘制圆柱体顶面中心处为中心绘制半径为 20，高度为-5 的圆柱体。效果如图 11-104 所示。

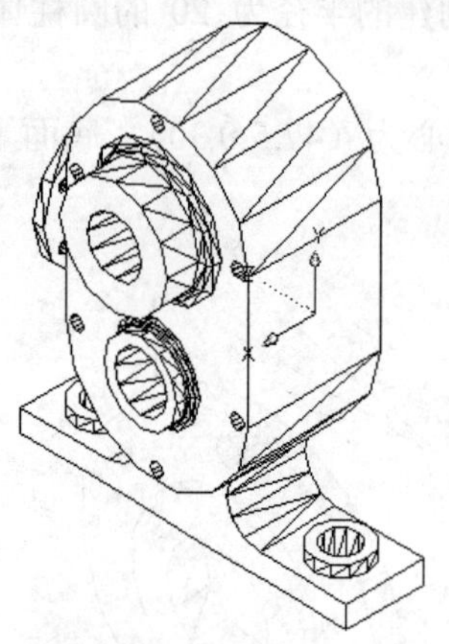

图 11-101　移动 UCS 坐标

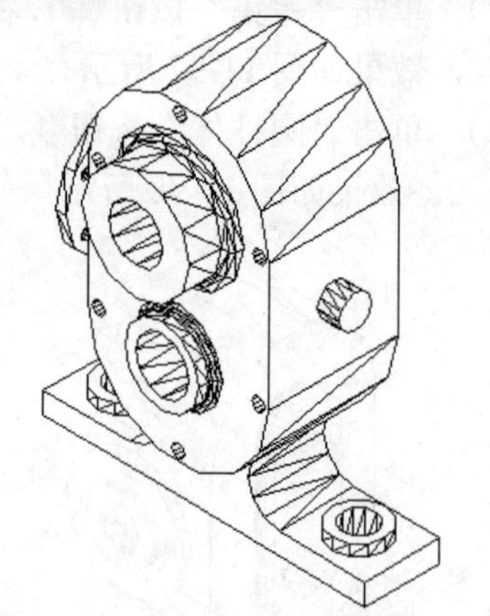

图 11-102　绘制半径为 15 的圆柱体

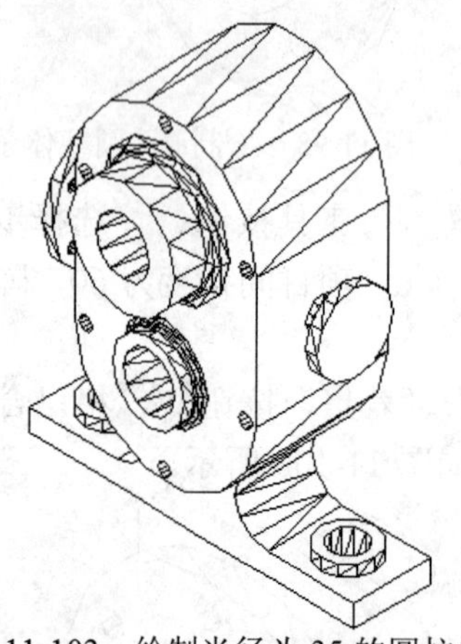

图 11-103　绘制半径为 35 的圆柱体

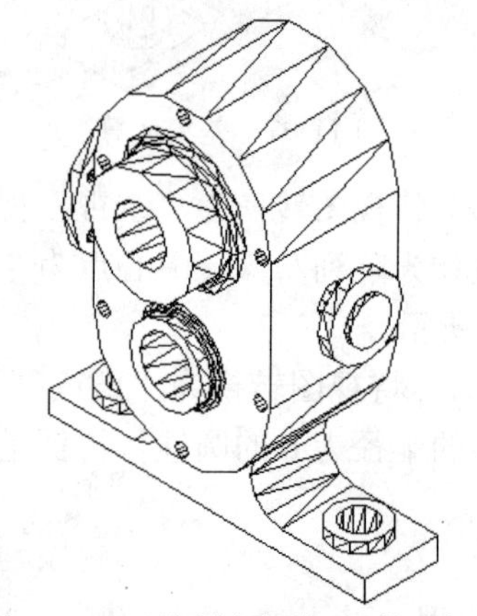

图 11-104　绘制半径为 20 的圆柱体

（5） 单击“并集”按钮，将所创建的所有特征合并。

（6） 单击“圆柱体”按钮，以上步所绘制圆柱体顶面中心处为中心绘制半径为 12，高度为 100 的圆柱体。效果如图 11-105 所示。

（7） 单击“差集”按钮，将已合并的整体与刚创建的半径为 12 的圆柱体特征进行差集运算，效果如图 11-106 所示。

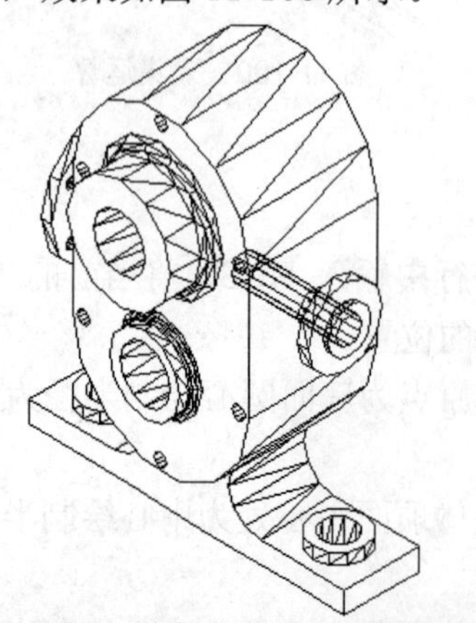

图 11-105　绘制半径为 12 的圆柱体

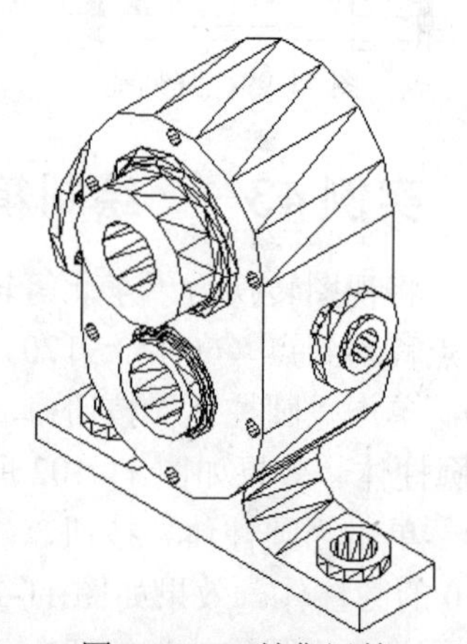

图 11-106　差集运算

（8） 单击“圆柱体”按钮，以（0,27.5,-30）为圆心，绘制底面半径为 4，高度为 10 的圆柱体，效果如图 11-107 所示。

（9） 将视图转换为“主视”视图，并单击“环形阵列”工具按钮，利用上节运用阵列的方法将步骤 8 所绘制的圆柱体进行阵列，效果如图 11-108 所示。

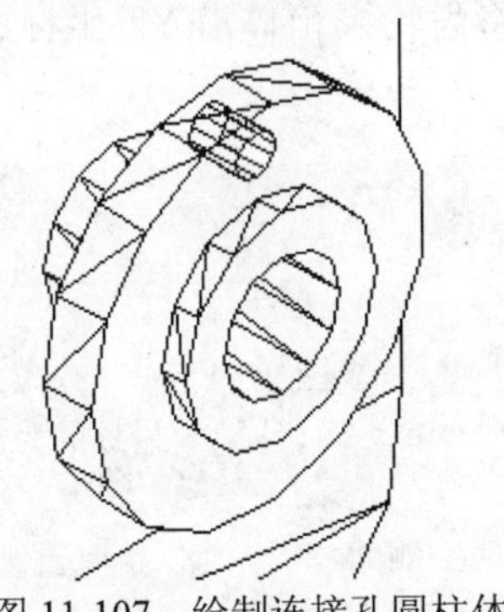

图 11-107 绘制连接孔圆柱体

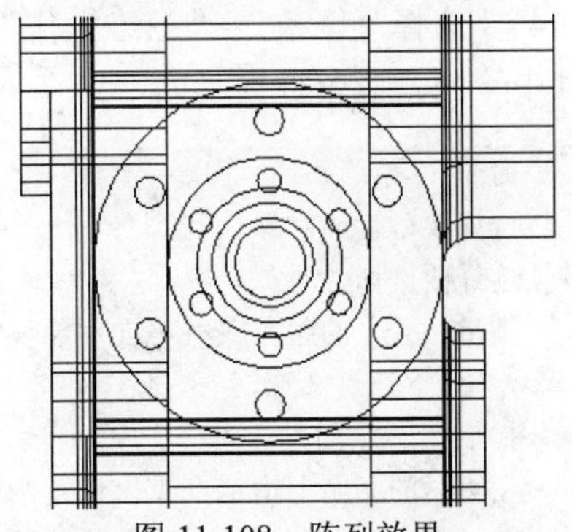

图 11-108 阵列效果

（10） 将视图转换为“东北等轴侧”视图，并单击“差集”按钮，将已合并的整体与刚阵列的半径为 6 的圆柱体特征进行差集运算，效果如图 11-109 所示，整体效果如图 11-110 所示。

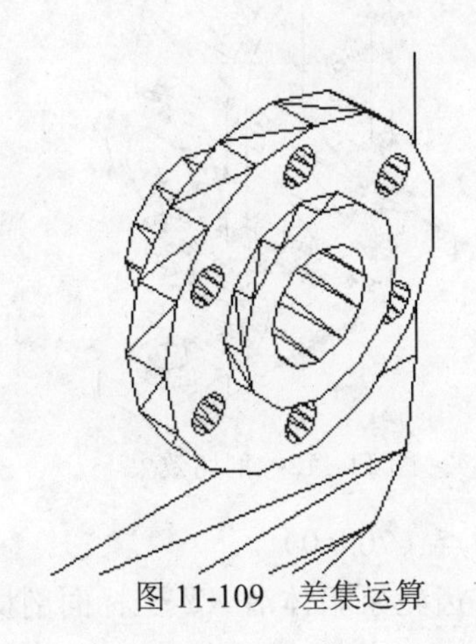

图 11-109 差集运算

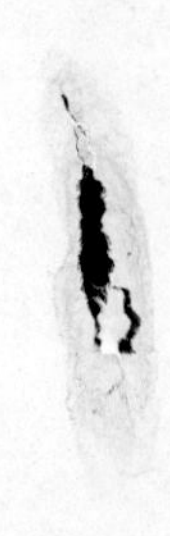

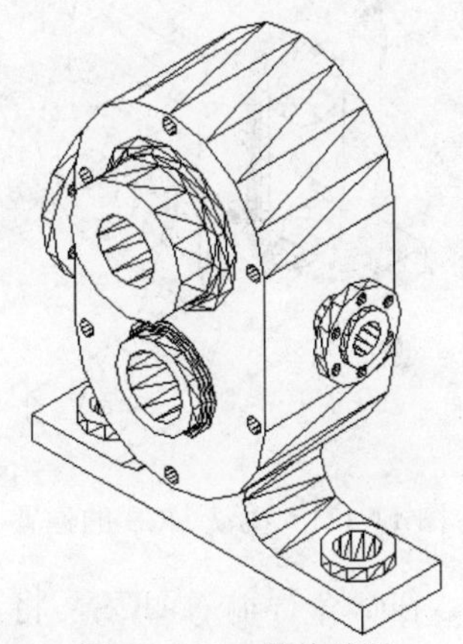

图 11-110 整体效果

（11） 选择“文件”|“保存”命令，弹出“图形另存为”对话框，输入文件名“齿轮泵箱体.dwg”，单击“保存”按钮保存所绘制图形。

11.6.4 实例 44——创建前后端盖和主体

（1） 选择“文件”|“打开”命令，打开“齿轮泵箱体.dwg”，如图 11-111 所示，此时坐标系在如图所示的位置上。

（2） 在命令行输入 UCS，将当前坐标系原点移动到点（0,0,65）。

（3） 选择“修改”|“三维操作”|“剖切”命令，将齿轮泵箱体沿 XY 坐标面剖切，并保留两侧。命令行提示如下：

```
命令: _slice
选择要剖切的对象: 找到 1 个        //选择齿轮泵箱体
选择要剖切的对象:                 //按 Enter 键确认选择
```

```
    指定切面的起点或 [平面对象(O)/曲面(S)/Z轴(Z)/视图(V)/XY(XY)/YZ(YZ)/ZX
(ZX)/三点(3)] <三点>: XY                        //输入"XY"确认以XY坐标面为剖切面
    指定 YZ 平面上的点 <0,0,0>:                   //按Enter键确认
    在所需的侧面上指定点或 [保留两个侧面(B)] <保留两个侧面>:      //按Enter键确认
```

(4) 选择"修改"|"三维操作"|"剖切"命令，将齿轮泵箱体沿 YZ 坐标面剖切，并删除其中一侧。命令行提示如下：

```
    命令: _slice
    选择要剖切的对象: 找到 1 个          //选择齿轮泵箱体
    选择要剖切的对象:                    //按Enter键确认选择
    指定 切面 的起点或 [平面对象(O)/曲面(S)/Z 轴(Z)/视图(V)/XY(XY)/YZ(YZ)
/ZX(ZX)/三点(3)] <三点>:YZ                 //输入"YZ"确认以YZ坐标面为剖切面
    指定 YZ 平面上的点 <0,0,0>:                   //按Enter键确认
    在所需的侧面上指定点或 [保留两个侧面(B)] <保留两个侧面>:      //拾取要保留一侧的零
件上的一点，效果如图11-112所示
```

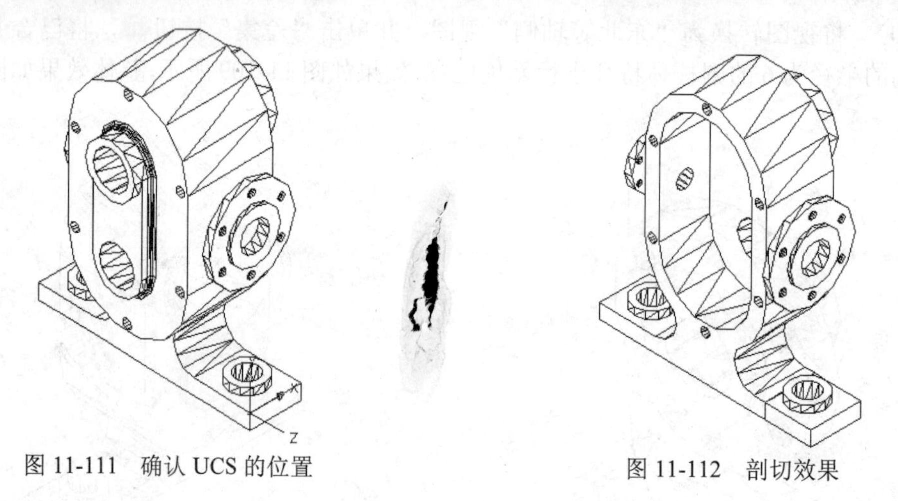

图 11-111　确认 UCS 的位置

图 11-112　剖切效果

(5) 在命令行输入 UCS，将当前坐标系原点移动到点（70,0,0）。

(6) 选择"修改"|"三维操作"|"剖切"命令，将齿轮泵箱体沿 XY 坐标面剖切，并保留视图方向上的前侧，如图 11-113 所示。

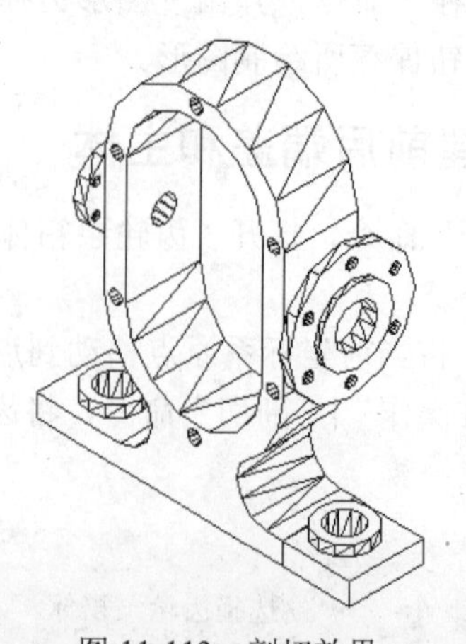

图 11-113　剖切效果

（7） 单击“并集”按钮，将所创建的所有特征合并。

（8） 选择“文件”|“另存为”命令，弹出“图形另存为”对话框，输入文件名“齿轮泵箱体主体.dwg”，单击“保存”按钮保存所绘制图形。

（9） 选择“文件”|“打开”命令，打开“齿轮泵箱体.dwg”，并将视图转换为“东北等轴侧”视图，如图 11-114 所示，此时坐标系在如图所示的位置上，需要再移动坐标系。

（10） 在命令行输入 UCS，将当前坐标系原点移动到点（0,0,-70）。

（11） 选择“修改”|“三维操作”|“剖切”命令，将齿轮泵箱体沿 YZ 坐标面剖切，并保留视图方向上前面的部分，效果如图 11-115 所示。由于剖切的部分有圆凸台的部分，需对该部分零件进行分割。

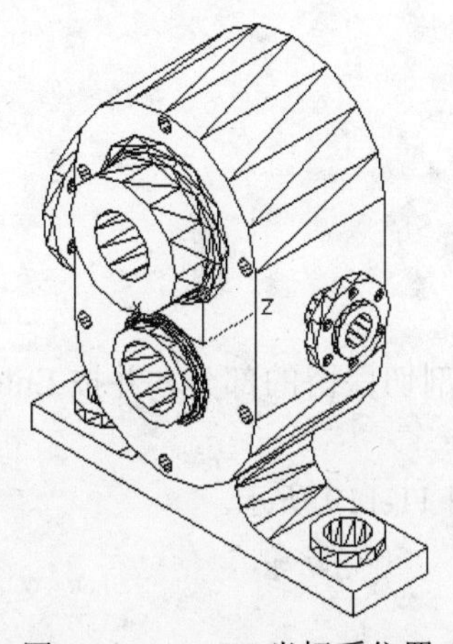

图 11-114　UCS 坐标系位置

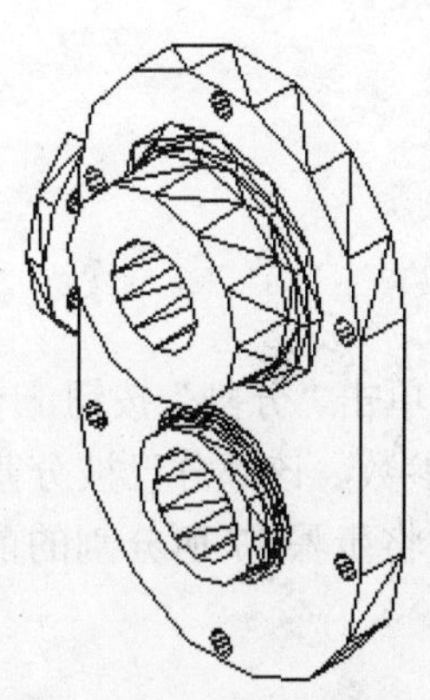

图 11-115　剖切效果

（12） 单击“分割”按钮，选择如图 11-115 所示剖切保留的部分，并按 Enter 键确认系统的默认。该部分已被分割为两个部分。

（13） 选中分割后的凸台，按 Delete 键将其删除，效果如图 11-116 所示。

（14） 选择“文件”|“另存为”命令，弹出“图形另存为”对话框，输入文件名“齿轮泵箱体前盖.dwg”，单击“保存”按钮保存所绘制图形。

（15） 选择“文件”|“打开”命令，打开“齿轮泵箱体.dwg”，如图 11-117 所示，此时坐标系在如图所示的位置上，不需要移动坐标系就可以进行剖切操作。

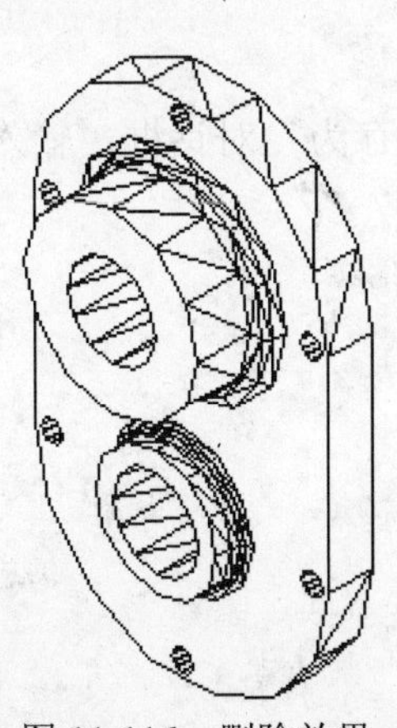

图 11-116　删除效果

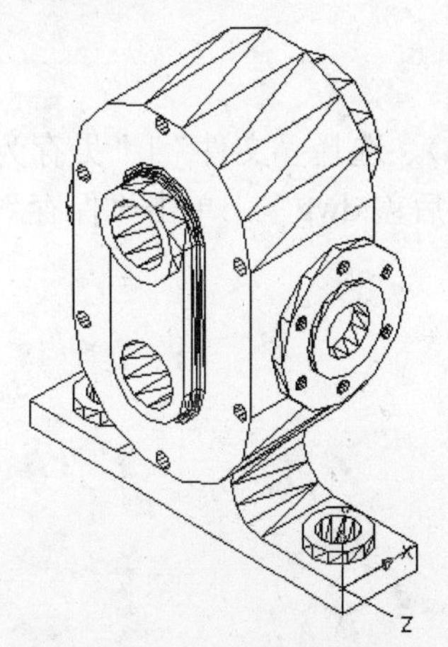

图 11-117　UCS 坐标系位置

（16） 选择“修改”|“三维操作”|“剖切”命令，将齿轮泵箱体沿 YZ 坐标面剖切，并保留视图方向上前面的部分，效果如图 11-118 所示。由于剖切的部分有圆凸台的部分，需对该部分零件进行分割。

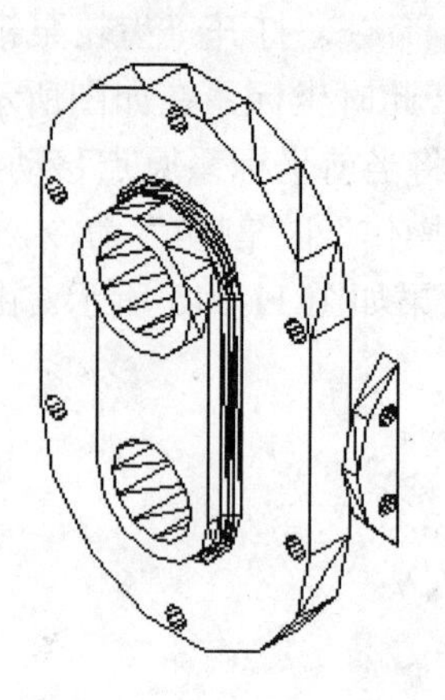

图 11-118　剖切效果

（17） 单击“分割”按钮，选择如图 11-118 所示剖切保留的部分，并按 Enter 键确认系统的默认参数。该部分已被分割为两个部分。

（18） 将步骤 17 所分割的前面部分删除，效果如图 11-119 所示。

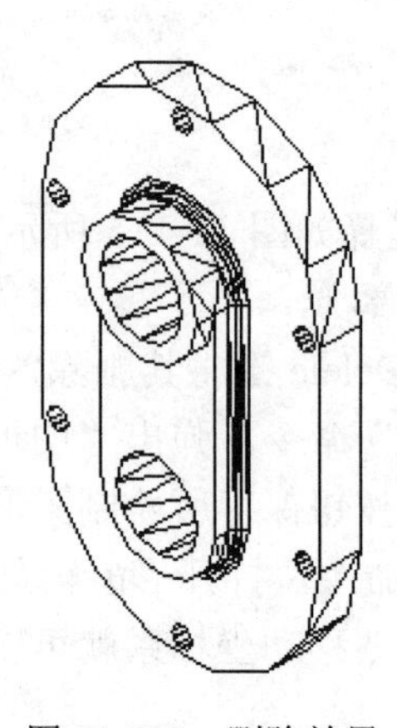

图 11-119　删除效果

（19） 选择“文件”|“另存为”命令，弹出“图形另存为”对话框，输入文件名“齿轮泵箱体后盖.dwg”，单击“保存”按钮保存所绘制图形。

第 12 章　绘制三维装配图

由于三维立体图的图形比二维平面图更加形象、直观，因此三维绘制和装配在机械设计领域的运用越来越广泛，绘图软件的三维功能也越来越齐全。三维装配的关系比二维的装配图形更直观易懂，因此，对所绘制的三维零件图进行装配也是机械设计过程中必须考虑的极其重要的一个步骤。AutoCAD 2014 相对以前的版本，在三维绘制功能方面有了很大的改观。在学习三维绘制和编辑之后，本章进入三维装配的学习。

12.1　绘制三维装配图的思路

装配图是用于表达部件或机器的工作原理、零件之间的装配关系和位置，以及装配、检验、安装所需要的尺寸数据的技术文件。AutoCAD 的三维装配图和零件图的绘制顺序大致有以下两种，第一种是：在设计之前，先设置好零件的尺寸关系和装配关系，大致画出装配草图，然后出图，最后画零件图。第二种是：先绘制好零件，然后再设计装配图。AutoCAD 可以通过插入的形式来绘制装配图，在装配的过程中如果出现装配不当，用户可以对零件进行单独的编辑修改。

三维装配要体现人性化，零件的安装符合人的思维习惯：从里到外、从左到右、从下到上、从上到下的装配顺序。绘制三维装配图与绘制二维装配图的基本思路差不多，绘图时，大致可归纳为两点：（1）考虑的约束条件要足够；（2）零件间的配合关系要合理。下面分别对这两个思路进行介绍。

装配的约束要足够，比如定位的约束，两个零件之间是通过面对齐，中心轴对齐，坐标点对齐，或者对齐的面与面偏移一定的距离，面与面之间、面与线之间、线与线之间具有一定的角度等，这些约束条件在三维机械装配图的绘制过程中，如果考虑不慎，将决定装配效果的好坏。

适当的配合是指在机械设计中，基本尺寸相同的相互结合的孔和轴公差带之间的关系，根据它们的尺寸过渡关系，可将其分为：间隙配合、过盈配合、过渡配合。在绘制三维装配零件时，配合关系的确定是进行三维机械装配图的设计时必须考虑的因素之一。

12.2　绘制三维装配图的方法

绘制三维装配图一般有三种方法：第一种方法是按照装配关系，在同一个绘图区中，逐个地绘制零件的三维图，最后完成三维装配图；第二种方法是先绘制单个零件，然后将其创建块的形式，通过三维旋转、三维移动等编辑命令对所引入的块进行位置的确定，最后进行总装配；第三种方法与第二种方法类似，先绘制好各个零件图，然后分别将各个零件依次复制到同一个视图中，并进行三维编辑，直到装配图完成。后两种方法较为简单。

在装配图的绘制之前，要先定好基准，然后根据所绘制的装配图的特点，选择上面介绍的三种方法进行装配图的绘制。下面绘制的齿轮泵的例子遵循的原则是先里后内的思路，以插入块的方式创建装配体。

12.3 三维装配图举例——装配减速器

本节通过绘制如图 12-1 所示的减速器装配体介绍使用装配方法绘制装配图的步骤，减速器由箱体、箱体端盖、油标尺、小齿轮组件和大齿轮组件等子装配体和零件组成。该装配图的绘制采用先绘制各个子装配体的零件，然后创建子装配体，最后完成减速器总装。

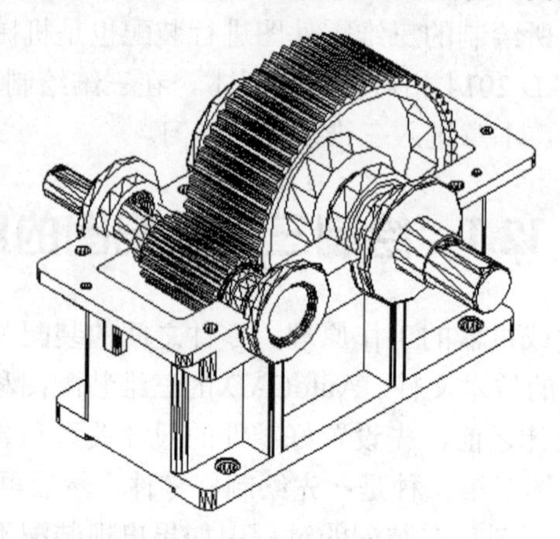

图 12-1 减速器总装图

12.3.1 实例 45——箱体的绘制

本节绘制如图 12-2 所示的箱体，具体操作步骤如下。

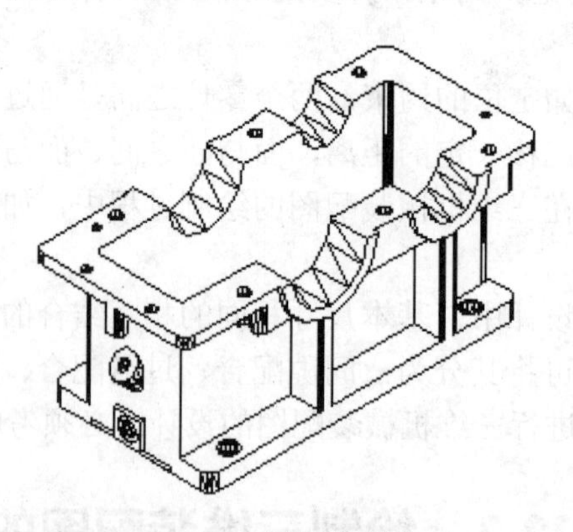

图 12-2 减速器箱体

（1） 启动 AutoCAD 2014 以后，选择“视图”|“三维视图”|“西南等轴测”命令，将当前视图设置为西南等轴测。

（2） 选择“文件”|“新建”命令，系统弹出“选择样板”对话框，单击“打开”右侧的下拉按钮▾，选择“无样板打开-公制（M）”方式建立新文件，进入绘图界面。

（3） 选择“绘图”|“建模”|“长方体”命令，绘制底板，命令行提示如下：

```
命令: _box
指定第一个角点或 [中心 (C) ]: 0,0,0                        //输入第一个角点坐标
指定其他角点或 [立方体 (C) /长度 (L) ]: L                  //键入"L",指定长方体的长度
指定长度 <2120.0000>: 370                                   //输入长度
指定宽度 <120.0000>:192                                     //输入宽度
指定高度或 [两点 (2P) ] <-250.0000>: 20                     //输入高度，效果如图 12-3 所示
```

（4） 继续使用“长方体”命令，绘制中间膛体和顶面，其中，中间膛体的第一个角点为（0,35,20），长度分别为 370，宽度分别为 122，高度分别为 138，顶面的第一个角点为（-27,3,158），长度分别为 424，宽度分别为 186，高度分别为 12，创建完成后的效果如图 12-4 所示。

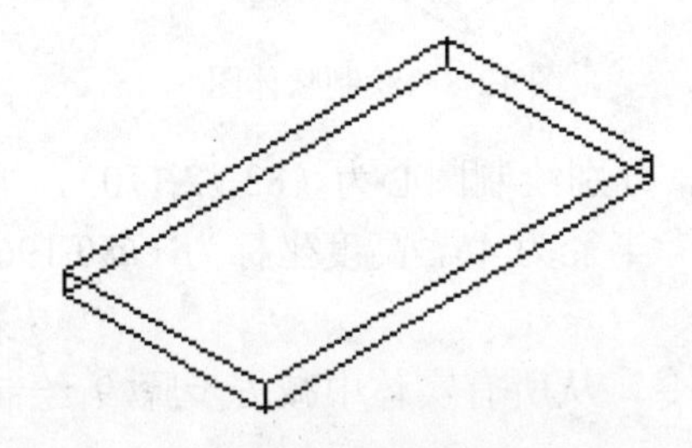

图 12-3　绘制底板图

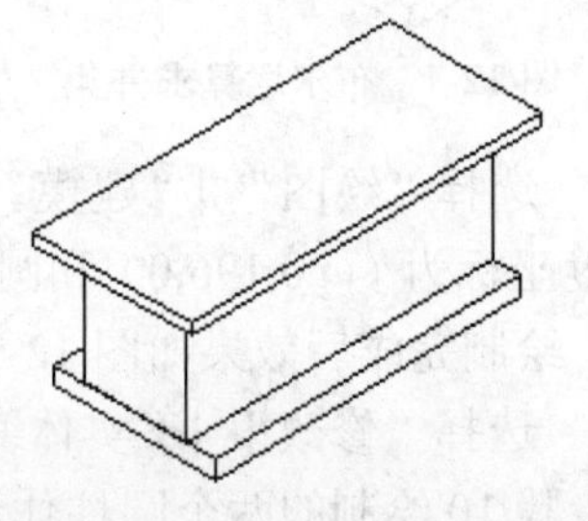

图 12-4　绘制底板、中间膛体和顶面图

（5） 选择“绘图”|“建模”|“圆柱体”命令，命令行提示如下：

```
命令: _cylinder
指定底面的中心点或 [三点(3P)/两点(2P)/切点、切点、半径(T)/椭圆(E)]:83,-2,170
//输入圆柱底面中心坐标
指定底面半径或 [直径 (D) ] <15.0000>: 46                    //输入底面半径
指定高度或 [两点 (2P) /轴端点 (A) ] <-95.0000>: A           //输入 A，以相对坐标方式指定
圆柱高度
指定轴端点: @0,196,0                                        //输入中心轴端点坐标
```

（6） 继续使用“圆柱体”命令，绘制圆心为（228,-2,170），半径为 57，高度坐标为（@0,196,0）的圆柱体，绘制完成后效果如图 12-5 所示。

（7） 选择“绘图”|“建模”|“长方体”命令，绘制角点分别为（0,3,130），（75,0,20）和（220,0,20），长度分别为 310，16，16，宽度分别为 186，192，192，高度分别为 40，120，120 的 3 个长方体，绘制完成后的效果如图 12-6 所示。

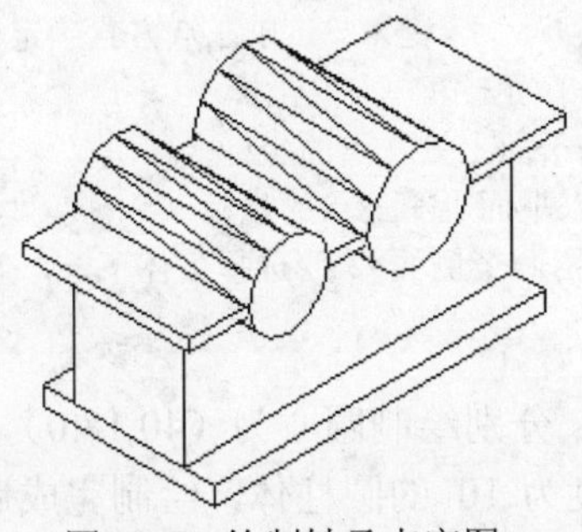

图 12-5　绘制轴承支座图

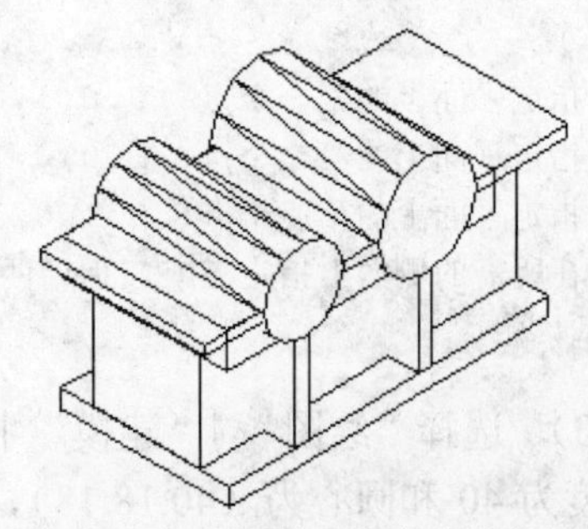

图 12-6　绘制轴承支座和肋板图

（8） 选择“修改”|“实体编辑”|“并集”命令，对以上步骤绘制的所有实体进行合

并操作，效果如图 12-7 所示。

（9） 继续使用“长方体”命令，绘制角点为（8,43,13），长度为 354，宽度为 106，高度为 200 的长方体，创建完成后的效果如图 12-8 所示。

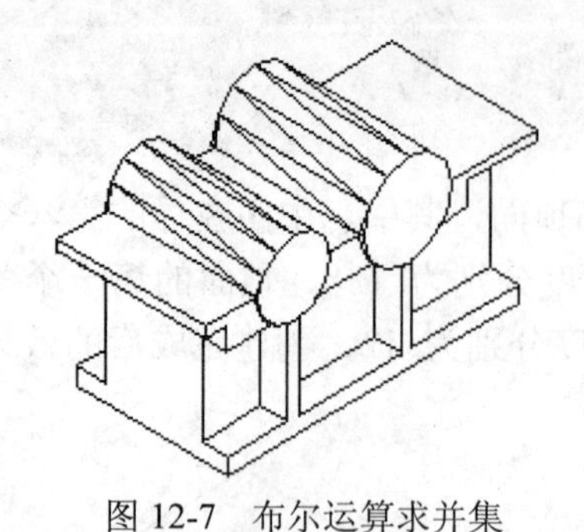

图 12-7 布尔运算求并集

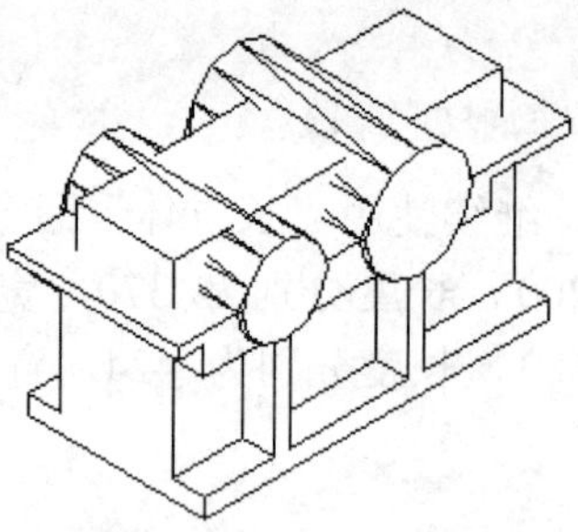

图 12-8 绘制腔体图

（10） 选择“绘图”|“建模”|“圆柱体”命令，分别绘制圆心为（83,-2,170），半径为 30，高度坐标为（@0,196,0）和圆心为（228,-2,170），半径为 45，高度坐标为（@0,196,0）的圆柱体，绘制完成后效果如图 12-9 所示。

（11） 选择“修改”|“实体编辑”|“差集”命令，从所有实体中减去步骤 9 绘制的长方体和步骤 10 绘制的两个圆柱体，效果如图 12-10 所示。

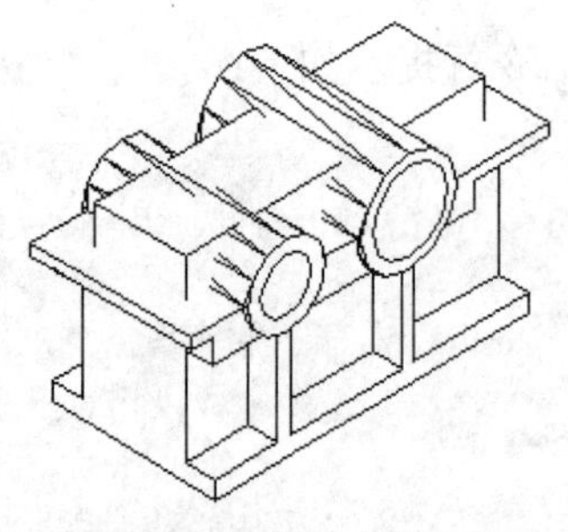

图 12-9 绘制轴承通孔图

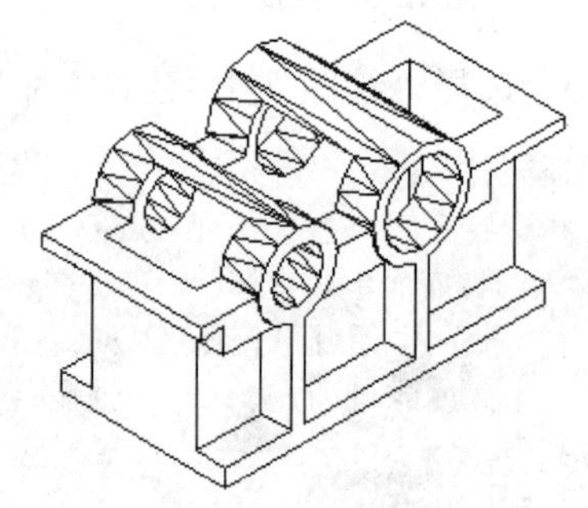

图 12-10 布尔运算求差集

（12） 选择“绘图”|“三维操作”|“剖切”命令，命令行提示如下：

```
命令：_slice
选择要剖切的对象：找到 1 个                    //选择箱体主体
选择要剖切的对象：                             //按回车键，完成对象选择
指定切面的起点或［平面对象（O）/曲面（S）/Z 轴（Z）/视图（V）/XY（XY）/YZ（YZ）/ZX（ZX）/三点（3）］<三点>：3         //键入 3，以三点方式确定切面
指定平面上的第一个点：0,0,170          //输入平面上第一点的坐标
指定平面上的第二个点：100,0,170        //输入平面上第二点的坐标
指定平面上的第三个点：0,100,170        //输入平面上第三点的坐标
在所需的侧面上指定点或［保留两个侧面（B）］<保留两个侧面>://选择箱体下方，效果如图 12-11 所示
```

（13） 选择“绘图”|“建模”|“圆柱体”命令，分别绘制圆心为（40,18,0），半径为 8.5，高度为 40 和圆心为（40,18,18），半径为 11，高度为 10 的圆柱体，绘制完成后效果如图 12-12 所示。

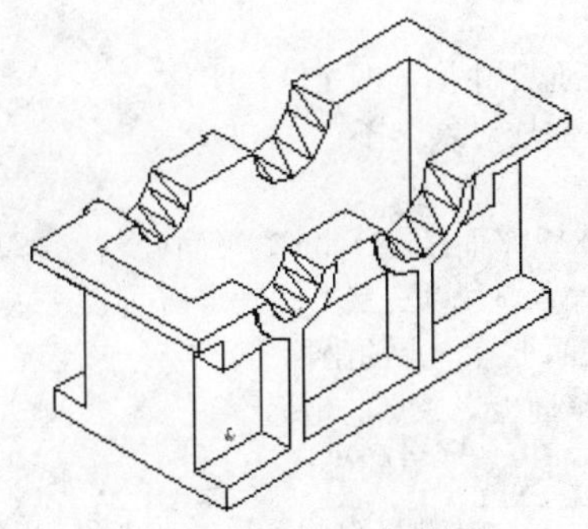

图 12-11　剖切实体图

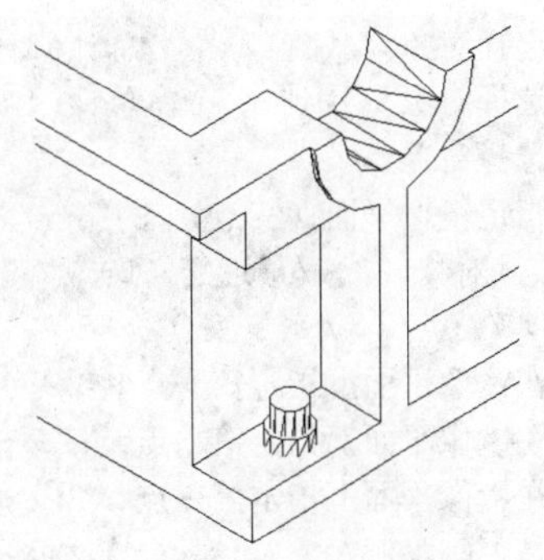

图 12-12　绘制底座沉孔

（14）　选择“修改”|“三维操作”|“三维阵列”命令，命令行提示如下：

```
命令: _3darray
选择对象: 找到 1 个                                    //选择第13步绘制的半径为8.5的圆柱体
选择对象: 找到 1 个，总计 2 个                         //选择第 13 步绘制的半径为 11 的圆柱体
选择对象:                                              //按回车键，完成对象选择
输入阵列类型 [矩形(R)/环形(P)] <矩形>:                 //按回车键，进行矩形阵列
输入行数 (---) <1>: 2                                  //输入阵列行数
输入列数 (|||) <1>: 2                                  //输入阵列列数
输入层数 (...) <1>:                                    //输入阵列层数
指定行间距 (---) : 156                                 //输入行间距
指定列间距 (|||) : 290                                 ///输入列间距，绘制完成后效果如图
12-13 所示
```

（15）　选择“绘图”|“建模”|“圆柱体”命令，分别绘制圆心为（19,18,100），半径为 6.5，高度为 80 和圆心为（19,18,120），半径为 10，高度为 12 的圆柱体，绘制完成后效果如图 12-14 所示。

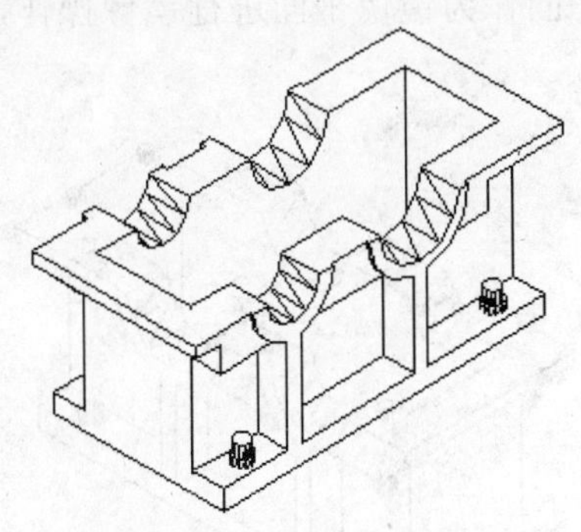

图 12-13　矩形阵列图形

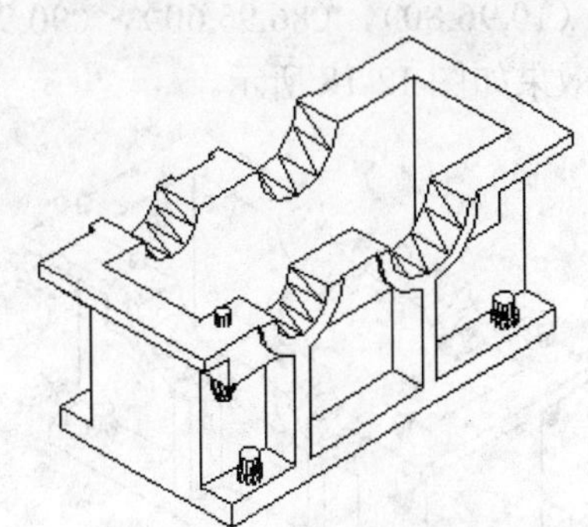

图 12-14　绘制螺栓通孔

（16）　选择“修改”|“三维操作”|“三维阵列”命令，对步骤 15 绘制的两个圆柱体进行行数和列数均为 2，层数为 1，行间距为 156，列间距为 125 的矩形阵列，阵列完成后效果如图 12-15 所示。

（17）　选择“修改”|“三维操作”|“三维镜像”命令，命令行提示如下：

```
命令: _mirror3d
选择对象: 找到 1 个
选择对象: 找到 1 个，总计 2 个
```

```
选择对象：找到 1 个，总计 3 个
选择对象：找到 1 个，总计 4 个        //选取阵列后位于中间的四个圆柱实体
选择对象：                           //按回车键，完成对象选择
指定镜像平面（三点）的第一个点或
  [对象（O）/最近的（L）/Z 轴（Z）/视图（V）/XY 平面（XY）/YZ 平面（YZ）/ZX 平面（ZX）/三点（3）] <三点>: 3          //输入 3，以三点方式确定切面
在镜像平面上指定第一点：228,0,170     //输入平面上第一点的坐标
在镜像平面上指定第二点：228,10,89      //输入平面上第二点的坐标
在镜像平面上指定第三点：228,56,50     //输入平面上第三点的坐标
是否删除源对象？[是（Y）/否（N）] <否>://按回车键，不删除源对象，绘制完成后效果如图 12-16 所示
```

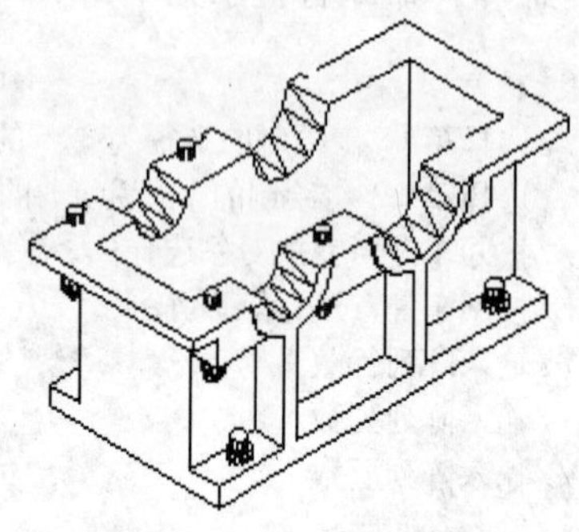

图 12-15　矩形阵列图形

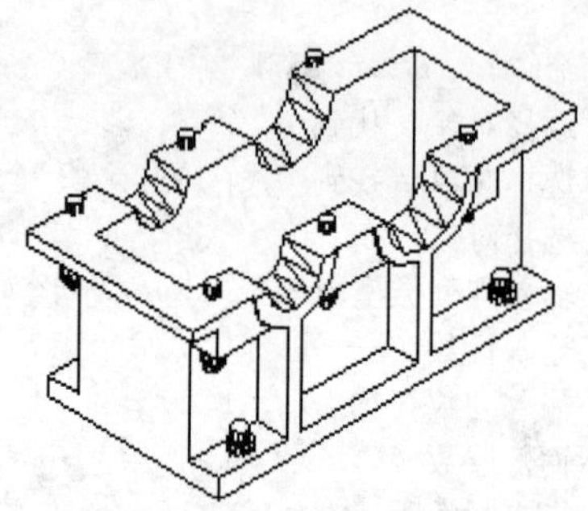

图 12-16　三维镜像图形

（18）选择"绘图"|"建模"|"圆柱体"命令，分别绘制圆心为（386,56,150），半径为 5.5，高度为 30 和圆心为（386,56,150），半径为 8，高度为 10 的圆柱体，绘制完成后效果如图 12-17 所示。

（19）选择"修改"|"三维操作"|"三维镜像"命令，对步骤 18 绘制的两个圆柱体，以三点（10,96,80），（86,96,60），（90,96,45）所在的平面作为镜像平面进行镜像操作，镜像完成后效果如图 12-18 所示。

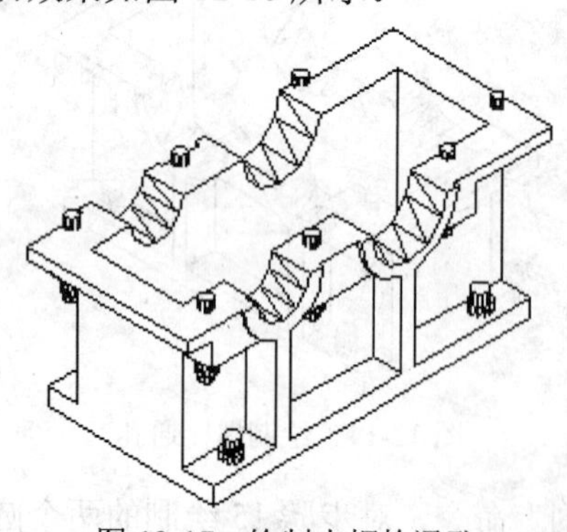

图 12-17　绘制小螺栓通孔

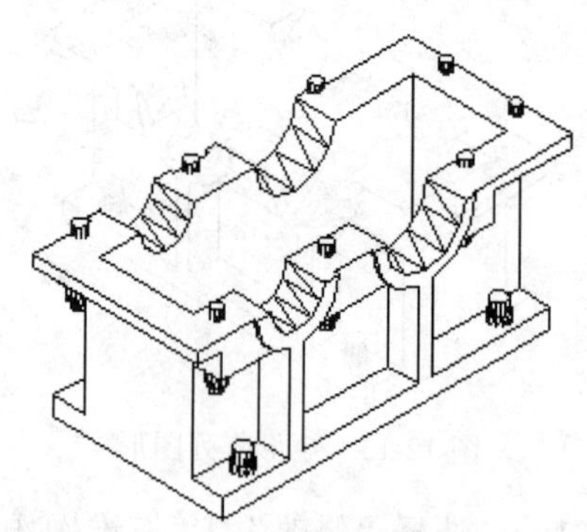

图 12-18　三维镜像图形

（20）选择"绘图"|"建模"|"圆柱体"命令，分别绘制圆心为（337,19,150），半径为 4.5，高度为 30 和圆心为（-15,136,150），半径为 4.5，高度为 30 的圆柱体，绘制完成后效果如图 12-19 所示。

（21）选择"修改"|"实体编辑"|"差集"命令，从箱体实体中减去所有圆柱体，完成后效果如图 12-20 所示。

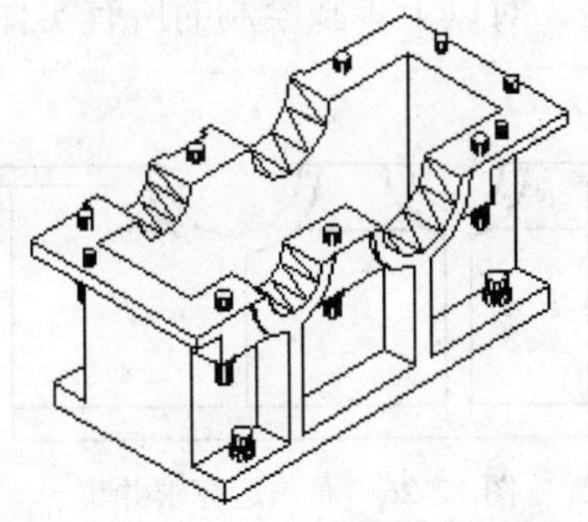
图 12-19　绘制销孔

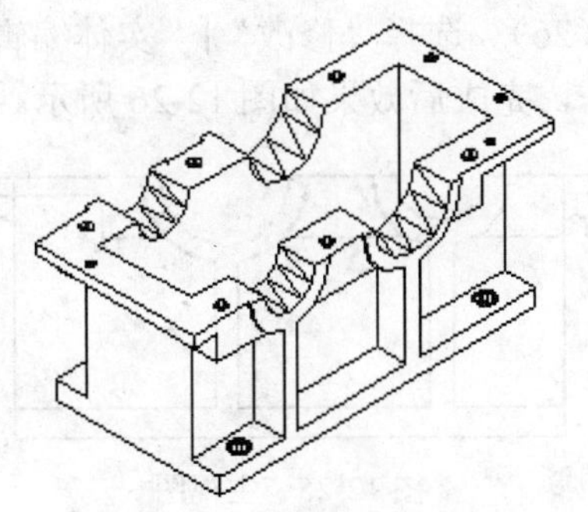
图 12-20　绘制箱体孔系

（22） 选择“绘图”|“建模”|“长方体”命令，绘制角点分别为（-27,86,130）和（370,86,130），长度均为 27，宽度均为 20，高度均为 40 的两个长方体，绘制完成后的效果如图 12-21 所示。

（23） 选择“绘图”|“建模”|“圆柱体”命令，分别绘制底面圆心为（-8,80,137），（-8,110,137），半径为 8 和底面圆心为（378,80,137），（378,110,137），半径为 8 的两个圆柱体，绘制完成后的效果如图 12-22 所示。

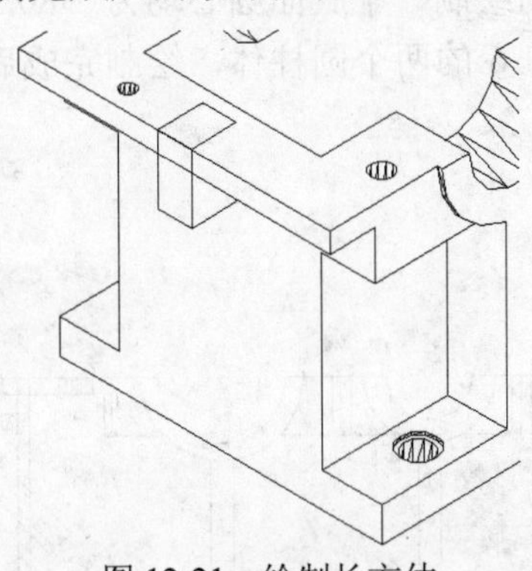
图 12-21　绘制长方体

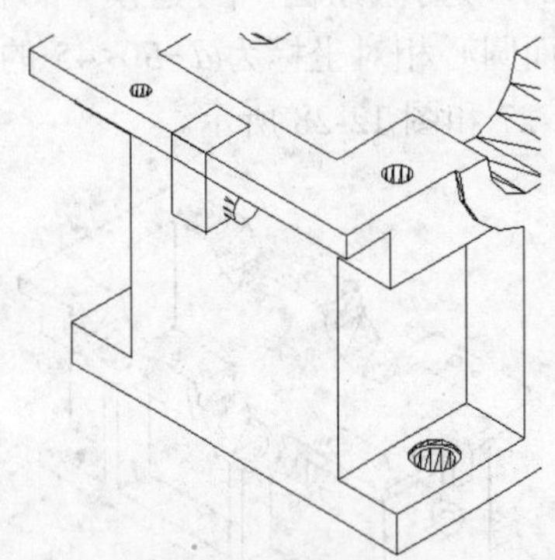
图 12-22　绘制圆柱体

（24）选择“绘图”|“建模”|“长方体”命令，绘制角点分别为(-16,86,120)和(370,86,120)，长度均为 16，宽度均为 20，高度均为 17 的两个长方体，创建完成后的效果如图 12-23 所示。

（25） 选择“修改”|“实体编辑”|“差集”命令，从第 22 步绘制的长方体中减去步骤 23 绘制的圆柱体和步骤 24 绘制的小长方体，效果如图 12-24 所示，将视图方向切换为“主视图”方向，效果如图 12-25 所示。

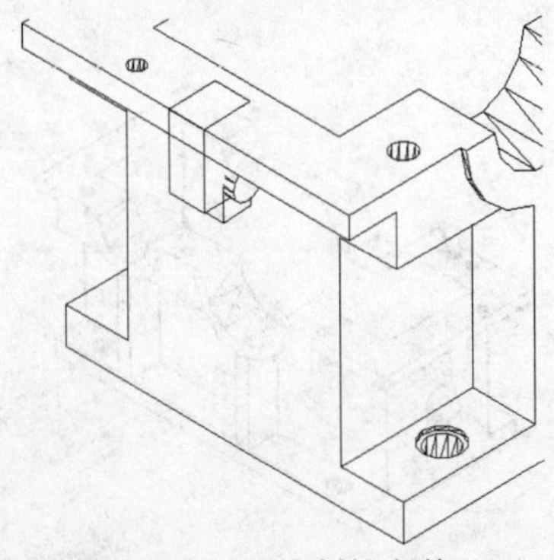
图 12-23　绘制长方体

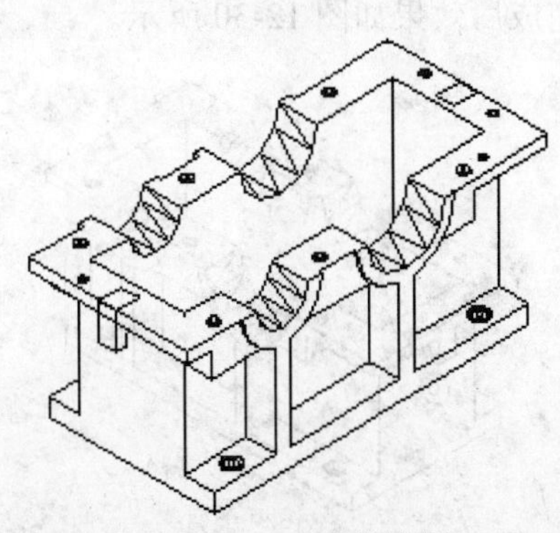
图 12-24　西南等轴测

（26） 选择“修改”|“实体编辑”|“并集”命令，对以上步骤绘制的所有实体进行合并操作，完成后效果如图 12-26 所示。

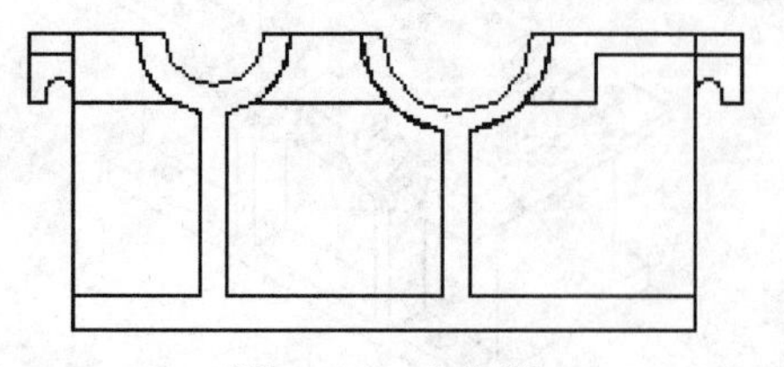

图 12-25 主视图

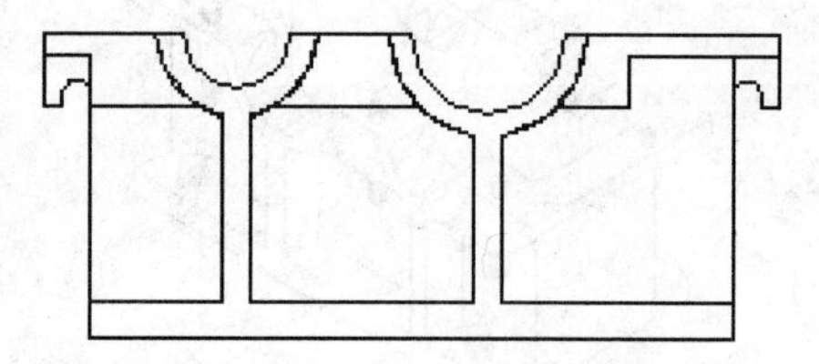

图 12-26 布尔运算求并集

（27） 在命令行中输入 UCS 命令，将当前坐标系统绕 X 轴旋转 45°，命令行提示如下：

```
命令: ucs
当前 UCS 名称: *世界*
指定 UCS的原点或 [面(F)/命名(NA)/对象(OB)/上一个(P)/视图(V)/世界(W)/X/Y/Z/Z轴(ZA)] <世界>: x                //输入 x，原坐标系统 x 轴旋转生成新坐标系
指定绕 X 轴的旋转角度 <90>: 45                //键入旋转角度
```

（28）选择“绘图”|“建模”|“圆柱体”命令，分别绘制一个底面圆心均为(380,90,-96)，另一底面圆心相对坐标为@-50<45 的半径分别为 15 和 6 的两个圆柱体，绘制完成后的效果如图 12-27 和图 12-28 所示。

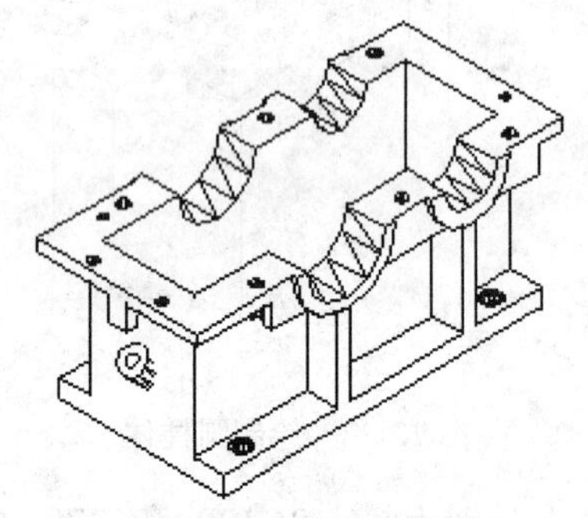

图 12-27 东北等轴测

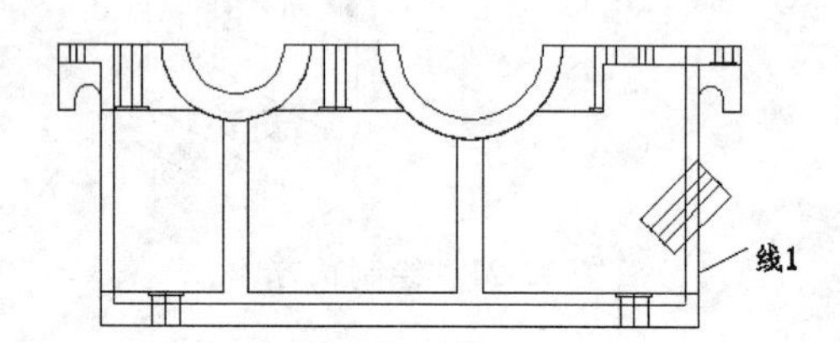

图 12-28 主视图

（29） 选择“绘图”|“三维操作”|“剖切”命令，剖切掉两个圆柱体在线 1 的左侧部分的实体，剖切结果如图 12-29 所示。

（30） 选择“工具”|“实体编辑”|“并集”命令，将箱体和大圆柱体合并为一个整体，完成后效果如图 12-30 所示。

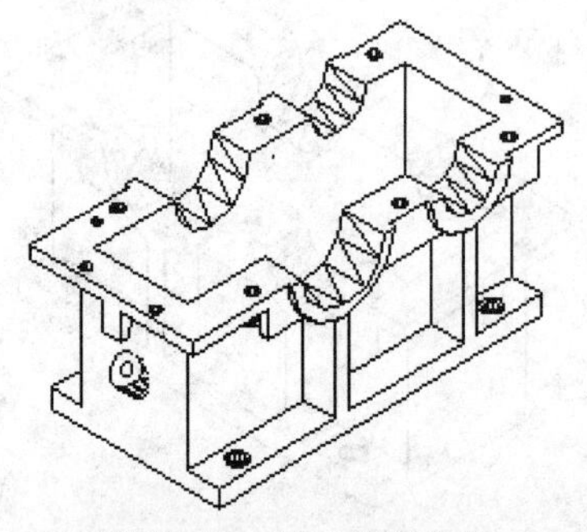

图 12-29 剖切掉圆柱体

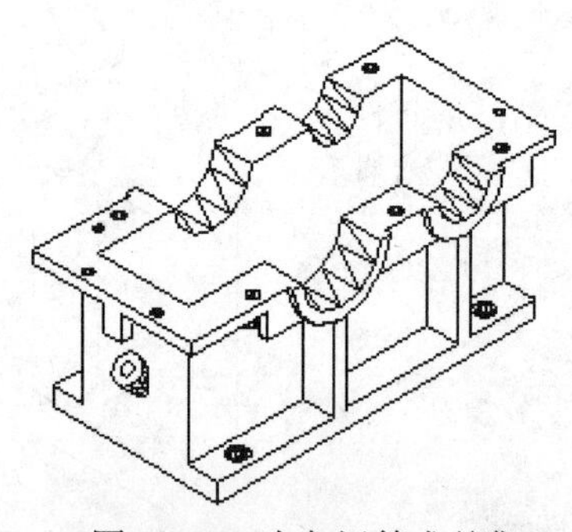

图 12-30 布尔运算求并集

（31） 选择“修改”|“实体编辑”|“差集”命令，从箱体中减去小圆柱体，形成油标尺插孔，完成后效果如图 12-31 所示。

（32） 在命令行中输入 UCS 命令，恢复世界坐标系。

（33）选择“绘图”|“建模”|“圆柱体”命令，分别绘制底面圆心为（360,96,21），（400,96,21），半径为 8 和底面圆心为（373,96,21），（380,96,21），半径为 12 的两个圆柱体。

（34） 选择“绘图”|“建模”|“长方体”命令，绘制角点为（370,80,5），长度为 5，宽度为 32，高度为 32 的长方体，绘制完成后的效果如图 12-32 所示。

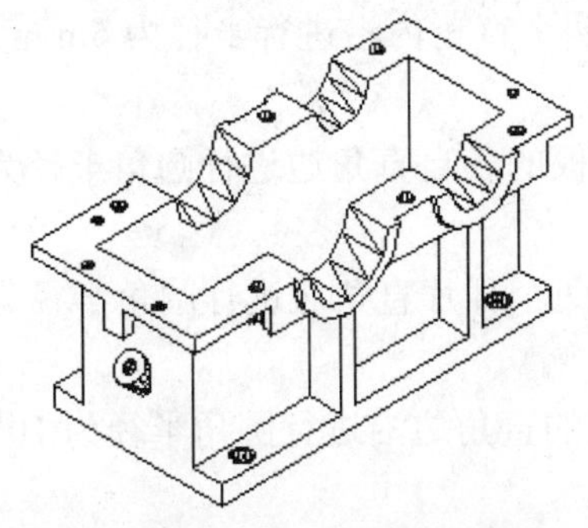

图 12-31 布尔运算求差集

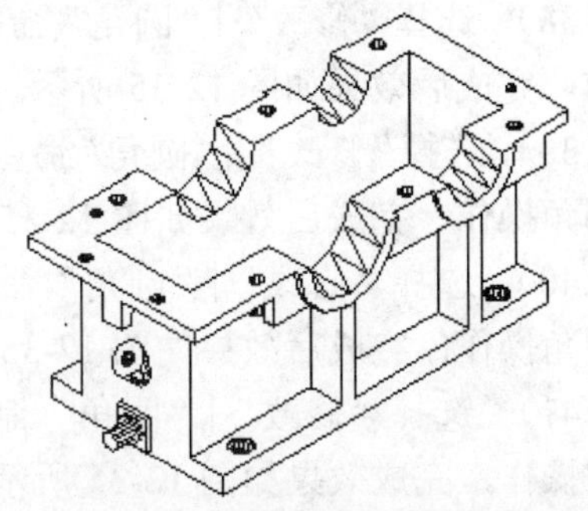

图 12-32 绘制圆柱体与长方体

（35） 选择“工具”|“实体编辑”|“并集”命令，将箱体和长方体合并为一个整体，完成后效果如图 12-33 所示。

（36） 选择“修改”|“实体编辑”|“差集”命令，从箱体中减去大、小圆柱体，形成放油孔，完成后效果如图 12-34 所示。

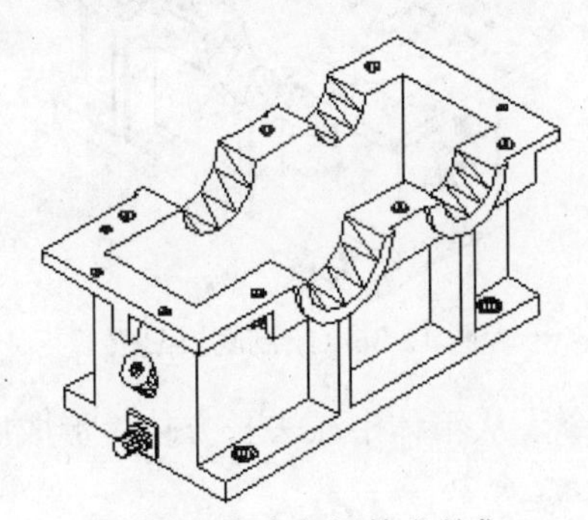

图 12-33 布尔运算求并集

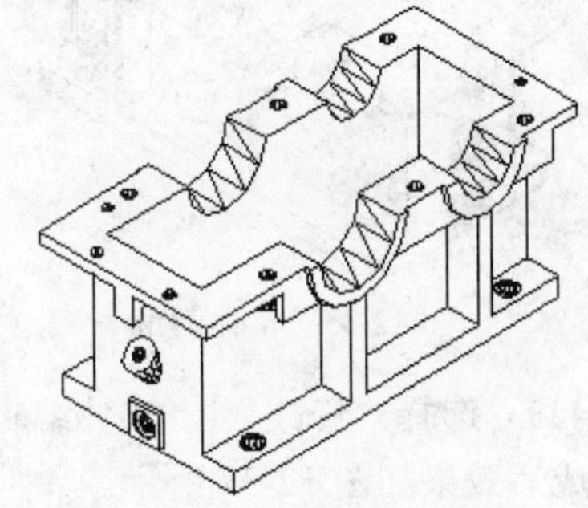

图 12-34 布尔运算求差集

（37） 选择“修改”|“圆角”命令，对箱体底板、中间膛体和顶板的各自 4 个直角外沿倒圆角，圆角半径为 10 mm，效果如图 12-35 所示。命令行提示如下：

```
命令: _fillet
当前设置: 模式 = 修剪, 半径 = 10.0000
选择第一个对象或 [放弃 (U) /多段线 (P) /半径 (R) /修剪 (T) /多个 (M) ]:
输入圆角半径或 [表达式 (E) ]: 10
选择边或 [链 (C) /环 (L) /半径 (R) ]: // 对箱体底板四个直角外沿倒圆角
选择边或 [链 (C) /环 (L) /半径 (R) ]: // 对箱体底板四个直角外沿倒圆角
选择边或 [链 (C) /环 (L) /半径 (R) ]: // 对箱体底板四个直角外沿倒圆角
选择边或 [链 (C) /环 (L) /半径 (R) ]: // 对箱体底板四个直角外沿倒圆角
选择边或 [链 (C) /环 (L) /半径 (R) ]: // 对中间膛体四个直角外沿倒圆角
```

```
选择边或 [链（C）/环（L）/半径（R）]: // 对中间膛体四个直角外沿倒圆角
选择边或 [链（C）/环（L）/半径（R）]: // 对中间膛体四个直角外沿倒圆角
选择边或 [链（C）/环（L）/半径（R）]: // 对中间膛体四个直角外沿倒圆角
选择边或 [链（C）/环（L）/半径（R）]: // 对顶板四个直角外沿倒圆角
选择边或 [链（C）/环（L）/半径（R）]: // 对顶板四个直角外沿倒圆角
选择边或 [链（C）/环（L）/半径（R）]: // 对顶板四个直角外沿倒圆角
选择边或 [链（C）/环（L）/半径（R）]: // 对顶板四个直角外沿倒圆角
已选定 12 个边用于圆角
```

（38） 选择“修改”|“圆角”命令，对箱体膛体四个直角内沿进行半径为 5 mm 的倒圆角操作，完成后效果如图 12-35 所示。

（39） 选择“修改”|“圆角”命令，对箱体前后肋板的各自直角边进行圆角半径为 3 mm 的倒圆角操作，完成后效果如图 12-35 所示。

（40） 选择“修改”|“圆角”命令，对箱体左右两个耳片直角边进行圆角半径为 5 mm 的倒圆角操作，完成后效果如图 12-35 所示。

（41） 选择“修改”|“圆角”命令，对螺栓筋板的直角边沿进行圆角半径为 10 mm 的倒圆角操作，完成效果如图 12-35 所示。

（42） 选择“绘图”|“建模” | “长方体”命令，绘制角点为（0,46,0），长度为 370，宽度为 100，高度为 5 的长方体，绘制完成后的效果如图 12-36 所示。

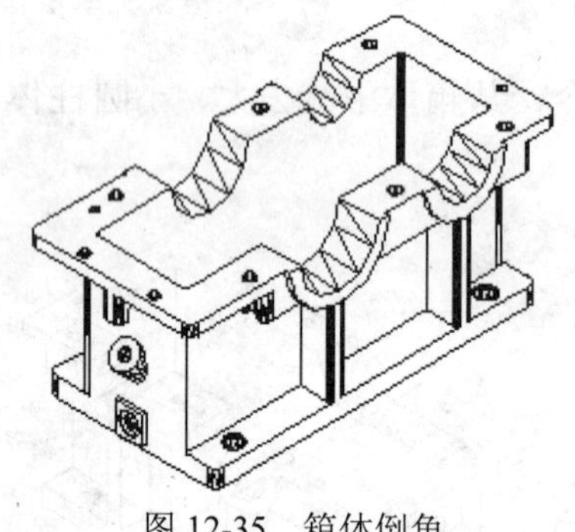

图 12-35 箱体倒角

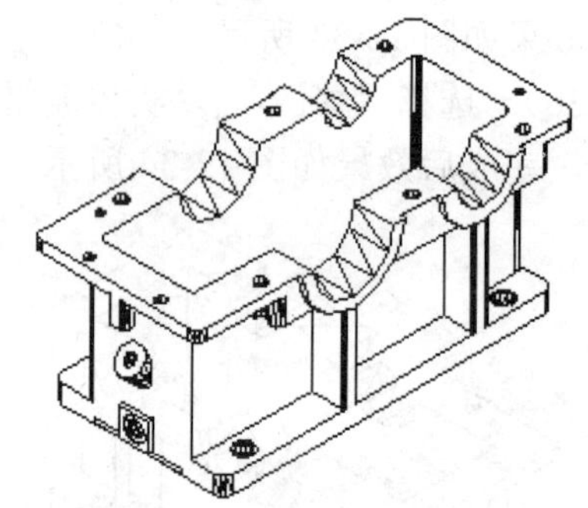

图 12-36 绘制底板凹槽

（43） 选择“修改”|“实体编辑”|“差集”命令，从箱体中减去长方体，形成底板凹槽，完成后效果如图 12-37 所示。

（44） 选择“修改”|“圆角”命令，对凹槽的直角内沿进行圆角半径为 5 mm 的倒圆角操作，完成后效果如图 12-38 所示。

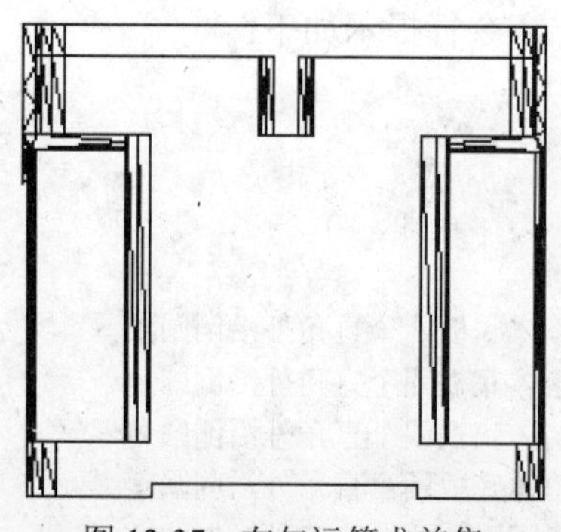

图 12-37 布尔运算求差集

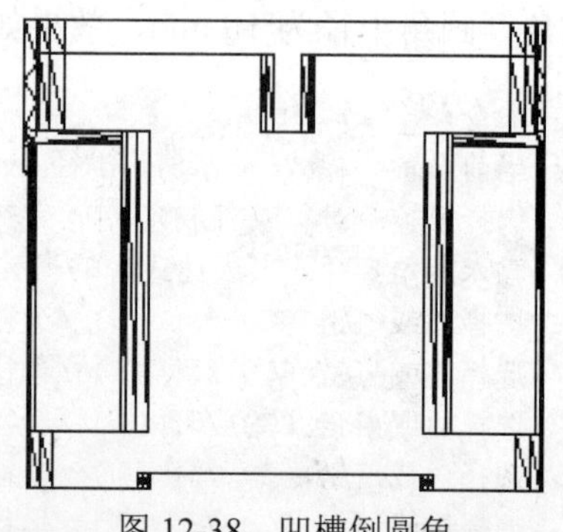

图 12-38 凹槽倒圆角

（45） 选择“绘图”|“块”|“创建”命令，打开如图 12-39 所示的“块定义”对话框，单击“选择对象”按钮，回到绘图窗口，选取箱体实体，按回车键，回到“块定义”对话框，在“名称”文本框中输入“三维箱体图块”。基点设置为（0,92,0）单击“确定”按钮，完成零件图块的创建。

（46） 在命令行中输入“WBLOCK”命令，按回车键，打开如图 12-40 所示的“写块”对话框，选择“块”模式，并输入“三维箱体图块”，在“目标”选项组中选择路径和文件名，然后单击“确定”按钮，完成零件图块的保存。

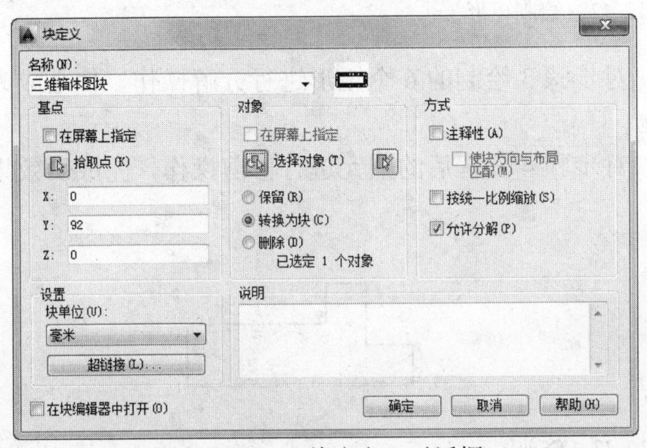

图 12-39 “块定义”对话框

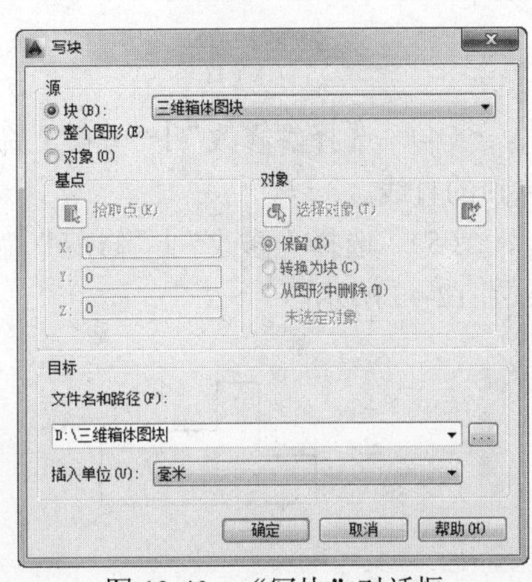

图 12-40 “写块”对话框

12.3.2 实例 46——箱体端盖的绘制

本节绘制如图 12-41 所示的箱体端盖，具体操作步骤如下。

图 12-41 减速器箱体端盖

（1） 选择“文件”|“新建”命令，系统弹出“选择样板”对话框，单击“打开”右侧的下拉按钮，选择“无样板打开-公制（M）”方式建立新文件，进入绘图界面。

（2） 选择“绘图”|“矩形”命令，命令行提示如下：

```
命令: _rectang //绘制矩形
指定第一个角点或 [倒角(C)/标高(E)/圆角(F)/厚度(T)/宽度(W)]: -46,0 //输入矩形的第一个角点的坐标
指定另一个角点或 [面积(A)/尺寸(D)/旋转(R)]: 0,10 //输入矩形的另一个角点的坐标
```

（3） 继续使用“矩形”命令，依次绘制角点为（-34,10）和（0,25）、（-25,15）和（0,25）、（93,0）和（150,10）、（105,10）和（150,25）、（115,15）和（150,25）的矩形，绘制完成的效果如图 12-42 所示。

图 12-42 绘制矩形

（4） 选择“修改”|“分解”命令，对步骤 3 绘制的 6 个矩形进行分解操作，使之成为单独的直线。

（5） 选择“修改”|“修剪”命令，对步骤 4 分解后的图元进行修剪操作，完成后效果如图 12-43 所示。

图 12-43 修剪图形

（6） 选择“修改”|“倒角”命令，对端盖绘制 2×45° 的倒直角。

（7） 选择“修改”|“圆角”命令，圆角半径为 5 mm，对端盖内壁倒圆角。

（8） 选择“绘图”|“矩形”命令，尺寸为 2×2，绘制内凹槽。

（9） 选择“修改”|“分解”命令，对步骤 8 绘制的矩形进行分解操作，使之成为单独的直线。

（10） 选择“修改”|“修剪”命令，对步骤 9 分解后的图元进行修剪操作，完成后效果如图 12-44 所示。

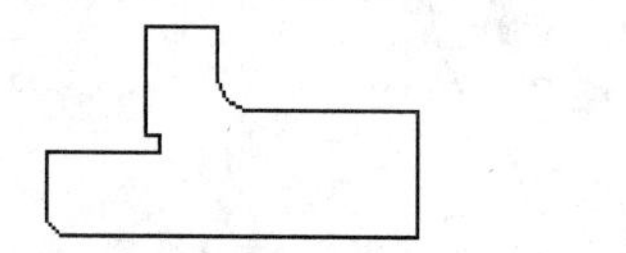
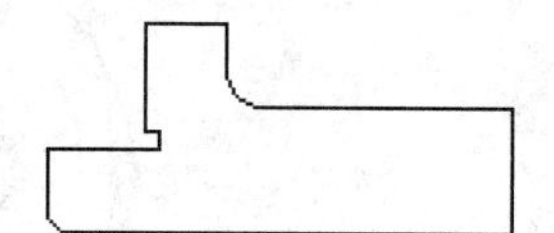

图 12-44 细化图形

（11） 选择“修改”|“对象”|“多段线”命令，将左边这组闭合多线段分别合并为一条多段线。命令行提示如下：

```
命令: _pedit 选择多段线或 [多条 (M) ]: m  //合并左边这组多线段
选择对象: 指定对角点: 找到 15 个
选择对象:
是否将直线和圆弧转换为多段线? [是 (Y) /否 (N) ]? <Y>
输入选项 [闭合 (C) /打开 (O) /合并 (J) /宽度 (W) /拟合 (F) /样条曲线 (S) /非曲线化 (D) /线型生成 (L) /放弃 (U) ]: j
合并类型 = 延伸
输入模糊距离或 [合并类型 (J) ] <1.0000>:
```

```
多段线已增加 13 条线段
输入选项 [闭合（C）/打开（O）/合并（J）/宽度（W）/拟合（F）/样条曲线（S）/非曲线化（D）/线型生成（L）/放弃（U）]:
```

（12） 继续使用“修改”|“对象”|“多段线”命令，继续对图 12-44 的右边这组闭合多线段进行多段线合并操作。

（13） 选择“绘图”|“建模”|“旋转”命令，命令行提示如下：

```
命令: _revolve
当前线框密度: ISOLINES=8，闭合轮廓创建模式 = 实体
选择要旋转的对象或 [模式（MO）]: _MO 闭合轮廓创建模式 [实体（SO）/曲面（SU）] <实体>: _SO
选择要旋转的对象或 [模式（MO）]: 找到 1 个 //选择左侧轮廓线
选择要旋转的对象或 [模式（MO）]:
指定轴起点或根据以下选项之一定义轴 [对象（O）/X/Y/Z] <对象>: y //选择 Y 轴为旋转轴
指定旋转角度或 [起点角度（ST）/反转（R）/表达式（EX）] <360>: //按回车键，旋转 360°
命令: _revolve
当前线框密度: ISOLINES=8，闭合轮廓创建模式 = 实体
选择要旋转的对象或 [模式（MO）]: _MO 闭合轮廓创建模式 [实体（SO）/曲面（SU）] <实体>: _SO
选择要旋转的对象或 [模式（MO）]:找到 1 个 //选择右侧轮廓线
选择要旋转的对象或 [模式（MO）]:
指定轴起点或根据以下选项之一定义轴 [对象（O）/X/Y/Z] <对象>: 150,0
指定轴端点: 150,50//输入轴的两个端点
指定旋转角度或 [起点角度（ST）/反转（R）/表达式（EX）] <360>://按回车键，旋转 360°，完成后效果如图 12-45 所示
```

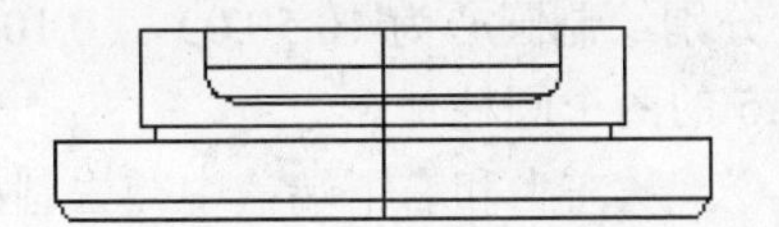
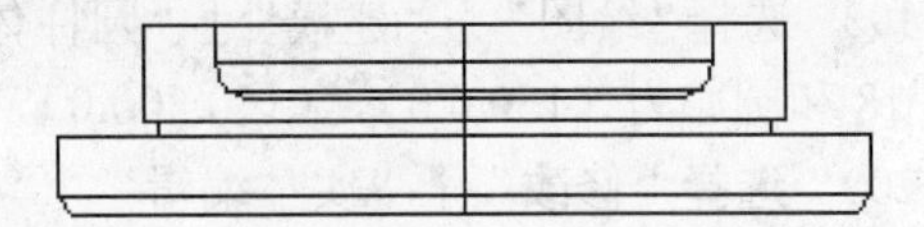

图 12-45 旋转实体

（14） 选择“修改”|“三维操作”| “三维镜像”命令，对步骤 13 绘制的两个端点，以三点（10,50,80），（86,50,60），（90,50,45）所在的平面作为镜像平面进行镜像操作，镜像完成后效果如图 12-46 所示。

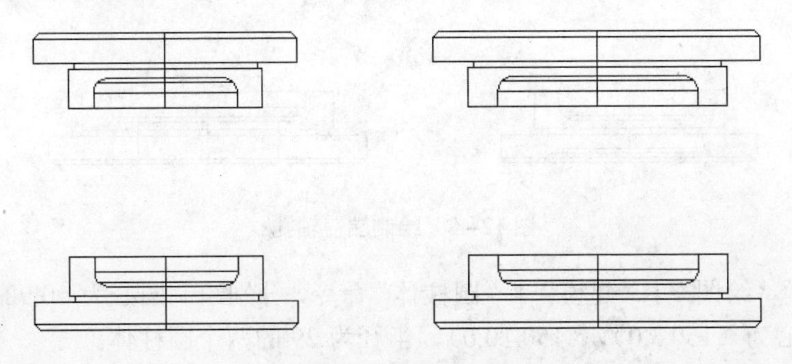

图 12-46 三维镜像图形

（15） 选择“绘图”|“建模”|“圆柱体”命令，命令行提示如下：

```
命令: _cylinder
指定底面的中心点或 [三点(3P)/两点(2P)/切点、切点、半径(T)/椭圆(E)]:0,0,0//输入圆柱底面中心坐标
指定底面半径或 [直径(D)] <15.0000>: 30          //输入底面半径
指定高度或 [两点(2P)/轴端点(A)] <-95.0000>:A
指定轴端点: 0,5,0                        //输入另一底面圆心坐标
```

（16） 继续使用“圆柱体”命令，绘制圆心为（150,100,0），（150,95,0），半径为 40 的圆柱体。

（17） 选择“修改”|“实体编辑”|“差集”命令，从左下和右上端盖中减去圆柱体，形成两个内凹面。

（18） 选择“修改”|“圆角”命令，对第 17 步完成的两个内凹面的直角内沿进行圆角半径为 5 mm 的倒圆角操作，完成后效果如图 12-47 所示。

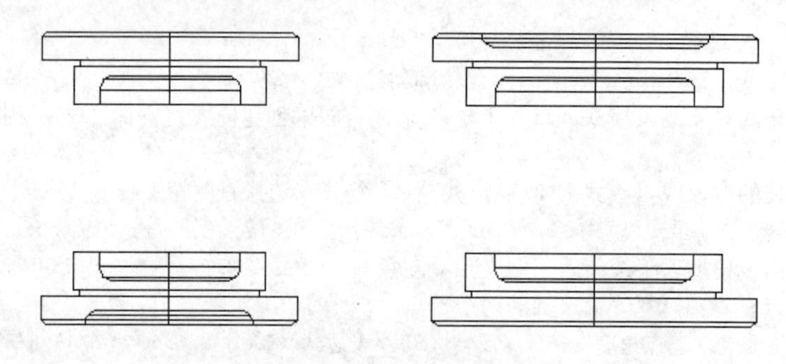

图 12-47　绘制端盖内凹面

（19） 选择“绘图”|“建模”|“圆柱体”命令，分别绘制圆心为（0,50,0），（0,100,0），半径为 18 和圆心为（150,0,0），（150,500,0），半径为 25 的两个圆柱体。

（20） 选择“修改”|“实体编辑”|“差集”命令，从左上和右下端盖中减去圆柱体，形成轴孔，效果如图 12-48 所示。

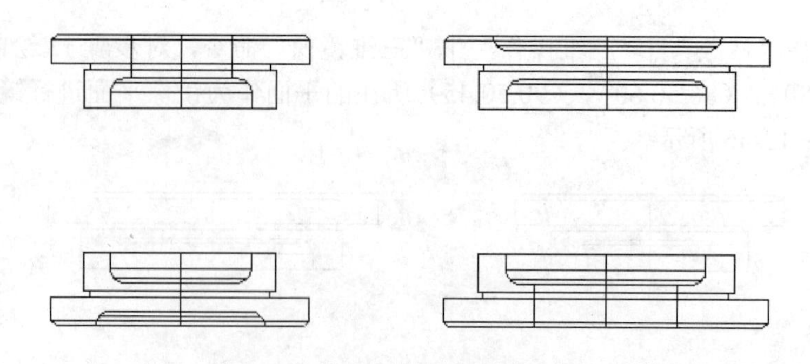

图 12-48　绘制端盖轴孔

（21） 选择“绘图”|“建模”|“圆柱体”命令，分别绘制圆心为（0,92,0），（0,97,0），半径为 21 和圆心为（150,3,0），（150,10,0），半径为 29 的两个圆柱体。

（22） 选择“修改”|“实体编辑”|“差集”命令，从左上和右下端盖中减去圆柱体，

形成油封槽，效果如图 12-49 所示。

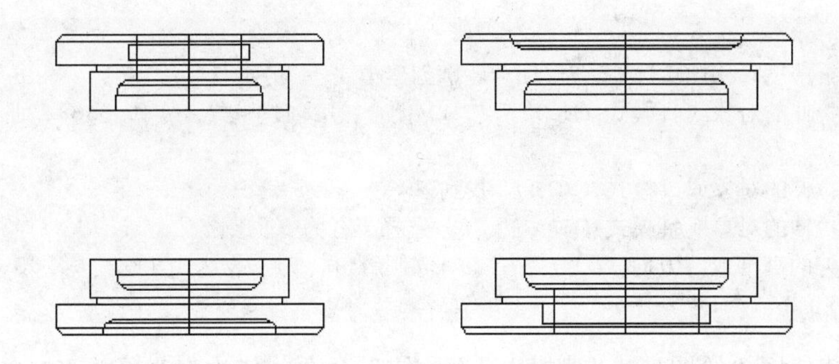

图 12-49　绘制端盖油封槽

（23） 选择“绘图”|“块”|“创建”命令，打开“块定义”对话框，单击“选择对象”按钮，回到绘图窗口，选取左下端盖实体，按回车键，回到“块定义”对话框，在“名称”文本框中输入“左下端盖图块”。基点设置为（0,0,0），单击“确定”按钮，完成零件图块的创建。

（24） 在命令行中输入“WBLOCK”命令，按回车键，打开“写块”对话框，选择“块”模式，并输入“左下端盖图块”，在“目标”选项组中选择路径和文件名。单击“确定”按钮，完成零件图块的保存。

（25） 参照步骤 23 和步骤 24 的操作方法，依次调用创建和保存图块命令，创建和保存左上端盖、右上端盖和右下端盖，“基点”设置依次为（0,100,0）、（150,100,0）、（150,0,0）。

12.3.3　实例 47——油标尺的绘制

本节绘制如图 12-50 所示的油标尺，具体操作步骤如下。

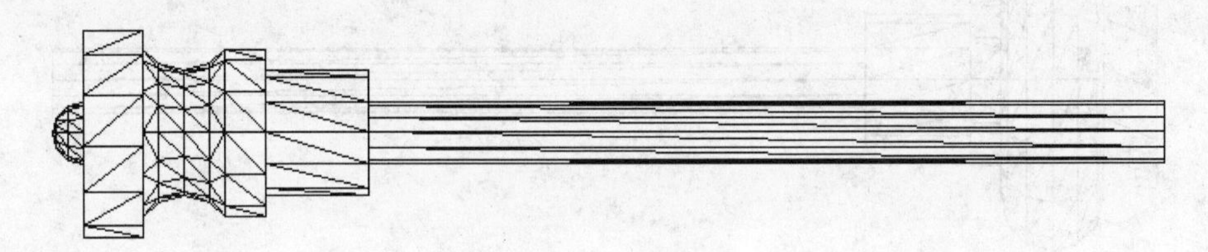

图 12-50　油标尺

（1） 选择“文件”|“新建”命令，系统弹出“选择样板”对话框，单击“打开”右侧的下拉按钮，选择“无样板打开-公制（M）”方式建立新文件，进入绘图界面。

（2） 选择“绘图”|“圆”|“圆心、半径”命令，命令行提示如下：

```
命令:_circle指定圆的圆心或 [三点(3P)/两点(2P)/切点、切点、半径(T)]:0,0  //绘制圆
指定圆的半径或 [直径(D)]: 3
```

（3） 继续使用“绘图”|“圆”|“圆心、半径”命令，绘制与半径为 3 的圆同心的，半径依次为 6、8 和 10 的圆，绘制完成后效果如图 12-51 所示。

（4） 选择“绘图”|“建模”|“拉伸”命令，对半径为 3 的圆进行高度为 100 的拉伸，

命令行提示如下：

```
命令： _extrude
当前线框密度： ISOLINES=8，闭合轮廓创建模式 = 实体
选择要拉伸的对象或 [模式（MO）]： _MO 闭合轮廓创建模式 [实体（SO）/曲面（SU）] <实体>： _SO
选择要拉伸的对象或 [模式（MO）]:找到 1 个
选择要拉伸的对象或 [模式（MO）]： // 选择半径为 3 的圆
指定拉伸的高度或 [方向（D）/路径（P）/倾斜角（T）/表达式（E）] <100>: 100//输入拉伸高度
```

（5） 继续使用“绘图” |“建模” |“拉伸”命令，依次对半径为 6、8、10 的圆进行高度为 22、12、-6 的拉伸，绘制完成后的效果如图 12-52 所示。

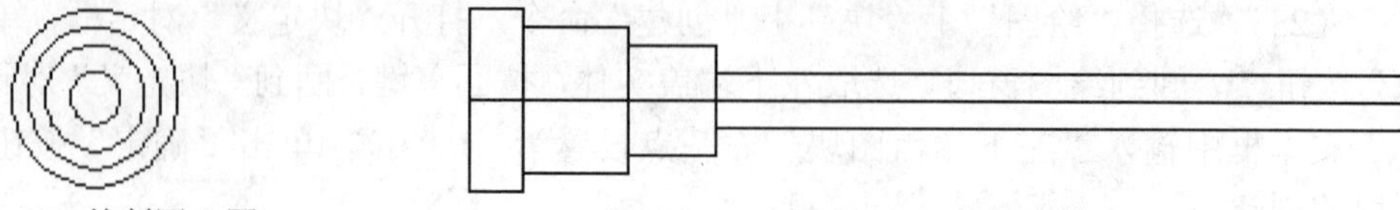

图 12-51 绘制同心圆　　图 12-52 拉伸实体

（6） 选择“绘图” |“建模” |“圆环体”命令，命令行提示如下：

```
命令： _torus
指定中心点或 [三点（3P）/两点（2P）/切点、切点、半径（T）]： 0,0,4
指定半径或 [直径（D）]： 11
指定圆管半径或 [两点（2P）/直径（D）]： 5 //完成后效果如图 12-53 所示
```

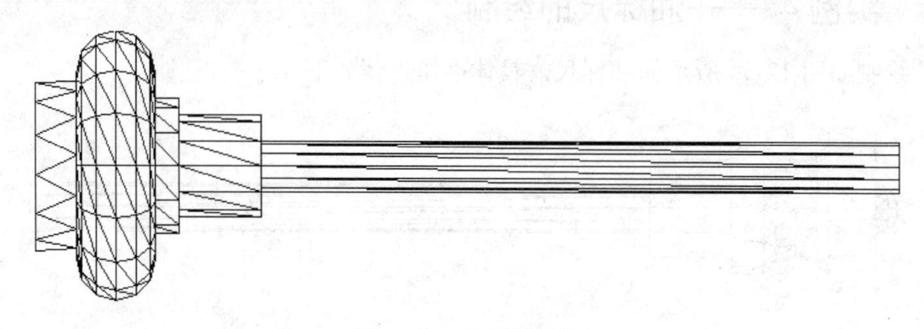

图 12-53 绘制圆环体

（7） 选择“修改” |“实体编辑”|“差集”命令，从半径为 8 mm 拉伸长度是 12 mm 的圆柱体中减去圆环体，完成后效果如图 12-54 所示。

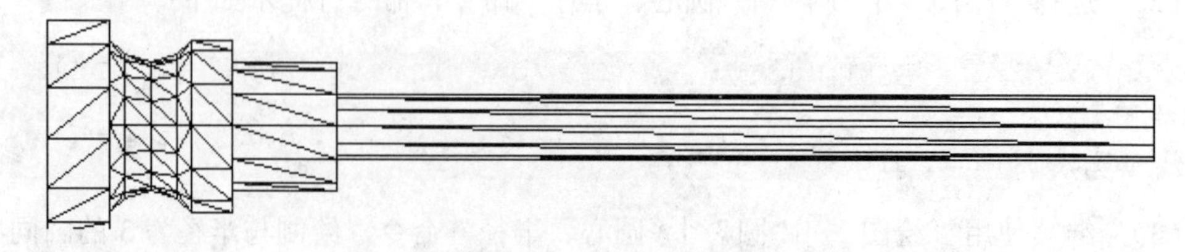

图 12-54 布尔运算求差集

（8） 选择“绘图”|“建模”|“球体”命令，命令行提示如下：

```
命令: _sphere
指定中心点或 [三点 (3P) /两点 (2P) /切点、切点、半径 (T) ]: 0,0,-6
指定半径或 [直径 (D) ] <11.0000>: 3//完成后效果如图 12-55 所示
```

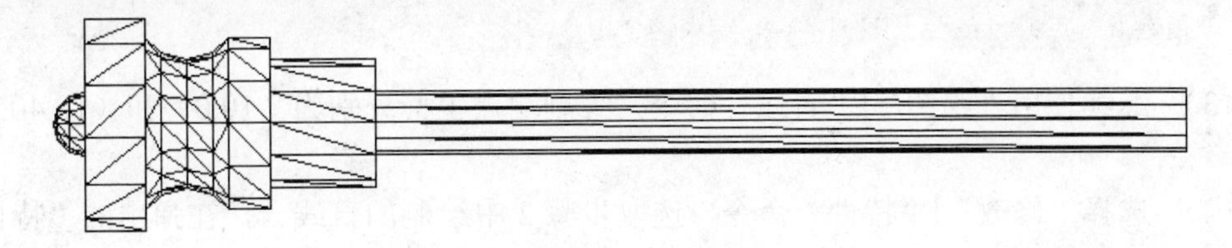

图 12-55　绘制球体

（9） 选择“修改”|“实体编辑”|“并集”命令，把步骤 6 中所有的实体合并为一个实体，完成后效果如图 12-56 所示。

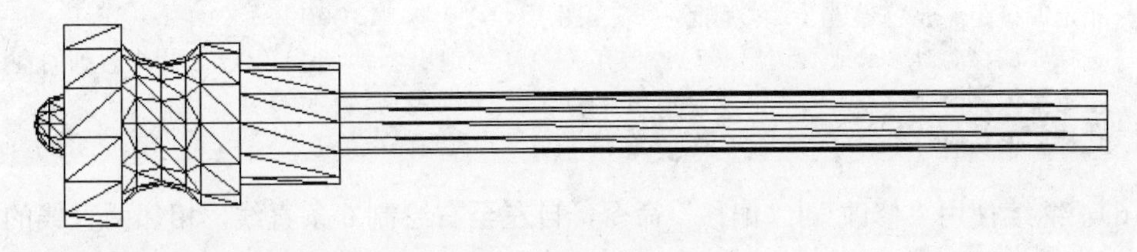

图 12-56　布尔运算求并集

（10） 选择“绘图”|“块”|“创建”命令，打开“块定义”对话框，单击“选择对象”按钮，回到绘图窗口，选取油标尺实体，按回车键，回到“块定义”对话框，在“名称”文本框中输入“油标尺图块”。基点设置为（0,0,0），单击“确定”按钮，完成零件图块的创建。

（11） 在命令行中输入“WBLOCK”命令，按回车键，打开“写块”对话框，选择“块”模式，并输入“油标尺图块”，在“目标”选项组中选择路径和文件名。单击“确定”按钮，完成零件图块的保存。

12.3.4　实例 48——小齿轮组件的装配

本节绘制如图 12-57 所示的小齿轮组件。

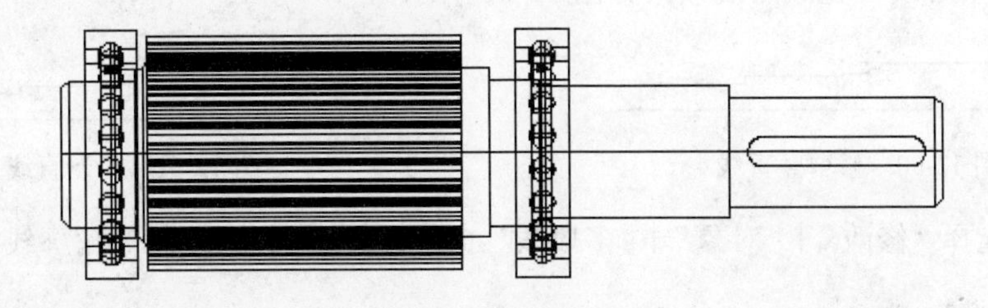

图 12-57　小齿轮组件装配图

1. 小齿轮的绘制

（1） 选择“文件”|“新建”命令，系统弹出“选择样板”对话框，单击“打开”右侧

的下拉按钮▾，选择“无样板打开-公制（M）”方式建立新文件，进入绘图界面。

（2） 选择“绘图”|“直线”命令，命令行提示如下：

```
命令：_line 指定第一点：0,0          //输入直线一的第一个点
指定下一点或［放弃（U）］：270,0      //输入直线一的第二个点
指定下一点或［放弃（U）］： //结束这个指令
```

（3） 继续使用“绘图”|“直线”命令，绘制端点坐标分别为（10,0）和（10,40）的直线。

（4） 选择“修改”|“特性”命令，选取步骤 2 中绘制的直线一，在弹出的“特性”对话框中，将线型改为“CENTER”，得到中心线，完成后效果如图 12-58 所示。

（5） 选择“修改”|“偏移”命令，命令行提示如下：

```
命令：_offset
当前设置：删除源=否  图层=源  OFFSETGAPTYPE=0
指定偏移距离或［通过（T）/删除（E）/图层（L）］<14.0000>： 14
选择要偏移的对象，或［退出（E）/放弃（U）］<退出>://选择第（3）步中得到的直线二
指定要偏移的那一侧上的点，或［退出（E）/多个（M）/放弃（U）］<退出>：
选择要偏移的对象，或［退出（E）/放弃（U）］<退出>：
```

（6） 继续使用“修改”|“偏移”命令，自左至右绘制 6 条直线，相邻两直线的偏移量依次是 10 mm，88 mm，8 mm，14 mm，54 mm 和 60 mm。

（7） 继续使用“修改”|“偏移”命令，对中心线进行向上的偏移，偏移量分别是 15 mm，18 mm，20 mm，23 mm 和 26 mm。

（8） 选择“修改”|“修剪”命令，修剪对象为 5 条横线，完成后的效果如图 12-59 所示。

图 12-58 绘制直线和中心线　　图 12-59 偏移直线和中心线

（9） 继续使用“修改”|“修剪”命令，修剪对象为 8 条竖线，完成后的效果如图 12-60 所示。

（10） 选择“绘图”|“直线”命令，连接最左端竖直线的下端点和最右端竖直线的下端点，并删除中心线，完成后的效果如图 12-61 所示。

图 12-60 修剪竖直线　　图 12-61 绘制直线

（11） 选择“修改”|“对象”|“多段线”命令，将步骤 10 绘制的轮廓线合并为一条多段线。

（12） 选择“绘图”|“建模”|“旋转”命令，命令行提示如下：

```
命令：_revolve
当前线框密度： ISOLINES=8，闭合轮廓创建模式 = 实体
选择要旋转的对象或［模式（MO）］：_MO 闭合轮廓创建模式［实体（SO）/曲面（SU）］<实
```

```
体>: _SO
    选择要旋转的对象或 [模式(MO)]:找到 1 个  //选择多段线
    选择要旋转的对象或 [模式(MO)]:
    指定轴起点或根据以下选项之一定义轴 [对象(O)/X/Y/Z] <对象>: X  //选择X轴为旋转轴
    指定旋转角度或 [起点角度(ST)/反转(R)/表达式(EX)] <360>://按回车键，旋转360°
```

（13） 选择“视图”|“三维视图”|“西南等轴测图”命令，完成后的效果如图 12-62 所示。

（14） 选择“修改”|“倒角”命令，选择2×45°模式，对轴端面倒角，命令行提示如下：

```
    命令: _chamfer
    ("修剪"模式) 当前倒角距离 1 = 2.0000，距离 2 = 2.0000
    选择第一条直线或 [放弃(U)/多段线(P)/距离(D)/角度(A)/修剪(T)/方式(E)/多个(M)]:
    基面选择...
    输入曲面选择选项 [下一个(N)/当前(OK)] <当前(OK)>:      //旋转右侧轴端面
    指定 基面 倒角距离或 [表达式(E)]:2                   //输入倒角距离
    指定 其他曲面 倒角距离或 [表达式(E)] <2.0000>:2      //输入倒角距离
    选择边或 [环(L)]: //选择左侧轴端面
```

（15） 选择“修改”|“圆角”命令，命令行提示如下：

```
    命令: _fillet
    当前设置: 模式 = 修剪，半径 = 3.0000
    选择第一个对象或 [放弃(U)/多段线(P)/半径(R)/修剪(T)/多个(M)]:
    输入圆角半径或 [表达式(E)] <10.0000>:10
    选择边或 [链(C)/环(L)/半径(R)]://对最大圆柱面的左台阶倒圆角，完成后的效果如图12-63 所示
```

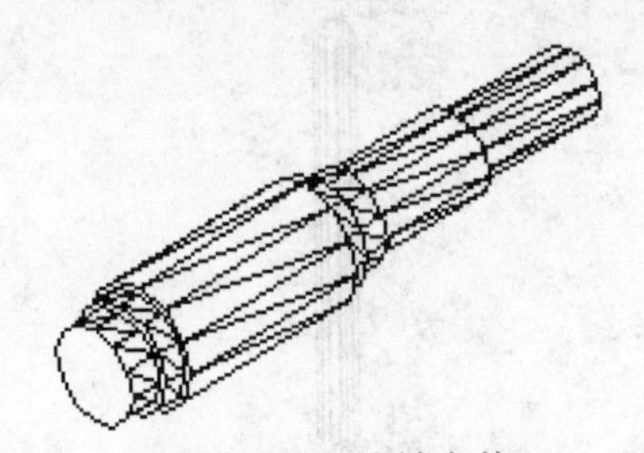

图 12-62 旋转实体

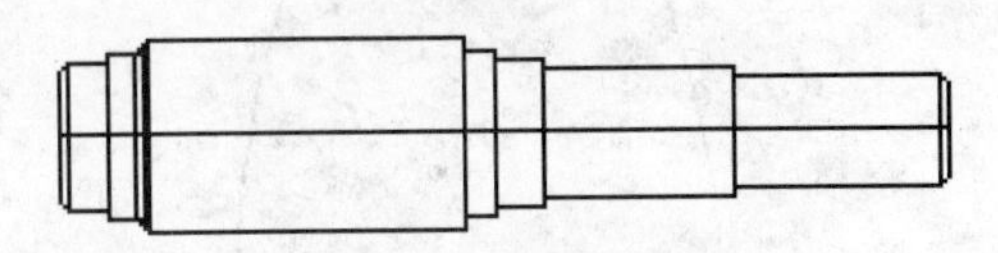

图 12-63 对台阶面倒圆角

（16） 选择“视图”|“三维视图”|“俯视”命令，将当前视角转换为俯视。

（17） 选择“格式”|“图层”命令，在“图层特性管理器”中单击图标，并将新图层命名为“图层 1”。

（18） 选择“修改”|“特性”命令，弹出“特性”选项板，单击齿轮轴实体，在“特性”选项板中选择“图层 1”。

（19） 选择“格式”|“图层”命令，单击图标，将图层 1 关闭并隐藏。

（20） 选择“绘图”|“直线”命令，两点的坐标分别为（-3.2,26），（3.2,26）。

（21） 选择“绘图”|“圆弧”命令，命令行提示如下：

```
命令: _arc 指定圆弧的起点或 [圆心 (C) ]: -1.5,32
指定圆弧的第二个点或 [圆心 (C) /端点 (E) ]: e
指定圆弧的端点: -3.2,26
指定圆弧的圆心或 [角度 (A) /方向 (D) /半径 (R) ]: r
指定圆弧的半径: 15
```

（22） 选择“修改”|“镜像”命令，命令行提示如下：

```
命令: _mirror
选择对象: 找到 1 个//旋转步骤 21 绘制的圆弧
选择对象:
指定镜像线的第一点: 0,0
指定镜像线的第二点: 0,50//指定镜像线的两个点坐标
要删除源对象吗? [是 (Y) /否 (N) ] <N>://按回车键, 完成镜像
```

（23） 选择“绘图”|“直线”命令，连接两段圆弧的端点，完成的效果如图 12-64 所示。

（24） 选择“修改” | “对象” | “多段线”命令，将图 12-64 所示的图元合并为一条多段线。

（25） 选择“绘图”|“建模”|“拉伸”命令，命令行提示如下：

```
命令: _extrude
当前线框密度: ISOLINES=8, 闭合轮廓创建模式 = 实体
选择要拉伸的对象或 [模式 (MO) ]: _MO 闭合轮廓创建模式 [实体 (SO) /曲面 (SU) ] <实体>: _SO
选择要拉伸的对象或 [模式 (MO) ]:找到 1 个//选择步骤 24 合并的多段线
选择要拉伸的对象或 [模式 (MO) ]://按回车键, 完成选择
指定拉伸的高度或 [方向 (D) /路径 (P) /倾斜角 (T) /表达式 (E) ] <147.7748>:88 //完成的效果如图 12-65 所示
```

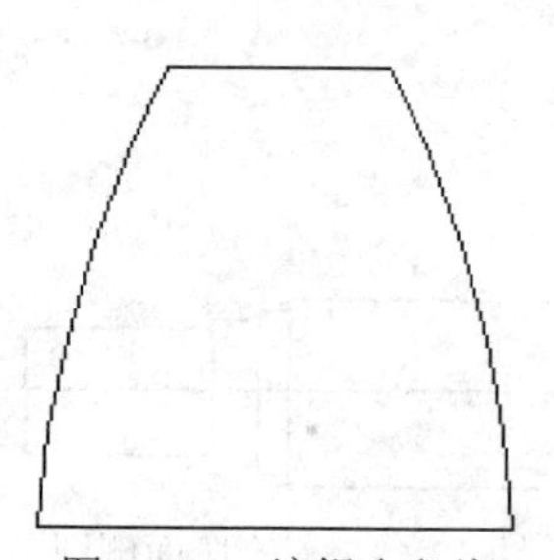
图 12-64　编辑多段线

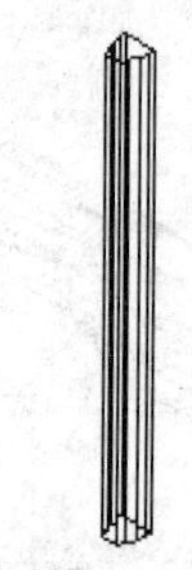
图 12-65　拉伸实体

（26） 选择“修改” |“移动”命令，命令行提示如下：

```
命令: _move
选择对象: 找到 1 个 //选择拉伸实体
选择对象:
指定基点或 [位移 (D) ] <位移>: //实体上任选一点
指定第二个点或 <使用第一个点作为位移>: @0,0,-44
```

（27） 选择“修改” |“三维操作” |“三维阵列”命令，命令行提示如下：

```
命令: _3darray
选择对象: 找到 1 个 //选择拉伸实体
```

```
输入阵列类型 [矩形(R)/环形(P)] <矩形>:p    //选择环形阵列
输入阵列中的项目数目: 16                    //输入项目数目
指定要填充的角度(+=逆时针, -=顺时针) <360>: //按回车键，填充角度为 360°
旋转阵列对象? [是(Y)/否(N)] <Y>:            //按回车键，默认旋转阵列对象
指定阵列的中心点: 0,0,0
指定旋转轴上的第二点: 0,0,100 // 以 Z 轴为旋转轴，完成的效果如图 12-66 所示
```

(28) 选择“修改”|“实体编辑”|“并集”命令，选择的对象是步骤 27 创建的 16 个实体。

(29) 选择“修改”|“三维操作”|“三维旋转”命令，命令行提示如下：

```
命令: _3drotate
UCS 当前的正角方向:  ANGDIR=逆时针   ANGBASE=0
选择对象: 找到 1 个  //图 12-66 中的所有图元
选择对象:
指定基点: 0,0,0
拾取旋转轴:  //选择 Y 轴
指定角的起点或输入角度: 90 //绕 Y 轴旋转 90°，完成后的效果如图 12-67 所示
```

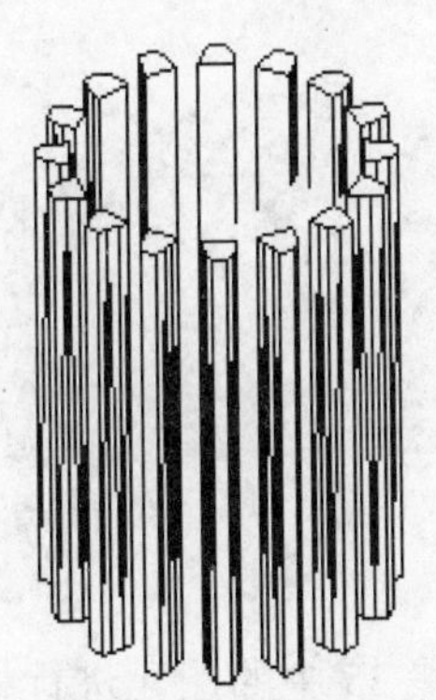

图 12-66 环形阵列实体

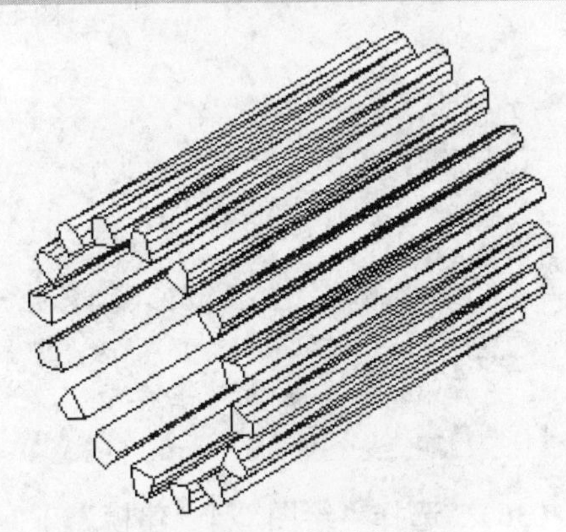

图 12-67 旋转实体

(30) 选择“格式”|“图层”命令，单击图标，使之变成鲜亮色，将图层 1 打开并显示。完成后的效果如图 12-68 所示。

(31) 选择“修改”|“移动”命令，选择齿轮实体为“移动对象”，实体上任一点为“移动基点”，“移动到第二点”为相对坐标“@78,0,0”。完成后的效果如图 12-69 所示。

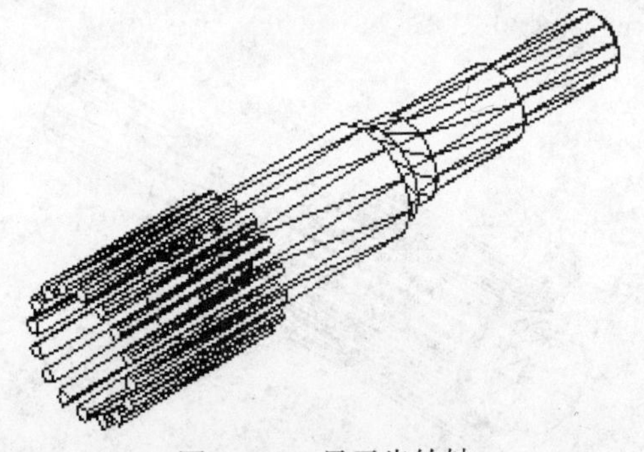

图 12-68 显示齿轮轴

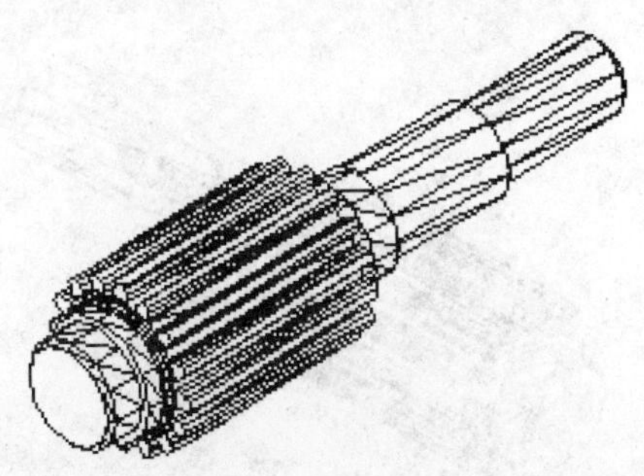

图 12-69 移动实体

（32） 选择“修改”|“实体编辑”|“并集”命令，选择的对象是齿轮轴和轮齿实体。

（33） 选择“视图”|“三维视图”|“俯视”命令，将当前视角转换为俯视。

（34） 选择“绘图”|“矩形”命令，命令行提示如下：

```
命令: _rectang //绘制矩形
指定第一个角点或 [倒角(C)/标高(E)/圆角(F)/厚度(T)/宽度(W)]: 203,-4 //输入矩形的第一个角点的坐标
指定另一个角点或 [面积(A)/尺寸(D)/旋转(R)]: 253,4 //输入矩形的另一个角点的坐标
```

（35） 选择“修改”|“圆角”命令，对步骤34中的四个直角边倒圆角，圆角半径为4 mm，效果如图12-70所示。命令行提示如下：

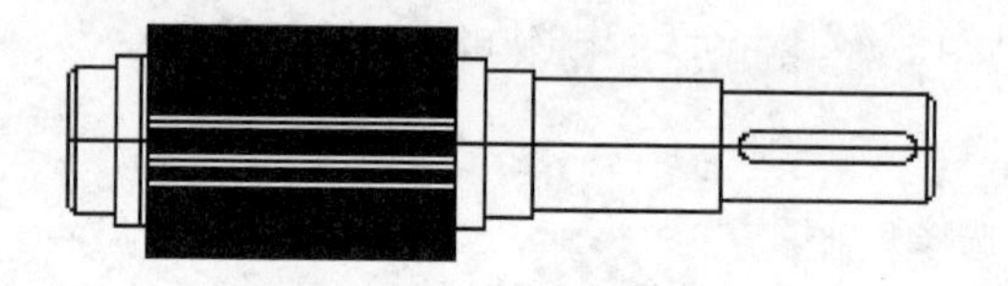

图12-70 绘制轮廓线

```
命令: _fillet
当前设置: 模式 = 修剪，半径 = 10.0000
选择第一个对象或 [放弃(U)/多段线(P)/半径(R)/修剪(T)/多个(M)]: r//设置圆角半径
指定圆角半径 <10.0000>: 4//输入圆角半径
选择第一个对象或 [放弃(U)/多段线(P)/半径(R)/修剪(T)/多个(M)]:
选择第二个对象，或按住 Shift 键选择对象以应用角点或 [半径(R)]://依次对四个直角边进行圆角操作
```

（36） 选择“绘图”|“建模”|“拉伸”命令，对步骤35中的图元进行拉伸，拉伸高度是10 mm。

（37） 选择“视图”|“三维视图”|“西南等轴测图”命令。

（38） 选择“修改”|“移动”命令，对步骤36完成的实体进行沿Z轴正方向11 mm的移动，完成的效果如图12-71所示。

（39） 选择“修改”|“实体编辑”|“差集”命令，从齿轮实体中减去平键实体。完成后的效果如图12-72所示。

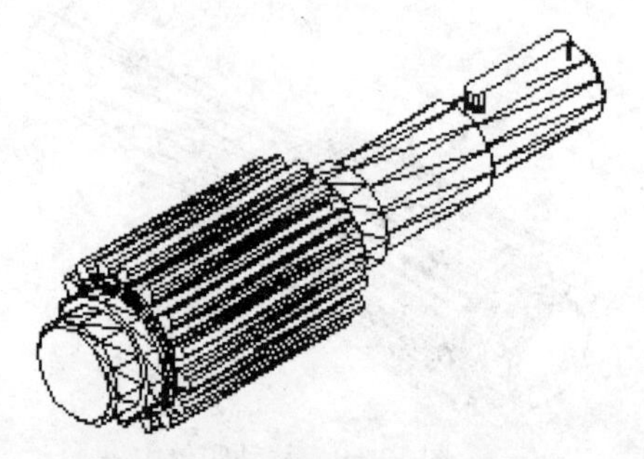

图12-71 拉伸实体和移动实体

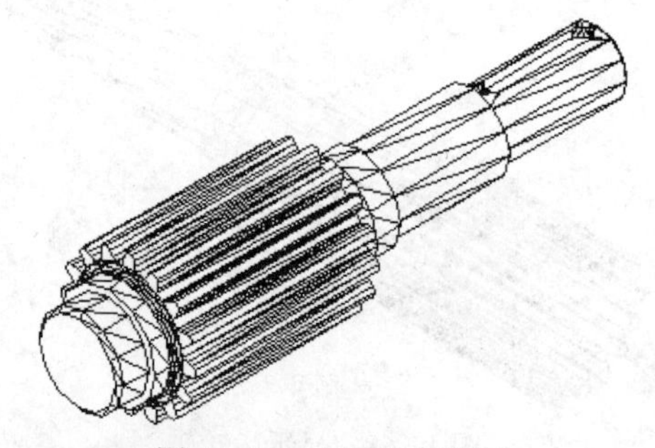

图12-72 小齿轮立体图

（40） 选择“绘图”|“块” |“创建”命令，打开“块定义”对话框，如图 12-73 所示，单击“选择对象”按钮，返回绘图窗口，选取小齿轮及其轴，按回车键，返回“块定义”对话框，在“名称”文本框中输入“三维小齿轮图块”。基点设置为（10,0,0），单击“确定”按钮，完成零件图块的创建。

（41） 在命令行中输入“WBLOCK”命令，按回车键，打开“写块”对话框，如图 12-74 所示，选择“块”模式，并选择“三维小齿轮图块”，在“目标”选项组中选择路径和文件名。单击“确定”按钮，完成零件图块的保存。

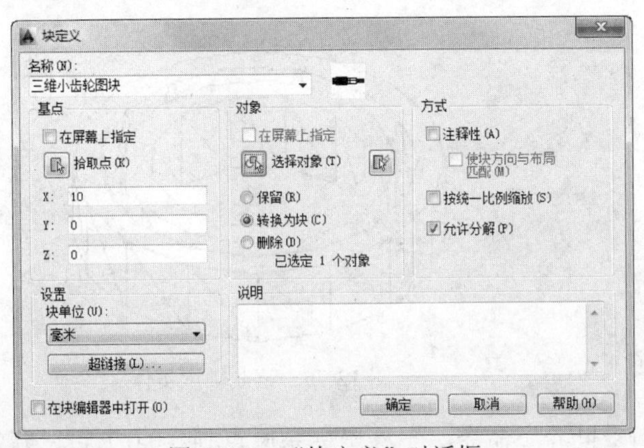

图 12-73　“块定义”对话框

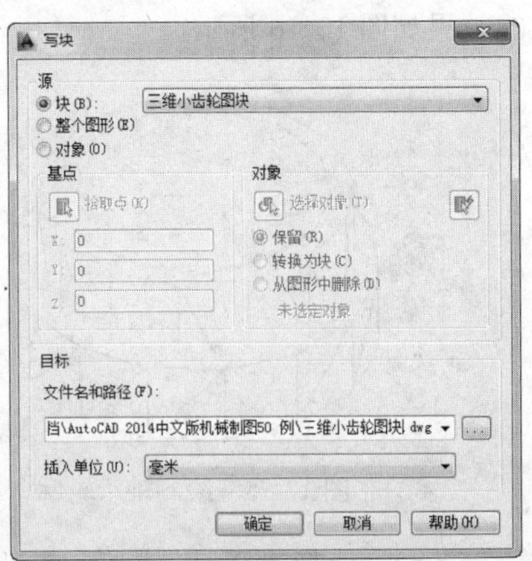

图 12-74　“写块”对话框

2. 小轴承的绘制

（1） 选择“文件”|“新建”命令，系统弹出“选择样板”对话框，单击“打开”右侧的下拉按钮，选择“无样板打开-公制（M）”方式建立新文件，进入绘图界面。

（2） 选择“工具”|“新建 UCS”|“世界”命令，平移坐标系原点到（200,0,0），建立用户坐标系，命令行提示如下。

```
    命令: _ucs
    当前 UCS 名称: *世界*
    指定 UCS 的原点或 [面(F)/命名(NA)/对象(OB)/上一个(P)/视图(V)/世界(W)/X/Y/Z/Z
轴(ZA)] <世界>: _w
    命令:
    UCS
    当前 UCS 名称: *世界*
    指定 UCS 的原点或 [面(F)/命名(NA)/对象(OB)/上一个(P)/视图(V)/世界(W)/X/Y/Z/Z
轴(ZA)] <世界>: m
    指定新原点或 [Z 向深度(Z)] <0,0,0>: 200,0,0
```

（3） 选择“绘图”|“建模”|“圆柱体”命令，命令行提示如下：

```
    命令: _cylinder
    指定底面的中心点或 [三点(3P)/两点(2P)/切点、切点、半径(T) /椭圆(E)]:0,0,0
//输入圆柱底面中心坐标
    指定底面半径或 [直径(D)] <15.0000>: 20                //输入底面半径
    指定高度或 [两点(2P)/轴端点(A)] <-95.0000>:15       //指定圆柱高度
```

（4） 继续使用“绘图”|“建模”|“圆柱体”命令，绘制底面中心均为（0,0,0），半径依次为25，29，34，高度依次为30，30，15的圆柱体，绘制完成后的效果如图12-75所示。

（5） 选择“修改”|“实体编辑”|“差集”命令，从半径为29的圆柱体中减去半径为25的圆柱体，得到套筒一。

（6） 继续选择“修改”|“实体编辑”|“差集”命令，从半径为34的圆柱体中减去半径为20的圆柱体，得到套筒二。

（7） 继续选择“修改”|“实体编辑”|“差集”命令，从套筒二中减去套筒一。完成后的效果如图12-76所示。

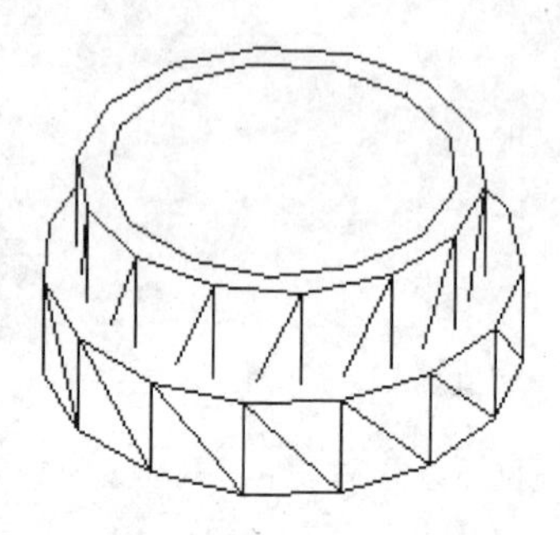

图12-75 绘制轴承轮廓

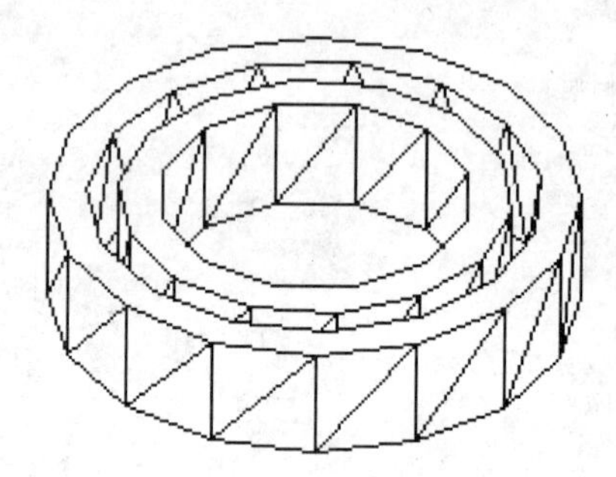

图12-76 绘制轴承实体

（8） 选择“工具”|“新建UCS”|“世界”命令，平移坐标系原点到（0,0,7.5），建立用户坐标系。

（9） 选择“绘图”|“建模”|“圆环体”命令，命令行提示如下：

```
命令：_torus
指定中心点或［三点（3P）/两点（2P）/ 切点、切点、半径（T）］：0,0,0
指定半径或［直径（D）］：27
指定圆管半径或［两点（2P）/直径（D）］：3.5
```

（10） 选择“修改”|“实体编辑”|“差集”命令，从轴承实体中减去圆环体，得到有凹槽的轴承。完成后的效果如图12-77所示。

（11） 选择“绘图”|“建模”|“球体”命令，命令行提示如下：

```
命令：_sphere
指定中心点或［三点（3P）/两点（2P）/ 切点、切点、半径（T）］：27,7.5,0
指定半径或［直径（D）］<11.0000>：3.5
```

（12） 选择“修改”|“三维操作”|“三维阵列”命令，命令行提示如下：

```
命令：_3darray
选择对象：找到 1 个                                //选择拉伸实体
输入阵列类型［矩形（R）/环形（P）］<矩形>:p    //选择环形阵列
输入阵列中的项目数目：18
指定要填充的角度（+=逆时针，-=顺时针）<360>：
旋转阵列对象？［是（Y）/否（N）］<Y>：
指定阵列的中心点：0,0,0
指定旋转轴上的第二点：0,0,100 //以Z轴为旋转轴，完成后的效果如图12-78所示
```

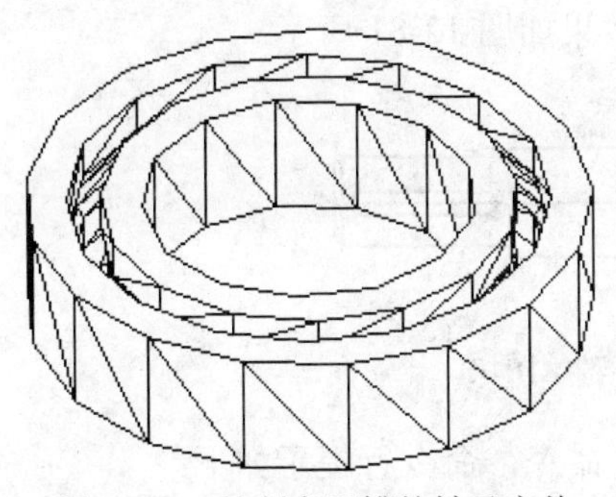

图 12-77　绘制有凹槽的轴承实体

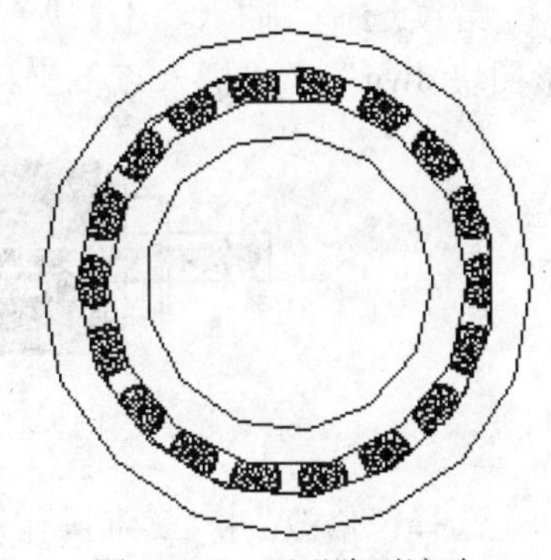

图 12-78　环形阵列滚珠

（13） 选择“绘图”|“块”|“创建”命令，打开“块定义”对话框，单击“选择对象”按钮，回到绘图窗口，选取小轴承实体，按回车键，回到“块定义”对话框，在“名称”文本框中输入“三维小轴承图块”。基点设置为（200,0,0），单击“确定”按钮，完成零件图块的创建。

（14） 在命令行中输入“WBLOCK”命令，按回车键，打开“写块”对话框，选择“块”模式，并输入“三维小轴承图块”，在“目标”选项组中选择路径和文件名。单击“确定”按钮，完成零件图块的保存。

3. 小齿轮组件的装配

（1） 选择“文件”|“新建”命令，系统弹出“选择样板”对话框，单击“打开”右侧的下拉按钮，选择“无样板打开-公制（M）”方式建立新文件，进入绘图界面。

（2） 选择“插入”|“块”命令，打开“插入”对话框，如图 12-79 所示。单击“浏览”按钮，弹出“选择图形文件”对话框，如图 12-80 所示。选择“三维小齿轮图块.dwg”，单击“打开”按钮，返回“插入”对话框，设定“插入点”坐标为（0,0,0），单击“确定”按钮，完成操作。

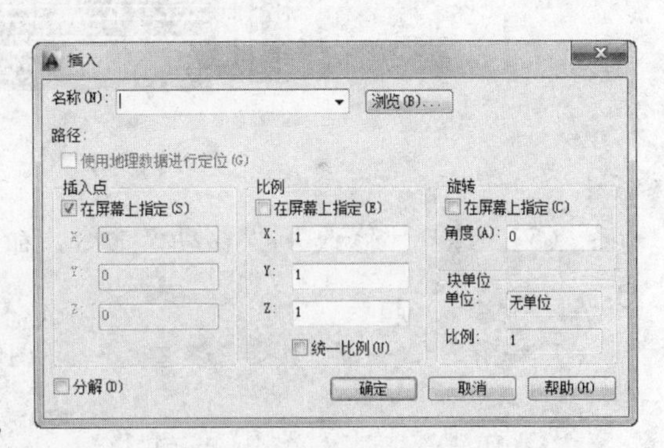

图 12-79　“插入”对话框

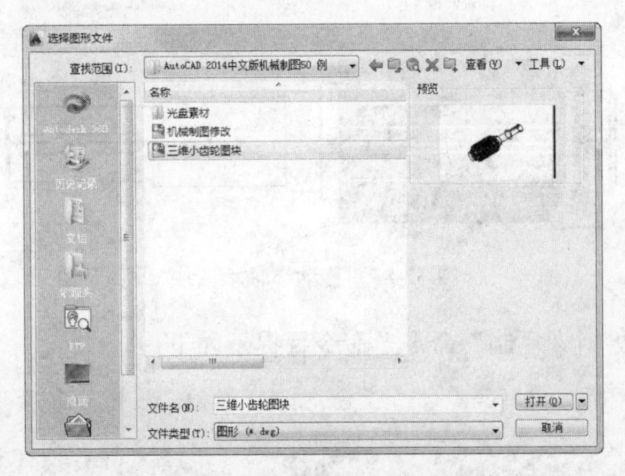

图 12-80　“选择图形文件”对话框

（3） 继续选择“插入”|“块”命令，打开“插入”对话框，操作同步骤2，选择“三维小轴承图块.dwg”，“插入点”坐标为（0,0,0），效果如图12-81所示。

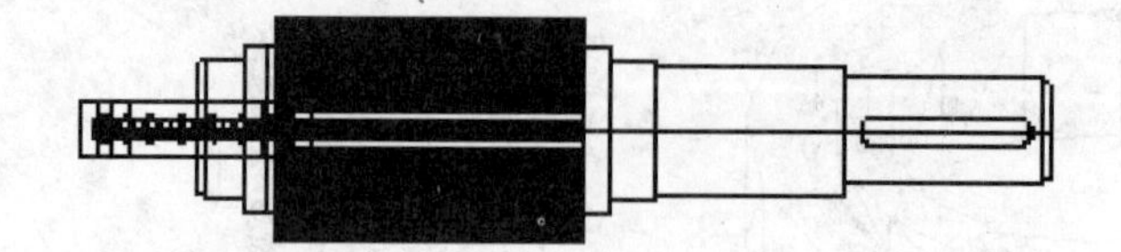

图 12-81 插入小齿轮和小轴承图块

（4） 选择“修改”|“三维操作”|“三维旋转”命令，命令行提示如下：

```
命令：_3drotate
UCS 当前的正角方向： ANGDIR=逆时针  ANGBASE=0
选择对象：找到 1 个  //选择小轴承
选择对象：
指定基点：0,0,0
拾取旋转轴： //选择 Z 轴
指定角的起点或输入角度：90 //绕 Z 轴旋转 90°，完成的效果如图 12-82 所示
```

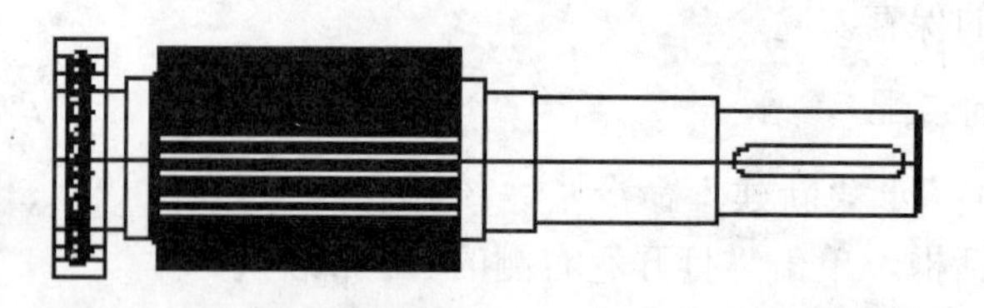

图 12-82 旋转小轴承图块

（5） 选择“修改”|“移动”命令，命令行提示如下：

```
命令：_move
选择对象：找到 1 个  //选择小轴承图块
选择对象：
指定基点或 [位移（D）] <位移>：//（实体上任选一点） 指定第二个点或 <使用第一个点作为位移>：@14,0,0  //完成的效果如图 12-83 所示
```

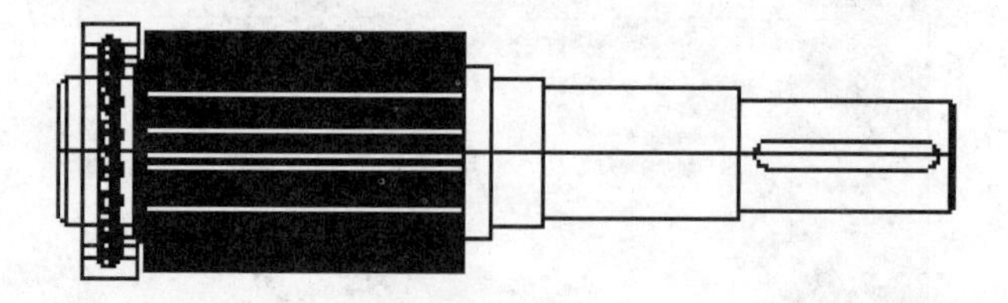

图 12-83 移动小轴承图块

（6） 选择“修改”|“复制”命令，命令行提示如下：

```
命令：_copy
选择对象：找到 1 个
选择对象： //选取小轴承图块
```

```
当前设置:  复制模式 = 多个
指定基点或 [位移(D)/模式(O)] <位移>: 0,0,0
指定第二个点或 [阵列(A)] <使用第一个点作为位移>:@121,0,0
指定第二个点或 [阵列(A)/退出(E)/放弃(U)] <退出>: //结束命令，完成的效果如图12-84 所示
```

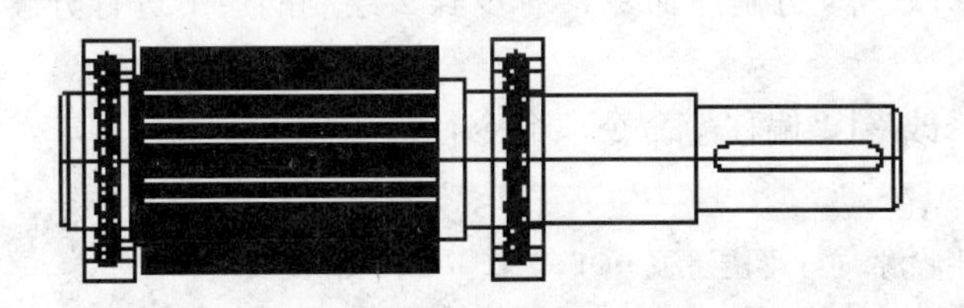

图 12-84　复制小轴承图块

(7) 选择“绘图”|“块”|“创建”命令，打开“块定义”对话框，单击“选择对象”按钮，回到绘图窗口，选取小齿轮组件实体，按回车键，回到“块定义”对话框，在“名称”文本框中输入“三维小齿轮组件图块”。基点设置为（0,0,0），单击“确定”按钮，完成零件图块的创建。

(8) 在命令行中输入“WBLOCK”命令，按回车键，打开“写块”对话框，选择“块”模式，并输入“三维小齿轮组件图块”，在“目标”选项组中选择路径和文件名。单击“确定”按钮，完成零件图块的保存。

12.3.5　实例 49——大齿轮组件的装配

本节绘制如图 12-85 所示的大齿轮组件。

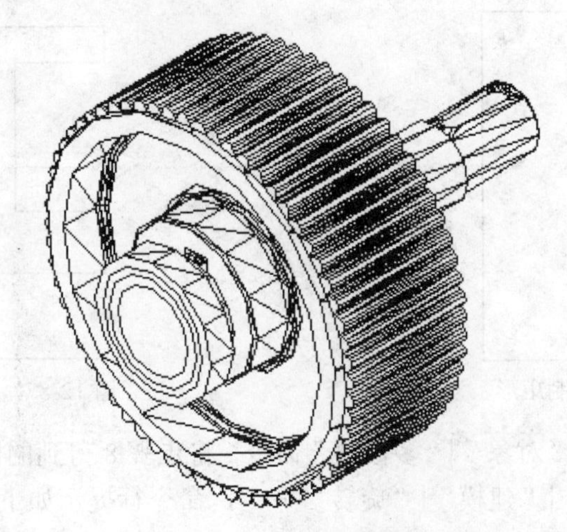

图 12-85　大齿轮组件装配图

1. 大齿轮的绘制

(1) 选择“文件”|“新建”命令，系统弹出“选择样板”对话框，单击“打开”右侧的下拉按钮，选择“无样板打开-公制（M）”方式建立新文件，进入绘图界面。

(2) 选择“绘图”|“矩形”命令，命令行提示如下：

```
命令: _rectang //绘制矩形
指定第一个角点或 [倒角(C)/标高(E)/圆角(F)/厚度(T)/宽度(W)]: -41,0 //输入矩形的第一个角点的坐标
指定另一个角点或 [面积(A)/尺寸(D)/旋转(R)]: 41,112 //输入矩形的另一个角点的坐标,完成的效果如图 12-86 所示
```

(3) 选择“修改”|“分解”命令,对步骤 2 绘制的矩形进行分解操作,使之成为单独的直线。

(4) 选择“修改”|“偏移”命令,命令行提示如下:

```
命令: _offset
当前设置: 删除源=否 图层=源 OFFSETGAPTYPE=0
指定偏移距离或 [通过(T)/删除(E)/图层(L)] <14.0000>: 29
选择要偏移的对象,或 [退出(E)/放弃(U)] <退出>://选择矩形的下底边
指定要偏移的那一侧上的点,或 [退出(E)/多个(M)/放弃(U)] <退出>:
选择要偏移的对象,或 [退出(E)/放弃(U)] <退出>:
```

(5) 继续使用“修改”|“偏移”命令,在矩形内绘制两条横线,相对于下底边的偏移量依次是 50 mm 和 100 mm。

(6) 继续使用“修改”|“偏移”命令,在矩形内绘制一条竖线,相对于矩形左边的偏移量是 31 mm。

(7) 继续使用“修改”|“偏移”命令,在矩形内绘制一条竖线,相对于矩形右边的偏移量是 31 mm。

(8) 选择“修改”|“修剪”命令,修剪对象为步骤 7 得到的图元,完成的效果如图 12-87 所示。

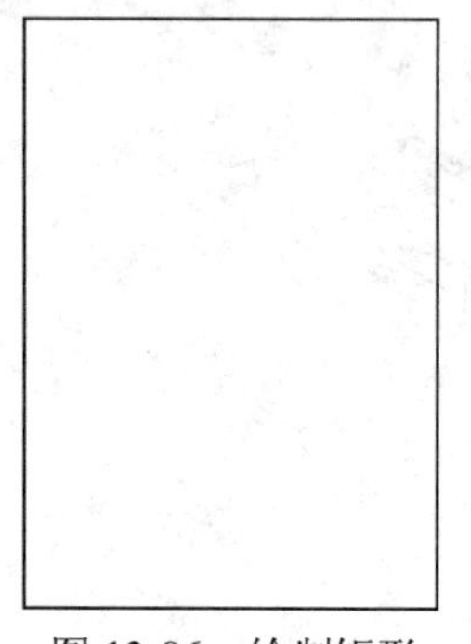

图 12-86 绘制矩形

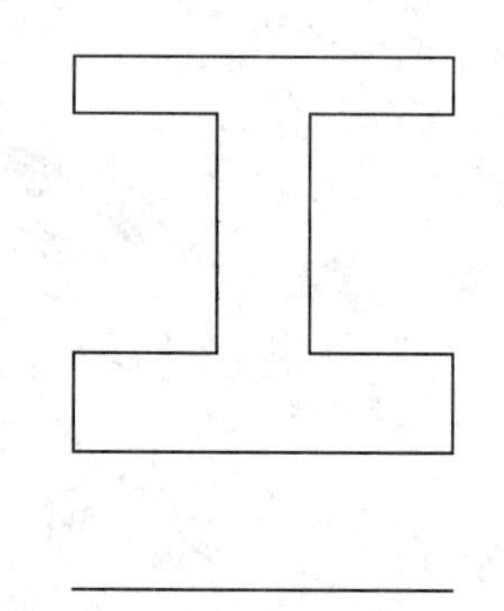

图 12-87 绘制偏移直线

(9) 选择“修改”|“对象”|“多段线”命令,将步骤 8 得到的图元合并为一条多段线。

(10) 选择“绘图”|“建模”|“旋转”命令,命令行提示如下:

```
命令: _revolve
当前线框密度: ISOLINES=8, 闭合轮廓创建模式 = 实体
选择要旋转的对象或 [模式(MO)]: _MO 闭合轮廓创建模式 [实体(SO)/曲面(SU)] <实体>: _SO
选择要旋转的对象或 [模式(MO)]:找到 1 个        //选择多段线
选择要旋转的对象或 [模式(MO)]:                //按回车键,完成旋转
指定轴起点或根据以下选项之一定义轴 [对象(O)/X/Y/Z] <对象>: X //选择 X 轴为旋转轴
指定旋转角度或 [起点角度(ST)/反转(R)/表达式(EX)] <360>://按回车键,旋转 360°
```

（11） 选择“视图”|“三维视图”|“西南等轴测图”命令，完成后的效果如图 12-88 所示。

（12） 选择“修改”|“圆角”命令，命令行提示如下：

```
命令: _fillet
当前设置: 模式 = 修剪, 半径 = 5.0000
选择第一个对象或 [放弃(U)/多段线(P)/半径(R)/修剪(T)/多个(M)]:
输入圆角半径或 [表达式(E)] <4.0000>: 10
选择边或 [链(C)/环(L)/半径(R)]: //对内凹槽的轮廓线倒圆角
```

（13） 选择“修改”|“倒角”命令，选择 2×45° 模式，对齿轮边缘倒角，命令行提示如下：

```
命令: _chamfer
("修剪"模式) 当前倒角距离 1 = 2.0000, 距离 2 = 2.0000
选择第一条直线或 [放弃(U)/多段线(P)/距离(D)/角度(A)/修剪(T)/方式(E)/多个(M)]:
基面选择...
输入曲面选择选项 [下一个(N)/当前(OK)] <当前(OK)>:
指定 基面 倒角距离或 [表达式(E)] <10.0000>:2
指定 其他曲面 倒角距离或 [表达式(E)] <2.0000>: //设置基面和其他曲面的倒角距离，均为 2
选择边或 [环(L)]: //选择齿轮侧面的环边，完成该命令，完成的效果如图 12-89 所示
```

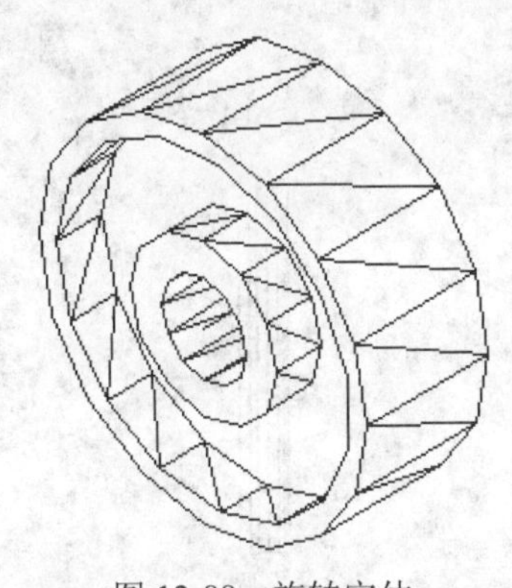

图 12-88 旋转实体

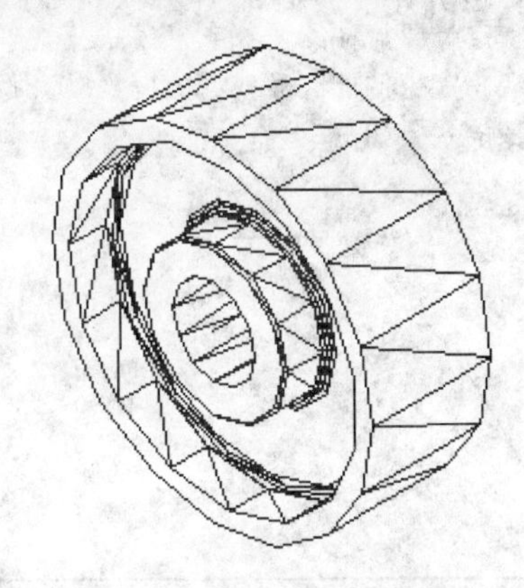

图 12-89 对实体倒角和倒圆角

（14） 选择“视图”|“三维视图”|“俯视”命令，将当前视角转换为俯视。

（15） 选择“格式”|“图层”命令，在“图层特性管理器”中单击图标，并将新图层命名为“图层 1”。

（16） 选择“修改”|“特性”命令，弹出“特性”选项板，单击齿轮轴实体，在“特性”选项板中选择“图层 1”。

（17） 选择“格式”|“图层”命令，单击图标，将图层 1 关闭并隐藏。

（18） 选择“绘图”|“圆弧”命令，命令行提示如下：

```
命令: _arc 指定圆弧的起点或 [圆心 (C) ]: -1.5,8
指定圆弧的第二个点或 [圆心 (C) /端点 (E) ]: e
指定圆弧的端点: -3.2,0
指定圆弧的圆心或 [角度 (A) /方向 (D) /半径 (R) ]: r
指定圆弧的半径: 15
```

(19) 选择“修改”|“镜像”命令，命令行提示如下：

```
命令: _mirror
选择对象: 找到 1 个  //选择圆弧
选择对象:
指定镜像线的第一点: 0,0
指定镜像线的第二点: 0,10
要删除源对象吗? [是 (Y) /否 (N) ] <N>://按回车键，完成镜像
```

(20) 选择“绘图”|“直线”命令，连接两段圆弧的端点，完成的效果如图 12-90 所示。
(21) 选择“修改”|“对象”|“多段线”命令，将图 12-90 的图元合并为一条多段线。
(22) 选择“视图”|“三维视图”|“西南等轴测图”命令。
(23) 选择“绘图”|“建模”|“拉伸”命令，命令行提示如下：

```
命令: _extrude
当前线框密度: ISOLINES=8, 闭合轮廓创建模式 = 实体
选择要拉伸的对象或 [模式 (MO) ]: _MO 闭合轮廓创建模式 [实体 (SO) /曲面 (SU) ] <实体>: _SO
选择要拉伸的对象或 [模式 (MO) ]:找到 1 个        //选择步骤 21 合并的多段线
选择要拉伸的对象或 [模式 (MO) ]:                 //按回车键
指定拉伸的高度或 [方向 (D) /路径 (P) /倾斜角 (T) /表达式 (E) ] <147.7748>:88  //完成的效果如图 12-91 所示
```

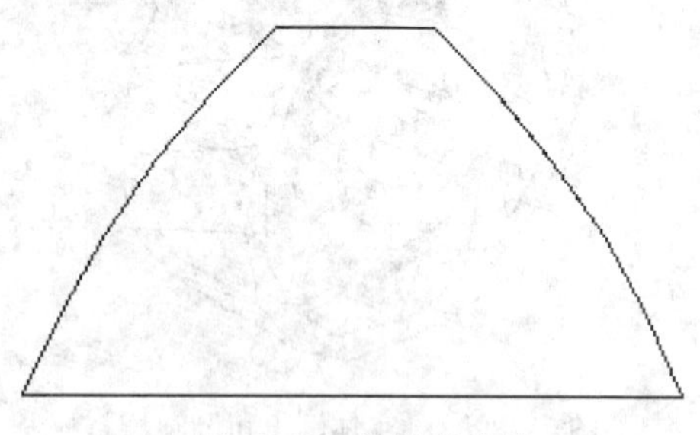

图 12-90 编辑多段线

图 12-91 拉伸实体

(24) 选择“修改”|“移动”命令，命令行提示如下：

```
命令: _move
选择对象: 找到 1 个  //选择拉伸实体
选择对象:
指定基点或 [位移 (D) ] <位移>: //(实体上任选一点) 指定第二个点或 <使用第一个点作为位移>: @0,112,-4
```

(25) 选择“视图”|“三维视图”|“俯视”命令，将当前视角转换为俯视。
(26) 选择“修改”|“三维操作”|“三维阵列”命令，命令行提示如下：

```
命令: _3darray
选择对象: 找到 1 个 //选择拉伸实体
输入阵列类型 [矩形(R)/环形(P)] <矩形>:p //选择环形阵列
输入阵列中的项目数目: 62
指定要填充的角度(+=逆时针, -=顺时针) <360>:
旋转阵列对象? [是(Y)/否(N)] <Y>:
指定阵列的中心点: 0,0,0
指定旋转轴上的第二点: 0,0,100 //以 Z 轴为旋转轴，完成的效果如图 12-92 所示
```

(27) 选择“视图”|“三维视图”|“西南等轴测图”命令。

(28) 选择“修改”|“三维操作”|“三维旋转”命令，命令行提示如下：

```
命令: _3drotate
UCS 当前的正角方向: ANGDIR=逆时针 ANGBASE=0
选择对象: 指定对角点: 找到 62 个
选择对象:
指定基点: 0,0,0
拾取旋转轴://拾取 Y 轴
指定角的起点或输入角度: 90 //绕 Y 轴旋转 90°，完成的效果如图 12-93 所示
```

图 12-92 环形阵列实体

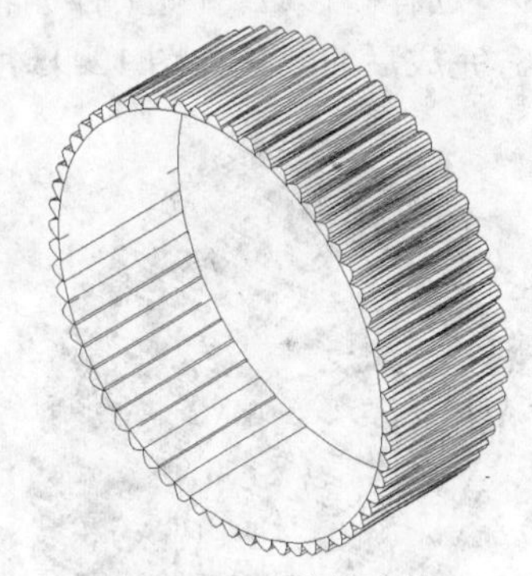

图 12-93 旋转实体

(29) 选择“修改”|“偏移”命令，命令行提示如下：

```
命令: _move
选择对象: 找到 1 个 //选择旋转实体
选择对象:
指定基点或 [位移(D)] <位移>: 指定第二个点或 <使用第一个点作为位移>: 41
命令: //结束命令
```

(30) 选择“格式”|“图层”命令，单击图标，使之变成鲜亮色，将图层 1 打开并显示。

(31) 选择“修改”|“实体编辑”|“并集”命令，选择的对象是步骤 27 的所有实体。

(32) 选择“绘图”|“建模”|“长方体”命令，命令行提示如下：

```
命令: _box
指定第一个角点或 [中心(C)]: -41,-34,-8            //输入第一个角点坐标
指定其他角点或 [立方体(C)/长度(L)]: L              //输入“L”，指定长方体的长度
```

```
    指定长度 <2120.0000>: 82                              //输入长度
    指定宽度 <120.0000>:10                                //输入宽度
    指定高度或 [两点 (2P) ] <-250.0000>: 16               //输入高度
```

（33） 选择“修改”|“实体编辑”|“差集”命令，从齿轮基体中减去长方体，在轴孔中形成键槽。完成后的效果如图 12-94 所示。

（34） 选择“绘图”|“建模”|“圆柱体”命令，命令行提示如下：

```
    命令: _cylinder
    指定底面的中心点或 [三点(3P)/两点(2P)/切点、切点、半径(T)/椭圆(E)]:-50,75,-0
//输入圆柱底面中心坐标
    指定底面半径或 [直径 (D) ] <15.0000>: 15    //输入底面半径
    指定高度或 [两点 (2P) /轴端点 (A) ] <-95.0000>: A    //输入 A,以相对坐标方式指定圆
柱高度
    指定轴端点: 80,75,0                     //输入中心轴端点坐标
```

（35） 选择“视图”|“三维视图”|“左视”命令，将当前视角转换为左视。

（36） 选择“修改”|“二维阵列”命令，对步骤 34 得到的圆柱体进行环形阵列，阵列数目是 6，填充角度是 360°，指定中心点为齿轮的中心点。

（37） 选择“修改”|“实体编辑”|“差集”命令，从齿轮基体中减去 6 个圆柱体，形成减轻孔。完成后的效果如图 12-95 所示。

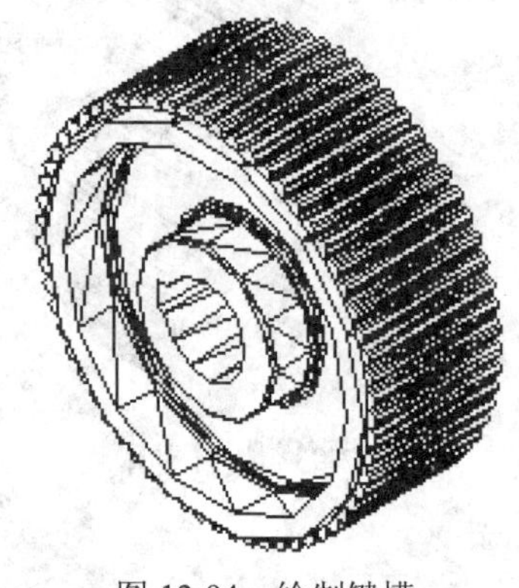

图 12-94　绘制键槽

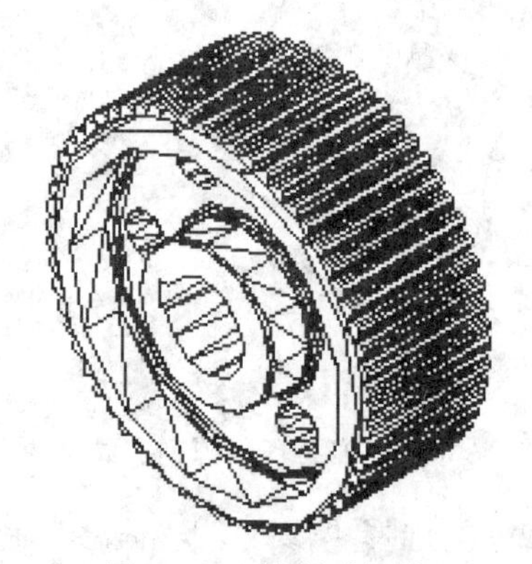

图 12-95　绘制减轻孔

（38） 选择“绘图”|“块”|“创建”命令，打开“块定义”对话框，单击“选择对象”按钮，回到绘图窗口，选取三维大齿轮实体，按回车键，回到“块定义”对话框，在“名称”文本框中输入“三维大齿轮图块”。基点设置为（-41,0,0），单击“确定”按钮，完成零件图块的创建。

（39） 在命令行中输入“WBLOCK”命令，按回车键，打开“写块”对话框，选择“块”模式，并输入“三维大齿轮图块”，在“目标”选项组中选择路径和文件名。单击“确定”按钮，完成零件图块的保存。

2. 平键的绘制

（1） 选择“文件”|“新建”命令，系统弹出“选择样板”对话框，单击“打开”右侧的下拉按钮，选择“无样板打开-公制（M）”方式建立新文件。

（2） 选择“绘图”|“矩形”命令，命令行提示如下：

```
命令: _rectang  //绘制矩形
指定第一个角点或 [倒角 (C) /标高 (E) /圆角 (F) /厚度 (T) /宽度 (W) ]: 0,0//输入矩形的第一个角点的坐标
指定另一个角点或 [面积 (A) /尺寸 (D) /旋转 (R) ]:70 ,16  //输入矩形的另一个角点的坐标
```

（3） 选择“修改”|“圆角”命令，命令行提示如下：

```
命令: _fillet
当前设置: 模式 = 修剪, 半径 = 4.0000
选择第一个对象或 [放弃 (U) /多段线 (P) /半径 (R) /修剪 (T) /多个 (M) ]: r
指定圆角半径 <4.0000>: 8//设置圆角半径为 8
选择第一个对象或 [放弃 (U) /多段线 (P) /半径 (R) /修剪 (T) /多个 (M) ]:
选择第二个对象，或按住 Shift 键选择对象以应用角点或 [半径 (R) ]: //对四条直角边倒圆角，完成后的效果如图 12-96 所示
```

（4） 选择“绘图”|“建模”|“拉伸”命令，命令行提示如下：

```
命令: _extrude
当前线框密度: ISOLINES=8, 闭合轮廓创建模式 = 实体
选择要拉伸的对象或 [模式 (MO) ]: _MO 闭合轮廓创建模式 [实体 (SO) /曲面 (SU) ] <实体>: _SO
选择要拉伸的对象或 [模式 (MO) ]:找到 1 个 //选择第 (3) 步得到的图元
选择要拉伸的对象或 [模式 (MO) ]:
指定拉伸的高度或 [方向 (D) /路径 (P) /倾斜角 (T) /表达式 (E) ] <10.0000>:10 //输入拉伸高度 10, 完成拉伸
```

（5） 选择“视图”|“三维视图”|“西南等轴测图”命令。完成后的效果如图 12-97 所示。

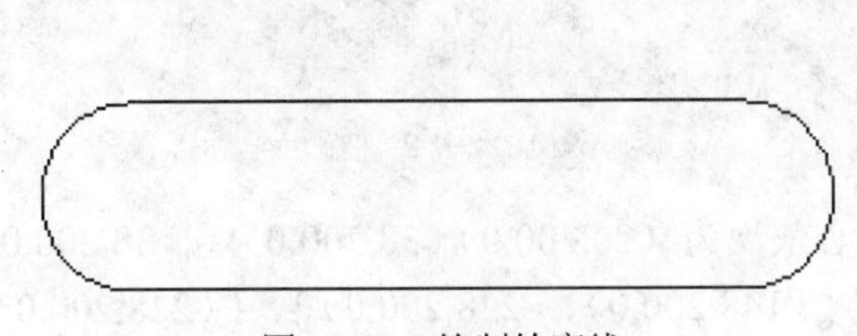

图 12-96　绘制轮廓线

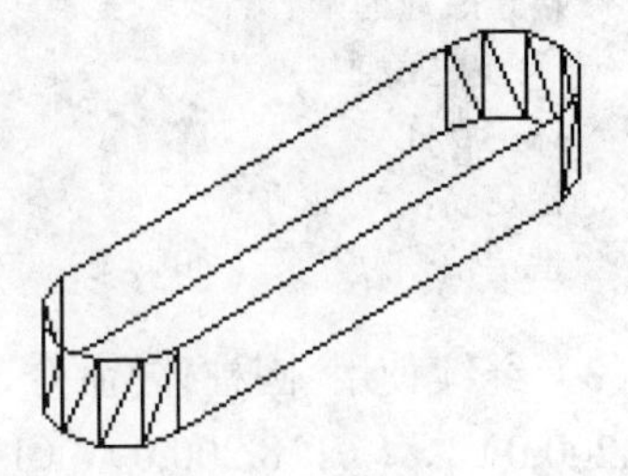

图 12-97　拉伸实体

（6） 选择“修改”|“倒角”命令，选择 2×45° 模式，对平键边缘倒角，命令行提示如下：

```
命令: _chamfer
("修剪"模式) 当前倒角距离 1 = 2.0000, 距离 2 = 2.0000
选择第一条直线或 [放弃 (U) /多段线 (P) /距离 (D) /角度 (A) /修剪 (T) /方式 (E) /多个 (M) ]:
基面选择...
输入曲面选择选项 [下一个 (N) /当前 (OK) ] <当前 (OK) >:N
输入曲面选择选项 [下一个 (N) /当前 (OK) ] <当前 (OK) >:
指定 基面 倒角距离或 [表达式 (E) ] <10.0000>:2
指定 其他曲面 倒角距离或 [表达式 (E) ] <2.0000>:2
选择边或 [环 (L) ]: //选择平键侧面的边，完成该命令，完成后的效果如图 12-98 所示
```

（7） 继续选择“修改”|“倒角”命令，对平键底面倒角，完成后的效果如图 12-99 所示。

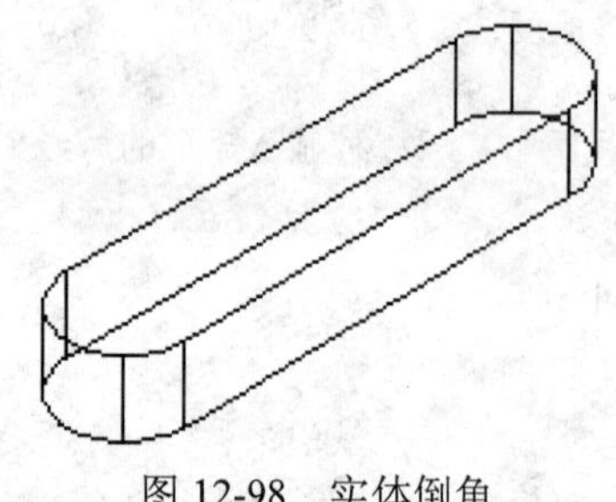

图 12-98　实体倒角

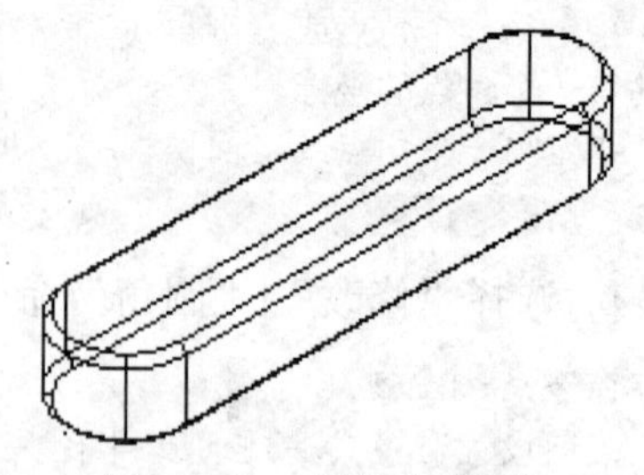

图 12-99　平键底面倒角

（8） 选择“绘图”|“块”|“创建”命令，打开“块定义”对话框，单击“选择对象”按钮，回到绘图窗口，选取平键实体，按回车键，回到“块定义”对话框，在“名称”文本框中输入“三维平键图块”。基点设置为（0,0,0），单击“确定”按钮，完成零件图块的创建。

（9） 在命令行中输入“WBLOCK”命令，按回车键，打开“写块”对话框，选择“块”模式，并输入“三维平键图块”，在“目标”选项组中选择路径和文件名，单击“确定”按钮，完成零件图块的保存。

3. 大齿轮轴的绘制

（1） 选择“文件”|“新建”命令，系统弹出“选择样板”对话框，单击“打开”右侧的下拉按钮，选择“无样板打开-公制（M）”方式建立新文件。

（2） 选择“绘图”|“建模”|“圆柱体”命令，命令行提示如下：

```
命令: _cylinder
指定底面的中心点或 [三点(3P)/两点(2P)/切点、切点、半径(T)/椭圆(E)]:10,200,0
//输入圆柱底面中心坐标
指定底面半径或 [直径(D)] <15.0000>: 27.5        //输入底面半径
指定高度或 [两点(2P)/轴端点(A)] <-95.0000>: A
指定轴端点: 26,200,0                             //输入中心轴端点坐标
```

（3）继续使用“圆柱体”命令，绘制底面圆心依次为{(26,200,0)，(38,200,0)}，{(38,200,0)，(118,200,0)}，{(118,200,0)，(148,200,0)}，{(148,200,0)，(228,200,0)}，{(228,200,0)，(288,200,0)}半径依次为 33、29、27.5、25、22.5 mm 的 3 个圆柱体，绘制完成后效果如图 12-100 所示。

（4） 选择“修改”|“实体编辑”|“并集”命令，选择的对象是步骤 3 的所有实体。

（5） 选择“修改”|“倒角”命令，选择 2×45° 模式，对轴端面倒角，效果如图 12-101 所示。

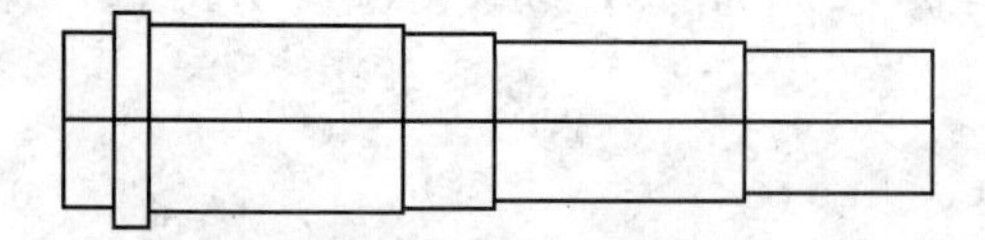

图 12-100　绘制传动轴

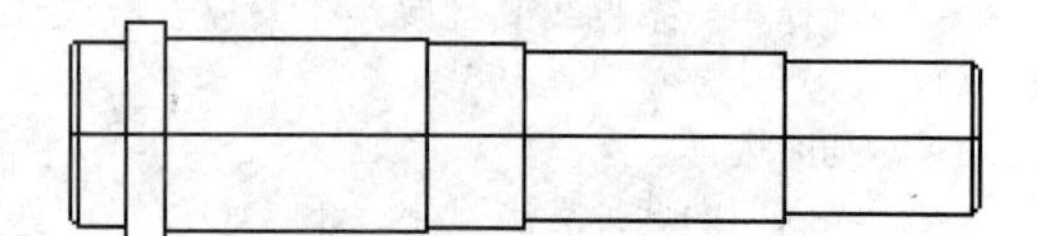

图 12-101　轴端面倒角

（6） 选择“视图”|“三维视图”|“俯视”命令，将当前视角转换为俯视。

（7） 选择“绘图”|“矩形”命令，命令行提示如下：

```
命令: _rectang //绘制矩形
指定第一个角点或 [倒角 (C) /标高 (E) /圆角 (F) /厚度 (T) /宽度 (W) ]: 45,208 //输入矩形的第一个角点的坐标
指定另一个角点或 [面积 (A) /尺寸 (D) /旋转 (R) ]:115 ,192 //输入矩形的另一个角点的坐标
```

(8) 选择“修改”|“圆角”命令，对步骤7绘制的矩形四条边倒圆角，圆角半径为8，效果如图12-102所示。

(9) 选择“绘图”|“建模”|“拉伸”命令，选择步骤8得到的图元进行拉伸，拉伸高度为10，效果如图12-103所示。

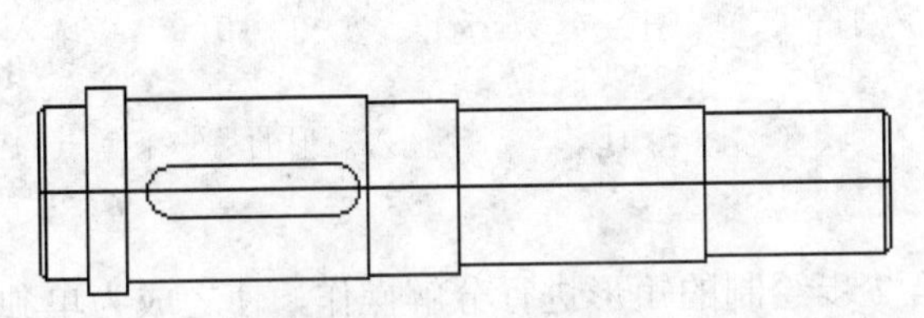

图12-102 绘制轮廓线

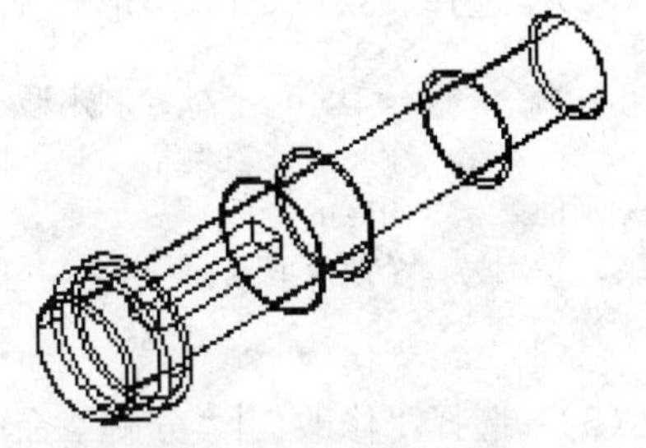

图12-103 拉伸实体

(10) 选择“修改”|“移动”命令，命令行提示如下：

```
命令: _move
选择对象: 找到 1 个 //选择拉伸实体
选择对象:
指定基点或 [位移 (D) ] <位移>: //实体上任选一点
指定第二个点或 <使用第一个点作为位移>: @0,0,23
```

(11) 继续选择第7到10步的命令，完成另一个键槽的绘制，矩形两个角点的坐标是{(233,193)，(283,207)}，倒圆角半径是7 mm，拉伸高度是10 mm，拉伸角度是0度，向上移动所选基点，相对位移为“@0,0,17.5”，完成后的效果如图12-104所示。

(12) 选择“修改”|“实体编辑”|“差集”命令，从传动轴中减去两个平键实体，形成键槽。完成后的效果如图12-105所示。

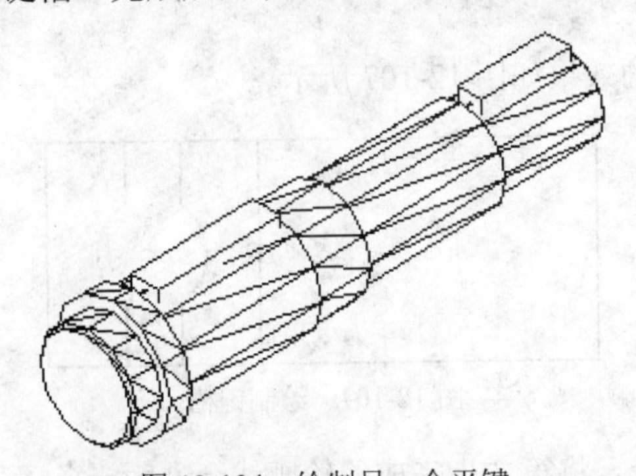

图12-104 绘制另一个平键

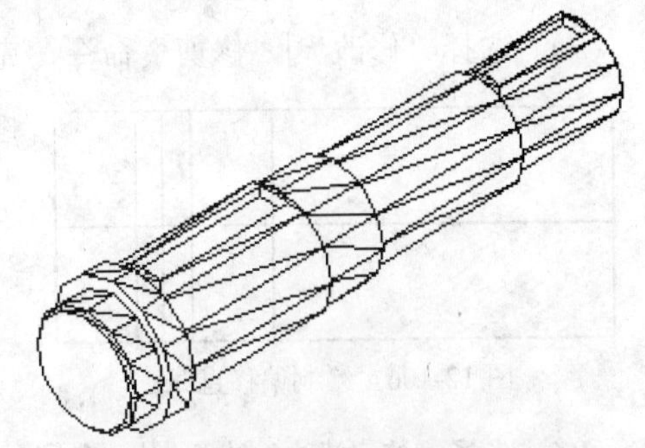

图12-105 绘制键槽

(13) 选择“绘图”|“块”|“创建”命令，打开“块定义”对话框，单击“选择对象”按钮，回到绘图窗口，选取三维大齿轮轴实体，按回车键，回到“块定义”对话框，在“名

称”文本框中输入“三维大齿轮轴图块”。基点设置为（10,0,0），单击“确定”按钮，完成零件图块的创建。

（14） 在命令行中输入“WBLOCK”命令，按回车键，打开“写块”对话框，选择“块”模式，并输入“三维大齿轮轴图块”，在“目标”选项组中选择路径和文件名。单击“确定”按钮，完成零件图块的保存。

4. 大轴承的绘制

（1） 选择“文件”|“新建”命令，系统弹出“选择样板”对话框，单击“打开”右侧的下拉按钮，选择“无样板打开-公制（M）”方式建立新文件。

（2） 选择“绘图”|“矩形”命令，命令行提示如下：

```
命令：_rectang  //绘制矩形
指定第一个角点或 [倒角（C）/标高（E）/圆角（F）/厚度（T）/宽度（W）]: 0,0  //输入矩形的第一个角点的坐标
指定另一个角点或 [面积（A）/尺寸（D）/旋转（R）]: 45,18  //输入矩形的另一个角点的坐标
```

（3） 选择“修改”|“分解”命令，对第 2 步绘制的矩形进行分解操作，使之成为单独的直线。

（4） 选择“修改”|“偏移”命令，命令行提示如下：

```
命令：_move
选择对象：找到 1 个 //选择矩形的底边
选择对象：
指定基点或 [位移（D）] <位移>:
指定第二个点或 <使用第一个点作为位移>: 9
命令：//结束命令
```

（5） 继续选择“修改”|“偏移”命令，完成后的效果如图 12-106 所示。

（6） 选择“绘图”|“圆”|“圆心、半径”命令，命令行提示如下：

```
命令：_circle指定圆的圆心或 [三点（3P）/两点（2P）/切点、切点、半径（T）]:36.25,9 //绘制圆
指定圆的半径或 [直径（D）]: 4.5
```

（7） 选择“修改”|“修剪”命令，完成后的效果如图 12-107 所示。

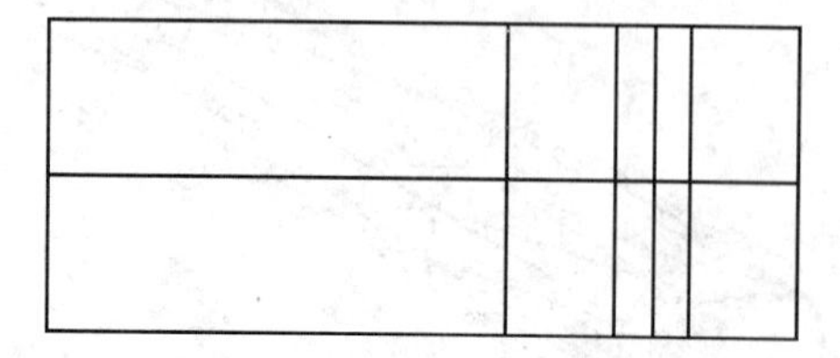

图 12-106 绘制偏移直线

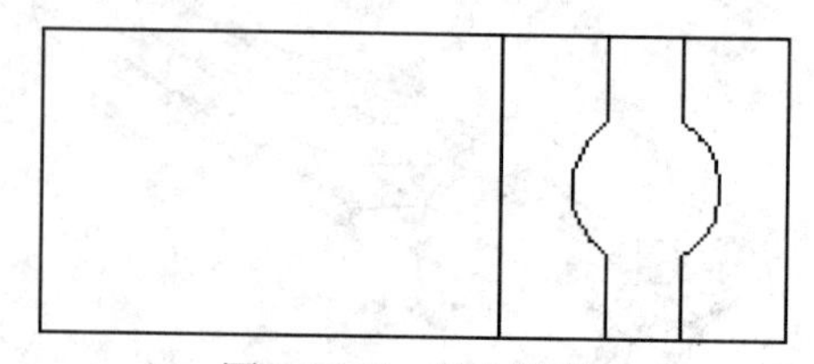

图 12-107 绘制键槽

（8） 选择“修改”|“对象”|“多段线”命令，将第 7 步完成的轮廓线合并为一条多段线。

（9） 选择“绘图”|“建模”|“旋转”命令，选择步骤 8 合并的多段线，绕 Y 轴旋转 360°，效果如图 12-108 所示。

（10） 选择“修改”|“实体编辑”|“并集”命令，把两个旋转实体合并为一个实体。

（11） 选择“绘图”|“建模”|“球体”命令，命令行提示如下：

```
命令：_sphere
指定中心点或 [三点（3P）/两点（2P）/切点、切点、半径（T）]：36.25,9,0
指定半径或 [直径（D）] <11.0000>：4.5
```

（12） 选择“修改”|“三维操作”|“三维阵列”命令，命令行提示如下：

```
命令：_3darray
选择对象：找到 1 个  //选择球体
输入阵列类型 [矩形（R）/环形（P）] <矩形>:p  //选择环形阵列
输入阵列中的项目数目：18
指定要填充的角度（+=逆时针，-=顺时针） <360>:
旋转阵列对象？ [是（Y）/否（N）] <Y>:
指定阵列的中心点：0,0,0
指定旋转轴上的第二点：0,0,100 // 以 Z 轴为旋转轴，完成的效果如图 12-109 所示
```

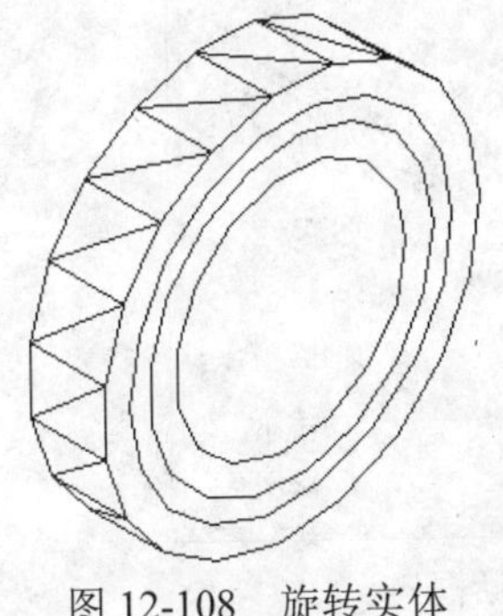

图 12-108　旋转实体

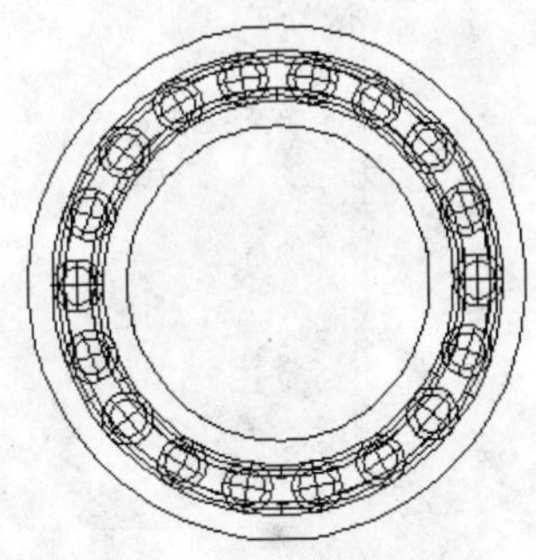

图 12-109　环形阵列滚珠

（13） 选择“绘图”|“块”|“创建”命令，打开“块定义”对话框，单击“选择对象”按钮，回到绘图窗口，选取大轴承实体，按回车键，回到“块定义”对话框，在“名称”文本框中输入“三维大轴承图块”。基点设置为（0,0,0），单击“确定”按钮，完成零件图块的创建。

（14） 在命令行中输入“WBLOCK”命令，按回车键，打开“写块”对话框，选择“块”模式，并输入“三维大轴承图块”，在“目标”选项组中选择路径和文件名。单击“确定”按钮，完成零件图块的保存。

5. 大齿轮组件的装配

装配大齿轮组件的具体操作步骤如下：

（1） 选择“文件”|“新建”命令，系统弹出“选择样板”对话框，单击“打开”右侧的下拉按钮，选择“无样板打开-公制（M）”方式建立新文件。

（2） 单击“视图”工具栏中的“西南等轴测”按钮，将当前视图切换到西南视图。

（3） 选择“插入”|“块”命令，打开“插入”对话框，如图 12-110 所示。单击“浏览”按钮，弹出“选择图形文件”对话框，如图 12-111 所示。选择“三维大齿轮轴图块.dwg”，单击“打开”按钮，返回“插入”对话框，设定“插入点”坐标为（0,0,0），单击“确定”按钮，完成操作。

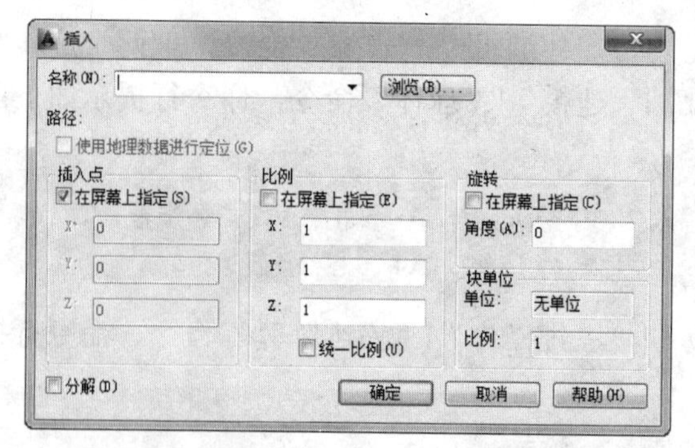

图 12-110　“插入”对话框

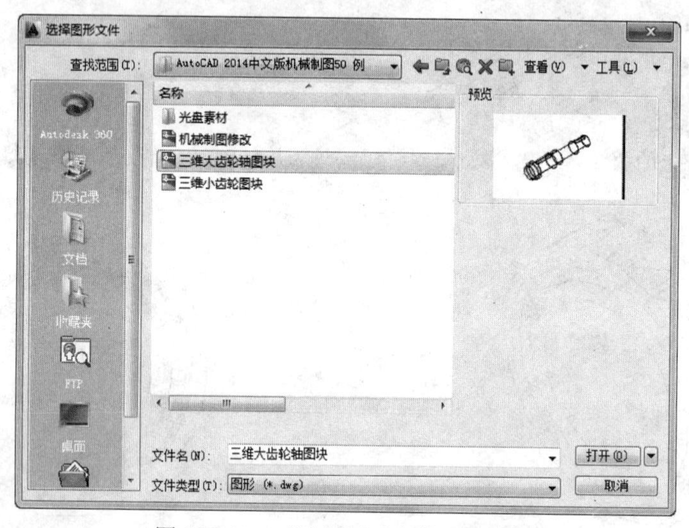

图 12-111　“选择图形文件”对话框

（4）继续选择“插入”|“块”命令，打开“插入”对话框，操作同步骤 3，选择“三维平键图块.dwg”，“插入点”坐标为（0,0,0），效果如图 12-112 所示。

（5）选择“修改”|“移动”命令，命令行提示如下：

```
命令: _move
选择对象: 找到 1 个  //选择三维平键图块
选择对象:
指定基点或 [位移(D)] <位移>: //实体上任选一点
指定第二个点或 <使用第一个点作为位移>: @35,192,23  //完成后的效果如图 12-113 所示
```

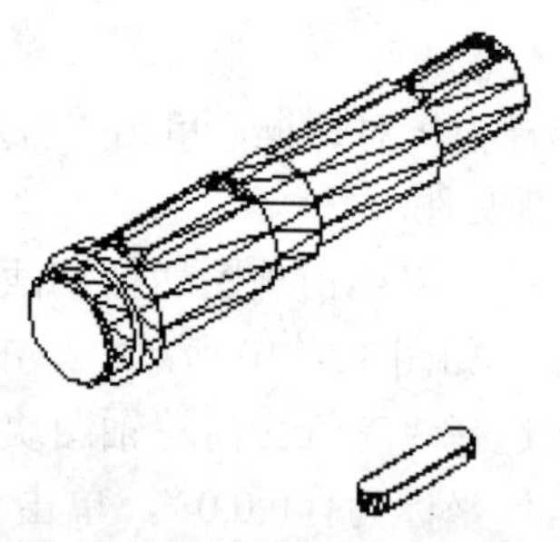

图 12-112　插入三维平键图块

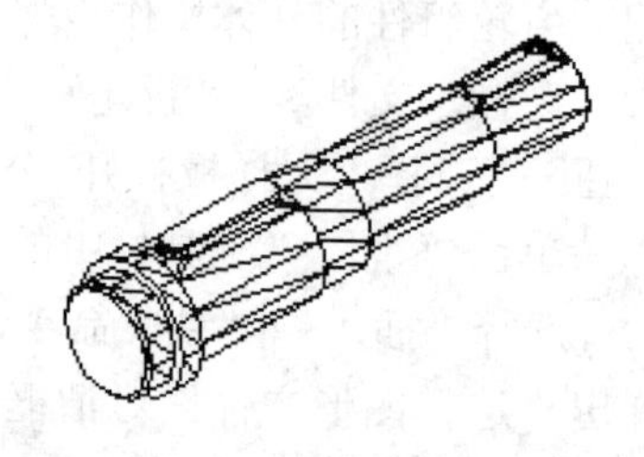

图 12-113　移动三维平键图块

（6） 选择“插入”|“块”命令，打开“插入”对话框，操作同步骤 3，选择“三维大齿轮图块.dwg”，“插入点”坐标为（0,0,0），效果如图 12-114 所示。

（7） 选择“修改”|“移动”命令，选取大齿轮图块，“基点”任选，“相对位移”是@69,200,0，效果如图 12-115 所示。

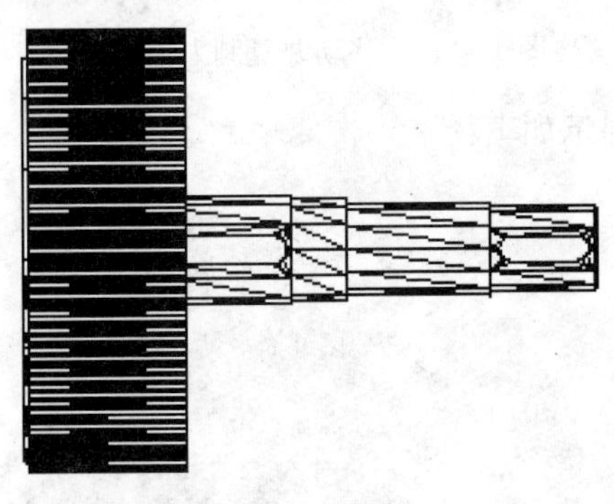

图 12-114　插入三维大齿轮图块

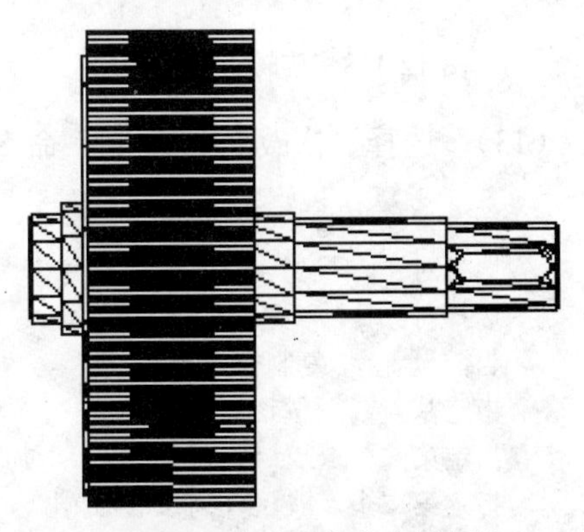

图 12-115　移动三维大齿轮图块

（8） 选择“视图”|“三维视图”|“右视”命令，将当前视角转换为右视。

（9） 选择“修改”|“三维操作”|“三维旋转”命令，命令行提示如下：

```
命令: _3drotate
UCS 当前的正角方向:  ANGDIR=逆时针   ANGBASE=0
选择对象: 找到 1 个  //选择大齿轮图块
选择对象:
指定基点: 0,0,0
拾取旋转轴:  //选择 X 轴
指定角的起点或输入角度: 90 //绕 X 轴旋转 90° ，完成的效果如图 12-116 所示
```

（10） 选择“插入”|“块”命令，打开“插入”对话框，选择“三维大轴承图块.dwg”，“插入点”坐标为（0,0,0），效果如图 12-117 所示。

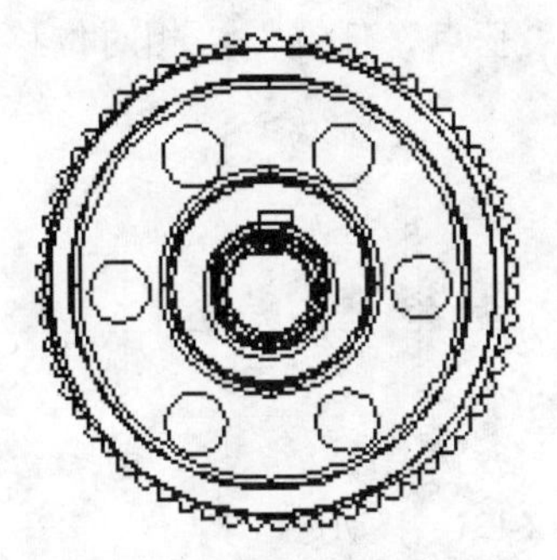

图 12-116　旋转大齿轮图块

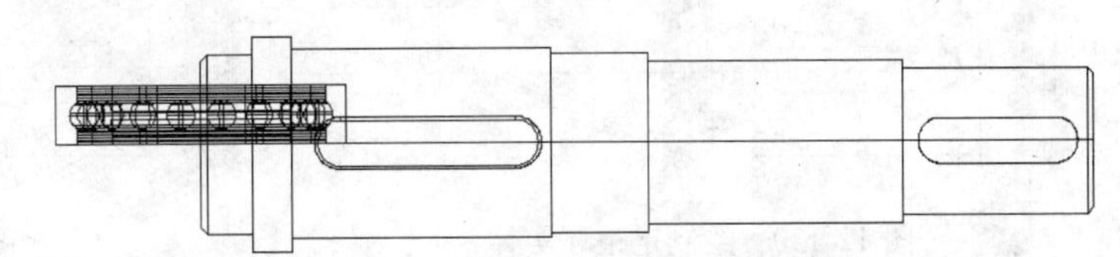

图 12-117　插入大轴承图块

（11） 选择“修改”|“三维操作”|“三维旋转”命令，对大轴承图块进行旋转操作，以 Z 轴为旋转轴，旋转 90° 。效果如图 12-118 所示。

（12） 选择“修改”|“移动”命令，选取大轴承图块，“基点”任选，“相对位移”是@16,0,0。效果如图 12-119 所示。

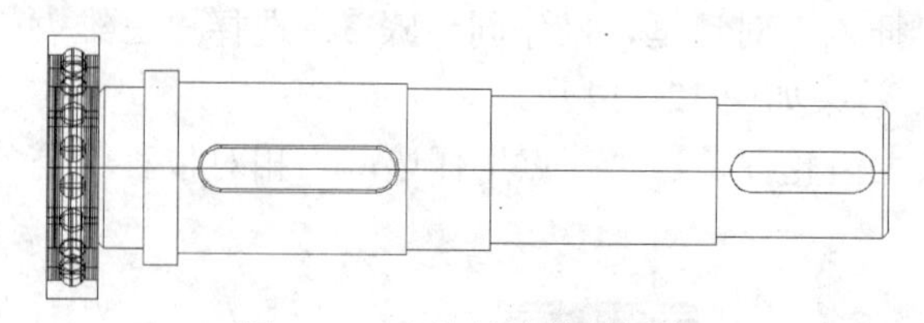

图 12-118　旋转大轴承图块

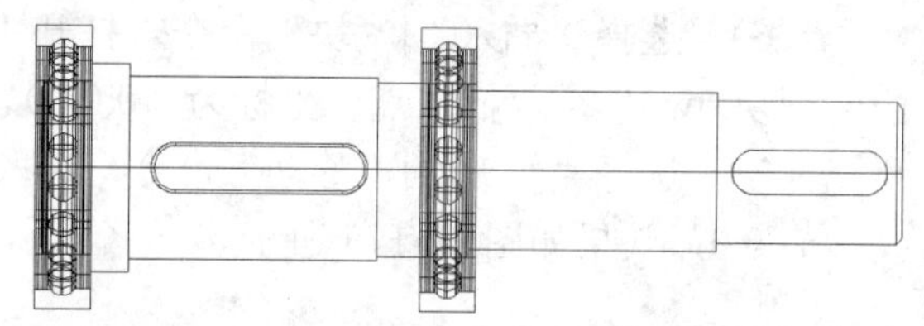

图 12-119　移动并复制大轴承图块

（13）　选择“修改”|“复制”命令，命令行提示如下：

```
命令: _copy
选择对象: 找到 1 个
选择对象: //选取大轴承图块
当前设置: 复制模式 = 多个
指定基点或 [位移(D)/模式(O)] <位移>: 0,0,0
指定第二个点或 [阵列(A)] <使用第一个点作为位移>:@124,0,0
指定第二个点或 [阵列(A)/退出(E)/放弃(U)]<退出>://结束命令,完成的效果如图 12-119 所示
```

（14）　选择“绘图”|“建模”|“圆柱体”命令，命令行提示如下：

```
命令: _cylinder
指定底面的中心点或 [三点(3P)/两点(2P)/切点、切点、半径(T)/椭圆(E)]:0,200,0 //输入圆柱底面中心坐标
指定底面半径或 [直径(D)] <15.0000>: 27.5    //输入底面半径
指定高度或 [两点(2P)/轴端点(A)] <-95.0000>: A
指定轴端点: -12,200,0                  //输入中心轴端点坐标
```

（15）　继续使用“圆柱体”命令，绘制底面圆心为（0,0,0），（-12,0,0），半径为 32 mm 的圆柱体。

（16）　选择“修改”|“实体编辑”|“差集”命令，从大圆柱体中减去小圆柱体，形成定距环实体。完成后的效果如图 12-120 所示。

（17）　选择“修改”|“移动”命令，选取大轴承图块，“基点”任选，“相对位移”是@122,0,0。效果如图 12-121 所示。

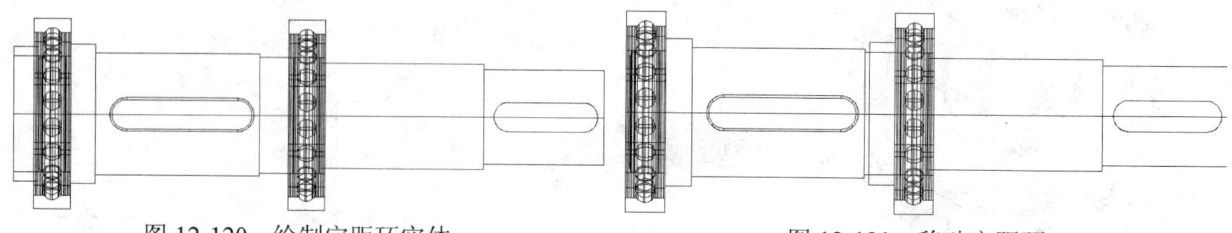

图 12-120　绘制定距环实体　　　　图 12-121　移动定距环

（18）　选择“格式”|“图层”命令，更改大齿轮实体的图层属性为实体层，显示大齿轮实体。效果如图 12-122 所示。

（19）　选择“绘图”|“块”|“创建”命令，打开“块定义”对话框，单击“选择对象”按钮，回到绘图窗口，选取大齿轮组件实体，按回车键，回到“块定义”对话框，在“名称”文本框中输入“三维大齿轮组件图块”。基点设置为（0,0,0），单击“确定”按钮，完成零件图块的创建。

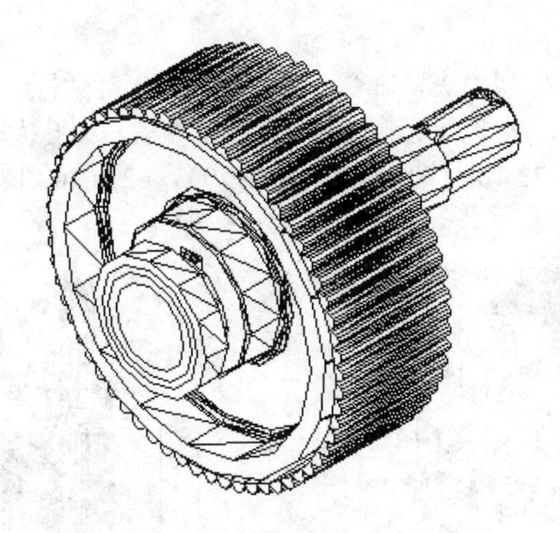

图 12-122　大齿轮组件装配立体图

（20） 在命令行中输入“WBLOCK”命令，按回车键，打开“写块”对话框，选择“块”模式，并输入“三维大齿轮组件图块”，在“目标”选项组中选择路径和文件名。单击“确定”按钮，完成零件图块的保存。

12.3.6　实例50——总装减速器

装配减速器的具体操作步骤如下：

（1） 选择“文件”|“新建”命令，系统弹出“选择样板”对话框，单击“打开”右侧的下拉按钮，选择“无样板打开-公制（M）”方式建立新文件。

（2） 选择“插入”|“块”命令，打开“插入”对话框，选择“三维箱体图块.dwg”，“插入点”坐标为（0,0,0），效果如图 12-123 所示。

（3） 继续选择“插入”|“块”命令，打开“插入”对话框，操作同步骤 2，选择“三维小齿轮组件图块.dwg”，“插入点”坐标为（83,-67,160），旋转 90°，效果如图 12-124 所示。

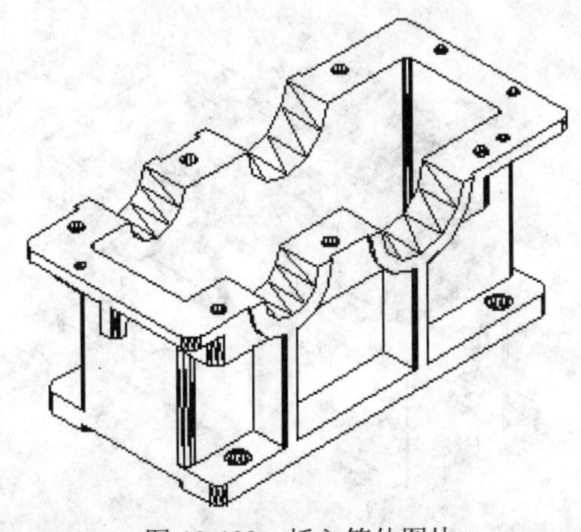

图 12-123　插入箱体图块

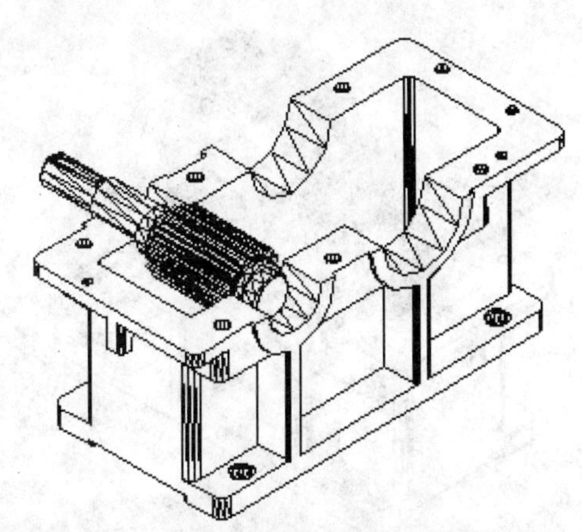

图 12-124　插入小齿轮组件图块

（4） 继续选择“插入”|“块”命令，打开“插入”对话框，操作同步骤 3，选择“三维大齿轮组件图块.dwg”，“插入点”坐标为（28,75,170），旋转-90°，效果如图 12-125

所示。

（5） 继续选择“插入”|“块”命令，打开“插入”对话框，操作同第步骤 4，选择 4 个“箱体端盖图块.dwg”，对于无孔小端盖，有孔小端盖，无孔大端盖和有孔大端盖，“插入点”坐标依次设置为（83,-109,170），（83,109,170），（228,109,170），（228,-109,170），效果如图 12-126 所示。

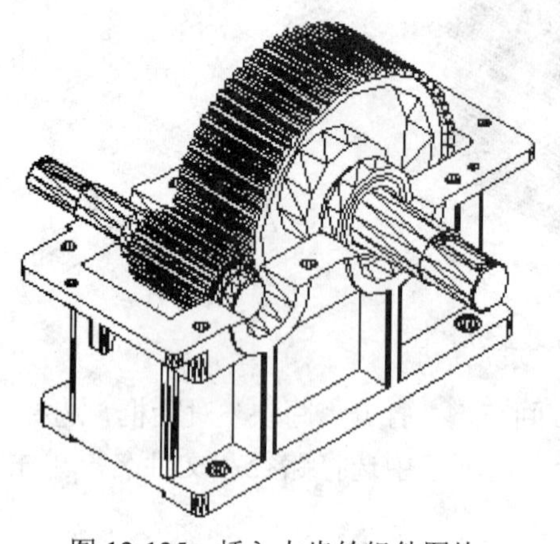

图 12-125 插入大齿轮组件图块

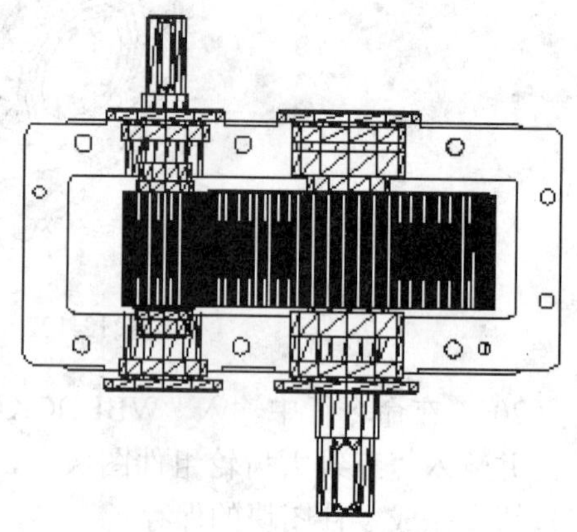

图 12-126 插入箱体端盖图块

（6） 选择“工具”| “新建 UCS”命令，建立新的坐标系，命令行提示如下：

```
命令: ucs
当前 UCS 名称: *世界*
指定 UCS的原点或 [面(F)/命名(NA)/对象(OB)/上一个(P)/视图(V)/世界(W)/X/Y/Z/Z轴(ZA)] <世界>: x          //输入 x，原坐标系绕 x 轴旋转生成新坐标系
指定绕 X 轴的旋转角度 <90>: 45          //输入旋转角度
```

（7） 选择“插入”|“块”命令，打开“插入”对话框，选择“三维油标尺图块.dwg”，“插入点”坐标为（0,0,0），效果如图 12-127 所示。

（8） 选择“视图”|“三维视图”|“东北等轴测”命令，结果如图 12-128 所示。

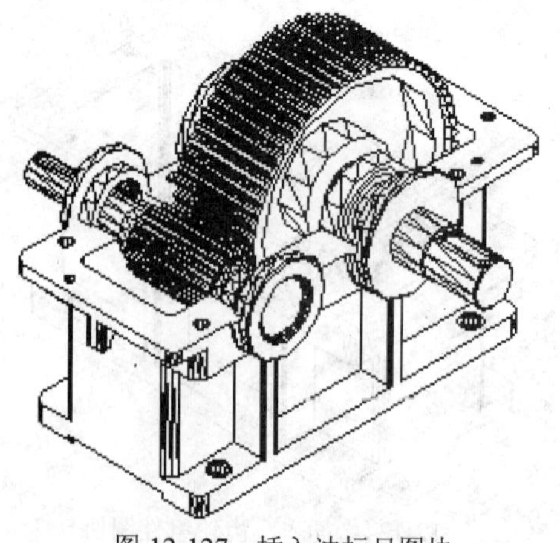

图 12-127 插入油标尺图块

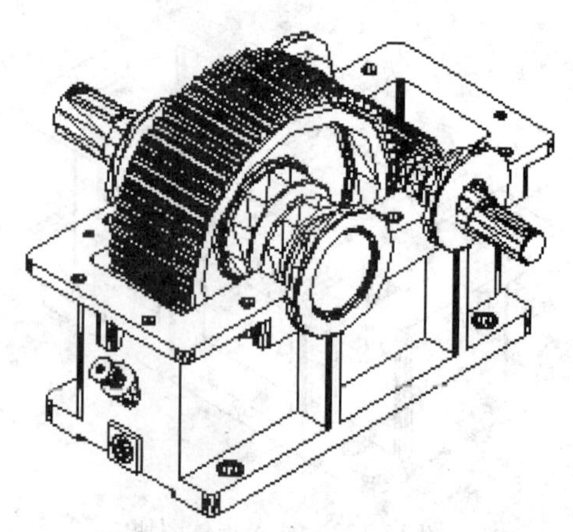

图 12-128 东北等轴测视图